Planung und Reporting im BI-gestützten Controlling

Dietmar Schön

Planung und Reporting im BI-gestützten Controlling

Grundlagen, Business Intelligence, Mobile BI und Big-Data-Analytics

3., erweiterte Auflage

Dietmar Schön
Fachhochschule Dortmund
Dortmund, Deutschland

ISBN 978-3-658-19962-3   ISBN 978-3-658-19963-0 (eBook)
https://doi.org/10.1007/978-3-658-19963-0

Die Deutsche Nationalbibliothek verzeichnet diese Publikation in der Deutschen Nationalbibliografie; detaillierte bibliografische Daten sind im Internet über http://dnb.d-nb.de abrufbar.

Springer Gabler

Springer Gabler ist ein Imprint der eingetragenen Gesellschaft Springer Fachmedien Wiesbaden GmbH und ist
ein Teil von Springer Nature.
Die Anschrift der Gesellschaft ist: Abraham-Lincoln-Str. 46, 65189 Wiesbaden, Germany

Vorwort zur 3. Auflage

Es wird Zeit, die vorhandenen BI-Technologien für die Unternehmenssteuerung richtig zu nutzen. Hierbei kommt es nicht darauf an, immer den neusten technischen Trends hinterher zu laufen. Vielmehr gilt immer noch der Grundsatz: „Die betrieblichen Anforderungen bestimmen die technische Umsetzung". Und genau hier brauchen die Unternehmen Hilfe. Gerade bei jungen Unternehmen in neuen Märkten, aber auch bei langjährig etablierten Unternehmen mit historisch gewachsenen Strukturen finden wir sehr häufig unzureichende Planungs- und Reportinglösungen. *„Bericht für Bericht wird neu entwickelt ohne alte wirklich abzulösen. Inhalte überschneiden sich. Fachabteilungen generieren ein Schattenreporting. Die Vorgehensweise der Planung wird Jahr für Jahr abgeändert. Neue Technologien werden nur punktuell eingesetzt."* Viele weitere Gründe könnten aufgeführt werden. Es stellt sich die Frage: Was fehlt den Unternehmen, um ein gutes Planungs- und Reportingsystem zur Steuerung für Management und Controlling aufzubauen? Es mangelt an einem übergreifenden Konzept und der Kraft, dieses technisch und organisatorisch umzusetzen. Hier setzt die Aktualisierung und Erweiterung in der 3. Auflage an. Um Ideen für ein Konzept zu bekommen, benötigt man Umsetzungsbeispiele. Diese sind in der Literatur, im Internet, bei Beratungs- und IT-Unternehmen sowie anderen Quellen nur in kleinen Teilausschnitten zu finden. Meistens werden nur einzelne Berichtsbeispiele oder Vorschläge für bestimmte Einsatzgebiete aufgezeigt. Daher wird in der neuen Auflage ein umfassendes Controlling-Cockpit-Beispiel für die Unternehmensleitung, den Vertrieb, den Einkauf und die Projektsteuerung mit zentralen Start-Cockpits für den Analyseeinstieg vorgestellt. Das Controlling-Cockpit enthält über 60 Berichtsvorschläge mit ca. 20 Spitzenkennzahlen und über 100 Steuerungsgrößen. Neben klassischen Berichten wie Umsatz-, Erfolgs-, Cash-Flow-, ROI- und Kostenstellen-Analysen werden viele Reportingbeispiele aufgeführt, die vom Autor für spezielle Steuerungsthemen entwickelt wurden. Hierzu gehören, u. a.:

- die Neu- und Bestandskundenanalyse
- die dynamische ABC- und XYZ-Analyse
- die Geo- und Strukturanalyse
- die Auftrags- und Angebotsanalyse
- die Verkaufschancen-Analyse

- die Preis- und Konditionenanalyse
- die Verkäufer- bzw. Einkäuferanalyse
- die Lieferanalyse
- die Lieferantenanalyse
- die Forderungsanalyse
- die Projektübersichtsanalyse
- die Einzelprojektanalysen für Erfolg, Termine, Finanzen und Risiken
- die Projektressourcenanalyse
- die Cash-to-Cash-Analyse
- die Balanced Scorecard
- die Kommentarberichte mit Integration der Maßnahmenableitung sowie -verfolgung

Das Cockpit zeichnet sich durch betriebswirtschaftlich fundierte Controlling-Inhalte sowie standardisierte Gestaltungsvorschläge für Tabellen und Grafiken aus, die im modernen BI-gestützten Controlling eingesetzt werden. Passende Visualisierungstypen, z. B. Sparklines, Colour Coding oder Bullet-Charts, unterstützen Führungskräfte dabei, schneller Trends, Ausreißer oder Zielabweichungen zu erkennen. Zudem bietet das Controlling-Cockpit komfortable Analyse-, Planungs- und Erfassungsmöglichkeiten.

Die bewährte Struktur der ersten beiden Auflagen des Buches bleibt bestehen, indem fachliche, organisatorische, prozessbezogene und IT-bezogene Aspekte der Planung und des Reportings im BI-gestützten Controlling integriert betrachtet werden. Neuerungen der letzten Jahre sind hierbei in allen Kapiteln integriert worden. Hierdurch ist es dem Leser möglich, sich dem Thema von den Grundlagen aus über traditionelle, bewährte Standards zu den neuen Ansätzen im BI-gestützten Controlling zu nähern.

Bei den Innovationen der 3. Auflage sind folgende Themen hervorzuheben:

Das traditionelle BI-gestützte Controlling mit Unterstützung der Data-Warehouse-Technologie bildet weiterhin den Schwerpunkt vieler Unternehmensanwendungen. Im Rahmen der Datenmodellierung wird hierbei noch intensiver auf die Staging-, Cleansing-, Core-DWH- und Mart-Area eingegangen. Bei der Datenmodellierung werden z. B. die Vor- und Nachteile des Kennzahlen- bzw. Kontenmodells erläutert. Ein neuer Abschnitt im Buch beschäftigt sich mit dem wichtigen Thema „Datenqualität". Es wird aufgeführt, an welchen Kriterien die Datenqualität gemessen werden kann und welche Ursachen für schlechte Datenqualität verantwortlich sind. Es werden geeignete Maßnahmen zur Verbesserung der Datenqualität vorgeschlagen, u. a. Data Profiling, Data Cleansing und BI-Monitoring (BI on BI). Zur Beschleunigung der Entwicklungsprozesse im Sinne einer agilen BI wird SCRUM als Entwicklungsmodell vorgestellt.

Die Abgrenzung der Begriffe, vor allem Business Intelligence und Business Analytics, soll dabei helfen, sich im Begriffsdschungel der Wissenschaft und Softwareanbieter zu orientieren. Im explorativen BI-gestützten Controlling wird die Integration und Erweiterung zum traditionellen BI-gestützten Controlling aufgezeigt. Hier steht die Big-Data-Technologie mit ihrer In-Memory-Technologie, NoSQL und Hadoop im Vordergrund der Betrachtung. Mit ihr ist es möglich, große, zumeist bisher ungenutzte, fremde und unstrukturierte Datenmengen (u. a. aus dem Internet, den Social-Media-Plattformen, den Sensordaten von mobilen Endgeräten und beliebigen Gegenständen wie Maschinen, Fahrzeugen, Bauteilen, Gebäuden) neben den bereits im DWH vorhandenen strukturierten Unternehmensdaten zu nutzen. Der Erkenntnisgewinn über statistische Zusammenhänge, Abhängigkeiten und Prognosen dieser Daten wird mit Data Mining bzw. Predictive Analytics verdeutlicht. Mit dem Einsatz von Data Discovery helfen moderne Frontend-Lösungen statistische Algorithmen und Prognosemodelle zu nutzen und auszuwerten. Mit Unterstützung von Data Visualization werden neue Visualisierungsformen genutzt, die bei der Analyse der Daten helfen. Neue Grafiktypen, wie z. B. Sunburst-, Treemap- und Bullet-Charts, werden vorgestellt. Als Alternative zu herkömmlichen Menüfunktionen und Navigationssteuerungen wird bei der Oberflächengestaltung vermehrt die „App"-Technologie (Applikationstechnologie) genutzt. Apps werden über Kacheln angesteuert. Wichtige Kacheltypen, mit denen die Softwarebedienung im Kachellook ausgestaltet werden kann, werden aufgezeigt.

Im Abschnitt zum Cloud-Computing werden alternative Kombinationen von Cloud-Varianten im Kontext für die Planung und das Reporting herausgestellt. Es handelt sich um IaaS, PaaS oder SaaS in Verbindung mit einer public, einer privaten oder einer hybriden Cloud. Zudem wird in diesem Abschnitt besonders auf die IT-Security eingegangen. Der Abschnitt zum Mobile-Computing rundet das Buch ab. Führungskräfte erwarten heute, dass Reporting und Planung orts- und geräteunabhängig unterstützt werden. Mobile Endgeräte wie Smartphones und Tablets ergänzen die klassische Nutzung von PC und Laptop. Die Entwicklung und Nutzung weiterer „Wearables" (Brillen, Uhren etc.) bleibt spannend. Besondere Anforderungen an ein mobiles BI-gestütztes Reporting und deren Datenhaltung werden aufgezeigt. Weitere wichtige Themen in diesem Abschnitt sind das Mobile Device Management und die Mobile Security.

Die 3. erweiterte Auflage dient weiterhin als ein wertvolles Nachschlagewerk für Praktiker und Wissenschaftler, die sich mit dem Thema Planung und Reporting im BI-gestützten Controlling beschäftigen. Sie erhalten viele Anregungen und umfangreiche Anwendungsbeispiele, die wertvolle Hilfestellungen bei der Neu- und auch Weiterentwicklung bestehender Systeme bieten. Neue Aspekte und Innovationen zu den wichtigen Entwicklungstrends der letzten Jahre wurden in der 3. Auflage eingebaut. Hierzu gehören vor allem die Themen Big Data, Predictive Analytics, Self-Service-BI, Data Discovery, Data Visualization und Mobile Computing.

Dortmund im September 2017   Prof. Dr. Dietmar Schön

Markenzeichen

Fast alle Hardware- und Softwarebezeichnungen sowie sonstige Produktmarken, die in diesem Buch genannt werden, sind gleichzeitig auch eingetragene Markenzeichen oder sollten als solche betrachtet werden, z. B.:

- Balanced Chance and Risk Card® ist ein geschütztes Markenzeichen von Prof. Dr. Thomas Reichmann, CIC GmbH & Co. KG.
- Cognos PowerPlay und Cognos Visualizer sind Markenzeichen von Cognos. Inc.
- Corporate Planning® ist ein eingetragenes Warenzeichen der CP Corporate Planning AG.
- Cubeware Solutions Platform C8, C8 Cockpit sind Markenzeichen der Cubeware GmbH.
- Diamant®/3 IQ ist ein Markenzeichen der Diamant Software GmbH & Co. KG.
- EVA® ist eine eingetragene Marke von Stern Stewart & Co.
- HTML und XML sind Marken oder eingetragene Marken des W3C®, World Wide Web Consortium, Massachusetts Institute of Technology.
- Infor® ist ein eingetragenes Warenzeichen des Unternehmens Infor.
- Intel® ist ein eingetragenes Warenzeichen der Intel Corporation.
- InSight & dynaSight (jetzt arcplan Enterprise) sind eingetragene Marken der Firma arcplan.
- IBM®, DB2®, Informix® und PASW (früher SPSS eine Statistiksoftware der SPSS Inc.) sind eingetragene Marken der IBM Corporation in den USA und anderen Ländern.
- Jaspersoft® ist ein eingetragenes Warenzeichen des Unternehmens TIBCO Software Inc.
- JAVA® ist eine eingetragene Marke der Sun Microsystems, Inc., JAVASCRIPT® ist eine eingetragene Marke der Sun Microsystems, Inc., verwendet unter der Lizenz der von Netscape entwickelten und implementierten Technologie.
- Jedox® ist eine eingetragene Marke der Jedox AG.
- Lotus® ist ein eingetragenes Warenzeichen der Lotus Development Corporation, USA.
- MICROSOFT®; WINDOWS®; MS PowerPoint® und MS SQL Server®, MS Analysis Services®, MS Office®, MS Excel®, MS Word®, MS Access® und MS Query® sind eingetragene Warenzeichen der Microsoft Corporation, USA.

- MicroStrategy® ist ein eingetragenes Warenzeichen der MicroStrategy Deutschland GmbH.
- ORACLE®, Oracle Hyperion Financial, Oracle Hyperion Planning, Oracle Hyperion Essbase sind eine eingetragene Marke der ORACLE Corporation.
- Prevero® ist ein eingetragenes Warenzeichen des Unternehmens prevero.
- Qlik View® und Qlik Sense® sind eingetragene Marken der QlikTech International AB.
- SAP®, R/3®, SAP ECC® (ERP Central Component), ABAP/4® SAP BW®, SAP BO®, SAP SEM®, SAP Hana®, SAP Lumira, SAP NetWeaver und weiter im Text erwähnte SAP-Produkte und -Dienstleistungen sowie die entsprechenden Logos sind Marken oder eingetragene Marken der SAP AG in Deutschland und anderen Ländern.
- Die Marken, Abbildungen und Symbole vom iPhone und iPad sind ausschließliches Eigentum und Warenzeichen der Apple Inc.
- SAS-Software® ist ein eingetragenes Warenzeichen des Unternehmens SAS Institute.
- Tableau® ist ein eingetragenes Markenzeichen des Unternehmens Tableau Software.
- Targit® ist ein eingetragenes Markenzeichen des Unternehmens Morton Systems.
- Die Marken, Abbildungen und Symbole der RIM- und Blackberry Familie sind ausschließliches Eigentum und Warenzeichen von Research in Motion Limited.

Alle anderen Namen von Produkten und Dienstleistungen sind Marken der jeweiligen Firmen.

Die Informationen in der vorliegenden Arbeit werden ohne Rücksicht auf einen eventuellen Patentschutz veröffentlicht. Warennamen werden ohne Gewährleistung der freien Verwendbarkeit benutzt. Herausgeber und Autor können für fehlerhafte Angaben und deren Folgen weder juristische Verantwortung noch irgendeine Haftung übernehmen. Für Verbesserungsvorschläge, Hinweise und fehlerhaft abgebildete Sach- und Produktinformationen sind Verlag und Autor dankbar.

Abkürzungsverzeichnis

Abw.	Abweichung
ACID	Atomicity, Consistency, Isolation, Durability
Akt.	Aktueller (Monat)
App	Applikation
APS	Advanced Planning and Scheduling
BARC	Business Application Research Center
B2B	Business to Business
B2C	Business to Consumers
B2G	Business to Government
BASE	Basically, Available, Soft State, Eventually consistent
BBRT	Beyond Budgeting Round Table
BCR-Card	Balanced Chance and Risk Card
BDSG	Bundesdatenschutzgesetz
BEP	Break-Even-Point
BEPM	Break-Even-Point-(Absatz)menge
BHI	Boots Healthcare International
BI	Business Intelligence
BICC	BI Competence Center
BPM	Business-Performance-Management
BSC	Balanced Scorecard
BU	Business Unit
BWA	Betriebswirtschaftliche Auswertung
BYOD	Bring Your Own Device
CAP	Consistency, Availability, Partition tolerance
CEP	Complex Event Processing
CFROI	Cash Flow Return on Investment
CIS	Chefinformationssystem
CMS	Content Management Systeme
CPU	Central Processing Unit
CRM	Costumer Relationship Management
CSV	Comma-separated values

CYOD	Choose Your Own Device
DB	Deckungsbeitrag
DCF	Discounted Cashflow
DDE	Dynamic Data Exchange
DDL	Data Definition Language
DIN	Deutsche Industrie Norm
DMI	Deloitte Mittelstandsinstitut
DML	Data Manipulation Language
DMS	Document Management Systeme
DRS	Deutsche Rechnungslegungsstandards
DSS	Decision Support-System
DV	Datenverarbeitung
DWH	Data Warehouse
EDV	Elektronische Datenverarbeitung
EG	Einzelgesellschaft
EIS	Executive Information System
EKAM	Europäisches Kompetenzzentrum für Angewandte Mittelstandsforschung
ELT-Prozess	Extraktions-, Lade, Transformationsprozess
ERP	Enterprise Resource Planning
ETL-Prozess	Extraktions-, Transformations- und Ladeprozess
EU	Europäische Union
EUS	Entscheidungsunterstützungssysteme
EVA	Economic Value Added
EXP	Expertensysteme
F+E	Forschung und Entwicklung
FASMI	Fast, Analysis, Shared, Multidimensional und Information
FC	Forecast
FIS	Führungsinformationssystem
GPRS	Genaral Packet Radio Service
GPS	Global Positioning System
GSM	Global System for Mobile Communications
GUI	Graphical User Interface
GuV	Gewinn- und Verlustrechnung
HDFS	Hadoop Distributed File System
HOLAP	Hybrid OLAP
HSPA	High Speed Packet Access
HTML	Hypertext Markup Language
IaaS	Infrastructure as a Service
IC-Umsätze	Intercompany-Umsätze
ID	Identifikationsnummer
IDC	International Data Corporation
IEC	International Electrotechnical Commission

IfM	Institut für Mittelstandsforschung
IFRS	International Financial Reporting Standards
IIRC	Integrated International Reporting Council
IoT	Internet of Things (Internet der Dinge)
ISO	International Organization for Standardization
IT	Informationstechnologie
KDD	Knowledge Discovery in Databases
KMU	kleinere und mittlere Unternehmen
KPI	Key Performance Indicators
KST	Kostenstelle
KVD	Key Value Drivers
LA	Leistungsart
LDM	Local Device Managements
LTE	Long Term Evolution
MA	Mitarbeiter
MDM	Mobile Device Management
MDX	Multidimensional Expressions
MIS	Management Information Systeme
MOLAP	multidimensionales OLAP
MQE	Managed Query Environments
MRP	Material Resource Planning
MSS	Management Support Systeme
MVCC	Multiversion Concurrency Control
NFC	Near Field Communication
NN	no name
NoSQL	Not only Structured Query Language
ODBC	Open Database Connection
ODS	Operational Data Stores
OEM	Original Equipment Manufacturer
OLAP	Online Analytic Processing
OLE	Object Linking and Embedding
OLTP	On-Line Transaction Processing
PaaS	Platform as a Service
PASW	Predictive Analysis Software
PC	Personal Computer
PDA	Personal Digital Assistant
PDF	Portable Document Format
QR-Code	Quick-Response-Code
RAM	Random-Access Memory
RDBMS	Relationales Datenbank Management-System
REWE	Rechnungswesen
RFID	Radio-frequency identification

ROCE	Return on Capital Employed
ROLAP	relationales OLAP
SaaS	Software as a Service
SCM	Supply Chain Management
SGE	Strategische Geschäftseinheit
SIGDSS	Special Interest Group on Decision Support, Knowledge and Data Management Systems
SLA	Service-Level-Agreement
SPoT	Single Point of Truth
SPSS	Statistical Package for the Social Sciene, später auch: Superior Performing Software System
SSBI	Self-Service BI
SQL	Structured Query Language
Std.	Stunde
SWOT	Strengths, Weaknesses, Opportunities and Threats
TCP/IP	Transmission Control Protocol/Internet Protocol
TK	Teilkonzern
T€	Tausend Euro
UMTS	Universal Mobile Telecommunications System
URL	Uniform Resource Locator (einheitlicher Quellenanzeiger für Internetquellen)
VBA	Visual Basic for Applications
VIS	Vorstandsinformationssystem
VJ	Vorjahr
VPN	Virtual Private Network
WLAN	Wireless Local Area Networks
WPA2	Wi-Fi Protected Access 2
WWW	World Wide Web
XBRL	eXtensible Business Reporting Language
XML	Extensible Markup Language
YARN	Yet Another Resource Negotiator

Inhaltsverzeichnis

Abbildungsverzeichnis

Tabellenverzeichnis

Inhaltsverzeichnis

1.1 Problemstellung

In vielen mittelständischen Unternehmen sind die vorhandenen Planungs- und Reportinglösungen im Controlling in einfachen Tabellenkalkulationsprogrammen und Reportgeneratoren innerhalb der vorhandenen Anwendungsprogramme abgebildet. Dies ist sehr zeit- und kostenaufwendig, die Informationen sind nicht integriert und es werden sinnvolle Informationen aus anderen Bereichen und Systemen nicht oder nur unzureichend mit einbezogen.[1] Was für den Mittelstand gilt, ist in Teilen auch bei großen Unternehmen anzutreffen. Diese haben zwar den Vorteil auf größere IT- und Personalressourcen zurückgreifen zu können, dennoch ist auch hier ein Wildwuchs an heterogenen Softwarelandschaften zu finden, die für die heutigen Planungs- und Reportingaufgaben im Controlling ungeeignet sind.

Für die Managementunterstützung bieten sich leistungsfähige Planungs- und Reportingsysteme basierend auf Data-Warehouse-Technologie und modernen Cockpit-Lösungen an, die unter dem Oberbegriff Business Intelligence (kurz BI) in der Forschung diskutiert werden. Eine Online-Befragung vom Autor zum Thema „Business Intelligence für Reporting und Planung im Mittelstand" vom April 2011 zeigte deutlich auf, dass im Controlling eine große Lücke bei der Unterstützung mit BI zwischen den Planungs- und Re-

---

[1] Vgl. Schön (2011a, S. 1–47).

© Springer Fachmedien Wiesbaden GmbH, ein Teil von Springer Nature 2018
D. Schön, *Planung und Reporting im BI-gestützten Controlling*,
https://doi.org/10.1007/978-3-658-19963-0_1

porting-Aktivitäten besteht.[2] In den letzten Jahren wurde im Themenumfeld Business-Intelligence-gestütztes Controlling viel weiterentwickelt.[3] Neue Themen, u. a. Data Discovery, Data Visualization, Big Data und Predictive Analytics, erweitern die Prognose- und Analysemöglichkeiten der Unternehmen und müssen sinnvoll in bestehende BI-Systeme integriert werden. Die Ausgestaltung von Planungs- und Reportingsystemen in seinen grundlegenden Anforderungsprofilen (Inhalt, Organisation, Prozesse und IT-Unterstützung) wird trotz zahlreicher neuer technischer Trends nicht umfassend und zusammenhängend betrachtet. Auch die wissenschaftliche Forschung behandelt das Thema Planung und Reporting weiterhin häufig getrennt und stellt den integrativen Bezug zwischen Planung und Reporting nur wenig her.[4]

Laut einer gemeinsamen Studie „The State of Business Intelligence in Academia 2010" von der Teradata University Network und der Special Interest Group on Decision Support, Knowledge and Data Management Systems (SIGDSS) schaffen es die Hochschulen (weltweit) nicht, entsprechend qualifizierte Absolventen hervorzubringen, obwohl die Unternehmen Mitarbeiter benötigen, die gleichermaßen Kenntnisse über Business Intelligence als auch über betriebswirtschaftliche Abläufe mitbringen.[5] Hier setzt das Buch an. Für die betriebliche Praxis und die Wissenschaft werden bestehende Grundlagen sowie aktuelle Trends für die Planung und das Reporting im BI-gestützten Controlling aufgezeigt.

1.2 Zielsetzung

Ziel des Buches ist es, derzeitige Defizite in der Planung und im Reporting aufzudecken und ein Anforderungsprofil für ein integriertes Konzept zur Planung und zum Reporting im BI-gestützten Controlling zu entwickeln, welches inhaltliche, organisatorische, prozessbezogene sowie IT-spezifische Ausgestaltungsmöglichkeiten grundlegend aufzeigt. Das wissenschaftliche Konzept wird dabei mit zahlreichen Praxisbeispielen angereichert, sodass sowohl ein Nutzen für die Lehre und Forschung als auch für die Praxis entsteht.

Die Kernfragen lauten:

- Was zeichnet eine gute Planung und ein gutes Reporting aus?
- Wie lassen sich Reporting und Planung sinnvoll integrieren?
- Wie soll die Planung und das Reporting effektiv ausgestaltet und effizient genutzt werden?
- Wie sind die neuen Technologien im BI-gestützten Controlling für die Zwecke der Planung und des Reportings am besten einzusetzen?

---

[2] Vgl. Schön (2011b).
[3] Vgl. z. B. die BARC-Surveys (2016), die jährlich herauskommen und die Lünedonk-Markt-Stichprobe (2016).
[4] Vgl. z. B. Horváth (2008), Küpper (1995), Reichmann (2011), Weber et al. (2005, 2008a, 2008b, 2009), Klein und Gräf (2014) und Gladen (2014).
[5] Vgl. Terradata (2011).

Zu diesen Fragen können keine allgemeingültigen Antworten gegeben werden, da Unternehmen individuelle und branchenbezogene Besonderheiten aufweisen und deswegen durchaus in gewissen Bereichen unterschiedliche Anforderungen und Schwerpunkte an die Planung und das Reporting stellen. Es lassen sich aber grundlegende Anforderungsprofile und Gestaltungsempfehlungen für die Planung und das Reporting und ihrer Integration entwickeln. Zudem ist die IT-Infrastruktur in den Unternehmen sehr unterschiedlich aufgestellt und erfordert individuelle Entwicklungsempfehlungen bezüglich der neuen BI-Technologien.

1.3   Vorgehensweise

Für die Integration der Planung und des Reportings im BI-gestützten Controlling ist es sinnvoll, die **4 Perspektiven „fachlicher Inhalt, Organisation, Prozesse sowie deren IT-Unterstützung"** im Gesamtzusammenhang zu betrachten. Aus diesem Grund gibt es in diesem Buch einen stufenweisen Aufbau. Es behandelt die 4 Perspektiven systematisch in einzelnen Kapiteln. Hierbei werden die Planung und das Reporting nicht isoliert, sondern integriert analysiert.

Kap. 2 definiert die grundlegenden Begriffe „Planung und Reporting" und stellt hierfür ein integriertes Analyseprofil auf.

Zunächst wird die besondere Bedeutung der Integration von Planung und Reporting im Zusammenhang mit der Unternehmenssteuerung und dem Controlling herausgearbeitet. Es wird die Verzahnung und wichtige Klammerfunktion von Planung und Reporting im Managementregelkreis aufgezeigt, die folgende Thesen unterstützt:

▶ Eine isolierte Betrachtung der Planung und des Reportings führt zu Unstimmigkeiten im Steuerungsprozess des Managements und kann somit Fehlsteuerungen im Unternehmen hervorbringen.

Wenn z. B. Verantwortlichkeiten und Objekte der Planung und des Reportings nicht aufeinander abgestimmt sind, können Überschneidungen und Lücken entstehen, die dazu führen, dass bestimmte Bereiche nicht oder nur unzureichend gesteuert werden. Unterschiedlich ausgestaltete Inhalte, z. B. Kennzahlen, führen zu Fehlinterpretationen und kontroversen Meinungsbildungen, die zu vermeiden sind.

In der Unternehmenspraxis ist jedoch festzustellen, dass Planungs- und Reportingprojekte in der Vergangenheit selten zusammen, sondern aufgrund der Komplexität und Zeitbindung der Ressourcen separat durchgeführt wurden. Dies hat den Nachteil, dass der Verbindung von Planung und Reporting im Controlling zu geringe Beachtung beigemessen wird. Deshalb gilt folgende Projektempfehlung:

▷ Im Idealfall sollte ein Planungsprojekt auch immer ein Reportingprojekt sein
    bzw. umgekehrt. Lässt sich aufgrund der knappen Ressourcen eine Verbindung
    von Planungs- und Reportingprojekt nicht verwirklichen, sollte zumindest im
    isolierten Projekt die Verbindung zur Planung bzw. zum Reporting intensiv be-
    arbeitet werden.

Nach den grundlegenden Definitionen zur Planung und zum Reporting werden die oben
aufgeführten Perspektiven in einem Untersuchungsrahmen systematisiert. Es entsteht ein
integriertes Analyseprofil.

Die zu untersuchenden **4 Perspektiven (fachlicher Inhalt, Organisation, Prozesse
und IT-Unterstützung)** stellen den Hauptteil des Buches dar und sind in folgende Kapitel
unterteilt:

- Kap. 3: Fachliche und inhaltliche Ausgestaltung
- Kap. 4: Organisation und Prozesse
- Kap. 5: IT-Unterstützung

In Kap. 3 wird zu Beginn der besondere Bezug der fachlichen und inhaltlichen Ausgestaltung zur **Unternehmensstrategie** und zu den **wertschöpfungstreibenden Faktoren
des Geschäftsmodells** eines Unternehmens hervorgehoben. Dies sind die wichtigsten
Treiber für ein gutes Reporting und eine gute Planung.

Anschließend werden für die Strukturierung, die Navigation und die Analysepfade in
der Planung und im Reporting wichtige Hinweise und praktische Gestaltungsvorschläge
gegeben. Ein Überblick über die Berichts- und Planungsobjekte (Dimensionen, Hierarchien, Attribute und Werte) sowie Berichtsarten dient als Einstieg für die Darstellung
der wichtigsten Berichtsgrundformen wie z. B. dem Soll-Ist-Vergleich und der ABC-
Analyse. Im Rahmen der Berichtsgestaltung werden neben generellen Empfehlungen vor
allem die Filter- und Selektionsfunktionen, das Layout und die Hauptbestandteile von
Berichten (Tabellen, Diagramme etc.) besprochen. Neben altbekannten Grafiktypen wie
Kreis-, Linien- und Säulendiagrammen werden neue Visualisierungsmöglichkeiten, z. B.
mit Sunburst-, Treemap- und Bullet-Charts, vorgestellt. Hier können sich die Leser viele
Anregungen und Tipps für die individuelle Einzelberichtgestaltung holen. Zudem werden
die Besonderheiten von Planungsformularen und die Abstimmung von Planungs- und Reportinginhalten thematisiert. Anhand exemplarischer Praxisbeispiele werden viele Ideen
für die Ausgestaltung von speziellen Reporting- und Planungsgebieten aufgezeigt. Hierbei wird ein umfangreiches Beispiel für ein BI-gestütztes Controlling-Cockpit für die
Unternehmenssteuerung vorgestellt. Es umfasst die Steuerungsbereiche „Unternehmensleitung, Vertrieb, Einkauf und Projektsteuerung" und liefert wertvolle Anregungen für die
Ausgestaltung eines BI-gestützten Controlling-Cockpits in der Unternehmenspraxis. Unternehmen, die hier Fragen haben und Hilfestellungen benötigen, können gerne Kontakt
zum Autor aufnehmen.

Kap. 4 beschäftigt sich mit der organisatorischen Einbindung und der Ausgestaltung
der Prozesse im Zusammenhang mit der Planung und dem Reporting. Es wird unter-

sucht, welchen Einfluss Unternehmensverbindungen, die Aufbauorganisation und der Führungsstil auf die Planung und das Reporting haben. Hierbei werden u. a. Besonderheiten des Mittelstandes und großer Unternehmen herausgearbeitet. Zudem werden die Aufgaben und Beziehungen der beteiligten Rollen unterschieden. Dies sind auf der einen Seite die Adressaten bzw. Empfänger und auf der anderen Seite die Ersteller bzw. Sender und Koordinatoren. Für die Planung und das Reporting wurden weiterhin folgende Prozesse differenziert betrachtet: Der Einführungsprozess, der zyklische Prozess (kontinuierliche Abwicklung) und der Qualitätssicherungsprozess (u. a. zur Sicherstellung der Informations- bzw. Datenqualität). Durch die systematische Einteilung der Prozessschritte werden den Unternehmen viele Anstöße gegeben, die für die praktische Umsetzung von Planungs- und Reportinglösungen wichtig sind.

In Kap. 5 (IT-Unterstützung) wird zunächst kurz auf die Historie und die grundlegenden Hardwarekomponenten von Planungs- und Reportinglösungen eingegangen. Bei den Softwarelösungen für die Planungs- und Reportingaufgaben werden spezielle ERP-Systeme, Tabellenkalkulationsprogramme, spezielle Softwareprogramme (basierend auf relationaler Datenbanktechnik) und Data-Warehouse- bzw. Business-Intelligence-gestützte Systeme unterschieden und deren Vor- und Nachteile herausgearbeitet. Zahlreiche Beispiele aus der Praxis geben Anregungen für die praktische Ausgestaltung von Planungs- und Reportinglösungen. Aufgrund der rasanten Entwicklung und der an Bedeutung gewinnenden Informationstechnologie werden speziell die Grundlagen und Definitionen von Data Warehouse, Business Intelligence und BI-gestütztem Controlling in den Abschn. 5.5 und 5.6 herausgearbeitet. Hierbei stehen u. a. die OLAP-Datenmodellierung, die OLAP-Speicherkonzepte, die ETL-Prozesse, die unterschiedlichen Analysewerkzeuge, wie z. B. Cockpit- und Dashboard-Lösungen, Data-Mining und Predictive Analytics sowie Portale und BI-Monitoring im Vordergrund. Zudem werden Planungswerkzeuge und weitere Nutzungsmöglichkeiten für Managementaufgaben wie z. B. die Balanced Scorecard und das Risikomanagement aufgezeigt. Abschn. 5.7 befasst sich mit den Grundlagen von Big Data. Es wird hierbei herausgearbeitet, für welche Anwendungen in der Planung und im Reporting Big-Data-Analytics geeignet sind und inwieweit sie klassische BI-Systeme sinnvoll ergänzen können. Big Data zeichnet sich vor allem durch eine hohe Verarbeitungsgeschwindigkeit und der Verarbeitung von großen heterogenen Datenmengen aus. Hierbei werden wichtige technische Grundlagen wie das In-Memory-Computing, NoSQL-Datenbanken und Hadoop erläutert. Weiterhin werden die Begriffe Business Intelligence und Business Analytics abgegrenzt und im Rahmen der traditionellen und explorativen BI eingeordnet. Zudem werden in diesem Kapitel aktuelle BI-Themen wie Data Discovery, Data Visualization und Sandboxing vorgestellt. Im Abschn. 5.8 werden anschließend verschiedene Modelle des Cloud Computing vorgestellt und hinsichtlich des Einsatzes für Planung und Reporting diskutiert. Data Warehouse, Business Intelligence, Big Data und Cloud Computing bilden zudem auch die Basis für das abschließende Themengebiet „Mobile Reporting and Mobile Planning", welches im Abschn. 5.9 Mobile Computing und Mobile BI thematisiert wird. Mobile Endgeräte werden in der Zukunft immer häufiger für Planungs- und Reportingaufgaben in der Praxis eingesetzt. Redensarten, wie z. B. „etwas auf dem Schirm haben", werden durch den Einsatz von Smartphones, Smartpads bzw. Tablet-PCs zur mobilen und virtuellen Wirklichkeit. Von daher werden inhaltliche Voraussetzungen, technische Möglichkeiten sowie die Einsatzprobleme und -potenziale von mobilen Anwendungen vorgestellt. Moderne Applikationstechnologien mit unterschiedlichen App- bzw. Kacheltypen werden hierbei genauso angesprochen wie das Mobile Device Management.

Das Buch fasst am Ende die wichtigsten Erkenntnisse und zukünftigen Trends bezüglich Planung und Reporting im BI-gestützten Controlling in den 4 Perspektiven des vorgestellten Analyseprofils zusammen.

Literatur

BARC-Surveys. 2016. https://bi-survey.com/. Zugegriffen: 10. Juni 2017.

Gladen, W. 2014. *Performance Measurement. Controlling mit Kennzahlen*, 6. Aufl. Wiesbaden: Springer Gabler.

Horváth, P. 2008. Grundlagen des Management-Reportings. In *Management-Reporting – Grundlagen, Praxis und Perspektiven*, Hrsg. P. Horváht, R. Gleich, und U. Michel. München: Haufe.

Klein, A., und J. Gräf. 2014. Reporting und Business Intelligence – update. In *Der Controlling-Berater*, Bd. 32, Hrsg. R. Gleich, A. Klein. Freiburg: Haufe.

Küpper, H.U. 1995. *Controlling, Konzeption, Aufgaben und Instrumente*. Stuttgart: Schäffer-Poeschel.

Lünedonk-Marktstichprobe. 2016. Der Markt für Business Intelligence und Business Analytics in Deutschland. http://luenendonk-shop.de/out/pictures/0/lue_bi-studie_f201016_fl.pdf. Zugegriffen: 10. Juni 2017.

Reichmann, T. 2011. *Controlling mit Kennzahlen, Die systemgestützte Controlling-Konzeption mit Analyse- und Reportinginstrumenten*, 8. Aufl. München: Vahlen.

Schön, D. 2011a. Ergebnisse zur empirischen Untersuchung: Business Intelligence für Reporting und Planung im Mittelstand – April 2011. Die kompletten Ergebnisse der Studie stehen über folgenden Link zum Download bereit. http://www.fhdortmund.de/de/studi/fb/9/personen/lehr/schdie/103020100000206873.php. Zugegriffen: 1. Juni 2011.

Schön, D. 2011b. Lücke klafft zwischen Planung und Kontrolle in mittelständischen Unternehmen. http://www.isreport.de/newsevents/news/archiv/2011/05/30/article/luecke-klafft-zwischen-planung-und-kontrolle-in-mittelstaendischen-unternehmen.html. Zugegriffen: 1. Juni 2011.

Terradata. 2011. Hochschulen haben Business Intelligence zu wenig im Visier. http://www.beyenetwork.de/view/15350. Zugegriffen: 14. Juli 2011.

Weber, J., und S. Linder. 2008a. Neugestaltung der Budgetierung mit Better und Beyond Budgeting? In *Schriftenreihe Advanced Controlling*, Bd. 64, Hrsg. J. Weber. Weinheim: Wiley.

Weber, J., S. Schaier, und O. Strangfeld. 2005. Berichte für das Top-Management. In *Schriftenreihe Advanced Controlling*, Bd. 43, Hrsg. J. Weber. Weinheim: Wiley.

Weber, J., R. Malz, und T. Lührmann. 2008b. Excellence im Management-Reporting. In *Schriftenreihe Advanced Controlling*, Bd. 62, Hrsg. J. Weber. Weinheim: Wiley.

Weber, J., P. Nevries, D. Breiter, et al. 2009. Operative Planung. In *Schriftenreihe Advanced Controlling*, Bd. 71, Hrsg. J. Weber. Weinheim: Wiley.

Inhaltsverzeichnis

2.1 Planung und Reporting im Zusammenhang mit der Unternehmenssteuerung und dem Controlling

Unternehmen stehen heute in einem extremen Spannungsumfeld: Auf der einen Seite müssen sie alles tun, um die Kosten im Griff zu behalten, wenn sie am Markt bestehen wollen, auf der anderen Seite fordert sie der Wettbewerb permanent heraus, neue Potenziale aufzubauen und diese effektiv und effizient zu nutzen. Die Planung und das Reporting sind für das Management und das Controlling unerlässliche Instrumente, um die dynamischen Änderungen im Wirtschaftsumfeld und im Unternehmen zu erkennen und den Kurs der Unternehmung erfolgreich abzustimmen. Das Controlling unterstützt das Management bei seinen Führungsaufgaben, indem es hilft, Transparenz über das Unternehmen und seine Umwelt zu schaffen. Diese benötigt das Management für die Bildung von Unternehmenszielen, die Schaffung von Rahmenbedingungen, das Treffen von Entscheidungen sowie

© Springer Fachmedien Wiesbaden GmbH, ein Teil von Springer Nature 2018
D. Schön, *Planung und Reporting im BI-gestützten Controlling*,
https://doi.org/10.1007/978-3-658-19963-0_2

die Initiierung ihrer Umsetzung. Wichtige Teilaufgaben des Controllings sind hierbei die Planung und das Reporting zur Erfolgskontrolle.[1]

Die Planung hilft bei der Ausrichtung an vorher gesetzten Zielen und Maßstäben, die im Rahmen eines Planungsprozesses erarbeitet werden. Sie zeigt bereits im Vorfeld Gestaltungsspielräume des Unternehmens auf und hilft später bei einer Kursänderung, die aufgrund auftretender Abweichungen notwendig geworden ist.

Das Reporting[2] soll transparent das Unternehmensgeschehen widerspiegeln und den Zielerreichungsgrad sowie deren Abweichungen aufzeigen. Es ist somit unerlässlich für die Steuerung des Unternehmens.

Planungs- und Reportingfunktionen sind im Kontext des Management-Regelkreises zu betrachten, der die Funktionen der Führung darstellt, die vom Controlling unterstützt werden (vgl. Abb. 2.1).

Ausgehend von den Visionen und Zielen der Unternehmung erfolgt die Planung des unternehmerischen Handelns. Entscheidungen zur Gestaltung der betrieblichen Zukunft werden gefällt und durch Maßnahmen realisiert. Mit Hilfe des Reportings lassen sich Zustände und Entwicklungen überwachen und analysieren, so dass es den Entscheidungsträgern

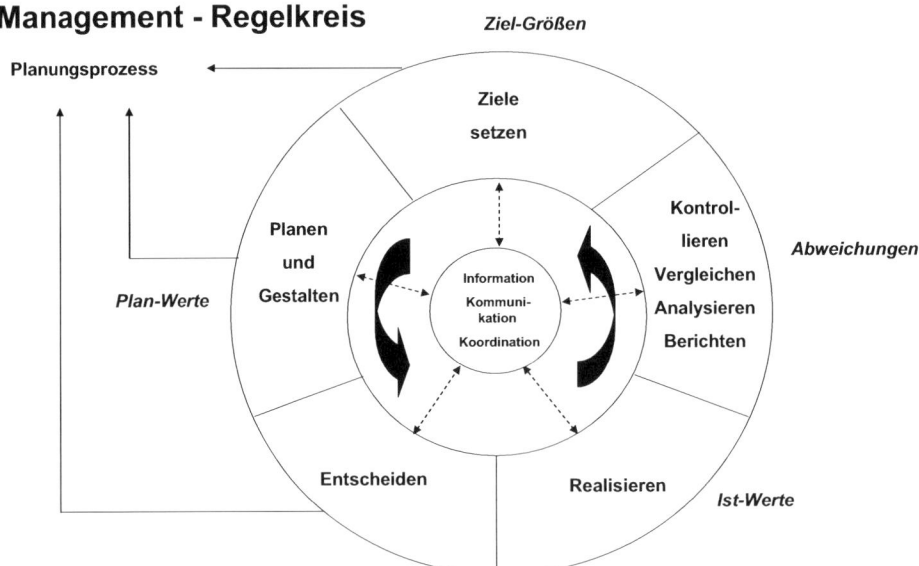

Abb. 2.1 Planung und Reporting im Management-Regelkreis. (Eigene Darstellung. Vgl. zum Management-Regelkreis ähnliche Darstellungen, die in der Kybernetik und in der Managementliteratur verwendet werden, z. B. Wild 1981, S. 40. Synonym für den Begriff Management-Regelkreis werden auch die Begriffe kybernetischer Regelkreis oder Steuerungskreis verwendet.)

---

[1] Vgl. Schön und Irmer (2010, S. 49–56) und Reichmann et al. (2017, S. 4–19).
[2] Neben dem Begriff Reporting wird synonym der Begriff Berichtswesen verwendet.

Abb. 2.2 Zeitdimensionen der
Unternehmensführung

möglich ist, Rückkopplungsprozesse zur Korrektur von Zielvorgaben, Plänen, Entscheidungen und Maßnahmen anzustoßen. Basis dieser Management-Regelkreisfunktionen ist der Austausch von Informationen sowie die Kommunikation und Koordination untereinander, die insbesondere durch das Controlling im Unternehmen unterstützt wird.

Wie komplex dieser einfach dargestellte Management-Regelkreis in Wirklichkeit ist, lässt sich schnell an der zeitlichen Dimension der Unternehmenssteuerung erkennen (vgl. Abb. 2.2).

Strategische, taktische und operative Aufgaben müssen miteinander verzahnt werden und dies oft konzern- und weltweit. Dynamische Marktveränderungen, Unternehmensumstrukturierungen und kürzere Produktzyklen erfordern immer wieder neu zusammengestellte, entscheidungsrelevante Informationen. Dennoch sollte die Transparenz und die Genauigkeit der Informationen nicht leiden und sie sollte entsprechend anwendergerecht zur Verfügung gestellt werden. Schaut man auf den Softwaremarkt, so kann man schnell den Eindruck bekommen, dass es eine Vielzahl an leistungsfähigen Planungs- und Reportingtools gibt, die das Analysieren zum kinderleichten Mausklick machen. Gerade mit Business Intelligence und Big Data Analytics suggeriert die IT-Welt, dass Managementaufgaben in Zukunft quasi per Klick und Rechenalgorithmus gelöst werden könnten (vgl. hierzu Kap. 5). Dies ist aber nicht so. Fragt man das Management selbst, so fühlen sich viele mit Informationen überversorgt ohne jedoch richtig informiert zu sein. Planungs- und Informationsdefizite sind also immer noch vorhanden. Die Probleme hierfür sind vielschichtig. Sie können aber mit Hilfe BI-gestützter Controlling-Systeme gemeistert werden.

2.2 Grundlagen zur Planung und zum Reporting

Ausgehend von der Zielgestaltung sind Planung und Reporting zur Steuerung des Unternehmens seit jeher das zentrale Koordinations- und Kommunikationsinstrument für das

Management und Controlling. Erstaunlicherweise findet man in der Literatur erst in den letzten Jahren verstärkt Beiträge und Bücher, die sich intensiver entweder mit der Planung oder dem Reporting beschäftigen. Zudem findet man Veröffentlichungen von umgesetzten Praxislösungen, die vor allem auf Besonderheiten, Probleme und Umsetzungsvorschläge der jeweiligen Berichts- und Planungssysteme hinweisen.[3] Aus diesem Grunde soll die Untersuchung ausgehend von der Definition, den Zielen und Aufgaben der Planung und des Reportings systematisch den Integrationsaspekt von beiden Seiten betrachten. Anschließend wird ein gemeinsames Analyseprofil mit den 4 Hauptperspektiven „Inhalt, Organisation, Prozesse und IT-Unterstützung" entwickelt, an denen die Planung und das Reporting gemeinsam und nicht isoliert untersucht werden. In vielen Fällen treffen die Aussagen sowohl auf die Planung als auch auf das Reporting zu. In den Fällen, wo Planung und Reporting Unterschiede aufweisen, wird dies besonders herausgestellt.

2.2.1 Planungsdefinition

Zur Beurteilung der Leistung, Produktivität und Wirtschaftlichkeit sind in allen Unternehmensbereichen Orientierungsgrößen und Vergleichsmaßstäbe erforderlich.

Eine zukunftsbezogene Unternehmensführung benötigt entscheidungsrelevante Informationen, die Prognosecharakter besitzen. Dies gilt für alle Teilbereiche der Unternehmensplanung. In Anlehnung an die Definition von Wild wird die Unternehmensplanung wie folgt definiert:

> Die **Unternehmensplanung** umfasst das systematische, zukunftsbezogene Durchdenken und Festlegen von Unternehmenszielen sowie Maßnahmen, Mittel und Wege zur Zielerreichung.[4]

Die Unternehmensplanung lässt sich nach den Kriterien Planungsobjekt, Planungsinhalt und Planungshorizont differenzieren.[5]

Objekte sind die betrachteten Gegenstände und Verantwortungsbereiche, die der Planung zu Grunde liegen, wie z. B. Gesellschaften, Kostenstellen, Kostenträger, Kunden, Lieferanten, Mitarbeiter, Anlagen etc. Der Inhalt umfasst die Mengen- und Wertgerüste sowie weitere Eigenschaften, die bezüglich der Planungsobjekte prognostiziert und budgetiert werden.

In Anbetracht des Planungshorizontes unterscheidet man die generelle Unternehmenszielplanung, die strategische und die operative Unternehmensplanung. Der Planungshorizont gibt den Zeitraum (kurz-, mittel-, langfristig) an, für den geplant werden soll.

---

[3] Vgl. Horváth (2008, S. 17).
[4] Vgl. Wild (1981, S. 13).
[5] Vgl. Homburg (1991, S. 18).

In der folgenden Abb. 2.3 wird ein beispielhaftes Planungsmodell für die Gesamtunternehmung skizziert, in dem die wesentlichen Teilpläne der Unternehmensplanung sowie ihre Beziehung untereinander aufgeführt sind. Zur besseren Unterscheidung der Plandatenebene sind dabei monetäre bzw. wertmäßige Pläne grau unterlegt.[6]

Die Planung von Kosten und Leistungen erlaubt eine Vorschau darauf, wie sich zukünftige Unternehmensaktivitäten auf das Betriebsergebnis auswirken und liefert somit nutzbare Entscheidungsgrundlagen für die Unternehmenssteuerung.[7]

Viele Informationsanforderungen für Entscheidungsprobleme des Managements, z. B. Make-or-Buy-Entscheidungen, Verfahrensauswahlentscheidungen, Produktionsprogramm- und Produktionsmengenentscheidungen, sind zukunftsorientiert, d. h. es werden erfolgsorientierte Plan- bzw. Prognosedaten vor allem in Form von monetären bzw. quantitativen Daten benötigt.[8] Aufgrund zunehmender qualitativer Informationsanforderungen des Managements, verbunden mit neuen Managementkonzepten (u. a. Balanced Scorecard, Benchmarking, Customer Relationship Management), werden verstärkt nichtmonetäre Informationen wie z. B. Qualitätsmerkmale, Kundeneinschätzung und Mitarbeiterzufriedenheit ergänzt.

Die vorhandenen Interdependenzen zwischen den vorgelagerten mengenorientierten Teilplänen mit den nachgelagerten wertmäßigen Erfolgs- und Finanzplänen erfordern aus theoretischer Sicht eine simultane Gesamtplanung.[9] Da allerdings eine simultane betriebliche Gesamtplanung, welche möglichst viele der komplexen betrieblichen Zusammenhänge berücksichtigt, als nicht realisierbar angesehen wird, kann eine schlüssige und konsistente Unternehmensplanung nur auf einer sukzessiven Planung der betrieblichen Teilpläne aufbauen.[10] Der Ablauf orientiert sich zumeist an der betrieblichen Prozesskette und deren Engpassbereich, angefangen von der Absatzplanung und Lagerbestandsplanung über die weiteren Prozess- und Potenzialpläne bis hin zu den bewerteten monetären Plänen (Finanz-, Erfolgs- und Bilanzplanung) einschließlich der verdichteten Ausprägungen in Kennzahlensystemen, Management- und Konzernberichten.

Der Ablauf der Planungsrechnung vollzieht sich dabei in einzelnen Schritten, die nach dem System des Management-Regelkreises mehrfach durchlaufen werden müssen (vgl. Abschn. 2.2). Theoretisch gesehen erfolgt solange eine erneute Abstimmung der betrieblichen Teilpläne, bis die Ergebnisse der operativen Planung mit den von der Gesamtunternehmung geforderten Zielen kompatibel sind. Hierbei lassen sich die strategisch abgeleiteten Zielgrößen der Geschäftsleitung (z. B. Ergebnis- und Produktivitätsvorgaben) mit den operativen Planzahlen der einzelnen Unternehmensbereiche im Sinne des Gegenstromverfahrens Schritt für Schritt anpassen. In der Unternehmenspraxis sind solche Planungszyklen kaum durchführbar, da sie zu viel Zeit und Ressourcen in Anspruch nehmen würden, so dass man sich auf einige wenige Planungsrunden und grobe Plan-

---

[6] Vgl. Schön (1999, S. 23).
[7] Vgl. Krause und Fröhling (1991, S. 275).
[8] Vgl. Hummel (1992, S. 76 ff.).
[9] Vgl. Horváth (2009, S. 163 ff.).
[10] Vgl. Scherrer (1991, S. 143).

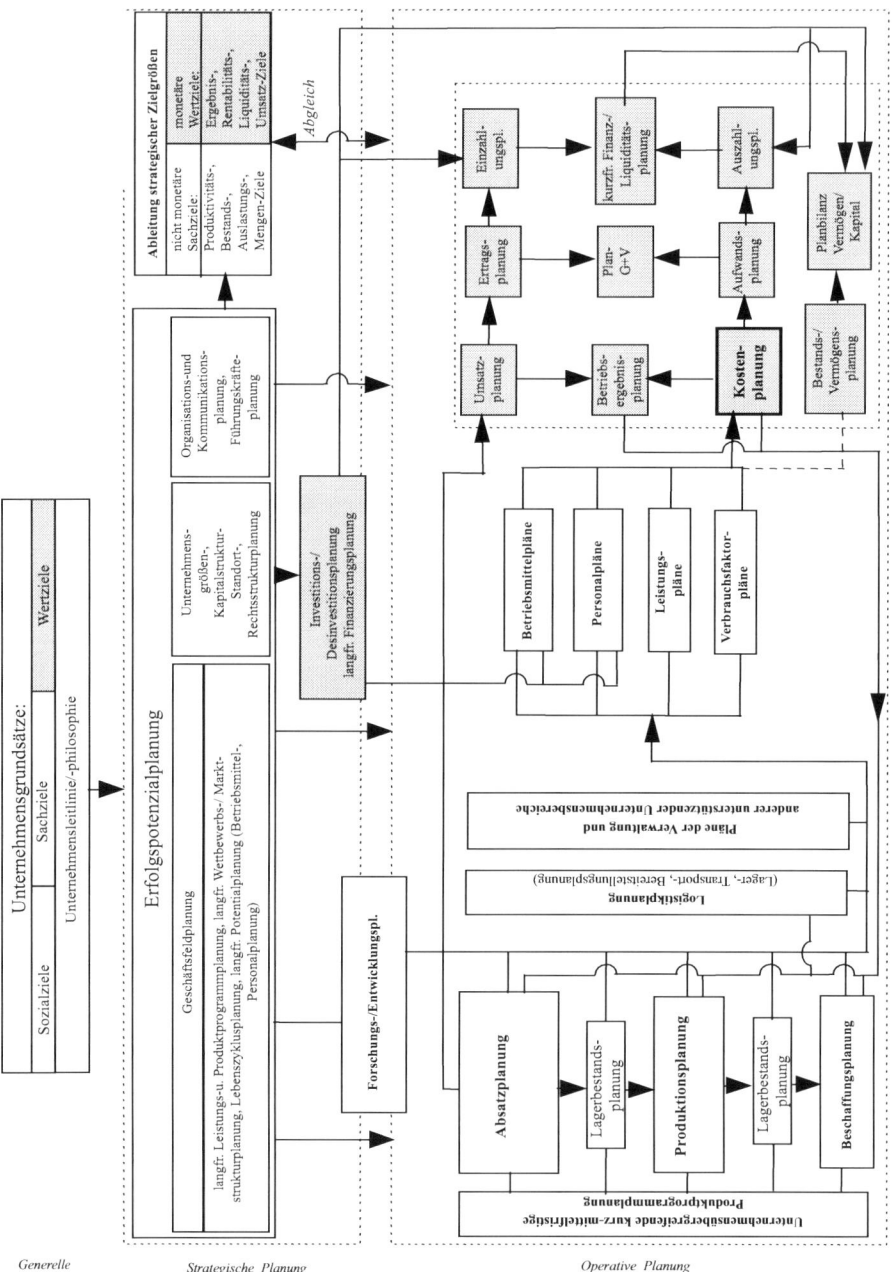

Abb. 2.3 Interdependenzen der betrieblichen Teilpläne. (Entnommen aus Schön 1999, S. 23)

korrekturen beschränkt. In der Unternehmenspraxis sind zudem einseitig ausgerichtete Planungsprozesse zu finden, die entweder nur Top-Down oder nur Bottom-Up ausgerichtet sind (vgl. Abschn. 4.2.2.1). Neben der operativen jährlichen Budgetierung spielen heute unterjährige Prognosen (Forecasts) im zyklischen Planungsprozess (vgl. Abschn. 4.2.2) in der Unternehmenssteuerung eine größere Rolle. Hier werden vor allem aktualisierte Einschätzungen der Führungsverantwortlichen für Planungsänderungen benötigt. Zudem können Kosten- und Erfolgstreiber-basierte Planungen mit BI-Technologie aufgebaut werden, bei denen mit Hilfe von definierten Berechnungsalgorithmen (Werttreibermodelle) Planungen und Prognosen mit Hilfe der Veränderung von wenigen Erfolgs- und Kostentreibern durchgerechnet werden können (vgl. Abschn. 5.4.5). Mit der In-Memory-Technologie können umfangreiche Planungsprozesse mit komplexen Rechenalgorithmen deutlich schneller die Plan- und Prognoseberechnungen zur Verfügung stellen (vgl. Abschn. 5.7). Hiermit lassen sich größere Datenmengen zeitnah und mit hoher Geschwindigkeit verarbeiten, so dass rechenintensive iterative Planungsprozesse davon profitieren können. Abstimmungsprozesse bleiben aber unberührt. Die Big-Data-Technologie kann hingegen für die Verarbeitung großer Datenmengen u. a. aus externen Datenquellen, wie z. B. Sozialen Netzwerken oder Online-Markt-Plattformen, genutzt werden (vgl. Abschn. 5.7). Im Vorfeld der Planung können hiermit partiell z. B. veränderte Kundenbedürfnisse erkannt werden, die mit in der Planung berücksichtigt werden. Eine Vollautomatik bei der Planung wird es aber nicht geben. Die Planungsverantwortlichen behalten die Hoheit über den Planungsprozess. Die Technik hilft, wo es sinnvoll ist.

Der Planungsprozess kann nicht losgelöst von der Entscheidung, Realisierung und Kontrolle gesehen werden, da eine Planung ohne Kontrolle sinnlos ist und eine Kontrolle ohne Planung nicht funktioniert. Aus diesem Grunde ist bei unterschiedlichen Systemeinsätzen von Planungs- und Reportingtools die Hoheit festzulegen, in welcher Applikation die Analyse der Abweichungen stattfindet. Werden unterschiedliche Systeme für Planung und Reporting eingesetzt, sind auch Import- und Exportschnittstellen zu berücksichtigen. Die Phasen des Planungs- und Steuerungsprozesses und somit auch der Zusammenhang zwischen Planung und Reporting werden in der Abb. 2.4 angedeutet. Das Reporting übernimmt die Aufgabe der Analyse und Kontrolle. Darüber hinaus ist das Reporting aber auch Lieferant für Informationen im Zielbildungs- und Planungsprozess und unterstützt damit die gesamte Unternehmenssteuerung.

2.2.1.1 Exkurs Budgetierung, Better und Beyond Budgeting

An dieser Stelle soll in einem kleinen Exkurs auf die Diskussion bezüglich der (traditionellen) Budgetierung sowie dem Better und Beyond Budgeting eingegangen werden.

Vielfach wird der Begriff Budgetierung gleichgesetzt mit dem Begriff der Kostenplanung. Anders als bei dieser ungenauen begrifflichen Abgrenzung versteht man allerdings unter Budgetierung das konkrete zahlenmäßige Festlegen der geplanten Wert- und ggf. Mengengrößen für einen betrieblichen Teilbereich im Rahmen der operativen Kosten- und

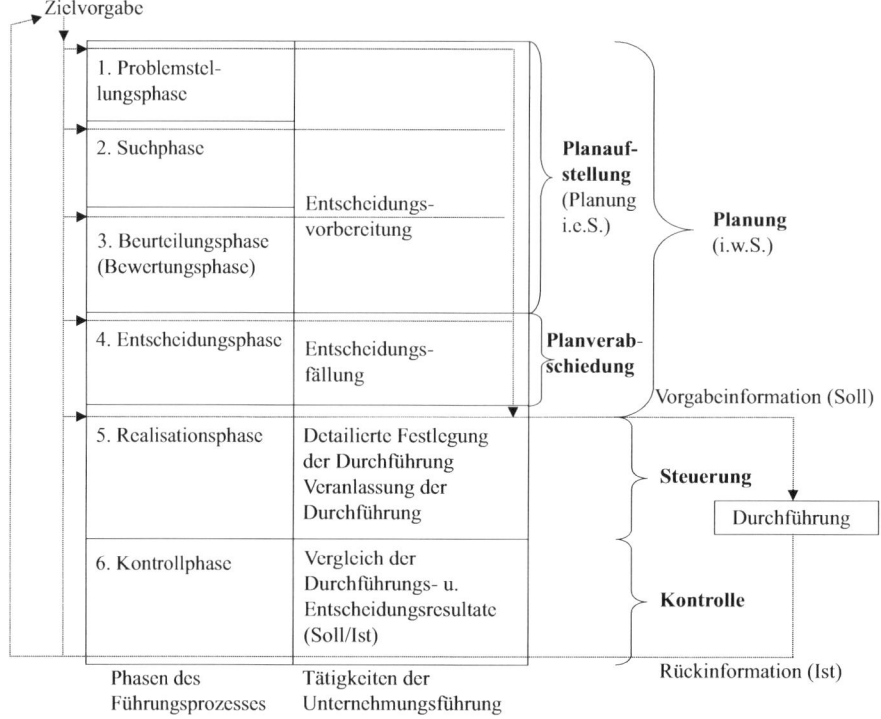

Abb. 2.4 Phasen des Planungs- und Steuerungsprozesses. (In Anlehnung an: Hahn 1994, S. 42)

Leistungsplanung.[11] Das Budget ist dabei die wertmäßige Zielvereinbarung zweier Parteien (z. B. der Geschäftsleitung und der Bereichsleitung) und bildet das abschließende Glied in der Kette der Planwertgenerierung. Durch die Budgetvorgaben erfolgt eine Delegation der Entscheidungs- und Handlungsfreiheit in dezentrale Bereiche, die zur Entlastung der Führungskräfte führt. Kritisiert wird die Budgetierung u. a. wegen des hiermit verbundenen bürokratischen Aufwandes und der ggf. entstehenden dysfunktionalen Verhaltensweisen. Beispielsweise werden nicht genutzte Budgets im Folgejahr einfach gekürzt (budget wasting) oder es werden Puffer eingebaut, um die Ziele einfacher zu erreichen (budgetary slacks).[12]

Neuere Konzepte des „Better Budgeting" sollen bürokratische Nachteile der Budgetierung durch systematische Beschleunigung, Vereinfachung und Flexibilisierung der traditionellen Budgetierung beheben. Dieser instrumentelle Wandel wird im Wesentlichen durch verbesserte Reporting- und Planungstools erreicht. Diesem Ansatz folgt auch dieses Buch. Zudem wird aber neben der IT-Unterstützung die Verbesserung auch in Bezug zum fachlichen Inhalt, der organisatorischen Einbindung und der Prozessunterstützung betrachtet.

---

[11] Vgl. Wild (1981, S. 40).
[12] Vgl. Wala und Haslehner (2009, S. 308).

„Beyond Budgeting" hingegen will auf die traditionelle Budgetierung verzichten und sie durch ein neues Steuerungsinstrumentarium ersetzen. Hierbei handelt es sich um einen grundlegenden Wechsel im Managementansatz, welcher auf operative Planung und Budgets verzichtet. Protagonisten des Beyond Budgeting sind Jeremy Hope, Robin Fraser sowie Peter Bunce, die anhand von Vorzeigebeispielen wie der Svenska Handelsbanken oder der Boots Healthcare International (BHI) einen umfassenden Managementansatz propagieren, der anstelle von Budgets mit zielgerichteten Key Value Drivers (20 % der Informationen (KVD) = 80 % des Erfolges), internen und externen Benchmarks sowie flexiblen strategischen Initiativen steuert.[13] Hier weist dieses Konzept große Ähnlichkeiten mit dem Balanced Scorecard-Ansatz auf. Als Managementforum wird ein sogenannter BBRT (Beyond Budgeting Round Table) eingerichtet. Das neue Steuerungsinstrumentarium verwendet keine operativen, planbasierten Rechnungssysteme mit Budgets, steuert aber mit zukunftsgerichteten Forecasting-Werten. Der Ausschnitt der rein operativen Planung und Budgetierung wird also beim Beyond Budgeting nicht benötigt, hingegen rücken strategische Werkzeuge und das Forecasting in den Vordergrund.

Auf eine operative Planung und Budgetierung kann m. E. allerdings nicht verzichtet werden. Der Beyond-Budgeting-Ansatz ist aus folgenden Gründen **nicht** haltbar:

- Forecast ist eine Variante der Planung, in der das kumulierte Ist um eine operative Restplanung ergänzt wird (ggf. rollierend). Planung wird also doch benötigt.
- Eine fundierte Planung eines neuen Geschäftsfeldes kommt nicht ohne eine Neuplanung aus.
- Zur Steuerung der Unternehmen sind Kalkulationen, Preisermittlungen und Tarifermittlungen notwendig, die auf Basis einer operativen Planung und Budgetierung generiert werden. Diese wären ohne eine operative Planung und Budgetierung gar nicht möglich.

2.2.2 Ziele und Aufgaben der Planung

Die zentrale Aufgabe der Unternehmensplanung besteht darin, zukünftige, im Verlauf der betrieblichen Unternehmensprozesse entstehende Entwicklungen zumeist unter Unsicherheit zu quantifizieren (Prognosefunktion) und einen Vergleichsmaßstab für die Analyse der tatsächlichen Entwicklung aufzustellen (Informations- und Dokumentationsfunktion). Aufgabe der Unternehmensplanung ist die Bestimmung der angestrebten Leistungen und der hierfür einzusetzenden Ressourcen sowie der sich hieraus ergebenen Wirtschaftlichkeit zukünftiger Perioden (Gestaltungsfunktion). Hierbei soll durch die Bereitstellung von Informationen die Grundlage für Entscheidungen und dispositive Zwecke zur Steuerung des Unternehmens gegeben werden. Abweichungs-, Vergleichs- und Simulationsanalysen helfen bei der Planung und Kontrolle der Effektivität und Wirtschaftlichkeit sowie bei der

---

[13] Hope und Fraser (1999).

Schaffung von unternehmerischen Handlungsspielräumen und der Ausnutzung von alternativen Gestaltungsmöglichkeiten (vgl. Abb. 2.5).[14]

Weitere wesentliche Merkmale der Unternehmensplanung sind:

- Sie vollzieht sich in einem mehrstufigen, entscheidungsorientierten Prozess.
- Sie ist ein systematischer, rationaler und zum Teil subjektiver Informationsverarbeitungsprozess (Koordinations- und Integrationsfunktion), der von legitimierten Planungsträgern bestimmt wird.
- Sie erfolgt aufgrund ihrer Komplexität mit Hilfe von Informationstechnologien (vgl. Kap. 5).
- Sie ist zielgerichtet, zukunftsorientiert und setzt die Willensbildung der Beteiligten voraus (Zielsetzungsfunktion).
- Sie erfüllt Vorgabe- und Orientierungsfunktionen, indem versucht wird, eine Abbildung der zukünftig angestrebten Wirklichkeit zu schaffen (Zielsetzungs-, Steuerungs-, Zielerreichungsfunktion).
- Sie soll motivieren und Anreize zur Verbesserung der Unternehmenssituation und Wirtschaftlichkeit geben. Rationalisierungsmöglichkeiten sollen aufgedeckt werden (Innovationsfunktion, Anreiz- und Motivationsfunktion).

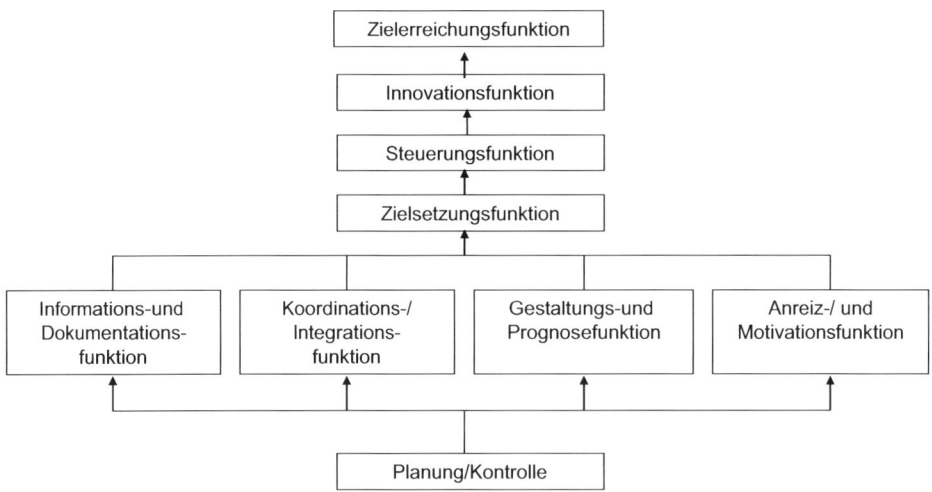

Abb. 2.5 Ziele und Aufgaben der Planung. (In Anlehnung an Töpfer 1976, S. 97)

---

[14] Vgl. Gabele und Fischer (1992, S. 126).

2.2.3 Reportingdefinition

Zum Begriff des betrieblichen[15] Reportings (Berichtswesens) hat jeder für sich schnell eine Vorstellung. Man stellt sich verschiedene papier- oder IT-gestützte Managementberichte und Analysen vor, in denen mit Tabellen, Diagrammen und Kommentaren unterschiedlichste Informationen dargestellt werden. Nimmt man die Definitionen näher unter die Lupe, so lassen sich unterschiedlich weite Definitionen zum Reporting finden.

Weber z. B. versteht unter dem Begriff des Berichtswesens die Gesamtheit der an unternehmensinterne Adressaten gerichteten Berichte eines Unternehmens.[16] Andere Autoren wie Taschner unterscheiden interne und externe Adressaten. Bei den internen Adressaten werden weiterhin Führungskräfte und Mitarbeiter ohne Führungsaufgaben unterschieden.[17]

Im *Gabler-Wirtschaftslexikon* werden unter dem Berichtswesen alle systematisch erstellten, entscheidungs- und führungsrelevanten Informationen in schriftlicher oder elektronischer Form für interne und externe Adressaten verstanden.[18]

Küpper fasst das Reporting weiter. Es umfasst bei ihm das gesamte betriebliche Informationswesen, aber auch die dazugehörige Datenverarbeitung.[19]

Eine weitreichende Definition liefert Blom, bei dem das betriebliche Berichtswesen „alle Einrichtungen, Mittel und Maßnahmen eines Unternehmens (...) zur Erarbeitung, Weiterleitung, Verarbeitung und Speicherung von Informationen über den Betrieb und seine Umwelt" umfasst.[20] Wie Blom bezieht auch Reichmann den Informationsversorgungsprozess als wichtigen Bestandteil des Reportings mit ein.[21]

Horváth hingegen fasst die Definition des Management-Reportings wesentlich kürzer. Als Teil des betrieblichen Berichtswesen umfasst das Management-Reporting laut Horváth die Phasen der Informationsbereitstellung und -übermittlung sowie die Informationsnutzung, aber nicht die Phasen der Informationsbedarfsermittlung, -beschaffung und -erzeugung.[22]

Die Dimensionen der Reportingdefinition lassen sich demnach nach dem Empfängerkreis der Informationen, dem inhaltlichen Umfang der Information und dem Prozess der Informationsversorgung eingrenzen (vgl. Abb. 2.6).

Im Gegensatz zu Horváth ist meines Erachtens auch der frühe Informationsprozess untrennbar vom Berichtswesen, da gerade die Informationsbedarfsermittlung und die Be-

---

[15] Die Aussagen zum betrieblichen Reporting und zur Planung können neben privatwirtschaftlichen Einrichtungen durchaus auch auf öffentliche und gemeinnützige Einrichtungen übertragen werden. Vgl. Pook und Tebbe (2002, S. 159).
[16] Vgl. Weber et al. (2005, S. 13).
[17] Vgl. Taschner (2013, S. 2 f.).
[18] Vgl. Gablerlexikon (2004, S. 364).
[19] Siehe Küpper (1995, S. 148 ff.).
[20] Vgl. Blom (1975, S. 1924–1930).
[21] Vgl. Reichmann (2011, S. 12).
[22] Vgl. Horváth (2008, S. 18–20).

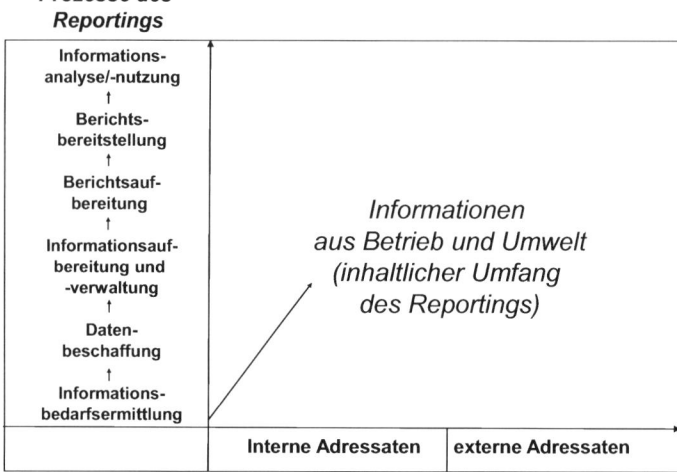

Abb. 2.6 Dimensionen der Reportingdefinition

schaffung der Quelldaten wichtig für das Reporting sind und sich somit schlecht hiervon trennen lassen.[23] Zudem stellt die Aufbereitung und Verwaltung der Quelldaten eine besondere Aufgabe für das Reporting dar. Mit dem Aufbau eines Data Warehouses im BI-gestützten Controlling wird eine Informationsebene erstellt, die im Sinne eines Single Point of Truth zur Verbesserung der Entscheidungsqualität des Managements beiträgt (vgl. Abschn. 5.5–5.7).

Zusammengefasst fällt die hier genutzte Reporting-Definition weiter aus:

> Unter dem **betrieblichen Reporting** im weitesten Sinne ist die Informationsbedarfsermittlung, -beschaffung, -aufbereitung, -bereitstellung, -nutzung und -analyse aller steuerungs- und entscheidungsrelevanter Informationen des Betriebs und seiner Umwelt für externe und interne Adressaten des Unternehmens in Form von Berichten zu verstehen, wobei diese idealerweise adressatengerecht gebündelt in einem Reportingsystem aufbereitet werden.

Da Planung und Reporting im Zusammenhang mit dem Management-Regelkreis eng miteinander in Verbindung stehen, kann die allgemeine Planungsdefinition sinnvoll erweitert werden.

---

[23] Vgl. Horváth (2008, S. 18).

Die **Unternehmensplanung** umfasst das systematische, zukunftsbezogene Durchdenken und Festlegen von Unternehmenszielen sowie Maßnahmen, Mittel und Wege zur Zielerreichung.[24] Hierzu bedarf es einer planungsrelevanten Informationsbedarfsermittlung, -beschaffung, -aufbereitung, -bereitstellung und -nutzung aller steuerungs- und entscheidungsrelevanter Informationen des Betriebs und seiner Umwelt für die Planungs- und Steuerungsverantwortlichen im Unternehmen. Planungswerkzeuge, wie Planungsformulare und -funktionen, werden hierbei idealerweise adressatengerecht in einem Planungssystem zur Verfügung gestellt.

Planung und Reporting sind sinnvoll zu integrieren und aufeinander abzustimmen.

2.2.4 Ziele und Aufgaben des Reportings

Ziel des Reportings ist es, den jeweiligen Berichtsempfängern möglichst schnell aktuelle, richtige und relevante Informationen (Informationsfunktion) für die anstehenden Entscheidungen und Steuerungsfragen (Steuerungsfunktion) zur Verfügung zu stellen. Hierbei unterstützt das Reporting das Management in jeder Führungsebene (Führungsfunktion) des Unternehmens und hilft den verantwortlichen Mitarbeitern die aktuelle Situation und die Zielerreichung (Kontroll- und Analysefunktion) besser einzuschätzen und zukünftige Situationen zu antizipieren (Prognosevorbereitungsfunktion). Im Zusammenspiel der Entscheidungsträger unterschiedlicher Unternehmensbereiche hilft das Reporting bei der Kommunikation untereinander und bei der Koordination ihrer Aufgaben (Kommunikation- und Koordinationsfunktion). Es gibt Anregungen für die Ausgestaltung des Unternehmens und motiviert zu wirtschaftlichen Handlungen (Innovations- und Motivationsfunktion) ggf. unterstützt durch Anreizsysteme (Anreizfunktion). Das Reporting soll dabei bestmöglich folgende Grundfragen beantworten:[25]

- Warum soll berichtet werden? (Berichtszweck/Nutzen)
- Was soll berichtet werden? (Inhalt, Detaillierungsgrad)
- Wie soll berichtet werden? (Gestaltung, Medium)
- Wer soll für wen berichten? (Ersteller und Empfänger)
- Wann und wo soll berichtet werden? (Zyklus der Berichte und Ort der Präsentation)

Der generelle Berichtszweck wurde bereits im Rahmen der Vorstellung des Management-Regelkreises angesprochen (vgl. Abschn. 2.1). Berichte dienen als Informationsgrundlage für die Steuerung des Unternehmens, also die Beeinflussung der Mitarbeiter, der Prozesse und organisatorischen Rahmenbedingungen des Unternehmens durch die

---

[24] Vgl. Wild (1981, S. 13).
[25] Vgl. Antony et al. (1972).

Leitungs- und Führungskräfte, die im Prozess der Zielbildung, Gestaltung, Planung, Realisation und Kontrolle des Management-Regelkreises direkt oder indirekt initiiert werden.

Die wichtigsten **Aufgaben des Reportings** können stichpunktartig wie folgt zusammengefasst werden:

- Dokumentation und Information von betrieblich relevanten Sachverhalten, hierdurch
- verbesserte Kommunikation
- verbesserte Koordination
- verbesserte Analyse und Kontrolle
- verbesserte Entscheidungsgrundlage
- verbesserte Steuerung und Führungsunterstützung
- verbesserte Grundlage für die Zielfindung, Gestaltung, Prognose und Planung

Zusammenfassend schafft das Reporting die notwendige Transparenz für die Unternehmensführung. Damit eine transparente Informationsgrundlage vorliegt, müssen folgende Grundanforderungen der Informationen erfüllt sein:

- Weitgehende Vollständigkeit der Informationen
- Schnelle Verfügbarkeit der Informationen
- Komplexitätsreduktion[26] bzw. Detailausprägung der Informationen für die jeweilige Analyse und Entscheidungsfindung
- Richtigkeit der Informationen was Datenkonsistenz, Verständlichkeit, Relevanz und Widerspruchsfreiheit betrifft.

Insbesondere die Vollständigkeit und die Komplexitätsreduktion bergen einen Zielkonflikt in sich, der dadurch behoben werden kann, dass das Reporting gestuft zu gestalten ist. Adressatenbezogen ist z. B. zunächst eine Übersicht der verfügbaren Berichte und Informationen zu liefern, bevor der Berichtsempfänger schrittweise von verdichteten bis zu detailliert aufgelösten Informationen analysieren kann.

Der Zielkonflikt zwischen der schnellen Verfügbarkeit von Informationen und der Richtigkeit und Vollständigkeit der Informationen kann vor allem durch moderne IT (vgl. Kap. 5) und organisatorische Maßnahmen (vgl. Kap. 4) verbessert werden.

Im Idealfall sollte das Unternehmensreporting diesen Anforderungen gewachsen sein. Eine zunehmend größere Unternehmenskomplexität in einem ständigen dynamischeren Wirtschaftsumfeld führt allerdings zu einem Informationsdilemma hinsichtlich des Auseinanderklaffens von Informationsentstehung, -verarbeitung und -bedarf.[27] Auf der einen Seite werden die Entscheidungsträger mit einer Flut von zum größten Teil veralteten und vergangenheitsbezogenen Daten unterschiedlichster Quellen und Systeme erschlagen, währenddessen sie auf der anderen Seite schnelle, aktuelle, relevante, zuverlässige und zumeist zukunftsbezogene Informationen für ihre Entscheidungen benötigen. Das Wachstum

---

[26] Vgl. Mehrmann (2004, S. 55 f.).
[27] Vgl. Nölken (2002, S. 25).

der hierfür zusätzlich in Frage kommenden strukturierten Daten, wie z. B. Erfolgs- und Finanzdaten, sowie unstrukturierten Daten, z. B. in Form von Sensordaten der Maschinen und Teile oder in Form von Videos und Blogeinträgen im Internet, steigt zudem erheblich an.

2.2.5 Generelle Beeinflussungsgrößen von Planung und Reporting

Der **Umfang und die Ausprägung des Reportings** und der Planung ist von vielen Einflussfaktoren geprägt. Generelle Beeinflussungsgrößen sind:

- Die **Dynamik der Umwelt- und Umfeldbedingungen** eines Unternehmens fordert die ständige Neuausrichtung und Anpassung an die sich ändernden Gegebenheiten.
- Die **strategische Zielausrichtung eines Unternehmens** ist mit Hilfe der Planung und des Reportings anzusteuern (vgl. Abschn. 3.1).
- Die **wertschöpfungstreibenden Faktoren des Geschäfts** (vgl. Abschn. 3.2) sind zentral in der Planung und im Reporting abzubilden.
- Liegen **Unternehmensverbindungen** vor, so ergeben sich Planungs- und Berichtsanforderungen für die übergeordnete Unternehmenseinheit, z. B. fordert die Holding eine Planung und ein Reporting für ihre Beteiligung ein. Hinzu kommen die Konsolidierungsanforderungen und die hiermit verbundene Berücksichtigung der Intercompany-Beziehungen (vgl. Abschn. 4.1.2).
- Die **Organisationsstruktur** und die Verantwortungs- und Entscheidungsbereiche (vgl. Abschn. 4.1.3) sowie **der Führungsstil** des Managements (vgl. Abschn. 4.1.4) beeinflussen Inhalte und Adressaten der Planung und des Reportings.
- Die **Unternehmensgröße:** je größer das Unternehmen ist, desto umfangreicher sind i. d. R. auch Planungs- und Reportinglösungen (vgl. Abschn. 4.1.1).
- Ein **international ausgerichtetes Unternehmen** mit mehreren ausländischen Standorten und Vertretungen benötigt ggf. über die Konzernsprache hinausgehende mehrsprachige Systemlösungen. Zudem sind kulturelle und rechtliche Vorschriften des jeweiligen Landes zu berücksichtigen.
- **Branchenbesonderheiten** sind in der Planung und im Reporting zu berücksichtigen. Beispielsweise müssen im Krankenhausmanagement pflichtmäßig Statistiken (E1–E3) über spezielle medizinische Leistungen erstellt werden. Andere Branchen wie z. B. die Versicherungen haben mit dem Risikoreporting andere Besonderheiten.

Deshalb kann an dieser Stelle auch keine Empfehlung über die Anzahl der Online-Berichte und die Seitenzahl der Druckberichte abgegeben werden. In der Unternehmenspraxis sind nicht selten Unternehmen zu finden, die im Monat mehr als 30 Berichte mit einer Gesamtanzahl von bis zu 50–100 Seiten erstellen. Bei der Gestaltung des Reportings kommt es aber darauf an, wie ausgewogen der Umfang des Berichtswesens ist und das die Informationsdichte die Anforderung der Entscheidungsträger und Berichtsadressaten möglichst optimal erfüllt.

Bei der Gestaltung der Planung kommt es wie im Reporting darauf an, eine ausgewogene Planung zu erstellen. Sie darf auf der einen Seite nicht zu detailliert sein, da sie ansonsten sehr aufwändig für die an der Planung Beteiligten ist und neben der Unwirtschaftlichkeit zudem noch Frustration mit sich bringt. Auf der anderen Seite darf sie nicht zu grob sein, da ansonsten die Analyse- und Steuerungsfunktionen der Planungen nicht greifen.

Zudem ist die Form (z. B. Online, Mobile, Druck) der Berichtsausgabe bzw. der Planungseingabe auf den Berichtsadressaten auszurichten. Hier wird Einfachheit und Bedienungskomfort erwartet.

2.3   Integriertes Analyseprofil für die Planung und das Reporting

In den meisten Quellen zum Thema Planung und Reporting erfolgt die Analyse entweder komplett losgelöst nur zum Thema Planung oder nur zum Thema Reporting. Dies ist zwar prinzipiell aufgrund der Komplexität dieser Analysebereiche zu verstehen, aber vorteilhafter ist sicherlich die Verbindung beider Themen. Auch in der Unternehmenspraxis werden häufig Planungs- und Reportingprojekte unabhängig voneinander initiiert, obwohl

Fachlicher Inhalt:	**IT-Unterstützung:**

• Bezug zur Unternehmensstrategie
• Wertschöpfungstreibende Faktoren des Geschäftsmodells
• Planungs-/Berichtsinhalte
  (Struktur und Navigation, Berichts- und Planungsobjekte)
• Planungsformular-/Berichtsgestaltung
  (Berichtsarten, Grundformen, Filter-/Selektionsmöglichkeiten, Layout, Besonderheiten der Planungsformulare)
	• Hardware
	• Software
	  • ERP-gestützte Systeme
	  • Tabellenkalkulationsprogramme
	  • Relationale Datenbank-gestützte Systeme
	  • Data-Warehouse- und BI-gestützte Systeme
	    (Anforderungskriterien: Datenanbindung, Datenmodellierung, -harmonisierung und -qualität, Analyse- und Planungsfunktionalität, Flexibilität und Gestaltungsmöglichkeiten, Geschwindigkeit etc.)
	• Mobile BI
	• Big-Data-Analytics

Organisation:	**Prozesse:**

• Unternehmensverbindungen
• Aufbauorganisation
• Führungsstil
• Unternehmensgröße
• Adressaten/Empfänger der Planung/Berichte
• Sender/Ersteller/Koordinatoren der Planung/Berichte
  (zentrale und dezentrale Verantwortlichkeiten)
	• Einführungsprozesse
	  (Rahmenbedingungen, Informationsbedarfs- und Ist-Analyse, Best-Practice-Abgleich, Blueprint, Sollkonzept, IT-Auswahl, IT-Konzept und Implementierung, Coaching/Schulung)
	• Zyklische Durchführungsprozesse
	  • Zyklischer Planungsprozess
	    (Vorbereitung (u.a. Datenaufbereitung), Durchführung, Abstimmung und Genehmigung)
	  • Zyklischer Reportingprozess
	    (Informationsbeschaffung, -aufbereitung, Berichtserstellung, Analysevorbereitung, Berichtsbereitstellung, Informationsanalyse und Steuerung)
	• Qualitätssicherungsprozesse (u.a. Support)

Abb. 2.7 Vier-Felder-Ordnungsrahmen für das Reporting und die Planung

ein Planungsprojekt immer auch das Reporting und ein Reportingprojekt auch immer die Planung mit berücksichtigen sollte. Ansonsten können Abstimmungsprobleme wie Überschneidungen und Lücken oder Fehlinterpretationen bei Objekten und Inhalten entstehen, die zu einer fehlerhaften Steuerung führen.

Die Bedeutung des Zusammenhangs von Planung und Reporting im Managementregelkreis wurde bereits im Abschn. 2.1 erläutert. Die Verzahnung wurde zudem bei der Entwicklung der Definition zur Planung und zum Reporting im Abschn. 2.2 aufgezeigt. Eine Analyse der gesteckten Ziele und Zielausprägungen ohne Planungsvorgaben funktioniert nicht und eine Planung ohne eine Kontrolle wäre Zeitverschwendung. Planung und Reporting sollten daher m. E. in der Forschung und Praxis stärker im Zusammenhang betrachtet werden, als dies bisher geschieht. Aus diesem Grunde werden in den folgenden Kapiteln Reporting- und Planungsthemen integriert betrachtet. Gemeinsamkeiten können im direkten Zusammenhang dargestellt werden. Dort wo Unterschiede sind, wie zum Beispiel im Planungsprozess, werden diese aufgezeigt und Integrationsaspekte herausgearbeitet.

Als gemeinsames Analyseprofil werden Kriterien gesucht, anhand derer sich die Planung und das Reporting gemeinsam untersuchen lassen. Als Ordnungsrahmen bieten sich dabei vier Felder an: Der fachliche Inhalt, die Organisation, die Prozesse und die IT-Unterstützung (vgl. Abb. 2.7).

Da die Analyse der vier Felder keine zwingende Reihenfolge, sondern eher im Gesamtkontext zu verstehen ist, werden in den folgenden Kapiteln immer wieder Querverweise auf Verbindungen innerhalb der vier Felder vorgenommen.

Literatur

Antony, R.N., J. Dearden, und R.F. Vancil. 1972. *Management control system – text, cases und readings*. London: R.D. Irwin.

Blom, H. 1975. Informationswesen, Organisation. In *Handwörterbuch der Betriebswirtschaft*, 4. Aufl., Bd. 2, Hrsg. E. Grochla, W. Wittmann, 1924–1930. Stuttgart: Poeschel.

Gabele, E., und P. Fischer. 1992. *Kosten- und Erlösrechnung*. München: Vahlen.

Gablerlexikon. 2004. Stichwort Berichtswesen, 16. Aufl.

Hahn, D. 1994. *Planungs- und Kontrollrechnung, – PuK Controllingkonzepte*, 4. Aufl. Wiesbaden: Springer Gabler.

Homburg, C. 1991. *Modellgestützte Unternehmensplanung*. Wiesbaden: Gabler.

Hope, J., und R. Fraser. 1999. *Beyond budgeting round table*. Poole: Dorset.

Horváth, P. 2008. Grundlagen des Management-Reportings. In *Management-Reporting – Grundlagen, Praxis und Perspektiven*, Hrsg. P. Horváht, R. Gleich, und U. Michel, 15–42. München: Haufe.

Horváth, P. 2009. *Controlling*, 11. Aufl. München: Vahlen.

Hummel, S. 1992. Die Forderung nach entscheidungsrelevanten Kostenrechnungsinformationen. In *Handbuch Kostenrechnung*, Hrsg. W. Männel, 76–83. Wiesbaden: Gabler.

Krause, H., und O. Fröhling. 1991. PC-gestützte Kostenplanung. Intelligenter Baustein eines computergestützten Unternehmens-Controlling. In *Tagungsband 6. Deutscher Controlling Congress*, Hrsg. T. Reichmann, 273–310. Dortmund: Gesellschaft für Controlling e.V.

Küpper, H.U. 1995. *Controlling, Konzeption, Aufgaben und Instrumente*. Stuttgart: Schäffer-Poeschel.

Mehrmann, E. 2004. *Controlling in der Praxis*. Wiesbaden: Springer Gabler.

Nölken, D. 2002. *Controlling mit Intranet- und Business Intelligence Lösungen*. Frankfurt a. M.: Peter Lang.

Pook, M., und M. Tebbe. 2002. Berichtswesen und Controlling. In *Die neue Kommunalverwaltung*, Bd. 6, Hrsg. H. Bals, H. Hack, und C. Reichard. München: Jehle.

Reichmann, T. 2011. *Controlling mit Kennzahlen, Die systemgestützte Controlling-Konzeption mit Analyse- und Reportinginstrumenten*, 8. Aufl. München: Vahlen.

Reichmann, T., M. Kißler, und U. Baumöl. 2017. *Controlling mit Kennzahlen – Die systemgestützte Controlling-Konzeption*, 9. Aufl. München: Vahlen.

Scherrer, G. 1991. *Kostenrechnung*, 2. Aufl. Stuttgart: Lucius & Lucius.

Schön, D. 1999. *Neue Entwicklungen in der DV-gestützten Kosten- und Leistungsplanung*. Frankfurt a. M.: Peter Lang.

Schön, D., und K.H. Irmer. 2010. Effiziente Steuerung mit Forecasting und Integrierter Unternehmensplanung bei der GRAMMER Gruppe. *Controlling* 22(1):49–56.

Taschner, A. 2013. *Management Reporting. Erfolgsfaktor internes Berichtswesen*. Wiesbaden: Springer Gabler.

Töpfer, A. 1976. *Planungs- und Kontrollsysteme industrieller Unternehmungen*. Berlin: Duncker und Humblot.

Wala, T., und F. Haslehner. 2009. *Kostenrechnung, Budgetierung und Kostenmanagement*. Wien: Linde.

Weber, J., S. Schaier, und O. Strangfeld. 2005. *Berichte für das Top-Management*. Weinheim: Wiley.

Wild, J. 1981. *Grundlagen der Unternehmensplanung*, 3. Aufl. Opladen: Westdeutscher Verlag.

Fachliche inhaltliche Ausgestaltung

3

Inhaltsverzeichnis

© Springer Fachmedien Wiesbaden GmbH, ein Teil von Springer Nature 2018   25
D. Schön, *Planung und Reporting im BI-gestützten Controlling*,
https://doi.org/10.1007/978-3-658-19963-0_3

Die fachliche und inhaltliche Ausgestaltung der Planung und des Reportings werden maßgeblich durch die Informationsbedarfs- und Ist-Analyse (vgl. Abschn. 4.2.1.2) und das
Soll- bzw. Fachkonzept zur Planung bzw. zum Reporting geprägt (vgl. Abschn. 4.2.1.3).

In diesem Kapitel stehen die fachliche und inhaltliche Ausgestaltung der Berichte und
Planungsformulare im Vordergrund. Hierbei werden folgende Fragen geklärt:

- Welche Arten von Berichten und Planungsformularen können generell verwendet werden?
- Welche Berichtsgrundformen können verwendet werden?
- Welche Faktoren beeinflussen den Umfang und welche Gebiete sind in der Planung
  und im Reporting zu unterscheiden?
- Welche Möglichkeiten der Gestaltung können bei den Planungsformularen und Berichten genutzt werden?

Zu Beginn dieses Kapitels wird vorab der inhaltliche Bezug der Planung und des
Reportings zur Unternehmensstrategie und den wertschöpfungstreibenden Faktoren des
Geschäftsmodells eines Unternehmens hergestellt. Hierbei steht vor allem die Integration
der gesamten Unternehmensplanung und -steuerung im Vordergrund.

3.1   Bezug zur Unternehmensstrategie

Ausgangspunkt der Konzeption, der Implementierung und der Weiterentwicklung der Planung und des Reportings ist stets die Verbindung zu übergeordneten Zielen und Strategien
des Unternehmens. Alle strategierelevanten Faktoren sind im Planungs- und Reportingprozess zu berücksichtigen. Zur Unterstützung der strategischen Planung sollte das Reporting in der Lage sein, unterstützende Informationen für die Standortbestimmung, die
strategische Zielbestimmung und die Maßnahmengestaltung zu geben.

3.1.1   Integration der strategischen, taktischen
und operativen Steuerung

In den meisten Anwendungen in der Praxis sind die Planungs- und Steuerungsinstrumente
von der strategischen bis zur operativen Planung sowie das Reporting nicht stringent mit-

einander verbunden. Das Konzept der integrierten Unternehmensplanung und -steuerung verfolgt hier einen integrativen Controlling-Ansatz und bindet die Planung, Steuerung und Kontrolle im Sinne eines ganzheitlichen Management-Regelkreises im zeitlichen Horizont zusammen (vgl. Abschn. 2.2). Strategische, taktische und operative Steuerungskomponenten werden so miteinander verzahnt.[1] Wichtige Elemente der integrierten Unternehmensplanung und -steuerung zeigt Abb. 3.1.

Die Formulierung übergeordneter Ziele und Strategien sowie die Anwendung der bereits etablierten strategischen Instrumente, wie z. B. die Markt-, Wettbewerbs-, Umwelt-, Umfeld-, SWOT-Analysen sowie die Portfoliotechnik, werden hierbei zur Findung einer strategischen Zielausrichtung in das Konzept integriert. Zur Ausgestaltung dieser Instrumente wird auf die einschlägige Literatur verwiesen.[2] Das Ergebnis der strategischen Planung ist die Festlegung der Strategie, der strategischen Ziele und die zur Erreichung notwendigen Projekte und Messgrößen. Für die strategische Zielsetzung, Planung, Kontrolle und Steuerung bietet sich die Balanced Scorecard[3] bzw. die erweiterte „Balanced Chance and Risk Card®" an.[4]

Balanced Scorecards lassen sich für die strategischen Geschäftsfelder, Funktionsbereiche, Sparten und/oder Regionalbereiche aufstellen, welche wiederum im Gesamtunternehmen, bis hin zur Unternehmensgruppe zusammengeführt werden. Für die Integration der strategischen und operativen/taktischen Planung sollen für ausgewählte Spitzenkennzahlen (gerne auch KPI, Key Performance Indicator, genannt) der Balanced Scorecard (z. B. Nettoumsatz, ROCE etc.) Trends und grobe Vorgaben als Orientierungswerte aufgestellt werden.

Weiterhin werden für die Integration der strategischen Planung mit der operativtaktischen Ebene Planungsprämissen und Top-Down-Vorgaben gegeben, auf die im Abschn. 3.1.2 näher eingegangen wird.

Unter der Balanced Scorecard versteht man ein Steuerungskonzept, das die eher langfristig orientierte Unternehmensstrategie mit der kurzfristigen Steuerung des operativen Geschäfts verknüpft und neben der finanzwirtschaftlichen Betrachtung auch die Kunden-, Markt-, Produktperspektive, die Lern- und Entwicklungsperspektive sowie die interne Prozessperspektive einbezieht.[5]

Die Balanced Scorecard lässt sich dabei als ein ausgewogenes Zielsystem interpretieren, das alle Perspektiven ausgewogen berücksichtigt.

---

[1] Vgl. Schön und Irmer (2007, S. 245–255).

[2] Vgl. z. B. Reichmann et al. (2017, S. 580–601), Bauer (1995, Sp. 1653–1668, insbes. Sp. 1660) oder Köhler (1993, S. 21 f.).

[3] Vgl. hierzu Horváth (2008, S. 229 ff.).

[4] Die Balanced Chance and Risk Card® ist ein geschütztes Markenzeichen von Prof. Dr. Thomas Reichmann, CIC GmbH & Co. KG (vgl. Reichmann 2011, S. 590 ff.).

[5] Vgl. Reichmann (2011, S. 550 ff.) und Horváth (2008, S. 229–232).

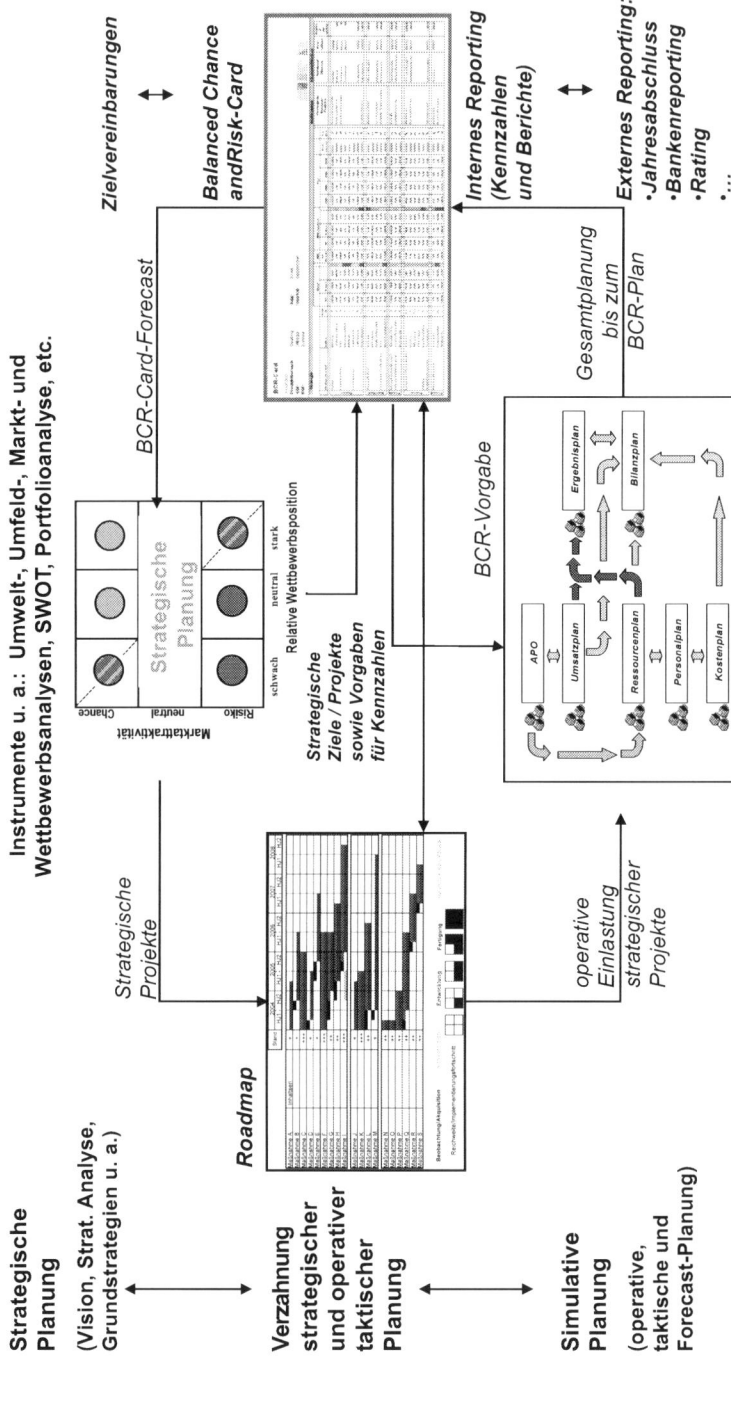

Abb. 3.1 Gesamtmodellüberblick für die integrierte Unternehmensplanung und -steuerung. (Leicht angepasst an Schön und Irmer 2007, S. 245–255)

Ausgangspunkt des Balanced-Scorecard-Managements ist die Entwicklung und Festlegung strategischer Ziele sowie der Ableitung von geeigneten Kennzahlen, Vorgaben, Ist-Daten und strategischen Projekten für jedes strategische Ziel.[6]

Die BCR-Card von Reichmann erweitert die klassische Balanced Scorecard um die Integration des Risikomanagements.[7] Die BCR-Card bildet im Gesamtkonzept das zentrale Steuerungsinstrument, das die Erreichung/Verfehlung der strategischen Ziele anhand der Kennzahlenmessung frühzeitig signalisiert und risikobehaftete Felder kontrolliert. Ein Beispiel für eine BCR-Card zeigt Abb. 3.2.

Die Integration des Risikomanagements erfolgt hierbei durch die Zuordnung möglicher Gefahren und Chancen zu den einzelnen strategischen Zielen. Erst hierdurch kann eine risikoadäquate Erfolgssteuerung der strategischen Projekte erfolgen. Die BCR-Card kann wie die Balanced Scorecard nach der Unternehmensorganisationsstruktur kaskadiert werden z. B. für Business Units, Sparten, Funktionsbereiche oder Regionen.

Risiken werden dabei als mögliche positive und negative Abweichungen von einem unter Unsicherheit festgelegten Zielwert definiert. Bereits bei der strategischen Planung werden Risiken erfasst, welche die gesteckten Ziele gefährden könnten. Hierbei sind 4 Fragen zu beantworten (vgl. Gleißner 2000, S. 1625):[8]

- Welchen Bedrohungen sind die Erfolgsfaktoren des Unternehmens ausgesetzt (Risikoidentifikation)?
- Ist das vorhandene Eigenkapital ein ausreichendes Risikodeckungspotenzial (Risikoaggregation)?
- Welche „Kernrisiken" muss das Unternehmen zwingend selbst tragen (Transfer von Risiken)?
- Welche Kennzahlen berücksichtigen Risiken bei der Ermittlung des Unternehmenserfolgs (Aufbau wertorientierter Steuerungssysteme)?

Die Festlegung der strategischen Ziele und Teilziele ist immer mit konkreten strategischen Projekten zu verknüpfen, die zur direkten oder indirekten Erreichung des Ziels beitragen. Hier fehlt in der Praxis häufig ein geeignetes verbindendes Instrumentarium. Zu favorisieren ist hier die Roadmap-Planung und -Steuerung, in der strategische Projekte operationalisiert werden können (vgl. Abb. 3.3).

Das **Roadmap-Management** zielt auf eine Bündelung strategischer Projekte in einem Projektportfolio aus unterschiedlichsten Aufgabenbereichen der Unternehmung, z. B.:

---

[6] Vgl. Blumenschien und Dick (2004, S. 659–678).
[7] Vgl. Reichmann (2011, S. 550 ff.).
[8] Siehe Gleißner (2000, S. 1625), Gleißner und Romeike (2005, S. 260 f.) und Denk et al. (2008, S. 124).

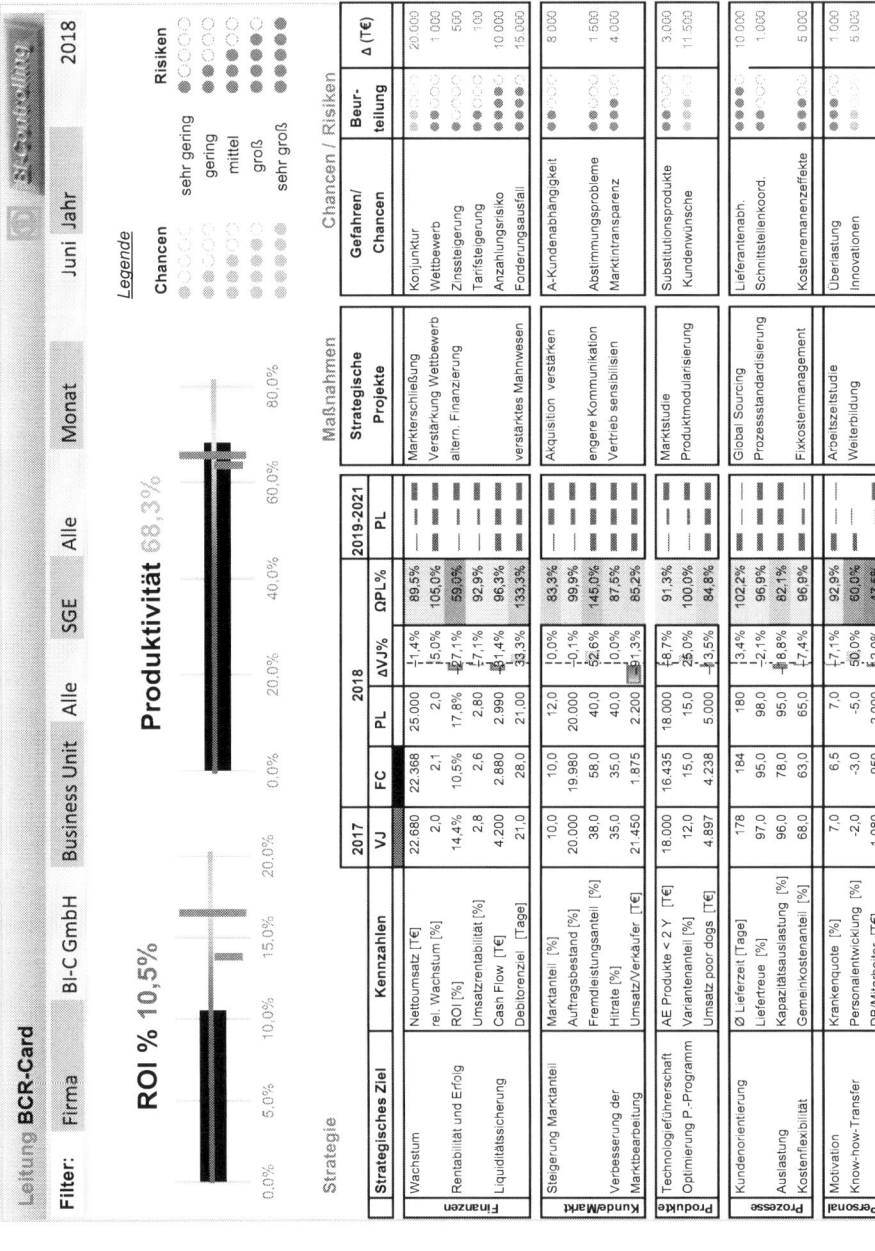

Abb. 3.2 Exemplarische Balanced Chance and Risk Card. (Leicht verändert zu Schön und Irmer 2007, S. 251. Die Balanced Chance and Risk Card® ist ein geschütztes Markenzeichen von Prof. Dr. Thomas Reichmann, CIC GmbH & Co. KG (vgl. Reichmann 2011, S. 590 ff.))

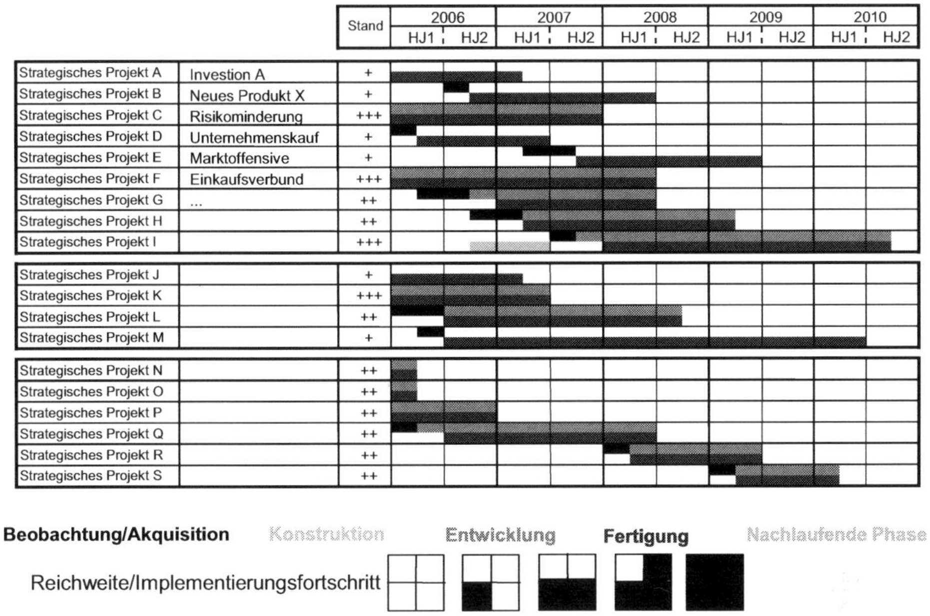

		Stand	2006 HJ1	2006 HJ2	2007 HJ1	2007 HJ2	2008 HJ1	2008 HJ2	2009 HJ1	2009 HJ2	2010 HJ1	2010 HJ2
Strategisches Projekt A	Investion A	+										
Strategisches Projekt B	Neues Produkt X	+										
Strategisches Projekt C	Risikominderung	+++										
Strategisches Projekt D	Unternehmenskauf	+										
Strategisches Projekt E	Marktoffensive	+										
Strategisches Projekt F	Einkaufsverbund	+++										
Strategisches Projekt G	...	++										
Strategisches Projekt H		++										
Strategisches Projekt I		+++										
Strategisches Projekt J		+										
Strategisches Projekt K		+++										
Strategisches Projekt L		++										
Strategisches Projekt M		+										
Strategisches Projekt N		++										
Strategisches Projekt O		++										
Strategisches Projekt P		++										
Strategisches Projekt Q		++										
Strategisches Projekt R		++										
Strategisches Projekt S		++										

Beobachtung/Akquisition   Konstruktion   Entwicklung   Fertigung   Nachlaufende Phase

Reichweite/Implementierungsfortschritt

Abb. 3.3 Exemplarische Roadmap (Schematische Darstellung). (Quelle: Schön und Irmer 2007, S. 248)

- Strategische Projekte der Unternehmensführung
- Längerfristige Projekte der Funktionsbereiche
  - z. B. Maßnahmen im Bereich Supply-Chain-Management
  - z. B. Ausgleich von Kapazitätsengpässen bzw. -leerständen in der Produktion
- Forschungs- und Entwicklungsprojekte
- Investitionsprojekte
- Projekte zur Vermeidung von Gefahren aus dem Risikomanagement
- ...

Die Roadmap ist das Ergebnis eines Prozesses, der Projektideen sammelt, bewertet, selektiert und priorisiert. Als Ergänzung zur Projekt-Roadmap bietet es sich an, die Projekte im Unternehmen hinsichtlich ihrer Strategierelevanz und ihrer Komplexität (z. B. konkretisiert durch Ressourcenbindung und Projektkosten) in einem Projektportfolio zu systematisieren, so dass transparenter wird, welche Projekte eine besondere strategische Bedeutung haben, besonders dringlich sind oder bestimmte Abhängigkeiten untereinander aufweisen. Projekte mit hoher strategischer Bedeutung und niedriger Komplexität gelten als sogenannte „Quick Wins" und sind mit höchster Priorität umzusetzen. Als wichtiges Kriterium zur Projektbewertung wird auch der Kapitalwert oder Wertbeitrag des betrachteten Projektes herangezogen.

Bei der Ausgestaltung des Roadmap-Managements ist die konsequente Steuerung der strategischen Projekte über ein angemessenes Projektmanagement und Controlling wichtig (vgl. hierzu Abschn. 3.9.4). Folgende Projektpläne und Reportinginformationen sind hierbei für die Steuerung zu nutzen:

- Kompakte Projektstrukturpläne und deren Änderungen
- Termin- und Ablaufpläne
- Ressourcen- und Kostenpläne
- Erfolgs- und Finanzierungspläne
- Risikopläne
- Projektberichte mit Zielerreichungsgrad und Ergebniswirkung der Projekte (gemessen anhand der Kennzahlen in der Balanced Scorecard)

Die Instrumente sind angemessen in Anbetracht der wirtschaftlichen Bedeutung der strategischen Projekte auszugestalten.[9] Im Sinne des Multiprojekt-Controllings und des „simultaneous planning" findet in den Führungsgremien der Unternehmung eine frühzeitige Berücksichtigung aller wichtigen Informationen der strategischen Projekte im Hinblick auf die Teil- und Gesamtzielsetzung des Unternehmens statt. Das hat den Vorteil, dass Schwierigkeiten und Risiken früher erkannt und gesteuert werden können. Durch die Konkretisierung der Ressourceneinsätze, Kosten, Ergebnisse und Finanzen für ein Projekt ergibt sich die Möglichkeit, diese direkt in der operativen und taktischen Planung zu berücksichtigen. Idealerweise sind die wichtigsten strategischen Projekte mit der Balanced Scorecard verknüpft, um im Management-Regelkreis analysiert und verfolgt werden zu können. Exemplarische Berichte für ein adäquates Projektmanagement sind in Abschn. 3.9.4 dargestellt. Sie lassen sich leicht auf die Anforderungen des strategischen Projektmanament anpassen.

Sowohl durch die Roadmap-Planung als auch durch die Balanced-Scorecard-Vorgaben erfolgt eine Integration der strategischen mit der operativen und taktischen Planung. Für die simulative, operative und taktische Planung und das Reporting wird eine von den bisherigen Systemen losgelöste aber integrierte neue Systemebene geschaffen. Als Planungsapplikationen bieten sich Business-Intelligence-Anwendungen in Form von Data-Warehouse-gestützten Planungs- und Reportingsystemen an.[10] Diese ermöglichen es, im Zusammenspiel mit den verwendeten ERP-Systemen bzw. den Warenwirtschaftssystemen und den kaufmännischen Systemen sowie weiteren Vorsystemen, eine leistungsfähige und integrierte Planungs- und Steuerungsumgebung für alle Bereiche des Unternehmens aufzubauen,[11] welche die notwendige Datenaggregation und -integration für die Planung und die Steuerung ermöglicht.[12] Es lassen sich verschiedene Planungszyklen realisieren, z. B.:

---

[9] Vgl. Schön (2003).

[10] Vgl. z. B. für SAP-BI- und andere DV-Lösungen Egger et al. (2005) und Schön (2004a, S. 287–337).

[11] Vgl. z. B. für SAP-BI-Lösungen Heuser et al. (2003).

[12] Vgl. Fischer (2003).

- Die operative Budgetplanung erfolgt für 12 Monate.
- Die taktische Planung (Mehrjahresplanung) ergänzt die operative Planung bis z. B. zum 3. oder 5. Folgejahr; die operative Planung erfolgt i. d. R. jahresbezogen.
- Die Forecast-Planung erfolgt i. d. R. bis zum Jahresende bzw. rollierend für 12 oder mehr Monate.

Kernaufgabe der operativen Planung ist die Aufstellung und Abstimmung der operativen Teilpläne, ausgehend von der Absatzplanung bis zur Erfolgs-, Finanz- und Bilanzplanung für die gesamte Unternehmung bzw. das Konsolidierungsergebnis für die Unternehmensgruppe. Im Gegensatz zu einer separaten (taktischen) Mittelfristplanung ist die ergänzende Mittelfristplanung im Anschluss an die operative Budgetplanung zu empfehlen. Sie ist schneller und wirtschaftlicher, wenn sie in einem integrierten Planungssystem durchgeführt werden kann. Das erste Jahr der (taktischen) Mittelfristplanung kann automatisch aus der Budgetplanung übernommen werden.

Im Gegensatz zu hoch aggregierten Planungsmodellen ist das integrierte Planungsmodell sehr stark verbunden mit den Strukturen und Werten der operativen Steuerungssysteme der eingesetzten ERP-Systeme sowie weiterer Vorsysteme. Hierdurch vermeidet man den Fehler, Planungssimulationen in verdichteten Planungsmodellen durchzuführen, die ressourcen- und leistungsbezogen nicht in der Realität durchführbar sind. Spätere operative Korrekturen führen zu Mehrfachkosten und Verlustquellen, die vermeidbar sind.

Für das System der integrierten Unternehmensplanung sind die bedeutsamsten betriebswirtschaftlichen Wertschöpfungsprozesse der Unternehmen zu modellieren und anschließend IT-gestützt umzusetzen. In der Abb. 3.4 ist ein gekürztes Modell skizziert, in dem die wesentlichen Teilpläne der Unternehmensplanung sowie ihre Beziehung untereinander aufgeführt sind.

Die kritischen Erfolgsfaktoren der Unternehmen und der Teilpläne sind aus Sicht der Unternehmensplanung in einem Gesamtmodell zu integrieren. Die Granularität der Informationen muss abnehmen und verdichteten Informationen weichen, ohne die Transparenz und Steuerungsrelevanz erheblich einzuschränken.

Der interne Management-Regelkreis schließt mit der Kontrolle und Analyse von Abweichungen, Trends und anderen Informationen des Reportings, die für die interne Steuerung genutzt werden können. Die Balanced Scorecard steht hier stellvertretend für das gesamte Reporting. Die Inhalte und IT-gestützte Umsetzung sowie die ablauf- und aufbauorganisatorische Verankerung wird in den folgenden Kapiteln umfassend thematisiert.

Ergänzt man die interne Sicht der Managementsteuerung um die externe Berichterstattung, so sollte das Reporting idealerweise auch gleichzeitig die externen Berichtsanforderungen abdecken. Hierbei sind u. a. die Anforderungen eines integrierten Rechnungswesens zu erfüllen, bei dem externes und internes Rechnungswesen verbunden werden, was vor allem das GuV-Ergebnis und die kurzfristige Erfolgsrechnung betrifft. Bei der externen Berichterstattung sind zudem die Deutschen Rechnungslegungsstandards (DRS) und die International Financial Reporting Standards (IFRS) sowie die Reporting-Anfor-

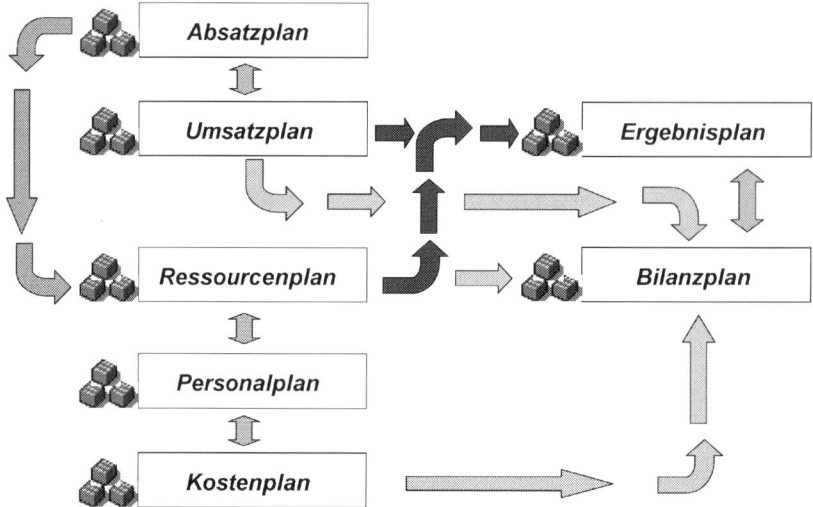

Abb. 3.4 Interdependenzen der betrieblichen Teilpläne. (Leicht abgeändert entnommen aus Schön und Irmer 2007, S. 250)

derungen des Integrated International Reporting Council (IIRC) zu berücksichtigen.[13] Stakeholder wie Kunden, Lieferanten, Banken, Kapitalgeber, Mitarbeiter, Geschäftspartner, Verbände und der Staat bzw. die Gesellschaft allgemein haben Informationsinteresse bezüglich des Zustandes und der Entwicklung der Unternehmung, die angemessen zu erfüllen ist. Nach dem Rahmenkonzept des IIRC sollten neben der Aufstellung von Richtlinien zur Berichterstellung und -präsentation folgende Bestandteile existieren, die vor allem auf die Stakeholder ausgerichtet sind:[14]

● Überblick über das Umfeld und die Organisation,
● Governance,
● Business Modell,
● Chancen und Risiken,
● Strategie und Ressourcennutzung,
● Performance (Leistung/Erfolg),
● Ausblick.

Aus Sicht des integrierten Modells für strategische, taktische und operative Steuerung sollten diese externen Berichtsanforderungen erfüllt werden, ohne das unnötige Doppelarbeiten entstehen. Es ist somit ein ergänzendes Anforderungsprofil, das gleichzeitig im integrierten Reporting erfüllt wird.

---

[13] Vgl. IIRC (2013, S. 4) und Weißenberger (2014, S. 441).
[14] Vgl. IIRC (2013, S. 24).

3.1.2 Planungsprämissen und Top-Down-Vorgaben

Die Verzahnung der strategischen Planung mit der taktisch-operativen Ebene geschieht einerseits durch die im Vorkapitel aufgeführte Planung der strategischen Projekte in der Roadmap als auch durch die Vorgaben und Prämissen, die im Rahmen der Planung definiert werden.

Die strategischen Rahmenbedingungen werden in der Planung als Prämissen in einem zentralen Planungsgebiet vorgegeben. Beispiele für solche Prämissen sind typischerweise

- Preissteigerungen wichtiger Roh-, Hilfs- und Betriebsstoffe wie z. B. Metalle,
- Tarifveränderungen,
- Markteinschätzungen,

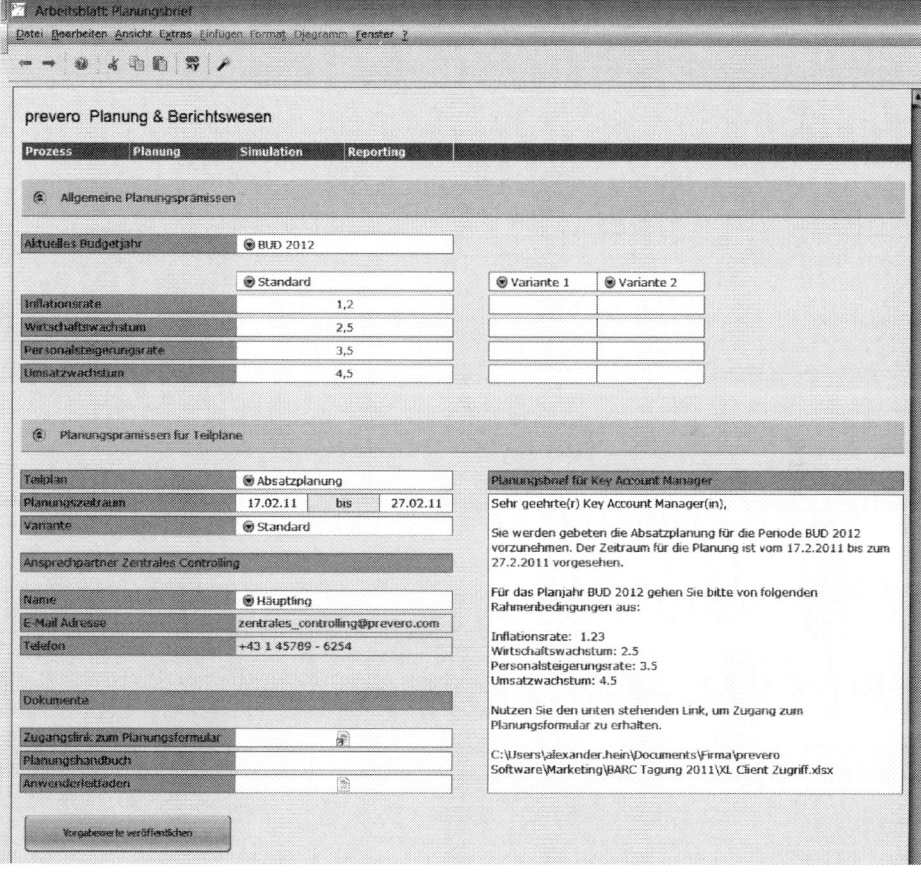

Abb. 3.5 Exemplarische Prämissenplanung. (Zur Verfügung gestellt aus den Vortragsunterlagen von Hein 2011, S. 39)

- Wechselkurse,
- Betriebs- und Werkskalender

und viele andere Planungsprämissen mehr.

Ein Beispiel für eine Prämissenplanung zeigt Abb. 3.5, in der zentrale Eckwerte für Inflationsraten, Wirtschaftswachstum etc. für eine Standardvariante und ggf. für weitere Planungsvarianten eingestellt werden können. Neben den allgemeinen Planungsprämis-

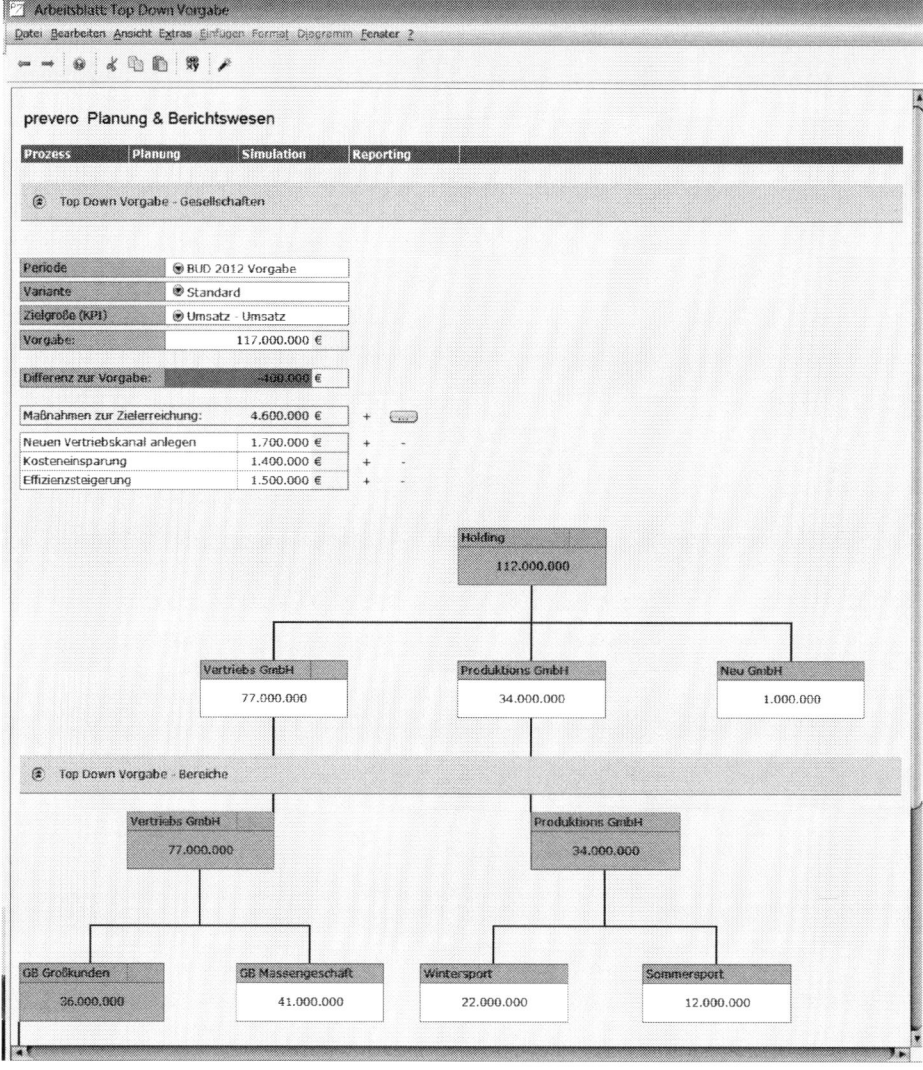

Abb. 3.6 Exemplarische Top-Down-Vorgaben und Abstimmungen. (Zur Verfügung gestellt aus den Vortragsunterlagen von Hein 2011, S. 41)

sen gibt es planungsgebietsabhängige Größen, wie z. B. für die Personalplanung spezielle Schichtmodelle, Tarife und Zuschläge.

Die Planungsgeschwindigkeit, insbesondere die Vermeidung vieler Planungsschleifen und Abstimmungsprozesse kann vermieden werden, wenn Spitzenkennzahlen (KPI) und Eckwerte des Ergebnisplans Top-Down vorgegeben und auf die Bereiche und einzelnen Ergebnisobjekte heruntergebrochen und abgeglichen werden. Dies kann bereits im Rahmen der BSC-Planung im Rahmen der Vorgabewerte aber auch unabhängig hiervon mit Hilfe von Spitzenkennzahlen durchgeführt werden. Klare Zielvorgaben ersetzen in diesem Fall zeitraubende Budgetdiskussionen.

Ein Beispiel für die Spitzenkennzahl Umsatz zeigt Abb. 3.6. Der Gesamtumsatz wird hier auf die Ergebnisobjekte der Tochtergesellschaften und der Geschäftsbereiche und Großkunden heruntergebrochen. Die Gegenstromplanung zeigt an, ob der Vorgabewert erreicht bzw. über- oder unterschritten wurde.

3.2 Wertschöpfungstreibende Faktoren des Geschäftsmodells

Die Identifikation der steuerungsrelevanten und wertschöpfungstreibenden Faktoren des Geschäftsmodells eines Unternehmens bildet neben der strategischen Ausrichtung einen weiteren wichtigen Bestandteil für die Ausgestaltung der Planung und des Reportings. Hierbei ist vor allem das operative Steuerungsverständnis im Zusammenhang mit dem Geschäftsmodell mit dem Management zu erarbeiten.

Besteht zum Beispiel das operative Geschäft aus der Vermarktung und Abwicklung von Projektleistungen auf der einen und dem Verkauf und der Produktion von unterschiedlichen Komponenten auf der anderen Seite, haben diese zwei Geschäftsrichtungen unterschiedliche Anforderungen an die Planung und das Reporting. In der Unternehmenspraxis führt das häufig dazu, dass der dominante Teil des Geschäftsmodells sich hinsichtlich seiner Anforderungen in der Planung und im Reporting durchsetzt und die Systeme zumeist auf ihn hin ausgerichtet werden. Vernünftig wäre aber die adäquate Abbildung aller Geschäftsteile. Das bedeutet z. B., dass die Ergebnisbetrachtung einmal aus der Projektsicht und einmal aus der Produktsicht aufgebaut werden sollte.

Beispiele für zentrale wertschöpfungstreibende Faktoren im Unternehmen sind in der folgenden Auflistung aufgeführt:

- Absatzmengen, -preise und -konditionen
- Einkaufsmengen, -preise und -konditionen
- Geleistete Personalstunden und Tarife
- Zeiten für produktive und indirekte Tätigkeiten
- Leiharbeiterquote
- Fremdleistungsquote
- Weitere Kostengrößen
- Zahlungsverhalten
- ...

Die Größen sind nach ihrer Beeinflussbarkeit zu untersuchen. Nicht beeinflussbare Größen sind als Rahmenbedingung zu akzeptieren und sollten hinsichtlich ihrer Abweichungen analysiert werden. Beeinflussbare Größen sind die Hebelgrößen, die es gilt im Management durch gezielte Projekt- und Maßnahmenableitung positiv im Sinne der Unternehmensziele zu verändern. Berücksichtigt die Unternehmung bei der Planung die wertschöpfungstreibenden Faktoren, so spricht man auch von einer Treiber- bzw. Werttreiberbasierten Planung.

3.3   Struktur und Navigation im Reporting

Die **Struktur im Reporting** sollte dem Grundprinzip folgen, dass von der generellen Unternehmensanalyse im Top-Management über die nächsten Führungsebenen des Unternehmens bis zu den dezentralen Einheiten tiefergehend analysiert werden kann. Bei der Betrachtung einer Unternehmensgruppe würde z. B. die Struktur des Konzerns ausgehend vom Gesamtkonzern über die Teilkonzerne bis zur Einzelgesellschaft berücksichtigt werden.

Abb. 3.7 zeigt beispielsweise die Ausrichtung des Reportings von der zentralen Unternehmensanalyse einer Einzelgesellschaft zu den drei Führungsschichten Geschäftsfelder, Standorte und Funktionsbereiche.

Je nach Aufbauorganisation (vgl. Abschn. 4.1.3) sind hier die Besonderheiten der divisionalen, regionalen, funktionalen Organisation oder der Matrixorganisation zu berücksichtigen. Jede Ebene erhält einen zentralen Spitzenkennzahlenbericht von dem man in die Detailberichte verzweigen kann. Wegen der Integration zur strategischen Ausrichtung bietet sich als Spitzenkennzahlenbericht die Balanced Scorecard an (vgl. Abschn. 3.1.1), die auf die jeweilige Ebene zu kaskadieren ist. In mittelständischen Unternehmen, in denen noch keine Balanced Scorecard (BSC) etabliert ist, bieten sich alternative Kennzahlenberichte an, welche die wichtigsten Steuerungsgrößen der jeweiligen Bereiche zur Analyse bereitstellen.

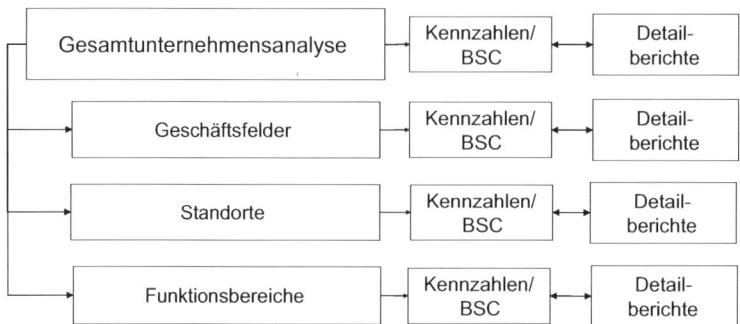

Abb. 3.7 Exemplarische Struktur im Reporting

Ein Beispiel aus der Unternehmenspraxis zeigt auf, wie dieses Grundprinzip in Form von Analysewegen im Reporting abgebildet werden kann (vgl. Abb. 3.8).

Das Startcockpit bildet die Spitzenkennzahlen des Gesamtunternehmens ab. Hier werden die wichtigsten Kennzahlen zur Steuerung der Einzelgesellschaften des Unternehmens als Soll-Ist-Abweichung herausgearbeitet.

Für die **Navigation** wird ein flexibles Modell umgesetzt. Vom Startcockpit aus kann man entweder in eine Startnavigation wechseln, aus der die Detailanalysen anzusteuern sind, oder direkt über Verlinkung der Spitzenkennzahlen in verknüpfte Detailberichte springen.

Die Startnavigation ermöglicht einen Einstieg in das gesamte Reporting aus Sicht der Organisationsbereiche (siehe Abb. 3.9) oder die Kostenträgerbereiche (ohne Abbildung). In der Bereichsnavigation (z. B. für die Produktion und den Vertrieb) können wiederum die zugehörigen Spitzenkennzahlenberichte und weitere Einzelberichte angesteuert werden. Spitzenkennzahlenberichte sind als Einstiegsberichte zu gestalten. Auf den ersten Blick sind hierbei die wichtigsten steuerungsrelevanten Sachverhalte des Führungsbereiches zu analysieren. Aufgrund der IT-Unterstützung in der heutigen Zeit sind diese Einstiegsberichte zeitnah, zumindest tagesaktuell und standortunabhängig (mobile) abrufbar. In der Kostenträgernavigation lassen sich zudem die wichtigsten Kennzahlen und Berichte für die Kunden-, Werks- und Artikelsicht analysieren.

Die Gliederungsmöglichkeiten der Berichte hängen, wie oben aufgeführt, sehr stark von der Organisationsstruktur des Unternehmens ab. Da Sparten, Produktgruppen, regionale Strukturen sehr unternehmensspezifisch abzubilden sind, sollen im Weiteren Gliede-

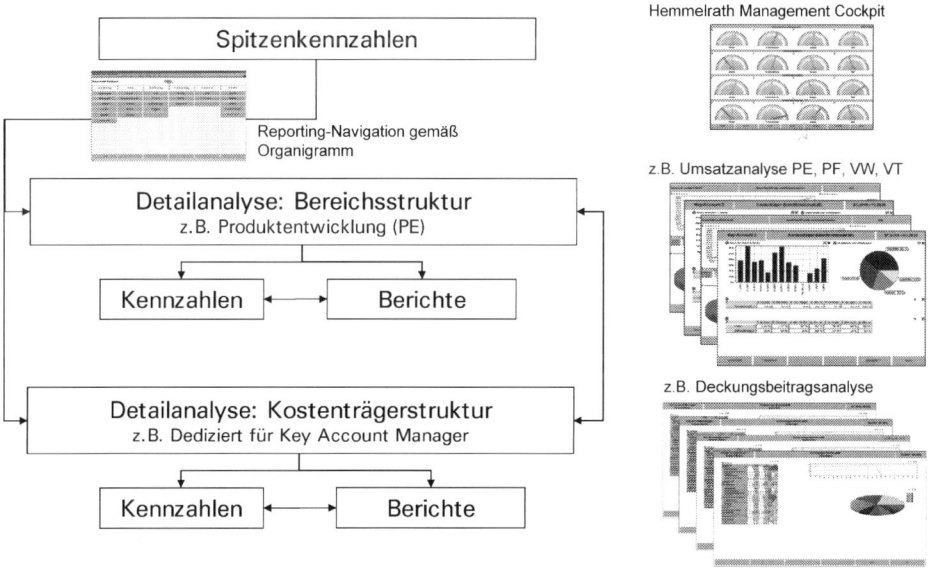

Abb. 3.8 Analysewege im Reporting. (Entnommen aus Schön et al. 2011, S. 232)

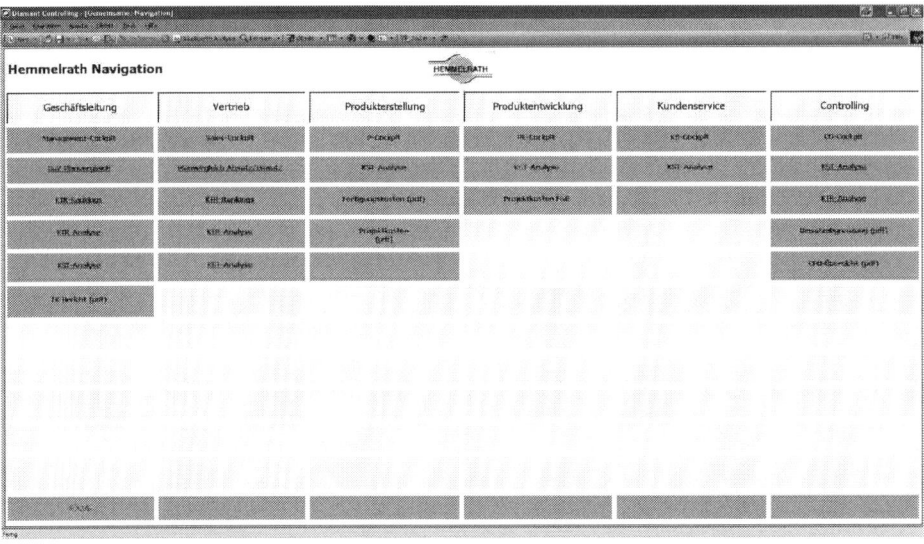

Abb. 3.9 Exemplarische Startnavigation. (Entnommen aus Schön et al. 2011, S. 233)

rungsmöglichkeiten für die Top-Managementebene und die Funktionsbereiche aufgeführt
werden. Hierbei werden bewusst Berichte, die in mehreren Bereichen verwendet werden,
mehrfach zugeordnet:

- Gesamtunternehmensreporting/Top-Management
  - Spitzenkennzahlen/Balanced Scorecard
  - Absatz-/Umsatzreporting
  - Auftragseingangs-/Auftragsbestands-Reporting
  - Erfolgsrechnung
  - Deckungsbeitragsorientierte Projekt-/Produkterfolgsrechnung
  - Profitcenter-Reporting
  - Kostenstellenreporting
  - Bilanz
  - GuV/BWA
  - Anlagenspiegel
  - Eigenkapitalentwicklung
  - Lagebericht
  - Entwicklungsberichte
  - Strategisches Reporting (Umwelt-/Wettbewerbs-/SWOT-Analyse etc.)
  - Konkurrenz- und Benchmark-Analysen
  - Chancen- und Risikoberichte
  - Corporate Governance-Berichte
  - Überblick über Unternehmen und Umfeld

- Überblick über Organisationsstrukturen
- Geschäftsmodell und Businessplan
- Nachhaltigkeits-Berichte[15]
- Aufsichtsrat-Reporting
- Reporting für den Beirat und externe Adressaten
- Finanz- und Investitionsreporting
  - Spitzenkennzahlen/Balanced Scorecard
  - Offene Posten-/Zahlungsstatistik
  - Liquiditätsentwicklung
  - Finanzplanung und Kapitalbedarfsermittlung
  - Kapitalflussrechnung
  - Investitionsplanung
  - Bankenreporting
  - Ratingreporting
- Kosten- und Erfolgsreporting
  - Spitzenkennzahlen/Balanced Scorecard
  - Absatz-/Umsatzreporting
  - Auftragseingangs-/Auftragsbestands-Reporting
  - Deckungsbeitragsorientierte Projekt-/Produkterfolgsrechnung
  - Erfolgsrechnung
  - Profitcenter-Reporting
  - Kostenstellenreporting
- Vertriebsreporting
  - Spitzenkennzahlen/Balanced Scorecard
  - Absatz-/Umsatzreporting
  - Auftragseingangs-/Auftragsbestands-Reporting
  - Deckungsbeitragsorientierte Produkterfolgsrechnung
  - Deckungsbeitragsorientierte Kundenerfolgsrechnung
  - Kostenstellenreporting
  - Profitcenter-Reporting
  - Produktanalysen
  - Kundenanalysen (incl. Key-Account-Analysen)
  - Angebots- und Verkaufschancenstatistiken
  - Verkäuferanalysen
  - Konkurrenz- und Benchmark-Analysen
  - Preis- und Konditionenanalysen
  - Lager- und Versandanalysen

---

[15] Im Nachhaltigkeitsreporting werden Berichte bezüglich ihrer ökologischen, ökonomischen und sozialen Nachhaltigkeit für die Stakeholder des Unternehmens verlangt. Das Nachhaltigkeitsmanagement wird auch unter dem Begriff Corporate Social Responsibility (CSR) behandelt. Vgl. Regelungen der Kommission der Europäischen Gemeinschaften (2001, S. 7).

- – Marketing-Analysen
- – Vertragsanalysen
- – Serviceanalysen
- – Mitarbeiteranalysen
- – Reklamationsanalysen
- Produktionsreporting
  - – Spitzenkennzahlen/BSC
  - – Kostenstellenreporting
  - – Kapazitätsanalysen
  - – Stundenanalysen
  - – Ausfallanalysen
  - – Wartungsanalysen
  - – Fehleranalysen
  - – Qualitätsberichte
  - – Mitarbeiteranalysen
  - – Unfallstatistik
- Beschaffungsreporting
  - – Spitzenkennzahlen/BSC
  - – Lieferantenanalysen
  - – Einkaufsanalysen
  - – Bestell- und Lieferanalysen
  - – Preis- und Konditionenanalysen
  - – Mitarbeiteranalysen
  - – Lieferantenerfolgsrechnung
  - – Einkäuferanalysen
  - – Liefer- und Lageranalysen
  - – Kostenstellenreporting
- Forschung und Entwicklung
  - – Spitzenkennzahlen/BSC
  - – Innovationsreporting
  - – Kostenstellenreporting
  - – Mitarbeiteranalysen
  - – F+E-Projektberichte
- Projektreporting
  - – Spitzenkennzahlen/BSC
  - – Projektergebnisrechnung
  - – Projekttermin- und -fortschrittsübersicht
  - – Projektzahlungsübersicht
  - – Earned-Value-Analyse
  - – Mitarbeiteranalysen
  - – Projektrisikoberichte

- Personalreporting
  - Spitzenkennzahlen/BSC
  - Mitarbeiteranalysen
  - Stundenanalysen
  - Qualifizierungsberichte
  - Personalkostenanalysen
  - Kostenstellenreporting
  - Kollabrationsberichte mit Aufgaben, Hinweisen und Nachrichten
- Logistikreporting
  - Lieferanalysen
  - Transportanalysen
  - Lageranalysen
  - Kostenstellenreporting
- IT-Reporting
  - CPU-Statistik
  - Kostenstellenreporting
  - Mitarbeiteranalysen
  - Serviceanalysen
  - IT-Kostenanalyse
  - Ausfallzeiten
- …

Hierbei müssen nicht alle Gebiete und Einzelberichte für die Unternehmung in Frage kommen. Bei kleineren Unternehmen wird die Zahl der Berichte deutlich geringer sein.

Die Strukturierung kann dabei parallel oder einzeln oder auch in Kombination gestaltet werden. Hierbei ist unternehmensindividuell die „richtige Gliederungssystematik" zu entwerfen. Grundsätzlich sollten die Gliederungen **überschneidungsfrei** sowie **vollständig** sein und auf gleichen Strukturierungsebenen auch **gleichartige Elemente** enthalten. Überschneidungsfrei heißt hier nicht, dass Berichte aus verschiedenen Sichten heraus auch doppelt vorkommen können, sondern dass man es vermeiden sollte, unterschiedliche Berichtsnamen für gleiche oder ähnliche Inhalte zu verwenden. Steht die Gliederung fest, so sollte sie den Entscheidungsträgern und Berichtsempfängern im Unternehmen kommuniziert werden, so dass die Zugriffe schnell erfolgen können. Die Gliederungen werden dabei im Falle verschiedener IT-Systeme (Portal, BI-Frontend, ERP-System etc.) oder Medien (Druckberichte) parallel angelegt. Hierbei ist zu empfehlen, dass die Struktur möglichst einheitlich verwendet und für einen Zeitraum fixiert wird.

Für die Ordnung und den Zugriff der Berichte bieten sich verschiedene DV-technische Möglichkeiten an, wie z. B. einstufige oder mehrstufige Listen, Ordnerstrukturen, Register, Berichtsmappen (Briefing Books), Storyboards oder Navigationsberichte (vgl. Abschn. 5.5.5.7). Hierüber können die Einzelberichte direkt angesteuert werden. In einem **Storyboard** wird ein Gesamtbericht aus Einzelberichten, Zusatzinformationen, Kommentaren und Hinweisen zusammengefasst, die in einem inhaltlichen Kontext stehen. Man spricht in diesem Fall auch von einem **Storytelling**.

In den Einzelberichten lassen sich dabei über Menüfunktionen, Kontextmenüfunktionen (rechte Maustaste), Links oder wiederum über grafische Buttons (z. B. ähnlich einer Statusleiste am unteren Rand des Berichtsaufbaus) weitere Einzelberichte anspringen bzw. wieder in den zentralen Navigationsbericht verzweigen, so dass sich der Anwender schnell durch das gesamte verfügbare Berichtswesen bewegen kann.

Eine Beschränkung erfolgt hierbei durch das Berechtigungssystem und dem hier hinterlegten Profil des Anwenders. Wird die Berichtsgliederung von vornherein je Benutzerrolle aufgebaut, so kann die Navigation auch eine Art Vorfilterung der möglichen anzusteuernden Berichte sein. Berichte und Daten, für die keine Berechtigungen vorhanden sind, werden dann erst gar nicht aufgeführt bzw. angezeigt.

3.4   Struktur und Navigation in der Planung

Die Struktur und Navigation der Planung ist in erster Linie prozessorientiert aufgebaut. Der Planungsablauf kann dabei sehr gut auch mit den Phasen des Reportings integriert werden. Ein Beispiel für eine prozessorientierte Übersicht der Reporting- und Planungsschritte anhand eines Kalenders zeigt Abb. 3.10.

Hierbei werden die Monats-, Quartals- und Jahresabschlüsse im Planungskalender neben der Strategischen Planung, der Mittelfristplanung und der Budgetplanung mit all ihren Planungsgebieten angezeigt.

Ein verkürztes Ablaufmodell einer Planung, in der die Verbindungen einzelner Planungsgebiete untereinander zu sehen sind, ist der Abb. 3.11 zu entnehmen. Es zeigt neben der strategischen Planung wichtige Planungsgebiete, die typisch für einen industriellen Fertiger sind.

Die Planung ist in der Budgetierung nach den Teilplanungsgebieten aufgebaut. Ausgehend vom Absatzplan folgt sie in erster Linie dem Wertschöpfungsprozess des Unternehmens bis zum Erfolgs-, Bilanz- und Finanzplan.

Weitere Gliederungskriterien der Planung, nach denen die Gebiete unterteilt werden können, sind wie im Reporting stark abhängig von der Unternehmensstruktur und Aufbauorganisation (vgl. Abschn. 4.1.3). Gliederungskriterien können z. B. die Konzernstruktur mit ihren Gesellschaften, die Geschäftsfelder, aber auch die Niederlassungen, Standorte und Funktionsbereiche sein.

Eine beispielhafte Gliederungsmöglichkeit der Planung in Anlehnung an den Planungsablauf und die Teilplanungsgebiete zeigt folgende Gliederung:

- Strategische Planung
    - Vision
    - Strategische Ziele
    - Strategische Projektplanung/Roadmap-/Projektportfolioplanung

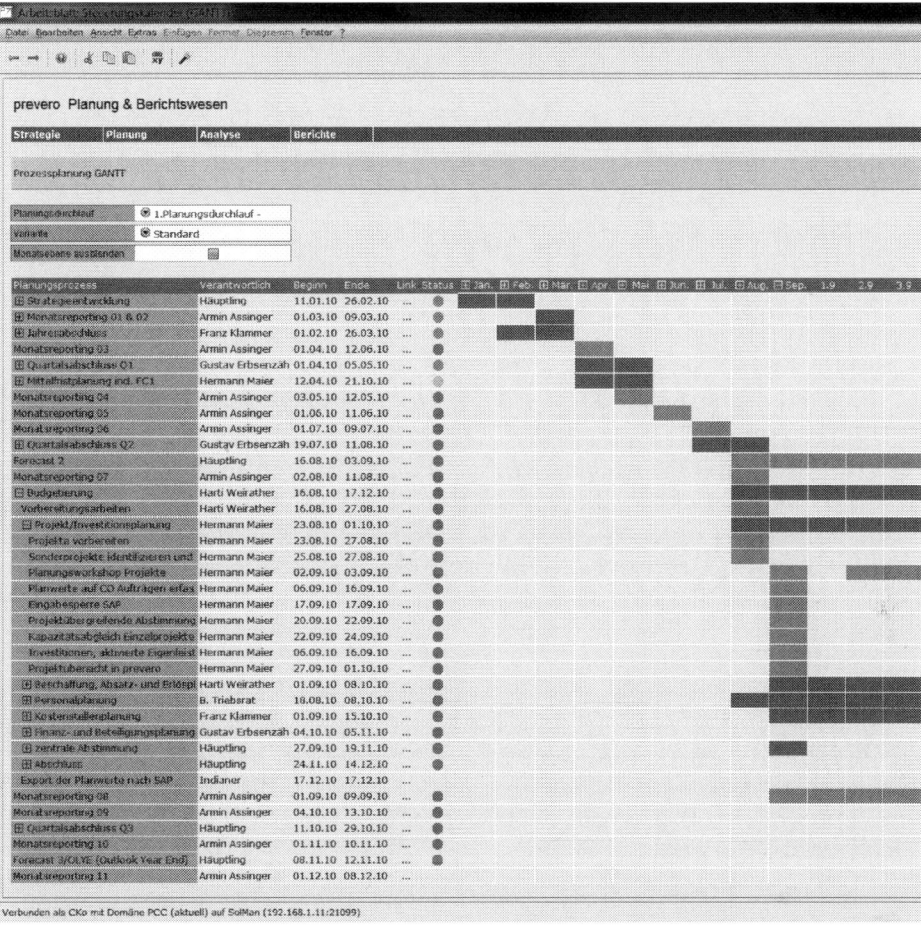

Abb. 3.10 Reporting- und Planungskalender mit prevero. (Zur Verfügung gestellt aus den Vortrags-unterlagen von Hein 2011, S. 38)

- – Balanced Scorecard-/Spitzenkennzahlen-Planung
- – Risikoplanung
- – Top-Down-Vorgaben
- • Mittelfristplanung (Taktische Planung)
  - – Absatz-/Umsatzplanung
  - – Erfolgsplanung
  - – Finanzplanung
  - – Investitionsplanung
  - – GuV- und Bilanzplanung
  - – BSC-/Kennzahlenplanung

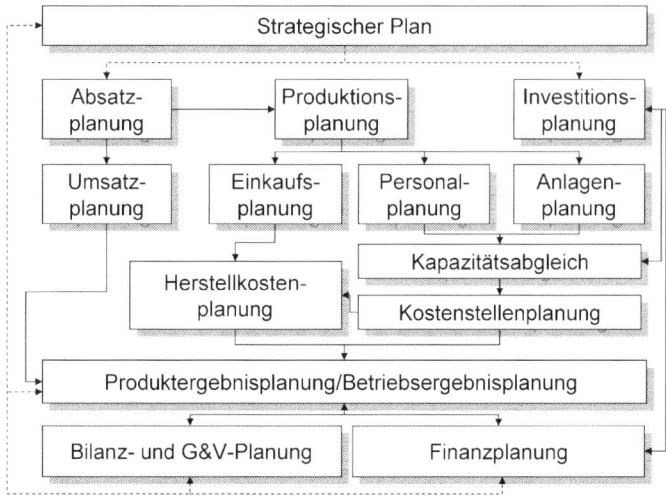

Abb. 3.11   Modell der Teilplanungsgebiete. (Leicht angepasst zu: Schön und Irmer 2010, S. 51)

- Operative Planung (Budgetierung/Jahresplanung)
  - Prämissenplanung
  - Absatz-/Umsatzplanung
  - Produktionsplanung
  - Material-/Einkaufsplanung
  - Ressourcenplanung
    - Direkte Personalplanung
    - Anlagenplanung
  - Indirekte Personalplanung
  - Produkterfolgsplanung/Deckungsbeitragsplanung
  - Projektplanung
    - Kundenauftragsbezogene Projekte
    - F+E-Projekte
    - Interne Projekte
    - Andere Projekte
    - Multiprojektplanung
  - Investitionsplanung
  - Ergebnis- bzw. Erfolgsplanung
  - Kostenstellenplanung
    - Zentrale Primärkostenartenplanung
    - Restliche Primärkosten- und Leistungsplanung
    - Sekundärkostenplanung (Innerbetriebliche Leistungsverrechnung)
    - Tarifermittlung
  - Profitcenter-Planung

- Sonstige Erfolgsplanung (Steuern, Finanzergebnis, periodenfremdes und außerordentliches Ergebnis)
- GuV-Planung
- Bilanzplanung
- Finanz-/Cash-Flow-Planung
- Kennzahlenplanung
- Operative Risikoplanung
- Forecast (Hochrechnungen/Prognosen)
  - Bezogen auf das Jahresende
  - Rollierend für einen Zeitraum von z. B. 12 Monaten im Voraus.

Einzelne Planungsgebiete können dabei weiter unterteilt werden, wie z. B. die Projektplanung bezüglich:

- Projektterminplanung
- Projektressourcenplanung
- Projektergebnisplanung
- Projektzahlungsplanung
- Projektrisikoplanung

Bei der Planung sind zudem Planungsschleifen, Abstimmungs- und Genehmigungsrunden z. B. zwischen Top-Down-Vorgabe und Bottom-Up-Planung sowie Simulationen und Szenarioplanungen in verschiedenen Planversionen zu berücksichtigen, wobei eine finale Version als Planversion freizugeben ist (vgl. auch Abschn. 4.2.2).

3.5   Reporting- und Planungsobjekte (Dimensionen, Hierarchien und Werte)

Die wichtigsten Berichts- und Planungsobjekte der Unternehmung lassen sich in Dimensionen, Hierarchien, Attribute und Werte, sogenannte Kennzahlen (Measures), differenzieren.

Als Werte (Kennzahlen, Measures) versteht man die zu planenden bzw. zu berichtenden Größen wie Mengen (z. B. Stückzahlen und Arbeitsstunden), Beträge in Geldeinheiten (z. B. Erlös- und Kostenwerte, Deckungsbeiträge) aber auch Bestandsgrößen (Anlagenbuchwerte) und Prozentwerte (z. B. Rentabilitätskennzahlen).

Die Werte lassen sich für Dimensionen des Unternehmens auswerten. Dimensionen (z. B. Kostenstellen, Produkte und Kunden) können als Hierarchie (z. B. die Kostenstellenhierarchie) aber auch als Attribut mit nur einer einzelnen oder wenigen Ausprägungen (z. B. das Geschlecht der Beschäftigten) vorkommen.

Über die Hierarchien können die Objekte von der Gesamt- über die Gruppen- bis hin zur Einzelobjektsicht oder umgekehrt analysiert bzw. geplant werden. Deswegen sind gerade die Objekthierarchien für die Analyse und Planung so interessant.

Wichtige Hierarchien im Unternehmen sind der folgenden Liste zu entnehmen:

- Konzernhierarchie
- Kundenhierarchie
- Produkthierarchie
- Profitcenter-Hierarchie
- Kostenstellenhierarchie (Funktionsbereiche, Abteilungen, Niederlassungen)
- Konten- bzw. Erlös- und Kostenartengruppen
- Kostenträgerhierarchie
- Artikel-/Materialhierarchie
- Projekthierarchie
- Prozesshierarchie
- Lieferantenhierarchie
- Einsatzkomponentenhierarchie
- Hierarchien für Kooperationen und Netzwerke
- Zeithierarchie
- Mengenhierarchie (z. B. für Mengeneinheiten)
- Werthierarchie

Über die Hierarchie bzw. durch weitere Ableitungsregeln lassen sich weitere Attribute für die Planung und das Reporting identifizieren, u. a.:

- Branchen (z. B. über die Attribute des Kunden oder Lieferanten)
- Regionen (z. B. über die Attribute des Kunden oder Lieferanten)
- Warengruppen (z. B. über die Artikel- bzw. Materialhierarchie oder die Attribute der verkaufsfähigen Produkte oder Einsatzkomponenten)
- Sparten (z. B. über die Profitcenter-Hierarchie oder Kostenträgerhierarchie)
- Niederlassungen (z. B. über die Profitcenter- oder Kostenstellenhierarchie)

Wird bei der Datenmodellierung das Kontenmodell und nicht das Kennzahlenmodell verwendet (vgl. Abschn. 5.5.4.1), so lassen sich über Wertedimensionen des Kontenmodells Wert- und Mengenhierarchien ableiten. Insbesondere die Werthierarchien sind im betrieblichen Reporting sehr nützlich, da viele Berichte standardisierte Zeilenschemata besitzen, wie z. B. die Erfolgsrechnung, die Liquiditätsanalyse, der Kostenstellenbericht oder die Bilanz (vgl. Abschn. 3.9.1.1–3.9.1.4). Werden die Schemata als Werthierarchien in einer Dimension angelegt, so können einzelne Ergebnisstufen in der Analyse dynamisch analysiert werden, indem die Ergebnisstufen auf- und zugeklappt werden können. Es handelt sich quasi um eine dynamische Drill-Down- bzw. Bottom-Up-Analyse entlang der Werthierarchie.

Einige der Hierarchien sind in vielen Programmen bereits standardmäßig angelegt, da sie für alle Unternehmen gleich sind. Hierzu gehören vor allem die Hierarchien für Zeit- und Mengeneinheiten.

Hierarchien und Attribute für die Planung und das Reporting sollten folgende Kriterien erfüllen:

- Vollständigkeit
- Eindeutigkeit/Widerspruchsfreiheit/Überschneidungsfreiheit
- Einheitlichkeit

Grundproblematik bei den Hierarchien und Auswertungsattributen ist die Ermittlung der Zuordnung bei den Bewegungsdaten an der Datenquelle. Sollten schon bei den Buchungsbelegen und den Bewegungsarten Informationen oder Ableitungsmöglichkeiten (über die Stammdaten) fehlen oder mehrdeutig sein, kann die Planung und das Reporting nicht ordentlich versorgt werden. Zudem ist die Stammdatenproblematik und die hiermit verbundene Datenqualität ein Grundproblem in vielen Unternehmen (vgl. Abschn. 4.2.4.4). Die richtige Auswertung und Prognose von Daten fängt bereits bei der richtigen Klassifzierung an. Weiterhin sind neue Anforderungen der Stammdatenzuordnung systematisch durch einen Veränderungsmanagementprozess sicherzustellen.

3.6 Berichtsarten

Für die Informationsaufbereitung werden folgende Berichtsarten für die betriebliche Nutzung unterschieden:[16]

- Standardreporting
- Exception Reporting (Ausnahmeberichte/Ausgelöste Abweichungsberichte)
- Analysereporting *und*
- Ad-hoc-Reporting (Individuell verlangte Berichte)

Das **Standardreporting** erfolgt zu festen Terminen und Zyklen an genau bestimmte Adressaten. Der Inhalt und die Form der Standardberichte sind festgelegt und kann nicht spontan durch den Empfänger geändert werden. Deswegen müssen die Inhalte und die Gestaltung dieser Berichte auch im Rahmen der Informationsbedarfsermittlung so weit definiert werden, dass möglichst keine bzw. wenige Informationslücken für den Empfänger entstehen können. Wie sich in der Praxis zeigt, unterliegen die Standardberichte jedoch auch einer gewissen Haltbarkeit und werden schließlich aus unterschiedlichsten Gründen (z. B. Umstrukturierungen, neue Einflüsse) in Abständen verändert.

Exception Reports bzw. **ausgelöste Berichte** werden bei der Erreichung von festgelegten Toleranzgrößen, Abweichungs- bzw. Schwellenwerten erzeugt. Sie werden bei Überschreitung festgelegter Grenzen zur Informationsanalyse i. d. R. automatisch den Empfängern vorgelegt und helfen dabei, die Aufmerksamkeit auf besonders steuerungsrelevante Sachverhalte zu lenken. Schwellenwerte für Frühwarnindikatoren (sogenannte

---

[16] Erweitert im Vgl. zu: Küpper (2004, S. 171 ff.) und Göpfert (2006, S. 695).

Wächter = Sentinels) können manuell oder in Verbindung mit statistischen Funktionen wie der Setzung eines Konfidenzniveaus bestimmt werden. In Form von Desktop Notifications können Schwellenwertüberschreitungen auch direkt auf dem Desktop dargestellt werden, ohne dass die Anwendung geöffnet sein muss.

Unter **Analysereporting** fasst man das strukturierte Recherchieren und Suchen nach neuen Erkenntnissen auf Basis der vorhandenen Datengrundlage der Informationssysteme durch den Berichtsempfänger zusammen. Im Gegensatz zum Standardreporting und zu den ausgelösten Berichten ist der Einstieg teilweise vordefiniert, die weitergehende Analyse der Information ist jedoch nicht vorbestimmt, sondern wird interaktiv zwischen Analyst und dem Informationssystem per Abfrage auf einen bereitgestellten Datenbestand erstellt. Dies hat den Vorteil, dass der Analyst nicht in vordefinierten Berichtsstrukturen beschränkt ist, sondern darüber hinausgehend seinen Informationsbedarf individuell ausdehnen und verändern kann, soweit es der bereitgestellte Datenbestand zulässt.

Individuell verlangte Bedarfsberichte bzw. **Ad-hoc-Reporting** werden aufgrund einer fachlichen Autorität und deren speziellen Informationsbedürfnissen erstellt. Sie ergeben sich häufig aus dem Eintritt von Ereignissen (z. B. erhebliche Abweichungen oder negative Ergebnisse) und dem Ziel Transparenz hierüber zu schaffen sowie aus neuen Informationsbedürfnissen, die nicht aus dem Standardreporting abgeleitet werden können. Ad-hoc-Berichte können, soweit es der Datenbestand zulässt, schnell mit dem Analysereporting erzeugt werden. Zum Teil muss der vorliegende Datenbestand um die noch nicht verfügbaren Daten angereichert und die Gestaltung der Datenabfrage speziell angepasst werden.

Bedarfsberichte werden explizit vom Empfänger angefordert, um kurzfristig den zusätzlichen Bedarf an individuellen Informationen zu decken. Folglich sollte der Bedarfsbericht nur die vom Empfänger angeforderten Informationen enthalten. Durch die Entwicklung der Informations- und Kommunikationstechnik gewinnt diese Form von Berichten verstärkt an Bedeutung. Sie ergänzen zunehmend die Standardberichte. Der Empfänger übernimmt, mittels direkten Zugriffs auf zentrale Datenbanken, die aktive Rolle des Informationserzeugers (vgl. Abschn. 4.1.5.4 und 5.7.3, Stichwort Self-Service BI).

Während ein Standardberichtswesen mittlerweile bereits auf der Ebene der sog. Abrechnungssysteme (z. B. Kostenrechnung) technisch umgesetzt wird, verlangt die informationstechnische Umsetzung von problemorientierten Spezialberichten zumeist den Einsatz von speziellen Analyse- und Berichtssystemen (Reportgeneratoren), die auf unterschiedlicher Datenbanktechnologie (z. B. Relationale Datenbanken, OLAP-Datenbanken oder NoSQL-Datenbanken) und Speichertechniken (Festplatte versus In-Memory) aufsetzen. Die IT-Unterstützung wird im Kap. 5 umfangreich besprochen. Die Erweiterung und Einordnung des Analyse- und Prognosespektrums im BI-gestützten Controlling wird in Abschn. 5.7.3 aufgezeigt.

Neben diesem controlling- und managementbezogenen Berichtswesen sind für die operative Abwicklung des Geschäfts zudem weitere Berichtsanforderungen erforderlich, die zum Teil mit Werkzeugen der Bürokommunikation oder mit den gleichen Werkzeugen der Reportgeneratoren erstellt werden können. Hierunter fällt u. a. das Formularwesen, z. B.

für die Erstellung von Lieferscheinen und Rechnungen. Diese sind nicht Gegenstand der weiteren Untersuchung.

3.7 Berichtsgrundformen

Die Anzahl der Berichtsgrundformen für Vergleiche und Analysen ist in der Unternehmenspraxis sehr vielfältig und spezifisch. Dennoch lassen sich wichtige Grundmuster für das Reporting herausarbeiten. Aus diesem Grunde werden im Folgenden wichtige Grundformen für Berichte sowie Ihre Vor- und Nachteile herausgearbeitet. Die verschiedenen Berichtsgrundformen können sowohl alleine als auch kombiniert angewendet werden.

3.7.1 Ist-Ist-Vergleiche

Ist-Ist-Vergleiche betrachten ein Ergebnisobjekt hinsichtlich eines einfachen Zeitvergleichs. Hierbei werden identische Zeiträume wie Jahre, Quartale oder Monate verglichen (vgl. Abb. 3.12).

Der Beispielbericht ist in **T-Form** aufgebaut. In der Mitte sind die Berichtszeilen aufgeführt. Im linken Teil der Tabelle wird der Vergleich der kumulierten Istwerte bis zum aktuellen Monat im Vergleich zum Vorjahr dargestellt. Im rechten Teil der Tabelle wird der Monatsvergleich gezeigt. Absolute Abweichungswerte werden dabei häufig um prozentuale Abweichungswerte ergänzt. Zu wesentlichen Abweichungen sollten Aussagen zu den Ursachen und den Konsequenzen für die zukünftige Entwicklung ergänzt werden.

Vorteile der Ist-Ist-Vergleiche sind:

- Veränderungen gegenüber der Vergleichsperiode sind schnell erkennbar.
- Die Datengrundlage der Vergleichsperioden lassen sich i. d. R. gut ermitteln.
- Erfahrungswerte und Orientierungsgrößen lassen sich ableiten.

Ist kum.	Ist VJ kum.	Δ VJ	Δ VJ %	Berichtszeile	Ist Monat	Ist VJ Monat	Δ VJ	Δ VJ %
1.000	900	100	11,1%	Umsatzerlöse	133	110	23	21,2%
200	250	-50	-20,0%	sonstige Einnahmen	17	19	-2	-11,5%
400	400	0	0,0%	Bestandsveränderungen	37	33	4	12,0%
1.600	**1.550**	**50**	**3,2%**	**Gesamtleistung**	**187**	**162**	**25**	**15,5%**
500	600	-100	-16,7%	Materialkosten	42	54	-12	-22,8%
100	200	-100	-50,0%	Fremdleistungen	8	17	-8	-50,0%
600	500	100	20,0%	Personalkosten	50	42	8	20,0%
100	50	50	100,0%	Abschreibungen	9	4	5	124,0%
100	150	-50	-33,3%	Sonstige Kosten	8	11	-2	-20,6%
1.400	**1.500**	**-100**	**-6,7%**	**Gesamtkosten**	**118**	**127**	**-9**	**-7,3%**
200	**50**	**150**	**300,0%**	**Erfolg**	**70**	**35**	**35**	**98,1%**

Abb. 3.12 Ist-Ist-Vergleiche

Nachteile der Ist-Ist-Vergleiche sind:

- Die Vergleichszeiträume weisen unterschiedliche Unternehmenszustände auf, so dass die Werte ohne Bereinigung schlecht zu vergleichen sind.
- Im Extremfall existieren keine historischen Vergleichsdaten, z. B. bei einem neuen Geschäftsfeld.
- Unwirtschaftlichkeiten in der Vergangenheit sind nicht erkennbar.
- Die Analyse der Zielerreichungen von Planwerten ist aufgrund der fehlenden Planwerte nicht möglich.
- Prognosen über die zukünftige Entwicklung bleiben unberücksichtigt.
- Trends im Sinne einer detaillierten zeitlichen Entwicklung der einzelnen Periodenwerte sind bei reinen Periodenvergleichen nicht erkennbar, können aber in Kombination mit Zeitreihenvergleichen ausgewertet werden.

3.7.2 Soll-Ist- bzw. Plan-Ist-Vergleiche

Soll-Ist-Vergleiche bzw. Plan-Ist-Vergleiche vergleichen die tatsächlich erreichten Ist-Werte eines Ergebnisobjektes mit gesteckten Zielvorgaben, z. B. dem Soll- oder Planwert für einen betrachteten Zeitraum. Die Abweichungen zeigen auf, ob die gesteckten Zielvorgaben erreicht bzw. übertroffen oder verfehlt wurden (Abb. 3.13).

Planwerte sind dabei die originären geplanten Werte, die z. B. in der operativen Planung als Budgetwerte festgeschrieben wurden. Sollwerte sind auf die Ist-Beschäftigung angepasste Planwerte. In der Kostenstellenrechnung erfolgt dies z. B. über die Trennung der fixen und variablen Plankosten, wobei die variablen Plankosten an die Istbeschäftigung angeglichen werden und die fixen Kosten, wie der Name schon sagt, beibehalten werden, da sie nicht auf Beschäftigungsänderungen reagieren.

Der Beispielbericht ist wiederum in T-Form aufgebaut. In der Mitte sind die Berichtszeilen aufgeführt. Im linken Teil der Tabelle wird der Vergleich der kumulierten Istwerte bis zum aktuellen Monat im Vergleich zum Plan dargestellt. Im rechten Teil der Tabelle

Ist kum.	Plan kum.	Δ PL	Δ PL %	Berichtszeile	Ist Monat	Plan Monat	Δ PL	Δ PL %
1.000	1.000	0	0,0%	Umsatzerlöse	133	118	15	12,7%
200	250	-50	-20,0%	sonstige Einnahmen	17	19	-2	-11,5%
400	400	0	0,0%	Bestandsveränderungen	37	33	4	12,0%
1.600	**1.650**	**-50**	**-3,0%**	**Gesamtleistung**	**187**	**171**	**17**	**9,9%**
500	500	0	0,0%	Materialkosten	42	46	-4	-8,8%
100	150	-50	-33,3%	Fremdleistungen	8	13	-4	-33,3%
600	450	150	33,3%	Personalkosten	50	38	13	33,3%
100	100	0	0,0%	Abschreibungen	9	8	1	12,0%
100	100	0	0,0%	Sonstige Kosten	8	6	2	31,6%
1.400	**1.300**	**100**	**7,7%**	**Gesamtkosten**	**118**	**110**	**7**	**6,6%**
200	**350**	**-150**	**-42,9%**	**Erfolg**	**70**	**60**	**9**	**15,8%**

Abb. 3.13 Soll-Ist- bzw. Plan-Ist-Vergleiche

	VJ	PL	IST	ΔVJ	ΔPL	ΔPL%	ΔPL
NRW	21,2	18,2	24,8	+3,6	+6,6	+36%	
Hessen	15,0	13,4	15,1	+0,1	+1,7	+13%	
Bayern	5,6	5,9	5,4	-0,2	-0,5	-8%	
Baden-Württemberg	4,6	4,8	5,3	+0,7	+0,5	+10%	
Niedersachsen ●	84,0	91,7	81,5	-2,5	-10,2	-11%	
Berlin ●	18,4	18,4	13,5	-4,9	-4,9	-27%	
Hamburg	8,4	7,7	9,9	+1,5	+2,2	+29%	
Bremen	25,1	25,4	25,4	+0,3	+0,0	+0%	
Schleswig-Holstein	5,8	2,8	3,2	-2,6	+0,4	+14%	
Rest	2,6	2,4	2,8	+0,2	+0,4	+17%	
Deutschland	190,7	190,7	186,9	-3,8	-3,8	-2%	

Abb. 3.14 Grafisch unterstützte Tabellendarstellung

wird der Monatsvergleich zum Plan gezeigt. Absolute Abweichungswerte werden dabei um prozentuale Abweichungswerte ergänzt.

Vorteile der Soll-Ist- bzw. Plan-Ist-Vergleiche sind:

- Unwirtschaftlichkeiten zum gesetzten Plan sind schnell erkennbar.
- Steuerungsbedarfe zur Erreichung der gesteckten Zielvorgaben sind schneller zu erkennen.

Nachteile der Soll-Ist- bzw. Plan-Ist-Vergleiche sind:

- Eine ausgeprägte Planung ist notwendig.
- Die Planung kann schon durch aktuelle Ereignisse überholt sein.
- Trends im Sinne einer detaillierten zeitlichen Entwicklung der einzelnen Periodenwerte sind bei reinen Periodenvergleichen nicht erkennbar, können aber in Kombination mit Zeitreihenvergleichen ausgewertet werden.
- Prognosen über die zukünftige Entwicklung bleiben unberücksichtigt.

Zur besseren Visualisierung von Abweichungen können Tabellendarstellungen mit grafischen Elementen gekoppelt werden. Beispielsweise werden wichtige negative Ausreißer mit einer roten Ampel hervorgehoben und Abweichung in Form eines Säulendiagramms dargestellt. Zudem werden Ist-, Plan- und Vorjahreswerte in einer einheitlichen Notation abgekürzt und grafisch hervorgehoben, so dass Sie in jedem Bericht sofort unterschieden werden können (vgl. Abb. 3.14).

3.7.3 Plan-Wird-Vergleiche (Forecast/Hochrechnungen/Prognosen)

Da Plan-Ist-Vergleiche und Soll-Ist-Vergleiche eine aktualisierte Prognose der zukünftigen Entwicklung nicht anzeigen, werden als Ergänzung gerne Plan-Wird-Vergleiche

aufgestellt. „Wird-Werte" stehen dabei für Prognosen bezüglich der Entwicklung der zukünftigen Istwerte betrachtet auf einen Zielzeitraum, meistens das Geschäftsjahresende
oder bei einem Projektbericht, das geplante Projektende. Diese „Wird-Werte" werden
auch als Forecast (Vorschau) oder Hochrechnungen bzw. Prognosen bezeichnet. Sie bilden
sich aus den aufgelaufenen Istwerten und den zukünftigen aktualisierten Restplanwerten
bis zum betrachteten Zielzeitpunkt. Für die Generierung der Restplanwerte können dabei
verschiedene Verfahren angewendet werden:

- Übernahme der alten periodischen Planwerte
- Manuelle (analytische) Neuplanung der periodischen Planwerte
- Trendberechnungen mit Hilfe statistischer und mathematischer Methoden (häufig basierend auf den zurückliegenden Istwerten). Werden statistische Methoden im Zusammenhang mit Data Mining bzw. Predictive Analytics (vgl. Abschn. 5.5.5.3) für die
  Forecast-Berechnung genutzt, spricht man auch von „Digital Forecast". In diesem Fall
  können neben den Daten z. B. des Rechnungswesens und des ERP-Systems auch strukturierte und unstrukturierte Daten aus fremden Quellen (Websites, IoT etc.) für die
  Erstellung von Prognosemodellen (z. B. Werttreibermodelle) verwendet werden.[17]

Während reine Hochrechnungen auf der Trendberechnung historischer Daten beruhen,
können Forecastwerte bzw. Prognosen auch aktualisierte analytische Planwerte bezüglich
der Zukunft beinhalten.

Der Beispielbericht in Abb. 3.15 ergänzt einen Plan-Ist-Vergleich im linken Teil der
Tabelle um den Plan-Wird-Vergleich im rechten Teil der Tabelle. Der Vergleichswert wird
hier als Forecast dargestellt.

Vorteile der Plan-Wird-Vergleiche sind:

- Unwirtschaftlichkeiten zum gesetzten Plan sind schnell erkennbar.
- Steuerungsbedarfe zur Erreichung der gesteckten Zielvorgaben sind schneller zu er-
  kennen.
- Prognosen über die zukünftige Entwicklung werden berücksichtigt.

Berichtszeile	Ist kum.	Plan kum.	Δ PL	Δ PL %	Forecast	Plan ges.	Δ PL	Δ PL %
Umsatzerlöse	1.000	900	100	11,1%	1.300	1.200	100	8,3%
sonstige Einnahmen	200	250	-50	-20,0%	350	400	-50	-12,5%
Bestandsveränderungen	400	400	0	0,0%	700	600	100	16,7%
Gesamtleistung	**1.600**	**1.550**	**50**	**3,2%**	**2.350**	**2.200**	**150**	**6,8%**
Materialkosten	500	500	0	0,0%	800	750	50	6,7%
Fremdleistungen	100	150	-50	-33,3%	250	300	-50	-16,7%
Personalkosten	600	450	150	33,3%	700	600	100	16,7%
Abschreibungen	100	100	0	0,0%	200	150	50	33,3%
Sonstige Kosten	100	100	0	0,0%	150	120	30	25,0%
Gesamtkosten	**1.400**	**1.300**	**100**	**7,7%**	**2.100**	**1.920**	**180**	**9,4%**
Erfolg	**200**	**250**	**-50**	**-20,0%**	**250**	**280**	**-30**	**-10,7%**

Abb. 3.15 Plan-Wird-Vergleich (Forecast)

---

[17] Vgl. Mehanna (2016, S. 22–25) und Möller et al. (2017, S. 509–518).

Nachteile der Plan-Wird-Vergleiche sind:

- Eine ausgeprägte Aktualisierung der Planung ist notwendig.
- Trends im Sinne einer detaillierten zeitlichen Entwicklung der einzelnen Periodenwerte sind bei reinen Periodenvergleichen nicht erkennbar, können aber in Kombination mit Zeitreihenvergleichen ausgewertet werden.

3.7.4 Zielerreichungsberichte

Zielerreichungsberichte vergleichen die aktuellen und tatsächlich erreichten Istwerte eines Ergebnisobjektes mit den gesteckten Zielvorgaben für den gesamten betrachteten Zeitraum. Hierdurch soll z. B. gezeigt werden, wie viel Umsatz nach dem dritten Quartal noch generiert werden muss, um den geplanten Jahresumsatz zu erreichen. Die Abweichung zeigt also die offenen Werte an, die es gilt, in der verbleibenden Zeit zu erreichen bzw. zu übertreffen.

Der Beispielbericht in Abb. 3.16 zeigt für diverse Geschäftskennzahlen im vorderen Teil an, wie hoch die Zielerreichung zum Jahresplan (per anno) und im hinteren Teil zum Vorjahreswert ist. Der Zielerreichungsgrad wird als Quote angezeigt und um die offenen absoluten Werte in der Folgespalte ergänzt.

Vorteile der Zielerreichungsberichte sind:

- Steuerungsbedarfe zur Erreichung der gesteckten Zielvorgaben sind anhand des Zielerreichungsgrades schnell zu erkennen.
- Die offenen Werte, die in der Restzeit zum gesamten betrachteten Zeitraum noch erreicht werden sollten, sind schnell zu erkennen.

Geschäftszahlen (in Mio. €)	Plan p.a.	Ist kum.	Quote PL	offen	Ist VJ p.a.	Quote VJ	offen
Betriebsertrag	8.980	8.709	97,0%	-271	8.688	100,2%	21
Betriebsaufwand	8.168	7.988	97,8%	-180	7.953	100,4%	35
Gewinn	812	721	88,8%	-91	735	98,1%	-14
Umsatzrendite	9,0%	8,3%	91,6%	-0,8%	8,5%	97,9%	-0,2%
Investitionen	516	431	83,5%	-85	415	103,9%	16
Free Cashflow	684	595	87,0%	-89	576	103,3%	19
Bilanzsumme	71.603	84.676	118,3%	13.073	82.659	102,4%	2.017
Eigenkapital	2.857	3.534	123,7%	677	2.745	128,7%	789
Personalbestand (FTE)							
Konzern (ohne Leihpersonal)	44.178	44.803	101,4%	625	44.698	100,2%	105
Stammhaus (ohne Leihpersonal)	32.919	30.863	93,8%	-2.056	30.699	100,5%	164
Leihpersonal	1.571	1.690	107,6%	119	1.602	105,5%	88

Abb. 3.16 Zielerreichungsbericht

Nachteile der Zielerreichungsberichte sind:

- Eine ausgeprägte Planung ist notwendig.
- Die Planung kann schon durch aktuelle Ereignisse überholt sein.
- Trends im Sinne einer detaillierten zeitlichen Entwicklung der einzelnen Periodenwerte sind bei reinen Periodenvergleichen nicht erkennbar, können aber in Kombination mit Zeitreihenvergleichen ausgewertet werden.

3.7.5 Zeitreihenanalysen

Vergleiche zwischen einzelnen Werten für einzelne Perioden lassen Trends nicht erkennen. Auch Ausreißer nach unten oder oben in einzelnen Perioden sind kaum zu identifizieren. Deshalb werden als Ergänzung gerne Zeitreihenanalysen verwendet.

Der Beispielbericht in Abb. 3.17 zeigt im oberen Teil eine grafische und im unteren Teil eine tabellarische Zeitreihe für Absatzzahlen bestimmter Produkte. Grafische Zeitreihenanalysen sind für den Betrachter intuitiver als tabellarische Darstellungen. Wichtige zyklische Schwankungen und Ausreißer sind mit Kommentaren zu erläutern.

Vorteile der Zeitreihenanalysen sind:

- Trends im Sinne einer detaillierten zeitlichen Entwicklung der einzelnen Periodenwerte sind sehr gut erkennbar.
- Ausreißer nach oben und unten sind sehr gut erkennbar.

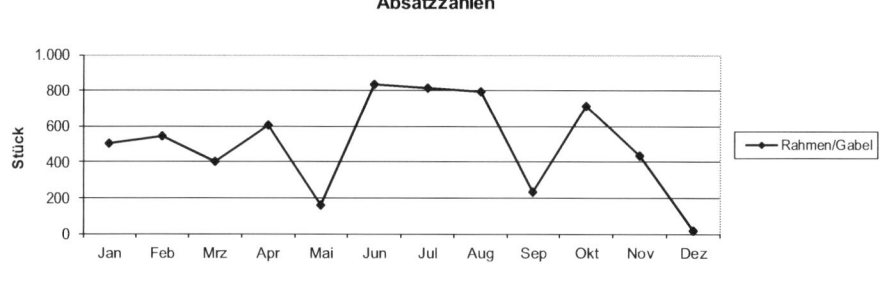

Produkte	Jan	Feb	Mrz	Apr	Mai	Jun	Jul	Aug	Sep	Okt	Nov	Dez	Summe
Rahmen/Gabel	503	543	402	605	157	837	817	796	235	714	434	15	6.058
Laufräder/h.	630	214	945	593	203	833	906	510	698	908	232	740	7.413
Laufräder/v.	470	729	810	287	100	294	821	722	725	996	162	444	6.560
Tretlager	748	998	410	225	802	980	338	99	996	158	934	48	6.736
Lenker	556	372	500	546	35	178	738	414	917	127	773	737	5.895
Summe	2.907	2.856	3.067	2.257	1.296	3.122	3.620	2.542	3.571	2.903	2.536	1.985	32.661

Abb. 3.17 Zeitreihenanalysen

Nachteile der Zeitreihenanalysen sind:

- Aufgrund der Datenfülle einzelner Periodenwerte entstehen ggf. unübersichtliche Zahlenkolonnen, insbesondere in der tabellarischen Darstellung. Wichtige zyklische Schwankungen und Ausreißer sind mit Kommentaren zu erläutern.
- Werden nur eine oder wenige Perioden betrachtet, ist die Analysefähigkeit der Zeitreihenanalyse beschränkt.

3.7.6 ABC-, Flop-/Top- und Klassen-Analyse

Möchte man gerne wissen, welches Ergebnisobjekt am meisten oder am wenigsten zum Erfolg beigetragen hat, bietet es sich an, für ausgewählte Kennzahlen die betrachteten Ergebnisobjekte für einen Zeitraum zu sortieren. Hierdurch erhält man z. B. bei einer auf- bzw. absteigenden Sortierung die besten oder die schlechtesten Ergebnisobjekte. Beschränkt man die Ansicht auf eine gewisse Anzahl der Ergebnisobjekte, so erhält man eine Liste mit den Top- bzw. Flop-Ergebnisobjekten.

Der Beispielbericht in Abb. 3.18 zeigt die Top-Ten-Kunden in tabellarischer und grafischer Darstellung für die Umsatzwerte aus dem aktuellen und dem Vorjahr.

Eine weitere Form der Sortierung stellt die ABC-Analyse dar, mit deren Hilfe eine Rangreihenfolge der betrachteten Ergebnisobjekte bezüglich ihrer Wichtigkeit und wirtschaftlichen Bedeutung gebildet werden kann. Hierdurch lässt sich die Aufmerksamkeit besonders auf die Ergebnisobjekte lenken, die einen überdurchschnittlich hohen Anteil an dem Wert einer Kennzahl besitzen. Die im Ergebnis ausgewiesene Klassifizierung zeigt auf, welche Ergebnisobjekte besonders betrachtet werden müssen. Häufig findet man die sogenannte *Pareto*-Kurve bestätigt, wobei mit nur ca. 20 % der Ergebnisobjekte mehr als 80 % des Gesamtvolumens des ausgewählten Kennzahlenwertes erreicht werden (A-Klasse). Mit ca. 50 % der Ergebnisobjekte werden mehr als 90 % des Gesamtvolumens des ausgewählten Kennzahlenwertes erreicht. Die hier hinzugerechneten Ergebnisobjekte werden der B-Kategorie zugeschrieben. Die restlichen 50 % der Ergebnisobjekte tragen

Top-Ten-Kunden	Umsatz (€) VJ	Umsatz (€) IST
1 Allianz	164.674	162.357
2 R+V	95.212	99.516
3 Generali	85.304	83.232
4 Zürich	73.767	74.290
5 Debeka	61.359	74.810
6 Würtembergische	55.128	55.637
7 Bayern Versicherung	55.075	58.943
8 Nürnberger	48.854	48.233
9 Hamburg-Mannheimer	48.302	52.128
10 AXA	46.650	34.402

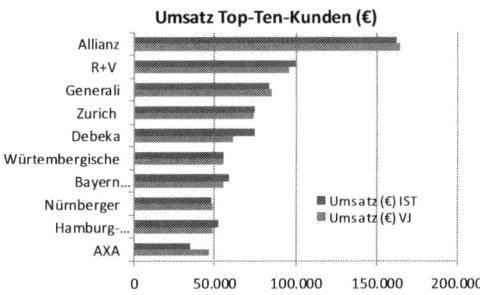

Abb. 3.18 Top-Ten-Analyse (Beispiel MS Excel)

häufig nur mit weniger als 10 % zum Gesamtvolumen des ausgewählten Kennzahlenwertes bei. Sie werden der C-Kategorie zugeordnet. Auch andere Einteilungen, wie die folgenden Beispiele zeigen, sind möglich.

Zur Darstellung der ABC-Analyse werden alle Ergebnisobjekte wertmäßig in fallender Reihenfolge tabellarisch sortiert abgebildet. Zudem werden die Kennzahlenwerte fortlaufend kumuliert. Die Klasseneinteilung erfolgt durch Festlegung von Schwellenwerten, z. B. prozentualen oder absoluten Wertgrenzen. Verwendet man prozentuale Schwellenwerte, so können ausgehend von dem Gesamtwert von 100 % die A-, B- und C-Ergebnisobjekte anhand der prozentualen kumulierten Anteile gebildet werden.

Für die gebildeten Klassen werden in den jeweiligen Funktionsgebieten häufig Normstrategien abgeleitet. Im Vertrieb werden z. B. Marketingmaßnahmen oder Betreuungsintensitäten für die Kunden in ihrer jeweiligen Klasse entwickelt und festgelegt.

Der Beispielbericht in Abb. 3.19 zeigt eine ABC-Analyse aus dem Vertriebsbereich für die Kennzahl Umsatz. Die Schwellenwerte werden für die A-Klasse zwischen 0–70 %, für die B-Klasse zwischen 70–90 % und für die C-Klasse zwischen 90–100 % des kumulierten Umsatzanteiles festlegt. Die *Pareto*-Kurve wird in der Grafik rechts neben der Tabelle dargestellt.

Ein weiteres Beispiel für eine ABC-Analyse zeigt die Abb. 3.20, in der eine andere Klasseneinteilung gewählt wurde: 0–60 % (A), 60–80 % (B) und 80–100 % (C).

Die ABC-Analyse teilt die Analyseobjekte in drei Klassen ein. Darüber hinaus können die Objekte in beliebig viele Klassen eingeteilt werden. Aus betriebswirtschaftlicher Sicht werden die Ergebnisobjekte der Unternehmen wie bereits erwähnt in Hierarchien dargestellt, z. B. Produkt- oder Kundenhierarchien. Solche Hierarchien und Gruppeneinteilungen können für die Analyse interessant sein, wenn es darum geht bedeutsame von unbedeutsamen Klassen zu unterscheiden. Für die Visualisierung solcher Klassen bie-

Bezeichnung	Umsatz abs.	Umsatz %	kum. Umsatz abs.	kum. Umsatz %	Klasse
Allianz	1.850.000	19,4%	1.850.000	19,4%	A
R+V	1.510.000	15,8%	3.360.000	35,3%	A
Generali	1.265.000	13,3%	4.625.000	48,5%	A
Zurich	1.115.000	11,7%	5.740.000	60,2%	A
Debeka	965.000	10,1%	6.705.000	70,4%	A
Wurtembergische	660.000	6,9%	7.365.000	77,3%	B
Bayern Versicherung	550.000	5,8%	7.915.000	83,1%	B
Nürnberger	490.000	5,1%	8.405.000	88,2%	B
Hamburg-Mannheimer	200.000	2,1%	8.605.000	90,3%	B
AXA	190.000	2,0%	8.795.000	92,3%	C
HDI-Gerling	170.000	1,8%	8.965.000	94,1%	C
Provinzial	150.000	1,6%	9.115.000	95,7%	C
Swiss	105.000	1,1%	9.220.000	96,8%	C
Victoria	68.000	0,7%	9.288.000	97,5%	C
Iduna	60.000	0,6%	9.348.000	98,1%	C
Alte Leipziger	48.400	0,5%	9.396.400	98,6%	C
Cosmos	36.000	0,4%	9.432.400	99,0%	C
DBV	35.000	0,4%	9.467.400	99,4%	C
Gothaer	30.000	0,3%	9.497.400	99,7%	C
Volkswohl Bund	20.400	0,2%	9.517.800	99,9%	C
neue Leben	10.500	0,1%	9.528.300	100,0%	C
Summe	9.528.300	100,0%			

Abb. 3.19 ABC-Analyse (Beispiel MS Excel)

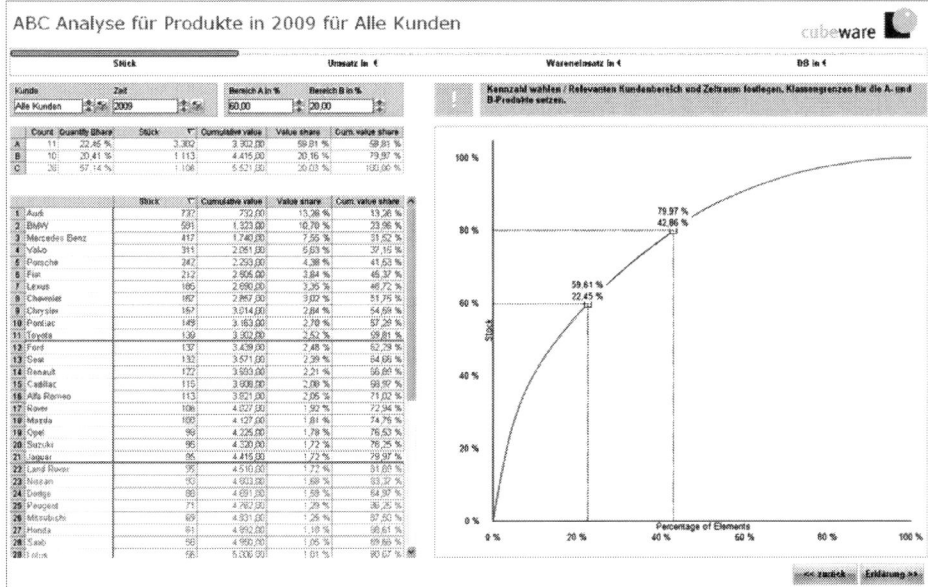

Abb. 3.20 ABC-Analyse (Beispiel Cubeware). (Quelle: Cubeware Bildergalerie 2011)

ten sich neben traditionellen Kreis-, Säulen- und Balkendiagrammen auch moderne Diagrammtypen wie Treemap-, Sunburst- oder Bubble-Charts an (vgl. Abschn. 3.8.2.4).

Vorteile der ABC-, Top-/Flop- und Klassen-Analysen sind:

- Die Ergebnisobjekte sind bezüglich ihrer wirtschaftlichen Bedeutung schnell zu identifizieren.
- Ausreißer nach oben (Tops) und unten (Flops) sind sehr gut erkennbar.
- Normstrategien können für die gebildeten Klassen angewendet werden.

Nachteile der ABC-, Top-/Flop- und Klassen-Analysen sind:

- Die Festlegung der Schwellenwerte für die ABC- und Klassen-Analysen ist an den Grenzen oft schwierig. Ggf. fallen Ergebnisobjekte an den Schwellen nur knapp aus der gebildeten Klasse.
- Bei vielen Ergebnisobjekten können die Listen sehr lang werden.
- Ergebnisobjekte, die heute noch in die B- oder C-Klasse fallen, können zukünftig zur A-Klasse gehören (und umgekehrt).

3.7.7 Portfolio-Analyse

Die Portfolio-Analyse zeichnet sich durch ihre Einordnung und Analysefähigkeit von Ergebnisobjekten in einer durch Kriterien gebildeten Matrix aus. Sie findet in vielen wirtschaftlichen Bereichen ihre Anwendung, z. B. in der Finanzwirtschaft zur Planung eines ausgewogenen Anlageportfolios oder in der strategischen Unternehmensplanung zur Optimierung der Geschäftsfelder, Produktbereiche oder Projekte. Die bekanntesten Portfolio-Analysen zur strategischen Unternehmensanalyse und -planung sind die Vier-Felder-Matrix der Bosten Consulting Group und die 9-Felder-Matrix der Beratungsgesellschaft McKinsey.

Die Portfolio-Analyse findet aber auch verstärkt Anwendung in anderen Funktionsbereichen des Unternehmens, wie z. B. zur Beurteilung der Lieferanten in einem Lieferantenportfolio oder ein Kundenportfolio zur Analyse von Kundengruppen.

Abb. 3.21 zeigt die Vier-Felder-Matrix der Bosten Consulting Group. Hierbei lassen sich die wichtigsten Berichtsmerkmale veranschaulichen. Zur Darstellung des Portfolios müssen für die relevanten Ergebnisobjekte (hier die strategischen Geschäftsfelder) drei Datenkategorien bestimmt werden, mit denen das Portfolio zu bilden ist. Bei der

SGE	Eigener Marktanteil	Marktanteil stärkster Konkurrent	relativer Marktanteil	Markt- wachstum	Umsatz in Mio. €	Umsatz- anteil
A	3,20%	7,60%	0,4	4,2%	250	23,15%
B	7,40%	2,90%	2,6	4,9%	120	11,11%
C	9,40%	5,30%	1,8	2,4%	310	28,70%
D	4,30%	3,10%	1,4	4,2%	280	25,93%
E	1,40%	3,30%	0,4	1,5%	120	11,11%

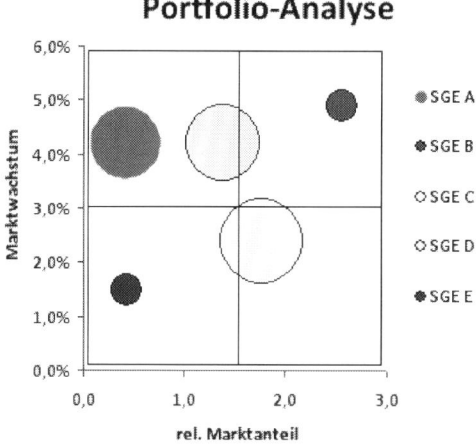

Abb. 3.21 Portfolio-Analyse

Vier-Felder-Matrix sind dies die Kennzahlen Marktwachstum, relativer Marktanteil sowie Umsatzanteil der betrachteten strategischen Geschäftsbereiche. Für die gebildeten Felder lassen sich Klassifizierungen und Normstrategien festlegen, die zur Steuerung herangezogen werden. In der Neun-Felder-Matrix der Beratungsgesellschaft McKinsey werden im Gegensatz zu den Einzelkriterien der Vier-Felder-Matrix viele Kriterien mit Hilfe eines Scoringmodells (vgl. Abschn. 3.7.10) auf die Achsenwerte Marktattraktivität und Wettbewerbsstärke verdichtet.

Vorteile der Portfolio-Analysen sind:

- Durch die Bildung der vergleichenden Wertebenen (relativ, nominal, ordinal, kardinal) lassen sich unterschiedliche Ergebnisobjekte mit gleichen Maßstäben messen.
- Normstrategien können für die gebildeten Portfolio-Felder angewendet werden.
- Durch die grafische Darstellung ergibt sich ein hoher Kommunikations- und Analysewert.

Nachteile der Portfolio-Analysen sind:

- In der Reduktion der Komplexität auf drei Wertebenen (X-Achse, Y-Achse und Größendarstellung der Ergebnisobjekte) können wichtige Faktoren verloren gehen.
- Abhängigkeiten und Verbundeffekte werden ggf. nicht erkannt.
- Allgemeine Normstrategien sind für spezifische Probleme nicht anwendbar.

3.7.8 Objekt- und Benchmark-Vergleiche

Bei Objektvergleichen werden zwei oder mehrere Objekte miteinander innerhalb eines betrachteten Zeitraums verglichen. Bei den Objekten können sowohl interne und externe Objekte verglichen werden. Bei den externen Objekten können die Objekte aus derselben Branche (Branchenvergleiche) oder sogar branchenübergreifend festgelegt werden. Ziel ist es, die Leistung der zu vergleichenden Objekte besser beurteilen zu können, um hieraus Steuerungsmaßnahmen abzuleiten.

Geschäftszahlen (in Mio. €)	Standort Hamburg	Standort München	Δ	Δ %
Betriebsertrag	10.980	10.709	271	2,5%
Betriebsaufwand	8.168	7.988	180	2,3%
Gewinn	2.812	2.721	91	3,3%
Umsatzrendite	25,6%	25,4%	0,2%	0,8%
Investitionen	516	431	85	19,7%
Free Cashflow	684	595	89	15,0%

Abb. 3.22 Objekt-Vergleich

Abb. 3.22 zeigt einen einfachen internen Objektvergleich von zwei Standorten, die anhand unterschiedlicher Kennzahlen verglichen werden. Absolute und prozentuale Abweichungswerte helfen dabei die Unterschiede schneller zu erfassen.

Den Objektvergleichen ähnlich sind Benchmark-Vergleiche. Hier werden ausgewählte Kennzahlen anhand der besten Vergleichsobjekte oder anhand der besten erzielten Werte verglichen. Zur Orientierung können alternativ oder zusätzlich auch Vergleiche zum Durchschnitt der Vergleichsobjekte oder zu den durchschnittlich erzielten Werten herangezogen werden. Die Vergleichsobjekte können wieder unternehmensintern, unternehmensübergreifend oder sogar branchenübergreifend gewählt werden.

Abb. 3.23 zeigt einen Benchmark-Vergleich von einem Standort zum besten Standort (im linken Teil der Tabelle) und zum Durchschnitt aller Standorte (im rechten Teil der Tabelle).

Vorteile der Objekt- und Benchmark-Vergleiche sind:

- Bessere Leistungsbeurteilung der zu vergleichenden Objekte.
- Orientierung am „Besten" hilft bei der systematischen Suche nach Verbesserungsmöglichkeiten im Unternehmen.
- Orientierung am Durchschnittswert hilft bei der Einschätzung der eigenen Lage im Vergleich zum Durchschnitt.

Nachteile der Objekt- und Benchmark-Vergleiche sind:

- Es lassen sich unter Umständen keine Vergleichsobjekte finden.
- Bestimmung der Vergleichs- und Benchmark-Objekte und Generierung der Benchmark-Werte (beste Werte, durchschnittliche Werte) ist oft aufwändig.
- Vergleiche sind teilweise schwierig zu interpretieren, da die Vergleichsobjekte ggf. andere und spezielle Rahmenbedingungen im Vergleichszeitraum aufweisen, die schwer zu erkennen oder zu eliminieren sind.

Geschäftszahlen (in Mio. €)	Standort Hamburg	Bester Standort	Δ + S	Δ + S %	Standorte im Durchschnitt	Δ Ø S	Δ Ø S %
Betriebsertrag	10.980	11.709	-729	-6,2%	9.540	1.440	15,1%
Betriebsaufwand	8.168	7.988	180	2,3%	7.950	218	2,7%
Gewinn	2.812	3.721	-909	-24,4%	1.590	1.222	76,9%
Umsatzrendite	25,6%	31,8%	-6,2%	-19,4%	16,7%	8,9%	53,7%
Investitionen	516	531	-15	-2,8%	451	65	14,4%
Free Cashflow	684	695	-11	-1,6%	495	189	38,2%

Abb. 3.23 Benchmark-Vergleich

3.7.9 Break-Even-Point-Analyse

Bei rückläufiger Beschäftigung stellt sich die Unternehmensführung die Frage, ob das für das kommende Jahr angestrebte Gewinnziel überhaupt erreicht werden kann und wann oder ab welcher Absatzmenge bzw. ab welchem erzielten Umsatz dies der Fall ist. Hier ist die Break-Even-Point-Analyse hilfreich.

Das Instrument der Break-Even-Point-Analyse ermittelt diejenige Absatzmenge bzw. die dazugehörigen Umsatzerlöse, bei denen die gesamten fixen Kosten sowie die absatzmengenabhängigen (variablen) Kosten voll gedeckt sind. Dieser Deckungspunkt wird Break-Even-Point genannt. Er legt diejenige Erlös-Mengen-Kombination fest, ab der die Unternehmung Gewinne erzielt. Formal ermittelt man diesen kritischen Wert, indem man die entstandenen kumulierten Gesamtkosten (K_g) des Umsatzes mit den erzielten kumulierten Erlösen (U) gleichsetzt.

Die Bestimmung der Break-Even-Absatzmenge (BEP_M) erhält man durch die Division der Fixkosten (K_f) der Gesamtperiode durch den Stückdeckungsbeitrag, der sich aus der Differenz der Stückerlöse (p) und der proportionalen Stückkosten (k_v) ergibt. Multipliziert man anschließend die Break-Even-Absatzmenge mit dem Stückerlös, so erhält man den Break-Even-Umsatz.

$$\text{BEP}_M = \frac{K_f}{p - k_v}$$

Abb. 3.24 zeigt eine Break-Even-Point-Analyse für den Fall einer Einproduktbetrachtung. Die Prämissenstruktur der Break-Even-Point-Analyse ist hierbei sehr restriktiv:[18]

BEP-Ausgangsdaten	Jan.	Feb.	Mrz	Apr	Mai	Jun	Jul	Aug	Sep	Okt	Nov	Dez
Menge	1.000	1.000	1.000	1.000	1.000	1.000	1.000	1.000	1.000	1.000	1.000	1.000
Menge kum.	1.000	2.000	3.000	4.000	5.000	6.000	7.000	8.000	9.000	10.000	11.000	12.000
variable Kosten (in Euro)	250	250	250	250	250	250	250	250	250	250	250	250
variable Kosten (in Euro) kum.	250	500	750	1.000	1.250	1.500	1.750	2.000	2.250	2.500	2.750	3.000
fixe Kosten (in Euro)	1.150	1.150	1.150	1.150	1.150	1.150	1.150	1.150	1.150	1.150	1.150	1.150
Erlöse (in Euro)	375	375	375	375	375	375	375	375	375	375	375	375
Erlöse (in Euro) kum.	375	750	1.125	1.500	1.875	2.250	2.625	3.000	3.375	3.750	4.125	4.500
Gesamtkosten (in Euro) kum	1.400	1.650	1.900	2.150	2.400	2.650	2.900	3.150	3.400	3.650	3.900	4.150

Break-Even-Point-Berechnung	
BEP-Absatzmenge	9.200
BEP-Umsatz	3.450

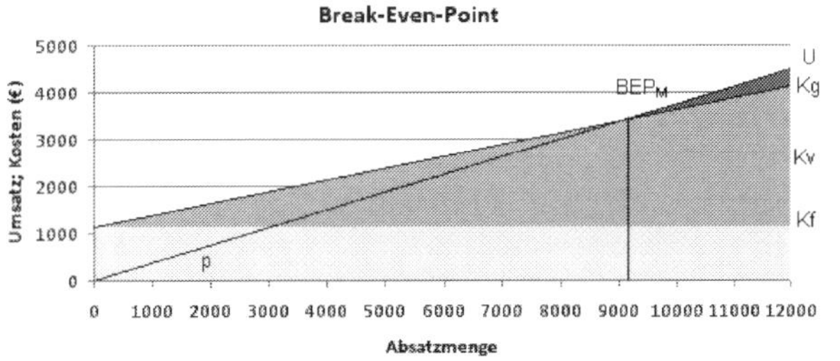

Abb. 3.24 Break-Even-Point-Analyse

---

[18] Vgl. Heigl (1989, S. 128 f.) und Poensgen (1981, Sp. 308).

- ein Erzeugnis wird hergestellt
- Kosten, Preise, Kapazitäten sind fest vorgegeben und bekannt
- Preise sind mengenunabhängig
- keine Rabatte beim Einkauf
- keine intervallfixen Kosten
- keine Parameteränderung während des Betrachtungszeitraumes
- keine Kostenremanenz (Kosten dieser Periode sind unabhängig von Kosten der Vorperiode)
- produzierte Menge = abgesetzte Menge → keine Lagerhaltung

Die sehr restriktiven Prämissen des einfachen Modells der Break-Even-Point-Analyse lassen sich durch verschiedene Erweiterungsmöglichkeiten größtenteils aufheben. Für ein Mehrproduktunternehmen mit unterschiedlichen Produktdeckungsbeiträgen bietet es sich an, die Break-Even-Point-Analyse zunächst auf Produkt- oder wenn möglich auf Produktgruppenebene mit den zugehörigen Produkt- bzw. Produktgruppenfixkosten durchzuführen, um dann für den gesamten Umsatzmix die Gewinnschwelle zu ermitteln.[19]
Vorteile der Break-Even-Point-Analyse sind:

- Der BEP ist ein guter Orientierungswert für die bisher aufgelaufene und zukünftig geplante Unternehmensleistung.
- Liegen die Ausgangsdaten im BEP-Modell vor, hilft sie bei der schnellen Einschätzung der Gewinnschwelle.
- Differenzierte BEP-Analysen je Produkt- und Produktgruppen liefern eine Transparenz hinsichtlich der jeweiligen produkt- bzw. produktgruppenbezogenen Gewinnschwelle.

Nachteile der Break-Even-Point-Analyse sind:

- Restriktive Prämissenstruktur der Modellannahme.
- Stufenweise abbaufähige Fixkosten (Kostenremanenzeffekte) sind im Grundmodell nicht berücksichtigt.
- Aufbereitung der Ausgangsdaten bei Mehrproduktunternehmen mit unterschiedlichen Erlös- und Deckungsbeitragsstrukturen (Regelfall) bedarf einer aufwändigen Planung.

3.7.10   Scoring- bzw. Nutzwertanalysen

Zur Ergänzung der Analyse von quantitativen Werten werden gerne Scoring- oder Nutzwertanalysen zur Beurteilung der qualitativen Werte herangezogen. Die Begriffe Scoring- und Nutzwertanalyse werden hier synonym verwendet. Für die Scoring-Analyse werden im 1. Schritt zunächst Beurteilungskriterien quantitativer und qualitativer Art

---

[19] Vgl. Kilger (1988, S. 802 f.).

erarbeitet. Sie sollten überschneidungsfrei und vollständig sein. Zudem bietet es sich an, auch Kriteriengruppen zu bilden. Die Einzelkriterien werden schließlich aufgrund unterschiedlicher Bedeutung im 2. Schritt gewichtet. In der Praxis werden diese Gewichtungen häufig geschätzt oder von den Erstellern bzw. Experten subjektiv festgelegt. Eine genauere Methode zur Ermittlung der Gewichte für die Kriterien ist der Paarvergleich. Für die Bewertung der Objekte empfiehlt es sich, eine Normierung der Gesamtpunktzahl auf 100 oder 1000 vorzunehmen. Dies hat den Vorteil, dass das Bewertungsobjekt sich schneller vom Analysten mit Hilfe einer Prozent- bzw. Promille-Skala einordnen lässt. Im 3. Schritt werden die zu vergleichenden Ergebnisobjekte bewertet. Im Idealfall lassen sich kardinale Bewertungen mit genauen Abgrenzungskriterien ableiten, in dem z. B. ein Kriterium wie der Preis (in einer vorab bestimmten Preisklasse) eine Bewertungsanzahl von Punkten bekommt. Aber auch nominale Bewertungen (z. B. gut/schlecht) oder ordinale Bewertungen (Rangklassen ohne Abstandsdefinition) finden Anwendung.

Abb. 3.25 zeigt eine einfache Scoring-Analyse von zwei Vergleichsprodukten mit einer gewichteten Punktbewertung.

Vorteile der Scoring- bzw. Nutzwertanalyse sind:

- Einfache Bewertungsmethode, in der individuelle Benutzungskriterien zusammengestellt und Gewichtungen für die Bewertung der Kriterien vorgenomen werden können.
- Berücksichtigt gegenüber anderen Wirtschaftlichkeitsbetrachtungen auch qualitative Beurteilungskriterien und schafft somit gute Transparenz hierüber.
- Das Scoringmodell kann leicht individuell auf unterschiedliche Unternehmensanforderungen angepasst werden.

Nachteile der Scoring- bzw. Nutzwertanalyse sind:

- Subjektive Festlegung der Beurteilungskriterien und Gewichtungen.
- Die Messung der Beurteilungskriterien ist nicht immer möglich.
- Die Bewertung der Objekte erfolgt häufig subjektiv und kann einfach manipuliert werden.

Vergleichskriterien	Gewichtung	eigenes Produkt		Konkurrenz-Produkt	
		Punkte (0 - 10)	gew. Punkte	Punkte (0 - 10)	gew. Punkte
Preis	30	8	240	9	270
Leistung	20	7	140	9	180
Innovation	20	6	120	8	160
Qualität	20	9	180	7	140
Service	10	5	50	6	60
Summe	**100**	**35**	**730**	**39**	**810**

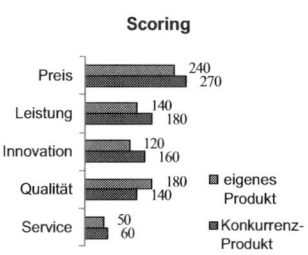

Abb. 3.25 Scoring-Analyse

3.8 Berichtsgestaltung

Im Rahmen der Gestaltung von Einzelberichten sind folgende Themenbereiche von besonderer Bedeutung: die Filter- bzw. Selektionskriterien, das Layout und der Auswertungsbereich, vor allem mit den hier verwendeten Tabellen, Kommentierungen, Diagrammen und anderen Visualisierungshilfen. Daneben werden grundsätzliche Hinweise und Empfehlungen zur Gestaltung von Berichten gegeben.

3.8.1 Filter- bzw. Selektionskriterien

Bei der Selektion bzw. Filterung von Berichtsinformationen muss man generell zwischen einer Vorselektion für den Bericht und einer Detailselektion im Bericht von Kennzahlen und Dimensionen unterscheiden.

Die Vorselektion ermöglicht dem Analysten den Bericht bereits mit selektiertem Datenmaterial aufzurufen, in dem z. B. nur bestimmte Dimensionsausprägungen wie eine Gesellschaft, eine Region, eine Kostenstelle etc. angesprochen werden. Wird eine Vorselektion getroffen, so lässt sich beim Aufruf des Berichtes nur das vorselektierte Datenmaterial zur Analyse bzw. Planung nutzen. Weitere Detailanalysen sind dann nur in dem vorselektierten Datenbestand möglich, also z. B. die Recherche der Umsätze und Kosten für eine vorselektierte Region.

Um die Datensicht eines vorselektierten Berichtes online wieder zu erweitern, bleibt meistens nichts anderes übrig, als aus dem Bericht wieder hinauszugehen und die Vorselektion entsprechend zu erweitern. Der Nutzen der Vorselektion besteht in der Einschränkung des zu analysierenden Datenmaterials. Eine Vorselektion und Eingrenzung des Datenmaterials erfolgt ebenfalls durch die im Berechtigungsprofil des Users eingeschränkte Sicht auf den verfügbaren Datenbestand. Ein Kostenstellenleiter sieht beispielsweise nur Daten seiner Kostenstelle.

Die Detailinformationen im Einzelbericht lassen sich weiterhin durch verschiedene Instrumente selektieren, wobei im Folgenden die gängigsten Werkzeuge aufgeführt werden:

- Filter- und Menüfunktionen, in denen z. B. verschiedene Dimensionen ausgewählt werden können.
- Kontextmenüfunktionen, mit denen einzelne Funktionen mit Hilfe der rechten Maustaste durchgeführt werden können.
- Drop-Down-Liste, z. B. für vorhandene Stammdaten wie z. B. Personalgruppen.
- Hierarchieauswahl aller zur Verfügung stehender Stammdaten nach gepflegter Hierarchie (z. B. Kostenstellenhierarchie).
- Radiobutton bzw. Kästchen, die für auszuwählende Dimensionen bzw. Stammdaten (z. B. die Regionen Nord, West, Ost, Süd) angekreuzt werden können.
- Selektion über Boolesche Operatoren wie „und" (Konjunktion), „oder" (Disjunktion), „nicht" (Negation) und „XOR" (ausschließendes entweder oder).
- Gesetzte Lesezeichen (Bookmarks) für bereits analysierte Berichte oder Inhalte.

Eine weitere Form der Datenaufbereitung stellt die **Sortierung** dar, in der auf- bzw. absteigend, die betrachteten Kennzahlenwerte im Bericht angezeigt werden. Hierdurch kann die Analyse auf die wichtigsten (z. B. größten und kleinsten) Werte gelenkt werden.

3.8.2 Layout

3.8.2.1 Generelle Gestaltungshinweise

Folgende Gestaltungshinweise und -empfehlungen sind beim Inhalt und Layout des Managementreportings grundsätzlich zu beachten (siehe folgende Auflistung).[20]

Kriterium	Gestaltungshinweise/-empfehlungen
Aussagefähigkeit	Zentrale Aussagen, wichtige Botschaften, Zusammenhänge, Abhängigkeiten, Klassifizierungen, Korrelationen und Hintergründe von Aussagen sind durch entsprechende Kombination von Tabellen, Texten und Grafiken sowie ihrer Ausgestaltung (z. B. durch Klassenbildung, Trenddarstellung oder mehrdimensionale Auswertungen) bestmöglich hervorzuheben.
Ausgewogenheit	Informationsinhalte sollten nicht überladen aber auch nicht zu inhaltsleer gestaltet sein. Es ist eine angemessene redundanzfreie Informationsdichte zu wählen. Ablenkende Informationen sind zu vermeiden.
Strukturiertheit	Die Berichte sind so zu strukturieren, so dass eine schnelle Übersicht der wichtigsten Informationen möglich ist. Bestehen Berichte aus mehreren Berichtsseiten, ist eine logische Gliederung zu Beginn des Berichtes sinnvoll. Die Gewichtung der Kapitel sollte ausgewogen in Bezug zur Bedeutung des Kapitels sein.
Einheitlichkeit	Die Berichte sind einheitlich zu gestalten, dass eine schnelle Erfassung der wichtigsten Informationen möglich ist. Ein gleichartiger Berichtsaufbau hilft beim schnellen Zurechtfinden in den Inhalten. Ein ständiger Wechsel verwirrt den Betrachter.
Schriftgröße	Verwendung von max. 3 Schriftgrößen pro Bericht.
Schriftart	Verwendung einer einheitlichen Schriftart. Zu bedenken ist, dass seltene, nicht gängige Schriftarten nicht auf jedem Rechner verfügbar sind und in diesem Fall die Schriftart durch eine ähnliche ersetzt wird. Deshalb sind Standardschriftarten hier vorteilhaft.
Strichstärken	Verwendung von max. 3 Strichstärken pro Bericht.

---

[20] Vgl. zu Gestaltungstipps u. a. Frontline-Consulting (2011), Hichert+Partner AG (2008, S. 1–17), Bissantz et al. (2010, S. 439–462), Drews und Schilling (2014, S. 125–144), Klein und Gräf (2014, S. 100 ff.), Schöneberg (2014, S. 330), Müller und Lenz (2013, S. 245), Kohlhammer et al. (2013, S. 41–80) und Gerths und Hichert (2011, S. 15 ff.).

Kriterium	Gestaltungshinweise/-empfehlungen
Farben/Muster/ Schraffierungen	Farben, Muster und Schraffierungen sollten sparsam (z. B. 3–5 verschiedene) eingesetzt werden, ansonsten wird das gewünschte Hervorheben nicht mehr visuell wahrgenommen. Verwenden Sie für gleichartige Sachzusammenhänge immer die gleiche Hervorhebung, z. B. Istwerte und Planwerte immer in der gleichen Farbe. Die verwendeten Farben, Muster und Schraffierungen sollten sich gut voneinander unterscheiden, damit eine Abgrenzung leicht ersichtlich ist.
Freiräume	Es sollten ausreichende Freiräume und Abstände zwischen den Layoutelementen wie Tabellen, Grafiken etc. gelassen werden. Der zur Verfügung stehende Platz sollte sinnvoll genutzt werden. Nicht ausgefüllte Freiräume sind durchaus sinnvoll, um den Blick auf das Wesentliche zu lenken.
Vermeidung unwichtiger Elemente	Im Fokus soll der Inhalt der Berichte stehen und nicht bestimmte Spezialeffekte, wie z. B. 3D-oder Flash-Effekte. Kerninformationen sind optisch hervorzuheben. Unwichtige Elemente und Informationen sind im Bericht zu vermeiden.
Überschriften	Treffende Berichtstitel sollten die Kernaussage des Berichtes widerspiegeln. Teile des Berichtes (Tabellen, Diagramme etc.) erhalten ebenfalls treffende Überschriften.
Hervorhebungen	Wichtiges sollte hervorgehoben werden (z. B. durch Umrahmungen, fette Schriftarten, Hinweispfeile etc.). Sie sollten, wie die Farben und Muster, sparsam eingesetzt werden, damit sie visuell wahrgenommen werden. Unterstreichungen sollten aufgrund der Nutzung für Links (z. B. Weblink) nicht als Hervorhebung verwendet werden. Marginalien am Seitenrand helfen stichpunktartig wichtige Informationen hervorzuheben bzw. Kommentare zuzuordnen.
Textergänzungen/ Stichpunkte	Ergänzende wichtige Textinformationen (z. B. Kommentare) sollten mit wenigen Schlüsselwörtern in Stichpunkten zusammengefasst werden. Nur in Ausnahmefällen sind ausformulierte Texte zu ergänzen.
Visuelle Elemente	Durch den Einsatz oder die Ergänzung um visuelle Elemente wie Diagramme lassen sich Kerninhalte besser veranschaulichen.
Aufteilung	Der Bericht ist in sinnvolle Berichtsabschnitte zu unterteilen, die idealerweise einen gleichartigen Aufbau besitzen. So kann der Betrachter schneller die Informationen finden und aufnehmen, z. B. im rechten Teil des Berichts sind immer die Kommentare.
Einheitliche Notation und Legenden	Einheitliche Notation und Legenden bezüglich verwendeter Symbole und Zeiträume, z. B. für die Abkürzung für Stunde „h" (lateinisch hora) oder die Verwendung von einheitlichen Währungskennzeichen, wie z. B. T€ für Tausend Euro. Wichtige Dimensionen wie Produktgruppen, Datenarten (wie Plan-, Forecast-, Ist-Daten) sollten ebenfalls eine einheitliche Notation bekommen.
Einheitliche Wert- und Mengendarstellung	Wert- und Mengendarstellungen sollten einheitlich z. B. hinsichtlich der Dezimaldarstellung sein.
Einheitliche Elemente	Verwendete Elemente wie Icons, Symbole, Abkürzungen, Wörter sind gleichartig zu verwenden.

3.8.2.2 Grundraster

Das Grundraster eines Berichts hat verschiedene Elemente und Bereiche, die anhand der Abb. 3.26 verdeutlicht werden.

Navigationsmenü

Das Navigationsmenü hilft dem Anwender im Berichtswesen zu navigieren (vgl. hierzu Abschn. 3.3), um einzelne Berichte oder aber auch Detailinformationen schneller anzusteuern. Alternativ zum Navigationsmenü ist auch die Verknüpfung von Objekten unterschiedlicher Berichte über sogenannte **Links**. Wird ein solches „verlinktes" Objekt angeklickt, gelangt der Betrachter zum verknüpften Bericht.

Generelle Berichtsinformationen

Zu den generellen Berichtsinformationen zählen folgende Elemente des Berichtes:

- der Titel (Überschrift)
- der Verfasser
- der Empfänger
- der Erstellungszeitpunkt (Tag, Uhrzeit, ggf. Ladezeit/Status der Daten)
- der Berichtszeitraum (z. B. Quartal 1)
- das bzw. die zentralen Berichtsobjekt(e) (z. B. Kostenstelle(n))

Weiterhin können folgende Berichtsbestandteile zu den generellen Informationen zählen:

- Berichtsdeckblatt (bei zentralen Druckern von Vorteil, um seinen Bericht aufzufinden)
- Inhaltsverzeichnis/Gliederung des Berichtes bei umfangreichen mehrseitigen Berichtszusammenstellungen (häufig im Druckberichtswesen)

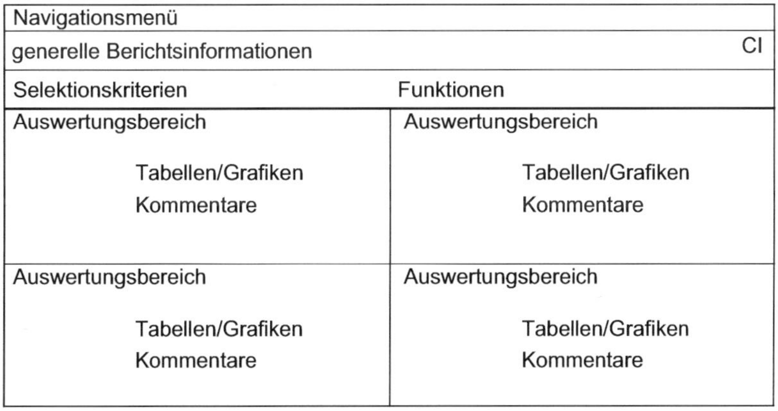

Navigationsmenü	
generelle Berichtsinformationen	CI
Selektionskriterien	Funktionen
Auswertungsbereich 　　Tabellen/Grafiken 　　Kommentare	Auswertungsbereich 　　Tabellen/Grafiken 　　Kommentare
Auswertungsbereich 　　Tabellen/Grafiken 　　Kommentare	Auswertungsbereich 　　Tabellen/Grafiken 　　Kommentare

Abb. 3.26 Exemplarisches Grundraster eines Berichtes

- Berichtsseitenkopf/-fuß-Informationen: Seitenzahl, Datum, Verfasser, Titel/Überschrift, Zeit, Firmenlogo etc.
- Berichtsseitenrandinformationen: Marginalien, Kurzkommentare etc.

Corporate Identity

Mit der Corporate Identity strebt ein Unternehmen eine unverwechselbare Identität und hohe Wiedererkennung an. Im Reporting sind dies Stilelemente, wie die Verwendung von einem **Logo** oder einem **Firmenslogan** auf den Berichtsseiten. Hierzu gehört auch die Verwendung eines einheitlichen Berichtsdesigns, also die komplette Gestaltung, angefangen bei der Schriftart, über die Verwendung von Farben, bis hin zur kompletten Gestaltung des Seitenlayouts.

Selektionskriterien

Häufig basieren die Berichte auf einem umfangreicheren Datenmaterial, so dass der Berichtsempfänger die Möglichkeit hat, die Daten auf bestimmte Dateninhalte einzuschränken. Zu unterscheiden ist eine Vorselektion vor dem Berichtsaufbau und eine Selektion im Bericht selber (vgl. Abschn. 3.8.1).

Funktionen

Im Bericht können Funktionen eingebaut werden, die eine Aktion ausführen. Dies kommt häufig bei Planungsformularen vor, in dem z. B. Planwerte verteilt, hochgerechnet oder gesichert werden. Für das Reporting sind aber auch Aktionen wie Drucken und Versenden oder die Eingabe von Kommentaren und Anhängen möglich.

Auswertungsbereich

Der Auswertungsbereich stellt den größten Teil des Berichts dar und enthält die Kerninformationen. Wichtige Elemente des Auswertungsbereiches sind Tabellen, Diagramme und Kommentierungen, zu denen z. B. Statusinformationen und geplante Maßnahmen zählen. Aufgrund der besseren visuellen Aufbereitung von Informationen werden Tabellen-, Text- und Grafikinformationen auch kombiniert dargestellt, so dass es sich anbietet, den Auswertungsbereich in sinnvolle Abschnitte aufzuteilen. Aufgrund des Querformats der Bildschirmauflösung sind verschiedene Raster möglich, wie z. B. die Aufteilung in vier Quadranten (Abb. 3.27). Hierbei geht man davon aus, dass der 1. Quadrant die meiste (ca. 35 %) und der 4. Quadrant die geringste (ca. 15 %) Aufmerksamkeit des Analysten

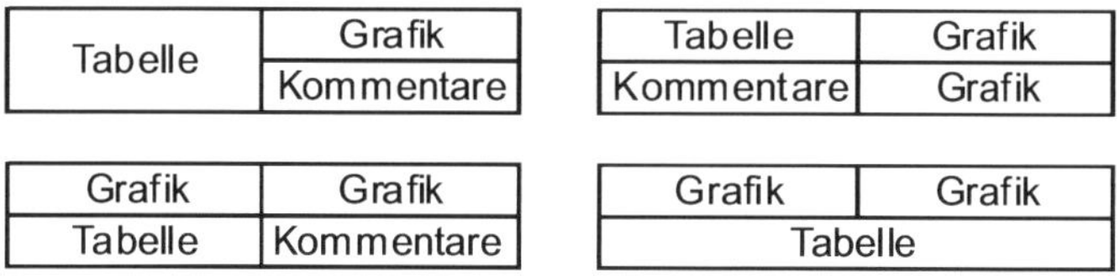

Abb. 3.27 Exemplarische Aufteilungsmöglichkeiten des Auswertungsbereiches

Reporting AG

Segmenterfolgsbericht
vom: 04.02.2011

| Sparte A ▼ | | Vertriebsweg ▼ |

| Email | | Druck |

Segment	Sparte A
Periode	Jan 11
Währung	T€

	Monat (kumuliert)				Forecast zum Jahresende			
Ist	Plan	ΔPL	ΔPL %		Forcast	Plan gesamt	ΔPL	ΔPL %
138	118	19	16,2%	Umsatzerlöse	1.050	1.000	50	5,0%
17	19	-2	-10,2%	sonstige Einnahmen	203	250	-47	-18,8%
42	33	9	25,5%	Bestandsveränderungen	454	400	54	13,5%
196	**171**	**26**	**15,1%**	**= Gesamtleistung**	**1.707**	**1.650**	**57**	**3,5%**
42	46	-4	-8,2%	Materialkosten	503	500	3	0,6%
10	13	-2	-19,3%	Fremdleistungen	121	150	-29	-19,3%
46	38	8	22,0%	Personalkosten	549	450	99	22,0%
9	8	1	9,0%	Abschreibungen	97	100	-3	-3,0%
7	6	1	11,8%	Sonstige Kosten	85	100	-15	-15,0%
114	**110**	**4**	**3,2%**	**= Gesamtkosten**	**1.355**	**1.300**	**55**	**4,2%**
82	**60**	**22**	**36,8%**	**= Erfolg**	**352**	**350**	**2**	**0,6%**

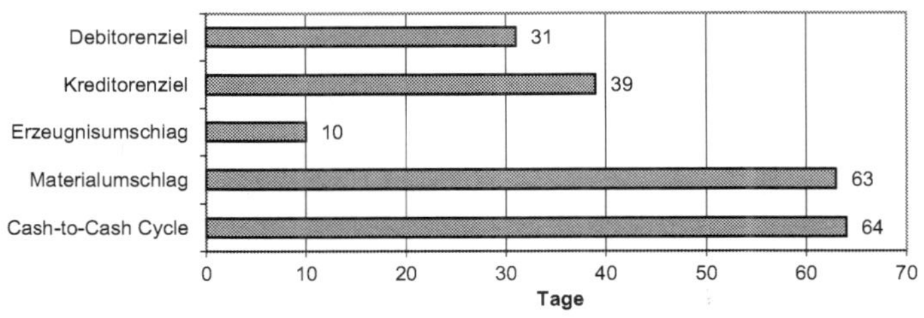

Status:
- Die Umsatzprognose wird aufgrund vieler neuer Kunden nach oben korrigiert
- Hieraufhin wurde vorzeitig Personal aufgebaut (vorgezogenen Einstellung)
- Materialumschlagszeit aufgrund von Produktionsstörungen zu hoch

geplante Maßnahmen: **Verantw.**   **Termin**
- Schnelle Einarbeitung der neuen Kräfte   – SD   – 02/12
  durch Verkaufsschulungen
- Kapazitätsspitzenabdeckung über   – HS   – laufend
  Fremdarbeitskräfte
- Reparatur der störanfälligen Aggregate   – RT   – 04/12
  und Prüfung einer
  Kapazitätserweiterung

Cash-to-Cash Cycle

	Tage
Debitorenziel	31
Kreditorenziel	39
Erzeugnisumschlag	10
Materialumschlag	63
Cash-to-Cash Cycle	64

Abb. 3.28 Exemplarischer Bericht in Anlehnung an das Grundraster

erhält. Der 2. und 3. Quadrant liegen ausgeglichen dazwischen bei ca. 25 % der Aufmerksamkeit.[21]

Hierbei sind verschiedene Kombinationen denkbar.[22] Ein Beispiel für einen übersichtlichen Bericht mit Navigationsmenü, generellen Berichtsinformationen, Selektionskriterien, Funktionen, Auswertungsbereichen mit Tabelle, Grafik und Kommentaren zeigt Abb. 3.28.

Da Tabellen häufig nach unten oder zur Seite viele Zeilen- bzw. Spalteneinträge haben, ist eine Verbindung von zwei Quadranten sinnvoll, wobei bei größeren Tabellen zudem die Nutzung einer **Laufleiste** (**Scrollleiste**) genutzt werden kann. Bei längeren Tabellen, die nur über die Scrollfunktion komplett gesichtet werden können, bietet es sich an, nicht nur die Attributüberschriften, sondern auch die Summenbildung zu Beginn der Tabelle (also oben oder links) aufzuführen. Abb. 3.29 zeigt z. B. im rechten Teil eine Tabelle, in der die Auslastung und der Umsatz vieler Bereiche und Blöcke eines Stadions gezeigt werden. Die Summen werden dabei nach oben hin aggregiert. Währenddessen sich Kosten, Mengen, Erlöse und andere Werte einfach kumulieren lassen, müssen ggf. andere Kennzahlen wie Preise, Auslastungen etc. im Durchschnitt für den betrachteten Verdichtungsbereich

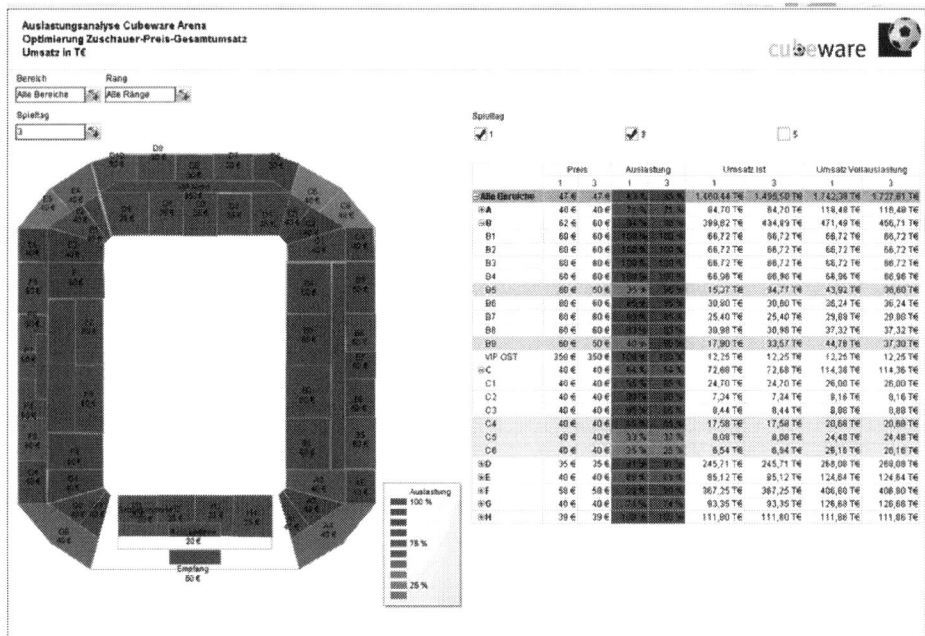

Abb. 3.29 Tabelle mit einer oben dargestellten Summe. (Quelle: Cubeware Bildergalerie 2011)

---

[21] Vgl. Schmid-Gundram (2014, S. 46).

[22] Vgl. z. B. das Controller's Soll-Ist-Formular mit Erwartungsrechnung – Formular „4 Fenster" von Deyle (2001, S. 31).

ermittelt werden. Im linken Teil wird die Auswertung durch das Geo-Reporting unterstützt, in der die Auslastung der einzelnen Stadionbereiche und -blöcke in einer Grafik von grün nach rot farblich nach Auslastungshöhe differenziert wird (vgl. hierzu die Geo-Visualisierung im Abschn. 3.8.2.4).

Je nach Berichtsinhalt sollte man einen geeigneten Berichtsaufbau wählen. Ähnliche Berichte sollten gleichartig aufgebaut sein, damit eine schnelle Wiedererkennung und Analyse möglich ist.

3.8.2.3 Tabellen

Wie bereits im Abschn. 3.7 Berichtsgrundformen gezeigt wurde, stellen Tabellen die am häufigsten verwendete Form für die Darstellung von Managementinformationen dar. Unterschieden werden hierbei flache Tabellen, Kreuztabellen und Pivottabellen.

Flache Tabellen

Die flache Tabelle ist die einfachste Form einer Tabelle (vgl. Tab. 3.1). Im Sinne von relationalen Datenbanken besteht sie aus der Relation von Attributen (Spalten) und Tupel (Zeilen). Attribute stehen für die Eigenschaften bzw. Namen von Feldern und die Tupel für einen Datensatz mit den Dateninhalten für die Felder. Natürlich kann die Tabelle auch um 90 Grad gekippt dargestellt werden, in diesem Fall sind die Attribute in den Zeilen und die Tupel in den Spalten darzustellen. Bei den Feldern unterscheidet man Merkmale (Stammdaten) mit den jeweiligen Attributsausprägungen (z. B. Nr., Bezeichnung und weiterer zugeordneter Eigenschaften) sowie Kennzahlen (z. B. Mengen und Werte). Im Beispiel der Tab. 3.1 stellen Auftragsnummer und Artikelnummer die Merkmalsausprägungen sowie Menge, Preis und Umsatz die Kennzahlen dar.

Kreuztabellen

Die Kreuztabellen stehen für Tabellen, die eine Kombination von Dateninhalten von mindestens zwei oder mehreren Merkmalsausprägungen enthalten. Eine einfache Kreuztabelle, wie in Tab. 3.2 dargestellt, zeigt die Werte für die Kennzahl „Absatzmenge" für die Merkmalsausprägung „Kunde" und „Produkt".

Eine oder weitere Merkmalsdimensionen oder auch weitere Kennzahlen lassen sich durch weitere Unterteilungen in den Spalten oder Zeilen vornehmen, wie die Tab. 3.3 anhand der Produktgruppe zeigt. Werden weitere Merkmalsdimensionen eingefügt, erkennt

Tab. 3.1 Flache Tabelle

Auftragsnummer	Artikelnummer	Menge	Preis	Umsatz
10001	20101	2	10	20
10001	20201	1	20	20
10002	20101	3	10	30
10002	20201	4	20	80
10002	20203	1	15	15

Tab. 3.2 Einfache Kreuztabelle

Absatz	Produkt 1	Produkt 2	Produkt 3	Produkt 4	Summe
Kunde 1	200	100	100	0	**400**
Kunde 2	100	50	200	100	**450**
Kunde 3	50	100	50	0	**200**
Kunde 4	100	300	100	50	**550**
Summe	**450**	**550**	**450**	**150**	**1600**

Tab. 3.3 Erweiterte Kreuztabelle

Absatz	Produktgruppe A		Produktgruppe B		
	Produkt 1	Produkt 2	Produkt 3	Produkt 4	Summe
Kunde 1	200	100	100	0	**400**
Kunde 2	100	50	200	100	**450**
Kunde 3	50	100	50	0	**200**
Kunde 4	100	300	100	50	**550**
Zw.-Summe	**450**	**550**	**450**	**150**	**1600**
Summe	**1000**		**600**		**1600**

man leicht die Grenzen der Kreuztabelle, die durch weitere Verschachtelungen immer untransparenter wird.

Pivottabellen

Die Pivottabelle gibt dem Anwender die Möglichkeit Merkmalsdimensionen flexibel auszuwerten, indem wahlweise Merkmalsdimensionen und Kennzahlen für die Analyse hinzu- oder weggenommen werden können, ohne die Ausgangsdaten einer beliebigen Quelle zu verändern. Die Pivottabelle stellt dabei eine Verdichtung der Datenfelder der Ausgangsdaten, bezogen auf die ausgewählten Merkmalsdimensionen und Kennzahlen, dar. Vorteilhaft ist, dass somit größere Datenmengen in Auswertungen auf überschaubare Merkmalsdimensionen reduziert werden können.

In der exemplarischen Pivottabelle werden die Ausgangsdaten auf den Umsatz verschiedener Materialgruppen und Verkaufsorganisationen verdichtet (vgl. Abb. 3.30). Weitere Dimensionen wie der Distributionsweg, die Zeitdimension, die Materialien und auch weitere Kennzahlen, wie der Nettoumsatz oder Rabatte, können flexibel ausgewertet werden.

Aufgrund der Auswertung zahlreicher Merkmalsdimensionen wird die Pivottabelle auch als multidimensionale Auswertung bezeichnet. Damit sind die Auswertungsmöglichkeiten ähnlich zu denen, die bei multidimensionalen Datenwürfeln (Cubes), vorgestellt werden, die auf der Technologie von OLAP (On-Line Analytical Processing) basieren (vgl. Abschn. 5.5.4). Bei den OLAP-Cubes handelt es sich im Gegensatz zur Pivottabelle um eine multidimensionale Datenhaltung. Bei Pivottabellen geht es um die mehrdimensionale Auswertungsfunktion, die häufig nur auf eine oder mehrere flache Tabellen zugreift, die mehrdimensionale Daten enthalten.

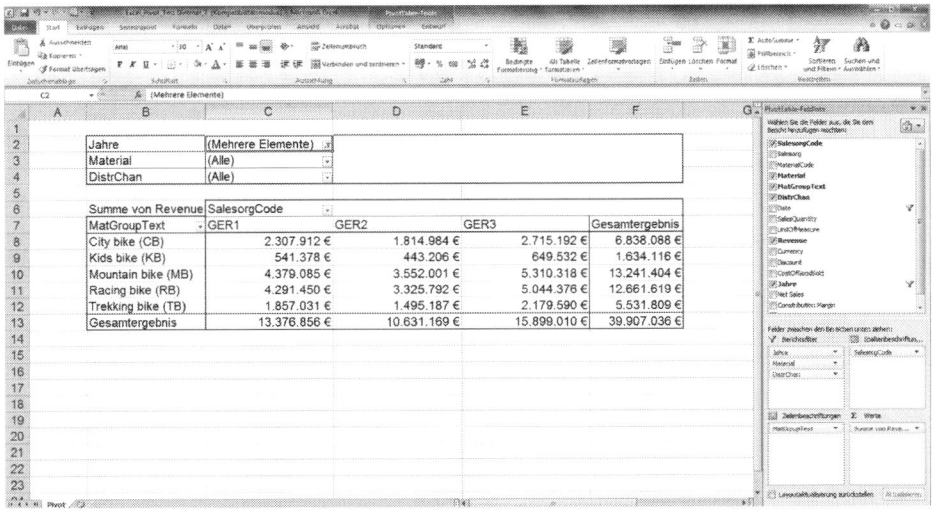

Abb. 3.30 Pivottabelle (MS Excel)

Die wichtigsten Grundoperationen (Rotation bzw. Pivoting, Slice und Dice, Drill-Down und Roll-Up, Drill-Through und Drill-Across sowie Split und Merge) einer multidimensionalen Pivottabelle sollen im Folgenden anhand eines einfachen Datenwürfels (vgl. Abb. 3.31) mit drei Dimensionen (Produkt, Zeit, Region) und Kennzahlen (wie z. B. Umsatz, Menge, Deckungsbeitrag) vorgestellt werden.[23]

Rotation bzw. Pivoting Aufgrund der visuellen Einschränkung eines Papier- oder Bildschirmberichtes wird i. d. R. nur ein zweidimensionaler Ausschnitt aus einem multidimensionalen Datenbestand analysiert. Deshalb richtet sich die Sicht des Analysten auf

Abb. 3.31 Einfacher Datenwürfel

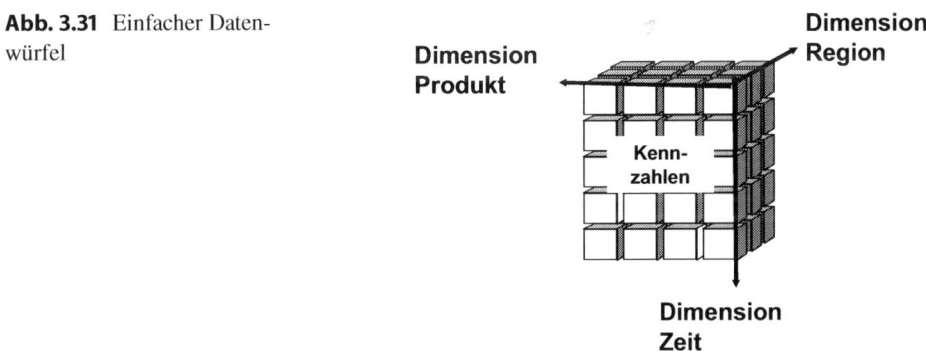

_____

[23] Vgl. auch Voß und Gutenschwager (2001, S. 269 ff.).

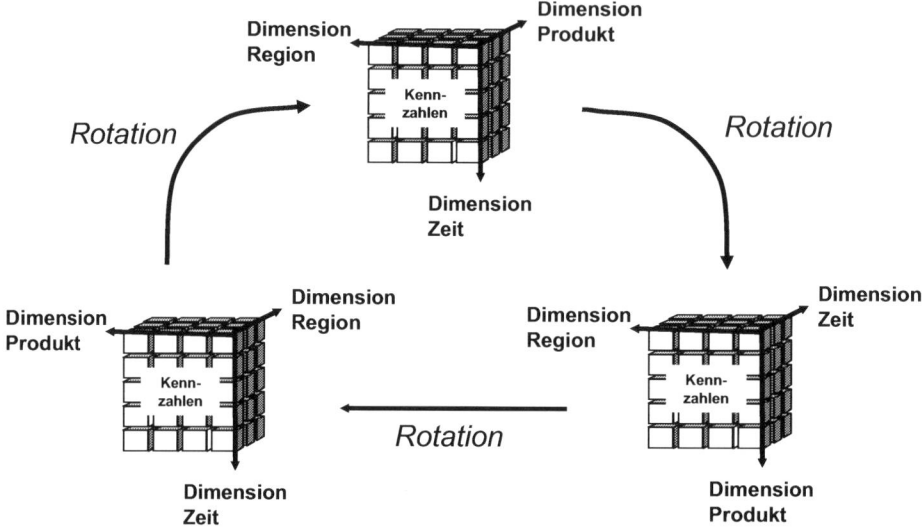

Abb. 3.32 Rotation bzw. Pivoting

die Frontsicht des Datenwürfels, also z. B. die Analyse der Produktumsätze nach der Zeit (vgl. Abb. 3.32 unten links).

Rotation bzw. Pivoting bedeutet nun, den Würfel um die eigene Achse zu drehen, um so andere Kombinationen von Dimensionen sichtbar zu machen, z. B. die Produktumsätze in den Regionen (unten rechts) oder die Jahresumsätze der Regionen (vgl. Abb. 3.32 oben).[24]

Slice und Dice Um Daten bedarfsgerecht filtern zu können, gibt es die zwei Operationen Slice und Dice.[25] Beim Slice wird im multidimensionalen Cube nur eine Datenscheibe betrachtet. Praktisch wird dies erreicht, indem man eine Dimension auf einen Wert beschränkt. So hat der Regionalleiter z. B. die Möglichkeit alle Produktumsätze nur seiner Region zu betrachten (vgl. Abb. 3.33).

Beim Dice wird ein Teilwürfel aus dem Cube herausgeschnitten (vgl. Abb. 3.34). Dabei werden mehrere Dimensionen jeweils durch ein Dimensionselement bzw. eine Menge von Dimensionselementen eingeschränkt. Man erhält so einen neuen (kleineren) Würfel, der auf einen bestimmten Datenbereich eingeschränkt ist.

Roll-Up und Drill-Down Mit Hilfe der Operationen Roll-Up und Drill-Down kann man innerhalb der vorhandenen Dimensionshierarchien navigieren.[26] Durch Roll-Up werden Kennzahlenwerte weiter aggregiert bzw. verdichtet, wodurch sich aber der Detaillierungsgrad entlang der Dimensionshierarchie verringert. Demgegenüber erhält man durch die

---

[24] Vgl. Schmidt-Volkmar (2008, S. 23 f.) und Kemper et al. (2010, S. 96).
[25] Vgl. Oehler (2006, S. 27) oder Linden (2016, S. 150).
[26] Vgl. Kemper et al. (2010, S. 96 f.).

Abb. 3.33 Slice

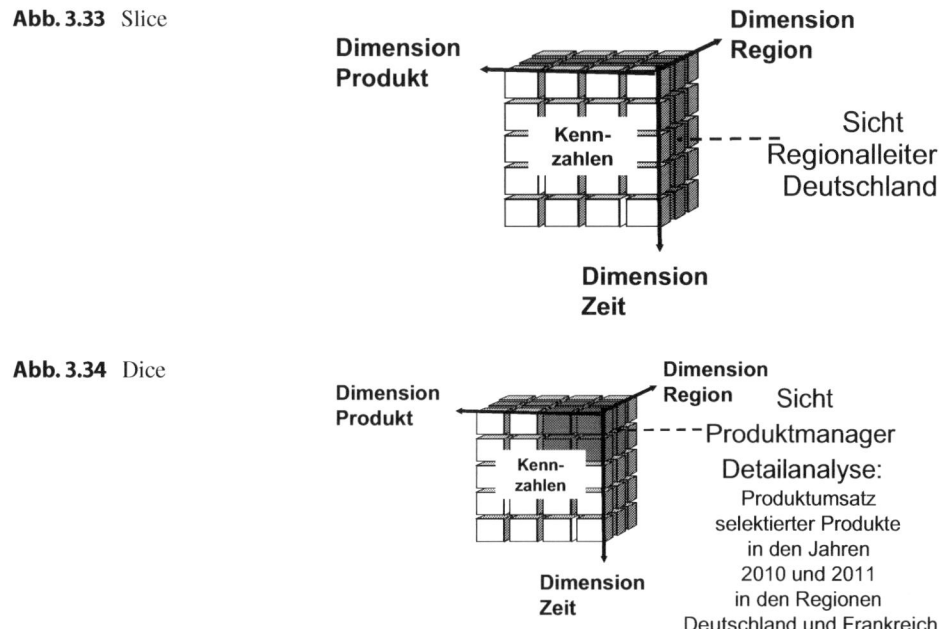

Abb. 3.34 Dice

Operation Drill-Down eine detailliertere Sichtweise auf die Kennzahlenwerte. Abb. 3.35 stellt diesen Vorgang bildlich anhand der Zeit- (hier Monate zum Quartal 1) und Produkthierarchie (Summe und Einzelprodukte) dar.

Drill-Through und Drill-Across Mit den Operationen Drill-Through und Drill-Across ist eine Navigation über den originalen Cube hinaus möglich.[27] Erreicht man mit einer Drill-Down Operation die höchste Detaillierungsstufe, ist eigentlich keine weitere Verfeinerung möglich. Doch durch ein Drill-Through wechselt man auf eine weitere, meist die originäre physikalische Datenquelle und bekommt so Zugang zu weiteren, detaillierteren Daten. Der Wechsel findet im Hintergrund statt und wirkt sich so nicht auf die Benutzeroberfläche des Anwenders aus. Anders ausgedrückt ermöglicht der Drill-Through eine erweiterte vertikale Recherche. Im Beispiel der Abb. 3.36 werden die Buchungsbelege zu den Umsätzen aus der Finanzbuchhaltung zu den Umsätzen zum Produkt Mountain Bike gelesen.

Im Gegensatz dazu erweitert die Drill-Across-Operation die horizontalen Recherchemöglichkeiten, indem sie den Wechsel zwischen multidimensionalen Würfeln ermöglicht (vgl. Abb. 3.37). Beispielsweise könnten in einem Unternehmen zwei Data Marts (kleinere Datenwürfel) für die Bereiche Produktmanagement und Vertrieb existieren, die beide die Dimension Produkt verwenden. Durch die Operation Drill-Across könnte so das Produktmanagement auf die Daten des Vertriebs zugreifen, um z. B. die Kunden detailliert zu analysieren.

[27] Vgl. Kemper et al. (2010, S. 97).

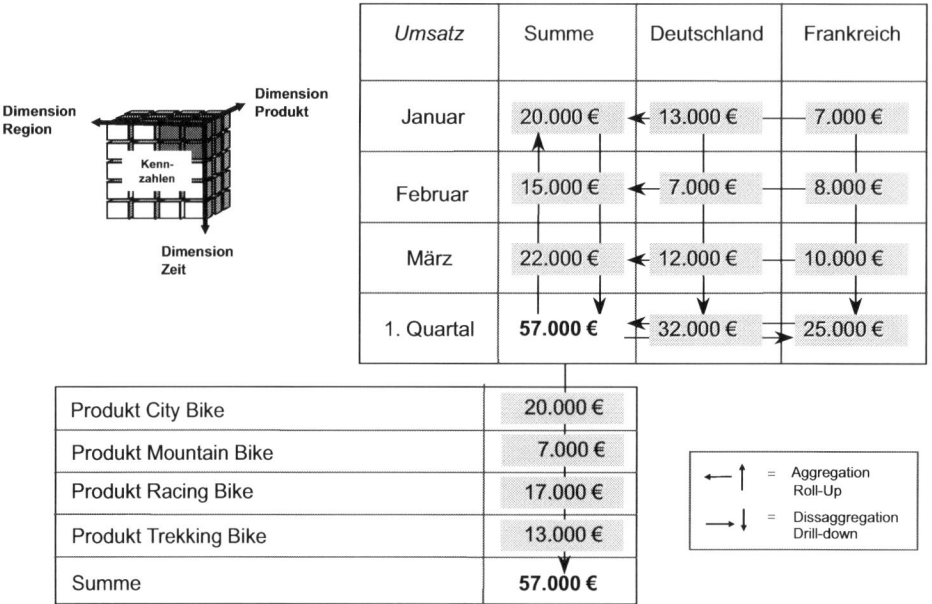

Abb. 3.35 Drill-Down und Roll-Up

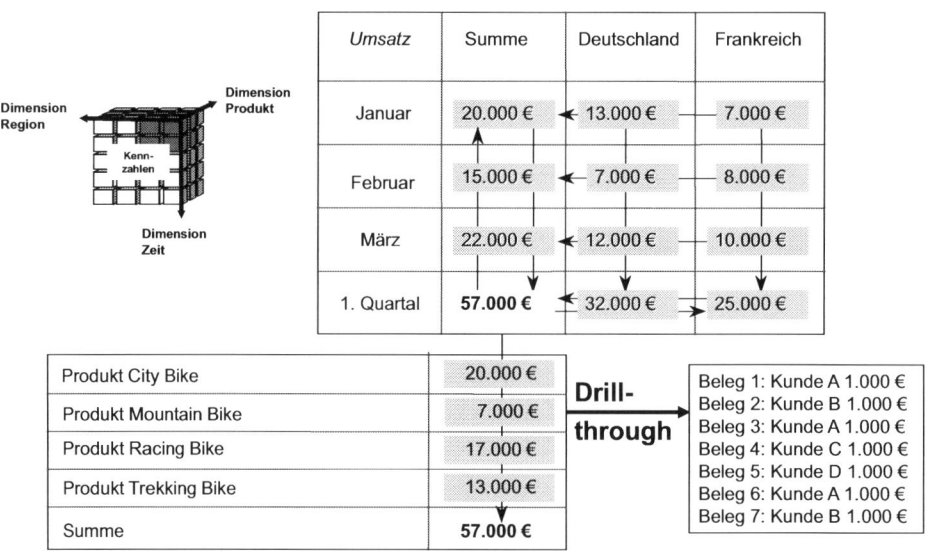

Abb. 3.36 Drill-Through

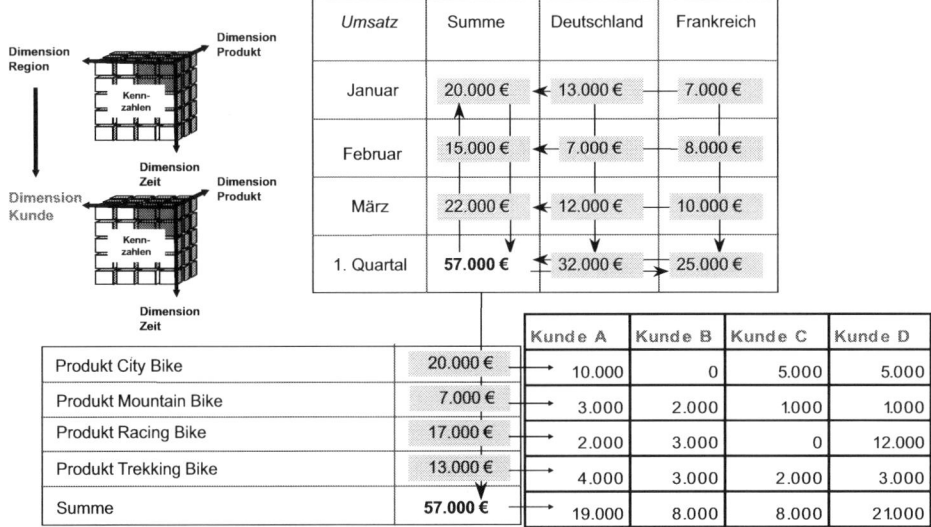

Umsatz	Summe	Deutschland	Frankreich
Januar	20.000 €	13.000 €	7.000 €
Februar	15.000 €	7.000 €	8.000 €
März	22.000 €	12.000 €	10.000 €
1. Quartal	**57.000 €**	32.000 €	25.000 €

		Kunde A	Kunde B	Kunde C	Kunde D
Produkt City Bike	20.000 €	10.000	0	5.000	5.000
Produkt Mountain Bike	7.000 €	3.000	2.000	1.000	1.000
Produkt Racing Bike	17.000 €	2.000	3.000	0	12.000
Produkt Trekking Bike	13.000 €	4.000	3.000	2.000	3.000
Summe	**57.000 €**	19.000	8.000	8.000	21.000

Abb. 3.37 Drill-Across

Split und Merge Mit Hilfe der Split Operation ist ein Aufriss eines Wertes nach Elementen einer weiteren Dimension und somit eine weitere Detaillierung eines Wertes möglich. Demgegenüber kann man mit der Merge-Operation die zusätzliche Dimension wieder entfernen, wodurch der Detaillierungsgrad wieder abnimmt.[28] So kann beispielsweise der Umsatz einer Filiale für eine bestimmte Menge von Produkten angezeigt oder wieder ausgeblendet werden. Im Gegensatz zum Drill-Across ist die Dimension bereits im multidimensionalen Datenwürfel enthalten (vgl. Abb. 3.38).

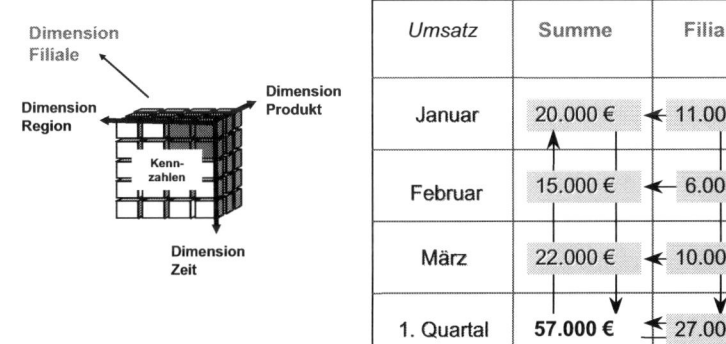

Umsatz	Summe	Filiale A	Filiale B
Januar	20.000 €	11.000 €	9.000 €
Februar	15.000 €	6.000 €	9.000 €
März	22.000 €	10.000 €	12.000 €
1. Quartal	**57.000 €**	27.000 €	30.000 €

Abb. 3.38 Split und Merge

---

[28] Vgl. Oehler (2006, S. 27).

3.8.2.4 Diagramme und andere Visualisierungshilfen

Die Visualisierung von betriebswirtschaftlichen Management-Informationen mit Hilfe von Diagrammen und anderen grafischen Darstellungshilfen sind für die Analysen oft anschaulicher als Wertetabellen und Datenlisten und vermitteln einen schnelleren Überblick über die bedeutsamen Informationen. Grundsätzlich gelten für die visuelle Darstellung u. a. folgende Regeln:[29]

1. Konsequente Erläuterung der Inhalte von Diagrammen mit Überschriften, Achsenbezeichnung und Legenden. Allerdings sollten die Erläuterungen das Diagramm nicht überfrachten. Wiederholungen, wie z. B. die Werteart € in der Überschrift, in der Achsenbezeichnung oder in der Legende, sollten vermieden werden.
2. Nichts weglassen oder verfremden: Auch extreme Werte sollten gezeigt werden, um die Glaubwürdigkeit der Darstellung zu untermauern. Verzerrungen und andere Verfremdungen sollten nicht die Wertausprägungen der Darstellung in Frage stellen.
3. Anzeigen von Vergleichen: Vergleiche helfen bei der Einordnung des Sachverhaltes. Viele Vergleichsmöglichkeiten bringen Transparenz. Können viele gleichartige Objekte miteinander verglichen werden, sollten diese nicht auf verschiedenen Seiten, sondern durchaus auch bei kleinerer Auflösung möglichst auf einer Seite dargestellt werden, um den direkten visuellen Vergleich zu nutzen.
4. Sortierungen helfen dabei die Rangfolge der betrachteten Objekte schneller zu analysieren.
5. Anzeigen von Ursachen: Diagramme sollten Zusammenhänge und Erklärungen für den Betrachter bringen.
6. Integration von Kommentaren und Botschaften: Eingefügte Kommentare und Botschaften sollten Erläuterungen, Handlungsempfehlungen und Maßnahmen direkt im Zusammenhang mit der Grafik ansprechen.

Abb. 3.39 zeigt (oben) vermeidbare Visualisierungsfehler auf, die einfach behoben werden können (unten).

Im Folgenden sollen die wichtigsten Typen von Diagrammen und anderen Visualisierungshilfen vorgestellt werden, die im Management-Reporting Anwendung finden. Hierbei können i. d. R. alle betrachteten Objekte nach unterschiedlichen Dimensionen, Attributen und Werten analysiert werden.

Kreis- und Kuchendiagramme, Donut-, Sunburst- und Treemap-Charts

Kreis- oder Kuchendiagramme zeigen Teilmengen einer Gesamtmenge in Form von Kreissektoren (vgl. Abb. 3.40). Je größer dabei die Teilmenge eines betrachteten Objektes ist, desto größer ist der Anteil des Kreissektors an der Gesamtmenge (100 % entsprechen 360° des Vollkreises). Mit Hilfe von Legenden und Kommentaren an den Kreissektoren lassen sich die Objektbezeichnungen und Anteilsangaben zur besseren Veranschauli-

---

[29] Vgl. Hichert+Partner AG (2011, S. 1–29, 2008, S. 1–17) und Klein (2014, S. 126 ff.).

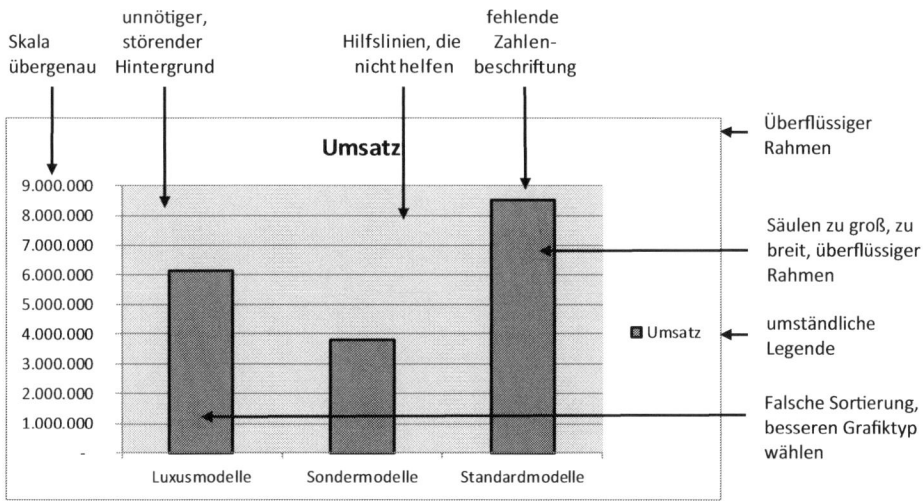

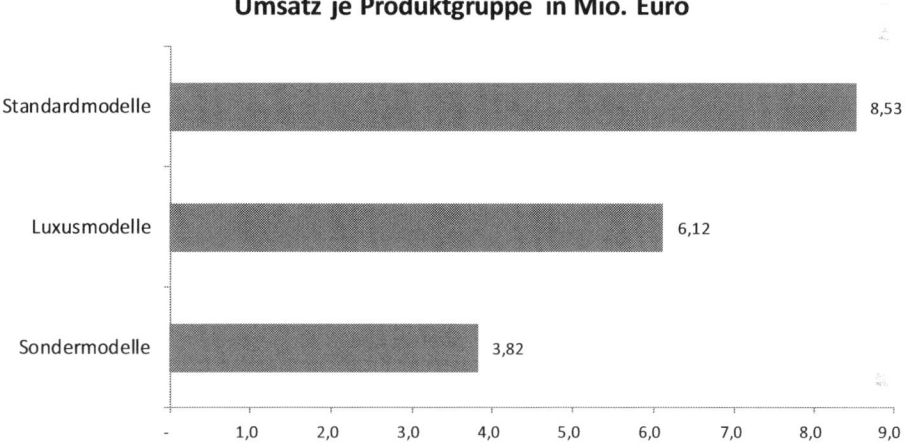

Abb. 3.39 Vermeidung von Visualisierungsfehlern

chung ergänzen. Auch die Verwendung von Farben, Mustern oder Schraffierungen sollte angemessen erfolgen (vgl. Abschn. 3.8.2.1).

Kreis- oder Kuchendiagramme bieten sich für das Managementreporting nur dann an, wenn die Anzahl der betrachteten Objekte nicht zu groß ist. Steigt die Anzahl der Objekte schon über 10 wird die Anzahl der Kreissektoren unübersichtlich. Die Legenden werden dann häufig zu klein in der Schriftgröße, so dass die Transparenz verloren geht. In diesem Fall sollten Objekte mit einem kleineren Anteil in einer Gruppe zusammengefasst werden, wenn dies die Analyse nicht beeinträchtigt. Ansonsten ist auf eine andere Diagrammform, z. B. die Säulen- oder Balkendiagramme, auszuweichen.

Abb. 3.40 Kreis- bzw.
Kuchendiagramme

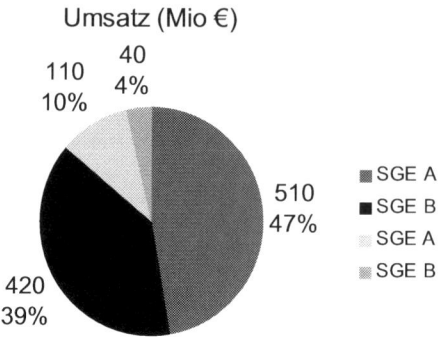

Eine Variation der Kreisdiagramme sind Halbkreis-Diagramme. Sie segmentieren die 100 %-Verteilung auf die halbe (zumeist obere) Fläche des Kreises.

Für Vergleiche bieten sich Kreisdiagramme i. d. R. nicht an, da die Veränderungen und Abweichungen nur schlecht zu erkennen sind. Bei Kreisdiagrammen sollten zudem folgende Fehler vermieden werden:

- Die Segmente der Kreisdiagramme sind nicht nach ihrer Wichtigkeit bzw. Größe sortiert.
- Die Gesamtheit der Segmente entspricht gar nicht der betrachteten Grundgesamtheit, sondern nur einem gewählten Ausschnitt.
- Es werden nur die absoluten oder die relativen Werte angezeigt.
- Geringe Farbunterschiede führen zu einem längeren Suchen in der Legende.
- Das Kreisdiagramm enthält zu viele kleine Segmente, die nicht mehr lesbar sind.

Werden mehrere Kreisdiagramme parallel wie z. B. in einem Koordinatensystem oder einem Portfolio gezeigt (vgl. Abschn. 3.7.7), so kann die Flächengröße zudem für die Darstellung des Volumens eines ausgewählten Wertes dienen. Dieser Charttyp wird auch Bubble-Chart genannt und wird im folgenden Themenabschnitt gemeinsam mit Portfolios behandelt. Hier kann z. B. der Umsatz eines Landes von mehreren SGE abgebildet und mit anderen Ländern verglichen werden.

Als Alternative zu reinen Kreisdiagrammen bietet sich die Darstellung von Pie- bzw. Donut-Charts an, in denen die Segmente in Form eines Ringes dargestellt werden. Der Aussagegehalt der Donut-Chart ist identisch mit dem eines Kreisdiagramms. Zur Darstellung des Gesamtvolumens kann die leere Fläche im Ringkreis verwendet werden (vgl. Abb. 3.41).

Für die visuelle Darstellung von unterschiedlichen Größenklassen im Rahmen von Kreisdiagrammen wird das Sunburst-Chart als Erweiterung des Kreisdiagramms eingesetzt. Hierbei können die Werte nach verschiedenen Klassen gruppiert und nach ihren Gewichtungen hervorgehoben werden. Ein Beispiel für ein Sunburst-Chart ist der Abb. 3.42 zu entnehmen. Bis auf die Gruppierung bleiben die wesentlichen Vor- und Nachteile eines

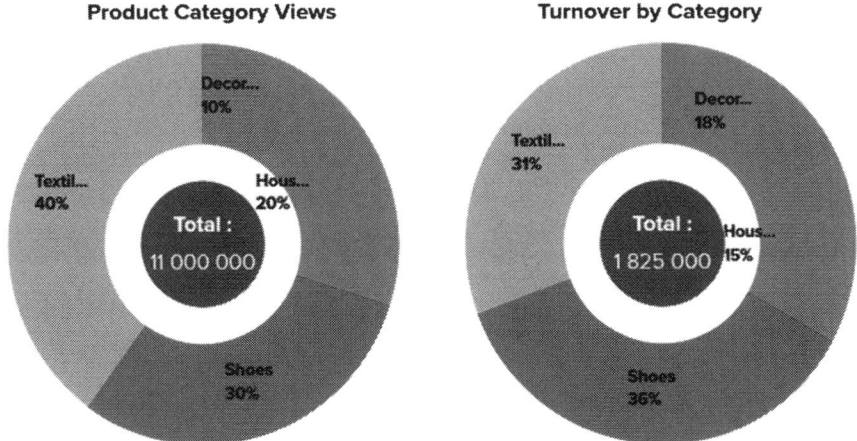

Abb. 3.41 Pie- bzw. Donut-Chart. (Quelle: bime Showcase 2017)

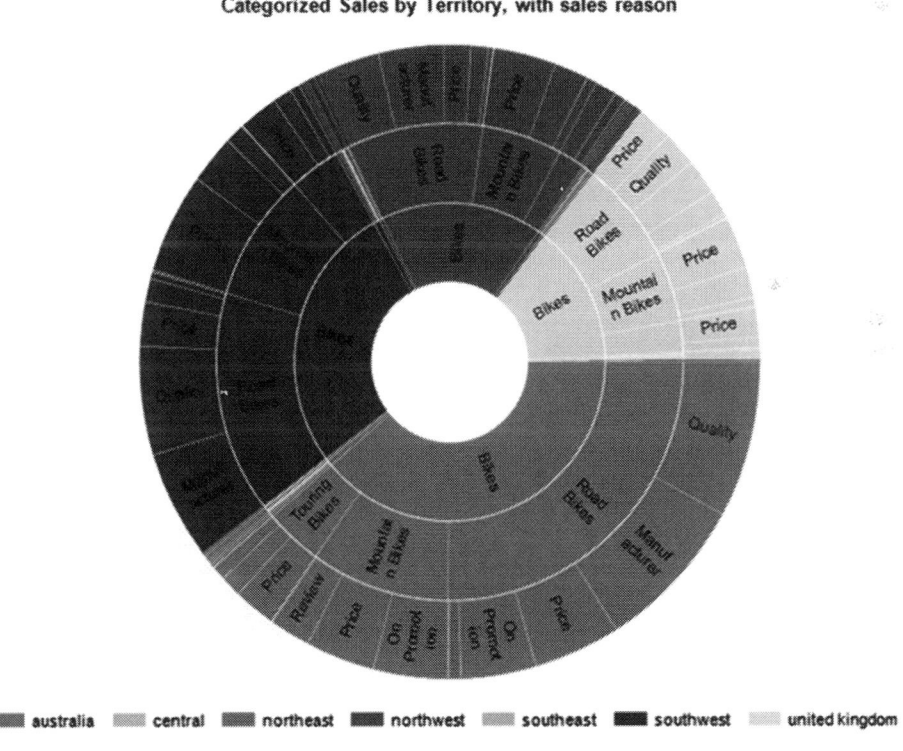

Abb. 3.42 Sunburst-Chart. (Quelle: Microsoft 2017a)

Kreisdiagrammes bestehen, insbesondere wenn es zu viele Gruppen und Untergruppierungen gibt.

Kreisdiagramme und ihre erweiterten Formen haben den Nachteil, dass Wert- und Texteinträge in Kreisen bzw. Segmenten häufig nicht gut platziert werden können. Als Alternative für die Visualisierung von Größenklassen bieten sich hier Treemap-Charts an (vgl. Abb. 3.43). Sie gewichten die Größenklassen in Form von Rechtecken bzw. Kacheln, was für die Beschriftung Vorteile mit sich bringt. Die wichtigsten (z. B. volumenstärksten) Analyseobjekte werden oben links, die unwichtigsten unten rechts dargestellt. Über die Farbgebung lassen sich Gruppen bilden, die wiederum in Teile untergliedert werden können. Eine zu feine Segmentierung führt auch bei den Treemap-Charts zu Unübersichtlichkeit. Gegenüber den Kreisdiagrammen können aber mehr Segmente dargestellt werden.

Sunburst- und Treemap-Charts, aber auch andere wie Bubble-Charts und Word-Clouds, werden aufgrund ihrer guten Visualisierung von Gewichtungen unterschiedlicher Klassen gerne im Zusammenhang von BI-Systemen im Themenbereich von Data Mining und Predictive Analytics (vgl. Abschn. 5.5.5.3) sowie von Data Discovery und Data Visualization eingesetzt (vgl. Abschn. 5.7.3).

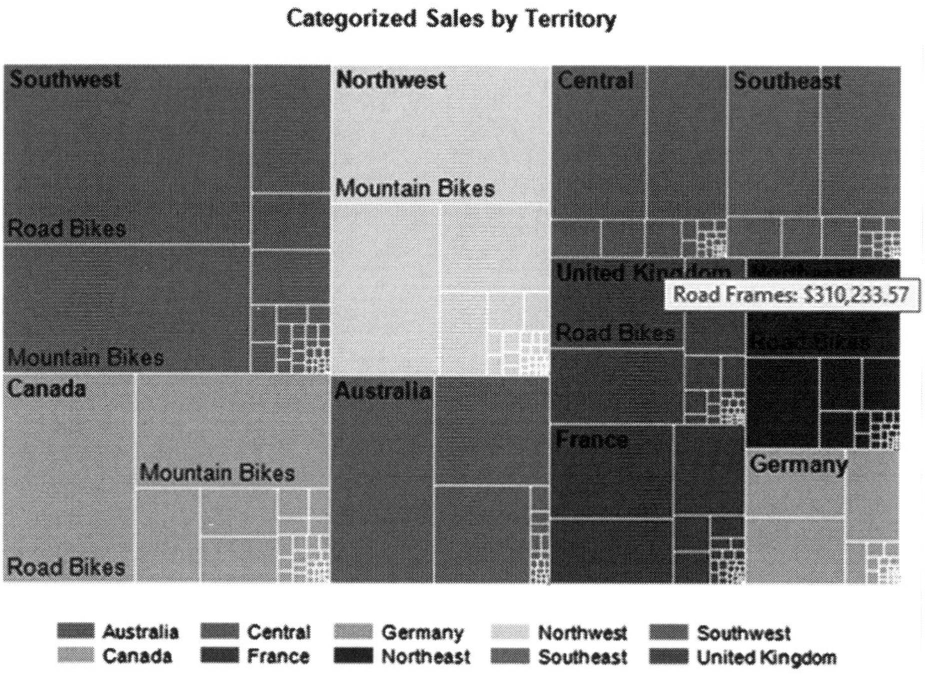

Abb. 3.43 Treemap-Chart. (Quelle: Microsoft 2017b)

Portfolio-/Blasendiagramme

Portfolio- bzw. Blasendiagramme positionieren ausgewählte Objekte, wie z. B. Produkte, Projekte, strategische Geschäftseinheiten, Fonds oder Wertpapiere nach bestimmten
Ordnungskriterien im Portfolio bzw. im Portefeuille. Diese Ordnungskriterien werden in
einem Koordinatensystem auf der X- und Y-Achse definiert, welches in der Regel als
Matrix-Diagramm mit Quadranten (z. B. die Vier-Felder-Matrix oder die Neun-Felder
Matrix) dargestellt wird (vgl. Abb. 3.44). Für die gebildeten Felder lassen sich Klassifizierungen und Normstrategien festlegen, die z. B. zur Entwicklung des Produktprogramms
oder des Portefeuilles herangezogen werden können. Die zu analysierenden Werte der
Objekte werden mit Hilfe der Größe der Blasen differenziert dargestellt, z. B. das Um-
satzvolumen oder das Wertpapiervolumen. Weitere Erläuterungen und Beispiele für Portfolioanalysen wurden bereits im Abschn. 3.7.7 gegeben, auf den hier verwiesen wird.

Größenklassenverhältnisse lassen sich weiterhin in Bubble-Charts mit oder ohne Koordinatensystem anzeigen. Hierbei werden die Positionierung an den beiden Kriterien
des Koordinatensystems und die Bedeutung der Objekte an der Größe der Kreisfläche
deutlich. Abb. 3.45 zeigt auf der linken Seite ein Bubble-Chart, in dem z. B. die Risiken
und Chancen ausgewählter Geschäftskategorien in einer Vier-Felder-Matrix positioniert
werden. Das rechte Diagramm der Abbildung zeigt ein Bubble-Chart ohne Koordinatensystem. Wichtige Trends und Highlights lassen sich hierdurch aufzeigen. Betrachtet man

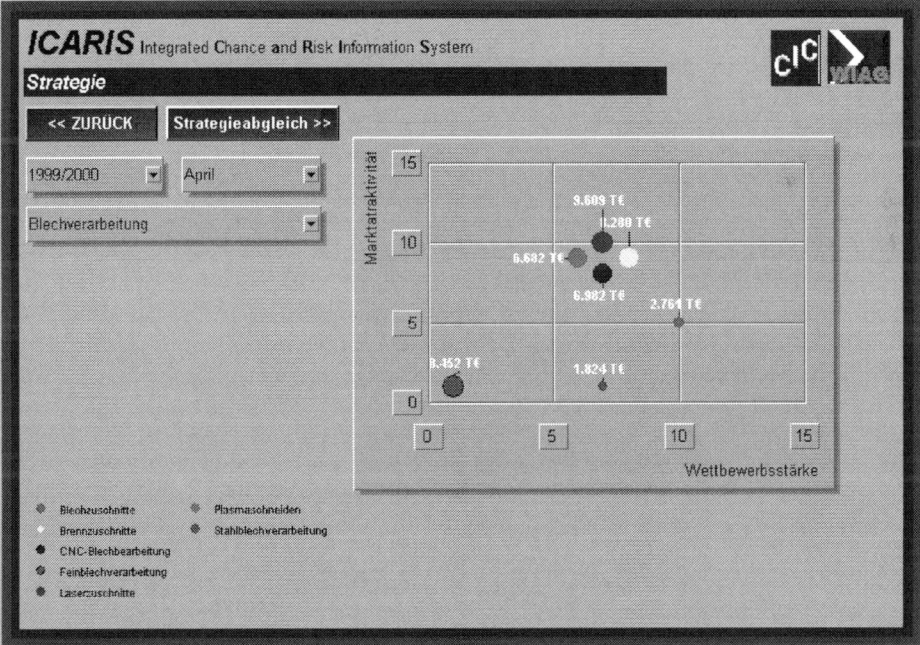

Abb. 3.44 Beispiel zu einem Portfolio-/Blasendiagramm. (Bildauszug entnommen aus Schön et al.
2001, S. 386)

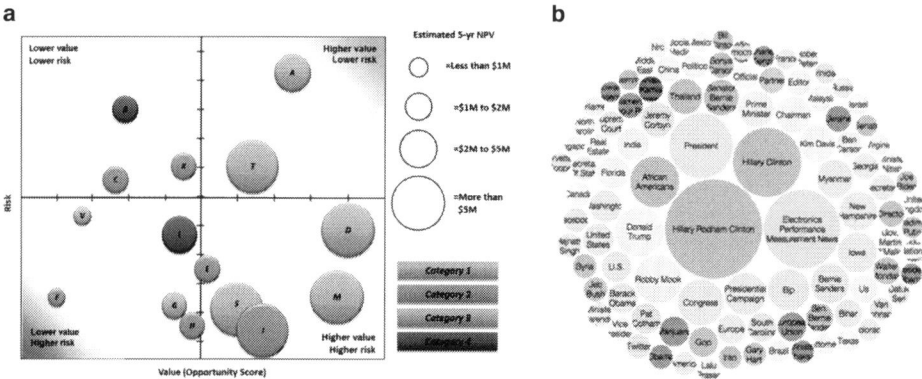

Abb. 3.45 Bubble-Chart. (Quelle **a**: PPM Execution 2017, Quelle **b**: react 2017)

die Bubble-Charts im Zeitverlauf, so können Veränderungen der Positionierung und Bedeutung der Analyseobjekte zusätzlich analysiert werden.

Säulen-/Balkendiagramme und Bullet-Charts
Säulendiagramme stellen die betrachteten Objekte mit Hilfe von senkrecht ausgerichteten Linien, Rechteckflächen bzw. anderen animierten Flächentypen (z. B. 3D-Säulen) dar, die mehr oder weniger breit auf einer waagerechten Achse stehen (vgl. Abb. 3.46).

Balkendiagramme sind um 90° gekippte Säulendiagramme, bei denen die Linien, Rechteckflächen bzw. Säulen auf der senkrechten Achse liegen (vgl. Abb. 3.47).

Die Breite der Flächen muss dabei identisch sein um keine Täuschung bei der Betrachtung zu erzeugen, da ansonsten die Flächen und nicht die Höhe die Wahrnehmung dominiert.

Balken- und Säulendiagramme können wie Linien- und Punktdiagramme auch im negativen Zahlenbereich dargestellt werden. Dies bietet sich insbesondere bei der Darstel-

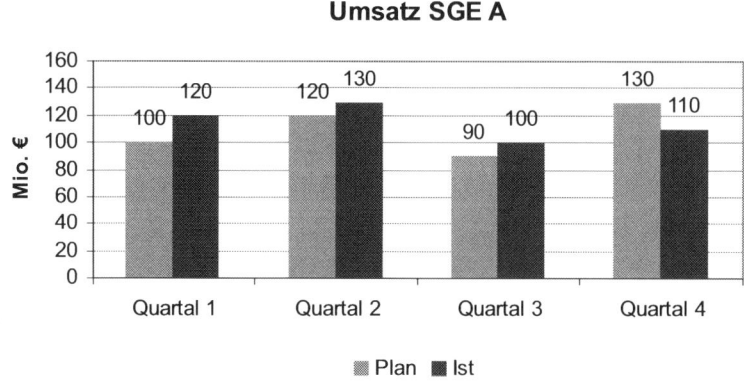

Abb. 3.46 Säulendiagramm

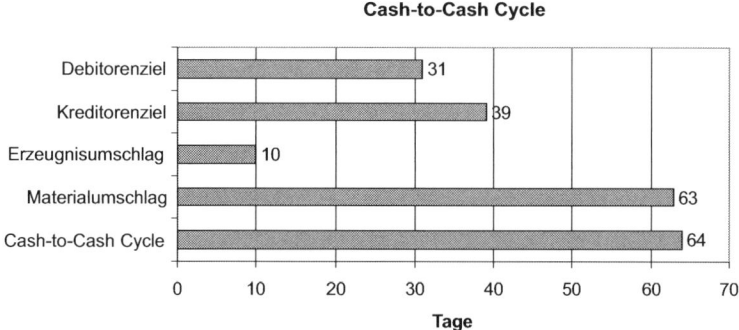

Abb. 3.47 Balkendiagramm

lung von positiven und negativen Abweichungen sowie Ergebnisdarstellungen an, vgl. Abb. 3.48.

Vergleiche lassen sich mit Säulen- und Balkendiagrammen gut darstellen, da sich die Differenz der Vergleichsobjekte über die unterschiedliche Säulen- bzw. Balkenhöhe gut abschätzen lässt oder durch eine zusätzliche Säule bzw. einen zusätzlichen Balken dargestellt werden kann.

Mit Hilfe von Säulendiagrammen lassen sich wie bei Linien- und Kurvendiagrammen gut Trends, Entwicklungstendenzen und Veränderungen im Zeitablauf erkennen. Über den Säulen bzw. neben den Balken lassen sich gut die Wertausprägungen anzeigen.

Eine weitere Analyseebene erhält man bei Stapelsäulen bzw. -balken, indem die rechteckige Gesamtfläche in Teilflächen aufgeteilt wird (vgl. Abb. 3.49). Ist die Anzahl der Teilflächen allerdings zu groß, wirkt das Diagramm wieder unübersichtlich.

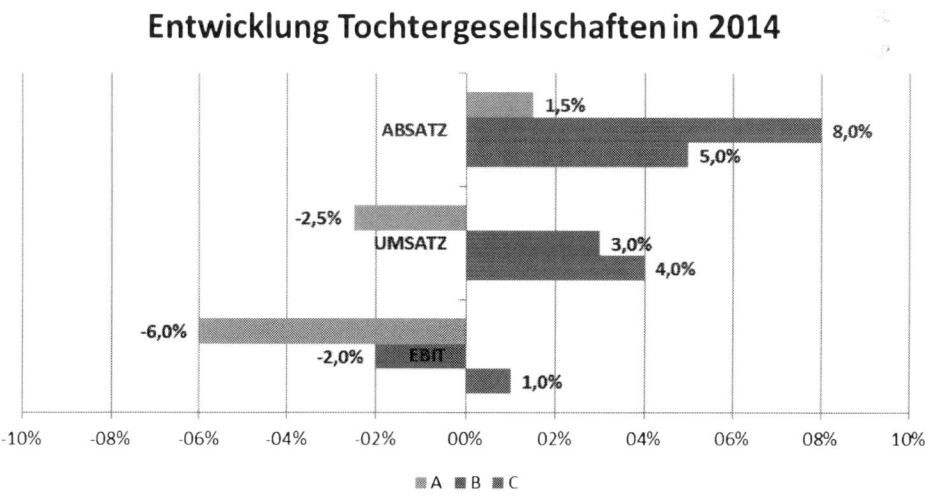

Abb. 3.48 Balkendiagramm mit negativen und positiven Werten

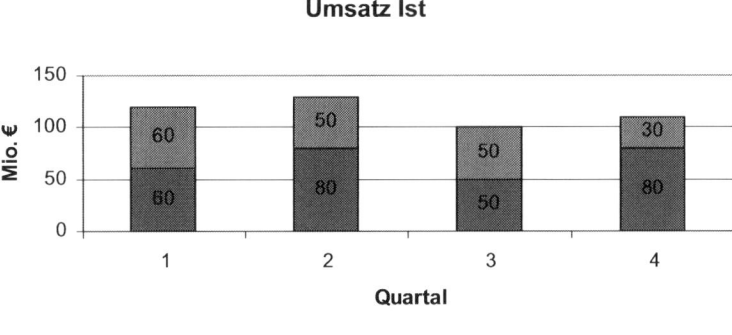

Abb. 3.49 Normale Stapelsäulen

Eine Alternative zur normalen Stapelsäule ist die prozentual gewichtete Stapelsäule (vgl. Abb. 3.50). Hierbei sind die Teilflächen im Sinne einer Gliederungszahl auf 100 % normiert dargestellt, wodurch die Verhältnisse der Objektwerte, die in den Teilflächen dargestellt werden, besser verglichen werden können. Nachteilig ist der Verlust der Transparenz des absoluten Gesamtwertes der betrachteten Objekte (hier z. B. die zeitliche Entwicklung des Umsatzes).

Weiterhin können auch in den Säulen bzw. Balken zusätzliche Informationen aufgenommen werden, wie z. B. Werte, Attribute oder Abweichungen. Hierdurch wird der Informationsgehalt erhöht, was unter Umständen aber auch zu größerer Unübersichtlichkeit beitragen kann.

Bei Säulen- bzw. Balkendiagrammen sollte wie bei anderen Diagrammtypen vermieden werden, dass die gewählte Legende (Ausschnitt und Maßabstände) die Aussage verzerrt bzw. verfälscht, wie folgendes Beispiel zeigt (vgl. Abb. 3.51). Durch die abgeschnit-

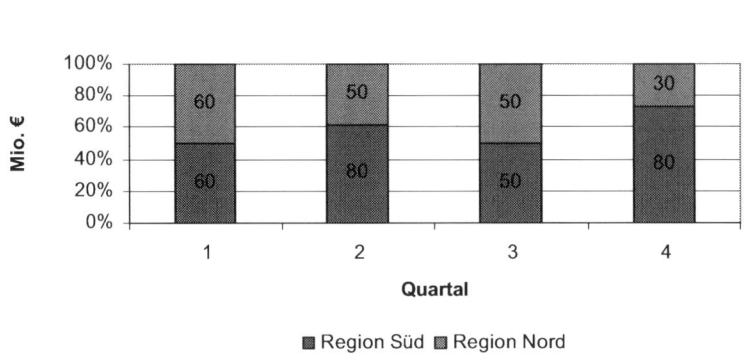

Abb. 3.50 Prozentual gewichtete Stapelsäulen

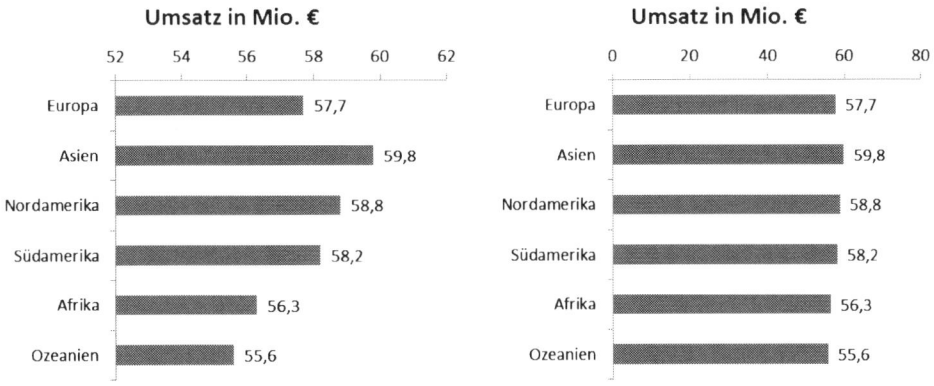

Abb. 3.51 Vermeidung von Verzerrungen

tene Legende und den größeren Legendenmaßstab (links) werden marginale Umsatzun-
terschiede der Regionen gezeigt, die eigentlich keine große Bedeutung haben (rechts).[30]

Eine erweiterte Visualisierungstechnik von Säulen- oder Balkendiagrammen bieten sogenannte Bullet-Charts, die teilweise auch Target-Graph[31] genannt werden (vgl. Abb. 3.52).
Hiermit können Wertausprägungen einer Kennzahl zu Vergleichsgrößen anhand einer Ska-
lierungseinteilung vorgenommen werden. Vergleichsgrößen sind z. B. Ziel- oder Planwerte,
die mit den aktuellen Istwerten verglichen werden. Hierfür wird z. B. eine Linie als Orien-
tierungsgrenze verwendet. Vorjahreswerte lassen sich z. B. mit Hilfe eines Punktes oder
eines Halbstriches visualisieren (vgl. hierzu die Bullet-Chart-Darstellung der Kennzahlen
im Beispiel zum BI-gestützten Controlling-Cockpit im Abschn. 3.9). Als Skaleneintei-

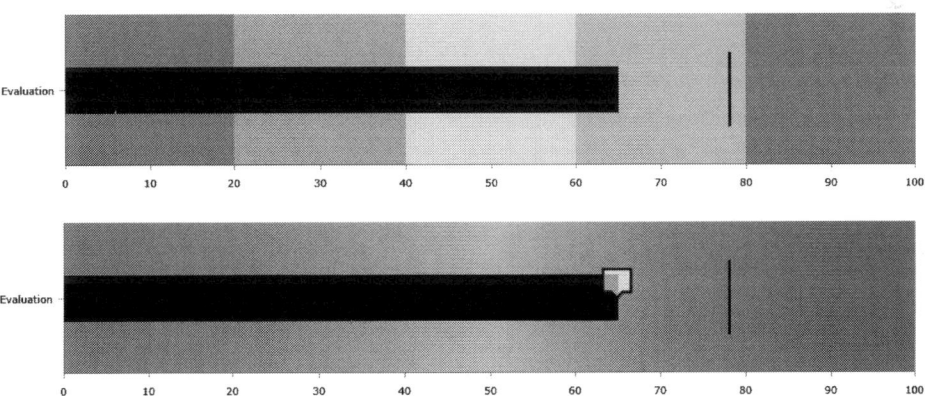

Abb. 3.52 Bullet-Chart. (Quelle: Online Chart Makers – amCharts 2017)

[30] Weitere Beispiele findet man bei Kohlhammer et al. (2013, S. 72–77).
[31] Vgl. Kohlhammer et al. (2013, S. 133).

lung bieten sich Schwellwerte an, denen Kategorien zugeordnet werden. Diese Kategorien lassen sich dann z. B. mit festen Farben (oben) oder mit weichen farblichen Übergängen (unten) visuell hervorheben. Insbesondere bieten sich hierfür Ampelfarben an.

Wasserfalldiagramme, Histogramme, Box-Plot- und Trichterdiagramm
Wasserfalldiagramme sind eigentlich erweiterte Säulendiagramme, die insbesondere die positiven und negativen Veränderungen von Kennzahlen im Zeitablauf anzeigen (vgl. Abb. 3.53). Durch die farbliche Unterstützung lassen sich z. B. die Richtungsänderung und durch die Linienverbindung der Säulen das Ausgangsniveau der betrachteten Periode analysieren. Wasserfalldiagramme eignen sich insbesondere für die Analyse von Kennzahlen in ihrer zeitlichen Entwicklung im Hinblick auf ihre Änderungsrichtung und -intensität.

Weiterhin können Wasserfalldiagramme dazu genutzt werden, Änderungen von Werten in wichtigen Stufen darzustellen, wie Abb. 3.54 beispielhaft (anhand des Rohertrages und diverser Kostenpositionen bis zum Ergebnis) zeigt.

Säulen- und Balkendiagramme bieten sich in Verbindung mit Liniendiagrammen zu dem sehr gut für mathematische und statistische Auswertungen an. Beliebte Diagrammtypen sind hier das Histogramm und der Box-Plot (vgl. Abb. 3.55). Ein Histogramm zeigt die Häufigkeitsverteilung kardinal skalierter Merkmale an, wobei eine Klasseneinteilung der Daten vorzunehmen ist. Die Klasseneinteilung kann dabei mit fester oder variabler Breite vorgenommen werden. Der Box-Plot bzw. der Box-Whisker-Plot zeigt für Wertausprägungen eines Analyseobjektes in einem Zeitraum folgende statische Werte an:

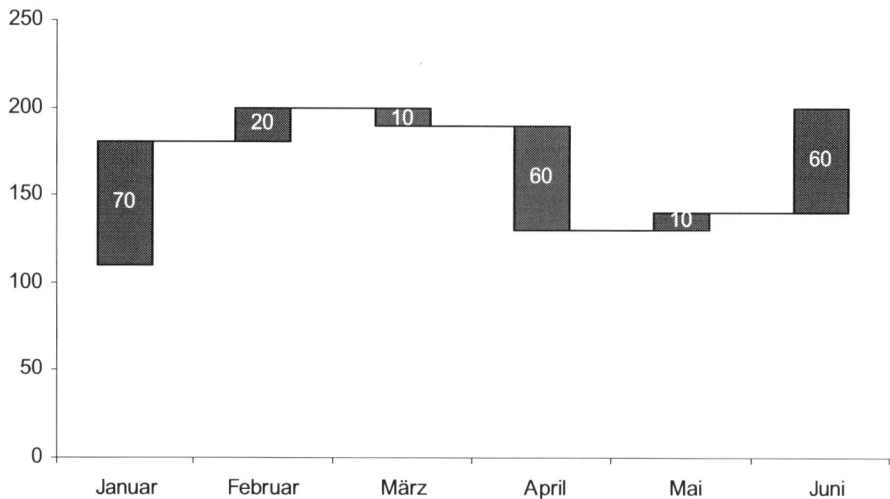

Abb. 3.53 Wasserfalldiagramm mit MS Excel

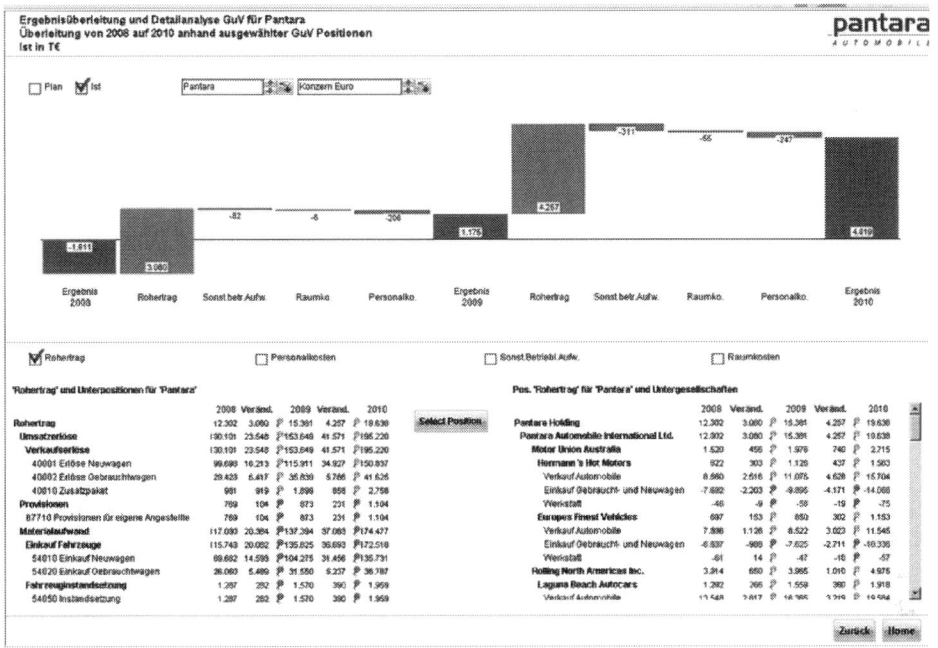

Abb. 3.54 Wasserfalldiagramm mit Cubeware. (Quelle: Cubeware Bildergalerie 2011)

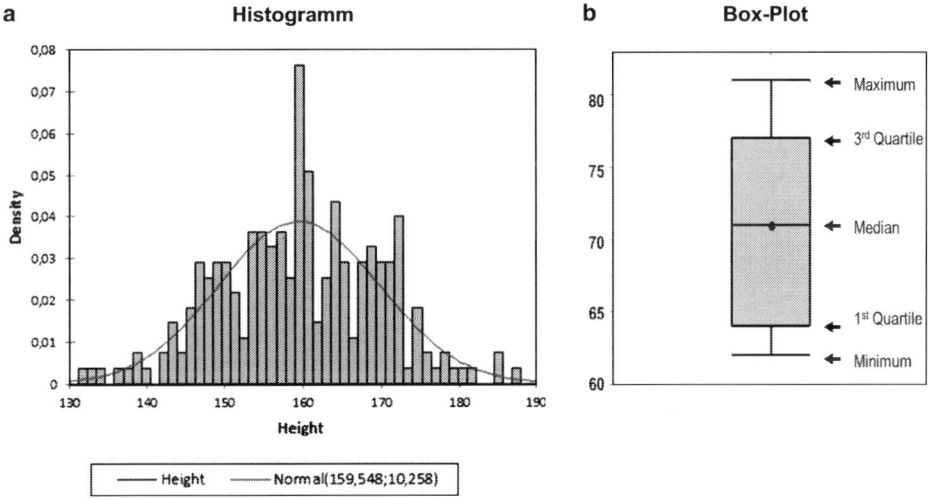

Abb. 3.55 Histogramm und Box-Plot. (Quelle **a**: XLSTAT 2017, Quelle **b**: Sullivan und LaMorte 2017)

- Unterer und oberer Ausreißer (kleinster und größter Datenwert)
- Median (50 % der Werte sind kleiner oder größer als dieser Wert)
- Unteres und oberes Quartil (25 %/75 % der Werte sind kleiner oder größer als dieser Wert)
- Spannweite (gesamter Wertebereiche der Daten)
- Quartilsabstand (Wertebereich, in dem sich die mittleren 50 % der Daten zwischen den Quartilen befinden)

Die Bezeichnung Box-Whisker ist auf das Aussehen zurückzuführen, indem die Quartilswerte den Kasten und die haarscharfe Antenne die Ausreißer-Werte (Minimum und Maximum) anzeigen. Der Median wird als Strich im Kasten visualisiert. Liegt der Median stärker oben oder unten im Kasten, so ist die Verteilung schief im Gegensatz zu einer Normalverteilung. Die Quartile werden für andere Zwecke (z. B.: Risikobetrachtungen) durch andere Größen z. B. 2,5 %-Quantile ausgetauscht, bei denen vor allem die Ausreißer betrachtet werden. Der Box-Plot kann z. B. bei Kursentwicklungen oder Risikoanalysen in Unternehmen gut eingesetzt werden.

Zentriert man die Balken- oder Säulenausschläge, so lässt sich ein Trichterdiagramm bzw. Funnel-Chart abbilden. Hierbei werden die Wertausprägungen der Analyseobjekte von Stufe zu Stufe i. d. R. kleiner. Sie sind beliebt bei der Darstellung der Akquisitionsanalyse im Vertrieb, wenn aus Anfragen und Interessenten qualifizierte Leeds, Angebote und Kundenaufträge werden. Abb. 3.56 zeigt ein Beispiel für den Akquiseerfolg einer Website von der Betrachtung bis hin zur Bestellung. Die Größe eines Flächenabschnitts im Trichter wird durch den Wert als Prozentsatz der Summe aller Werte bestimmt und nimmt von oben nach unten wie beim Durchlass eines Trichters ab.

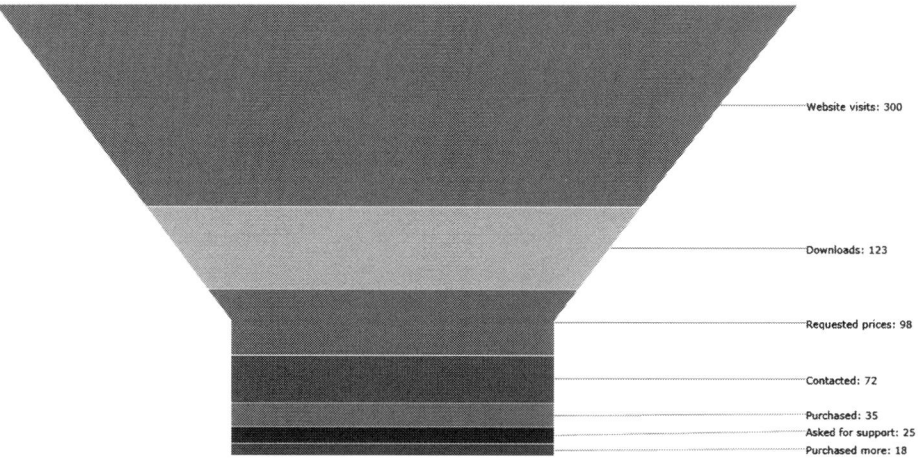

Abb. 3.56 Trichter- bzw. Funnel-Chart. (Quelle: Online Chart Makers – amCharts 2017)

Kurven-, Linien-, Punkt- und Flächendiagramme

Für die Darstellung von zeitlichen Entwicklungen und saisonalen Effekten eignet sich das Kurven- oder Liniendiagramm am besten (vgl. Abb. 3.57). Ausreißer, stabile Trends oder dynamische Veränderungen von Verläufen sind schnell zu erkennen. Zur besseren Übersicht können im Koordinatensystem Punktwerte angezeigt werden. Auch eine Normierung in Bezug zu Indexzahlen ist möglich. Beispielsweise wird der Planwert auf 100 % normiert und man erkennt wie weit der Zielerreichungsgrad des Istwertes im Vergleich zum Planwert ist.

Vergleiche von Wertreihen lassen sich gut im selben Koordinatensystem darstellen, um besondere Unterschiede und Ähnlichkeiten bzw. parallele oder gegenläufige Entwicklungen festzustellen.

Ist die Anzahl der Linien in einem Diagramm sehr hoch (z. B. mehr als 6 Linien) und überschneiden sich die Linien mehrfach, werden die Kurvendiagramme immer unübersichtlicher. Damit die optische Wahrnehmung nicht getäuscht wird, sind die Abstände der betrachteten Perioden gleichmäßig darzustellen. Veränderungen der Skalierung um z. B. Überschneidungen besser sehen zu können, führen zu fehlerhafter und verzerrter Wahrnehmung und sollten nicht vorgenommen werden.[32]

Wird eine Wertreihe als Basis festgelegt, so ist ein normiertes Kurven- bzw. Liniendiagramm darzustellen, das zu dieser Basiswertreihe die Veränderungen anderer Wertreihen anzeigt. Vorteil ist hier der leichtere Vergleich zur Basiswertreihe. Nachteil ist die schlechtere Transparenz der absoluten Wertentwicklung.

Bei Liniendiagrammen sollte wie bei anderen Diagrammtypen vermieden werden, dass gewählte Legenden (Ausschnitt und Maßabstände) die Aussage (hier Preisentwicklungen) verzerren bzw. verfälschen, wie folgendes Beispiel zeigt (vgl. Abb. 3.58). Bei einem Preisvergleich unterschiedlich teurer Produktsegmente wird die Preiselastizität des teuren Preissegments A so dargestellt, als wenn es sich um eine Preisexplosion gegenüber den

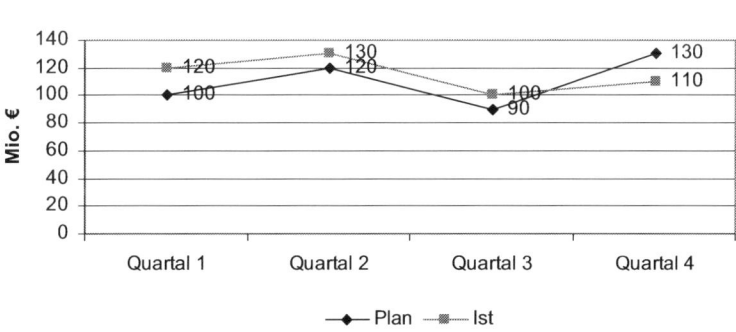

Abb. 3.57 Normales Kurven- bzw. Liniendiagramm

---

[32] Kohlhammer et al. (2013, S. 57).

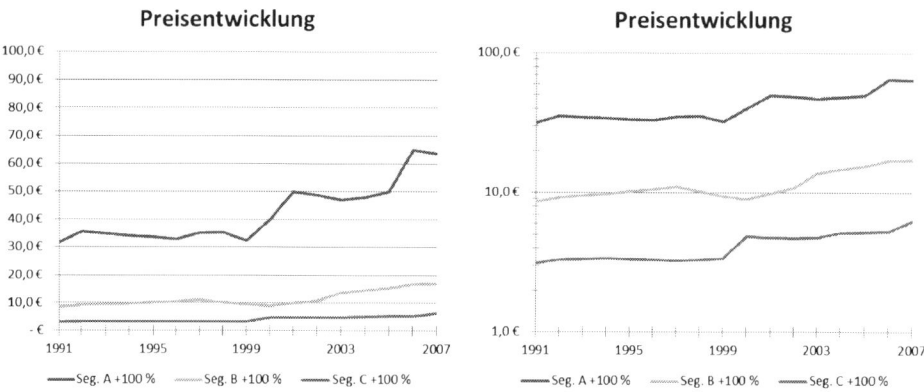

Abb. 3.58 Verzerrte Vergleiche bei Preisentwicklungen

beiden anderen Segmenten handelt (links). Soll der Vergleich der Preisentwicklung im Analysefokus stehen, ist eine logarithmische Darstellung zu wählen, da hier die Winkel der Preissteigerungen ausgehend vom jeweiligen Basiswert transparenter sind (rechts).

Eine weitere Alternative zum Liniendiagramm ist das Punktdiagramm (vgl. Abb. 3.59). Im Gegensatz zum Liniendiagramm hat es den Vorteil, dass die Werte nur punktmäßig dargestellt werden und somit die Verbindungslinie nicht einen linearen Wertverlauf suggeriert. Nachteilig ist jedoch die schlechtere Transparenz der Entwicklung der Werte, insbesondere die schneidenden Linien wären hier optische Hilfen, um Veränderungen schneller zu erkennen.

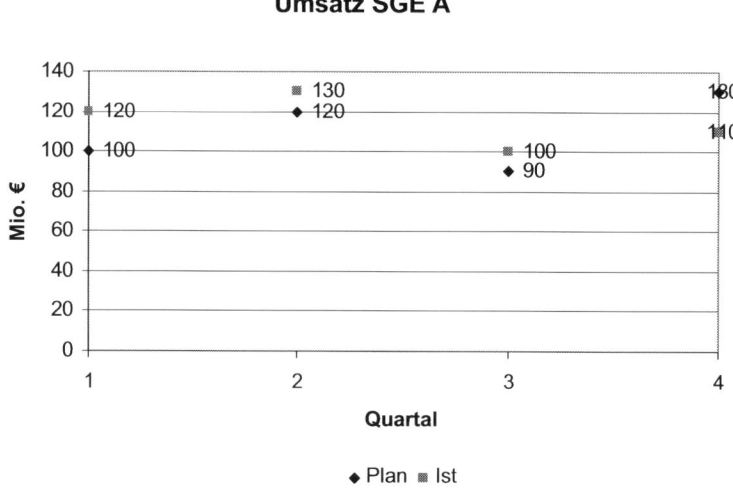

Abb. 3.59 Punktdiagramm

Abb. 3.60 Koordinatensystem
mit vier Quadranten

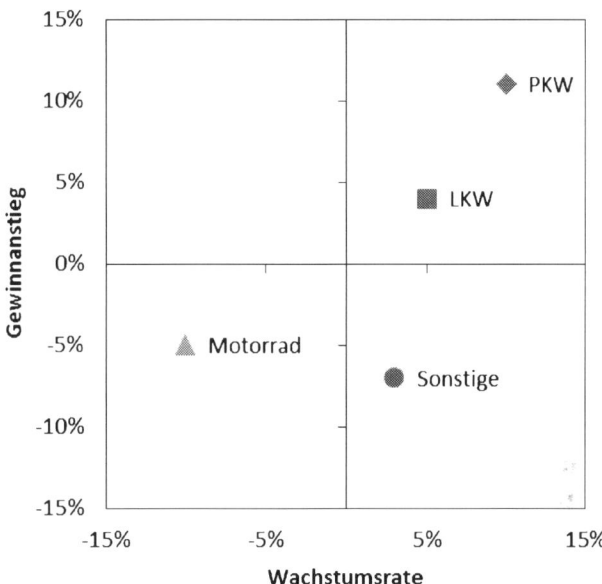

Werden bei einem Linien- bzw. Punktdiagramm zwei Kennzahlen miteinander verglichen, die eine einheitliche Notation (z. B. Prozentdarstellung) haben, z. B. Wachstumsrate
und Gewinnanstieg, so bietet es sich an, ein rechtwinkliges Koordinatensystem als Abbildung zu verwenden. Die Koordinatenachsen unterteilen die potenzielle Diagrammfläche
in vier Quadranten. Hierbei wird der positive rechte obere Quadrant am häufigsten verwendet. Werden neben den positiven auch negative Werte gezeigt, so sind auch weitere
Quadranten anzuzeigen (vgl. Abb. 3.60).

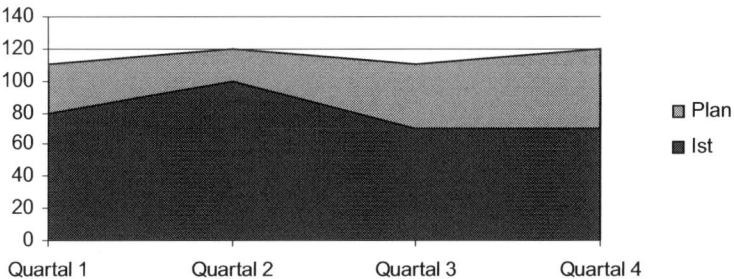

Abb. 3.61 Flächendiagramm

Für die Darstellung der Beanspruchung von Ressourcen und Kapazitäten und ähnlichen Problemstellungen bieten sich Flächendiagramme an, die im Gegensatz zu den Liniendiagrammen die darunter liegenden Flächen farbig markieren (vgl. Abb. 3.61).

Ampelsignale und Heatmap

Ampelsignale bzw. Traffic lights sollen dem Betrachter als bekanntes Warnsymbol aus dem Straßenverkehr in drei Kategorien zeigen, ob gute (grün), schlechte (rot) oder nur erste Warnungen (gelb) erreicht wurden, die über die entsprechende Farbe symbolisiert werden.

Die klassischen drei Kategorien lassen sich weiter differenzieren, indem die Farbgebung weiter unterteilt wird in helle bis dunkle Farben (z. B. hellgrün bis dunkelrot).

Die Ampelsignale können ganz unterschiedlich in Diagrammen eingesetzt werden (vgl. Abb. 3.62). Beispielsweise werden ausschließlich die Signalfarben gezeigt, ohne dass der Betrachter auf den ersten Blick die dazugehörigen Detailwerte kennt, oder sie können unterstützend zur Wertanzeige feldspezifisch als Flächen- oder Schriftfarbe genutzt werden. Eine einfache Ampelfunktion ist vielen Anwendern von Tabellenkalkulationsprogrammen durch die rote Darstellung von negativen Werten bekannt. Gerne werden für die Schwellwerte auch die Planwerte herangezogen, wobei eine festzulegende prozentuale

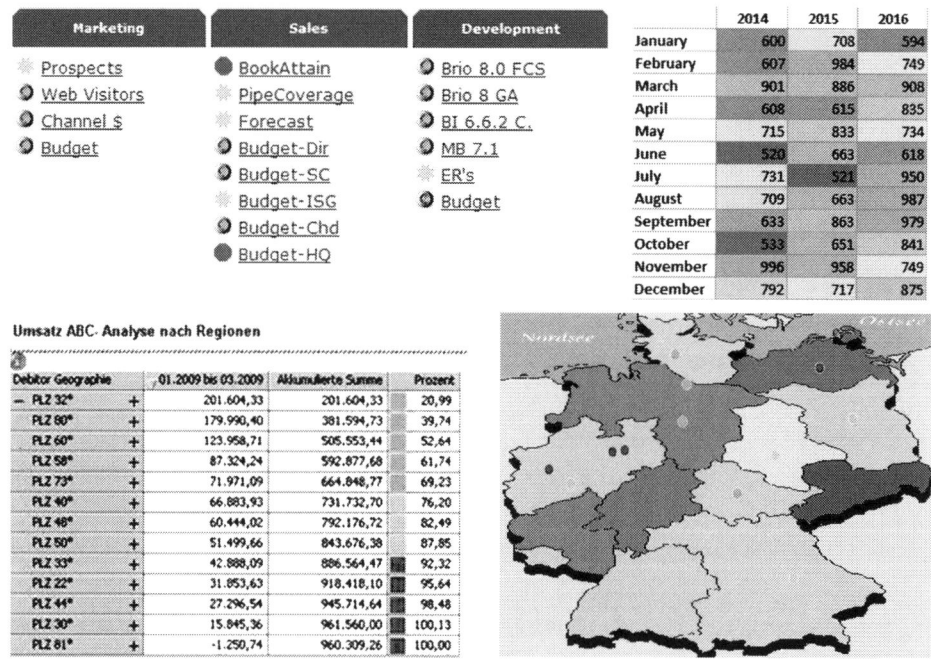

Abb. 3.62 Ampelsignale/Heatmap. (Berichtselemente u. a. entnommen aus Schön und Müller 2010, S. 123–165 und Schön 2004b, S. 328)

Abweichung dann die Farbwechsel bestimmt. Auch bei der Geo-Visualisierung bietet sich das „Colour-Coding" unterschiedlicher Flächen an.

Voraussetzung für die Definition von **Signalfarben** ist die vorherige Festlegung von Toleranz- bzw. Schwellwerten. Hierdurch erhält die Information eine bereits vorab definierte Steuerungsfunktion, die der Ersteller und/oder der Empfänger des Berichtes vorher festgelegt haben. Alternativ können die Schwellenwerte, sogenannte **Sentinels** (Wächter), auch durch die Programme mit Hilfe von statistischen Modellen und Berechnungen ermittelt werden (vgl. hierzu Abschn. 5.5.5.3 Data Mining und Predictive Analytics). Dann werden die Schwellenwerte anhand des ausgewerteten Datenbereiches automatisch ermittelt. Der Nutzer kann hierbei auswählen, welche Sentinels er nutzen möchte. Zur Erleichterung der Auswahl wird z. B. das Konfidenzniveau angezeigt. Je höher dieses ist, desto verlässlicher ist die Regel.

Der Vorteil der Ampelsignale liegt in der schnelleren visuellen Aufnahme von beginnenden oder bereits vorhandenen positiven oder kritischen Zuständen. Zudem muss sich derjenige, der die Schwellenwerte festlegt, bereits im Vorfeld Gedanken zu den Steuerungsabsichten der Signalfarben machen, was wiederum zur Steuerungs- und Entscheidungsqualität im Unternehmen beiträgt. Nachteilig ist der höhere Aufwand, der daran geknüpft ist, dass die Schwellenwerte im Zeitablauf geprüft und gepflegt werden müssen. Ein kleinerer Nachteil besteht ggf. in der fehlenden Transparenz der „nicht" ausgewiesenen Detailinformationen. Diese sind zumeist erst durch einen Aufruf eines weiteren Berichtes möglich, was dem Drill-Down-Prinzip entspricht.

Zusammengefasst sind die Ampelsignale jedoch sehr positiv zu bewerten, da der Analyst sehr schnell auf diejenigen Bereiche gelenkt wird, in denen Handlungsbedarf besteht und in denen er nun nach weiteren Detailinformationen Ausschau halten kann.

In der Abb. 3.62 zeigt das Beispiel oben links eine Auflistung von managementrelevanten Teilbereichen im Marketing, im Verkauf und in der Produktentwicklung. Die Ampelsignale zeigen an, in welchen Teilbereichen welche Signalzustände derzeit vorhanden sind. Somit kann der Analyst relativ schnell erkennen, in welchen Bereichen Steuerungsbedarf besteht. Oben rechts ist eine Tabelle als Heatmap dargestellt. Heatmap-Charts reichen von hochauflösenden Wärmebildanalysen bis hin zu einfachen Darstellungen, z. B. mit Hilfe der bedingten Formatierung in MS Excel. Die Tabelle unten links zeigt eine mit Umsätzen nach Debitorenklassen, wobei die Klassen für A-, B- und C-Kunden (grün, gelb und rot) farblich eingeteilt sind (vgl. hierzu Abschn. 3.7.6). Die Abbildung rechts unten zeigt auf einer Landkarte dargestellte regionale Umsatzwerte, wobei die Farben auf Problemregionen aufmerksam machen.

Tachos und Thermometer
Eine weitere Möglichkeit den Informationsempfänger schnell über einen Zustand zu informieren und dabei auf mögliche Störsignale hinzuweisen, ist durch den Einsatz von skalenbezogenen Messinstrumenten wie Tachos bzw. Thermometer gegeben (vgl. Abb. 3.63, die große Ähnlichkeiten mit Bullet-Charts (siehe weiter oben) aufweisen.). Wie für ihren eigentlichen Einsatz gedacht, z. B. die Geschwindigkeits- oder die Temperaturanzeige,

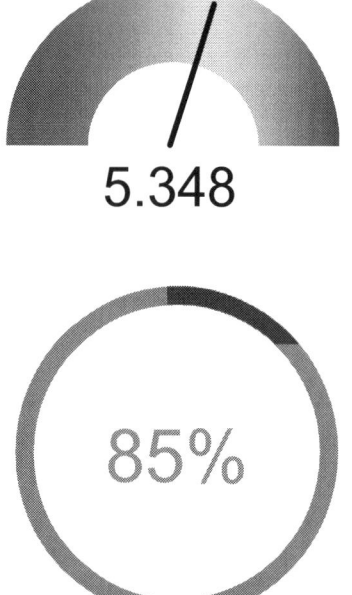 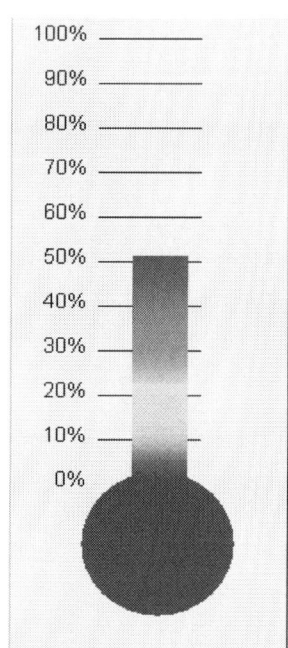

Abb. 3.63 Tachos und Thermometer

können diese Diagrammtypen dafür genutzt werden, den Zustand einzelner Kennzahlen zu visualisieren. Sie haben dabei den Vorteil, ähnlich wie bei den Ampelsignalen, Anzeigebereiche dafür zu nutzen und z. B. farblich oder durch eine Skala hervorzuheben, bei der die Kennzahl gute, mittlere oder schlechte Werte erreicht. Für die Einteilung der Skala sind dafür, wie bei den Ampelsignalen, im Vorfeld Schwellenwerte festzulegen. Im Gegensatz zur Ampel lässt sich somit sogar für den Betrachter erkennen, ob der Zustand der erreichten Kennzahl im oberen oder unteren Bereich zwischen den definierten Schwellengrenzen liegt. Die Anzeigeskala hat dabei meistens gleich große kardinal definierbare Messabstände, in der die Signalbereiche beliebig platziert werden können.

Nachteilig ist wie bei den Ampelsignalen, dass häufig die darunter liegenden Detailinformationen, z. B. die absoluten Werte und die zeitliche Entwicklung, nicht zu erkennen sind. Durch die Signalfunktion bekommt der Betrachter aber die Anregung, sich bei sehr guten oder sehr schlechten Werten die Detailanalyse anzuschauen. Somit kann er seine Analysezeit sinnvoll auf die Bereiche lenken, in denen Handlungsbedarf besteht.

Im ersten Tachobeispiel oben links wird die Kennzahl unter dem Tacho wertmäßig genannt und auf der Tachoskala oben angezeigt. Die Farbskala kann sich z. B. sehr gut am Ziel- oder Planwert orientieren. Bei einem Erreichungsgrad von 100 % steht z. B. der Zeiger genau senkrecht. Bei allen Zuständen, die besser sind, neigt sich der Zeiger dann nach rechts bzw. bei Zuständen, die schlechter sind, nach links.

Beim Thermometer wird im Beispiel eine Abweichung vom Zielwert angezeigt. Je größer die Abweichung ist, desto mehr steigt der Wert im Thermometer an.

Sowohl beim Tacho als auch beim Thermometer können visuelle Irritationen entstehen, wenn die Kennzahlen in den Skalenwerten nicht von rechts nach links oder von oben nach unten in Analogie zur Geschwindigkeit oder Temperatur besser werden. Beispiele hierfür sind die Kostenhöhe, die i. d. R. besser beurteilt wird, wenn sie gering ist. Deswegen bietet es sich bei den Darstellungen an, die Bewertungsbereiche mit der Ampelsignalfarbe zu markieren. Beim Tacho unten links ist die Skala in drei Schwellenbereiche unterteilt. Im Tacho unten rechts steht der Zielerreichungsgrad in Prozent im Vordergrund der Analyse.

Geo-Visualisierung

Unter dem Gesichtspunkt des Managementreportings versteht man unter der Geo-Visualisierung bzw. dem Geo-Reporting die angepasste visuelle Darstellung von Managementinformationen (wie z. B. Umsatz- und Gewinnstatistiken), die in flachen Landkarten (vgl. Abb. 3.64) oder anderen räumlichen Darstellungen (z. B. Lageplan einer Stadionauslastung, vgl. Abb. 3.34) eingebunden werden. Sie dienen dem Anwender zur schnelleren Analyse der ausgewählten regionalen Daten, um hieraus Steuerungsschlüsse und Handlungsempfehlungen abzuleiten.

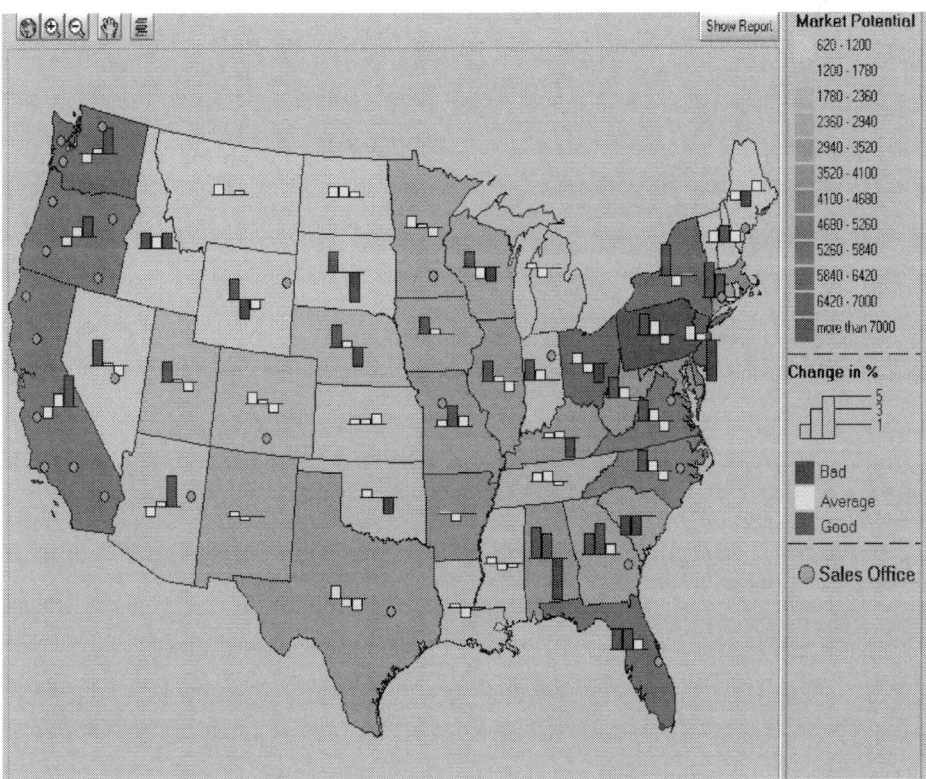

Abb. 3.64 Geo-Visualisierung. (Quelle: SAP AG: BExMap, Beispiel Market Potential USA o.J.)

Sie helfen vor allem bei der regionalen Ergebnissteuerung von Werken, Bezirken, Business-Units und strategischen Geschäftseinheiten, insbesondere wenn die regionale Ergebnissicht für das Unternehmen von größerer Bedeutung ist. Aufgrund der internationalen Ausrichtung der Wirtschaft in allen Wirtschaftszweigen, ist die regionale Sicht für die weltweite Unternehmenssteuerung nicht mehr wegzudenken.

In dem Beispiel der Abb. 3.64 sind mehrere Informationen verknüpft dargestellt worden. Die Flächen der einzelnen amerikanischen Bundesstaaten werden hier für die verschiedenen Marktpotenziale farblich eingestuft. Die Säulen zeigen je Region die Umsatzveränderung der letzten Quartale an. Mit Hilfe der Ampelsignale sind hier gute, durchschnittliche und schlechte Veränderungen zu erkennen. Zudem werden mit den gesetzten Punkten die jeweiligen Standorte der Vertriebseinheiten angezeigt.

Das Potenzial und die betrieblichen Auswertungsmöglichkeiten von Geo-Daten steigen in den letzten Jahren rasant und es ist davon auszugehen, dass dieser Trend anhält. Beispiele aus der Wirtschaft sind vielfältig, z. B. das regionale Einkaufsverhalten der Kunden oder die instandhaltungsbedürftigen Netze eines Energieversorgers.

Scoring-Abbildung
Mit Hilfe der Scoring-Abbildung lassen sich die Bewertungen von zu analysierenden Kriterien in einem Scoring-Profil darstellen (Vgl. Abschn. 3.7.10). Grafiken zu einer Scoring- bzw. Nutzwertanalyse stellen die Bewertungen der Kriterien ausgewählter Objekte in einem Raster gegenüber. Es sind alternative Darstellungen möglich, z. B.:

• Vergleich mit einem oder mehreren Objektwerten
• Vergleich mit einem Durchschnittswert
• Vergleich mit einem besten bzw. schlechtesten Wert
• Vergleich mit einem Minimum- oder Maximumwert.

Scoring-Abbildungen liegt ebenfalls ein rechtwinkliges Koordinatensystem zugrunde. Die Bewertung der Kriterien wird auf der Hauptkoordinate (i. d. R. horizontal) dargestellt. Werden die Kriterien beispielsweise mit Punkten bewertet, so entsprechen die Koordinatenabstände den Punktwertbereichen (z. B. 1–10 oder 1–100). Alternativ zu Punktwerten lassen sich auch Einzelausprägungen der Kriterien darstellen. Dies ist allerdings nur dann übersichtlich, wenn die Bewertungen mit einheitlichen Einheiten, z. B. Währungen (für Umsätze) erfolgt. Werden unterschiedliche Kriterien mit unterschiedlichen Bewertungsmaßstäben und -einheiten verglichen, so empfiehlt sich eine Punktwertbeurteilung mit separatem Ausweis der Einheiten des Einzelkriteriums. Ein Scoring-Beispiel für einen Lieferantenvergleich mit Schwellenwert zeigt Abb. 3.65.

Spinnennetz- bzw. Netzdiagramme
Spinnennetz- bzw. Netzdiagramme helfen dabei, für eine ausgewählte Zahl von Beurteilungskriterien Vergleiche durchzuführen, wobei die Skala zur Beurteilung möglichst normiert sein sollte (z. B. durch einheitliche Noten, Punktwerte oder Prozentangaben).

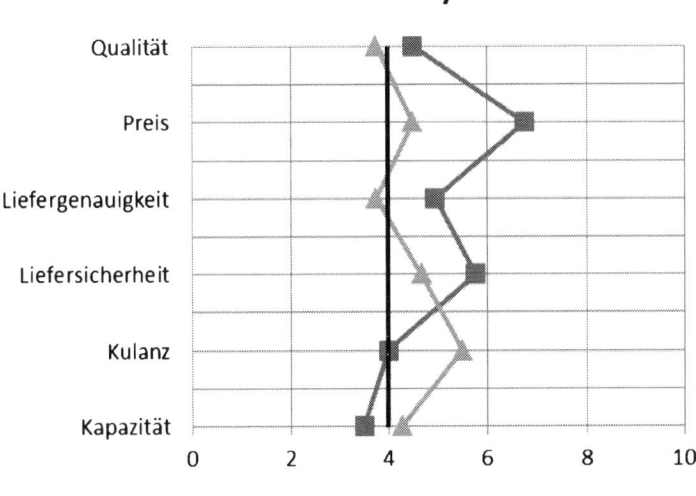

Abb. 3.65 Lieferantenvergleich mit Schwellenwert

Die Werte werden im Netzdiagramm mit Datenpunkten auf den Achsen, ausgehend von dem Mittelpunkt des Netzes, abgetragen. Je weiter ein Wert von der Achse entfernt ist, desto besser (z. B. Zielerreichung) oder schlechter (z. B. Risiken) wird er beurteilt. Wichtig ist, dass die Beurteilungskriterien in dieselbe Richtung ausschlagen und möglichst im Ausschlag normiert zu vergleichen sind, wie z. B. bei Schulnoten.

Häufig werden die Datenpunkte mit Linien von Achse zu Achse verbunden. Hierdurch entsteht eine Fläche im Netzdiagramm. Bei normierten Wertskalen bedeutet eine größere Fläche somit auch eine bessere oder schlechtere Gesamtbewertung über alle Kriterien hinweg, wobei die einzelnen Kriterien dann gleichgewichtet sein müssen.

Ist die Anzahl der Kriterien allerdings zu groß wird das Netzdiagramm leicht unübersichtlich. Auch das Abtragen mehrerer Kennzahlenwerte (z. B. zeitabhängig) führt eher zu einer visuellen Überfrachtung, wie die Abb. 3.66 für ein Radar zeigt.

Basisjahr ist im Beispiel das Planjahr 2009, das die Zielwertvorgabe 100 % vorgibt. Hieran werden die Jahre 2010 und 2009 im Ist und die Planjahre 2010 und 2011 im Vergleich für alle Kennzahlen der Balanced Scorecard angezeigt. Durch die Normierung auf Prozentwerte ergibt sich allerdings der Verlust der absoluten Werte. Auch eine Gewichtung der Einzelwerte, die die Wichtigkeit einzelner Kriterien unterscheidet, ist hier nicht mehr zu erkennen.

Deswegen ist die Netzdiagramm-Darstellung nur zu empfehlen, wenn wenige Beurteilungskriterien, die normiert und gleichgewichtet sind, dargestellt werden können.

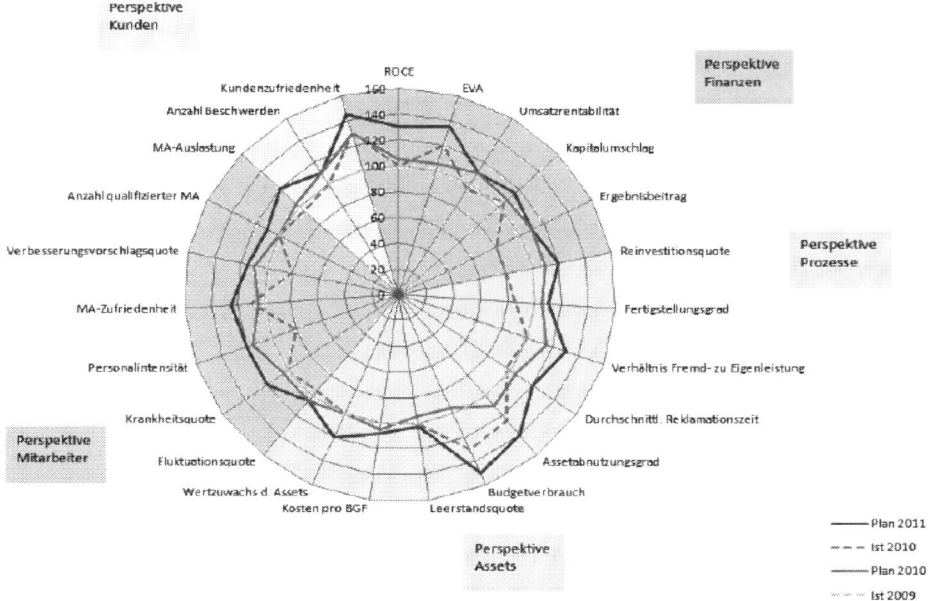

Abb. 3.66 (Spinnen-)Netzdiagramm. (Eigene Darstellung in Anlehnung an Gehringer und Michel 2000, S. 28)

Sparklines bzw. Microcharts

Unter Sparklines bzw. Microcharts versteht man Miniaturdiagramme, die Daten und Zahlenreihen in Tabellen und Textinformationen anschaulich ergänzen, ohne parallel größere Diagramme einbauen zu müssen. Die Sparklines sind dabei nur so groß, wie die Zellen der Tabellen oder die Textzeile, so dass Sie unmittelbar eingebaut werden können. Das Ursprungskonzept der Sparklines wurde von Edward Tufte entwickelt.[33] Vorteil der Sparklines ist es, Trends und Effekte umfangreicherer Daten durch kleine Miniaturdiagramme zeilenweise visuell anschaulicher darzustellen, was u. a. auch Vergleiche zwischen Datenzeilen einfacher macht. Zudem lassen sich durch den Einsatz von Sparklines Daten um ihre periodische Sicht anschaulich ergänzen. So kann z. B. zum absoluten Jahreswert (Wertdarstellung) die Verteilung der Periodenwerte im Miniaturdiagramm dargestellt werden.

Als Diagrammtypen für die Sparklines kommen prinzipiell viele Diagrammtypen in Frage, die bereits oben genannt wurden. Am geeignetsten für die Sparklines sind zumeist jedoch die Diagramme, die sich am besten eignen Trends im Zeitablauf darzustellen, wie Linien und Säulendiagramme (vgl. Abb. 3.67). Aufgrund der schärferen Konturen sind hierbei Säulendiagramme zu favorisieren.[34]

---

[33] Vgl. hierzu die Informationen von Tufte (2011).
[34] Vgl. Bissantz et al. (2010, S. 451 f.).

Cockpit: Produktionscontrolling (tägl. Aktualisierung)

Aufträge	Bestellte Stückzahl		Änderung zu Vortag
Produktfamilie 1	. ...ln.lllln...lll	23.817	178%
Produktfamilie 2	. ...ln..ll..lnn.ll	24.526	14%
Produktfamilie 3	. ..nll.l.l.lnn .l.	5.334	**-53%**

Materialverfüg-barkeit	Lagermenge/ Mindermengen		Änderung zu Vortag
Produktfamilie 1	lln.lll.l.nl. ..,.-. ..	-10.813	183
Produktfamilie 2	..nnlll.lll.l.l.ln..	18.524	474
Produktfamilie 3	.llnlll.l.nn.r.,... ..	5.330	-5.334

Produktion	Produktionsmenge (Stück)		Durchlaufzeit (Durchschn. in Std.)		Produktqualität (PPM)	
Produktfamilie 1	. ...ln..lll.l. ... l l	13.004	∿∿∿∿	5,30	∿	100
Produktfamilie 2	. ...ln..ll..lnn.ll	24.526	∿∿∿∿	3,24	∿	156
Produktfamilie 3	. ..nll.l.l.lnn .l.	5.334	∿∿∿∿	4,55	∿	40

Abb. 3.67 Sparkline-Beispiel. (Das Beispiel wurde entnommen von den Internetpräsentationsseiten von der Bissantz & Company GmbH 2011)

Kurs-/Chartanalyse-Diagramme

Kursdiagramme bzw. Chartanalyse-Diagramme werden zur Darstellung von Aktienkursen oder ähnlichen Kursen für Wertpapiere, Rohstoffe etc. verwendet (vgl. Abb. 3.68). Sie können für beliebige Zeiträume (Tage, Wochen, Monate, Jahre etc.) herangezogen werden und die Schwankungen und Entwicklungen der Preise visualisieren. Typischerweise werden Schlusskurse und Hoch- und Tiefstände der Preisentwicklung angezeigt. Zudem lässt sich das gehandelte Volumen abbilden.

Alternativ lassen sich auch Kursverläufe in Form von Liniendiagrammen darstellen, in denen zudem Trendlinien, Szenarien oder weitere Chartanalysehilfen eingebaut werden können. Die Banken, Börsen und andere Institutionen bieten zahlreiche Toolsets für die Chartanalyse an (vgl. Abb. 3.69).

Abb. 3.68 Beispiel Kursdiagramm

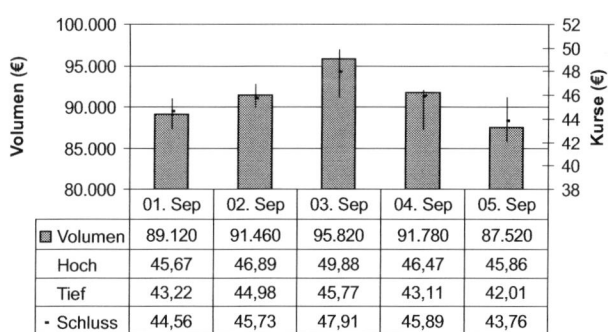

	01. Sep	02. Sep	03. Sep	04. Sep	05. Sep
Volumen	89.120	91.460	95.820	91.780	87.520
Hoch	45,67	46,89	49,88	46,47	45,86
Tief	43,22	44,98	45,77	43,11	42,01
Schluss	44,56	45,73	47,91	45,89	43,76

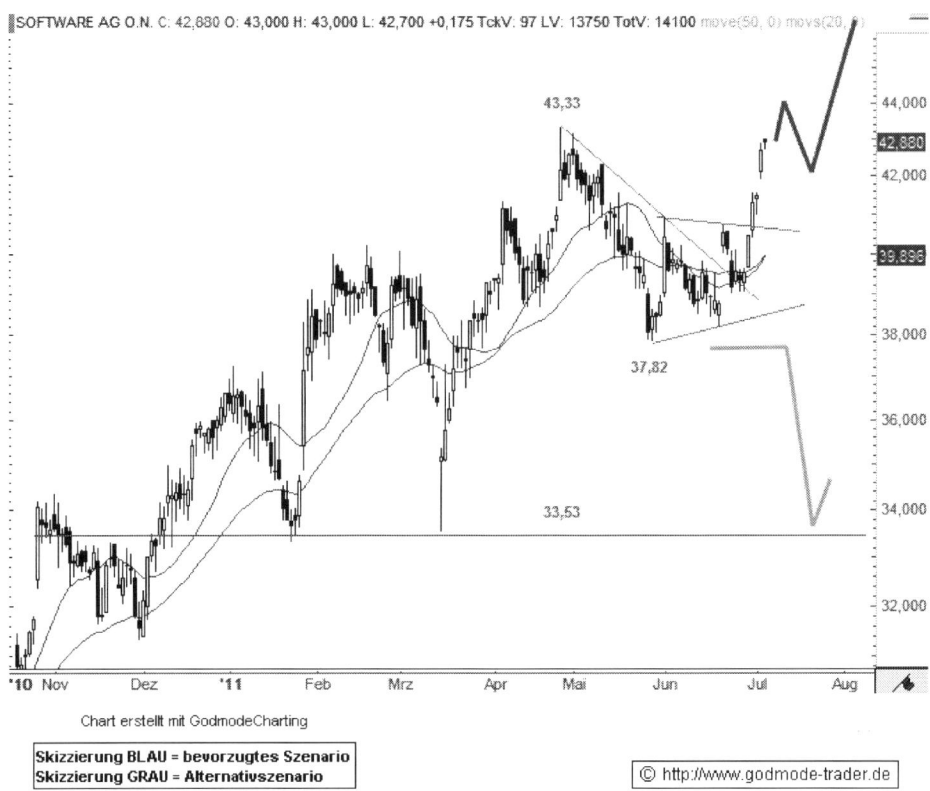

Abb. 3.69 Beispiel Chartanalysediagramm. (Quelle: godmode-trader 2011)

Weitere Visualisierungshilfen und Animationen

Für die meisten der gezeigten Diagrammtypen gibt es die Möglichkeit, diese auch in Kombination mit anderen Diagrammtypen zu nutzen. Beispielsweise kann das Kreisdiagramm für eine ausgewählte Sektorfläche (z. B. den größten Teilausschnitt) um ein Säulendiagramm ergänzt werden, was die wichtigsten Anteile der größten Gruppenwerte enthält (vgl. Abb. 3.70).

Hingegen ist die Nutzung von **3D-Effekten** in Grafiken vielleicht für das Auge ansprechend, jedoch ist die 3D-Darstellung für die Analyse von Daten eher hinderlich, da hierdurch Wertverhältnisse je nach Sicht auf das 3D-Objekt verzerrt dargestellt werden (vgl. Abb. 3.71). Es ist sogar möglich, dass durch die verzerrte Sicht Daten durch andere im Vordergrund befindliche 3D-Objekte verdeckt und somit gar nicht erkannt werden. Deshalb sollte man auf 3D-Effekte verzichten, es sei denn, die Anzahl der darzustellenden Kennzahlen ist sehr klein und die Verzerrung der Sicht spielt keine große Rolle für die Analyse.

Negativ in diesem Beispiel sind zudem die Wiederholungen in der Zeitdimension in der Legende und in einer Rubrikachse, sowie die senkrecht stehenden Objektbezeichnun-

Abb. 3.70 Kombination
Kreis-Säulen-Diagramm

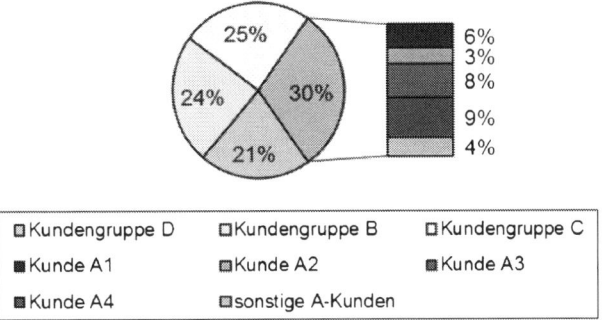

gen in der Rubrikachse zur regionalen Sicht. Außerdem werden Plan- und Istwerte nicht deutlich voneinander abgegrenzt.

Auch weitere Animationseffekte, wie z. B. **Flash-Effekte**, dienen meistens nicht der Analysefähigkeit, sondern eher der Show der Präsentation. Beim Flash werden Teile oder auch ganze Diagramminhalte durch Aufruf des Berichts oder durch Auswahl bestimmter Funktionen erst erstellt. Hierbei sind fließende Einblendungen ganz unterschiedlicher Art einzustellen, z. B. von oben, von unten, von rechts oder links und zufällige Einblendungen. Sie sollten also nur dann verwendet werden, wenn eine besonders wichtige Information in einer Präsentation hervorgehoben werden soll.

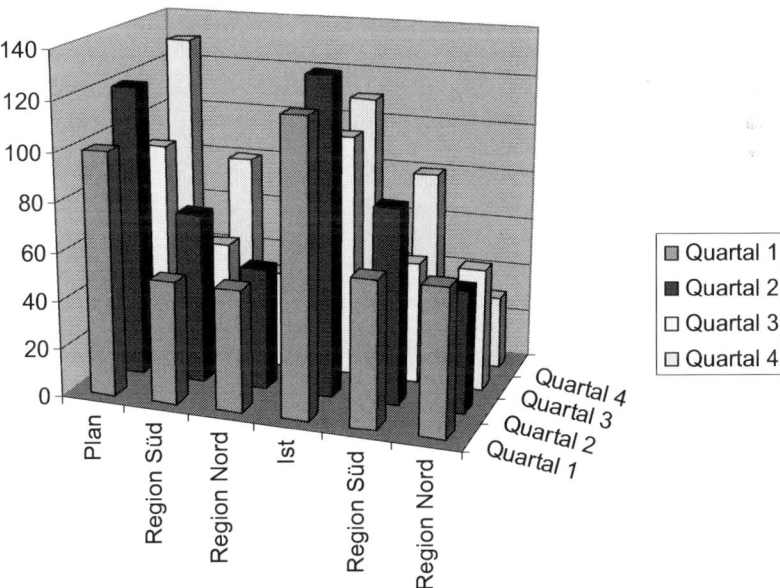

Abb. 3.71 Verzerrungen durch 3D-Effekte

Besser als 3D- und Flash-Effekte sind änderbare **dynamische Diagramme**, die durch Selektion gesteuert werden. Beispielsweise kann durch Auswahl einer Zeile in einer Tabelle das Diagramm seine Darstellung ändern und nur die selektierten Objekte, z. B. Kundengruppe oder Einzelkunde, anzeigen. Das Diagramm zeigt dann z. B. die Umsatz-, Deckungsbeitrags- und Kostenentwicklung nur für die selektierten Objekte an. Dies ist dann von Vorteil, wenn die Diagramme ansonsten durch viele Objekte zu unübersichtlich würden.

In der Abb. 3.72 (vorher) sind mehrere Segmente und Kategorien ausgewählt worden. Durch die Auswahl der Kategorie Smart Phones und Segment Consumer passen sich die Werte in den Tabellen und Grafiken oben an (Abb. 3.73 nachher).

Die Selektion kann dabei nicht nur per Auswahl der Selektionsfilter, sondern auch direkt in der Grafik erfolgen, wie Abb. 3.74 für ausgewählte Ergebnisobjekte zeigt. In der Grafik wird z. B. (hier oben links) durch die Markierung der Balken (Ergebnisobjekte „Meat bis Eggs") die Selektion für die Neuaufbereitung der Berichtselemente angestoßen. Das Ergebnis zeigt die nachfolgende Abb. 3.75.

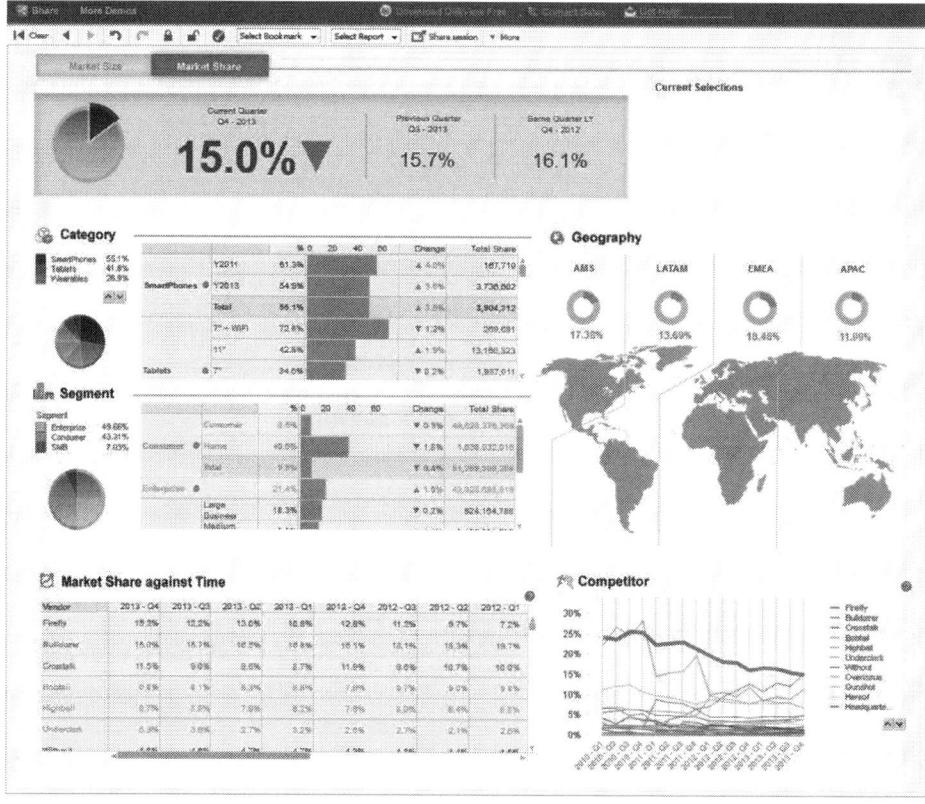

Abb. 3.72 Durch Selektion änderbare dynamische Diagramme – vorher (QlikView). (Quelle: Qlik-View-Demo Market Share 2015)

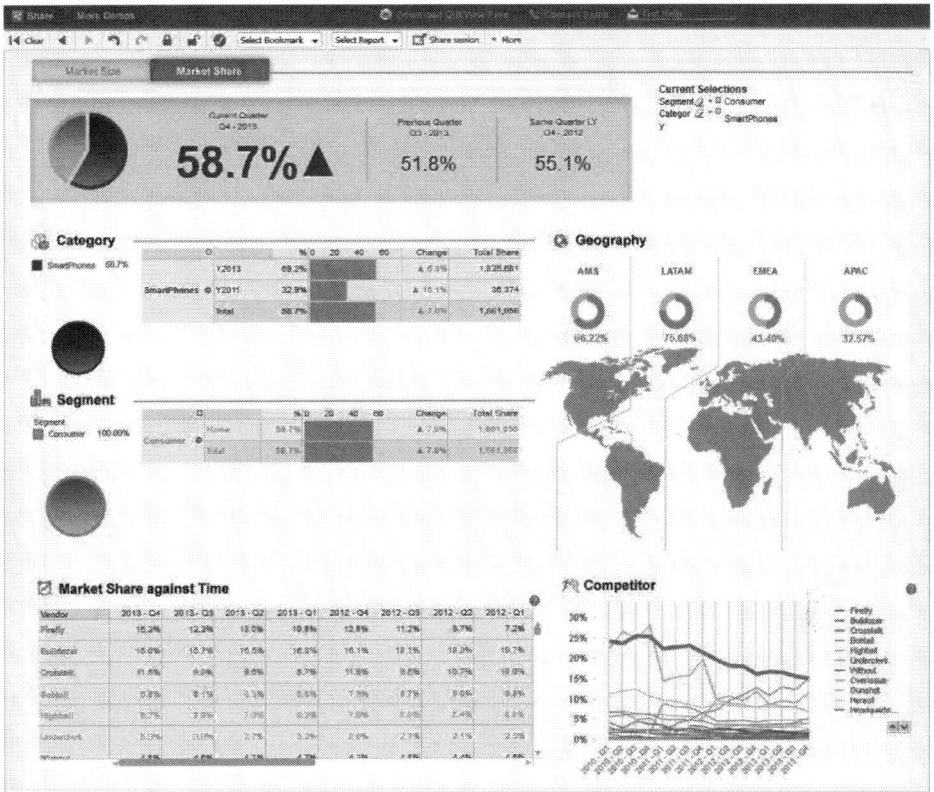

Abb. 3.73 Durch Selektion änderbare dynamische Diagramme – nachher (QlikView). (Quelle: QlikView-Demo Market Share 2015)

Beliebt bei den Softwareanwendungen ist auch die **Drag & Drop-Funktionalität**, bei der die ausgewählten Objekte markiert, mit der Maustaste festgehalten und in ein anderes Objekt verschoben werden. Hierdurch ändert sich z. B. eine Grafik oder Tabelle und wird auf die ausgewählten Objekte angepasst.

Spezielle Diagrammtypen, die insbesondere für die Visualisierung der Datenmustererkennung im Rahmen von Data Mining und Predictive Analytics eingesetzt werden, sind im Abschn. 5.5.5.3 in der Abb. 5.35 beispielhaft aufgeführt. Sie werden zudem häufig in BI-Systemen eingesetzt, die besonders stark im Bereich Data Discovery und Data Visualization im Rahmen der explorativen BI sind (vgl. Abschn. 5.7.3).

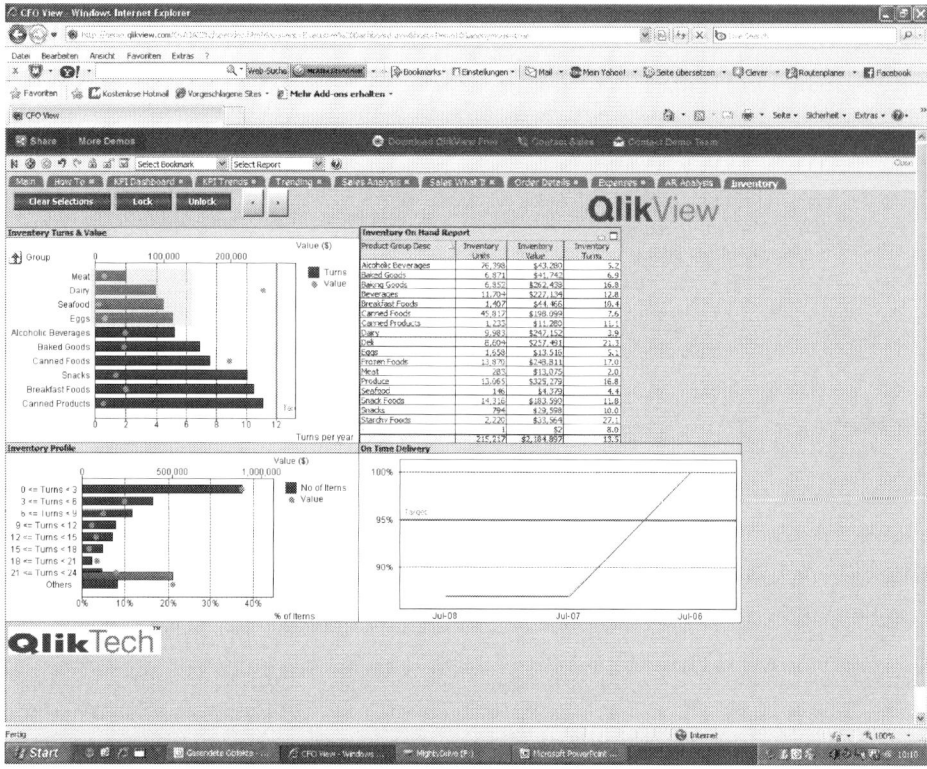

Abb. 3.74 Grafische Selektion in dynamischen Diagrammen – vorher (QlikView). (Quelle: Qlik-View-Demo Market Share 2015)

Als weitere Visualisierungshilfen lassen sich vor allem folgende Objekte unterscheiden:

- Fotos
- Logos
- Symbole
- Audiodateien
- Filme/Videos

Für die Aufwertung von Berichten bietet es sich an, wichtige Informationen mit **Fotos** zu ergänzen (vgl. Abb. 3.76). Beispielsweise lassen sich zu den Produktergebnissen direkt die Fotos der Einzelprodukte oder zu den Umsatzstatistiken die Gesichter der Verkäufer zeigen. Bei Fotos und fremden Bildern ist das Urheber- und Persönlichkeitsrecht zu beachten.

Logos dienen vor allem zur Unterstützung des Corporate Identity des Unternehmens und sind häufig genereller Bestandteil einer Berichtsseite (oft als Kopf- oder Fußinfor-

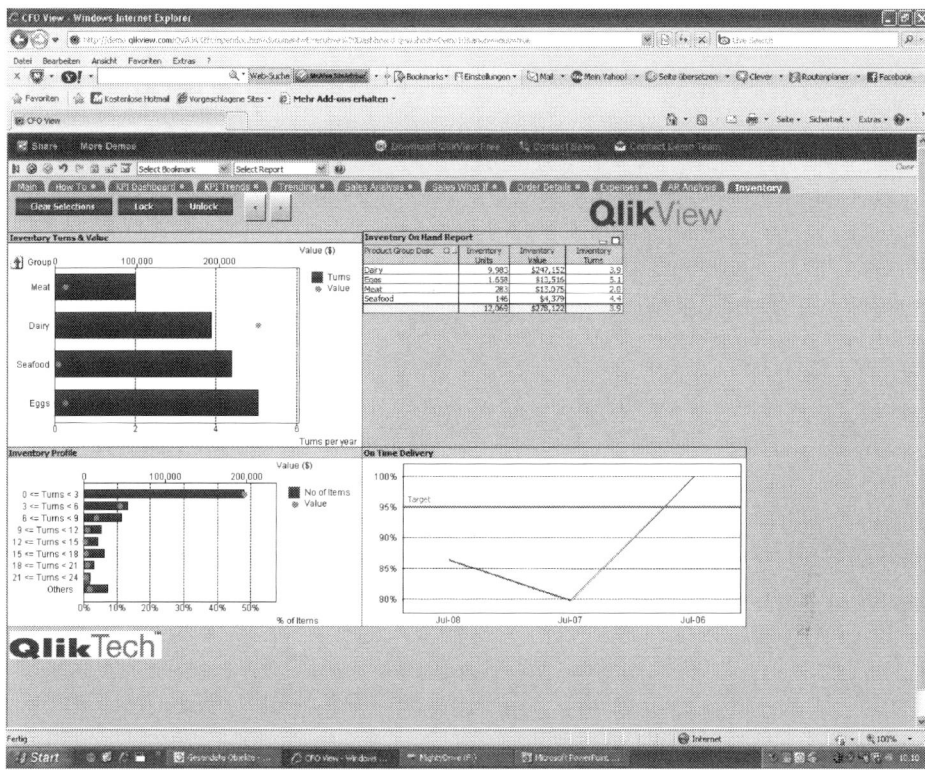

Abb. 3.75 Grafische Selektion in dynamischen Diagrammen – nachher (QlikView). (Quelle: Qlik-View-Demo Market Share 2015)

mation). Daneben können Logos aber auch zur Unterscheidung im Beteiligungsreporting sinnvoll eingesetzt werden, um unterschiedliche Gesellschaften voneinander besser abzugrenzen.

Symbole wie Trendpfeile oder Smilies (☝ ☟ ☺ ☻ ☹) können sinnvoll verwendet werden, um Tendenzen oder Bewertungen in vorab definierten Klassen zu definieren.[35] Ähnlich wie Sparklines haben sie den Vorteil, dass sie sich direkt in den Tabellen- oder in den Textzeilen des Berichtes integrieren lassen.

Für die digitale Berichterstattung bieten sich natürlich auch die Ergänzung anderer Medienformen an. Hierbei ist vor allem an **Audiodateien** und **Filme** bzw. **Videosequenzen** zu denken. Sie können als ergänzende Information zu den Berichten oder Teilinformationen beigefügt werden, beispielsweise Kurzkommentare zu besonders wichtigen Inhalten der Berichte oder generelle Unternehmensinformationen für Anteilseigner und potenzielle Kapitalgeber im Rahmen der externen Berichterstattung oder im Vertrieb bei Kundenpräsentationen.

---

[35] Vgl. Unrein (2016, S. 217 f.).

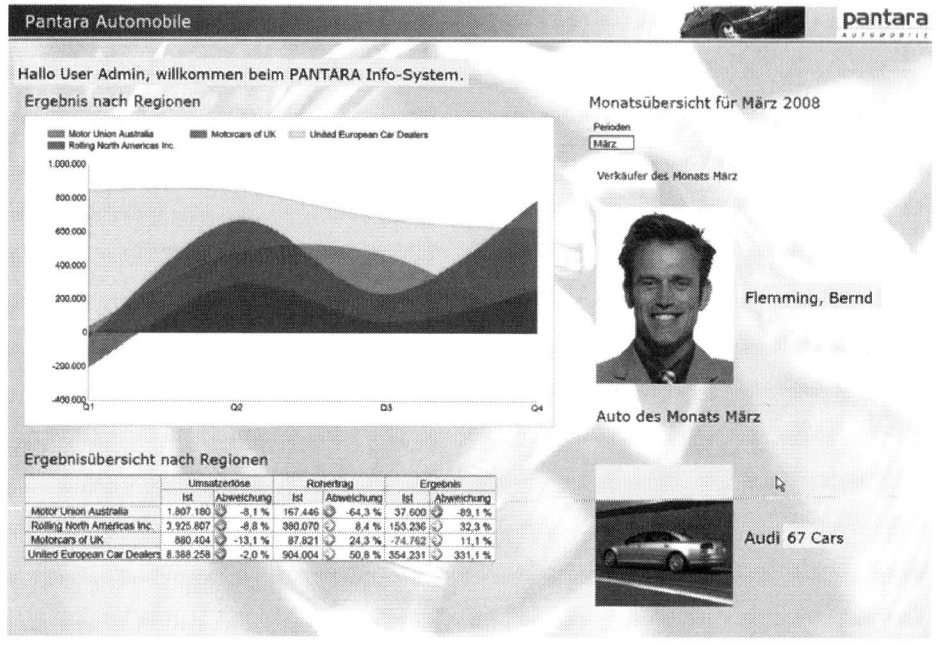

Abb. 3.76 Integrierte Fotos und Logos (Beispiel Cubeware). (Quelle: Cubeware Bildergalerie 2011)

3.8.2.5 Kommentierungen, Botschaften und Management Summary

Führungsberichte umfassen häufig viele detaillierte Informationen, so dass wichtigste Inhalte ggf. übersehen werden können. Hier können Kommentierungen und Kurztexte helfen, komprimiert die wichtigsten Sachverhalte und Erkenntnisse des Berichtes aufzunehmen.

Gute Kommentierungen erkennt man an folgendem Profil:

- Sie sind stichpunktartig und kurz verfasst.
- Wichtige Aussagen und Informationen (auch in den Tabellen und Grafiken) werden hervorgehoben.
- Sie beschreiben nicht die bereits gezeigten Inhalte, sondern heben analytische Ergebnisse hervor. (Nicht: Der Umsatz ist im 2. Quartal gefallen, sondern z. B. die Insolvenz des Hauptkunden XY führte zu dem starken Umsatzrückgang im 2. Quartal in Höhe von . . .) Es werden außergewöhnliche Entwicklungen und wichtige Sondereffekte sowie wirtschaftlich relevante Auswirkungen aufgezeigt.
- Im Idealfall werden bereits Handlungsempfehlungen und Maßnahmenvorschläge integriert, die nachgehalten werden können (z. B.: „Die Umsatzrückgänge sollen durch verstärkten Neukundenvertrieb aufgefangen werden. Hierzu wurde eine Marketingoffensive erarbeitet, die im folgenden Quartal umgesetzt wird."). Besteht eine Verbindung zu einem Task- oder Ticketsystem, können die Aufgaben direkt angelegt und übernommen werden.

- Die Kommentierungen sollten strukturiert und nach Wichtigkeit sortiert werden.
- Kommentierungen sollten auf den ersten Blick vom Empfänger aufgenommen werden können. In Tabellen und Diagrammen können Hervorhebungen (Highlighting) und Kommentarhinweise (z. B. Nummern) platziert werden.

Folgende Kommentarfunktionen sind zu unterscheiden:

- Textkommentierungen
  - Zellbezogene Kommentare (z. B. in Tabellen)
  - Freitextkommentierungen je Bericht oder Berichtobjekt
  - Zusammengefasste Kommentarberichte
- Audiokommentierungen
- Videokommentierungen

Wünschenswert wäre es, Kommentierungen nach Stufen zu aggregieren. Hierbei wird definiert, ob eine Detailkommentierung auch auf höheren verdichteten Ebenen angezeigt wird. Solche Verdichtungsfunktionen für Kommentierungen sind jedoch selten zu finden.

Vor dem Gesamtbericht oder zum Abschluss bietet es sich an, Zusammenfassungen der wichtigsten Inhalte und Analyseergebnisse aufzustellen. Diese Zusammenfassungen werden gerne auch „Abstract" oder „Management Summary" genannt.

Wichtige Inhalte und Botschaften sind in kurzen Sätzen darzustellen. Sie stehen im Mittelpunkt des Berichtes und zeigen Erklärungen, Handlungsempfehlungen und Maßnahmen auf, die sich aus den Planungs- und Analyseergebnissen ergeben.[36]

> Also nicht:
> Die Materialkosten steigen um 3 % (**reine Feststellung**).
> Sondern:
> Aufgrund der steigenden Energiekosten steigen die Materialkosten um 3 % (**Erklärung**).
> Durch die Substitution energieintensiverer Einsatzstoffe durch energieärmere Stoffe in der Produktentwicklung soll eine Kostenverbesserung erzielt werden (**Handlungsempfehlung**).
> Zudem werden bereits alternative kostengünstigere Einkaufsquellen im Projekt „Neue Lieferanten in der nächsten Dekade" vom Einkauf gesucht, ohne dass hierdurch signifikante Qualitätseinbußen entstehen (**Maßnahme**).

Am Ende eines Gesamtberichtes sollte neben der Zusammenfassung und einem Fazit auch ein Ausblick beschrieben werden. Hinweise auf die nächsten Schritte oder die weitere Vorgehensweise runden den Bericht ab. Dies unterstreicht die Zielsetzung und Nachhaltigkeit des Reportings.

---

[36] Vgl. Hichert+Partner AG (2011, S. 1–29, 2008, S. 1–17).

3.9 Reporting im BI-gestützten Controlling-Cockpit

Die Gestaltung einzelner Bericht und Planungsformulare muss flankiert werden durch die Gestaltung eines umfassenden Controlling-Systems. Mit der Data-Warehouse- und Frontend-Technologie im Rahmen von Business Intelligence ergibt sich für das Controlling die Möglichkeit, „BI-gestützte Controlling-Cockpits" zu entwerfen.[37]

In diesem Kapitel soll für ein exemplarisches Unternehmen gezeigt werden, wie ein BI-gestütztes Controlling-Cockpit im Sinne von Navigations- bzw. Analysepfaden aufzubauen ist. Analysepfade sind „Top-Down" zu entwickeln, während die operative Datenversorgung „Bottom-Up" erfolgt, ausgehend von unverdichteten Basisdaten bis hin zu Informationen höchster Verdichtungsstufe. Der Fokus der Steuerungsunterstützung liegt dabei auf dem operativen Controlling für folgende Bereiche:

- Unternehmensleitung
- Vertrieb
- Einkauf
- Projekte

Insbesondere das operative Controlling der Funktionsbereiche Vertrieb und Einkauf sowie die Leitung inkl. dem Controlling bilden häufig den Beginn von Business-Intelligence-Lösungen. Das Beispiel ist so aufgebaut, dass sich leicht weitere Funktionsbereiche wie die Produktion, das Personalwesen, die Logistik, der Service, die IT etc. ergänzen lassen. Das folgende Beispiel zeigt für jeden dieser Bereiche wichtige Kennzahlen und Berichte auf, die zur Implementierung und Ausgestaltung Hilfestellungen und Anregung bieten sollen. Hierbei wird deutlich, dass eine sinnvolle betriebswirtschaftliche Strukturierung und Gestaltung die Nutzbarkeit eines Cockpits erheblich erhöht. Als koordinierende Institution für die Entwicklung ist dabei das Controlling gefragt. Der Implementierungsfehler, BI-Systeme Bericht für Bericht originär wachsen zu lassen, führt hingegen zu unübersichtlichen Berichtsansammlungen und somit zu ungenutzten Datenhalden.

Nach erfolgreicher Anmeldung im System, z. B. über die einmalige Identifizierung „Single Sign On", gelangt der User ins Startmenü des Cockpits. Die Benutzer starten hier ihre Analysen und wählen ihren Analyseeinstieg über die Navigations-Menüleiste aus. Über die Berechtigungseinstellungen werden dem User nur diejenigen Menüpunkte kenntlich gemacht, für die er Zugriffsrechte besitzt.

Bei einer relativ großen Anzahl von Analyseberichten ist die Strukturierung der Navigations-Menüleiste von hoher Bedeutung.[38] Sie sollte möglichst einfach und intuitiv für die Anwender sein, um überflüssige Klicks und unnötiges Suchen nach Berichten zu vermeiden. Die Steuerungsgremien und ihre Planungs- und Analysebedürfnisse prägen häufig die Struktur der Navigations-Menüleiste eines BI-gestützten Controlling-Cockpits

---

[37] Vergleiche zu den technischen Möglichkeiten und den Begriffen Data Warehouse, Business Intelligence und BI-gestütztes Controlling Kap. 5.
[38] Vgl. Schön et al. (2013, S. 254 ff.).

(vgl. Abb. 3.77). Als alternative Strukturierungsmöglichkeit bieten sich Themengebiete an. Beispielsweise könnten die Controlling-Module u. a. „Vertriebs-Controlling, Produktions-Controlling, Finanz-Controlling etc." als Gliederung dienen. Damit die Navigations-Menüleisten nicht zu viel Platz für die Berichtsdarstellung auf den Bildschirmoberflächen wegnehmen, sollten sich diese Leisten z. B. über ein Symbol (u. a. Pfeile oder Dreiecke) ein- bzw. ausblenden lassen. Der Pfeil hinter den Bereichen symbolisiert hier, dass sich weitere Bereiche über eine Substeuerung erreichen lassen. Mit Hilfe eines Home-Buttons lassen sich Sprünge zum Start-Cockpit einstellen. Weitere Funktionen der Navigation sind u. a.:

- Drill-pad-Funktion: Vor- oder Zurücknavigieren in den letzten Navigationsschritten.
- UnDo-Funktion: Zurücksetzen der letzten Eingabe oder Filterung und Wiederherstellung der vorherigen Ansicht.
- Back-to-start-Funktion: Zurücksetzen eines Berichtes oder eines Planungsformulars in die Ausgangssituation.

Die Position der aktuellen Navigation sollte im gesamten Controlling-Cockpit ersichtlich sein. Im Beispiel zeigt die Kopfzeile den Bereich und den Bericht bzw. das Planungsformular an. Weiterhin ist das Analysedatum ersichtlich und kann hier bei Bedarf durch

Abb. 3.77 Startmenü des BI-gestützten Controlling-Cockpit

den Analysten verändert werden. Weitere ergänzende aber nicht zentrale Informationen zu den Berichten und Planungsformularen lassen sich über eine Informationsfunktion abrufen, in der z. B. die Datenquelle, die letzte Aktualisierung der Datenbereitstellung, der Berichtsverantwortliche oder der letzte Planende abgefragt werden können.

Das Start-Cockpit stellt ähnlich wie ein Portal-Einstieg einen Einstiegsbereich für alle Nutzer des Cockpits dar und sollte daher auf die gesamte Nutzergruppe zugeschnitten sein. Zur Motivation und zur Orientierung für das Unternehmen bieten sich hier generelle Informationen an. Im Beispiel sollen Stichpunkte des Leitbildes[39] der Unternehmung dazu beitragen, diese kontinuierlich den Mitarbeitern und Führungskräften zu vergegenwärtigen.[40]

Folgende Fragen sollte das Start-Cockpit beantworten:

- Für was steht unser Unternehmen?
- Was sind die Werte unseres Unternehmens?
- Welche allgemeinen wichtigen Eckwerte hat unser Unternehmen erreicht?
- Wie motiviere ich meine Mitarbeiter?

Eckdaten zum Unternehmen, wie die Entwicklung der Gesamtleistung oder Spitzenkennzahlen wie die Produktivität[41] oder die unfallfreien Tage, können anspornen und Aufmerksamkeit erzeugen. Sensible Spitzenkennzahlen, z. B. zum Ergebnis, dürfen hier aus Gründen der Datenzugriffsrechte noch nicht angezeigt werden, da Berechtigungssysteme i. d. R. berichtsbezogen greifen. Weitere wichtige Spitzenkennzahlen gehören deshalb in die Start-Cockpits der jeweiligen Steuerungsbereiche!

3.9.1 Cockpit Berichte für die Unternehmensleitung

Die Unternehmensleitung und das Controlling benötigen in ihrem Bereich Informationen zur Rentabilitäts-, Erfolgs- und Finanzsituation. Darüber hinaus besitzen sie die Zugriffsrechte für alle anderen Funktionsbereiche und können im gesamten Cockpit analysieren. Es handelt sich somit um einen privilegierten geschützten Steuerungsbereich (vgl. Abb. 3.78).

Aus Steuerungssicht bietet es sich an, die Bereiche der Usergruppen für das gesamte Cockpit in folgende Segmente (z. B. über eine Menüsteuerungsleiste) einzuteilen:

- Operatives Controlling
- Strategisches Controlling
- Planung (Budget/Forecast/Mittelfristplanung)

---

[39] Zum Begriff Leitbild vgl. Al-Laham et al. (2017, S. 199 ff.).
[40] Vgl. Mentzel (2015, S. 13 ff.).
[41] Zur Kennzahl Produktivität siehe Krause und Arora (2008, S. 1–5).

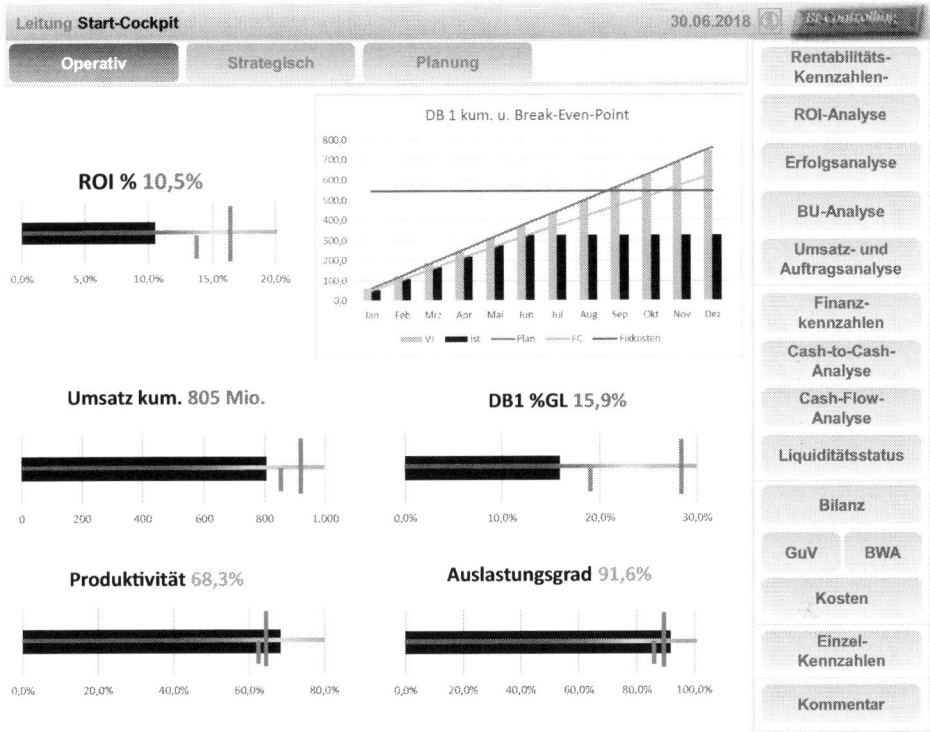

Abb. 3.78 Start-Cockpit für die Leitung

Den Einstiegsbereich bildet das operative Controlling. Hier können die wichtigsten aktuellen Informationen zum Unternehmensgeschehen mit Kennzahlen und Managementberichten analysiert werden.

Das strategische Controlling beschäftigt sich mit der strategischen Statusanalyse sowie ihrer Zielbildung und Planung. Zur strategischen Statusanalyse gehören Instrumente wie die Umwelt- und Umfeldanalyse, die SWOT-Analyse und die Portfolioanalyse. Aus der Statusanalyse lassen sich strategische Planungen ableiten, die zum Beispiel in einer Roadmap-Planung und Investitionsplanung münden. Als Verbindung zum operativen Management bietet sich die Nutzung einer Balanced Scorecard (vgl. Abb. 3.2 in Abschn. 3.1.1) an.[42] Ausgehend von den strategischen Zielen der verwendeten Perspektiven der Unternehmungssteuerung werden Kennzahlen erhoben, anhand derer die Wirkung von strategischen Projekten gemessen werden kann. Weiterhin lassen sich in diesem strategischen Sektor das Risikomanagement und Berichte zur Nachhaltigkeit platzieren.

Im Bereich Planung erfolgt der Einstieg in die jeweils für die Nutzergruppe relevanten Teile der Budgetplanung. Hierbei sind die Planungsgebiete und Formulare der Budgetpla-

---

[42] Zum Begriff Balanced Scorecard siehe u. a. Al-Laham et al. (2017, S. 843 ff.).

nung, des Forecasts und der Mittelfristplanung zu erreichen. Ein Status- und Tracking-Bericht gibt den aktuellen Bearbeitungsstand der einzelnen Planungsgebiete und Genehmigungsrunden sowie deren Fristen wieder.

Im Folgenden konzentriert sich das Beispiel auf das operative Controlling.

Im Einstiegsbild sollte die Leitung bzw. das Controlling einen schnellen Überblick über die aktuelle Lage des Unternehmens anhand von Spitzenkennzahlen und Grafiken bekommen. Es sollten zentrale Fragestellungen und wichtige Handlungsfelder abgedeckt sein, z. B.:

- Erreicht das Unternehmen die gesetzten Werte der Planung z. B. hinsichtlich Umsatz, Gewinn und Rendite?
- Wann erreicht das Unternehmen die Gewinnzone?
- Wie entwickeln sich zentrale Steuerungskennzahlen, wie z. B. die Produktivität und die Auslastung?

Die Sicht auf die Einzelkennzahlen sollte immer gleich bzw. ähnlich aufgebaut sein. Hierfür bieten sich Tachos, Kacheln, Säulen- oder Balkendiagramm zur Visualisierung an, die den Zustand der aktuellen Lage (Istwerte) abbilden. Im vorliegenden Beispiel werden Istwerte einheitlich mit einem schwarzen Balken (sogenannte Bullet-Charts bzw. Bullet-Graphs) dargestellt (vgl. Abb. 3.52 im Abschn. 3.8.2.4). Der Ziel- bzw. Planwert wird mit Hilfe der „blauen" und der Vorjahreswert mit einer „grauen" Markierungslinie angezeigt. Die Schwellenwertbereiche lassen sich schnell anhand der Ampelfarbe der Orientierungslinie analysieren. Die Richtung der positiven und negativen Schwellenwerte hängt von der jeweiligen Kennzahl ab. Bei der Kennzahl Umsatz sind höhere Werte besser (grün), während z. B. bei der Reklamationsquote höhere Werte schlechter sind (rot). Die Spitzenkennzahl im Start-Cockpit ist der **Return on Investment**.[43] Im Idealfall sollte hier der **operative (betriebliche) ROI** angezeigt werden, der um außerordentliche und betriebsfremde Ergebnisse zu bereinigen ist. Die Unternehmenspraxis hat gezeigt, dass zu viele Kennzahlen zu unübersichtlich sind. Dennoch benötigt man zur Steuerung eine Vielzahl von Detailkennzahlen. Von daher bietet es sich an, ein gestuftes Kennzahlensystem für die individuelle Unternehmenssteuerung zu entwickeln. Neben der inhaltlichen Zuordnung der Einzelkennzahl kommt es im BI-gestützten Controlling-Cockpit darauf an, die visuelle Verortung der Kennzahl zu bestimmen. Das Beispielunternehmen hat sich im Start-Cockpit z. B. gegen eine Liquiditätskennzahl ausgesprochen, da sie für das Unternehmen eher eine untergeordnete Rolle spielt und die Zahlungsfähigkeit als wichtiges Nebenziel über die Finanz- und Cash-Flow-Analyse[44] abgedeckt wird.

Als Alternative für die gezeigte Start-Cockpitdarstellung wird in modernen Systemen in Anlehnung an die Vorreiter Apple und Microsoft die Kacheloptik (vgl. Abb. 3.79) verwendet, die primär zur Ansteuerung einer Applikation (App) aber auch zur Berichtsauswahl genutzt werden kann (vgl. Abschn. 5.9.3). Die Menü- und Kopfzeilen sind bis

---

[43] Zur Kennzahl ROI vgl. Reichmann et al. (2017, S. 83).
[44] Vgl. Krause und Arora (2008, S. 70–91).

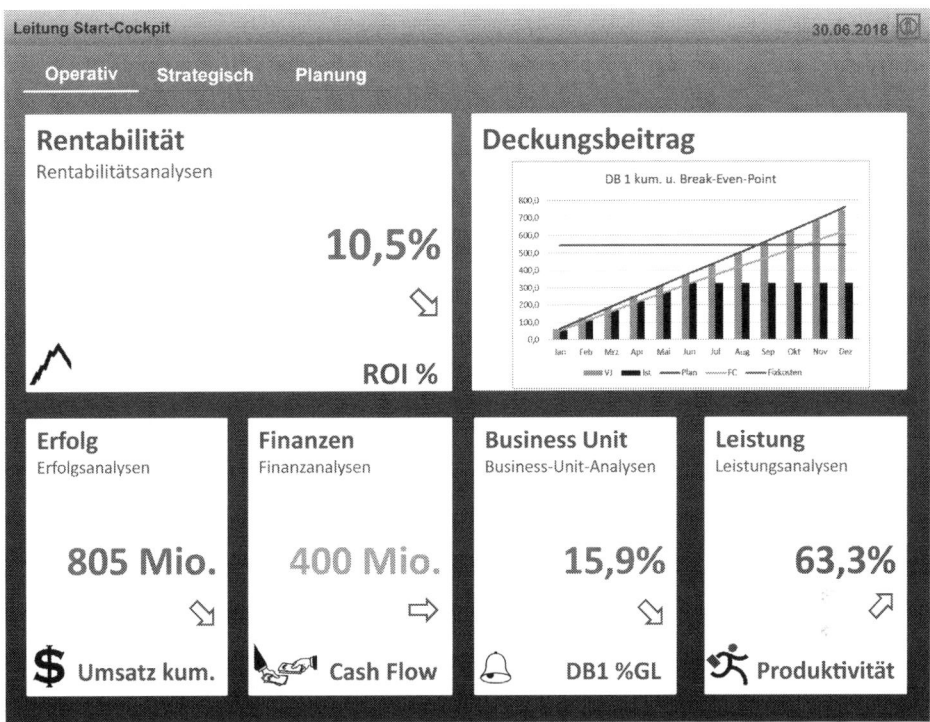

Abb. 3.79 Moderne Kacheloptik für das Start-Cockpit

auf die „Optik" vergleichbar. Bei der Menüleiste wird z. B. der aktuell ausgewählte Menü-punkt fett und in weißer Farbe unterstrichen. Über die Kacheln können entweder direkt die Einzelberichte oder weitere Untergruppen mit weiteren Kacheln angestoßen werden, über die sich tiefere Berichtshierarchien abbilden lassen. Die Kacheln können dabei un-terschiedliche Typen haben:[45]

- Standard-Kachel mit reinen Textinformationen und Icons
- Dynamische Kacheln mit einfachen Kennzahlenwerten
- Dynamische Kacheln mit Kennzahlenwerten, Warnsymbolen und -farben anhand ge-setzter Toleranzwerte
- Dynamische Kacheln mit Diagrammen

Vorteile der Kacheloptik liegen in der modernen Optik und Übersicht. Die Symbo-le und längeren Textbausteine helfen bei der Auffindung von Analysebereichen. Auf die Darstellung der Einzelberichte in einer weiteren Menüleiste (z. B. Zeile) wurde hier ver-zichtet. Die Kacheln sind in Anlehnung an eine Berichtshierarchie so aufzubauen, dass

---

[45] Vgl. Krüger (2015, S. 204 ff.) und Keist et al. (2016, S. 109–113).

die Einzelberichte über Zwischenkachelseiten erreicht werden können. Je umfangreicher die Berichtshierarchie ist, umso verwirrender können die Zwischenseiten mit der Kacheloptik werden. Im Gegensatz hierzu konnten über die „klassische" Berichts-Menüleiste die Berichte direkt vom Start-Cockpit ausgewählt werden. Man spart sich hierdurch ein paar Klicks!

Zur konzeptionellen Entwicklung des Unternehmenskennzahlensystems bietet sich vor allem das RL-Kennzahlensystem von Prof. Dr. Reichmann an,[46] da es modular aufgebaut ist und für die Unternehmenszwecke individuell angepasst und ausgebaut werden kann. Der **Break-Even-Point**[47] wird mit Hilfe des **Deckungsbeitrages 1**[48] nach variablen Herstellkosten in Verbindung mit den geplanten Fixkosten visualisiert. Der kumulierte Umsatz und der relative Deckungsbeitrag 1 in Prozent zur Gesamtleistung sind weitere wichtige Leistungsindikatoren der Unternehmung. Im Beispielfall werden die Plan- und Vorjahreswerte nicht erreicht. Die **Produktivität** und die **Auslastung** sind hingegen positiv und weisen bessere Werte als die Planung auf.

Positive und negative Zustände bzw. Entwicklungen der Kennzahlen sind hinsichtlich ihrer Chancen und Risiken im Detail zu analysieren. Dies erfolgt z. B. durch Trigger-Funktionen, die beim Betätigen (z. B. durch Markieren der Kennzahl oder eines Buttons) in die Detailanalyse verzweigen. Bei der Gestaltung der Berichte sind diese Trigger-Funktionen festzulegen und zu dokumentieren.

Eine Grundauswahl von Detailanalyseberichten für die Unternehmensleitung und das Controlling sind über eine Menüsteuerungsleiste (im Beispiel rechts der Abb. 3.78) zu erreichen. Es werden folgende Bereiche im Rahmen der Berichtshierarchie unterschieden:

- Rentabilitäts- und Erfolgsanalysen
- Finanz- und Liquiditätsanalysen
- Jahresabschlussanalysen
- Kostenanalysen
- Analyse von Einzelkennzahlen
- Kommentare

3.9.1.1   Rentabilitäts- und Erfolgsanalysen

Die Rentabilität und der Gewinn stellen in vielen Unternehmen die zentrale Zielgröße für das Geschäft dar. Die Rentabilitäts- und Erfolgsanalysen[49] beantworten hierbei wichtige Steuerungsfragen im Unternehmen:

- Erzielt das Unternehmen den angestrebten Gewinn und die Rendite fürs eingesetzte Kapital? Wie ist die Rendite im Vergleich zu anderen Investitionsalternativen und an-

---

[46] Vgl. hierzu Reichmann et al. (2017, S. 86 ff.).

[47] Zur Kennzahl Break-Even-Point vgl. Reichmann et al. (2017, S. 199–203).

[48] Zur Kennzahl Deckungsbeitrag vgl. Reichmann et al. (2017, S. 469–470).

[49] Zum Begriff Erfolgsanalyse vgl. Lutz et al. (2011, S. 69).

deren Unternehmen? Wie hoch ist der Anteil der Rendite und des Erfolges allein durch die betriebliche Tätigkeit bzw. das operative Geschäft?

- Wo liegen die Gewinn- und Verlustquellen des Unternehmens? Welche Ergebnisobjekte (Kunden, Produkte, Regionen ...) sind besonders erfolgreich, welche nicht?
- Wo besteht Handlungsbedarf zur Verbesserung der Rentabilitäts- und Erfolgslage des Unternehmens? Welche Erlös- und Kostenbestandteile sind für das Ergebnis hauptverantwortlich? Wie hoch ist die Kapitalbindung? Nutzen wir das zur Verfügung gestellte Kapital effizient? Wo sind die besten Hebel für eine Verbesserung des Ergebnisses und der Kapitalnutzung?

Es werden verschiedene Berichte angeboten. Der Bericht Rentabilitäts-Kennzahlen (vgl. Abb. 3.80) zeigt Spitzenkennzahlen und Erfolgskennzahlen in ihrer mehrjährigen Entwicklung bis zum aktuellen (gelb dargestellten) Forecast im Vergleich zum Plan an.

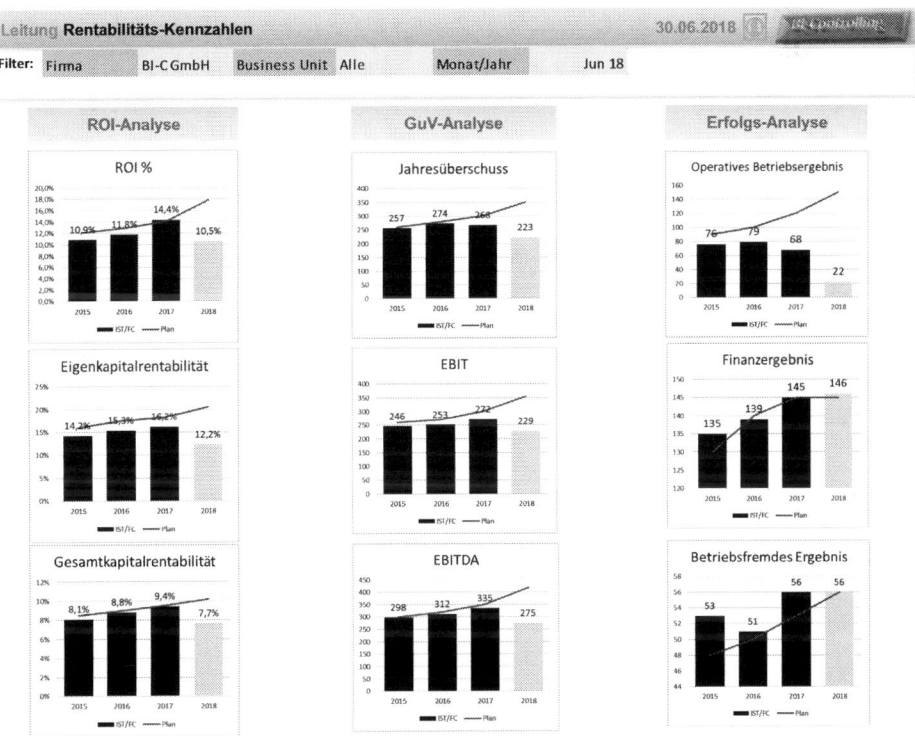

Abb. 3.80 Rentabilitäts-Kennzahlen

In der ersten Säule werden die wichtigsten Rendite-Kennzahlen gezeigt:[50]

- Der operative **Return on Investment** zeigt das erwirtschaftete betriebliche Ergebnis zum betriebsbedingt eingesetzten Vermögen. Somit kann mit dem ROI die rein betriebliche Ertragskraft des Kapitaleinsatzes analysiert werden.
- Die **Eigenkapitalrentabilität** zeigt den Anteilseignern an, wie erfolgreich mit ihrem Kapital gewirtschaftet wurde.[51] Für Investoren bietet sie einen Vergleichsmaßstab für die Vorteilhaftigkeit der Investition in das Unternehmen gegenüber alternativer Investitionen.
- Die **Gesamtkapitalrentabilität** zeigt allen Stakeholdern die gesamte Erfolgskraft des Unternehmens für das gesamte eingesetzte Eigen- und Fremdkapital an.[52] Es ist somit ein Vergleichsmaßstab für die Leistungskraft mit anderen Unternehmen im Zeit- bzw. Branchenvergleich.

Für den kleineren Mittelstand sind diese Renditegrößen die richtigen Einstiegsgrößen. Für größere Unternehmen, Konzerne und Konzern-Beteiligungen können diese Kennzahlen um Kennzahlen der wertorientierten Unternehmensführung (Shareholder-Value-Ansatz) ergänzt und erweitert werden. Die zentrale Größe ist hierbei der Economic Value Added (EVA)[53], der über zwei verschiedene Varianten ermittelt werden kann:

- Variante 1: Der **Economic Value Added (EVA)** bildet einen buchwertorientierten und einperiodischen Erfolgsbetrag über die gesamten Betriebs- und Kapitalkosten (Residualgewinn) ab.[54] Je nachdem ob eine Vor- oder Nachsteuerbetrachtung als Berechnungsgrundlage dient, wird entweder der **NOPAT (Net Operating Profit After Taxes)**[55] oder der **EBIT (Earnings Before Interest and Taxes)**[56] als Erfolgsbetrag verwendet. Dieser Ertragskraft des Unternehmens wird hierbei eine risikoorientierte Vergleichsrendite gegenübergestellt, die neben Fremdkapitalkosten auch die Verzinsung des Eigenkapitals mit Hilfe des **Weighted Average Cost of Capital** (WACC)[57] bezogen auf das eingesetzte Kapital (**Capital Employed bzw. Invested Capital**) berücksichtigt.[58] Das Produkt aus dieser Differenz mit dem eingesetzten Kapital ist somit als absolute Überschussrendite zu der WACC-Investitionsalternative zu interpretieren.

---

[50] Zur Übersicht von Rentabilitäts-Kennzahlen vgl. Reichmann et al. (2017, S. 132).
[51] Zur Kennzahl Eigenkapitalrentabilität vgl. u. a. Laier (2011, S. 54) und Reichmann et al. (2017, S. 112).
[52] Zur Kennzahl Gesamtkapitalrentabilität vgl. Reichmann et al. (2017, S. 111–112).
[53] Vgl. Weber et al. (2017, S. 42 ff.). EVA® ist eine eingetragene Marke von Stern Stewart & Co.
[54] Vgl. Steger (2014, S. 159).
[55] Zur Kennzahl NOPAD vgl. Hostettler (2000, S. 150 ff.).
[56] Zur Kennzahl EBIT vgl. Krause und Arora (2008, S. 16–18).
[57] Zum WACC vgl. Reichmann et al. (2017, S. 298 f.) und Krause und Arora (2008, S. 115–117).
[58] Vgl. Copeland et al. (1998, S. 261); Seppelfricke (2005, S. 24); Knorren (1998, S. 43); Black et al. (1998, S. 61).

- Variante 2: Der EVA wird unter Zuhilfenahme der Rendite des investierten Kapitals mit der Kennzahl **ROCE (Return On Capital Employed)** ermittelt. Diese Rendite ist eine Relationsgröße und ergibt sich aus der Division des Erfolgsbeitrages durch das eingesetzte Kapital.[59]

Der NOPAT entspricht dem buchhalterischen betrieblichen Gewinn vor Abzug von Kapitalkosten (Zinsen) und nach Abzug einer steuerlichen Korrektur. Weiterhin sind sogenannte Conversions (Bereinigungen) bei der Berechnung des NOPAT, EBIT und Capital Employed zu berücksichtigen, um bilanzielle Größen in ökonomisch relevante Größen zu überführen, z. B. die Bereinigung der Abschreibungen auf aktiviertes nicht betriebsnotwendiges Vermögen. Die Berechnungsschritte und Bereinigungen sind in ihrer Gesamtheit häufig komplex und rechtfertigen die Relevanz und Steuerungsqualität für den kleineren Mittelstand selten.[60]

Der EVA kann ähnlich wie der ROI für ein Werttreibermanagement genutzt werden. Allerdings sind die Berechnungen aufwändiger und somit wird in diesem Modell der ROI-Analyse der Vorrang gegeben.[61]

Hinsichtlich des Erfolges werden die Kennzahlen der Gewinn- und Verlustrechnung und der betrieblichen Erfolgsanalyse unterschieden.

- Der Jahresüberschuss zeigt den absoluten Erfolgsbeitrag (Gewinn) des Unternehmens aus Leistungs- und Finanzaktivitäten sowie außerordentlichen Effekten an, anhand dessen man den Eigenkapitalzuwachs des Unternehmens ableiten kann.
- Der EBIT (Earnings Before Interest and Taxes) ist ein Erfolgsbetrag vor Kapitalkosten (Zinsen) und Steuern und wird daher gerne für übergreifende, zum Teil internationale Unternehmensvergleiche verwendet, da diese Kennzahl unabhängig von den Kapitalkosten der zu Grunde liegenden Kapitalstruktur und den Steuerbedingungen ist.
- Der EBITDA (Earnings Before Interest, Taxes, Depriciation and Amortisation)[62] bereinigt den EBIT weiter um Abschreibungen auf Sachanlagen und immaterielle Vermögensgegenstände. Hierdurch soll die übergreifende Vergleichbarkeit der Erfolgskraft für Unternehmen unabhängig von den Kapitalkosten (Kapitalstruktur) sowie den unterschiedlichen Steuerbedingungen und den unterschiedlichen Investitionsverhalten der Unternehmen beurteilt werden können.

Anders als die GuV-orientierten Kennzahlen zeigen die Kennzahlen zur Erfolgsanalyse auf, welcher Sektor für den Jahresüberschuss verantwortlich ist:

- Das **Operative Betriebsergebnis** zeigt den betrieblich relevanten Teil des Periodenergebnisses an. Hierbei werden, anders als nach dem HGB, nur Positionen in das

---

[59] Vgl. Reichmann et al. (2017, S. 145–147) und Hostettler (2000, S. 19).
[60] Vgl. Hostettler (2000, S. 19, 150 ff.).
[61] Vgl. Weissman et al. (2014, S. 55 ff.).
[62] Zur Kennzahl EBITDA vgl. Krause und Arora (2008, S. 19–21).

Ergebnis hineingerechnet, die wirklich betrieblich relevant sind. Hierzu gehören u. a. nach dem RL-Kennzahlensystem die Fremdkapitalkosten (Zinsen), ohne die eine betriebliche Existenz des Unternehmens nicht möglich wäre und sonstige ordentliche betriebliche Erträge und Aufwände.[63]

- Das **Betriebsfremde Ergebnis** enthält neben außerordentlichen Erträgen und Aufwendungen zudem periodenfremde Erträge und Aufwendungen, die sich in den sonstigen Aufwands- und Ertragspositionen verbergen. Beispielsweise erhöhen periodenfremde Anlagenverkäufe über dem Buchwert das betriebsfremde Ergebnis.

- Das **Finanzergebnis** gibt bereinigt um die Fremdkapitalkosten an, welche Ertragskraft rein auf die betrieblichen Finanzaktivitäten zurückzuführen ist. Dies sind z. B. Beteiligungserträge und -aufwendungen sowie Zinserträge für das überschüssig eingesetzte Finanzvermögen.

Als Navigationsalternativen stehen für alle Kennzahlen die Einzelkennzahlenanalyse (vgl. Abschn. 3.9.1.5) oder die Navigationsbuttons zum Sprung in Detailberichte zur Verfügung.

Die Renditeanalyse kann über den Button ROI-Analyse intensiviert werden, über den die Werttreibergrößen der Rendite schrittweise heruntergebrochen werden.

Die **ROI-Analyse** (vgl. Abb. 3.81) stellt eine mathematisch ableitbare Entwicklungskonzeption zur Rendite- und Erfolgsanalyse dar, die aus dem Jahresabschluss ermittelt werden kann. Sie basiert auf dem ROI-Kennzahlensystem (Du-Pont-Kennzahlensystem), das bereits 1919 von dem amerikanischen Chemieunternehmen Du Pont de Nemours and Co entwickelt wurde.[64] Mittlerweile existieren z. B. an unterschiedlichen Rechtsnormen oder Unternehmenszwecke angepasste Varianten des Ursprungsschemas. Die ROI-Analyse spaltet dabei die Spitzenkennzahl ROI mathematisch in seine Teilbestandteile auf. Der ROI ergibt sich durch die Multiplikation der Umsatzrendite (Return on Sales) und der Kapitalumschlagshäufigkeit:[65]

- Die **Umsatzrendite** (Return on Sales)[66] verdeutlicht einerseits, wie erfolgreich das Unternehmen seine Preise für seine Produkte und Dienstleistungen am Markt durchsetzen kann und andererseits, wie gut es dem Unternehmen gelingt, diese Produkte und Leistungen kostengünstig herstellen zu können. Es zeigt die Ergebnisspanne für jeden erzielten Euro Umsatz an. Je größer die Ergebnisspanne ist, umso mehr Spielraum besteht, Preisrückgänge und Kostensteigerungen aufzufangen. Wird statt dem Ergebnis der Cash Flow ins Verhältnis zum Umsatz gestellt, erhält man die sogenannte Cash-

---

[63] Vgl. Reichmann et al. (2017, S. 109 ff.) Hier wird statt operatives Betriebsergebnis die Bezeichnung „Ordentliches Betriebsergebnis" verwendet.
[64] Vgl. Coenenberg (2009, S. 1155) und Reichmann et al. (2017, S. 82–83).
[65] Vgl. z. B. Lachnit und Müller (2012, S. 292–294).
[66] Zur Kennzahl Umsatzrendite vgl. Krause und Arora (2008, S. 37–39).

Abb. 3.81 ROI-Analyse

Flow-Marge. Diese Kennzahl zeigt die Innenfinanzierungskraft, die mit jedem erzielten Euro erwirtschaftet wird.[67]

- Der **Kapitalumschlag** zeigt dem Unternehmen an, wie häufig das eingesetzte betriebliche Vermögen bzw. Kapital durch den Umsatz „umgeschlagen" (genutzt) worden ist.[68]
Hierdurch erkennt man die Nutzungsintensität des eingesetzten Vermögens, die je nach
Branche und Geschäftstyp sehr unterschiedlich sein kann. Während z. B. im Handel
sehr hohe Kapitalumschlagshäufigkeiten von 20 und mehr erzielt werden können, fallen sie bei Projektfertigern i. d. R. eher geringer aus und können z. B. um den Faktor
1 liegen. Umgekehrt verhalten sich diese beiden Unternehmenstypen bei den Umsatz-
renditen.

Die einzelnen Kennzahlenstufen der ROI-Analyse können durch die Kennzahlenhier-
archie auf- und zugeklappt werden. Hierdurch und durch die Scroll-Funktion behält der
Analyst die Übersichtlichkeit im gesamten ROI-Baumschema. Für jede Unternehmensführung ergibt sich die Möglichkeit, die geplanten Veränderungen im Geschäft zu mo-

---

[67] Vgl. Weissman et al. (2014, S. 143).
[68] Vgl. Steger (2014, S. 36).

dellieren bzw. die erreichten Geschäftszahlen zu analysieren. Die Ursprungsbereiche für den Erfolg bzw. Verlust lassen sich segmentieren bzw. aggregieren. Ausgehend von der Umsatzrendite werden im Weiteren die Erfolgs- und Leistungskennzahlen eines Unternehmens beleuchtet. Das Betriebsergebnis und der Umsatz werden jeweils in ihre Detailbestandteile zerlegt.

Das Betriebsergebnis lässt sich anhand der Erfolgsrechnung ausgehend vom Umsatz über die Gesamtleistung, den Rohertrag bis zu den Deckungsbeiträgen und den Ergebniszeilen im Detail analysieren. Kostenblöcke können in Einzel- oder Gemeinkosen bzw. variable und fixe Kostenbestandteile aufgelöst werden. Der Unternehmer erkennt hierbei z. B. den Kostensenkungsbedarf bei den variablen Vertriebs- oder Herstellkosten oder den Fixkosten-intensiven Gemeinkostenbereichen.

Der Umsatz lässt sich vom Brutto- über den Nettoumsatz bis zur Gesamtleistung analysieren. Hierbei spielen Preisgestaltung und Erlösschmälerungen in Form von Rabatten, Skonti und Boni sowie die Analyse der Bestandsveränderungen eine wichtige Rolle.

Der ROI und der Kapitalumschlag können neben einer Umsatzsteigerung durch die effizientere Nutzung des eingesetzten Kapitals gesteigert werden. Hierzu navigiert man über das betriebliche Anlagevermögen zur Asset-Management-Analyse oder beim betrieblichen Umlaufvermögen zur Working-Capital-Management-Analyse (vgl. Abb. 3.82).

Die Veränderung im betrieblichen Umlaufvermögen ist im Rahmen des Working-Capital-Managements in die Analyse der Bestände, der Forderungen und der Zahlungsmittel aufzugliedern.

Im Rahmen der Bestandsanalyse sollten folgende Kennzahlen tendenziell aufgrund der hiermit verbundenen Kapitalbindungskosten (Lager und Zinsen) gesenkt werden:

- Die **Bestandsentwicklung der Vorräte** zeigt übergreifend die Kapitalbindung[69] von Materialien, Halb- und Fertigerzeugnissen an. Detailanalysen sind im Rahmen der Bestandsanalyse (siehe Abschn. 3.9.3.5) vorzunehmen.
- Die **Erzeugnisumschlagszeit**[70] zeigt den Zeitraum in Tagen an, die benötigt werden, um das Erzeugnislager (Erzeugnisbestand) mit Hilfe der Abverkäufe (Umsatz) umzuschlagen.
- Die **Materialumschlagzeit**[71] zeigt den Zeitraum in Tagen an, der benötigt wird, um das Materiallager (Einsatzwarenbestand) durch den Wareneinsatz im Rahmen der Produktion umzuschlagen.

Die Empfehlung der Senkung der Bestände und damit der Kapitalbindung gilt auch für die Kennzahlen im Bereich der Forderungsanalyse:

---

[69] Vgl. Lutz et al. (2011, S. 127).
[70] Vgl. Reichmann et al. (2017, S. 114).
[71] Zur Kennzahl Materialumschlagszeit vgl. Krause und Arora (2008, S. 243–246).

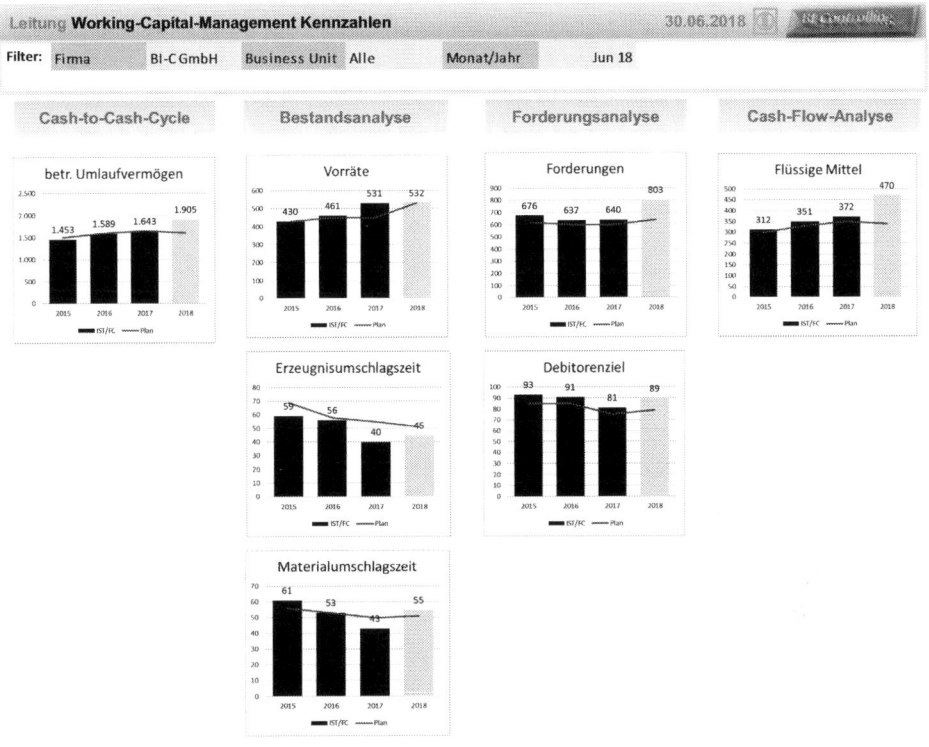

Abb. 3.82 Working-Capital-Management-Analyse

- Der **Forderungsbestand**[72] zeigt übergreifend die Kapitalbindung von ausstehenden Forderungen. Er sensibilisiert u. a. für Risiken des Forderungsausfalls und das Zahlungsverhalten der Kunden. Detailanalysen sind im Rahmen der Forderungsanalyse (siehe Abschn. 3.9.2.6) vorzunehmen.
- Das **Debitorenziel**[73] zeigt den Zeitraum in Tagen an, den die Kunden (Debitoren) im Durchschnitt der betrachteten Periode[74] benötigen, um die ausstehenden Forderungen zu bezahlen. Mit Hilfe des Debitorenmanagements, u. a. durch selektive Skonti-Gewährung und konsequentes Nachhalten der Zahlungen (Erinnerungen, Mahnwesen, Inkasso-Optionen etc.), ist das Debitorenziel zu senken.

Die liquiden Mittel zeigen die Bank- und Kassenbestände an, die im Rahmen eines kontinuierlichen Liquiditätsstatus wöchentlich nachgehalten werden müssen. Zahlungsengpässe und -bedarfe sind in Unterstützung mit der laufenden Liquiditätsplanung (vgl.

---

[72] Zum Begriff Forderungen vgl. Lutz et al. (2011, S. 84).

[73] Das Debitorenziel wird auch Forderungsumschlagszeit genannt, vgl. Reichmann et al. (2017, S. 115).

[74] Vgl. Lutz et al. (2011, S. 183).

Abschn. 3.9.1.2) aufzudecken und durch Finanzierungsmaßnahmen (z. B. im Rahmen der Fremdfinanzierung die Prolongation von auslaufenden Krediten oder die Kreditaufnahme) zu decken.

Als Ergänzung zum Working-Capital-Management bietet sich die Analyse des gesamten Cash-to-Cash-Cycles an (vgl. Abb. 3.83).

Dieser ergibt sich aus der Addition der Material- und Erzeugnisumschlagszeit sowie des Debitorenziels abzüglich des Kreditorenziels. Anhand der Cash-to-Cash-Analyse lassen sich Verbesserungen zum Vorjahr sowie die Abweichungen zum Planwert untersuchen. Detailanalysen zum Lager, zum eigenen Zahlungsverhalten und zur Forderungsanalyse sind wiederum über Detailberichte anzusteuern.

Im Rahmen der **Erfolgsanalysen** steht die Erfolgsrechnung des Unternehmens bezogen auf seine Ergebnisobjekte im Vordergrund. Als Erfolgsobjekt können neben den Produkten beliebige Ergebnisobjekte wie z. B. Kunden und Kundengruppen, Sparten, Profit-Center[75], Niederlassungen, Verkaufsgebiete oder Absatzkanäle definiert werden (vgl. Abb. 3.84). Aufgrund der zahlreichen und zusammenhängenden Erfolgsobjekte potenzieren sich die möglichen Erfolgsobjektkombinationen. Dies bedeutet bei der Realisierung der Ergebnisrechnung für alle denkbaren Kombinationen, dass auch die entsprechenden Erlös- und Kosteninformationen in der Kostenrechnung mehrdimensional geplant und erfasst werden müssen.

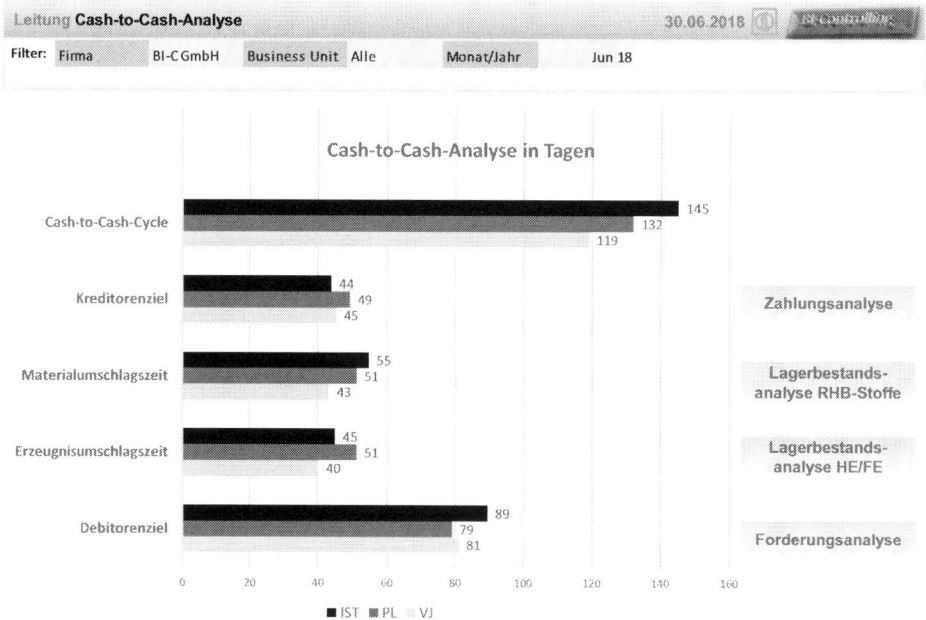

Abb. 3.83 Cash-to-Cash-Cycle-Analyse

[75] Zum Begriff Profit-Center vgl. Lutz et al. (2011, S. 191).

Planung und Reporting der Kennzahlen für alle relevanten Ergebnisobjekthierarchien

Produkt-hierarchie	Kunden-hierarchie	Profit-Center-Hierarchie	...
Gesamt	Gesamt	Gesamt	
Produktgruppe	Kundengruppe	Profit-Center	...
Produkt	Kunde	PC-Teileinheit	

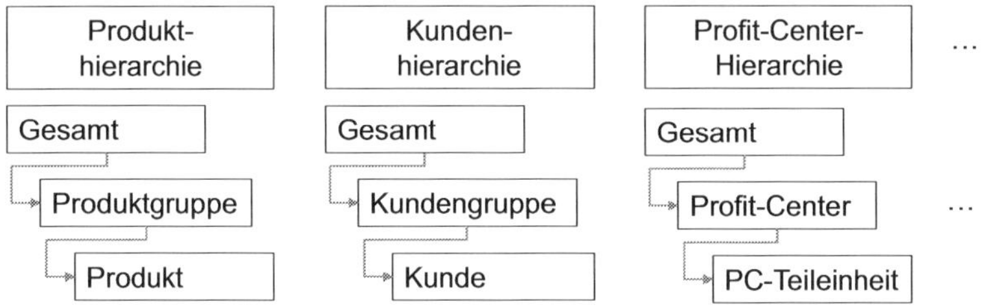

		VJ	PLAN	IST	ΔVJ	ΔPL	ΔVJ%	ΩPL%
Gesamtleistung	+	136	142	132	-4	-10	-2,9%	93,0%
Skonti	+	7	4	6	-1	2	-14,3%	150,0%
Boni	+	13	14	12	-1	-2	-7,7%	85,7%
Ausgangsfrachten	+	5	5	6	1	1	20,0%	120,0%
NettoNetto-Umsatz	-	111	119	108	-3	-11	-2,7%	90,8%
Materialkosten	+	38	35	39	1	4	2,6%	111,4%
Fremdleistungen	+	25	22	28	3	6	12,0%	127,3%
Rohertrag	+	48	62	41	-7	-21	-14,6%	66,1%
var. Fertigungskosten	+	21	22	20	-1	-2	-4,8%	90,9%
DB 1	-	27	40	21	-6	-19	-22,2%	52,5%

Abb. 3.84 Ergebnisobjekthierarchien. (In Anlehnung an Schön 1999, S. 63)

In der Unternehmenspraxis ist eine solche komplexe Erfolgsrechnung mit vielen Dimensionen ohne OLAP-Technologie oft aufwändig und zeitintensiv. Damit die Erfolgsrechnungen mehrdimensional effizient ausgewertet werden können, sind u. a. folgende Anforderungen zu beachten:

- Die Ergebnisobjekthierarchien sind strukturiert, vollständig und überschneidungsfrei zu definieren und in den Vorsystemen zu pflegen (z. B. Kundenhierarchie, Produkthierarchie, Regionale Hierarchien, Business-Unit-Hierarchie etc.). Probleme ergeben sich vor allem bei der kontinuierlichen Stammdatenqualität in den Vorsystemen (Warenwirtschaft, Rechnungswesen, CRM-, PPS-, ERP-Systeme ...).
- Das Schema der Erfolgs- bzw. Deckungsbeitragsrechnung ist optimal auf die Analyse- und Entscheidungserfordernisse des Geschäftsmodells ausgelegt. Das Erfolgsschema ist am besten als Werthierarchie im Datenmodell angelegt worden, so dass die einzelnen Ergebnisstufen (über die Plus- und Minuszeichen) auf- und zugeklappt werden können (vgl. Abb. 3.84 und Abschn. 3.5). Wichtige Größen der Erfolgsrechnung sind:
  - Bruttoumsatz
  - Nettoumsatz nach Rabatten
  - Gesamtleistung (inkl. Bestandsveränderungen)
  - NettoNetto-Umsatz nach weiteren Erlösschmälerungen bzw. Konditionen
  - Rohertrag nach Materialkosten und Fremdleistungen

- – Deckungsbeiträge nach variablen Vertriebs- und Herstellkosten
- – Weitere Deckungsbeiträge nach Gemein- bzw. Fixkostenstufen
- – Gesamtergebnis
- Performancekennzahlen runden die Erfolgsanalyse ab, wie z. B.:
  - – Deckungsbeitrag bezogen auf die Gesamtleistung oder den Umsatz
  - – Umsatz oder Deckungsbeitrag pro Mitarbeiter[76]
- Die Kostenrechnung muss im Wertefluss stimmig sein. Das bedeutet, dass die Zuordnung der Wertearten (Konten/Kostenarten) im Ergebnisschema eindeutig ist und die Kontierungen (Bewegungen) zu den Ergebnisobjekten eindeutig zuzuordnen sind.
- Direkte Bewegungssätze (z. B. Erlöse und Kosten), kalkulatorische Kostenverrechnungen und Abweichungsnachverrechnungen aus der Kostenstellen- in die Kostenträgerrechnung müssen in den Wertefluss der Kostenrechnung integriert werden und sich den Ergebnisobjekthierarchien zuordnen lassen. Die Kerndimensionen/-hierarchien stellen die Produkt- und Kundendimension/-hierarchie dar. Im Idealfall lassen sich weitere Dimensionen über Ableitungsregeln der Kerndimensionen erzielen. Beispielsweise ergibt sich die Branche und regionale Zuordnung aus der eindeutigen Zuordnung des Kunden im Kundenstamm.
- Nicht auf Endobjekte der Ergebnishierarchie zuzuordnende Beträge stellen eine besondere Herausforderung dar. Bestimmte Leistungs- und Kostenpositionen, wie z. B. Boni und Werbekosten[77], lassen sich ggf. nicht produktbezogen, sondern nur kundenbezogen zuordnen. Die Multidimensionalität der Datenhaltung verlangt jedoch die Aggregation der Einzelwerte und verlangt eine Zuordnung. Eine Lösung besteht darin, dass die Knotenbeträge auf die Endobjekte einer Dimension verteilt werden (z. B. über eine Splash-Funktion, was einer Schlüsselung entspricht, die z. B. die Teilkostenrechner vermeiden wollen, Vollkostenrechner hingegen akzeptieren). Alternativ können diese Beträge auf Restpositionen (z. B. auf Dummys „ohne Zuordnung") zugeordnet werden, so dass z. B. eine gestufte Fixkostendeckungsrechnung für Kundengruppen abgebildet werden kann, auch wenn Kosten nicht eindeutig den Kundengruppen zugeordnet werden können.

Die Erfolgsrechnung zeigt für das hinterlegte Deckungsbeitragsschema den Vorjahresvergleich und den Plan-Ist-Vergleich an (vgl. Abb. 3.85). Als Spitzenkennzahl wird die Leistungsgröße „Deckungsbeitrag 1 (nach variablen Kosten) im Verhältnis zur Gesamtleistung" visualisiert. Idealerweise sind die Zeilen- und Spaltenstrukturen der Erfolgsrechnung einheitlich aufzubauen. Im Beispiel spiegelt das Deckungsbeitragsschema der Erfolgsrechnung das Zeilenschema wieder. Es kann idealerweise anhand der Werthierarchie der Erfolgsrechnung bis zur Kontenzuordnung weiter aufgeklappt bzw. aggregiert werden. Hierzu verwenden die Frontendlösungen häufig das Plus- bzw. Minuszeichen (+ oder −). Übergeordnete Hierarchieknoten sind hervorzuheben und z. B. fett zu markieren.

---

[76] Vgl. Krause und Arora (2008, S. 188–190).
[77] Vgl. Lutz et al. (2011, S. 256).

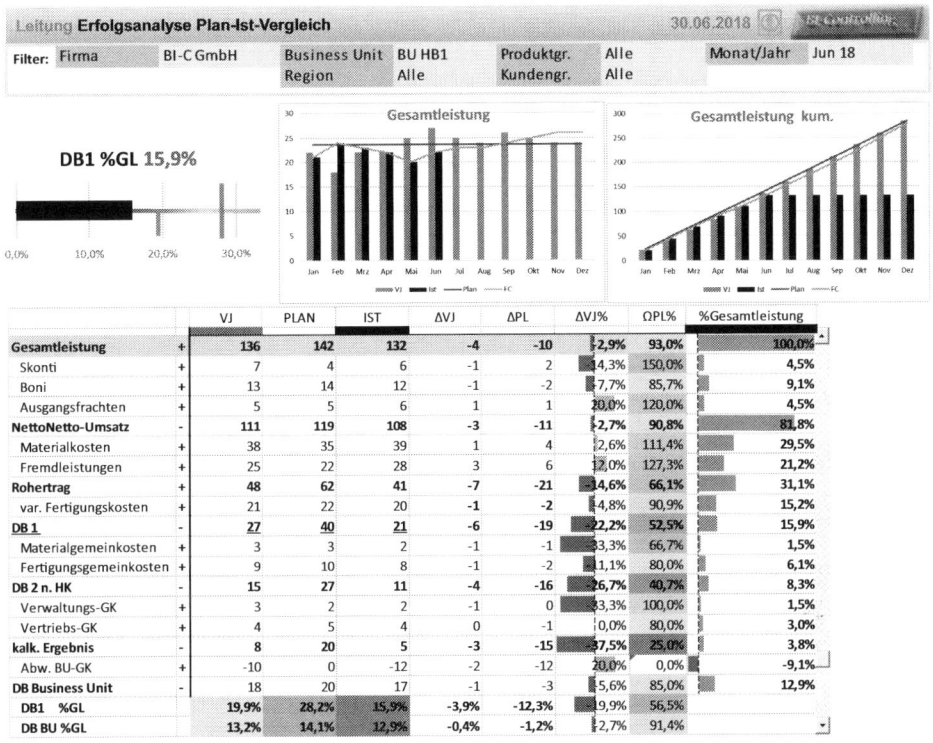

Abb. 3.85 Erfolgsanalyse

Werden ganze Hierarchieknoten oder die gesamte Hierarchie aufgeklappt, lässt sich die Erfolgsrechnung nur über die Scroll-Funktion komplett analysieren. Die Start-Hierarchie sollte deshalb auf die Bildschirmseite optimiert und angepasst werden.

Das Zeilenschema der Erfolgsrechnung bzw. alternativer Erfolgsrechnungen des Unternehmens ist für das Gesamtunternehmen als Werthierarchie aufzubauen, in der alle relevanten Erlös- und Kostenarten eindeutig zugeordnet werden. Diese Zeilenschemata sind im Rahmen der Kostenrechnungskonzeption im Sinne einer optimalen Werteflussdarstellung und -steuerung aufzustellen.

Das Spaltenschema zeigt immer in der gleichen Reihenfolge die Vorjahreswerte, die Planwerte, die Istwerte, die Abweichungen zum Vorjahres- und Planwert absolut an. Die Tabellenspalte der Istwerte erkennt man immer am schwarzen Balken. Die Vorjahreswerte sind leicht grau unterlegt. Visuell hervorgehoben sind die letzten drei Spalten der Tabelle. Zunächst wird das Wachstum zum Vorjahr mit Hilfe der Sparkline-Säule positiv oder negativ dargestellt. Der Zielerreichungsgrad wird mit Hilfe des Color-Coding in Ampelfarben signalisiert. Zielerreichungsrade über 100 % sind z. B. grün, darunter gelb und deutlich darunter rot markiert. Der prozentuale Anteil der Zeilenwerte gemessen an der

Basisgröße (hier Gesamtleistung) zeigt die wirtschaftliche Bedeutung des Zeilenwertes an. Im obigen Beispiel liegt der Materialkostenanteil bei fast 30 %.

Unterstützt wird die Erfolgsanalyse durch dynamische Diagramme. Je nach Zeilenauswahl wird die ausgewählte Kennzahl in ihrer zeitlichen und kumulativen Entwicklung in Säulendiagrammen dargestellt. Hierdurch erhält der Analyst alle Möglichkeiten, den Erfolg und seinen Kostenbeitrag bis ins Detail zu analysieren.

Durch die zahlreichen Filtermöglichkeiten in der Filterleiste kann die Sicht auf die Daten sinnvoll eingeschränkt und erweitert werden, hier z. B. nach Business Unit und nach Produkt- oder Kundengruppen bzw. regionalen Aspekten. Über die Zeitauswahl können die betrachteten Zeiträume eingeschränkt bzw. ausgedehnt werden. Bei Prognosezeiträumen werden Anstelle der Istwerte die Forecast-Werte verwendet.

Da die Erfolgsanalyse durchaus verschiedene Sichten benötigt, ist es sinnvoll, alternative Berichte zur Verfügung zu stellen. Neben dem klassischen Plan-Ist-Vergleich könnte z. B. ein Objektvergleich sinnvoll sein.

In der Business-Unit-Analyse werden ausgewählte Business Units als Ergebnisobjekte nebeneinander in der Struktur der Deckungsbeitragsrechnung verglichen. Die Abkürzungen HB, TB und SB in der Abb. 3.86 stehen hier für abgekürzte BU-Bezeichnungen.

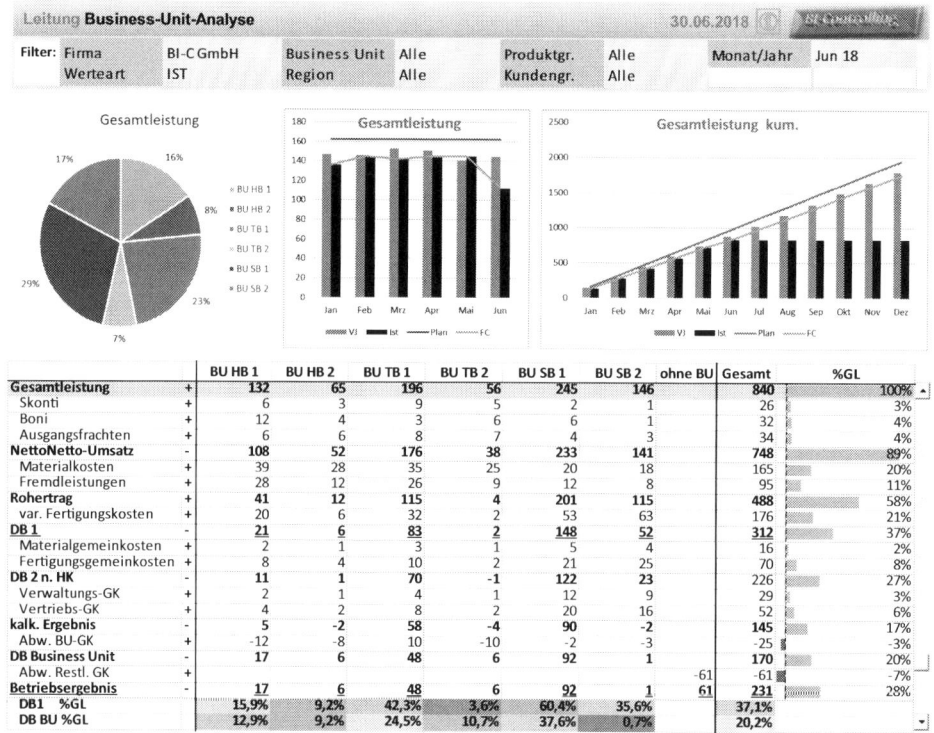

		BU HB 1	BU HB 2	BU TB 1	BU TB 2	BU SB 1	BU SB 2	ohne BU	Gesamt		%GL
Gesamtleistung	+	132	65	196	56	245	146		840		100%
Skonti	+	6	3	9	5	2	1		26		3%
Boni	+	12	4	3	6	6	1		32		4%
Ausgangsfrachten	+	6	6	8	7	4	3		34		4%
NettoNetto-Umsatz	-	108	52	176	38	233	141		748		89%
Materialkosten	+	39	28	35	25	20	18		165		20%
Fremdleistungen	+	28	12	26	9	12	8		95		11%
Rohertrag	+	41	12	115	4	201	115		488		58%
var. Fertigungskosten	+	20	6	32	2	53	63		176		21%
DB 1	-	21	6	83	2	148	52		312		37%
Materialgemeinkosten	+	2	1	3	1	5	4		16		2%
Fertigungsgemeinkosten	+	8	4	10	2	14	25		70		8%
DB 2 n. HK	-	11	1	70	-1	122	23		226		27%
Verwaltungs-GK	+	2	1	4	1	12	9		29		3%
Vertriebs-GK	+	4	2	8	2	20	16		52		6%
kalk. Ergebnis	-	5	-2	58	-4	90	-2		145		17%
Abw. BU-GK	+	-12	-8	10	-10	-2	-3		-25		-3%
DB Business Unit	-	17	6	48	6	92	1		170		20%
Abw. Restl. GK	+							-61	-61		-7%
Betriebsergebnis	-	17	6	48	6	92	1	61	231		28%
DB1 %GL		15,9%	9,2%	42,3%	3,6%	60,4%	35,6%		37,1%		
DB BU %GL		12,9%	9,2%	24,5%	10,7%	37,6%	0,7%		20,2%		

Abb. 3.86 Business-Unit-Analyse

Hierdurch können erfolgreiche und nicht so erfolgreiche Business Units schneller erkannt werden. Kostenzuordnungen, die keiner Business Unit zuzuordnen sind oder ggf. nicht zugeordnet werden können, werden separat (ohne BU) ausgewiesen.

Über das Kreisdiagramm lassen sich die Größen der Business Units sehr gut einschätzen. Die Zeilenauswahl in der Tabelle des Ergebnisschemas wirkt sich dynamisch auf die Änderung der Diagramme aus.

Weitere alternative Spalten- und Zeilenschemata sind potenziell denkbar. Jedoch sollte das Controlling-Konzept hier Standards setzen und keinen Wildwuchs zulassen. Ein weiteres Beispiel für die Erfolgsanalyse nach der Produkthierarchie wird im Bereich Vertrieb vorgestellt (vgl. Abschn. 3.9.2.1). Ähnlich wie die bei der folgenden Umsatzanalyse kann die Analyse der Erfolgskomponenten anhand der ausgewählten Hierarchie analysiert werden.

Mit Hilfe der Umsatzanalyse (vgl. Abb. 3.87) können diejenigen Produktbereiche und einzelne Produkte anhand der Produkthierarchie identifiziert werden, deren Umsatzwachstum zum Vorjahr für den betrachteten Monat oder kumuliert stärker oder schwächer waren. Zudem lässt sich wiederum der Zielerreichungsgrad vom Planwert analysieren. Über den Wechsel in der Hierarchieauswahl lassen sich verfügbare Hierarchien, z. B. die Kundenhierarchie, wählen.

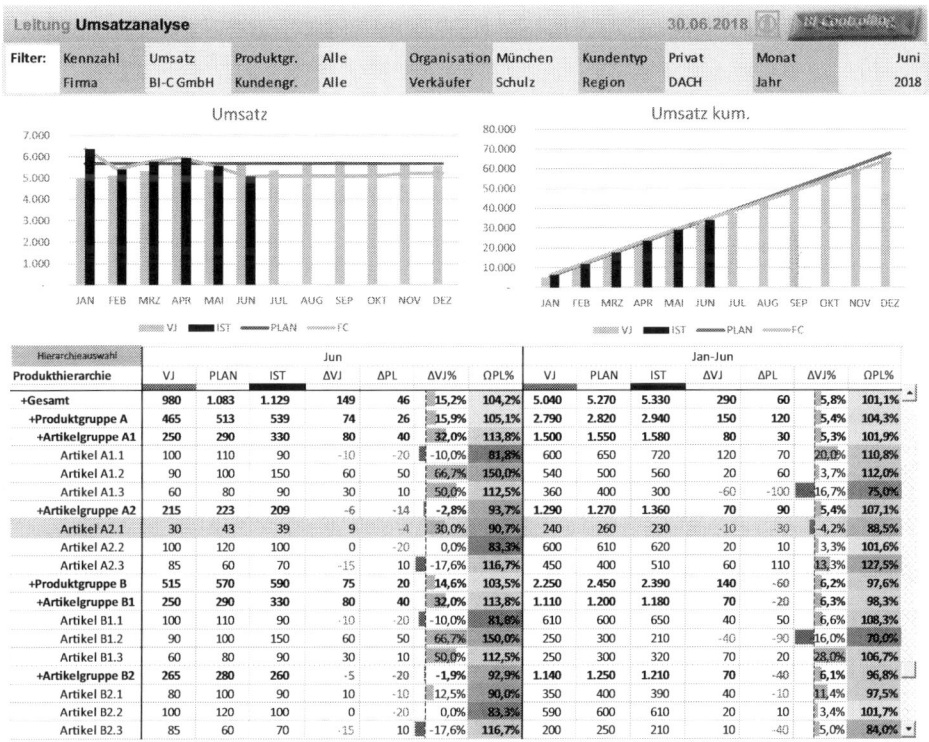

Abb. 3.87 Umsatzanalyse

Der Bericht ist durch die Voreinstellung der Kennzahl „Umsatz" im Filterbereich als Umsatzanalyse im Einstieg formuliert. Diese Analyse kann jedoch über die Kennzahlauswahl beispielsweise auf andere Kenngrößen der Deckungsbeitragsrechnung umgestellt werden, z. B. zu einer Deckungsbeitragsanalyse.

Weiterhin können die Filteroptionen für Detailbetrachtungen herangezogen werden, z. B. nach der Organisation, nach dem Kundentyp oder dem Verkäufer.

Die Diagramme verhalten sich wieder dynamisch zu den ausgewählten Zeilen. Somit können einzelne Artikel oder ausgewählte Artikelgruppen hinsichtlich ihrer monatlichen Entwicklung und in ihrer kumulativen Betrachtung analysiert werden.

Die Rendite- und Erfolgsanalysen enthalten mit den ausgewählten Berichten und Funktionen einen leistungsfähigen Analyseumfang, um die Eingangs gestellten Fragen der Unternehmensleitung und des Controlling ausführlich beantworten zu können.

3.9.1.2 Finanz- und Liquiditätsanalysen

Die Sicherung der Zahlungsfähigkeit und die Vermeidung einer Überschuldung stellen im Gegensatz zum Hauptziel der Rentabilitäts- und Gewinnsteigerung eine wichtige Nebenbedingung zum Erhalt des Geschäfts dar. Die Finanz- und Liquiditätsanalysen beantworten hierbei wichtige Steuerungsfragen im Unternehmen:

- Wie hoch sind die Geldmittelbestände und Zahlungsreserven für die anstehenden kurz- und mittelfristigen Auszahlungen?
- Wie hoch ist der Anteil des Cash Flows durch die betriebliche Tätigkeit, durch Investitionen bzw. Desinvestitionen, durch Finanzierungstätigkeiten und durch betriebsfremde und außerordentliche Effekte?
- Wie lange reicht die Innenfinanzierungskraft aus, um anstehende Geschäfte und Investitionen zu decken?
- Ist die Finanzierungsstruktur hinsichtlich langfristiger Investitionen und kurzfristigem Bedarf aus dem laufenden Geschäft ausgewogen aufgestellt?
- Besitzt das Unternehmen eine ausreichende Sicherung durch Eigenkapital, Rücklagen und stille Reserven?
- ...

Die Finanz-Kennzahlenanalyse bietet einen Einstieg in die dynamische und strukturelle Finanzanalyse (vgl. Abb. 3.88).

Die wichtigsten Kennzahlen zur dynamischen Finanzanalyse können in ihrer zeitlichen Entwicklung und Planerreichung verfolgt werden:

- Der **Cash Flow** bildet den Zahlungsmittelüberschuss einer Periode ab, der aus eigener Kraft (Innenfinanzierungskraft) des Geschäftsbetriebes, ohne auf Dritte angewiesen zu sein, erwirtschaftet wird.[78] Er kann retrograd aus dem Jahresüberschuss abzüglich

---

[78] Vgl. Reichmann et al. (2017, S. 117 f.).

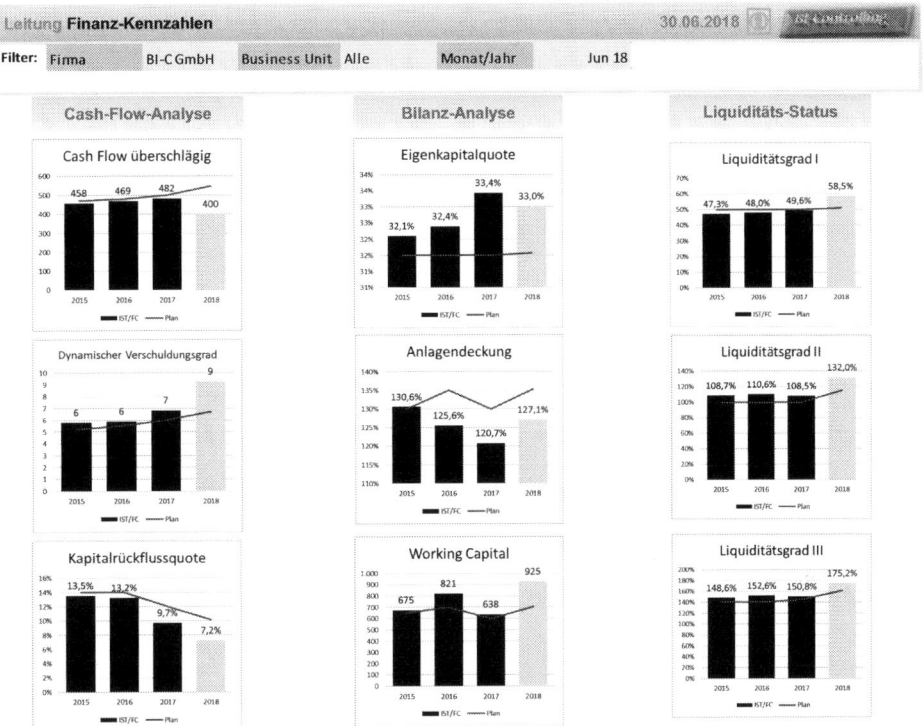

Abb. 3.88 Finanz-Kennzahlen-Analyse

wichtiger nicht zahlungsrelevanter Aufwands- und Ertragsgrößen oder direkt aus allen zahlungsrelevanten Aufwands- und Ertragsgrößen ermittelt werden. In der häufig verwendeten retrograden Ermittlung wird der Cash Flow in der einfachen Form ermittelt, in dem zum Jahresüberschuss die Abschreibungen und Veränderungen der Rückstellungen hinzuaddiert werden. Weiterhin können Veränderungen im Working Capital berücksichtigt werden. Der Cash Flow kann genauso wie Finanzmittel von Dritten für jegliche Investitionen, laufende Geschäftsausgaben, Schuldentilgungen, Dividendenzahlungen und Aufstockungen der Liquiditätsbestände im Unternehmen genutzt werden. In Verbindung mit der Rückzahlungsfähigkeit in Form von Tilgungen und Zinsen des Fremdkapitals ist er eine Kennzahl, die für die Ermittlung der Schuldentilgungskraft der Unternehmung dient. Im Zusammenhang mit der Sicherung der laufenden Zahlungsfähigkeit ist er eine zentrale Größe für die Liquiditätsplanung. Für den kurzfristigen zum Teil wöchentlichen bis monatlichen Plan-/Ist-Vergleich der Kennzahl „Cash Flow" bietet sich die Aufstellung eines sektoralen Cash-Flow-Statements an, der über die detaillierte Cash-Flow-Analyse aufgerufen werden kann.

- Der **Dynamische Verschuldungsgrad**[79] gibt als finanzwirtschaftliche Risikokennzahl an, wie häufig der Cash Flow einer Periode verdient werden muss, um rechnerisch die gesamte Verschuldung zurückzahlen zu können. Je größer die Kennzahl ist, desto höher ist das finanzwirtschaftliche Risiko zur Überschuldung und Zahlungsunfähigkeit. Kredite müssen verlängert, erweitert oder abgelöst werden. Ratingagenturen und Banken betrachten einen dynamischen Verschuldungsgrad größer als 6 Jahre bereits als sehr kritisch und stark Insolvenzgefährdet. Alternativrechnungen betrachten nur die Nettoverschuldung, bei der von der Verschuldung die liquiden Mittel in Abzug gebracht werden.
- Die **Kapitalrückflussquote** gibt das prozentuale Verhältnis zwischen Cash Flow und der Bilanzsumme an. Hierdurch wird deutlich, wie groß der Anteil der Kapitalrückführung durch die Innenfinanzierungskraft des Cash Flows ist. Die Kapitalrückflussquote sollte deutlich positiv sein, um Investoren und Kreditgeber nicht abzuschrecken.[80]

Im Rahmen der klassischen Bilanzanalyse lassen sich die wichtigsten Kennzahlen zur strukturellen Finanzanalyse ermitteln:

- Die **Eigenkapitalquote**[81] zeigt den Anteil des Eigenkapitals im Verhältnis zum Gesamtkapital an. Sie ist einer der bedeutsamsten finanzwirtschaftlichen Risikokennzahlen, die in keinem Rating fehlt. Die korrespondierende Kenngröße hierzu ist der **Verschuldungsgrad** (Fremdkapitalquote = 1 − Eigenkapitalquote). Hinsichtlich des Verschuldungsrisikos gliedert man die Eigenkapitalquote in Abschnitte, z. B. kleiner 10 % als sehr kritisch, kleiner 20 % als kritisch, größer 20 % als gut und größer 30 % als sehr gut.
- Die **Anlagendeckung**[82] zeigt das Verhältnis zwischen langfristigem Kapital, bestehend aus langfristigem Fremd- und Eigenkapital, und dem langfristigen Anlagevermögen auf. Hierdurch ist sie eine Kenngröße zur Analyse der Ausgewogenheit der langfristigen Finanzierung des langfristigen Vermögens (fristenkongruente Anlagenfinanzierung). Sie sollte deutlich über 100 % liegen, da ansonsten Prolongationen und Substitutionen für Kredite notwendig und schwierig werden. Fällt die Kennzahl unter 100 %, müssen Teile des Anlagevermögens sogar kurzfristig zwischenfinanziert werden. Gelingt dies nicht, droht häufig Insolvenz, falls keine anderen Finanzierungsquellen zur Verfügung stehen.
- Das **Working Capital**[83] gibt die Differenz zwischen Umlaufvermögen und den kurzfristigen Verbindlichkeiten wieder. Aufgrund der potenziellen Gefahr, dass die Gläubiger kurzfristig die Rückzahlung ihrer Verbindlichkeiten fordern, stellt das Working Capital eine Sicherungsgröße dar, die aufzeigt, wie groß das Netto-Umlaufvermögen

---

[79] Vgl. Reichmann et al. (2017, S. 118 f.).
[80] Vgl. Gleißner (2011, S. 328).
[81] Zur Kennzahl Eigen-/Fremdkapitalquote vgl. Krause und Arora (S. 96–98).
[82] Vgl. Reichmann et al. (2017, S. 120).
[83] Vgl. Reichmann et al. (2017, S. 119).

ist, um weitere Verbindlichkeiten abzudecken. Die Kennzahl sollte deutlich positiv sein. Die Relationen der Liquidierbarkeit der einzelnen Bestandteile des Umlaufvermögens zur Deckung der kurzfristigen Verbindlichkeiten zeigen die Liquiditätsgrade der goldenen Bilanzregel:

- Der Liquiditätsgrad I stellt nur die flüssigen Mittel (Bankguthaben, Schecks und Wertpapiere) ins Verhältnis zu den kurzfristigen Verbindlichkeiten.
- Der Liquiditätsgrad II stellt neben den flüssigen Mitteln zusätzlich die Forderungen ins Verhältnis zu den kurzfristigen Verbindlichkeiten. (Hier sollte bei guten Unternehmen bereits ein Prozentwert größer 100 % erreicht werden.)
- Der Liquiditätsgrad III stellt das gesamte Umlaufvermögen (inkl. Vorräte) ins Verhältnis zu den kurzfristigen Verbindlichkeiten. (Hier sollte bei guten Unternehmen ein Prozentwert deutlich größer 100 % erreicht werden.)

Vor allem die sektorale Cash-Flow-Analyse zeigt dem Unternehmen kontinuierlich auf, wie sich die Zahlungsmittel verändern, welche Bedarfe geplant sind und wo ggf. Liquiditätsengpässe entstehen und zusätzlicher Finanzierungsbedarf besteht. Im Gegensatz zur Cash-Flow-Analyse konzentriert sich der reine Liquiditätsstatus auf die Endmittelbestände der einzelnen Konten. Zudem werden potenzielle Sicherheitsbestände und Reserven, z. B. Kontokorrentkredite, gezeigt.

In der Cash-Flow-Analyse (vgl. Abb. 3.89) bilden die Liquiditätsreserven und Bestände die Ausgangssituation der Finanzflussrechnung. Wie bei der Erfolgsrechnung bereits erwähnt, können die Detailzeilen der Cash-Flow-Analyse über das Plus- oder Minuszeichen aufgerissen oder aggregiert werden. Der Hauptteil der Cash-Flow-Betrachtung teilt die Cash-Flow-Entwicklung in vier Sektoren:

- **Sektor I:** Cash Flow aus Betriebstätigkeit
  - Cash Flow aus Betriebstätigkeit vor Zinsen und Steuern
    - Betriebliche Einzahlungen
      - Umsatz netto (Einzahlungen)
      - Anzahlungen
      - sonstige betriebliche Einzahlungen
    - Betriebliche Auszahlungen
      - Materialeinkauf
      - Fremdleistungen
      - Personalauszahlungen
      - Pensionsauszahlungen
      - sonstige betriebliche Auszahlungen
  - Cash Flow aus Kapitaldienst und Steuern
    - Auszahlungen für Fremdkapitalzinsen
    - Ausschüttungen
    - Zahllast aus Mehrwert-/Vorsteuer

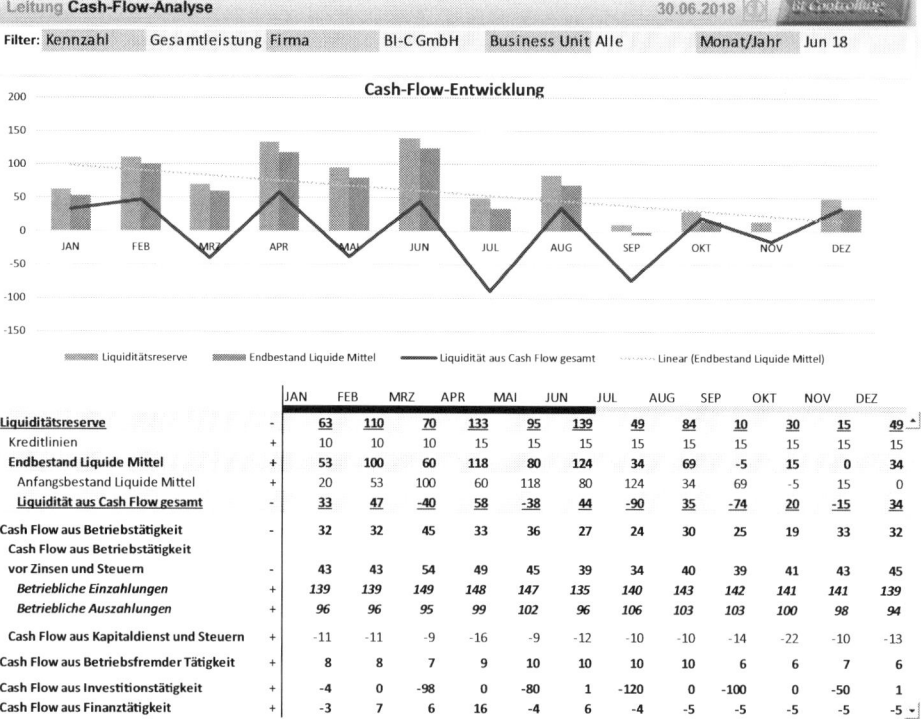

Abb. 3.89 Cash-Flow-Analyse

   – Auszahlung für Ertragssteuer
   – Subventionen
- Sektor II: Cash Flow aus betriebsfremder Tätigkeit
   – Betriebsfremde Einzahlungen
   – Betriebsfremde Auszahlungen
- Sektor III: Cash Flow aus Investitionstätigkeit
   – Einzahlungen aus Desinvestitionen
   – Auszahlungen für Investitionen
   – Auszahlungen für Sachanlagen u. immaterielles Anlagevermögen
   – Auszahlungen für Finanzanlagevermögen
- Sektor IV: Cash Flow aus Finanztätigkeit
   – Einzahlungen aus Darlehensaufnahme
   – Auszahlungen aus Darlehenstilgung
   – Einzahlungen aus Kapitalerhöhung

Mit Hilfe der Liquiditätsplanung können Prognosen für die Veränderung der Cash-Flow-Kennzahl in jedem Sektor geplant werden. Entstehen Liquiditätsengpässe, sind beispielsweise im Forecast (gelber Zeitraum) geplante Investitionen zu schieben oder neue

Finanzierungen aufzustellen. Im Gegensatz zu einigen Sektoren lässt sich der betriebliche Cash Flow auch für Ergebnisobjekte wie Business Units ermitteln. Generell ist die Finanzierung für die meisten Unternehmen eine Cash-Pool-Betrachtung für das Gesamtunternehmen.

3.9.1.3 Jahresabschlussanalysen

Zu jeder Geschäftsanalyse gehört die Aufstellung und Untersuchung der Geschäftsberichte und Jahresabschlussinformationen in Form von Bilanz, Gewinn- und Verlustrechnung sowie Anhang inklusive Lagebericht. Je nach Unternehmensgröße und Verbundbetrachtung kommen zudem Konzernabschlussinformationen, Quartalsabschlüsse, die Cash-Flow-Statements, die Segmentberichterstattung, die Risikoberichterstattung sowie Angaben zu Compliance und Corporate Governance hinzu. Die Aufstellung dieser Informationen ist eine Kernaufgabe vom Rechnungswesen und Controlling. Hierfür werden unterschiedlichste Werkzeuge und IT-Lösungen eingesetzt, in denen diese Informationen ermittelt und berichtet werden können. Nichtsdestotrotz sind diese Informationen auch für das BI-gestützte Controlling-Cockpit interessant, müssen aber nicht in Gänze datenbanktechnisch redundant abgelegt werden. Hochglanz-Dokumente wie der Geschäftsbericht inkl. Jahresabschlussinformationen können z. B. über DMS-Systeme abgelegt werden, auf die das Cockpit zugreift.

Wichtige Fragestellungen rund um die Abschlüsse sind:

- Wie sieht die Vermögens-, Ertrags- und Verschuldungssituation des Unternehmens bzw. des Unternehmensverbundes aus?
- Wie ist das Unternehmen finanziert und abgesichert?
- Welche Entwicklungen, Chancen und Risiken sind für das Unternehmen zu erwarten?
- Welches handelsrechtliche Ergebnis wurde erzielt?

Die zentralen Berichtselemente des Jahresabschlusses sind Bilanz (vgl. Abb. 3.90) sowie Gewinn- und Verlustrechnung (vgl. Abb. 3.91).

Durch die Abbildung der Bilanz in der Staffelform ist im Gegensatz zum starren Jahresabschluss im Geschäftsbericht ein Blick auf die derzeitige Situation und Entwicklung der Bilanz möglich.[84] Verglichen mit der Erfolgsanalyse wird dies nicht kontinuierlich sondern in größeren Zeitabständen erfolgen. Durch das grundlegende Buchhaltungsprinzip der doppelten Buchführung „Soll an Haben" sind Aktiva und Passiva der Bilanz immer ausgeglichen.

Best-Practice-Techniken der Darstellung sind wiederum:

- Hierarchieanalyse der Aktiv- und Passivpositionen bis hinunter auf Kontenebene durch die Werthierarchie (Plus- und Minuszeichen). Hierüber wird die gesetzlich vorgeschriebene Berichtsstruktur, ggf. leicht angepasst hinsichtlich Darstellungsfreiheiten und Wahlrechten, abgebildet.

---

[84] Vgl. Lutz et al. (2011, S. 337).

- Einheitliche Spaltenstruktur mit Visualisierungshilfen zum Wachstum, zur Zielerreichung und zur Größeneinordnung in Bezug zur Basisgröße „Bilanzsumme".
- Dynamische Diagramme zeigen die zeitliche Entwicklung (5-Jahres- und Quartalsentwicklung) ausgewählter Zeilen. Die Voreinstellung zeigt z. B. das Verhältnis von Anlagevermögen zu Umlaufvermögen.

Weitere Analysen zur Bilanz sind z. B. über die bereits vorgestellten Kennzahlen-Analysen im Bereich Rentabilität/Erfolg bzw. Finanzen/Liquidität möglich. Sie bilden das Fundament für das interne und externe Unternehmensrating.

Die Betrachtung der Gewinnsituation aus Sicht der gesetzlichen Jahresabschluss-Anforderungen erfolgt über die Gewinn- und Verlustrechnung.

Die Gewinn- und Verlustrechnung wird je nach Auswahl des Unternehmens entweder in Form des Gesamtkostenverfahrens oder des Umsatzkostenverfahrens dargestellt.[85]

Im Gegensatz zur Erfolgsrechnung ist die Gliederung der Gewinnermittlung gesetzlich und nicht steuerungsrelevant motiviert. Dennoch ist ein monatlicher Blick auf die derzeitige Situation und Entwicklung der Gewinn- und Verlustrechnung sinnvoll.

Abb. 3.90 Bilanz

[85] Vgl. Lutz et al. (2011, S. 96).

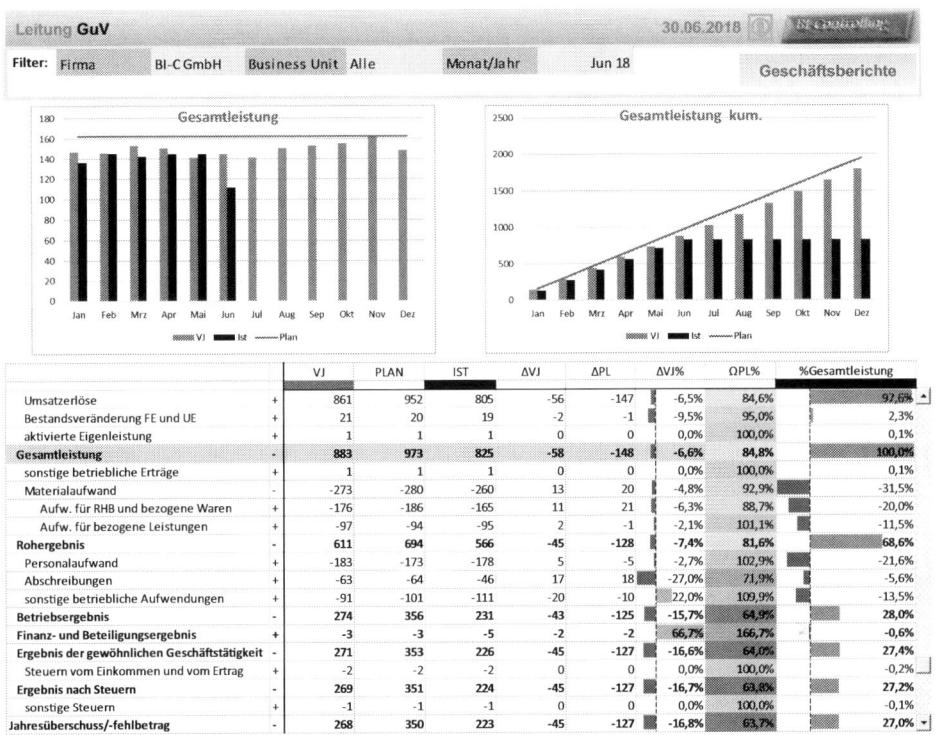

Abb. 3.91 Gewinn- und Verlustrechnung

Die Best-Practice-Techniken der Darstellung sind wiederum:

- Hierarchieanalyse der Aufwands- und Ertragspositionen bis hinunter auf Kontenebene über die Plus- und Minuszeichen der Werthierarchie. Hierüber wird die gesetzlich vorgeschriebene Berichtsstruktur, ggf. leicht angepasst hinsichtlich Darstellungsfreiheiten und Wahlrechten, abgebildet.
- Einheitliche Spaltenstruktur mit Visualisierungshilfen zum Wachstum, zur Zielerreichung und zur Größeneinordnung in Bezug zur Basisgröße „Gesamtleistung" im Gesamtkostenverfahren oder „Umsatz" im Umsatzkostenverfahren.
- Dynamische Diagramme zeigen die zeitliche Entwicklung ausgewählter Zeilen für die Monate des laufenden Jahres sowie deren kumulative Entwicklung. Hierüber sind die Zielerreichung zum Plan und die Prognose (Forecast) der Zielerreichung schnell ersichtlich.

Eine einfache Darstellung der Erfolgsanalyse ohne Abbildung und Nutzung einer Kostenrechnung erfolgt mit finanzbuchhalterischen Mitteln über die **Betriebswirtschaftliche Analyse**, kurz „BWA" (vgl. Abb. 3.92). Sie ist insbesondere bei kleineren Mittelständlern

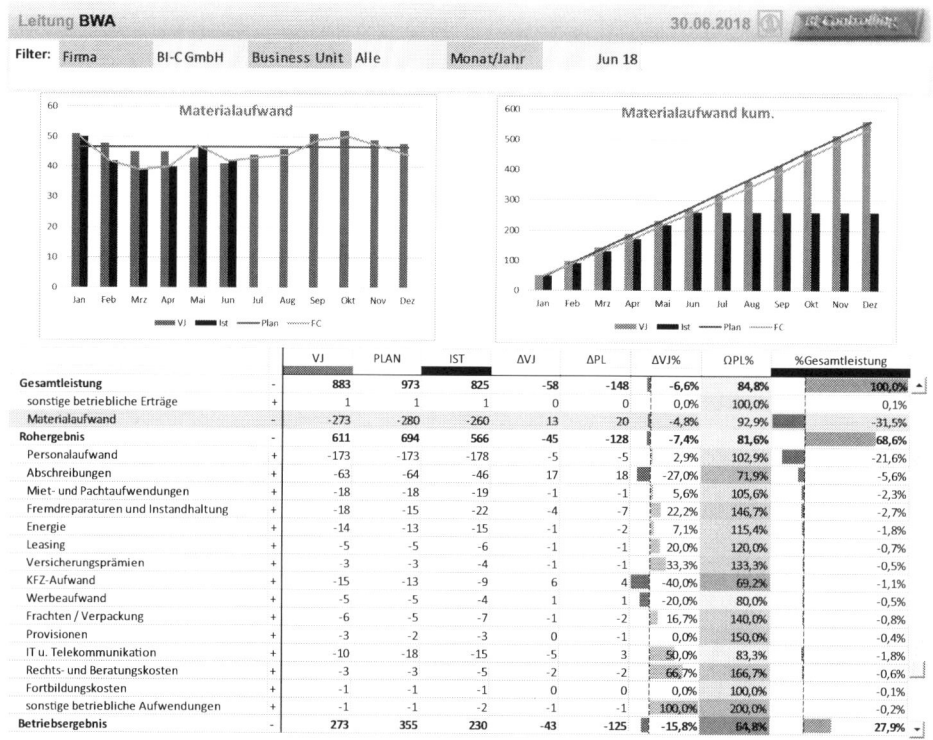

| Leitung **BWA** | | | | | 30.06.2018 | | |
| Filter: Firma | BI-C GmbH | Business Unit Alle | Monat/Jahr | Jun 18 | | | |

		VJ	PLAN	IST	ΔVJ	ΔPL	ΔVJ%	ΩPL%	%Gesamtleistung
Gesamtleistung	-	883	973	825	-58	-148	-6,6%	84,8%	100,0%
sonstige betriebliche Erträge	+	1	1	1	0	0	0,0%	100,0%	0,1%
Materialaufwand	-	-273	-280	-260	13	20	-4,8%	92,9%	-31,5%
Rohergebnis	-	611	694	566	-45	-128	-7,4%	81,6%	68,6%
Personalaufwand	+	-173	-173	-178	-5	-5	2,9%	102,9%	-21,6%
Abschreibungen	+	-63	-64	-46	17	18	-27,0%	71,9%	-5,6%
Miet- und Pachtaufwendungen	+	-18	-18	-19	-1	-1	5,6%	105,6%	-2,3%
Fremdreparaturen und Instandhaltung	+	-18	-15	-22	-4	-7	22,2%	146,7%	-2,7%
Energie	+	-14	-13	-15	-1	-2	7,1%	115,4%	-1,8%
Leasing	+	-5	-5	-6	-1	-1	20,0%	120,0%	-0,7%
Versicherungsprämien	+	-3	-3	-4	-1	-1	33,3%	133,3%	-0,5%
KFZ-Aufwand	+	-15	-13	-9	6	4	-40,0%	69,2%	-1,1%
Werbeaufwand	+	-5	-5	-4	1	1	-20,0%	80,0%	-0,5%
Frachten / Verpackung	+	-6	-5	-7	-1	-2	16,7%	140,0%	-0,8%
Provisionen	+	-3	-2	-3	0	-1	0,0%	150,0%	-0,4%
IT u. Telekommunikation	+	-10	-18	-15	-5	3	50,0%	83,3%	-1,8%
Rechts- und Beratungskosten	+	-3	-3	-5	-2	-2	66,7%	166,7%	-0,6%
Fortbildungskosten	+	-1	-1	-1	0	0	0,0%	100,0%	-0,1%
sonstige betriebliche Aufwendungen	+	-1	-1	-2	-1	-1	100,0%	200,0%	-0,2%
Betriebsergebnis	-	273	355	230	-43	-125	-15,8%	64,8%	27,9%

Abb. 3.92 Betriebswirtschaftliche Analyse

beliebt und wird von vielen Steuerkanzleien genutzt, die im Auftrag für ihre Unternehmens-Mandanten die monatliche Berichterstattung unterstützen.

Die BWA zeigt den betrieblichen Erfolg eines Unternehmens ausgehend vom Umsatz über die Gesamtleistung bis zum Betriebsergebnis.[86] Im Gegensatz zur Erfolgsrechnung werden weniger Zwischenergebnisse bis auf das Rohergebnis angezeigt. Deckungsbeiträge fehlen in der BWA. Die Aufstellung erfolgt häufig ohne kostenrechnerische Abgrenzung und kalkulatorische Positionen und basiert rein auf Konteninformationen der Finanzbuchhaltung. Teilweise werden finanzbuchhalterische Abgrenzungen genutzt, um Aufwandspositionen periodisch zu verteilen, die nur zu gewissen Zeiten gebucht werden, wie Versicherungsbeträge, Weihnachtsgeld etc. Für einen ersten Überblick auf die Erfolgslage können einzelne Aufwands- und Ertragspositionen analysiert werden.

[86] Vgl. Varnholt und Dagit (2009, S. 191 ff.).

Die Best-Practice-Techniken der Darstellung sind wiederum:

- Hierarchieanalyse der Aufwands- und Ertragspositionen bis hinunter auf Kontenebene über die Plus- und Minuszeichen der Werthierarchie (hier BWA-Hierarchie). Gesetzliche Vorschriften bezüglich der Struktur existieren hier nicht.
- Einheitliche Spaltenstruktur mit Visualisierungshilfen zum Wachstum, zur Zielerreichung und zur Größeneinordnung in Bezug zur Basisgröße „Gesamtleistung" oder „Umsatz".
- Dynamische Diagramme zeigen die zeitliche Entwicklung ausgewählter Zeilen für die Monate des laufenden Jahres sowie deren kumulative Entwicklung. Hierüber sind die Zielerreichung zum Plan und die Prognose der Zielerreichung (Forecast) schnell ersichtlich.

3.9.1.4 Kostenanalysen

Kostenanalysen für die ausgewählten Unternehmensbereiche runden die Erfolgsanalyse ab. Hier werden entweder spezielle Kostenblöcke (z. B. Instandhaltungskosten, Energiekosten, Werbekosten) oder Kostenstellen als Ort bzw. Verantwortlichkeit für die Kostenentstehung analysiert. Wichtige Fragestellungen rund um die Kostenanalysen sind:

- Wie sieht die Kostenstruktur des Unternehmens aus?
- Wie haben sich die Kosten entwickelt?
- Konnten die Kostenziele eingehalten werden?
- Welche Kostenabweichungen sind besonders bedeutsam?
- Sind die Kosten angemessen zu den erbrachten Leistungen?

Dies wird hier stellvertretend für alle anderen Unternehmensbereiche am Beispiel für den Bereich Vertrieb aufgezeigt.

Der Kostenstellenbericht als Teil des Betriebsabrechnungsbogens dient als Hauptanalysequelle für die Gemeinkostenanalyse (vgl. Abb. 3.93). Die Zeilenstruktur des Kostenstellenberichtes basiert auf bestimmten Gliederungsregeln wie z. B.:

- Primärkosten
- Sekundärkosten
- Ermittlung der Unter- und Überdeckung
- Maßgrößen und Kennzahlen

Im Bereich der **Primärkosten** werden die wichtigsten Kostenartengruppen bzw. Kostenarten der Kostenstelle aufgeführt.[87] Dies sind vor allem die Personalkosten und weitere Kosten, die von ihrer Herkunft von außen ins Unternehmen getragen werden, hier beispielsweise Kosten für Werbung, Büromaterial, kalkulatorische Abschreibungen und

---

[87] Zu den Begriffen Primär- und Sekundärkosten vgl. Müller (1995, S. 35 ff.).

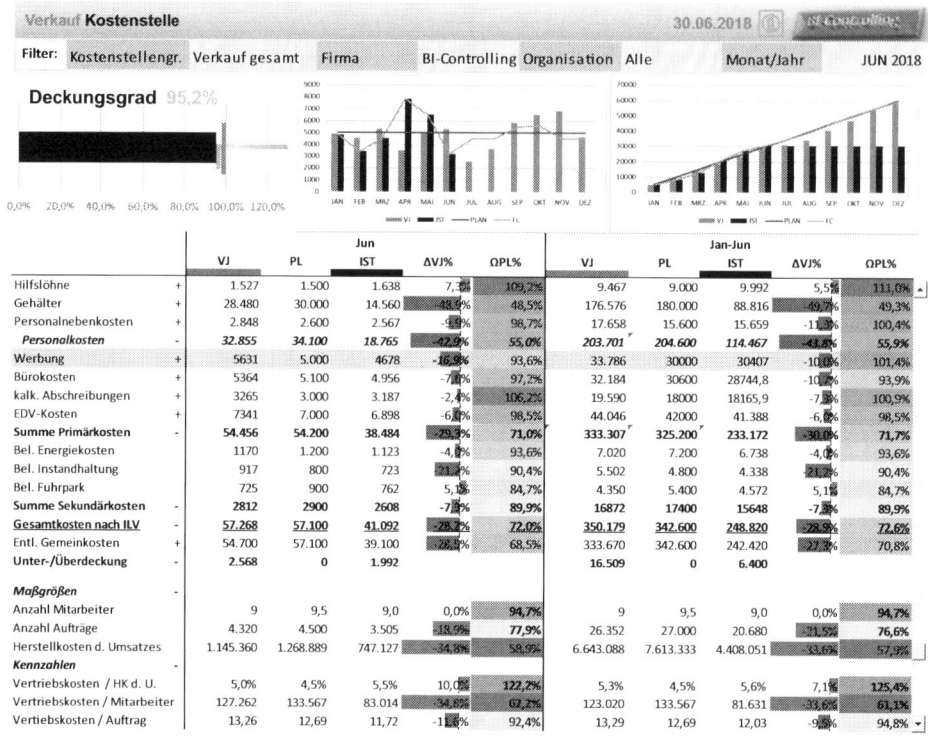

	Jun					Jan-Jun				
	VJ	PL	IST	ΔVJ%	∅PL%	VJ	PL	IST	ΔVJ%	∅PL%
Hilfslöhne +	1.527	1.500	1.638	7,3%	109,2%	9.467	9.000	9.992	5,5%	111,0%
Gehälter +	28.480	30.000	14.560	-49,4%	48,5%	176.576	180.000	88.816	-49,7%	49,3%
Personalnebenkosten +	2.848	2.600	2.567	-9,9%	98,7%	17.658	15.600	15.659	-11,3%	100,4%
Personalkosten -	32.855	34.100	18.765	-42,9%	55,0%	203.701	204.600	114.467	-43,8%	55,9%
Werbung +	5631	5.000	4678	-16,9%	93,6%	33.786	30000	30407	-10,0%	101,4%
Bürokosten +	5364	5.100	4.956	-7,6%	97,2%	32.184	30600	28744,8	-10,7%	93,9%
kalk. Abschreibungen +	3265	3.000	3.187	-2,4%	106,2%	19.590	18000	18165,9	-7,3%	100,9%
EDV-Kosten +	7341	7.000	6.898	-6,0%	98,5%	44.046	42000	41.388	-6,0%	98,5%
Summe Primärkosten -	54.456	54.200	38.484	-29,3%	71,0%	333.307	325.200	233.172	-30,0%	71,7%
Bel. Energiekosten	1170	1.200	1.123	-4,0%	93,6%	7.020	7.200	6.738	-4,0%	93,6%
Bel. Instandhaltung	917	800	723	-21,2%	90,4%	5.502	4.800	4.338	-21,2%	90,4%
Bel. Fuhrpark	725	900	762	5,1%	84,7%	4.350	5.400	4.572	5,1%	84,7%
Summe Sekundärkosten -	2812	2900	2608	-7,3%	89,9%	16872	17400	15648	-7,3%	89,9%
Gesamtkosten nach ILV -	57.268	57.100	41.092	-28,2%	72,0%	350.179	342.600	248.820	-28,9%	72,6%
Entl. Gemeinkosten +	54.700	57.100	39.100	-28,5%	68,5%	333.670	342.600	242.420	-27,3%	70,8%
Unter-/Überdeckung -	2.568	0	1.992			16.509	0	6.400		
Maßgrößen -										
Anzahl Mitarbeiter -	9	9,5	9,0	0,0%	94,7%	9	9,5	9,0	0,0%	94,7%
Anzahl Aufträge	4.320	4.500	3.505	-18,9%	77,9%	26.352	27.000	20.680	-21,5%	76,6%
Herstellkosten d. Umsatzes	1.145.360	1.268.889	747.127	-34,6%	58,9%	6.643.088	7.613.333	4.408.051	-33,6%	57,9%
Kennzahlen -										
Vertriebskosten / HK d. U.	5,0%	4,5%	5,5%	10,0%	122,2%	5,3%	4,5%	5,6%	7,1%	125,4%
Vertriebskosten / Mitarbeiter	127.262	133.567	83.014	-34,8%	67,2%	123.020	133.567	81.631	-33,6%	61,1%
Vertiebskosten / Auftrag	13,26	12,69	11,72	-11,6%	92,4%	13,29	12,69	12,03	-9,5%	94,8%

Abb. 3.93 Kostenstellenanalyse

EDV-Kosten. Für andere Kostenstellen, z. B. aus der Fertigung, sind weitere Kostenarten relevant wie z. B. Energiekosten, Instandhaltungskosten, Hilfs- und Betriebsstoffe.

Im Bereich der **Sekundärkosten** werden die innerbetrieblichen Leistungen mit Hilfe der innerbetrieblichen Leistungsverrechnung dargestellt. Dies sind Leistungen der Vor- bzw. Hilfskostenstellen, die auf End- bzw. Hauptkostenstellen verrechnet werden. Zudem werden Leistungen in die Kostenträgerrechnung verrechnet, die sogenannten „verrechneten Kosten". Sie werden im Bereich der Entlastungen für die End- bzw. Hauptkostenstellen dargestellt.

Durch die Be- und Entlastungen in der Kostenstelle lässt sich die **Unter- bzw. Überdeckung**, die sogenannte **Beschäftigungsabweichung** berechnen. Sie zeigt an, inwieweit die Kostenstelle durch ihre Leistungsempfänger ausgelastet ist. Für eine Fertigungsendkostenstelle entspricht die Unter- bzw. Überdeckung der Beschäftigungsabweichung, die durch die Leistungsinanspruchnahme der Kostenträger entstanden ist. Im Verhältnis zum Planwert entsprechen die positiven Beschäftigungsabweichungen den **Leerkosten** und die verrechneten Plankosten den **Nutzkosten** der Kostenstelle. Setzt man die verrechneten Plankosten ins Verhältnis zu den Plankosten, erhält man den **Beschäftigungsgrad**, der im Beispiel als Spitzenkennzahl des Berichtes gezeigt wird. Alternativ kann er auch

Deckungsgrad genannt werden, denn er zeigt an, wie gut die Kosten durch die Leistungserstellung und -verrechnung der Kostenstelle gedeckt sind.

Im Bereich der **Maßgrößen** und **Kennzahlen** können die Leistungen bzw. Bezugsgrößen für die Kostenplanung und -verrechnung bzw. für eine zusätzliche Kennzahlenbildung
genutzt werden. Bezugsgrößen dienen vor allem der Kalkulation, Planung und Kosten-
kontrolle der Kostenstellenleistung. Typische Beispiele für Fertigungsendkostenstellen
sind Fertigungs-, Maschinen- und Rüstzeiten, anhand derer die Verrechnungssätze (z. B.
Stundensätze) für die Bewertung der Leistungen (z. B. Zeiten) ermittelt werden, die für
die Produktkalkulation und Auftragsbewertung angefallen sind bzw. geplant wurden. Die
kalkulatorische Bewertung mit Verrechnungssätzen erfolgt dann je Auftrag für den betroffenen Arbeitsgang, je zugeordnetem Arbeitsplatz für die jeweilige Kostenstelle.

Für indirekte Gemeinkostenbereiche wie den Vertrieb oder den Einkauf werden in der
Kostenrechnung häufig nur Verrechnungsgrößen für die Gemeinkostenzuschlagsbildung
herangezogen. Alternativ könnten Prozessleistungen, z. B. die Anzahl abgewickelter Aufträge zur Prozesskostensatzermittlung für die Gemeinkostenverrechnung, gebildet werden. Weiterhin können Maßgrößen für die Ermittlung zusätzlicher Leistungsgrößen oder
rein für statistische Zwecke abgebildet werden. Häufige statistische Kennzahlen sind die
Anzahl der Mitarbeiter (Köpfe, Vollarbeitszeitkräfte), die Quadratmeter, die Anzahl der
PCs etc., die u. a. im Rahmen der Kostenrechnung auch für einfache Kostenumlagen verwendet werden.

Für das gesamte Zeilenschema des Betriebsabrechnungsbogens bzw. der Kostenstellen-
berichte empfiehlt es sich, für das Gesamtunternehmen eine Werthierarchie aufzubauen, in
der alle relevanten Erlöse, Kostenarten, Maßgrößen und Kennzahlen eindeutig zugeordnet
werden und die entsprechenden Berechnungszeilen definiert sind. Dieses Zeilenschema
ist im Rahmen der Kostenrechnungskonzeption im Sinne einer optimalen Werteflussdarstellung und -steuerung aufzustellen.

Die Analyse der Kosten, Leistungen und Kennzahlen kann im bekannten Spaltenschema durchgeführt werden. Monats- bzw. kumulierte Werte lassen sich hinsichtlich
Wachstum zur Vorperiode bzw. als Zielerreichung zur Planung analysieren. Dies wird
visuell durch die Miniaturbalken und die Ampelfarben unterstützt.

Für die ausgewählte Zeile des BAB-Zeilenschemas lassen sich die periodische und kumulierte Entwicklung anzeigen. Somit können Kostenspitzen und Besonderheiten schnell
entdeckt werden, hier z. B. für die Werbekosten.

Kostenanalysen können in allen Unternehmensbereichen verwendet werden, so dass
auf eine wiederholende Erläuterung in den Folgekapiteln (z. B. für den Vertrieb, Einkauf
etc.) verzichtet wird.

3.9.1.5 Einzelkennzahlen-Analyse

Der Bericht Einzelkennzahlen-Analyse (vgl. Abb. 3.94) ermöglicht für jede definierte und
verfügbare Kennzahl eine umfassende Detailanalyse. Folgende Fragen sind generell zu
klären:

- Sind die Zielwerte erreicht, unter- bzw. überschritten worden?
- Wie hat sich die Kennzahl zur Vorperiode entwickelt?
- Wie entwickelt sich eine Kennzahl über verschiedene Betrachtungszeiträume?

Die Einzelkennzahlen-Analyse kann über Trigger-Funktionen an Berichtsobjekten aus vorgelagerten Berichten angesteuert werden. Alternativ kann die Einzelkennzahl im Filterbereich direkt selektiert werden. Über ein Drill-Pad bzw. Rücksprungfunktion kann in den zuletzt betrachteten Bericht zurückgesprungen werden.

Im Gegensatz zu den bisher vorgestellten Kennzahlenberichten ermöglicht der Einzelkennzahlenbericht verschiedene Sichten auf die im Filterbereich ausgewählte Kennzahl (vgl. Abb. 3.94). Ausgehend von der bereits bekannten grafischen Plan- bzw. Vorjahr-Ist-Abweichung oben links können die monatliche Entwicklung und die 5-Jahres-Entwicklung inklusive Forecast betrachtet werden. Sowohl für die Monats- als auch für die kumulative Betrachtung werden absolute Abweichungen sowie das Wachstum zum Vorjahr und die Zielerreichung zum Planwert in der Wertetabelle angezeigt.

Die Einzelkennzahlen-Analyse hebt gegenüber den anderen Berichten den Nachteil auf, dass dort eine Kennzahl i. d. R. aus Platzgründen nur in einer Darstellungsform mit eingeschränkter Sicht betrachtet werden kann.

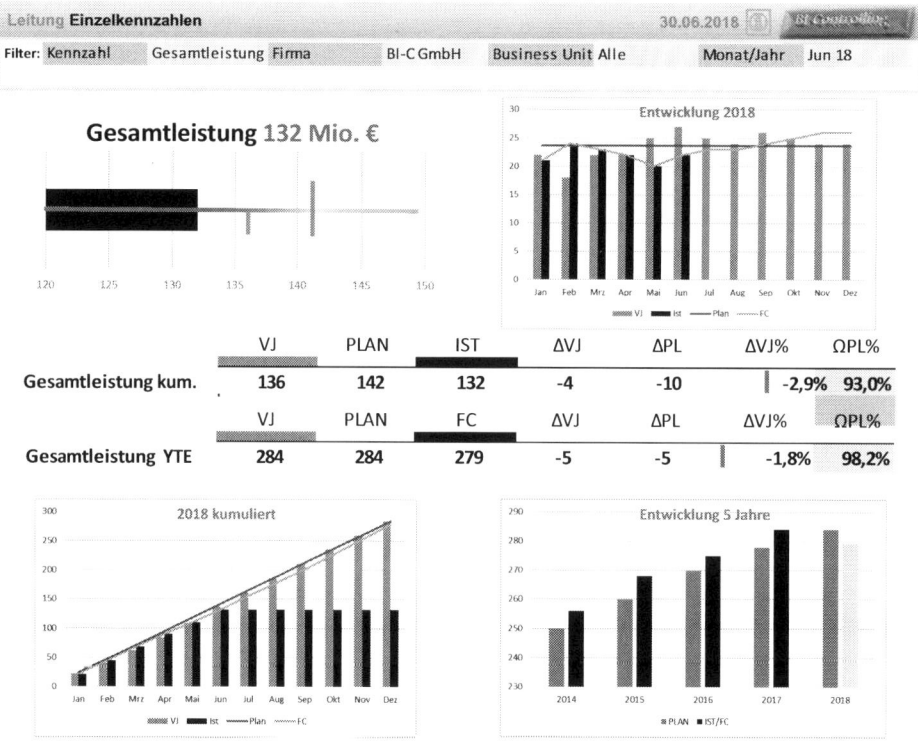

Abb. 3.94 Einzelkennzahlen-Analyse

Genauso wie bei den Kostenanalysen können Kennzahlenanalysen in allen Unternehmensbereichen verwendet werden, so dass auf eine wiederholende Erläuterung in den Folgekapiteln (z. B. für den Vertrieb, Einkauf etc.) verzichtet wird.

3.9.1.6 Kommentare und Maßnahmen

Kommentare und Maßnahmen im Berichtswesen werden häufig zusätzlich zu den Einzelberichten mit klassischen Office-Dokumenten für das Monats-, Quartals- und sonstige Reporting erfasst. Hierbei wird der Gesamtbericht in einen inhaltlichen Kontext gefasst, der z. B. eine Erfolgsgeschichte erzählt. Diese Vorgehensweise wird gerne **Storytelling** genannt, die in einem **Storyboard** (Gesamtpräsentation) zusammengefasst wird (vgl. Abschn. 3.3 und 5.5.5.7). Die Softwareunternehmen im BI-Umfeld der Frontendlösungen bieten hierfür entsprechende Funktionen an. Im Rahmen eines Storyboard können hier z. B. Berichtsmappen für Empfängergruppen zusammengestellt und um Kommentare inklusive Maßnahmenempfehlungen ergänzt werden. Wenn die Softwarelösungen keinen eigenen Generator für das Storyboard besitzen, nutzen viele Anbieter die Schnittstellen zu den bekannten Microsoft-Office-Produkten (MS Excel, MS PowerPoint und MS Word) oder erstellen einfache Druckdateien im Postscript-Datei-Format.

Wenn das Unternehmen alternativ hierzu Kommentare und Maßnahmen im Online-Cockpit platzieren möchte, gibt es verschiedene Möglichkeiten:

- Kommentare und Maßnahmen können in Tabellen in entsprechend editierbare Felder oder in separate editierbare Textfelder geschrieben werden (vergleichbar wie z. B. in MS Excel). Theoretisch können jeder Information Kommentare zugeordnet werden. Ein generelles Schreib- und Entwicklungsrecht für die reinen Analysten ist aus Lizenzkosten- und Entwicklungsgründen nicht gewünscht. Deswegen müssen editierbare Kommentare in den Berichten geschaffen werden. Nachteil hierbei ist die Festlegung und ggf. Einschränkung der Felder im Datenmodell. Praktisch werden jedoch nur vereinzelte Kommentarplatzierungen gewünscht, die jedoch von Zeitraum zu Zeitraum wechseln können.

- Es werden eigene Berichte oder Berichtsbereiche für Kommentare entwickelt, die auf die Steuerung im Unternehmen zugeschnitten sind (vgl. Abb. 3.95). Beispielsweise erhält jedes Steuerungsgremium, z. B. Geschäftsleiterrunde oder Vertriebsleitungsrunde, strukturierte Kommentarberichte, in denen zu den wichtigsten Steuerungsbereichen Kommentare und Maßnahmen erfasst bzw. gelesen werden können.

Wichtige Fragen, die mit Kommentaren und Maßnahmen beantwortet werden sollen, sind:

- Wie schätzt die verantwortliche Leitung die derzeitige Situation ein?
- Welche Ursachen und Gründe sind für den Status Quo verantwortlich?
- Welche Entwicklungen (Chancen/Risiken) werden erwartet?
- Welche Maßnahmen und Projekte sind geplant, um das erreichte bzw. aktualisierte Ziel zu erreichen?

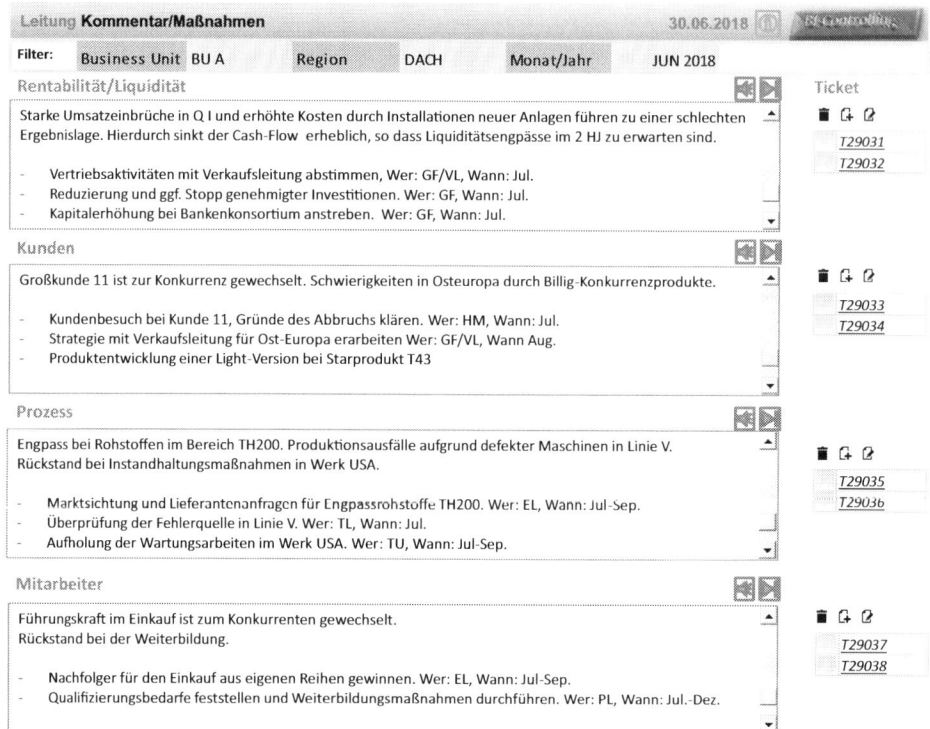

Abb. 3.95 Kommentare und Maßnahmen

Filterfunktionen ermöglichen die Speicherung von Kommentaren zu bestimmten Ergebnisobjekten (im Beispiel z. B. Aspekte der Region und zur Business Unit). Hierbei sollten die Dimensionen im Datenmodell für die Kommentierungen möglichst gering gehalten werden, um eine Überforderung der Anwender in der Pflege und Suche der Kommentierungen zu vermeiden. Wählt man zu viele Dimensionen für Kommentierungen aus, entsteht entweder Datenmüll oder es bleiben viele Kommentarfelder bei der Pflege leer.

Es empfiehlt sich zudem eine Beschränkung der Kommentierungsbereiche. Hierdurch erhält der Anwender eine gewisse Führung bei seinen Eingaben und der Leser kann gezielt nach seinen relevanten Bereichen suchen. Für die Unternehmensleitung bieten sich Perspektiven in Anlehnung an die Balanced Scorecard, z. B. Finanzen, Kunden, Prozesse und Mitarbeiter, an. Die Scroll-Funktion erlaubt die Eingabe längerer Texte. Nachteilig gegenüber Office-Dokumenten ist bei Frontend-Anwendungen ggf. die eingeschränkte Editierfunktionalität, z. B. bei Schriftarten und Tabulatoren. Einfache Editierfunktionen wie Strich- oder Punktaufzählungen, Unterstreichungen und Hervorhebungen sollten aber möglich sein.

Über Zusatzfunktionen können Audio- und Video-Kommentierungen platziert werden. Dies macht die Platzierung von Kommentaren noch einfacher. Maßnahmen sollten hingegen lieber schriftlich festgehalten werden. Inhalte der Aufgabe, Adressat bzw. Verantwortlicher sowie Termine und Zeiträume sind zu dokumentieren. Idealerweise wird an solchen Stellen ein **Ticketsystem** bzw. **Ticket-Managementsystem** integriert, in dem Aufgaben geplant und verfolgt werden können. Das Ticketsystem gewährt die richtige Kategorisierung, Zuordnung und Weiterleitung von Aufgaben in einem Unternehmen. E-mail- und Chatfunktionen sind integriert. Die im Ticket erfassten Aufgaben können hierbei aller Art sein und betreffen z. B. Störungsmeldungen, Gefahren, Aktivitäten und Initiativen. Eine Verfolgung der Ticketaufgabe ist über eine Tickethistorie möglich. Betroffene werden i. d. R. rechtzeitig über E-mails etc. informiert. Status Quo und Änderungen zum Ticket sind transparent.

Genauso wie bei den Kostenanalysen und Einzelkennzahlen-Analysen können Kommentare und Maßnahmen in allen Unternehmensbereichen verwendet werden, so dass auf eine wiederholende Erläuterung in den Folgekapiteln (z. B. für den Vertrieb, Einkauf etc.) verzichtet wird. Die Kategorien für die Kommentierungen sind an die Erfordernisse des Funktionsbereiches anzupassen, z. B. für

- den Vertrieb (Produkte, Kunden, Wettbewerber, Verkäufer, Verkaufsorganisation)
- den Einkauf (Teile, Lieferanten, Lager, Einkäufer und/oder Einkaufsorganisation)
- die Produktion (Werk, Linien, Produkte, Aggregate, Mitarbeiter)
- das Projekt (Projekte, Kunden, Wettbewerber, Ressourcen, Finanzen).

3.9.2 Cockpit Berichte für den Vertrieb

Die Vertriebsleitung und steuerungsverantwortliche Vertriebsmitarbeiter benötigen in ihrem Bereich für das Vertriebs-Controlling vor allem Informationen zur erfolgreichen Marktbearbeitung. Die Kundenorientierung steht im Vertrieb wie im Marketing im Vordergrund der Steuerung, um die absatzmarktorientierten Ziele bestmöglich zu erreichen.[88] Aus Steuerungssicht bietet es sich an, das Cockpit über die Menüleiste in folgende Bereiche einzuteilen:

- Operatives Controlling
- Strategisches Controlling
- Planung (Budget/Forecast/Mittelfristplanung)

Der Einstiegsbereich bildet das operative Vertriebscontrolling (vgl. Abb. 3.96). Hier können die wichtigsten aktuellen Informationen zur Marktbearbeitung mit Kennzahlen und Managementberichten analysiert werden.

Das strategische Vertriebscontrolling umfasst die strategische Marktanalyse, die Bildung strategischer Vertriebsziele sowie die strategische Vertriebsplanung und -kontrolle. Zur strategischen Marktanalyse gehören die Bereiche der strategischen Produkt-,

---

[88] Vgl. Bruhn (2010, S. 14).

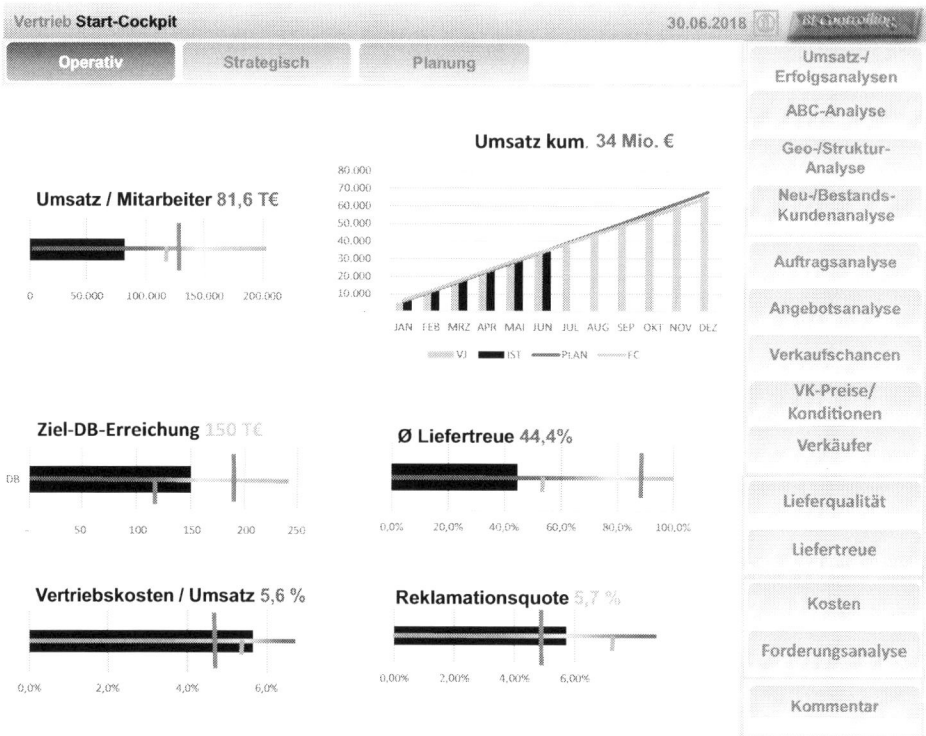

Abb. 3.96 Vertrieb: Start-Cockpit

Kunden-, Regional- und Wettbewerbsanalyse sowie die Portfolioanalyse.[89] Aus der Statusanalyse lassen sich strategische Ziele und Planungen ableiten, die zum Beispiel in einer Roadmap-Planung für den Vertrieb münden. Strategische Vertriebsprojekte werden angestoßen und gesteuert. Wichtige Kennzahlen im strategischen Marketing-Management sind u. a.:

- Der **Marktanteil** (Market Share) ist ein Maßstab für die Wettbewerbsfähigkeit.[90]
- Der **relative Marktanteil** ist der Marktanteil, den das Unternehmen im Vergleich zu seinem größten Wettbewerber erzielt.
- Der **Markenentwicklungsindex** (Brand Development Index, BDI) gibt an, wie sich eine bestimmte Marke in einer bestimmten Kundengruppe, verglichen mit dem Durchschnitt aller Verbraucher, behauptet.
- Die **Marktdurchdringung** (Market Penetration) ist ein Maß für die Beliebtheit einer Marke oder Produktsparte und gibt an, wie viel Prozent der Bevölkerung eine Marke oder ein Produkt einer Sparte mindestens einmal im Betrachtungszeitraum gekauft hat.

---

[89] Vgl. Ehrmann (2016, S. 168 ff.).
[90] Vgl. Lutz et al. (2011, S. 162).

- Die **Kundenzufriedenheit** (auch Customer Satisfaction) wird normalerweise in Umfragen im Sinne eines Ratings ermittelt.[91]
- Der **Marktausschöpfungsgrad** verdeutlicht, zu wieviel Prozent das Unternehmen das mögliche Marktpotenzial ausgeschöpft hat.[92]
- Der **Marktsättigungsgrad** (auch Reifegrad) bestimmt das Verhältnis von Marktvolumen und Marktpotenzial, also dem Marktausschöpfungsgrad aller Unternehmen einer Branche. Die Kennzahl lässt sich anhand von Branchenzeitschriften, Fachmessen, Statistiken, Expertenanalysen etc. bestimmen.[93]
- Der Wert einer Kundenbeziehung wird durch die Kennzahl **Customer Lifetime Value** (CLV) gemessen. In Verbindung mit dem CLV wird auch der **Prospect Lifetime Value** (PLV) verwendet, der den voraussichtlichen Wert eines Interessenten (Prospect) verdeutlicht. Der PLV gibt den erwarteten Wert der Kundenbeziehung minus der Kosten an, die notwendig sind, um den Interessenten als Kunden zu gewinnen. Nur wenn die Kennzahl positiv ist, sollte das Unternehmen seine Akquisitionsbemühungen fortsetzen.[94]

Im Bereich der Vertriebsplanung erfolgt der Einstieg in die vertriebsrelevanten Teile der Budgetplanung, des Forecasts bzw. der Mittelfristplanung. Ein Status- und Tracking-Bericht gibt den aktuellen Bearbeitungsstand der einzelnen Planungsgebiete und Genehmigungsrunden sowie deren Fristen wieder. Für den Vertriebsbereich sind hier insbesondere folgende Planungsgebiete wichtig:

- Absatz- und Umsatzplanung (inkl. Konditionen) (vgl. Abschn. 3.12.2)
- Planung der Sondereinzelkosten des Vertriebs (vor allem Verpackung, Frachten, Provisionen)
- Vertriebskostenplanung
- Planung von Auftragsbeständen, Angeboten und Verkaufschancen

Die Absatz- und Umsatzplanung nimmt als Start- und häufig als Engpassbereich der Planung einen hohen Stellenwert für die nachgelagerten Planungsgebiete ein. Eine vernünftig abgeleitete Ressourcen- und Kostenplanung ist nur auf Basis einer guten Absatzplanung möglich.

Das folgende Beispiel konzentriert sich auf das operative Vertriebs-Controlling.

Im Einstiegsbild sollte der Analyst des Vertriebs einen schnellen Einblick in die aktuelle Lage der Marktbearbeitung anhand von Spitzenkennzahlen und Diagrammen bekommen. Es sollte zentrale Fragestellungen und wichtige Handlungsfelder abgedeckt sein, z. B.:

---

[91] Vgl. Farris et al. (2007, S. 36–63, 69–73) und Friedemann und Neumann (2007, S. 142 ff.).
[92] Vgl. Schneider und Henning (2008, S. 233).
[93] Vgl. Schneider und Henning (2008, S. 237 f.).
[94] Vgl. Farris et al. (2007, S. 181–204).

- Erreicht das Unternehmen die gesetzten Werte der Vertriebsplanung hinsichtlich Umsatz, Marge, Deckungsbeitrag und Gewinn?
- Wie entwickeln sich Umsatz, Marge, Deckungsbeiträge und Gewinn? Wie sieht der Status Quo aus?
- Mit welchen Ergebnisobjekten (Produkte, Kunden, Segmente, Regionen, Verkaufsorganisationen, Branchen etc.) erreiche ich gute oder schlechte Werte bei den Vertriebskennzahlen (Absatzmenge, Umsatz, Deckungsbeitrag etc.)?
- Wie hoch ist der Vertriebskostenanteil?
- Wie pünktlich beliefern wir unsere Kunden?
- Sind unsere Kunden zufrieden mit unseren Leistungen?

Das Vertriebs-Cockpit unterstützt dabei auch Teile des **Marketing-Mix** mit seinen vier Dimensionen:[95]

- Produktpolitik
- Preispolitik
- Kommunikationspolitik
- Vertriebspolitik inkl. Distributionspolitik

Für Steuerungszwecke im Marketing muss das aufgezeigte Cockpit allerdings erweitert werden, vor allem um Analysen im Bereich der Kommunikations- und Distributionspolitik. Im Bereich der Kommunikationspolitik sind z. B. die Verteilung des Budgets auf die verschiedenen Werbemittel bzw. Werbeträger und der Erfolg unterschiedlicher Kommunikationsinstrumente wie z. B. Mediawerbung oder Direktmarketing zu untersuchen. In der Distributionspolitik steht z. B. die Analyse der verschiedenen Distributionswege (Internet, Großhandel etc.) im Vordergrund.

Die Spitzenkennzahlen im Vertriebsbereich sind in Anlehnung an das Gesamtsystem einheitlich aufgebaut. Hierfür bieten sich Tachos, Kacheln, Säulen- oder Balkendiagramme zur Visualisierung an, die den Status der aktuellen Lage abbilden. Im vorliegenden Beispiel werden Istwerte immer mit einem schwarzen Balken dargestellt. Planwerte werden mit Hilfe einer „blauen" und der Vorjahreswert mit einer „grauen" Markierungslinie angezeigt. Die Schwellenwertbereiche lassen sich schnell anhand der Ampelfarbe der Orientierungslinie analysieren.

Die Spitzenkennzahl im operativen Vertriebscockpit (vgl. Abb. 3.96) ist die Leistungskennziffer **Umsatz/Mitarbeiter**.[96] Bezogen auf die Mitarbeiterzahl dient sie als Vergleichskennzahl zwischen Unternehmen bzw. Unternehmensteilen. Eine ähnliche Kennzahl wäre der **Umsatz/Verkäufer**. Er fokussiert die Leistung konkreter auf die Anzahl der Verkäufer im Vertriebsbereich. Die Entwicklung der Spitzenkennzahl **Umsatz** wird grafisch kumuliert dargestellt, so dass die Zielerreichung und der Forecast schnell erfasst

---

[95] Vgl. Homburg (2017, S. 6–13) und Reinecke und Janz (2007, S. 56).
[96] Vgl. Gladen (2014, S. 304).

werden können. Alternativ wären die Kennzahlen Tages-, Wochen- oder Monatsumsatz, was von der zeitlichen Steuerungsintensität des Geschäftes des Unternehmens abhängt.

Der Vertriebserfolg kann über die Kennzahl **Ziel-DB-Erreichung** gemessen werden. Liegt der realisierte Deckungsbeitrag deutlich unter dem Planwert, so kann das für die Unternehmung ergebnisbedrohlich sein. Die wirtschaftliche Nutzung und der angemessene Einsatz von Vertriebsressourcen für das Gesamtgeschäft kann anhand der Kennzahl **Vertriebskosten/Umsatz** gezeigt werden. Die **Liefertreue** gibt prozentual an, wie pünktlich das Unternehmen an seine Kunden geliefert hat. Alternativ oder ergänzend kann hier die **Fehllieferungsquote**[97] falsch gelieferte Waren signalisieren. Die **Reklamationsquote** drückt die (Nicht-)Zufriedenheit der Kunden bezüglich der gelieferten Leistungen aus.

Eine Grundauswahl von Detailanalyseberichten für den Vertriebsbereich sind über eine Menüsteuerungsleiste (im Beispiel rechts der Abb. 3.96) zu erreichen. Es werden folgende Bereiche unterschieden:

- Umsatz- und Erfolgsanalysen
- Verkaufschancen-, Angebots- und Auftragsanalysen
- Preis-/Konditionenanalysen
- Verkäuferanalysen
- Versandtermin- und -qualitätsanalysen
- Forderungsanalysen
- Kostenanalysen
- Kommentare und Maßnahmen

Die Bereiche Kostenanalyse und Kommentare und Maßnahmen wurden bereits im Bereich der Unternehmensleitung abgehandelt und werden im Folgenden nicht redundant aufgeführt.

3.9.2.1   Umsatz- und Erfolgsanalysen

Mit Hilfe der Umsatzanalyse (vgl. Abb. 3.97) können die Ergebnisobjektbereiche und Einzelobjekte anhand der ausgewählten Hierarchie analysiert werden. Wichtige Hierarchien sind vor allem die Produkthierarchie, die Kundenhierarchie, regionale Hierarchien und Profit-Center-Hierarchien (Business Units). Geschäftsmodellabhängig können dies auch Vertriebswege, Auftragsgrößenklassen, Branchenzugehörigkeit oder andere vertriebsrelevante Ergebnisobjekte wie Verkäufer oder Verkaufsorganisationen sein, die entweder als Hierarchie oder als flache Liste abgebildet werden. Zu den direkten Vertriebswegen gehören beispielsweise der Außen- und Innendienst, das Key Account Management und der Kundendienst.[98]

Die ausgewählte Kennzahl (hier Umsatz) kann monatlich und kumuliert im einheitlichen Spaltenschema ausgewertet werden. Alternative Kennzahlen können über den Filter

---

[97] Zur Kennzahl Fehlauslieferungsquote vgl. Krause und Arora (2008, S. 221–222).
[98] Vgl. Hofbauer und Hellwig (2016, S. 103).

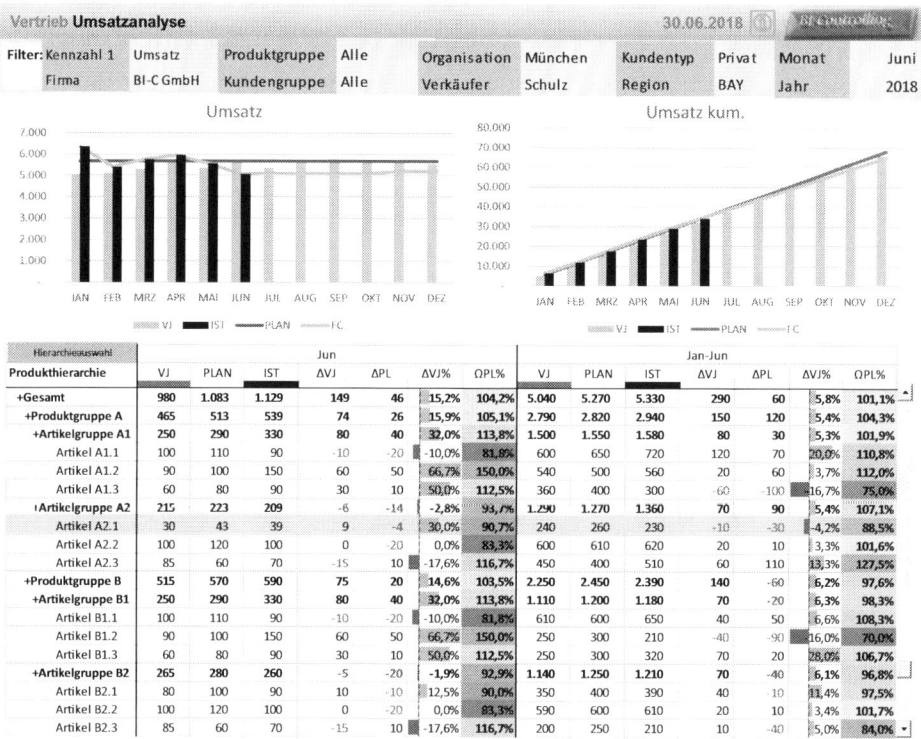

Produkthierarchie	Jun							Jan-Jun						
	VJ	PLAN	IST	ΔVJ	ΔPL	ΔVJ%	ØPL%	VJ	PLAN	IST	ΔVJ	ΔPL	ΔVJ%	ØPL%
+Gesamt	980	1.083	1.129	149	46	15,2%	104,2%	5.040	5.270	5.330	290	60	5,8%	101,1%
+Produktgruppe A	465	513	539	74	26	15,9%	105,1%	2.790	2.820	2.940	150	120	5,4%	104,3%
+Artikelgruppe A1	250	290	330	80	40	32,0%	113,8%	1.500	1.550	1.580	80	30	5,3%	101,9%
Artikel A1.1	100	110	90	-10	-20	-10,0%	81,8%	600	650	720	120	70	20,0%	110,8%
Artikel A1.2	90	100	150	60	50	66,7%	150,0%	540	500	560	20	60	3,7%	112,0%
Artikel A1.3	60	80	90	30	10	50,0%	112,5%	360	400	300	-60	-100	-16,7%	75,0%
+Artikelgruppe A2	215	223	209	-6	-14	-2,8%	93,7%	1.290	1.270	1.360	70	90	5,4%	107,1%
Artikel A2.1	30	43	39	9	-4	30,0%	90,7%	240	260	230	-10	-30	-4,2%	88,5%
Artikel A2.2	100	120	100	0	-20	0,0%	83,3%	600	610	620	20	10	3,3%	101,6%
Artikel A2.3	85	60	70	-15	10	-17,6%	116,7%	450	400	510	60	110	13,3%	127,5%
+Produktgruppe B	515	570	590	75	20	14,6%	103,5%	2.250	2.450	2.390	140	-60	6,2%	97,6%
+Artikelgruppe B1	250	290	330	80	40	32,0%	113,8%	1.110	1.200	1.180	70	-20	6,3%	98,3%
Artikel B1.1	100	110	90	-10	-20	-10,0%	81,8%	610	600	650	40	50	6,6%	108,3%
Artikel B1.2	90	100	150	60	50	66,7%	150,0%	250	300	210	-40	-90	16,0%	70,0%
Artikel B1.3	60	80	90	30	10	50,0%	112,5%	250	300	320	70	20	28,0%	106,7%
+Artikelgruppe B2	265	280	260	-5	-20	-1,9%	92,9%	1.140	1.250	1.210	70	-40	6,1%	96,8%
Artikel B2.1	80	100	90	10	-10	12,5%	90,0%	350	400	390	40	10	11,4%	97,5%
Artikel B2.2	100	120	100	0	-20	0,0%	83,3%	590	600	610	20	10	3,4%	101,7%
Artikel B2.3	85	60	70	-15	10	-17,6%	116,7%	200	250	210	10	-40	5,0%	84,0%

Abb. 3.97   Vertrieb: Umsatzanalyse

gewechselt werden. Die Kennzahl Umsatzwachstum zum Vorjahr und die Zielerreichung zum Planwert werden visuell hervorgehoben.

Zahlreiche Filteroptionen erlauben detailliertere Analysen, z. B. nach der Organisation, dem Kundentyp oder den Verkäufern. Werden Prognosezeiträume im Filter ausgewählt, dann werden Forecast-Werte analysiert.

Die Diagramme verhalten sich wieder dynamisch zu den ausgewählten Zeilen. Somit können einzelne Artikel oder ausgewählte Artikelgruppen hinsichtlich ihrer monatlichen Entwicklung und in ihrer kumulativen Betrachtung für alle Wertarten (Ist, Plan und Forecast) analysiert werden.

Durch den Wechsel der Kennzahl im Filterbereich kann die Umsatzanalyse zur Erfolgsanalyse ausgebaut werden, indem die wichtigsten Ergebniskennzahlen (vor allem Rohertrag, Deckungsbeiträge und Ergebnisse) analysiert werden können. Will man die Ergebnisbeiträge entlang der Ergebnisrechnung in einem Bericht auf einen Blick analysieren, so bietet sich folgende Darstellung der Erfolgsanalyse an.

In der Erfolgsanalyse werden die wichtigsten vertriebsrelevanten Ergebniskennzahlen der Ergebnisrechnung hervorgehoben (vgl. Abb. 3.98). Der Vertrieb beschränkt sich dabei häufig auf wichtige Konditionen, Nettoumsätze, Rohertrag und Deckungsbeiträge nach

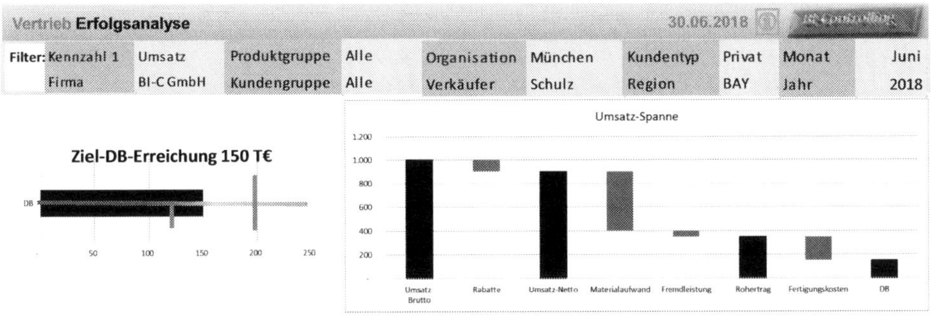

Produkthierarchie	Umsatz-Brutto	Rabatte	Rabatt %	Umsatz-Netto	Material-aufwand	Fremd-leistung	Rohertrag	Rohertrag %	Fertigungs-kosten	DB	DB %
+Gesamt	7.800	720	9,2%	7.080	4.130	875	2.075	29,3%	1.400	435	6,1%
+Produktgruppe A	4.000	360	9,0%	3.640	2.200	360	920	25,3%	720	200	5,5%
+Artikelgruppe A1	2.000	180	9,0%	1.820	1.100	180	510	28,0%	360	150	8,2%
Artikel A1.1	1.000	100	10,0%	900	500	50	350	38,9%	200	150	16,7%
Artikel A1.2	200	20	10,0%	180	100	30	50	27,8%	40	10	5,6%
Artikel A1.3	800	60	7,5%	740	500	100	110	14,9%	120 -	10	-1,4%
+Artikelgruppe A2	2.000	180	9,0%	1.820	1.100	180	410	22,5%	360	50	2,7%
Artikel A2.1	900	100	11,1%	800	500	50	250	31,3%	200	50	6,3%
Artikel A2.2	200	20	10,0%	180	100	30	50	27,8%	40	10	5,6%
Artikel A2.3	900	60	6,7%	840	500	100	110	13,1%	120 -	10	-1,2%
+Produktgruppe B	3.800	360	9,5%	3.440	1.930	515	915	26,6%	680	235	6,8%
+Artikelgruppe B1	1.600	180	11,3%	1.420	800	130	410	28,9%	320	90	6,3%
Artikel B1.1	800	100	12,5%	700	400	50	250	35,7%	200	50	7,1%
Artikel B1.2	200	20	10,0%	180	100	30	50	27,8%	40	10	5,6%
Artikel B1.3	600	60	10,0%	540	300	50	110	20,4%	80	30	5,6%
+Artikelgruppe B2	2.200	180	8,2%	2.020	1.130	385	505	25,0%	360	145	7,2%
Artikel B2.1	1.200	100	8,3%	1.100	600	150	350	31,8%	200	150	13,6%
Artikel B2.2	300	20	6,7%	280	100	135	45	16,1%	40	5	1,8%
Artikel B2.3	700	60	8,6%	640	430	100	110	17,2%	120 -	10	-1,6%

Abb. 3.98 Vertrieb: Erfolgsanalyse

variablen Kosten, anhand derer man den vertrieblichen Erfolg für das Unternehmen gut ablesen kann. Können die Ergebniskennzahlen auch für andere Hierarchien ausgewiesen werden, so bietet sich eine Hierarchieauswahl an, z. B. ein Wechsel auf die Kunden-hierarchie. Wichtige Ergebniskennzahlen (hier z. B. der Deckungsbeitrag in Prozent zum Umsatz) werden visuell hervorgehoben. Die Ampelfarbe zeigt dabei einheitlich die Zieler-reichung in einem Toleranzbereich an. Die Balkenausschläge verdeutlichen die prozentua-le Deckungskraft. Stellt man die Hierarchie auf ein flaches Objekt (z. B. Einzelprodukte) um, so können über eine Sortierfunktion die Top- oder Flop-Produkte in eine Rangfolge gebracht werden.

Die Spitzenkennzahl zeigt die **Ziel-DB-Erreichung** für das ausgewählte Objekt an. Das dynamische Wasserfalldiagramm zeigt die Kennzahlen der Wertschöpfungsstufen der Ergebnisrechnung für das ausgewählte Objekt an.

Ein Top-Bericht für die Ergebnisanalyse stellt die dynamische ABC-Analyse dar (vgl. Abb. 3.99).

Die **dynamische ABC-Analyse** filtert im Gegensatz zur einfachen ABC-Analyse[99] die ausgewählte Ergebniskennzahl (z. B. Umsatz) auf mehrere ausgewählte Ergebnisobjekte.

---

[99] Vgl. zur einfachen ABC-Analyse z. B. Mehlan (2007, S. 96 ff.).

| Vertrieb **ABC-Analyse** | | | | | | 30.06.2018 | | |
| Filter: | Kennzahl 1 | Umsatz | Renner/Penner | Firma | BI-C GmbH | Monat | Juni | Jahr | 2018 |

Produktgr. Alle

Artikel	Umsatz	Umsatz %	Umsatz kum.	kum. Umsatz %	Klasse ABC	Trend
Artikel 10	2.150.000	22,0%	2.150.000	22,0%	A	
Artikel 2	1.550.000	15,9%	3.700.000	37,9%	A	
Artikel 13	1.365.000	14,0%	5.065.000	51,8%	A	
Artikel 44	1.128.000	11,5%	6.193.000	63,4%	A	
Artikel 25	936.000	9,6%	7.129.000	73,0%	A	
Artikel 16	760.000	7,8%	7.889.000	80,8%	B	
Artikel 37	540.000	5,5%	8.429.000	86,3%	B	
Artikel 18	390.000	4,0%	8.819.000	90,3%	B	
Artikel 9	198.000	2,0%	9.017.000	92,3%	B	
Artikel 15	182.000	1,9%	9.199.000	94,2%	C	
Artikel 31	171.000	1,8%	9.370.000	95,9%	C	
Artikel 42	80.000	0,8%	9.450.000	96,7%	C	
Artikel 53	51.000	0,5%	9.501.000	97,3%	C	
Artikel 14	28.000	0,3%	9.529.000	97,5%	C	

Kundengr. Alle

Kunde	Umsatz	Umsatz %	Umsatz kum.	kum. Umsatz %	Klasse ABC	Trend
Kunde 10	1.850.000	19,4%	1.850.000	19,4%	A	
Kunde 2	1.510.000	15,8%	3.360.000	35,3%	A	
Kunde 13	1.265.000	13,3%	4.625.000	48,5%	A	
Kunde 44	1.115.000	11,7%	5.740.000	60,2%	A	
Kunde 25	965.000	10,1%	6.705.000	70,4%	A	
Kunde 16	660.000	6,9%	7.365.000	77,3%	B	
Kunde 37	550.000	5,8%	7.915.000	83,1%	B	
Kunde 18	490.000	5,1%	8.405.000	88,2%	B	
Kunde 9	200.000	2,1%	8.605.000	90,3%	B	
Kunde 15	190.000	2,0%	8.795.000	92,3%	C	
Kunde 31	170.000	1,8%	8.965.000	94,1%	C	
Kunde 42	150.000	1,6%	9.115.000	95,7%	C	
Kunde 53	105.000	1,1%	9.220.000	96,8%	C	
Kunde 14	68.000	0,7%	9.288.000	97,5%	C	

Region BAY

Region	Umsatz	Umsatz %	Umsatz kum.	kum. Umsatz %	Klasse ABC	Trend
Region 10	1.750.000	18,3%	1.750.000	18,3%	A	
Region 2	1.450.000	15,1%	3.200.000	33,4%	A	
Region 13	1.305.000	13,6%	4.505.000	47,0%	A	
Region 44	1.228.000	12,8%	5.733.000	59,8%	A	
Region 25	956.000	10,0%	6.689.000	69,8%	A	
Region 16	860.000	9,0%	7.549.000	78,8%	A	
Region 37	640.000	6,7%	8.189.000	85,5%	B	
Region 18	490.000	5,1%	8.679.000	90,6%	B	
Region 9	198.000	2,1%	8.877.000	92,7%	B	
Region 15	172.000	1,8%	9.049.000	94,5%	C	
Region 31	151.000	1,6%	9.200.000	96,0%	C	
Region 42	60.000	0,6%	9.260.000	96,7%	C	
Region 53	41.000	0,4%	9.301.000	97,1%	C	
Region 14	38.000	0,4%	9.339.000	97,5%	C	

Verkäufer Schulz

Verkäufer	Umsatz	Umsatz %	Umsatz kum.	kum. Umsatz %	Klasse ABC	Trend
Verkäufer 10	3.750.000	31,5%	3.750.000	31,5%	A	
Verkäufer 2	2.450.000	20,6%	6.200.000	52,1%	A	
Verkäufer 13	1.305.000	11,0%	7.505.000	63,1%	A	
Verkäufer 44	928.000	7,8%	8.433.000	70,9%	A	
Verkäufer 25	856.000	7,2%	9.289.000	78,1%	A	
Verkäufer 16	760.000	6,4%	10.049.000	84,5%	B	
Verkäufer 37	540.000	4,5%	10.589.000	89,1%	B	
Verkäufer 18	390.000	3,3%	10.979.000	92,3%	B	
Verkäufer 9	198.000	1,7%	11.177.000	94,0%	B	
Verkäufer 15	182.000	1,5%	11.359.000	95,5%	C	
Verkäufer 31	155.000	1,3%	11.514.000	96,8%	C	
Verkäufer 42	65.000	0,5%	11.579.000	97,4%	C	
Verkäufer 53	43.000	0,4%	11.622.000	97,7%	C	
Verkäufer 14	28.000	0,2%	11.650.000	98,0%	C	

Abb. 3.99 Vertrieb: Dynamische ABC-Analyse

Anders als im Filterbereich kann hierbei die Bedeutung (ABC-Einteilung) der Objekte direkt visuell für die Analyse genutzt werden. Aufgrund der Beschränkung der Bildschirmoberfläche bieten sich i. d. R. vier ABC-Analyse-Tabellen an. Die wichtigsten Ergebnisobjekte im Beispiel sind Produkte und Kunden (oben), es folgen Regionen und Verkäufer (unten). Die Ergebnisobjekte können ggf. ausgetauscht werden, z. B. gegen Branchen, Verkaufsorganisationen und Vertriebskanäle. Alternativ wäre die Platzierung entsprechender Filter in der Menüleiste möglich. Die Reihenfolge der Objekte wird i. d. R. in der ABC-Logik von hoch bis niedrig angezeigt. Ein Wechsel ist z. B. über einen Radio-Button von „Renner" auf „Penner" möglich. Neben dem Color-Coding anhand gesetzter Grenzen für die ABC-Kategorien helfen Spark-Lines den kurzfristigen Trend der Umsätze einzuschätzen.

Die Einteilung der Klassen ist individuell vom Unternehmen vorzunehmen. I. d. R. werden folgende 3 Klassen (A, B und C) gebildet:

- A-Artikel: bereits 20–30 % aller Artikel machen 70–80 % des gesamten Umsatzes aus.
- A- und B-Artikel: ca. 50 % aller Artikel machen bereits kumuliert bis zu 90 % des gesamten Umsatzes aus.
- C-Artikel: die restlichen 50 % aller Artikel machen nur 10 % des gesamten Umsatzes aus

Die dynamische ABC-Analyse verdeutlicht ihre Mächtigkeit für Analysezwecke in der Selektion ausgewählter Zeilen in einer beliebigen ABC-Analyse-Tabelle. Wählt man z. B. ein Produkt in der Produkt-ABC-Tabelle aus, so schränken sich alle Werte der anderen ABC-Tabellen darauf ein. Schränkt man weiterhin die Sicht in der Verkäufer-ABC-Tabelle auf einen bestimmten Verkäufer ein, so kann man hier seine individuellen Produktverkäufe zu dem ausgewählten Produkt nach Kunden und Vertriebsregionen in den beiden anderen ABC-Tabellen analysieren. Durch die vier Kombinationen in der Analyse stehen viele Sichten für die Marktanalyse zur Verfügung. Wichtige vertriebsrelevante Fragestellungen lassen sich nun sehr leicht analysieren:[100]

- In welcher Region wird ein Produkt sehr gut angenommen? In welcher nicht?
- Welchen Umsatz generieren wir in welchen Regionen, mit welchen Produkten und welchen Verkäufern?
- Welche Kunden bzw. Produkte sind umsatzstark bzw. -schwach?
- Welcher Verkäufer hat mit bestimmten Produkten den meisten Erfolg?
- Welche Kunden kaufen in einer bestimmten Region bestimmte Produkte am häufigsten?
- In welcher Region ist ein Verkäufer bei welchen Kunden am erfolgreichsten?
- ...

Für strukturelle und regionale Betrachtungen im Vertrieb bietet sich die Geo- und Strukturanalyse an (vgl. Abb. 3.100). Hierbei werden die zu analysierenden Kennzahlen (z. B. Umsatz und Deckungsbeitrag) grafisch anhand einer Landkarte oder eines Objektplanes (z. B. Stadion, Kinosaal) angezeigt. Regionale Unterschiede lassen sich hierüber schneller visuell aufnehmen. Für die strukturelle Analyse bieten sich Kreisdiagramme, Donut-, Sunburst- und Treemap-Charts sowie Säulen- bzw. Balkendiagramme an (vgl. Abschn. 3.8.2.4). Hierüber lassen sich große von kleinen Ergebnisobjektbereichen wie Business Units, Auftragsgrößenklassen, Produktbereiche, Kundentypen etc. schnell visuell identifizieren. Kreisdiagramme, Donut-, Sunburst- und Treemap-Charts eignen sich bei eher wenigen Segmenten. Steigt die Anzahl an betrachteten Objekten, bieten sich Säulen- bzw. Balkendiagramme an. Die Farbklassifizierungen der Objekte sollten idealerweise über die Berichte einheitlich sein. Gleiche Farben sollten nicht für unterschiedliche Objekte verwendet werden. Bei vielen Ergebnisobjekten und Klassifizierungsnotwendigkeiten lässt sich die Farbzuordnung über alle Berichte jedoch nur schwer durchhalten.

Die Diagramme reagieren wiederum dynamisch auf die ausgewählten Filter in der Menüleiste und auf die ausgewählten Ergebnisobjekte in den Diagrammen untereinander (z. B. durch Anklicken eines Segmentes im Kreisdiagramm oder einer Fläche/Säule auf der Landkarte).

Ein weiterer sehr nützlicher Analysebereich zur erfolgreichen Marktbearbeitung ist die Neu- und Bestandskundenanalyse (vgl. Abb. 3.101). Er beantwortet zentrale Fragen wie z. B.:

---

[100] Vgl. Pufahl (2015, S. 208–209).

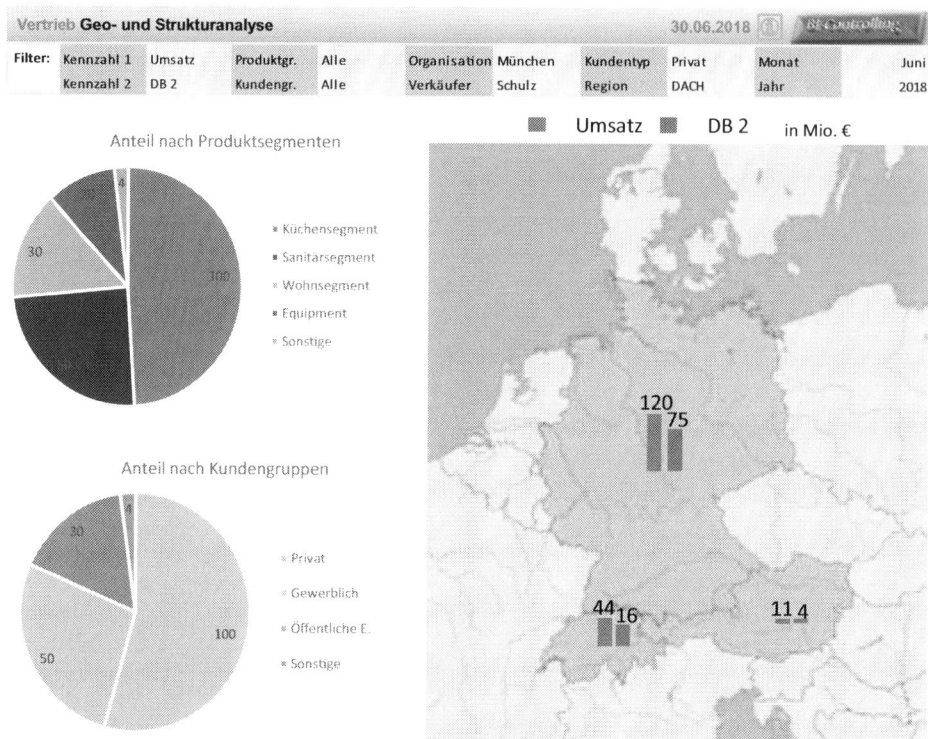

Abb. 3.100   Vertrieb: Geo- und Strukturanalyse

- Wie viele und welche Neukunden konnten wir gewinnen?
- Wie hoch ist die Wiederkaufrate bei den Bestandskunden?
- Wie viele und welche Kunden haben wir verloren?
- Welche Kunden sind aktuell aktiv?

Über die Farbgebung der Balken- bzw. Säulen der oberen Diagramme lässt sich die An-zahl der Neukunden (dunkelgrün) bzw. der aktiven (hellgrün) und passiven (gelb) sowie verlorenen (rot) Bestandskunden in der Ampelsignalreihenfolge direkt ablesen. Die Ver-änderungen in den aufgeführten Kundenkategorien lassen sich im Zeitverlauf des letzten Jahres analysieren, so dass Effekte erkannt und Gründe für den Verlust bzw. den Ge-winn bzw. die Aktivierung von Kunden untersucht werden können. Als Spitzenkennzahlen dienen die **Neukundenquote**, die **Bestandskundenquote** aktiv und passiv und die **Fluk-tuationsquote** (verlorene Bestandskunden). Für die Detailanalyse dient die Tabelle, in der Kunden nach verschiedenen Kriterien sortiert und analysiert werden können. Der Umsatz der letzten vier Jahre, des letzten Jahres und der Monat des letzten Umsatzes sowie der Zeitpunkt der Kundengewinnung und der Zeitraum in Monaten seit dem letzten Umsatz verdeutlichen die Aktivität bzw. die Treue des Kunden. Miniatursäulen, Signalsymbole

Abb. 3.101 Vertrieb: Neu- und Bestandskundenanalyse

und Miniaturbalken helfen dabei, die Ausreißer sofort zu identifizieren. Zudem werden Neukunden, aktive und passive Bestandskunden visuell hervorgehoben.

Mit Hilfe der Filtermöglichkeiten kann die Marktanalyse sinnvoll für die Recherchezwecke eingeschränkt werden; es lassen sich z. B. bestimmte Produktgruppen, Kundentypen, Verkaufsorganisationen, Branchen etc. im Detail betrachten.

Die Neu- und Bestandskundenanalyse bedarf aus Sicht der BI-gestützten Cockpitlösung vor allem die Identifizierung und Klassifizierung der Neu- und Bestandskunden in den Quelldaten des CRM-Systems. Es müssen Regeln implementiert werden, ab wann ein Kunde Neu- oder Bestandskunde (z. B. Umsatz im Zeitraum der letzten 18 Monate, danach Bestand) oder ab wann ein Kunde aktiv ist (z. B. Umsatz im letzten Jahr).

3.9.2.2 Verkaufschancen-, Angebots- und Auftragsanalysen

Die laufende Umsatz- und Erfolgsanalyse muss im Vertrieb ergänzt werden durch eine in die Zukunft gerichtete Analyse der Marktbearbeitung. Hier stehen die Kennzahlen **Auftragsbestand**, **Auftragseingang** und **Verkaufschance** im Vordergrund der Analyse. Zentrale Fragestellungen lauten hier:

- Wie gut ist die Beschäftigung in Zukunft abgesichert?
- Wie gut ist die Marktbearbeitung durch den Vertrieb und wie entwickelt sie sich?
- Wie hoch ist die Erfolgsquote, Interessenten und Angebote zu gewinnen?
- Wie lange dauert der Akquisitionsprozess? Wie erfolgreich verlaufen die einzelnen Phasen des Prozesses?
- Warum verliert das Unternehmen Interessenten und Angebote?

Die Auftragsanalyse (vgl. Abb. 3.102) konzentriert sich auf den Auftragsendbestand (**Auftragsbestand** am Ende der Periode), die **Auftragseingänge** und die Reichweite des Auftragsbestandes (**Auftragsreichweite**). Wie jede Bestandsgröße ermittelt sich der Auftragsendbestand aus dem Anfangsbestand, den Zugängen (Auftragseingänge) und den Abgängen (Umsatz) der betrachteten Periode. Die Auftragsanalyse kann in der Tabelle für die ausgewählte Hierarchie nach Produkten analysiert werden. Mit Hilfe der durchschnittlichen Umsätze pro Periode kann die Reichweite des Auftragsbestandes ermittelt und visuell angezeigt werden. Die Auftragsreichweite verdeutlicht, wie gut die Unternehmung Geschäfte aufbauen konnte, um in Zukunft ausreichend produzieren und verkaufen zu können. Es ist ein Frühindikator für die gesicherte Auslastung des Unternehmens.

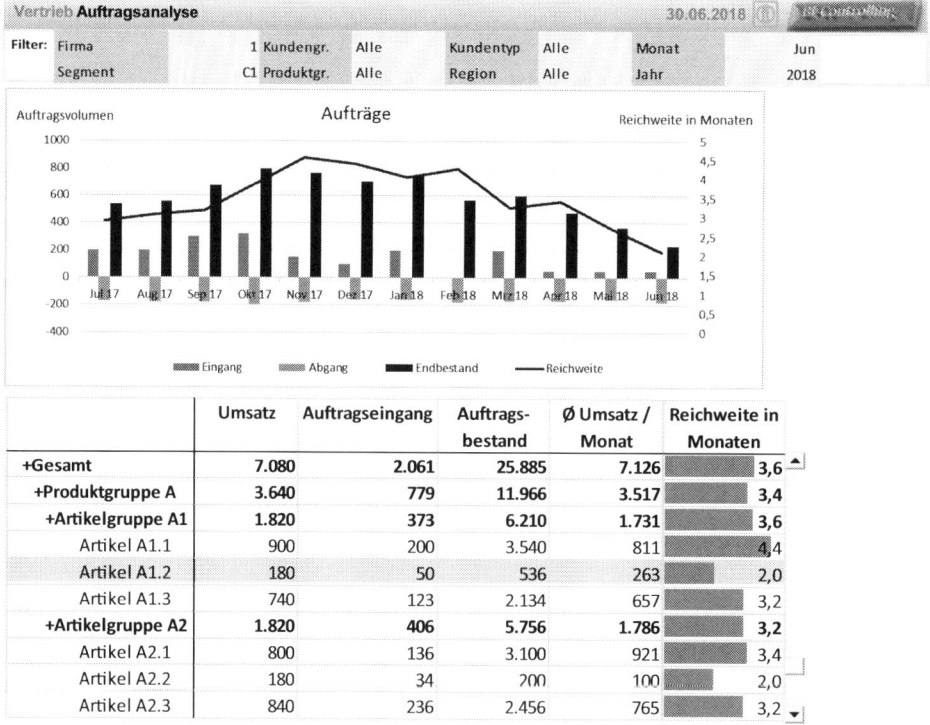

Abb. 3.102   Vertrieb: Auftragsanalyse

Die tabellarische Analyse wird durch ein dynamisches Diagramm unterstützt, das für die ausgewählte Produktzeile die Kennzahlen rund um den Auftragsbestand visualisiert. Der Auftragsbestand am Ende der jeweiligen Periode ist schwarz hinterlegt. Die Auftragsreichweite wird als Linie mit einer separaten Wertachse dargestellt. Werden Auftragseingänge nicht geplant, bietet sich eine rollierende Betrachtung eines zurückliegenden Zeitraumes, z. B. ein Geschäftsjahr, an, um beispielsweise typische Saisoneffekte zu erkennen. Werden Auftragseingänge und -bestände geplant, sind die Prognosezeiträume (z. B. YTE [Year to End] oder die nächsten 3–6 Monate) visuell darzustellen.

Geht man in der zeitlichen Betrachtung einen Schritt bei der Marktbearbeitung zurück, so gelangt man zur Analyse der Angebote (vgl. Abb. 3.103).

Der **Angebotsbestand** am Ende der Periode wird wiederum als Bestandskennzahl aus dem Anfangsbestand der Periode, den Zugängen (**Angebotseingang** = neue Angebote) und den Abgängen (**verlorene Angebote + Auftragseingänge**) ermittelt. Die Angebotsanalyse erfolgt für die ausgewählten Ergebnisobjekte entlang ihrer Hierarchie (z. B. der Produkthierarchie). Bei der Angebotsanalyse ist neben der Wertgröße Umsatz auch die Anzahl der Angebote zur Analyse interessant. Der Erfolg zeigt sich durch die gewonnenen Angebote, die zum Auftragseingang werden (grün markiert). Die **Hitrate** (auch

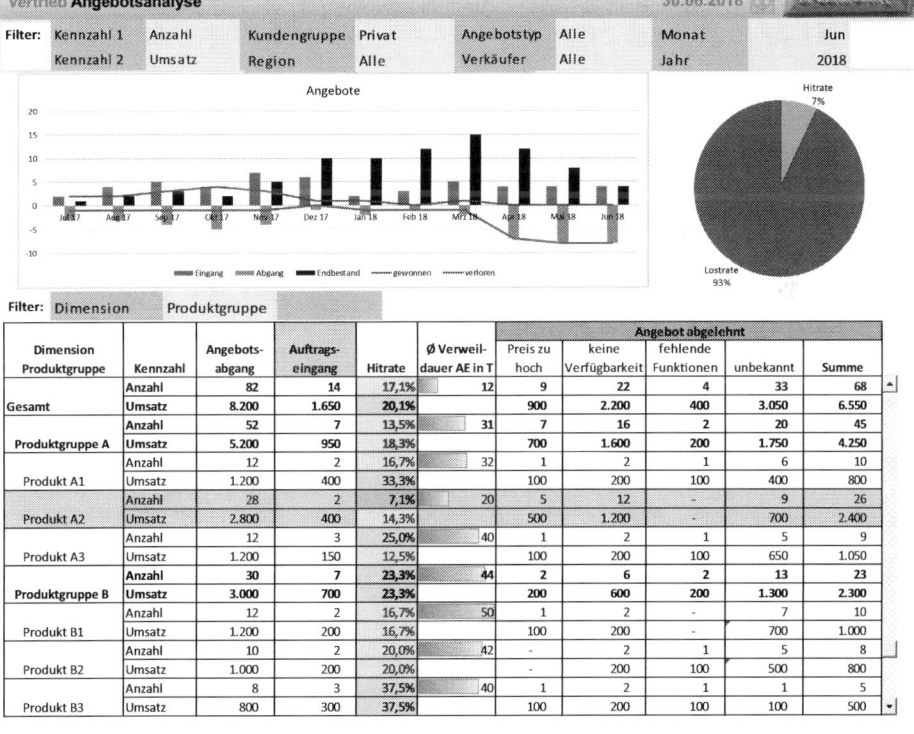

Abb. 3.103 Vertrieb: Angebotsanalyse

Konversionsrate genannt) zeigt die Erfolgsquote der gewonnenen Angebote im Verhältnis zu den gestellten Angeboten, die visuell durch die Ampel hervorgehoben wird. Über ein Kreisdiagramm wird die Hitrate zusätzlich grafisch hervorgehoben. In der Tabelle unten können gut laufende Angebotsstellungen (z. B. für Produkte oder Kunden) identifiziert werden. Die durchschnittliche Verweildauer in Tagen zeigt die Dauer der Angebotsbearbeitung an. Sie ist nützlich für die Zeitanalyse der Angebotsbearbeitung. Hierzu müssen Angebotseingang und Abgang erfasst werden, was bei verlorenen Angeboten i. d. R. lang herausgezögert werden kann.

Die Ablehnung der Angebote sollte nach kategorisierten Gründen analysiert werden können, die ebenfalls erfasst werden müssen. Dominieren bestimmte Gründe, sind diese bei der Marktbearbeitung zu berücksichtigen. Bei schlechter Verfügbarkeit der Ware ist z. B. das Lagerbestandsmanagement zu analysieren. Bei zu hohen Preisen ist z. B. eine Preisanalyse sinnvoll, auf deren Ergebnis die Preispolitik nachjustiert wird.

Die tabellarische Analyse wird wiederum durch ein dynamisches Diagramm unterstützt, das für die ausgewählte Zeile die wichtigsten Kennzahlen der Angebotsanalyse visualisiert. Der Angebotsbestand am Ende der jeweiligen Periode ist schwarz hinterlegt. Ein Dilemma der Angebotsanalyse ist die Datenpflege insbesondere bei Angebotsabgängen. Werden diese nicht regelmäßig erfasst, baut sich ein unrealistischer Angebotsbestand auf und die Verweildauer verlängert sich. Werden Angebotseingänge nicht geplant, bietet sich eine rollierende Betrachtung eines zurückliegenden Zeitraumes, z. B. ein Geschäftsjahr, an, um beispielsweise typische Saisoneffekte zu erkennen. Werden Angebotseingänge und -bestände geplant, was seltener vorkommt, sind Prognosezeiträume visuell darzustellen.

Geht man in der zeitlichen Betrachtung von der Angebotsanalyse einen weiteren Schritt bei der Marktbearbeitung zurück, so gelangt man zur Analyse der Verkaufschancen (vgl. Abb. 3.104).

Im sogenannten Lead-Management werden potenzielle Kunden (Interessenten) identifiziert und bestmöglich für die Kundengewinnung phasenweise analysiert, entwickelt (qualifiziert) und überprüft.[101]

Der Lead-Managementprozess unterteilt die Kundengewinnung in Phasen, die je nach Geschäft und Akquisitionsprozess unterschiedlich sein können. Im gezeigten Beispiel werden die Phasen Aufnahme, Selektion, Projektierung, Verhandlung, Angebot und Auftrag unterschieden (vgl. Abb. 3.104). In jeder Phase werden Verkaufschancen bearbeitet. Als Alternative zur vollständigen Abbildung der Anfangsbestände, Zugänge, Abgänge und Endbestände werden hier nur die gewonnenen bzw. verlorenen Verkaufschancen der Phase visualisiert. Es entsteht eine „Trichter"-artige Darstellung, da typischerweise in jeder Phase eine Reduktion der potenziellen Interessenten vorkommt. Ziel des Vertriebs ist es, die Zugewinne der Kunden im Gesamtprozess zu erhöhen und dies in einer möglichst kurzen Zeitspanne. Nicht erfolgsversprechende Interessenten sollten daher früh aussortiert werden. Lassen sich die Daten der Zu- und Abgänge im CRM-System zeitlich aktuell erfassen, können über die Analyse der gewonnenen und verlorenen Verkaufschancen so-

---

[101] Vgl. BITCOM (2005, S. 1–36).

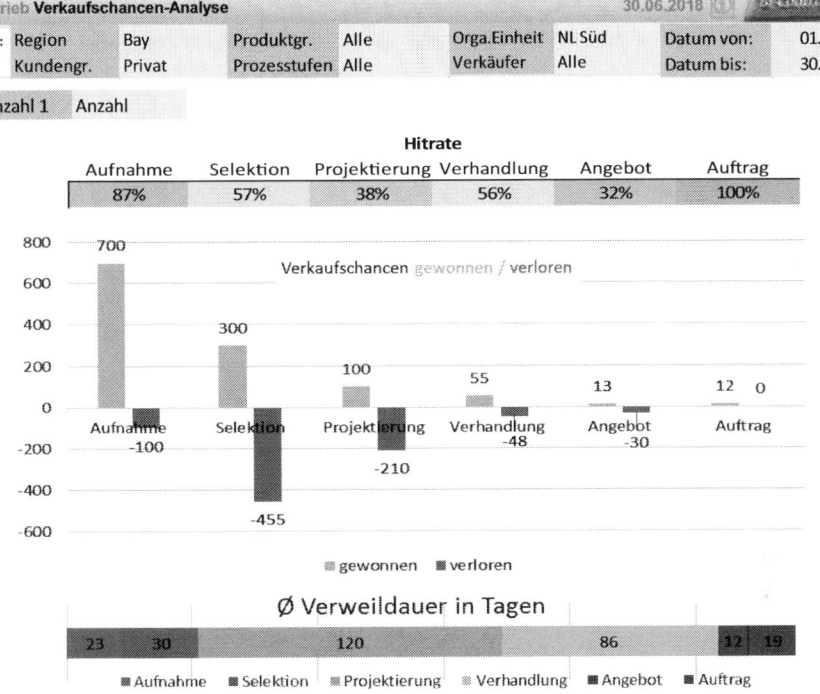

Abb. 3.104 Vertrieb: Verkaufschancen

wie der durchschnittlichen Verweildauer in jeder einzelnen Phase spezifische Schlüsse gezogen und Maßnahmen eingeleitet werden. Die Hitrate (Konversionsrate) unterstützt die Analyse des Erfolges in der jeweiligen Phase und zeigt den prozentualen Erfolg der gewonnenen Verkaufschancen im Verhältnis zur Gesamtzahl der bearbeiteten Verkaufschancen der Periode an.

Mit Hilfe des Wechsels der Kennzahl Anzahl auf Umsatz kann die Analyse sinnvoll variiert werden. Der Umsatz zeigt gegenüber der Anzahl den wertmäßigen Kundenerfolg an. Es kommt hier auf die richtigen Kunden an, die gewonnen werden sollen. Detailanalysen zur Marktbearbeitung können über die Einschränkungen der Filteroptionen erfolgen, in dem z. B. Regionen, Verkäufer, Verkaufsorganisationen, Kundengruppen und Produktgruppen differenziert betrachtet werden.

3.9.2.3 Preis- und Konditionenanalysen

Eine wichtige Aufgabe in der Marktbearbeitung ist die Preis- und Konditionenpolitik. Wichtige Fragen hierbei sind z. B.:

- Wie liegen die Preise im Augenblick?
- Wie werden sich die Preise entwickeln?
- Wie groß sind die Abweichungen von erzielten Preisen zu den Listenpreisen?

- Wie verändern sich die Preise in Abhängigkeit von Leitpreisen?
- Welche Konditionen können wir gewähren und trotzdem erfolgreich sein?
- Welche Kunden bekommen die meisten Erlösschmälerungen? Mit welchen Kunden wird nach Abzug der Erlösschmälerung das beste Geschäft erzielt?

Hierzu bietet es sich an, Preis- und Konditionenanalysen im Cockpit zu integrieren (vgl. Abb. 3.105).

Der Bericht Verkaufspreise zeigt die Preisentwicklung ausgewählter Produkt-Markt-Kombinationen an, indem die Artikel über den Filterbereich nach Kunden, Regionen etc. eingeschränkt werden können. Für den Verkaufsartikel werden der Umsatz, der durchschnittliche Verkaufspreis Netto und die Menge angezeigt. Abweichungen zum Vorjahr lassen sich hinsichtlich Preis, Menge und auch Umsatzabweichungen insgesamt analysieren. Visuell helfen hier die Balkenlängen der jeweiligen Abweichungsart.

Die Preisanalyse wird wieder durch dynamische Diagramme unterstützt, bei der die monatliche Entwicklung der Brutto- und Netto-Preise zum Markdurchschnitt und Listenpreis angezeigt werden. Leitpreise von wichtigen Basisstoffen werden mit der Preisentwicklung verglichen. Hierdurch können leitpreisbedingte Änderungen besser antizipiert und prognostiziert werden.

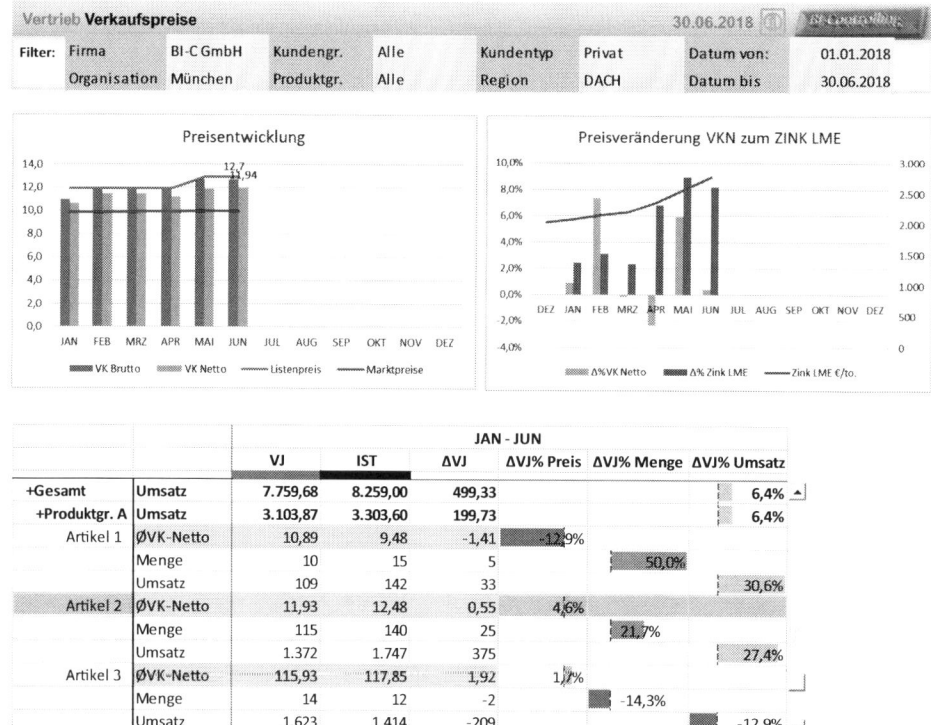

Abb. 3.105 Vertrieb: Verkaufspreisanalyse

Der Erfolgsbeitrag eines Unternehmens wird u. a. auch durch die häufig vernachlässigte Konditionenpolitik beeinflusst. Gewährte Rabatte, Skonti und Boni schmälern direkt den Gewinn, so dass hier der Hebel zur Ergebnisbeeinflussung ähnlich wie im Materialeinkauf von besonderer Bedeutung für das Unternehmen ist.[102]

Die Konditionenanalyse zeigt in ihrer einfachsten Stufe die kundenseitig gewährten Erlösschmälerungen (vgl. Abb. 3.106). Ausgehend von den Umsätzen basierend auf dem Brutto-Verkaufspreis (VK-Brutto) werden über den Abzug der Rabatte der Netto-Umsätze und über den Abzug der Skonti und Boni die Netto-Netto-Umsätze angezeigt. Erweitert man die Analyse um Sondereinzelkosten des Vertriebs, so können kundenseitige Fracht-, Verpackungs- und Provisionsbedingungen z. B. im Hinblick auf einen Deckungsbeitrag nach direkten Vertriebskosten analysiert werden. Welche Kunden bzw. Kundengruppen die größten Schmälerungen bekommen, kann direkt über die Abweichung des Netto-Netto-Umsatzes vom Brutto-Umsatz abgelesen werden.

Über die dynamischen Diagramme lassen sich die Rabatt-, Skonti- und Bonitätsquote sowie die absolute Veränderung der Konditionen im Wasserfalldiagramm je ausgewähltem Ergebnisobjekt, z. B. eines Kunden per Zeilenauswahl, analysieren. Ergänzt um die Filter-

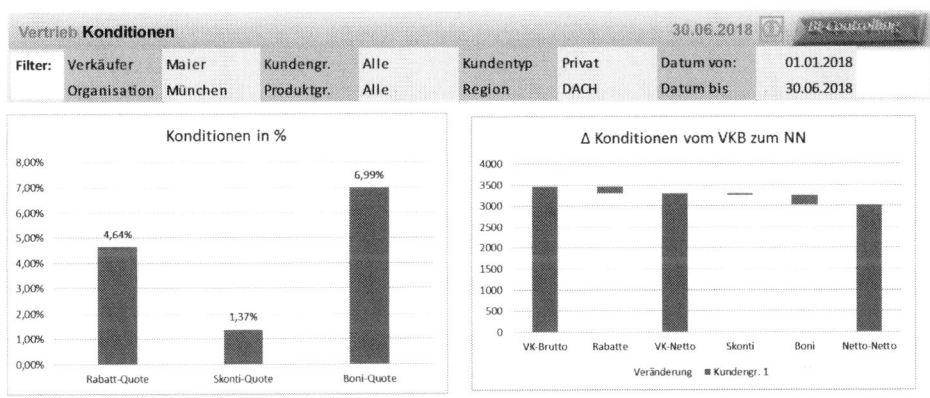

Abb. 3.106   Vertrieb: Konditionen

---

[102] Vgl. Hermann (2015, S. 34 ff.).

funktion lassen sich gezielte Analysen der Ergebnisobjekte im Vertrieb (z. B. Verkäufer, Verkaufsorganisationen, Kundentypen und Regionen) durchführen.

3.9.2.4 Verkäuferanalysen

Die Leistung des Vertriebs zum Kunden steht und fällt mit dem Außendienst und seinen Verkäufern. Aufgrund der direkten Auswirkungen auf die Beschäftigungslage der Unternehmung ist der Verkauf zielgerichtet zu unterstützen. Die Verkäuferanalyse bietet vor allem in Verbindung mit den Berichten der Erfolgsanalyse (vor allem die dynamische ABC-Analyse und die Geo- und Strukturanalyse) Ansatzpunkte für eine verbesserte Marktbearbeitung.

Die Verkäuferanalyse zeigt die monatliche und kumulierte Verkaufsleistung der Verkäufer sowie ihre Entwicklung im laufenden Jahr an (vgl. Abb. 3.107). Zur Leistungsmessung wählt der Anwender eine Kennzahl, z. B. den Umsatz oder den Deckungsbeitrag, aus. Vorjahresvergleiche und die Trends der letzten Monate werden visuell mit Miniaturbalken- bzw. -säulendiagrammen angezeigt. Über die Verkäuferauswahl per Zeile verändern sich die dynamischen Diagramme. Werden Planwerte für die Verkäufer erfasst, so kann der Bericht um die Zielerreichung erweitert werden. Häufig handelt es sich nicht um eine monatliche Planung, sondern um eine Quotenvorgabe, die in den Diagrammen

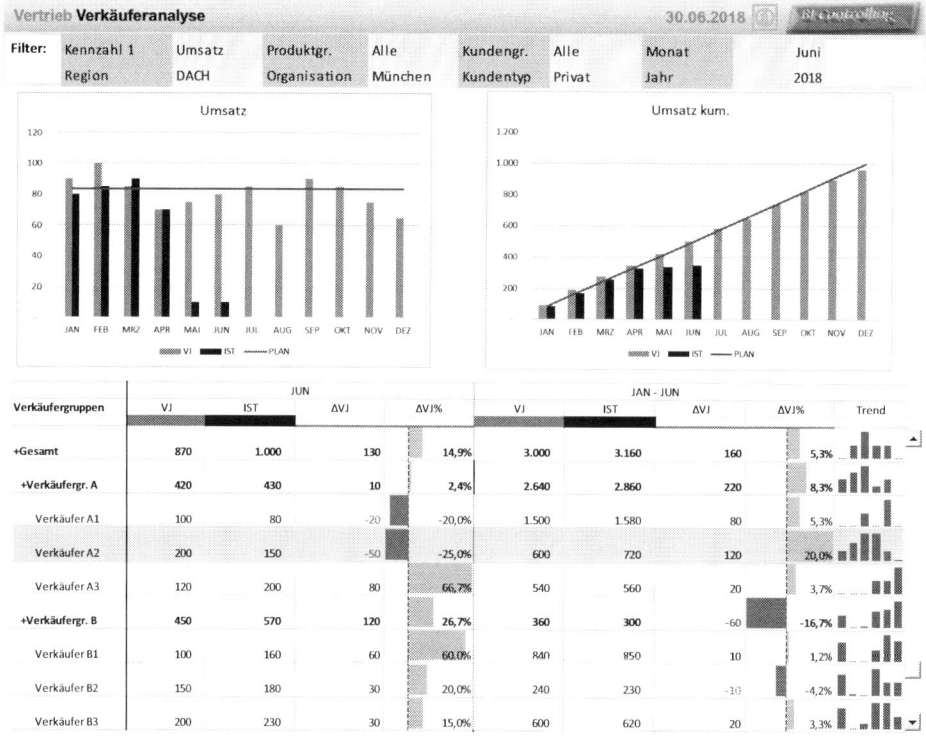

Abb. 3.107 Vertrieb: Verkäuferanalyse

oben als Orientierungslinie für die Zielerreichung angezeigt wird. Die Gliederung der Verkäufer in einer Hierarchie ermöglicht eine gestufte Analyse, in der z. B. Verkäufergruppen, -teams oder Vertriebsorganisationen untersucht werden können.

Die Vertriebsleitung hat hier ein Instrument zur Verfügung, das sehr sensibel eingesetzt werden sollte. Führungskräfte erhalten hier sehr personenindividuelle Informationen, die falsch eingesetzt werden können. Setzt man z. B. die Verkäufer permanent nur unter Druck, vorgegebene Ziele zu erreichen, entsteht u. U. Angst, dem Druck nicht standhalten zu können. Resignation, Krankheit und Fluktuation können eine Folgewirkung sein. Damit ist sowohl dem Mitarbeiter als auch der Firma nicht gedient. Dies gilt natürlich für alle Unternehmensbereiche. Vielmehr sollte das Instrument individuell motivierend, unterstützend eingesetzt werden. Beispielsweise könnten folgende Fragemuster hierzu hilfreich sein:

- Welche Verkäufer sind aktuell sehr erfolgreich? Durch Nachfragen lassen sich hier sensible Marktinformationen und Marktbearbeitungstechniken erkennen und vervielfältigen.
- Welche Produkte laufen bei den Spitzenverkäufern sehr gut? Hierdurch können die Verkäufer auf sensible Kundenbedarfe hingelenkt werden.
- Welche Kunden laufen bei den Spitzenverkäufern sehr gut? Hierdurch können die Verkäufer auf sensible Branchen und Kundentypen gelenkt werden.
- Welche Regionen laufen sehr gut? Hierdurch können die Ressourcen ggf. aus regionalen Gründen besser aufgestellt werden.
- Wie groß ist die übergeordnete Zielabweichung in der Verkaufsorganisation? Im Team kann man besser motivieren und anspornen, Ziele zu erreichen oder sogar zu übertreffen.

3.9.2.5 Versandtermin- und -qualitätsanalysen

Die Zufriedenstellung der Kundenbedürfnisse ist erst dann erreicht, wenn der Kunde seine Ware rechtzeitig in seiner erwarteten Güte bekommt und er nachhaltig mit dem Produkt bzw. der Leistung zufrieden ist. Über die Berichte Liefertreue im Versand (vgl. Abb. 3.108) und Lieferqualität (vgl. Abb. 3.109) können diese Anforderungen überprüft werden. Zentrale Fragen hierbei sind:

- Konnte die Lieferzeit zum Kunden eingehalten werden?
- Wie hoch war der Anteil der Fehllieferungen?
- Wie lang dauern unsere Lieferungen?
- Wie zufrieden bzw. unzufrieden sind unsere Kunden? Wie hoch sind die Retouren, Reklamationen und Gutschriften?
- Aus welchen Gründen sind Kunden unzufrieden?

Die Liefertreue als Spitzenkennzahl zeigt an, wie viele Aufträge pünktlich geliefert wurden und den Anforderungen der Kundenbestellung gerecht werden. Hierbei werden

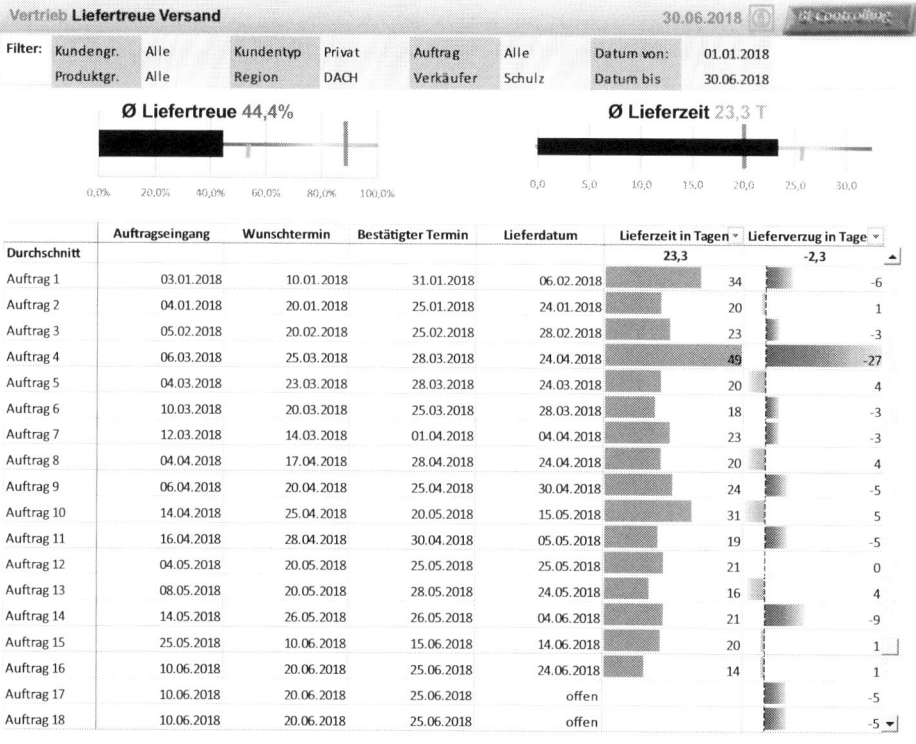

Abb. 3.108 Vertrieb: Liefertreue Versand

die drei „R" (richtiger Zeitpunkt, richtige Menge, richtiger Ort) und ggf. auch die richtige Qualität als viertes „R" der Logistik abgeprüft.[103] Die Liefertreue kann weiterhin
tiefergehend analysiert werden, indem z. B. nur diejenigen Aufträge identifiziert werden, die aufgrund fehlender Lagerbestände nicht rechtzeitig geliefert werden können. Die
Lieferzeit und der **Lieferverzug** einzelner Aufträge können detailliert nach verschiedenen Ergebnisobjekten untersucht werden. Durch die visuelle Hervorhebung der Miniaturbalkendiagramme lassen sich schnell diejenigen Aufträge erkennen, die mit hohem
Lieferverzug ausgeliefert wurden bzw. diejenigen, die noch offen sind. Mit Hilfe der Sortierfunktionen können Lieferverzug und Lieferzeit in einer Rangfolge angezeigt werden,
so dass Problemfälle direkt sichtbar werden. In der Summenzeile oben werden die durchschnittlichen Lieferzeiten und der durchschnittliche Terminverzug angezeigt. Durch die
Einschränkung der Ergebnisobjekte (z. B. Kunden, Produkte, Regionen, Auftragstypen,
Verkäufer) im Filtermenü erhält der Vertrieb ein leistungsfähiges Analysewerkzeug be-

---

[103] Das fünfte „R" (richtige Kosten) wird über die Analyse der Logistikkostenstellen oder der direkten Fracht-, Handlings und Verpackungskosten des Auftrages geprüft. Synonym wird die Kennzahl
Liefertreue in ihrer weitesten Ausprägung auch als Lieferbereitschaftsgrad definiert. Vgl. Reichmann et al. (2017, S. 424).

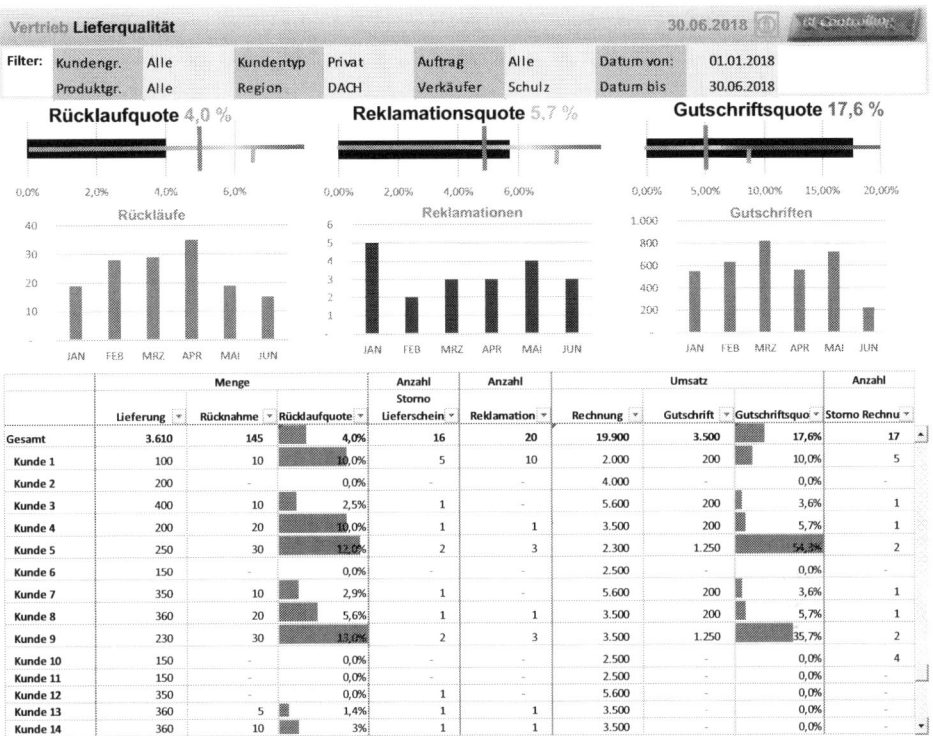

Abb. 3.109 Vertrieb: Lieferqualität

zogen auf die Versandleistung. Kritische offene Aufträge können unmittelbar identifiziert und angefragt werden.

Die Einhaltung der Lieferqualität ist für die Unternehmen ein weiteres wichtiges Kriterium zur erfolgreichen Marktbearbeitung (vgl. Abb. 3.109). Zum einen ist eine hohe Qualität ein Garant für Neukunden und die Festigung der Bestandskunden. Zum anderen werden unnötige Kosten der Rück- und Nachlieferung, Nachbesserung, Verschrottung, Nachproduktion etc. vermieden. Idealerweise strebt das Unternehmen eine Null-Fehlertoleranz an.

Ob der Kunde tatsächlich mit der Qualität des Produktes zufrieden ist, kann nur durch direkte Befragung oder Nutzungsüberprüfung festgestellt werden, die häufig nicht in der Reichweite der Informationen der Unternehmen liegt. Daher bieten sich zur Qualitätsprüfung indirekte Kennzahlen an, die zeigen, wie unzufrieden die Kunden sind. Auf den ersten Blick können hier die Spitzenkennzahlen **Rücklaufquote**, **Reklamationsquote** und **Gutschriftsquote** im Plan-Ist-Vorjahresvergleich sowie für die letzten Monate in ihrer Entwicklung analysiert werden.

Die Rücklaufquote misst die Rücknahmen und Retouren zur Anzahl der Lieferungen. Retouren können verschiedenartig motiviert sein, so dass es sinnvoll ist, die Gründe hierfür zu analysieren: handelt es sich um qualitäts- bzw. fehlerbedingte Kundenreklamationen, Stornos von Lieferscheinen durch den Kunden (Falschlieferungen, Umtausch, etc.) oder um eigeninitiierte Rücklieferungen der Unternehmung (Rückholaktionen, Falschetikettierungen etc.). Die Wertigkeit der Rücknahmen und die Höhe der Gutschriften zeigt die wirtschaftliche Bedeutung der Lieferqualität an. Über visuelle Miniaturbalkendiagramme lassen sich schnell diejenigen Kunden identifizieren, bei denen die Lieferqualität nicht eingehalten werden konnte. Hier können z. B. Qualitätsbedürfnisse sensibler Kunden recherchiert werden, so dass entsprechend auf die Gründe des Qualitätsmangels reagiert werden kann.

3.9.2.6   Forderungsanalyse

Die Marktbearbeitung ist erst dann erfolgreich abgeschlossen, wenn der Kunde das Produkt bzw. die erhaltene Leistung bezahlt. Hierdurch schließt sich die 360-Grad-Sicht auf den Kunden. Die Forderungsanalyse zeigt das Zahlungsverhalten der Kunden, die Fälligkeit von Forderungen sowie die Mahnaktivitäten der bereits fälligen Positionen auf (vgl. Abb. 3.110). Wichtige Fragen der Forderungsanalyse sind:

Abb. 3.110   Forderungsanalyse

- Wann zahlen unsere Kunden?
- Welche Kunden zahlen fristgerecht, welche nicht?
- Welche Forderungen sind wie lange fällig?
- Welche offenen Forderungen sind kritisch?
- Welche Maßnahmen wurden zur Eintreibung der Forderungen bereits initiiert?

In der Übersicht erhält der Anwender die Summe der fälligen Forderungen nach Tagesklassen und anteilig das Verhältnis der fälligen und fristgerechten Zahlungen für die gefilterten Ergebnisobjekte.

In der Tabelle können die Kunden entlang der Kundenhierarchie bezüglich ihres Zahlungsverhaltens im Detail analysiert werden. Gestellte Forderungen werden nach ihrem Typ (Anzahlung, Teilschlussrechnung, Schlussrechnung), nach ihrem Rechnungsdatum, ihrer Fälligkeit und ihrem Wert angezeigt. Eingehende Zahlungsstände können nach ihrem fristgerechten Eingang und fällige Forderungen nach vorher festgelegten Tagesklassen, z. B. größer 10, 20, 30 oder 60 Tage, analysiert werden. Für fällige Forderungen werden die Aktivitäten des Mahnwesens (z. B. Zahlungserinnerungen, Mahnungen nach Stufen) angezeigt.

Für eine direkte Bearbeitung einer Kundenrechnung kann ein Link zur Offenen-Posten-Buchhaltung in der Finanzbuchhaltungssoftware betätigt werden. Die Voreinstellungen der Filterung und Kundenselektion werden, soweit es das Vorsystem zulässt, hierbei mitgegeben.

3.9.3   Cockpit Berichte für den Einkauf

Die Einkaufsleitung und verantwortliche Mitarbeiter im Einkauf (synonym Beschaffung) benötigen, wie die Unternehmensleitung und das Controlling, Informationen zur erfolgreichen Steuerung des Einkaufsbereiches. Hierzu sind vor allem die fünf „R", die Hauptziele des Einkaufs hinsichtlich der Bereitstellung der Waren und Dienstleistungen fürs Unternehmen, zu erfüllen:

Bereitstellung der

- richtigen Ware
- in der richtigen Menge
- in der richtigen Qualität
- am richtigen Ort
- mit einem wirtschaftlich angemessenen Ressourceneinsatz (zu richtigen Kosten)

Weiterhin soll die Beschaffung auf der einen Seite möglichst flexibel hinsichtlich Leistung, Mengen, Zeit und Ort sein und auf Bedarfsänderung reagieren können. Auf der anderen Seite soll das Beschaffungsrisiko (z. B. die Abhängigkeit von einem Lieferant) möglichst gering sein, so dass Bedarfe immer rechtzeitig bedient werden können.[104]

Der Erfolg des Einkaufs hat für den Unternehmenserfolg eine wichtige Hebelwirkung. Im Vergleich mit Absatzsteigerungen, deren Ergebniswirkung in den gewonnenen Deckungsbeiträgen nach variablen Kosten liegt, sind die Einsparungen im Einkauf i. d. R. direkt ergebniswirksam.

Aus Steuerungssicht bietet es sich wieder an, das Cockpit über die Menüleiste in folgende Bereiche einzuteilen:

- Operatives Controlling
- Strategisches Controlling
- Planung (Budget/Forecast/Mittelfristplanung)

Den Einstiegsbereich bildet das operative Einkaufscontrolling. Hier können die wichtigsten aktuellen Informationen zum Einkauf mit Kennzahlen und Managementberichten analysiert werden.

Das strategische Einkaufscontrolling umfasst die strategische Analyse der Einkaufsmärkte, die Bildung strategischer Einkaufsziele sowie die strategische Einkaufsplanung und -kontrolle. In der strategischen Analyse werden die zukünftigen Perspektiven bezüglich der benötigten Produkte und potenzieller Lieferanten untersucht. Aus der Statusanalyse lassen sich strategische Ziele und Planungen ableiten, die z. B. in einer Roadmap-Planung für den Einkauf münden. Hier werden strategische Einkaufsprojekte (z. B. die Entwicklung strategischer Lieferantenpartnerschaften oder die Identifizierung neuer Einkaufsbedarfe aufgrund von Produktinnovationen) terminiert und gesteuert.

Im Bereich der Einkaufsplanung erfolgt der Einstieg in die beschaffungsrelevanten Teile der Budgetplanung, des Forecasts bzw. der Mittelfristplanung. Ein Status- und Tracking-Bericht gibt den aktuellen Bearbeitungsstand der einzelnen Planungsgebiete und Genehmigungsrunden sowie deren Fristen wieder. Für den Einkauf sind hier insbesondere folgende Planungsgebiete wichtig:

- Ressourcenplanung (z. B. über die Ableitung der Mengenbedarfe aus den Stücklisten und Arbeitsplänen (Vergleich hierzu die MRP-Läufe im Abschn. 3.12.3) oder den Kalkulationsstrukturen sowie sonstige Ressourcenplanungen)
- Planung der Eingangsfrachten und sonstiger Bezugsnebenkosten
- Einkaufskostenplanung

Im Folgenden konzentriert sich das Beispiel auf das operative Einkaufs-Controlling.

Im Start-Cockpit sollte der Analyst der Beschaffung einen schnellen Einblick über die aktuelle Lage im Einkauf anhand von Spitzenkennzahlen und Diagrammen bekommen (vgl. Abb. 3.111). Es sollten zentrale Fragestellungen und wichtige Handlungsfelder des Einkaufs abgedeckt sein, z. B.:

---

[104] Vgl. Klein und Schentler (2016, S. 33 f.).

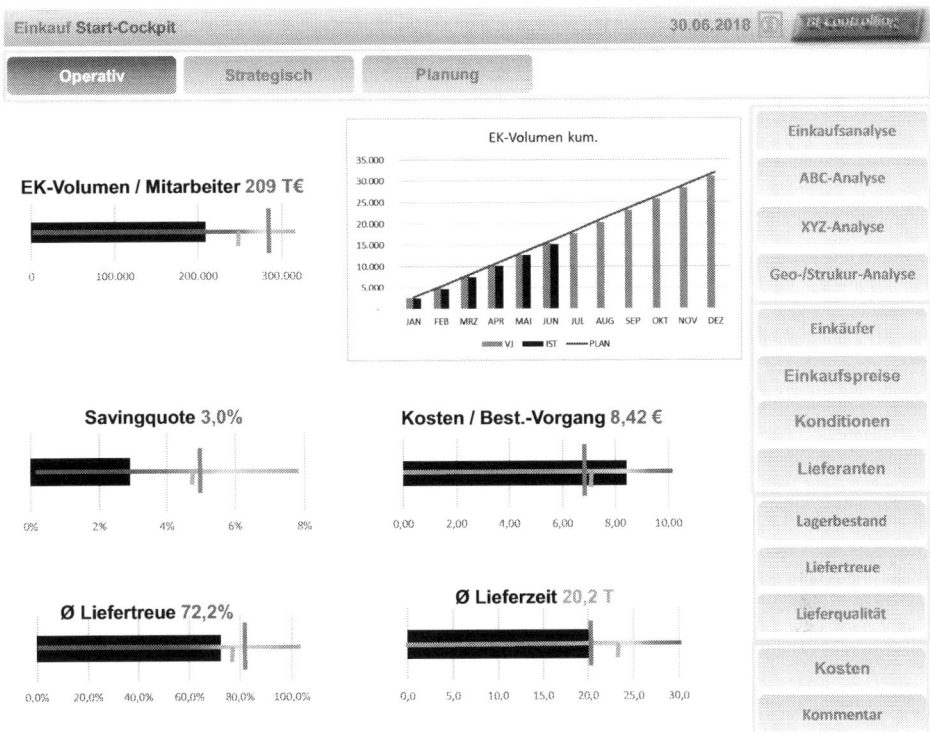

Abb. 3.111 Einkauf: Start-Cockpit

- Erreicht der Einkauf die gesetzten Werte der Einkaufsplanung hinsichtlich Einkaufs-volumen und Kosten? Wie entwickelt sich das Einkaufsvolumen?
- Wieviel Einkaufsvolumen schaffen unsere Einkäufer im Durchschnitt?
- Wie hoch ist das Einsparpotenzial, das ausgeschöpft wurde?
- Wie hoch sind die Einkaufskosten pro Bestellung im Durchschnitt?
- Wie gut liefern unsere Lieferanten bezogen auf Menge, Qualität und Termine?
- Wie schnell wird im Durchschnitt geliefert?

Wichtige Hierarchien im Einkauf sind vor allem die Warengruppenhierarchie als Teil der Produkthierarchie, die Lieferantenhierarchie und Hierarchien bzw. Strukturen der Lä-ger, der Einkaufsorganisation und der Lieferregionen.

Die Spitzenkennzahlen im Einkaufsbereich sind in Anlehnung an das Gesamtsystem einheitlich aufgebaut. Hierfür bieten sich wieder Tachos, Kacheln, Säulen- oder Bal-kendiagramme zur Visualisierung an, die den Zustand der aktuellen Lage abbilden. Im vorliegenden Beispiel werden Istwerte immer mit einem schwarzen Balken dargestellt. Der Planwert wird mit Hilfe einer „blauen" und der Vorjahreswert mit einer „grauen" Markierungslinie angezeigt. Die Schwellenwertbereiche lassen sich schnell anhand der Ampelfarbe der Orientierungslinie analysieren. Die Ziffer der erreichten Istwerte wird farblich hervorgehoben und zeigt an, inwieweit der Istwert den Zielwert unterschreitet, erreicht oder überschreitet.

Die Spitzenkennzahl im operativen Einkaufs-Cockpit ist die Leistungskennzahl **Einkaufsvolumen pro Mitarbeiter**. Bezogen auf die Zahl der Einkäufer dient sie als Vergleichskennzahl zwischen Unternehmen und anderen Einkaufsorganisationen. Die Entwicklung der Spitzenkennzahl **Einkaufsvolumen** wird grafisch kumuliert dargestellt, so dass die Zielerreichung und, wenn erfasst, ein Forecast schnell analysiert werden können. Alternativ wäre das aktuelle Einkaufsvolumen z. B. **der Wochen- oder Monatswert**, was von der zeitlichen Steuerungsintensität des Einkaufs abhängt.

Der Einkaufserfolg kann über die Kennzahl **Savingquote** gemessen werden. Sie zeigt das erzielte Einsparvolumen des Einkaufs an. Diese Kennzahl ist in der Praxis nicht einfach zu ermitteln, da sich die erzielten Preise mit vorhandenen oder gesetzten Preisstrukturen messen lassen müssen. Das Warenwirtschaftssystem sollte im Idealfall solche Preisvergleiche ermöglichen und Algorithmen für die vorhandenen Preise zur Verfügung stellen. Als Referenzwert könnten z. B. der letzte erzielte Preis bzw. Zielpreise (z. B. Marktpreise) gepflegt werden. Sollte die Kennzahl nicht gemessen werden können, bietet sich das Aufrücken anderer Kennzahlen an. Beispielsweise ist die Kennzahl **Kapitalbindungskosten** aufzunehmen, die anzeigt, wie viele Kosten für die Bindung der Vorräte notwendig sind. Sie sensibilisiert den Analysten auf die Lager- und Zinskosten des im Lager gebundenen Kapitals. Die Kennzahl könnte jedoch auch im Bereich der Logistik aufgehängt sein.

Die Kennzahl **Kosten/Bestellvorgang** zeigt an, wie teuer durchschnittlich ein Bestellvorgang ist. Es ist eine Kennzahl zur Messung der Wirtschaftlichkeit, die das Verhältnis zwischen den eingesetzten Ressourcen und der Anzahl der Bestellvorgänge misst. Eine alternative Kennzahl, welche die wirtschaftliche Nutzung und den angemessenen Einsatz von Einkaufsressourcen für die Einkaufsaufgaben misst, ist die Kennzahl **Einkaufskosten/Einkaufsvolumen**.[105]

Die **Liefertermintreue** gibt prozentual an, wie pünktlich unsere Lieferanten geliefert haben. Erweitert man die Kennzahl um die qualitativ und mengenmäßig richtigen Lieferanteile, so kann sie sukzessive zur gesamten **Liefertreue** ausgebaut werden. Alternativ oder ergänzend kann hier auch die Kennzahl **Fehllieferungsquote** den Anteil falsch gelieferter Waren signalisieren.

Die Kennzahl **durchschnittliche Lieferzeit in Tagen** gibt an, wie lange das Unternehmen auf benötigte Waren ausgehend von der Bestellung warten muss.

Eine Grundauswahl von Detailanalyseberichten für den Einkauf sind über eine Menüsteuerungsleiste (im Beispiel rechts) zu erreichen. Es werden folgende Bereiche unterschieden:

- Einkaufsanalysen
- Einkäuferanalysen

---

[105] Vgl. z. B. Gladen (2014, S. 281).

- Preis-/Konditionenanalysen
- Lieferantenanalysen
- Lager- und Lieferanalysen
- Kostenanalysen
- Kommentare und Maßnahmen

Die Bereiche Kostenanalyse und Kommentare und Maßnahmen wurden bereits im Bereich der Unternehmensleitung abgehandelt und werden im Folgenden nicht redundant aufgeführt.

3.9.3.1   Einkaufsanalysen

Die Einkaufsanalyse ermöglicht den Einstieg in die Untersuchung des **Einkaufsvolumens** und anderer einkaufsrelevanter Kennzahlen (wie z. B. die **Einkaufsmenge**) entlang der Warengruppenhierarchie bis zum einzelnen Einkaufsartikel (vgl. Abb. 3.112). Über die Selektionskriterien der Menüleiste (Produktgruppe, Lieferant, Einkaufsorganisation, Bestelltyp etc.) kann die Einkaufsanalyse vielfältig ausgewertet werden.

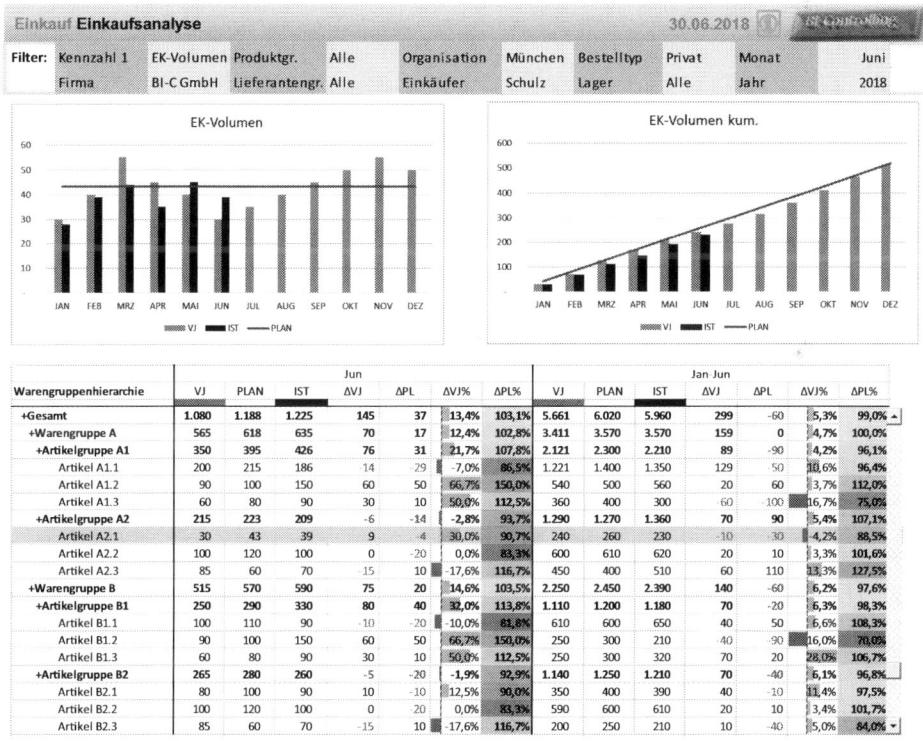

Warengruppenhierarchie	Jun							Jan-Jun						
	VJ	PLAN	IST	ΔVJ	ΔPL	ΔVJ%	ΔPL%	VJ	PLAN	IST	ΔVJ	ΔPL	ΔVJ%	ΔPL%
+Gesamt	1.080	1.188	1.225	145	37	13,4%	103,1%	5.661	6.020	5.960	299	-60	5,3%	99,0%
+Warengruppe A	565	618	635	70	17	12,4%	102,8%	3.411	3.570	3.570	159	0	4,7%	100,0%
+Artikelgruppe A1	350	395	426	76	31	21,7%	107,8%	2.121	2.300	2.210	89	-90	4,2%	96,1%
Artikel A1.1	200	215	186	-14	-29	-7,0%	86,5%	1.221	1.400	1.350	129	-50	10,6%	96,4%
Artikel A1.2	90	100	150	60	50	66,7%	150,0%	540	500	560	20	60	3,7%	112,0%
Artikel A1.3	60	80	90	30	10	50,0%	112,5%	360	400	300	60	-100	16,7%	75,0%
+Artikelgruppe A2	215	223	209	-6	-14	-2,8%	93,7%	1.290	1.270	1.360	70	90	5,4%	107,1%
Artikel A2.1	30	43	39	9	-4	30,0%	90,7%	240	260	230	-10	-30	4,2%	88,5%
Artikel A2.2	100	120	100	0	-20	0,0%	83,3%	600	610	620	20	10	3,3%	101,6%
Artikel A2.3	85	60	70	-15	10	-17,6%	116,7%	450	400	510	60	110	13,3%	127,5%
+Warengruppe B	515	570	590	75	20	14,6%	103,5%	2.250	2.450	2.390	140	-60	6,2%	97,6%
+Artikelgruppe B1	250	290	330	80	40	32,0%	113,8%	1.110	1.200	1.180	70	-20	6,3%	98,3%
Artikel B1.1	100	110	90	-10	-20	-10,0%	81,8%	610	600	650	40	50	6,6%	108,3%
Artikel B1.2	90	100	150	60	50	66,7%	150,0%	250	300	210	-40	-90	16,0%	70,0%
Artikel B1.3	60	80	90	30	10	50,0%	112,5%	250	300	320	70	20	28,0%	106,7%
+Artikelgruppe B2	265	280	260	-5	-20	-1,9%	92,9%	1.140	1.250	1.210	70	-40	6,1%	96,8%
Artikel B2.1	80	100	90	10	-10	12,5%	90,0%	350	400	390	40	-10	11,4%	97,5%
Artikel B2.2	100	120	100	0	-20	0,0%	83,3%	590	600	610	20	10	3,4%	101,7%
Artikel B2.3	85	60	70	-15	10	-17,6%	116,7%	200	250	210	10	-40	5,0%	84,0%

Abb. 3.112   Einkauf: Einkaufsanalyse

Die ausgewählte Kennzahl im Einkauf kann monatlich und kumuliert im einheitlichen Spaltenschema ausgewertet werden. Alternative Kennzahlen können über den Filter gewechselt werden. Für die Kennzahl werden das Wachstum zum Vorjahr und die Zielerreichung zum Planwert visuell hervorgehoben.

Die Diagramme verhalten sich dynamisch zu den ausgewählten Zeilen. Somit können einzelne Artikel oder ausgewählte Artikelgruppen hinsichtlich ihrer monatlichen Entwicklung und in ihrer kumulativen Betrachtung für alle Wertarten (Ist, Plan und Forecast) analysiert werden.

Ein mächtiges Instrument im Rahmen der Einkaufsanalyse stellt die ABC-Analyse dar (vgl. Abb. 3.113).

Die **dynamische ABC-Analyse** filtert die ausgewählte Ergebniskennzahl (z. B. Einkaufsvolumen) auf mehrere ausgewählte Ergebnisobjekte. Anders als im Filterbereich kann hierbei die Bedeutung (ABC-Einteilung) der Objekte direkt visuell für die Analyse genutzt werden. Aufgrund der Beschränkung der Bildschirmoberfläche bieten sich i. d. R. vier dynamische ABC-Analyse-Tabellen an. Die wichtigsten Ergebnisobjekte im Beispiel sind die Artikel anhand der Warengruppenhierarchie und die Lieferanten (oben), es folgen die Läger und die Einkäufer (unten). Die Ergebnisobjekte können z. B. durch

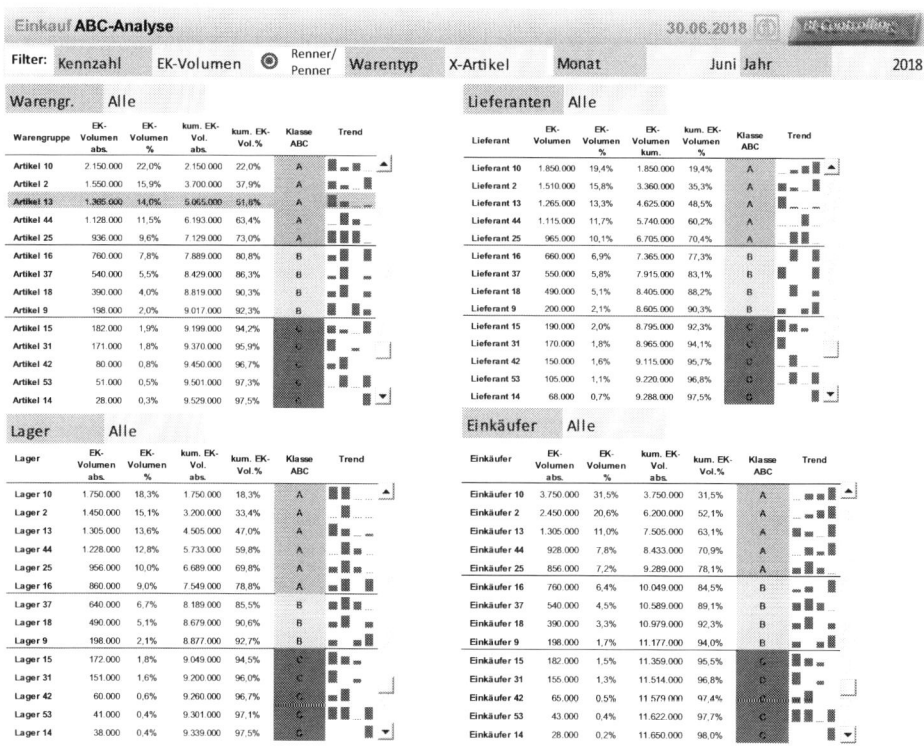

Abb. 3.113 ABC-Analyse

die Einkaufsorganisation oder die Region ausgetauscht werden. Alternativ wäre die Platzierung entsprechender Filter in der Menüleiste. Die Reihenfolge der Objekte wird i. d. R. in der ABC-Logik von hoch bis niedrig angezeigt. Ein Wechsel ist über den Radio-Button von Renner auf Penner möglich. Neben dem Colour-Coding anhand gesetzter Grenzen für die ABC-Kategorien helfen Miniatursäulendiagramme, den kurzfristigen Trend der Umsätze einzuschätzen.

Die Einteilung der Klassen ist individuell vom Unternehmen vorzunehmen. I. d. R. werden folgende 3 Klassen (A, B und C) gebildet:

- A-Artikel: bereits 20–30 % aller Artikel machen 70–80 % des gesamten Einkaufsvolumens aus.
- A- und B-Artikel: ca. 50 % aller Artikel machen bereits kumuliert bis zu 90 % des gesamten Einkaufsvolumens aus.
- C-Artikel: die restlichen 50 % aller Artikel machen nur 10 % des gesamten Einkaufsvolumens aus

Wenn die Einkaufs- und Logistikkosten im Zentrum der Analyse stehen, kann bei der ABC-Analyse alternativ zum Einkaufsvolumen auch die Bestell- bzw. Pickhäufigkeit der Artikel als Kennzahl herangezogen werden.

Die dynamische ABC-Analyse ist ein mächtiges Analysewerkzeug. Wählt man z. B. einen Artikel der Warengruppe in der ersten ABC-Tabelle aus, so schränken sich alle Werte der anderen ABC-Tabellen auf diesen gewählten Artikel ein. Schränkt man weiterhin die Sicht in der Einkäufer-ABC-Tabelle auf einen bestimmten Einkäufer ein, so kann man hier seine individuellen Einkäufe zu dem ausgewählten Artikel nach Lieferanten und Lieferregion in den beiden anderen ABC-Tabellen analysieren. Durch die vier Kombinationen in der Analyse stehen viele Sichten auf die Bearbeitung des Einkaufsmarktes zur Verfügung. Wichtige einkaufsrelevante Fragestellungen lassen sich damit sehr leicht analysieren, z. B.:

- Bei welchen Lieferanten bzw. mit welchen Einkäufern wird das größte wertmäßige Volumen bzw. die größte Menge eingekauft? Bei wem wird wenig eingekauft?
- Welche Artikel werden bei welchen Lieferanten am häufigsten bzw. am wenigsten bestellt?
- Welches Lager wird am intensivsten und am wenigsten für welche Produkte durch welche Einkäufer oder mit welchen Lieferanten genutzt?
- Welcher Einkäufer bezieht welche Artikel am häufigsten?
- …

Die ABC-Analyse wird im Einkauf sinnvoll ergänzt durch die XYZ-Analyse. Die XYZ-Analyse verdeutlicht das zyklische Verhalten des Warenverbrauchs (vgl. Abb. 3.114). Hierbei werden folgende Klassen unterschieden:

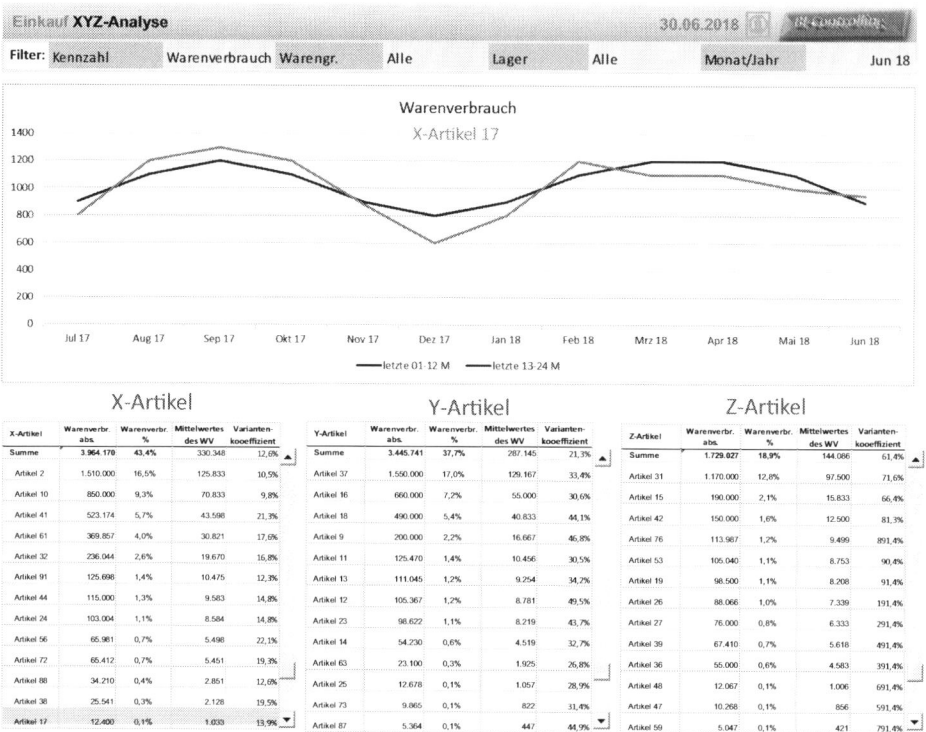

Abb. 3.114 Einkauf: XYZ-Analyse

- X: regelmäßiger, relativ konstanter Warenverbrauch.
- Y: saisonaler, periodisch schwankender Warenverbrauch
- Z: unregelmäßiger Warenverbrauch

In der strategischen Einkaufsplanung werden die Artikelklassenkombinationen aus der ABC- und XYZ-Einteilung gerne verwendet, um strategische Ziele, Projekte bzw. Maßnahmen für den Einkauf zu entwickeln. Beispielsweise werden für AX-Artikel strategische Lieferanten gesucht, hingegen werden CZ-Artikel nur bei Bedarf eingekauft.

Die XYZ-Analyse liefert die Klasseneinteilung der einzelnen Artikel z. B. mit Hilfe des Variantenkoeffizienten. Der Variantenkoeffizient ergibt sich durch die Division des durchschnittlichen Mittelwertes und der Standardabweichung der Warenverbräuche eines betrachteten Zeitraumes und kann z. B. bereits im Warenwirtschaftssystem berechnet werden. Alternativ liefert das Warenwirtschaftssystem nur die Grunddaten und die Berechnung erfolgt im Data Warehouse. Folgende Einteilungen für die XYZ-Artikel sind typisch:

- X-Artikel: Der Variantenkoeffizient liegt zwischen 0–25 %
- Y-Artikel: Der Variantenkoeffizient liegt zwischen 25–50 %
- Z-Artikel: Der Variantenkoeffizient ist größer als 50 %

Der Analyst kann sich dynamisch für einen ausgewählten Artikel die Warenverbräuche grafisch anzeigen lassen. Hierzu stehen ihm z. B. die letzten 24 Perioden zur Verfügung. Weisen die Kurven Gemeinsamkeiten auf, können hierüber saisonale Effekte erkannt werden. Der ausgewählte Artikel hat im Beispiel trotz seiner X-Zuordnung (Variantenkoeffizient liegt bei 13,9 %) mit einem regelmäßigen Verbrauch um die 1000 € zusätzlich saisonale Schwankungen (Spitzen im September und im März/April) aufzuweisen.

Für strukturelle und regionale Betrachtungen im Einkauf bieten sich wiederum Geo- und Strukturanalysen an (vgl. Abb. 3.115). Hierbei werden die zu analysierenden Kennzahlen (vor allem Einkaufsvolumen und -mengen) grafisch anhand einer Landkarte (z. B. Liefer- oder Lagerorte) oder eines Objektplanes (z. B. Lagerstätten mit Lagerplätzen) angezeigt.

Für die strukturelle Analyse bieten sich Kreisdiagramme, Donut- oder Sunburst-Charts bei wenigen Analyseobjekten sowie Säulen- bzw. Balkendiagramme oder Treemap-Charts

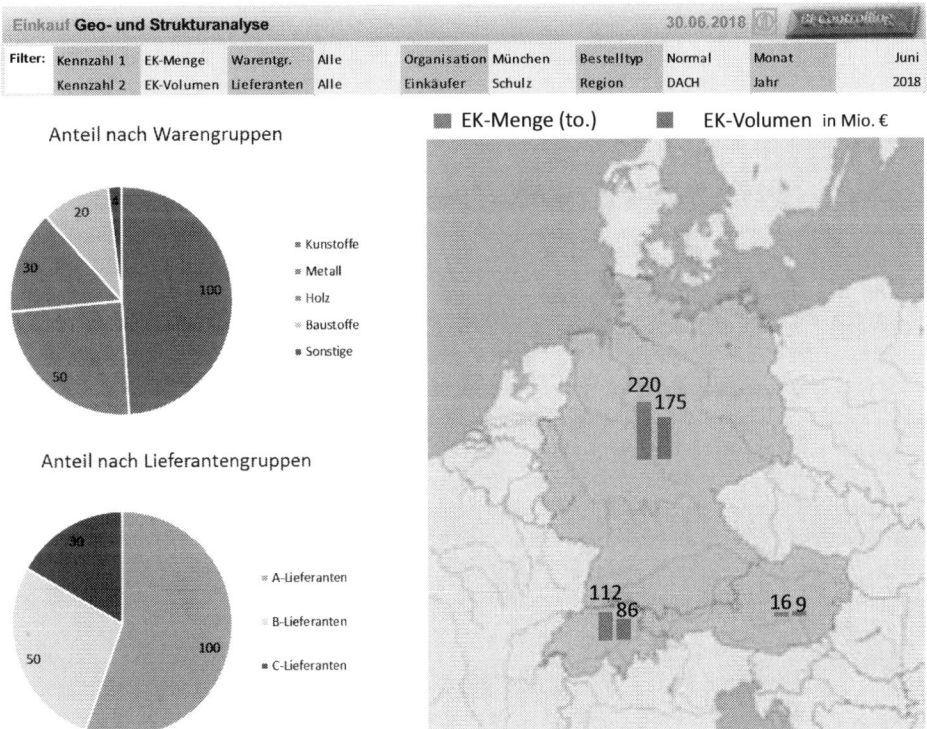

Abb. 3.115 Einkauf: Geo- und Strukturanalysen

bei mehreren Objekten an. Hierüber lassen sich große von kleinen Ergebnisobjektbereichen wie Warengruppen, Lieferantengruppen, Bestellgrößenklassen etc. schnell visuell identifizieren. Die Farbklassifizierungen der Objekte sollten idealerweise über die Berichte einheitlich sein. Gleiche Farben sollten nicht für unterschiedliche Objekte verwendet werden. Bei vielen Ergebnisobjekten und Klassifizierungsnotwendigkeiten lässt sich die Farbzuordnung aber nur schwer im gesamten Cockpit durchhalten.

Die Diagramme reagieren dynamisch auf die ausgewählten Filter in der Menüleiste und auf die ausgewählten Ergebnisobjekte in den Diagrammen untereinander (z. B. durch Anklicken eines Segmentes im Kreisdiagramm oder einer Fläche/Säule auf der Landkarte).

3.9.3.2 Einkäuferanalysen

Die Leistung des Einkaufs steht und fällt mit seinen Mitarbeitern, insbesondere den Einkäufern. Hier wird die Warenversorgung sichergestellt und es werden Einsparerfolge, sogenannte „Savings", erzielt, die sich direkt auf die Steigerung des Gewinns des Unternehmens auswirken. Die Einkäuferanalyse bietet vor allem in Verbindung mit den Berichten der Einkaufsanalyse (dynamische ABC- und XYZ-Analyse, Geo- und Strukturanalyse) Ansatzpunkte für eine verbesserte Marktbearbeitung (vgl. Abb. 3.116).

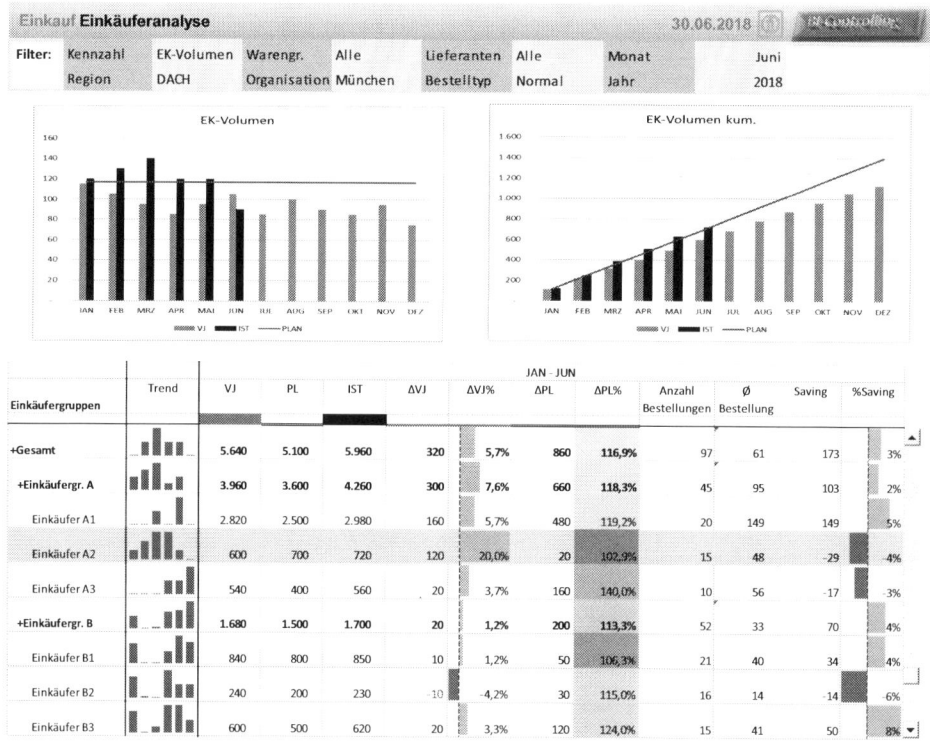

Abb. 3.116 Einkauf: Einkäuferanalyse

Die Einkäuferanalyse zeigt die monatliche und kumulierte Verkaufsleistung der Verkäufer sowie ihrer Entwicklung im laufenden Jahr an. Vor allem werden hier die Kennzahlen **Einkaufsvolumen** oder **Einkaufsmenge** ausgewählt. Hierzu können sowohl die bereits bekannten dynamischen Diagramme als auch die Tabellenwerte „Wachstum zum Vorjahr" und die „Zielerreichung zum Plan" als visuelle Unterstützung verwendet werden. Über die Kennzahlen **Anzahl pro Bestellung** und **durchschnittliche Bestellung** lassen sich die Bestellgrößen und die Bestellleistung einschätzen. Tendenziell sind größere Bestellvolumina von den Bestellprozesskosten her günstiger. Allerdings führen größere Bestellmengengrößen auch zu einer erhöhten Kapitalbindung, die über die Lagerbestandsanalyse im Auge behalten werden muss.

Die Kennzahlen **Saving** bzw. **Savingquote** spiegeln absolut bzw. prozentual die erzielten Einsparungen im Bestell-/Verhandlungsprozess wider. Die Ermittlung dieser Kennzahlen ist wie gesagt nicht einfach. Hierzu müssen Vergleichspreise für die erzielten Bestellpreise ermittelt bzw. erfasst werden können. Beispielsweise bieten sich vorhandene erzielte Preise, Zielpreise oder Marktpreise mit dem besten bzw. preisgünstigsten Lieferanten bei gleicher Qualität an. Die Savingquote sollte allerdings nicht zu dominant in der Steuerung verwendet werden, da die Zuverlässigkeit und die Qualität der Warenlieferung ebenfalls eine hohe Bedeutung haben.

Die Gliederung der Einkäufer in einer Hierarchie ermöglicht eine gestufte Analyse, in der z. B. Einkäufergruppen, -teams oder die gesamte Einkaufsorganisation untersucht werden können.

Der Unternehmens- und Einkaufsleitung steht mit der Einkäuferanalyse ein Instrument zur Verfügung, das sehr sensibel eingesetzt werden sollte. Führungskräfte erhalten hier sehr personenindividuelle Informationen, die falsch genutzt werden können. Setzt man z. B. die Einkäufer permanent nur unter Druck, vorgegebene Ziele (z. B. Savingquoten) zu erreichen, entstehen u. U. Ängste dem Druck nicht standhalten zu können, die z. B. zu Resignation und Demotivation führen. Damit ist sowohl dem Mitarbeiter als auch der Firma nicht gedient. Vielmehr sollte das Instrument individuell motivierend, unterstützend eingesetzt werden. Beispielsweise könnten folgende Fragemuster hierzu hilfreich sein:

- Welche Einkäufer bzw. Einkaufsorganisationen sind aktuell sehr erfolgreich? Durch Nachfragen lassen sich hier sensible Marktinformationen und Marktbearbeitungstechniken erkennen und multiplizieren.
- Welche Einkäufer sind bei welchen Lieferanten erfolgreich? Hierdurch können nach Rücksprache mit dem Einkäufer ggf. bessere Zugänge zum Lieferanten identifiziert werden.
- In welchen Regionen wird derzeit viel oder erfolgreich eingekauft? Hierdurch lassen sich regionale Unterschiede und regionale Besonderheiten erfragen.
- Wie groß ist die übergeordnete Zielabweichung in der Einkaufsorganisation? Im Team kann man besser motivieren und anspornen, Ziele zu erreichen oder sogar zu übertreffen.

- Welche Lieferanten oder Bestelltypen laufen bei den Spitzeneinkäufern sehr gut bzw. schlecht? Hierdurch können die Einkäufer auf sensible Branchen und Lieferanten hingewiesen werden.

3.9.3.3   Preis-/Konditionenanalysen

Preise und Konditionen sind im Einkauf für Händler wie auch für produzierende Unternehmen sehr wichtige Kostentreiber, die sich erheblich auf das Ergebnis des Unternehmens auswirken können. Dies betrifft vor allem die wichtigen Handelsartikel bzw. die wichtigsten Roh- oder Betriebsstoffe, die im Wertschöpfungsprozess benötigt werden. Hierbei können Preisveränderungen wichtiger Grundstoffe (z. B. Öl- oder Metallpreise) wichtige Signale für die Veränderung der Einkaufspreise anzeigen.

Wichtige Fragen hierbei sind z. B.:

- Wie liegen die Preise im Augenblick?
- Wie werden sich die Preise entwickeln?
- Wie groß sind die Einsparungen der erzielten Preise zu den Vergleichspreisen, z. B. Listenpreise und Marktpreise?
- Wie verändern sich die Preise in Abhängigkeit zu den Leitpreisen?
- Welche Konditionen konnten erzielt werden?
- Welche Lieferanten gewähren die besten bzw. die schlechtesten Konditionen?

Die Einkaufspreisanalyse zeigt anhand der Warengruppenhierarchie die Veränderung der durchschnittlichen **Netto-Einkaufspreise** zum Vorjahr an (vgl. Abb. 3.117). Da Preise i. d. R. auf Mengenänderungen wirken, werden parallel hierzu die Änderungen der Mengen- und Einkaufsvolumina dargestellt. Erhebliche **Preis-, Mengen- und Volumenänderungen** können schnell anhand der positiven und negativen Ausschläge der Balkenlängen visuell aufgenommen werden. Die Netto-Einkaufspreisentwicklung wird in den dynamischen Diagrammen oben in der zeitlichen Entwicklung analysiert. Veränderungen zur Verhandlungsbasis, zum durchschnittlichen Marktpreis oder einem Zielpreis wie der Preisobergrenze lassen sich anhand der kombinierten Säulen-Liniendiagrammdarstellung schnell untersuchen. Aktuelle Preise können entweder ständig oder bei zu vielen Einträgen nur beim Markieren der jeweiligen Säule oder Linie mit dem Mauszeiger bei einer Desktopanwendung oder mit dem Finger auf dem Tablet angezeigt werden.

Die Preisabhängigkeiten des Netto-Einkaufspreises zu zentralen Grundstoffen wie z. B. Öl oder Metalle (im Beispiel oben der Zinkpreis LME) lassen sich über Leitpreise darstellen und vergleichen. Somit können Preisänderungen früher antizipiert werden. Im Beispiel oben sind die Ausschläge der Veränderung des Leitpreises deutlich größer als die der Netto-Einkaufspreisänderungen. Alternativ könnte die Preisabsatzfunktion als Grafik aufgenommen werden, die zeigt, für welche Einkaufsmengen welche Preise gezahlt wurden, sodass mengenbezogene Preissprünge analysiert werden können.

Die Preisanalyse wird durch die Konditionenanalyse verfeinert (vgl. Abb. 3.118).

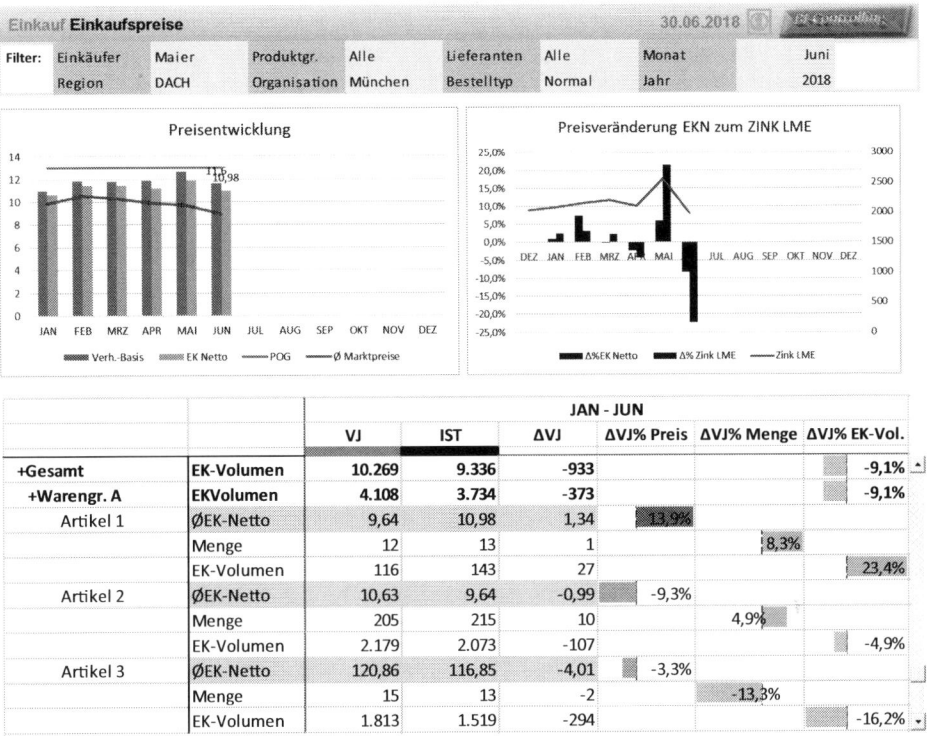

Abb. 3.117   Einkauf: Einkaufspreisanalyse

Die Einsparungserfolge des Einkaufs lassen sich gestuft je Lieferantengruppe bis hinunter zum Lieferanten mit Hilfe der Konditionen-Analyse untersuchen. Ausgehend von der Verhandlungsbasis zeigt die **Savingquote** den Einsparungserfolg, der beim Lieferanten erzielt werden könnte. Hierdurch lassen sich diejenigen erkennen, bei denen z. B. noch kaum Preisnachlässe erzielt werden. In Verbindung mit der Filterung weiterer Attribute, wie z. B. der Artikel in der Produkthierarchie oder dem Bestelltyp, lassen sich hier Anregungen für die Einkaufsverhandlungen ableiten. Die gesamte Einsparungsquote ergibt sich ausgehend vom Einkaufsvolumen bewertet zu Netto-Einkaufspreisen durch gewährte und realisierte Skonti und Boni. Das hierdurch reduzierte Einkaufsvolumen wird im Handel gerne auch Einkaufsvolumen bewertet zum NettoNetto-Einkaufspreis (hier kurz EK-NN) genannt. Skonti stellen hierbei Erlösschmälerungen dar, die der Lieferant gewährt, wenn die Ware zu einer festgelegten Frist vom Unternehmen bezahlt wird. Dieser sogenannte Lieferantenkredit ist i. d. R. sehr hoch, so dass es sich empfiehlt, wenn es die Liquiditätslage zulässt, den Skontoertrag durch die Zahlung auszunutzen. Boni sind Erlösschmälerungen, die häufig aufgrund von verhandelten (höheren) Abnahmemengen oder anderen ausgehandelten Leistungen gewährt werden.

Abb. 3.118 Einkauf: Konditionenanalyse

Bündelungseffekte im Einkauf bieten i. d. R. große Vorteile bei der Erzielung von Einsparungen bei den Preisverhandlungen, insbesondere die Erzielung von Boni. Die Bündelung und Optimierung im Einkauf und somit die Erzielung von günstigeren Einkaufskosten muss aber abgestimmt werden mit der Optimierung der Lagerhaltung und Warenbereitstellung für die Produktion bzw. den Versand und den hier entstehenden höheren Lager- und Kapitalbindungskosten. Hier ist der Absprung im Cockpit zur Lageranalyse sinnvoll (vgl. Abschn. 3.9.3.5).

Werden Einsparungen im Einkauf, z. B. Boniquoten, mit den Lieferanten geplant, sollte die Zielerreichung im Bericht ergänzt werden. Die wichtigsten Konditionen und Einsparungen lassen sich über die Zeilenauswahl über die oben dargestellten dynamischen Diagramme visuell erfassen.

3.9.3.4 Lieferantenanalysen

Der wichtigste Geschäftspartner des Einkaufs ist der Lieferant. Im operativen Lieferantenmanagement möchte der Einkauf die Lieferanten möglichst umfassend aus verschiedenen Sichten analysieren. Folgende Fragen stehen im Mittelpunkt:

- Mit welchen Lieferanten werden welche Einkaufsvolumina und -mengen bei welchen Artikeln bzw. Warengruppen realisiert? Wurden die Einkaufszielmengen und -volumina erreicht?
- Wie hoch sind die durchschnittlichen Netto-Einkaufspreise und Einsparungsquoten bei unterschiedlichen Lieferanten?
- Wie zufrieden war das Unternehmen mit der Pünktlichkeit, Mengenverfügbarkeit und Qualität der angelieferten Ware?

Diese zentralen Fragen lassen sich durch die dynamisch kombinierbaren Tabellen der Lieferantenanalyse in Kombination mit den dynamischen Diagrammen umfassend beantworten (vgl. Abb. 3.119). In der oberen Tabelle können die Lieferanten anhand der Lieferantenhierarchie untersucht werden. Hierbei können durch die Einschränkung im Filterbereich alle Artikel, Warengruppen und Einzelartikel in der Warengruppenhierarchie ausgewählt werden. Die Kennzahlen lassen sich in der Spaltenstruktur analysieren. Die Zielerreichung des **Einkaufsvolumens** wird in der Tabelle mit Ampelsignalfarben hervorgehoben. Die zeitliche Verteilung der Einkäufe und die kumulierte Sicht der Ein-

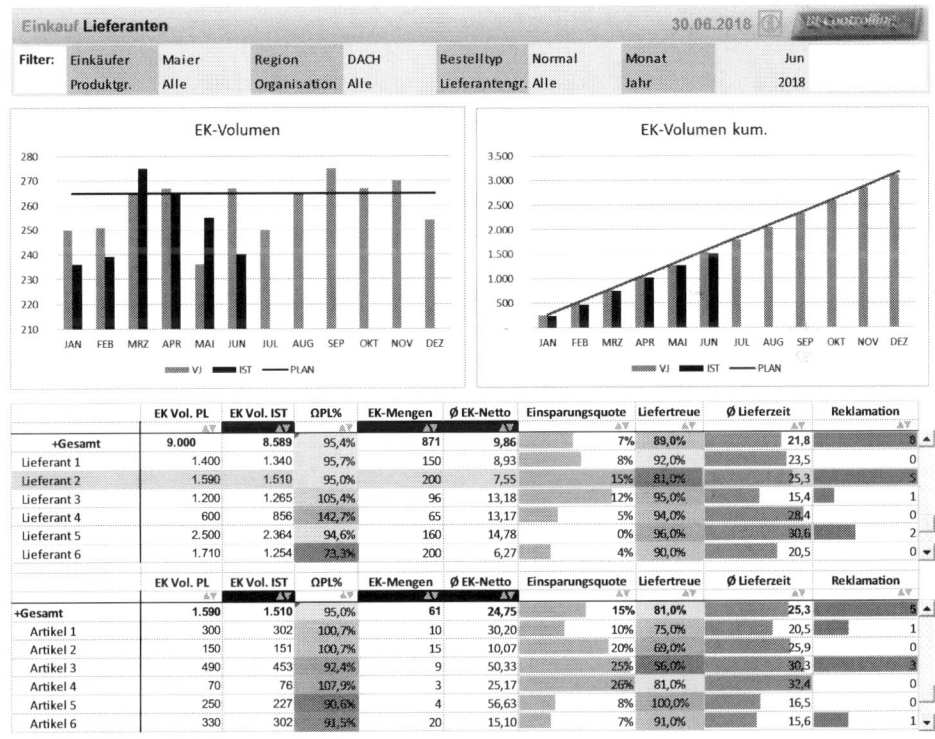

Abb. 3.119 Einkauf: Lieferantenanalyse

käufe sind in den dynamischen Diagrammen (oben) je ausgewählter Zeilenkombination aus Lieferanten und Artikeln abzulesen.

Weiterhin geben die **Einkaufsmengen** und **durchschnittlichen Einkaufspreise** Anhaltspunkte für die Lieferantenauswahl und die zukünftige Verhandlungsstrategie. Über die Länge der Miniaturbalkendiagramme lassen sich **Einsparungsquoten**, **durchschnittliche Lieferzeiten** und die **Anzahl der Reklamationen** signalisieren. Hinzu kommt die **Liefertreue** als wichtige Kennzahl zur Einschätzung der Lieferanten hinsichtlich mengen- und termingerecht angelieferter Ware. Diese wichtigen Kennzahlen bilden das Fundament einer 360-Grad-Analyse in der Lieferantenanalyse, die über die Filtereinschränkung weitere Detailuntersuchungen hinsichtlich Einkaufsorganisation, Einkäufer, Bestelltypen und regionalen Gesichtspunkten ermöglicht.

3.9.3.5   Lager- und Lieferanalysen

Eins der wichtigsten Ziele des Einkaufs ist sicherlich die wirtschaftliche Sicherstellung der Verfügbarkeit der notwendigen Waren für die Produktion bzw. den Verkauf. Um dieses Ziel zu erreichen, sind für die Steuerung des Einkaufs entsprechende Lager- und Lieferanalysen notwendig. Zentrale Fragestellungen lauten hier:

- Wie lange reichen die Vorräte aus, um die Versorgung der Produktion bzw. des Versands zu erfüllen?
- Wie hoch sind die Lagerauslastung und der durchschnittliche Lagerbestand?
- Wie lange dauert die Belieferung? Wie lange ist das Kapital im Lager gebunden?
- Wie teuer ist die Kapitalbindung?
- Wie hoch ist der durchschnittliche Bestellwert, wie häufig wird bestellt?

Als Spitzenkennzahlen der Lageranalyse (vgl. Abb. 3.120) bieten sich verschiedene Größen an, z. B. der **Lagerumschlag**, die **Lagerreichweite** aber auch der **Lagerbestand** und die hiermit verbundene Kapitalbindung. Da die **Kapitalbindungskosten** eher eine übergreifende Größe zur Wirtschaftlichkeitskontrolle darstellen, wurde diese Kennzahl als Einzelkennzahl hervorgehoben. Die anderen Größen lassen sich in den dynamischen Tabellen und Grafiken im Detail für die Warengruppen und Artikel bzw. die Läger und Lagerorte im Detail analysieren.

Weitere Untersuchungsobjekte in diesem Bereich können über die Filter eingeschränkt werden, wie z. B. die Einkaufsorganisation, die Lieferanten oder die Bestelltypen. Die Analyse des Bestandes der Waren in den betrachteten Lägern ist mengen- und wertmäßig möglich. Als Orientierung werden der **durchschnittliche Lagerbestand** und die **Lagerumschlagshäufigkeit** angezeigt. Anhand des durchschnittlichen Lagerbestandes ist zu erkennen, wie hoch die Vorräte eines ausgewählten Zeitraumes im Durchschnitt waren. Er kann sowohl für Mengen als auch für Wertgrößen dargestellt werden. Die Lagerumschlagshäufigkeit zeigt durch die Signalfarbe schnell an, welche Artikel „Schnell- und Langsam-Dreher" sind; das heißt, die Liegezeit im Lager bis zum Wareneinsatz oder Versand ist kurz oder lang. Ganz niedrige Lagerumschlagshäufigkeiten weisen auf sogenannte

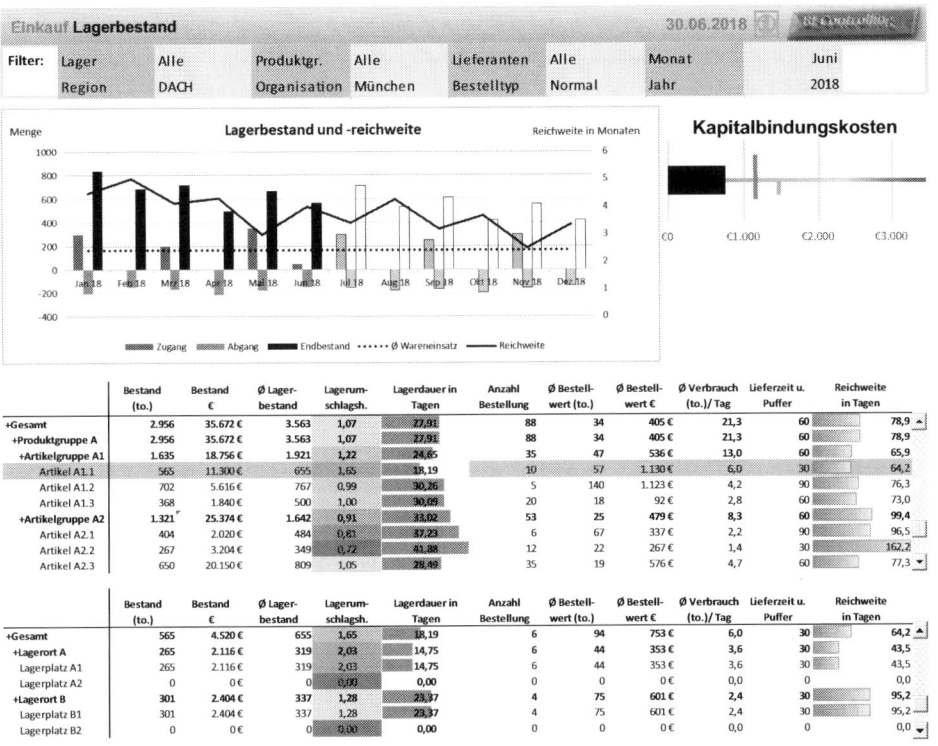

Abb. 3.120   Einkauf: Lageranalyse

	Bestand (to.)	Bestand €	Ø Lagerbestand	Lagerumschlagsh.	Lagerdauer in Tagen	Anzahl Bestellung	Ø Bestellwert (to.)	Ø Bestellwert €	Ø Verbrauch (to.)/ Tag	Lieferzeit u. Puffer	Reichweite in Tagen
+Gesamt	2.956	35.672 €	3.563	1,07	27,91	88	34	405 €	21,3	60	78,9
+Produktgruppe A	2.956	35.672 €	3.563	1,07	27,91	88	34	405 €	21,3	60	78,9
+Artikelgruppe A1	1.635	18.756 €	1.921	1,22	24,65	35	47	536 €	13,0	60	65,9
Artikel A1.1	565	11.300 €	655	1,65	18,19	10	57	1.130 €	6,0	30	64,2
Artikel A1.2	702	5.616 €	767	0,99	30,26	5	140	1.123 €	4,2	90	76,3
Artikel A1.3	368	1.840 €	500	1,00	30,09	20	18	92 €	2,8	60	73,0
+Artikelgruppe A2	1.321	25.374 €	1.642	0,91	33,02	53	25	479 €	8,3	60	99,4
Artikel A2.1	404	2.020 €	484	0,81	37,23	6	67	337 €	2,2	90	96,5
Artikel A2.2	267	3.204 €	349	0,72	41,88	12	22	267 €	1,4	30	162,2
Artikel A2.3	650	20.150 €	809	1,05	28,49	35	19	576 €	4,7	60	77,3

	Bestand (to.)	Bestand €	Ø Lagerbestand	Lagerumschlagsh.	Lagerdauer in Tagen	Anzahl Bestellung	Ø Bestellwert (to.)	Ø Bestellwert €	Ø Verbrauch (to.)/ Tag	Lieferzeit u. Puffer	Reichweite in Tagen
+Gesamt	565	4.520 €	655	1,65	18,19	6	94	753 €	6,0	30	64,2
+Lagerort A	265	2.116 €	319	2,03	14,75	6	44	353 €	3,6	30	43,5
Lagerplatz A1	265	2.116 €	319	2,03	14,75	6	44	353 €	3,6	30	43,5
Lagerplatz A2	0	0 €	0	0,00	0,00	0	0	0 €	0,0	0	0,0
+Lagerort B	301	2.404 €	337	1,28	23,37	4	75	601 €	2,4	30	95,2
Lagerplatz B1	301	2.404 €	337	1,28	23,37	4	75	601 €	2,4	30	95,2
Lagerplatz B2	0	0 €	0	0,00	0,00	0	0	0 €	0,0	0	0,0

Nulldreher hin, die über einen längeren Zeitraum nicht verkauft wurden. Die **Lagerdauer** in Tagen wird zusätzlich durch den Ausschlag im Miniaturbalkendiagramm visualisiert. Nulldreher sind besonders zu kennzeichnen.

Ein wesentlicher Stellhebel im Einkauf ist die Bündelung von Waren für Bestellung und Transport. Hierdurch lassen sich günstigere Konditionen sowie niedrigere Bestell- und Transportkosten pro Stück erreichen. Dagegen stehen die Lager- und Zinskosten des gebundenen Kapitals. Aus diesem Grunde ist es sinnvoll, die Anzahl der Bestellungen, den durchschnittlichen mengen- und wertmäßigen Bestellwert sowie den durchschnittlichen Verbrauch mit zu betrachten. Hohe Lagerbestände sind ggf. durch stark gebündelte Bestellungen zu rechtfertigen, wenn der erwartete Verbrauch hoch ist und die Einsparungen sich lohnen. Überbestellmengen hingegen sollten vermieden werden, wenn die Lager- und Zinskosten höher ausfallen als die erzielten Einsparungen. Die Bestellgrößen sollten angemessen sein. Ausreißer nach oben und unten können schnell gefunden und im Detail analysiert werden. Um die **Reichweite** des Lagerbestandes einschätzen zu können, wird zusätzlich zum Verbrauch die **Liefer- und Pufferzeit** angezeigt. Die Reichweitenanalyse signalisiert Gefahren der Unterversorgung aber auch Risiken der Überversorgung.

Die wichtigen Spitzenkennzahlen Lagerbestand und Lagerreichweite können im dynamischen Diagramm je ausgewählter Zeile in der Warengruppenhierarchie bzw. der Lagerhierarchie zur Analyse der zeitlichen Entwicklung herangezogen werden. Wichtige Bestell- und Verbrauchszyklen lassen sich anhand der Zu- und Abgänge erkennen. Der Durchschnitt des Warenverbrauches wird zusätzlich gestrichelt angezeigt. Der derzeitige Lagerbestand ist im aktuellen Monat schwarz hinterlegt. Unter Berücksichtigung der Planung lassen sich hierdurch zukünftige Versorgungsengpässe oder -überschüsse antizipieren, wenn die Linie zur Lagerreichweite zu stark fällt oder steigt. Als Ergänzung zur Reichweitenanalyse bietet sich weiterhin z. B. die Kennzahl „Fehlbedienungsquote" an, die die Anzahl der Aufträge misst, die aufgrund fehlender Lagerbestände nicht rechtzeitig geliefert werden können.

Durch den Gesamtbericht können die konkurrierenden Ziele im Einkauf (vor allem hohe Verfügbarkeit, niedrige Bestände, hoher Durchsatz) ganzheitlich betrachtet werden. Diese Analyse ist in ähnlicher Form für den Logistikbereich oder den Versand interessant. In der Logistik sind zudem Auslastungsanalysen und spezielle Lager-, Transport- und Kommissionierungsleistungen in den Fokus der Steuerung aufzunehmen.

Spezielle Berichte zur Lieferung (vgl. Abb. 3.121) und zur Lieferqualität (vgl. Abb. 3.122) beschäftigen sich mit folgenden Fragestellungen:

- Konnten die zugesagten Lieferzeiten vom Lieferanten eingehalten werden?
- Wie hoch war der Anteil der Fehllieferungen?
- Wie lang dauern die Lieferungen?
- Wie zufrieden bzw. unzufrieden ist das Unternehmen mit den Lieferungen? Wie hoch sind die Retouren, Reklamationen und Gutschriften?
- Aus welchen Gründen ist das Unternehmen mit den Lieferungen unzufrieden?

Die Liefertreue kann für die wichtigsten steuerungsrelevanten Objekte im Einkauf (Lieferant, Artikel, Bestelltypen, Regionen etc.) im Detail über die Filterkriterien ausgewertet werden. Als Spitzenkennzahlen werden die **Liefertreue** und die **durchschnittliche Lieferzeit** für die ausgewählten Filterkriterien angezeigt (vgl. Abb. 3.121).

Für die einzelnen Bestellungen werden der Bedarfseingang, der Bestelltermin, der zugesagte Liefertermin und das Lieferdatum angezeigt. Die **Lieferzeit in Tagen** sowie der entstandene **Lieferverzug** kann schnell anhand der Miniaturbalkendiagramme erkannt werden. Über die Sortierungsfunktion lassen sich die wichtigsten Ausreißer zusammenfassen.

Ergänzend zur **Liefertermintreue** und **durchschnittlichen Lieferzeit** werden als Spitzenkennzahl für die Messung der Qualität der Lieferung die **Rücklaufquote**, die **Reklamationsquote** und die **Gutschriftsquote** aufgeführt (vgl. Abb. 3.122). Über die Rücklaufquote (Retourenquote) erkennt man die Lieferungen, deren Ware aufgrund von Falschlieferungen, Verspätungen, Qualitätsmängeln und anderen Gründen an den Sender zurückgeschickt wurden. Sie wird mengen- und anzahlmäßig (Storno Wareneingänge) gezeigt. Die Reklamationsquote misst die Anzahl der reklamierten Lieferungen zu der Gesamtan-

Einkauf Liefertreue 30.06.2018 BI-Controlling

| Filter: | Lieferant | Alle | Bestelltyp | Normal | Bestellung | Alle | Datum von: | 01.01.2018 |
| | Produktgr. | Alle | Region | DACH | Einkäufer | Maier | Datum bis | 30.06.2018 |

Ø Liefertreue 72,2% Ø Lieferzeit 20,2 T

	Bedarfseingang	Bestelltermin	Bestätigter Termi	Lieferdatum	Lieferzeit in Tagen	Lieferverzug in Tage
Durchschnitt					20,1	0,0
Bestellung 1	04.01.2018	11.01.2018	31.01.2018	06.02.2018	33	-6
Bestellung 2	04.01.2018	21.01.2018	25.01.2018	24.01.2018	20	1
Bestellung 3	05.02.2018	20.02.2018	25.02.2018	15.02.2018	10	10
Bestellung 4	07.03.2018	23.03.2018	21.03.2018	23.03.2018	16	-2
Bestellung 5	09.03.2018	23.03.2018	28.03.2018	24.03.2018	15	4
Bestellung 6	10.03.2018	20.03.2018	25.03.2018	25.03.2018	15	0
Bestellung 7	12.03.2018	14.03.2018	01.04.2018	01.04.2018	20	0
Bestellung 8	04.04.2018	17.04.2018	28.04.2018	24.04.2018	20	4
Bestellung 9	04.04.2018	20.04.2018	26.04.2018	15.05.2018	41	-19
Bestellung 10	14.04.2018	25.04.2018	20.05.2018	15.05.2018	31	5
Bestellung 11	16.04.2018	28.04.2018	30.04.2018	05.05.2018	19	-5
Bestellung 12	04.05.2018	20.05.2018	25.05.2018	25.05.2018	21	0
Bestellung 13	08.05.2018	20.05.2018	28.05.2018	24.05.2018	16	4
Bestellung 14	14.05.2018	26.05.2018	26.05.2018	24.05.2018	10	2
Bestellung 15	25.05.2018	10.06.2018	15.06.2018	14.06.2018	20	1
Bestellung 16	10.06.2018	20.06.2018	25.06.2018	24.06.2018	14	1
Bestellung 17	10.06.2018	20.06.2018	30.06.2018	offen		0
Bestellung 18	10.06.2018	20.06.2018	25.06.2018	offen		-5

Abb. 3.121 Einkauf: Liefertreue

zahl Warenlieferungen. Sie verdeutlicht die Unzufriedenheit des Unternehmens mit der angelieferten Ware des Lieferanten. Die Gutschriftsquote gibt die prozentuale Höhe der wertmäßigen Gutschriften gemessen an der Höhe der Eingangsrechnungssumme wieder. Neben der wertmäßigen Gutschriftsumme wird die Anzahl der stornierten Eingangsrechnungen aufgeführt. Hierdurch lassen sich Komplett- und Teilgutschriften, z. B. bei Ware 2. Wahl oder Ware mit Mängeln, unterscheiden.

Rücklauf-, Reklamations- und Gutschriftsquote können im Detail sinnvoll durch eine Statistik der ursächlichen Gründe ergänzt werden.

Die dynamischen Diagramme reagieren auf die Zeilenauswahl in der Datentabelle, anhand derer die Entwicklung der Retouren, Reklamationen und Gutschriften untersucht werden kann.

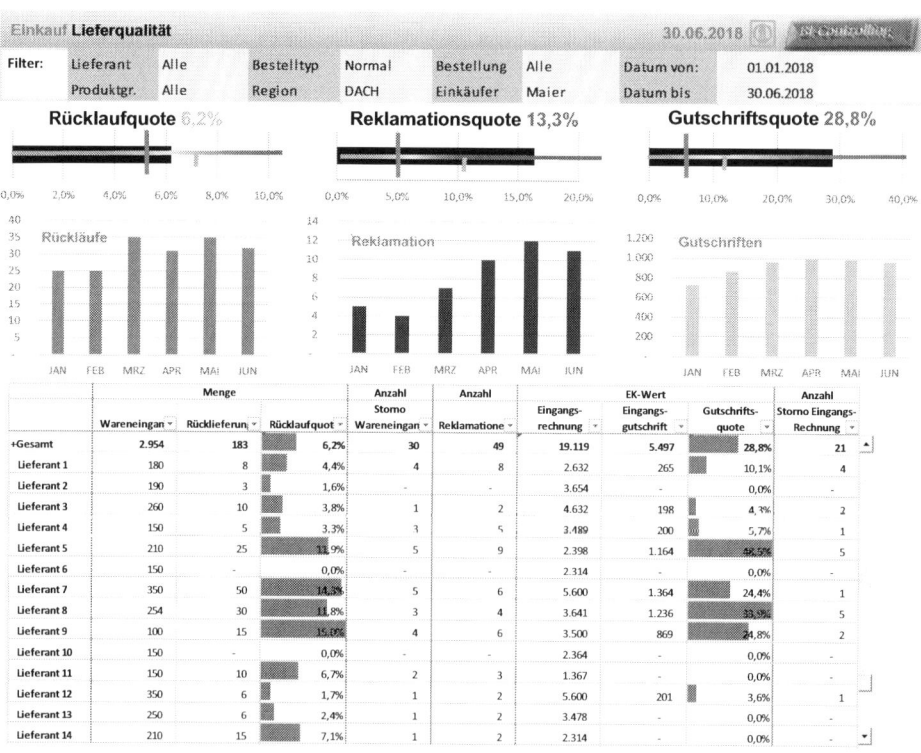

Abb. 3.122 Einkauf: Lieferqualität

3.9.4   Cockpit Berichte für die Projektsteuerung

Die Projektsteuerung in Unternehmen ist vor allem für diejenigen Unternehmen von zentraler Bedeutung, deren Kernleistung auf der Projektfertigung beruht, wie z. B. im Anlagenbau, im Consulting, in der Softwareentwicklung oder im Hoch- und Tiefbau. Zudem hat die Projektsteuerung aber auch in allen anderen Wirtschaftszweigen, wie z. B. im Handel, in der Industrie oder bei Banken und Versicherungen z. B. für Forschungs- und Entwicklungsarbeiten sowie für operative und strategische Projekte eine hohe Bedeutung. Im Folgenden werden Berichte für die operative Projektsteuerung im Einzel- und Multiprojekt-Controlling näher betrachtet.[106] Wichtige Fragen, die im operativen Projektcontrolling beantwortet werden, sind:

---

[106] Die Cockpit-Abbildungen dieses Kapitels sind selbst erstellt. Eine detaillierte Ausführung zum Projekt-Controlling in Anlehnung an das gezeigte Beispiel ist in folgendem Beitrag zu finden: Schön (2017, S. 507–537). Die Bereiche „Strategische Projektsteuerung" und „Planung" bleiben wie in den Kapiteln zuvor außen vor.

- Wie stehen meine Projekte im Überblick dar?
- Mit welchen Projekten erziele ich welche Margen? Welche Projekte sind defizitär?
- Wie hoch sind die tatsächlichen und prognostizierten Kosten in Verbindung mit der erbrachten bzw. geplanten Leistung?
- Welche Projekte verzögern sich?
- Werden entstehende Projektauszahlungen durch die Gegenfinanzierung gedeckt?
- Welche Chancen und Risiken müssen in den Projekten im Auge behalten werden?
- Wie ist die projektübergreifende Auslastung und Produktivität meiner Projektressourcen, z. B. Mitarbeiter oder Geräte?

Das vorgestellte Projekt-Cockpit muss an die individuellen Anforderungen der Projektsteuerung in der Branche bzw. des Unternehmens angepasst werden.

Im Start-Cockpit des Projekt-Controllings erhält die verantwortliche Führungskraft Spitzenkennzahlen, die einen Überblick über die wichtigsten Erfolgstreiber im Projektgeschäft ermöglichen (vgl. Abb. 3.123). Im Beispiel zeigt die **Deckungsbeitragsquote** diejenige Marge des Projekterfolges an, die über die direkten Projekteinzelkosten zur Deckung weiterer Gemeinkosten zur Verfügung steht. Die Erreichung des Planungsziels kann

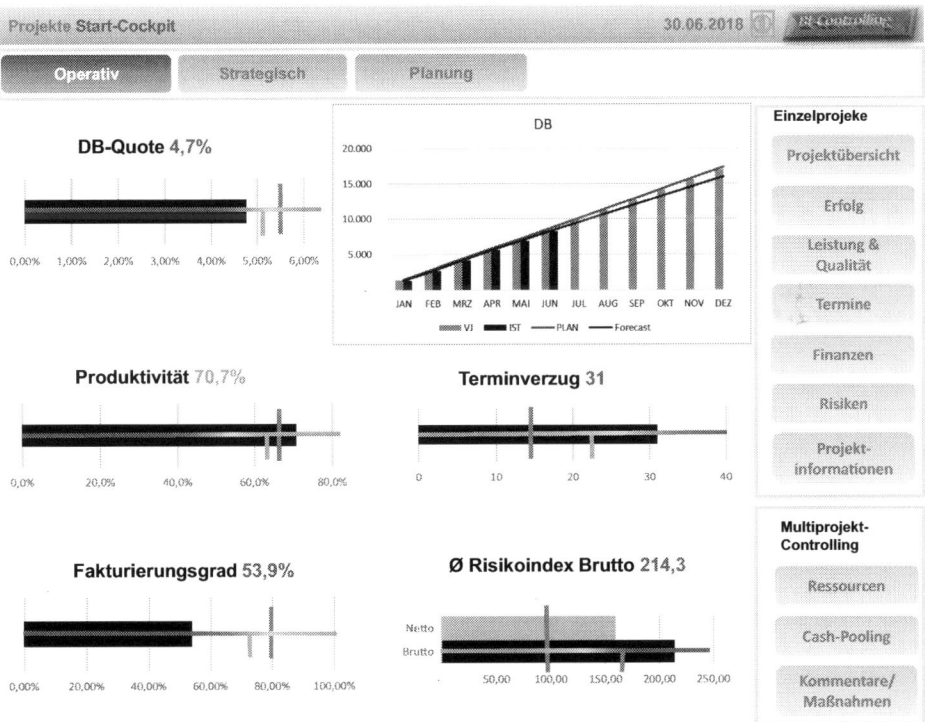

Abb. 3.123 Projekte Start-Cockpit

dabei für den Projektdeckungsbeitrag durch das kombinierte Säulen- und Liniendiagramm kumulativ im Zeitverlauf verfolgt werden. Die zusammengefassten Projektleistungen werden anhand der beiden Kennzahlen **Produktivität** und **Terminverzug** verdeutlicht. Die Produktivität zeigt die Anzahl produktiver Projektstunden anhand der geplanten Sollstunden an. Sie misst somit den wirtschaftlichen Einsatz der Ressourcen. Projektverzögerungen sind häufig ein Indikator für Unwirtschaftlichkeit, z. B. in Form von erhöhten Projektkosten sowie -risiken und bringen zudem Unzufriedenheit beim Kunden. Deshalb sollte die Vermeidung des Terminverzugs in der Projektverfolgung einen hohen Stellenwert einnehmen. Nicht abgerechnete Projektleistungen führen nicht nur zu einem schlechteren Cash Flow sondern können auch Risiken verbergen, wie z. B., dass Kunden erbrachte Leistungen anfechten und Zahlungen hinauszögern. Der **Fakturierungsgrad** zeigt hierbei im Idealfall an, welchen Anteil der fakturierungsfähigen Leistungen bereits in Rechnung gestellt wurden. Das Projektgeschäft ist meist hoch komplex und enthält Risiken, die sich nicht immer quantitativ in Werten oder Mengen ausdrücken lassen. Beispielsweise sind Abstimmungen mit anderen Gewerken und Unternehmen notwendig oder es gibt Probleme mit der Zulieferung von Ware. Weiterhin kann es unterschiedliche Auslegungen der Leistungen geben, da die Rechte und Pflichten der Geschäftspartner im Vertragswerk nicht eindeutig sind. Diese und weitere projektspezifischen Risiken werden zur Steuerung in einem **Risikoindex** verdichtet. Der Netto-Risikoindex zeigt hierbei an, inwieweit durch eingeleitete Maßnahmen das Brutto-Risiko verkleinert werden konnte.

Die Einzelberichte zur operativen Projektsteuerung unterteilen sich in folgende Bereiche:

- Einzelprojektcontrolling
  - Projektübersicht
  - Projekterfolg
  - Projektleistung & -qualität
  - Projekttermine
  - Projektfinanzen
  - Projektrisiken
  - Projektinformationen
- Multiprojektcontrolling
  - Projektressourcen
  - Cash Pooling
  - Kommentare/Maßnahmen

Während die Berichte im Einzelprojekt-Controlling die wichtigsten Steuerungsaspekte des einzelnen Projektes abdecken, übernimmt das Multiprojekt-Controlling die projektübergreifenden Steuerungsbereiche wie z. B. die Ressourcensteuerung und das Cash-Pooling.

3.9.4.1 Projektübersicht

Für das Einzelprojekt-Controlling bietet sich zunächst eine Übersicht aller Projekte an, in der die wichtigsten Kennzahlen der Einzelprojekte analysiert werden können (vgl. Abb. 3.124). Die Filter-, Sortier- und Ampelfunktionen helfen dabei, Ausreißer nach oben oder nach unten zu identifizieren und in die Detailanalyse eines Projektes einzusteigen. Über die Menüfilter lassen sich nach den Anforderungen des Analysten Einschränkungen vornehmen, ob z. B. nur eine Sparte, eine Niederlassung oder ein Projekttyp untersucht werden soll.

Die Analysetabelle ist dabei kompakt auf die wichtigsten Kennzahlen der Einzelprojektsteuerung in Bereiche zugeschnitten. Der Auftragswert zeigt die wertmäßige Bedeutung eines Projektvorhabens an. Über die Sortierfunktion lassen sich so z. B. Großprojekte schnell identifizieren. Im Steuerungsbereich „Erfolg" zeigt der **Forecast des Deckungsbeitrages** die prognostizierte Marge über die direkten Projekteinzelkosten an. Zudem weist der **Kostenindex (CPI = Cost Performance Index)** die Kostenabweichungen (Sollkosten/Istkosten) im Projekt an. Im Bereich „Leistung" lassen sich die einzelnen Projekte hinsichtlich ihres **Leistungsindex (SPI = Schedule Performance Index)** und des Fertigstellungsgrades analysieren. Der Leistungsindex zeigt in Anlehnung an die **Earned**

Projekt **Projektübersicht**							30.06.2018			BI-Controlling
Filter:	Kunde	Alle		Niederlassun Köln		Gebäudetyp Alle		Monat	Juli	
	Branche	Alle		Projektleiter Alle		Sparte	Hochbau	Jahr	2018	

Projektübersicht	Gesamt	Erfolg			Leistung		Termin	Finanzen		Risiko
	Auftrags-wert	DB FC	CPI	SPI	Fertigstellungs-grad	Termin-verzug	Fakturierungs-grad	CF FC	Risikoindex
+P13 Gebäude P1	1.200	-244	0,75	0,64	28,6%	28	58,3%	-244	86
+P21 Halle Freiluft	5.600	361	1,20	1,10	89,0%	10	62,0%	123	75
+P25 Einkaufszentrum Nord	4.325	130	0,95	0,94	82,3%	6	80,4%	10	50
+P 31Verwaltungsgeb. ZAG	2.364	-152	0,86	0,84	94,5%	11	95,6%	260	42
+P52 Bezirkssportanlage	2.600	347	1,15	1,05	86,4%	0	100,0%	360	32
+P63 Schulkomplex West	3.640	211	1,03	1,10	64,2%	-61	43,0%	-132	80
+P78 Pflegeeinrichtung	800	164	0,96	0,86	76,4%	4	76,0%	-86	65
+P81 Altenzentrum S1	950	30	0,81	0,92	83,0%	-30	92,0%	53	32
+P83 Altenzentrum T1	2.421	-142	0,75	0,75	92,1%	-30	93,1%	250	40
+P84 Altenzentrum V7	2.536	347	1,15	1,05	86,4%	10	100,0%	360	66
+P91 Verwaltungszentrum	3.750	325	0,98	0,86	64,2%	7	86,0%	50	75
+P93 Klinik BTZ 1	852	56	0,96	0,84	75,3%	6	76,0%	-54	66
+P94 Klinik BTZ 2	952	31	0,80	0,91	84,0%	5	93,2%	50	53
+P95 Klinik BTZ 3	1.203	-155	0,79	0,82	91,2%	0	82,3%	-104	33
+P96Klinik BTZ 4	2.614	101	0,81	0,84	85,0%	14	93,2%	64	64
+P98 Altenzentrum D	3.210	200	0,78	0,75	84,0%	-67	93,2%	85	98
+P99 Altenzentrum F	1.346	23	0,79	0,82	84,0%	-103	93,2%	-104	65
+P104 Altenzentrum TA	2.436	254	1,06	1,00	95,3%	5	93,2%	360	66
+P102 Pflegezentrum	3.641	325	0,98	0,86	64,2%	7	86,0%	50	75
+P103 Klinik ZA 1	954	56	0,96	0,95	75,3%	-6	76,0%	-54	66
+P106 Klinik ZA 2	864	31	0,80	0,91	84,0%	-5	93,2%	50	53

Abb. 3.124 Projektübersicht

Value Analyse an, inwieweit die Leistung (Sollkosten) hinter der Planleistung zurück liegt.[107] Der **Fertigstellungsgrad** zeigt die Istleistung von der noch prognostizierten Gesamtleistung (Forecast) an.[108] Unterschiedliche Messtechniken des Fertigstellungsgrades sind u. a. bei *Schreckeneder* zu finden.[109] Unterstützt durch die Länge der Miniaturbalken kann der Anwender schnell erkennen, welche Projekte noch weit hinter ihrer Fertigstellung her hängen. Der **Terminverzug** unterstützt diese Sicht im Bereich „Termin", in dem die prognostizierten Verzugstage vom ursprünglichen Planfertigstellungstermin angezeigt werden.

Im Bereich „Finanzen" wird neben dem bereits erläuterten **Fakturierungsgrad** der **Projekt Cash Flow** als Spitzenkennzahl aufgeführt. Er zeigt die Innenfinanzierungskraft des Projektes an und sollte bestmöglich positiv sein. Der abschließende Bereich Risiko zeigt den **Risikoindex** des Einzelprojektes an, so dass risikorelevante Projekte schneller identifiziert werden können.

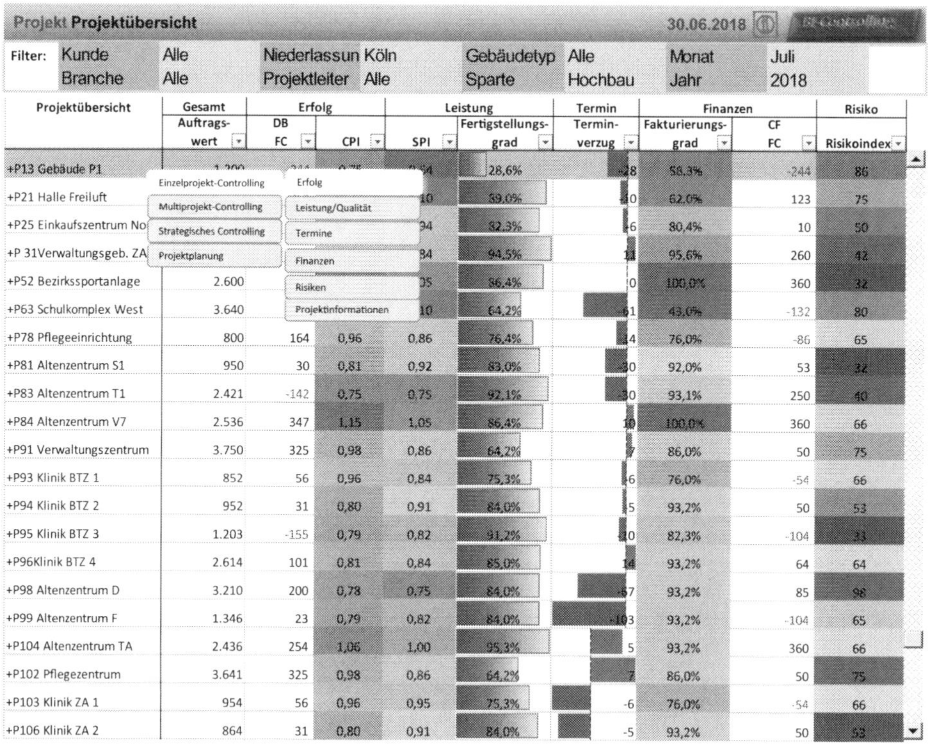

Abb. 3.125 Projektübersicht mit Kontextmenü

---

[107] Vgl. zur Earned Value Analyse z. B. Fiedler (2016, S. 182–195), Bea et al. (2008, S. 302–310) und Schlick et al. (2016, S. 197 ff.).
[108] Vgl. DIN 66901 (2017).
[109] Vgl. Schreckeneder (2013, S. 160–161).

Das Projekt P13 ist im aufgeführten Beispiel hinsichtlich des Erfolgs sehr kritisch zu bewerten, so dass hier eine tiefergehende Analyse z. B. über ein Kontextmenü sinnvoll ist (vgl. Abb. 3.125). Zunächst verschafft sich die Führungskraft einen Überblick über die wichtigsten Informationen zum Projekt.

Im Bericht Projektinformationen/Kommentare/Maßnahmen werden die wichtigsten Projektinformationen im oberen Teil aufgeführt (vgl. Abb. 3.126). Hierzu gehören die bereits bekannten Spitzenkennzahlen aus der Projektübersicht. Darunter befinden sich wichtige Informationen zu den Stammdaten des Projektes (Auftragsnummer, Kunde, Organisation, Projekttyp etc.) und seiner Ansprechpartner, insbesondere die Telefonnummer und E-mail-Adresse des Projektleiters.

Der Projektstatus sowie die wichtigsten Termine zum Projekt runden diesen Informationsblock ab.

Im unteren Teil des Berichtes werden die Kommentare des Projektleiters sowie aktuelle Maßnahmen zum Projekt gezeigt. Über die bereits erläuterte Verbindung zum Ticketsystem können Aufgaben mit Hilfe von Tickets an Verantwortliche gestellt und verfolgt werden.

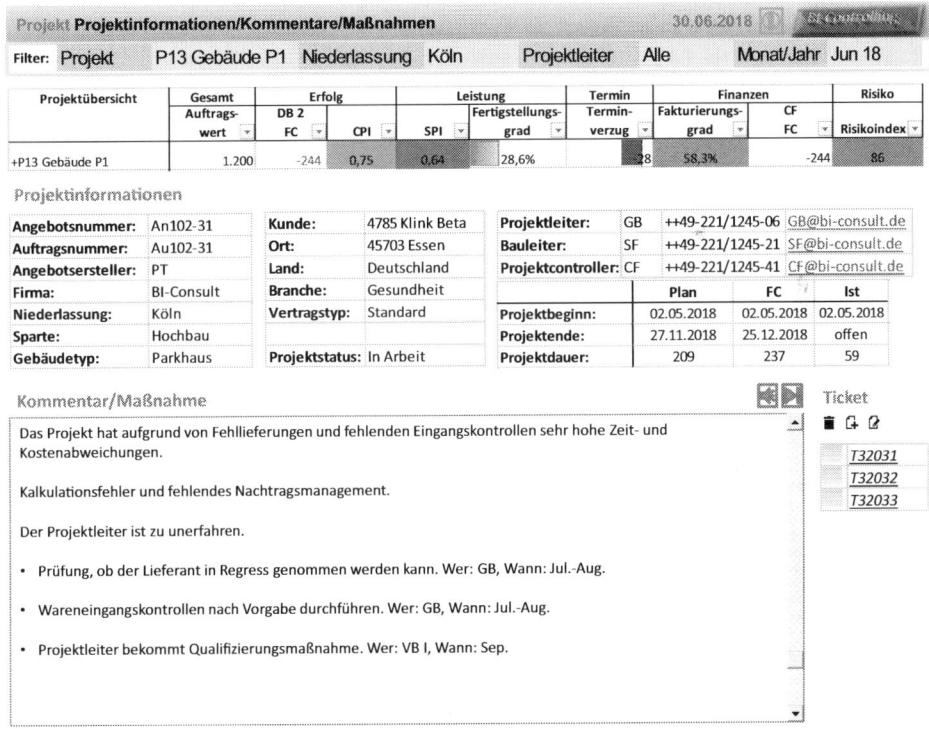

Abb. 3.126 Projektinformationen/Kommentare/Maßnahmen

3.9.4.2 Projektleistung und -erfolg

Soll die Projektleistung und der Projekterfolg weiter betrachtet werden, gelangt der Anwender durch einen Sprung über das Kontextmenü (rechte Maustaste) zum Bericht Erfolg. Alternative Absprungmöglichkeiten wären über die ausgeblendeten Menüleisten in der Gesamtnavigation möglich.

Der Bericht Projekterfolg zeigt die Erfolgsrechnung des ausgewählten Projektes an (vgl. Abb. 3.127). Die Kosten, Erlöse und Deckungsbeiträge sowie das kalkulatorische Projektergebnis lassen sich detailliert über alle Wertarten (Plan, Ist, Forecast) analysieren. Projektkennzahlen wie der Fertigstellungsgrad sowie die Leistungs- und Kostenabweichung unterstützen eine schnelle Erfolgsanalyse.

Die Projekterfolgsrechnung bildet im Zeilenschema die Wertschöpfungsstufen des Projekterfolges ab. Die wichtigste Ausgangsgröße ist hierbei die **Gesamtleistung**, die sich aus bereits abgerechneten Umsätzen (Teilschlussrechnungen bzw. Schlussrechnungen) und der Bestandsveränderung ergeben. Lange Projektlaufzeiten führen im Projektgeschäft dazu, dass Leistungserstellung und Erlöserzielung weit auseinanderliegen. Aus diesem Grund sind teilfertige bzw. angearbeitete Projektleistungen in der Position Bestandsveränderungen zu ermitteln. Die in Deutschland häufig anzufindende **Completed-Contract-**

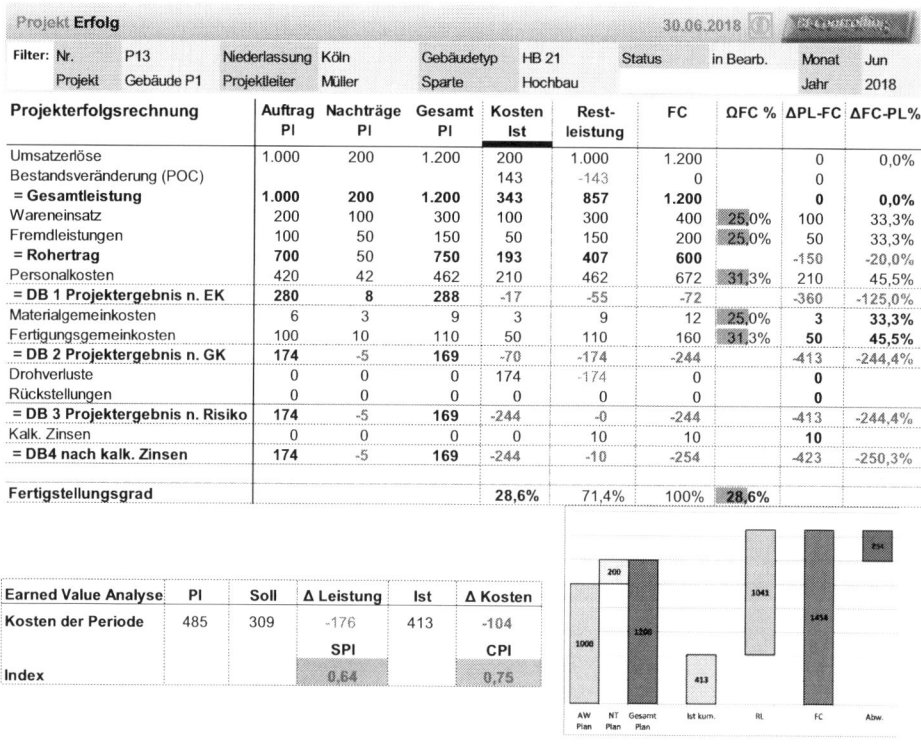

Abb. 3.127 Projekterfolg

Methode, die teilfertigen Projektleistungen ausschließlich mit den hierfür angefallenen (unvollständigen) direkten Herstellkosten (Einzelkosten) bewertet, ist hier nicht transparent. Sie führt dazu, dass Erlöse erst in der Periode ausgewiesen werden, in welcher der Umsatz erzielt wird. Das ist häufig erst zum Zeitpunkt der Schlussrechnung. Bei der Bestandsbewertung ist daher die **Percentage-of-Completion-Methode** zu bevorzugen. Die Leistungsbewertung bezieht hierbei die vollen Herstellkosten inklusive Projektgemeinkosten und kalkulatorische Gewinnausweise der geleisteten Teilleistungen unter Berücksichtigung des Fertigstellungsgrades in die Berechnung mit ein. Hierdurch ist eine periodische Erfolgsermittlung für das Projekt darstellbar.

Der Fertigstellungsgrad wird berechnet anhand der aufgelaufenen Istkosten in Bezug zu den im Forecast prognostizierten Projektkosten und zeigt somit das Verhältnis aus Istleistung und prognostizierter Gesamtleistung an.

Von der Gesamtleistung werden schrittweise die Kosten abgezogen. Zunächst zieht man die Materialkosten und die Fremdleistungen ab und kommt zum **Rohertrag**, der im Projektgeschäft auch alternativ **Eigenleistung**[110] genannt wird. Abzüglich direkter Personalkosten erhält man den **Deckungsbeitrag** 1 nach Projekteinzelkosten. Dieser Deckungsbeitrag stellt die Deckungskraft des Projektes für weitere Gemeinkosten des Projektes und des Unternehmens dar. Zieht man die zurechenbaren Material- und Fertigungsgemeinkosten des Projektes in der nächsten Ergebnisstufe ab, gelangt man zum Deckungsbeitrag 2, der ein Vollkostenergebnis des Projektes vor Risikopositionen und weiteren kalkulatorischen Kosten darstellt. Der Deckungsbeitrag 3 berücksichtigt diese Werte in Form von Drohverlusten, Rückstellungen sowie kalk. Zinsen. Der Deckungsbeitrag 4 entspricht einem **Projektergebnis** in Form eines kalkulatorischen Vollkostenergebnisses. Er ist sowohl in der Angebots- als auch in der Auftragsphase eine wichtige Steuerungsgröße für den Projekterfolg.

Das Spaltenschema der Projektergebnisrechnung weist als Ausgangspunkt der Steuerung neben dem ursprünglichen Plan der Auftragskalkulation Nachträge und Änderungen aus, so dass stets ein aktueller überarbeiteter Gesamtplanwert des Projektes im Sinne des Change-Managements zwecks Kontrolle zur Verfügung steht. Im Vergleich hierzu müssen die aufgelaufenen Istkosten sowie die Restleistungen inklusive Obligos im Prognosewert der erwarteten Leistung gegenübergestellt werden. Mit Hilfe des sogenannten Forecasts und den Istkosten können die **Zielerreichung** und der **Fertigstellungsgrad** des Projektes berechnet werden.

Das größte Problem bei der Steuerung eines Projektes ist die Prognose der Restleistungen. Hier sind die Projektleiter gefragt, die im Rahmen der laufenden Projektplanung Restkosten einzelner Positionen fortschreiben oder aktualisieren müssen. Hierfür bieten sich entsprechende einfache Planungsformulare an, die entweder im Vorsystem der Projektsteuerung oder im Bereich der Planung gepflegt werden.

---

[110] Vgl. Lutz et al. (2011, S. 63 f.).

Mit Hilfe des Wasserfalldiagrammes unten rechts können die Veränderungen des Projektgesamtergebnisses durch Nachträge des Change-Managements sowie der aufgelaufenen und prognostizierten Restleistung zum Forecast schneller erfasst werden.

Zusätzlich zur Projekterfolgsrechnung mit Fertigstellungsgradermittlung bietet sich die bereits in der Übersicht beschriebene Ermittlung von Projektkennzahlen der **Earned Value Analyse** an. Hier stehen der Leistungsindex und der Kostenindex im Fokus. Liegt der Leistungsindex deutlich unter 100 % bzw. unter dem Faktor 1, ist die Sollleistung des Projektes deutlich hinter der geplanten Leistung. Der Faktor 0,64 zeigt an, dass von jedem geplanten Euro des Projektes bis zum aktuellen Monat erst 64 % erledigt wurden. Ob die erbrachten Leistungen tatsächlich wirtschaftlich erstellt wurden, zeigt der Kostenindex an. Liegt der Kostenindex unter 100 % bzw. dem Faktor 1, sind die Istleistungen zu deutlich höheren Istkosten als den veranschlagten Sollkosten erbracht worden. Im Beispiel liegt die Kostenabweichung absolut bei aktuell 104 €. Der Kostenindex von 0,75 im Beispiel zeigt, dass für einen Euro Projektkosten nur 75 Cent Wert geschaffen worden ist!

Falls die Projektsteuerung auf der obersten Projektebene nicht ausreicht, sollte der Erfolgsbericht anhand der Projekthierarchie aufgerissen werden. Hierbei sind die Teilprojekte und Projektarbeitspakete genauso zu analysieren wie das Gesamtprojekt.

Die Aggregation der Projektergebnisse kann wiederum für weitere Ergebnisobjekte, z. B. Niederlassungen, Sparten und Projekttypen, vorgenommen werden.

3.9.4.3 Projekttermine

Ein wichtiger Erfolgsfaktor für ein Projekt ist die Einhaltung zugesicherter Termine (vgl. Abb. 3.128). Aus diesem Grunde bietet es sich an, kontinuierlich eine Projektterminkontrolle durchzuführen und Zeitabweichungen festzustellen. Die in der Projektplanung festgelegten Meilensteine dienen insbesondere bei komplexen Projektstrukturplänen als wichtigster Kontrollpunkt. Negative Auswirkungen von Terminabweichungen können z. B. Konventionalstrafen sein. Zudem entstehen durch Verzögerungen im Projektgeschäft erhöhte Kosten in nachfolgenden Arbeitspaketen. Beispielsweise müssen Materialien kostenpflichtig zwischengelagert werden.

Für das ausgewählte Projekt wird in der grafischen Übersicht (unten) ein kompakter Terminplan für die wichtigsten Projektabschnitte mit Hilfe der Balkenplantechnik angezeigt. Es lassen sich somit schnell wichtige Zeitinformationen zum Projekt analysieren. Der Projektfortschritt lässt sich am Ist-Status ablesen. Das voraussichtliche Projektende berücksichtigt notwendige Verschiebungen von Projektaufgaben und lässt somit wichtige Abweichungen beim Start und Ende einzelner Meilensteine erkennen. Ein besonderer Typ von Meilensteinen ist das Quality Gate. Ein Quality Gate darf erst durchschritten werden, wenn bestimmte Anforderungskriterien erfüllt sind.[111]

In der Tabelle oben sind die Stunden und Ecktermine zum Projekt dargestellt. Der erste Bereich zeigt die Abweichung der benötigten von den geplanten Stunden an. Die Personal-

---

[111] Vgl. Fiedler (2016, S. 90 ff.).

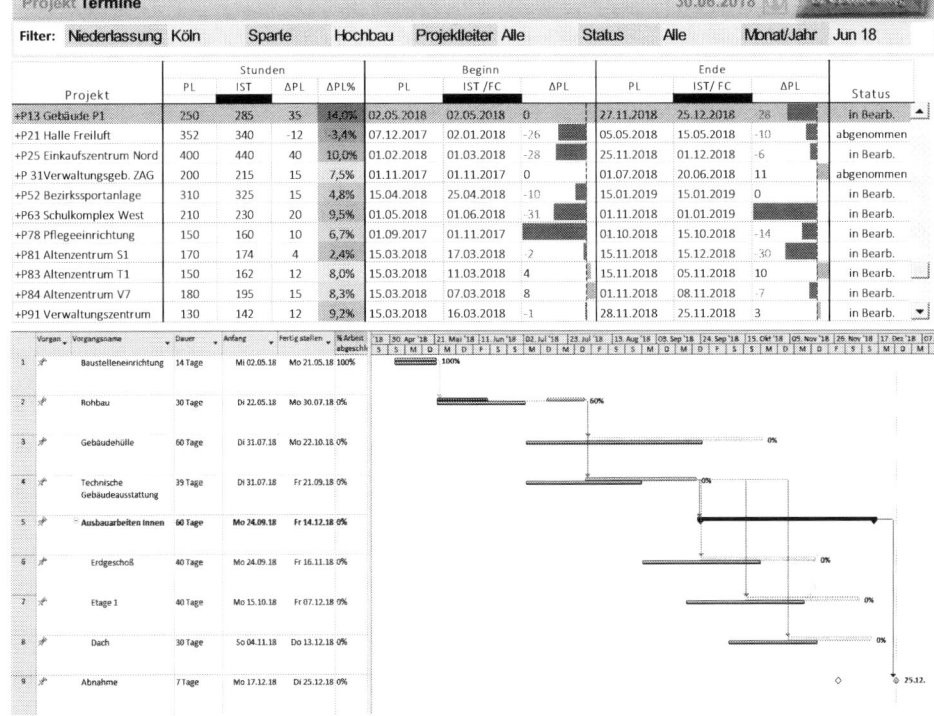

Abb. 3.128 Projekttermine

stunden sind neben den Materialkosten und Fremdleistungen häufig eine der wichtigsten Kostenpositionen. Deutliche Abweichungen lassen Schwierigkeiten im Projekt sowie Verzögerungen erkennen.

Im zweiten bzw. dritten Bereich der Tabelle wird der Verzug des Start- bzw. des Endtermins des Projektes mit Miniaturbalkendiagrammen visuell hervorgehoben. Hierdurch sind größere Ausreißer wiederum schnell zu erkennen. Am rechten Rand wird der aktuelle Status des Projektes angezeigt.

3.9.4.4   Projektfinanzen

Die Darstellung der Projektfinanzen umfasst eine Gegenüberstellung der Zahlungseingänge des Kunden und der Zahlungsausgänge im Projekt an Dritte sowie Zahlungsausgänge für die Projekteigenleistungen an. Die Differenz dieser beiden Werte ergibt die Spitzenkennzahl „Projekt Cash Flow". Der Projekt Cash Flow zeigt die Finanzierungskraft des Projektes an und sollte idealerweise im gesamten Projektablauf positiv sein. Aus diesem Grunde empfiehlt es sich, größere Kundenprojekte vorzufinanzieren. Im Projektgeschäft werden daher Zahlungsvereinbarungen mit den Kunden getroffen, die Anzahlungen, Teilschlussrechnungen und Schlussrechnungen bestimmen. Regeln wie 1/3 werden zu Beginn des Projektes fällig, 1/3 im Laufe der Leistungserstellung und 1/3 nach Projektabnahme prägen häufig die Finanzierung im Projektgeschäft.

In der Übersicht zu den Projektfinanzen erhält der Anwender in der Tabelle oben eine Übersicht über wichtige finanzielle Informationen zum Projekt (vgl. Abb. 3.129). Ausgehend vom Auftragswert wird gezeigt, wie hoch die Summe der Anzahlungen, Teilschluss- und Schlussrechnungen je Projekt sind.

Der **Fakturierungsgrad** zeigt das Verhältnis der gestellten Rechnungen zum Auftragswert an. Niedrige Fakturierungsstände weisen auf unnötige Kapitalbindungskosten sowie Ausfallrisiken von Leistungen hin. Ist es dem Unternehmen möglich, abrechenbare Leistungsstände für das Projekt separat zu ermitteln, kann die Fakturierungsquote sich auf diesen Wert beziehen.

Die Summe der **offenen Zahlungen** im Gegensatz zu den **erhaltenen Zahlungen** ist ein Hinweis auf verzögertes Zahlungsverhalten und kann z. B. auf Störungen im Projekt hindeuten. Werden die offenen Zahlungen zu groß, sollten die Gründe mit dem Projektleiter und dem Kunden besprochen werden. Als optische Hilfe kann das Zahlungsverhalten gut anhand der Kennzahl **Zahlungsgrad** abgelesen werden. Wie im Forderungsmanagement bereits für das Unternehmen gezeigt, sind ausstehende Zahlungen (offene Posten)

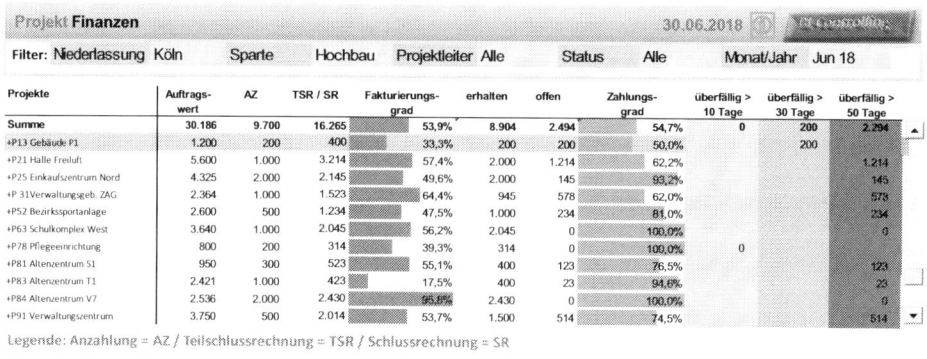

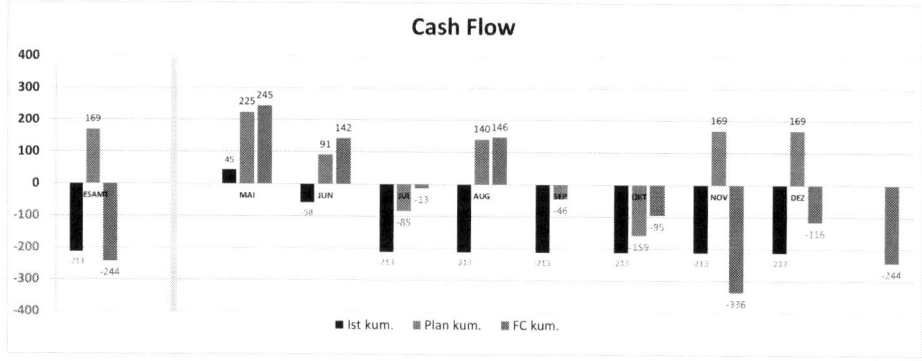

Abb. 3.129 Projekt-Finanzen

auch im Projekt nach ihren Fälligkeiten einzuordnen. Fälligkeiten über 30 Tage und höher sollten vermieden werden.

Die grafische Übersicht (unten) zeigt zum ausgewählten Projekt den Projekt Cash Flow an. Vorne wird der gesamte Projekt Cash Flow für das prognostizierte Projektende angezeigt. Rechts daneben kann die Entwicklung des geplanten, aktuellen und prognostizierten Cash Flows im Zeitablauf anhand der positiven und negativen Ausschläge im Säulendiagramm analysiert werden.

3.9.4.5   Projektrisiken

Projekte sind oft risikobehaftet. Wichtige Gründe für die Entstehung von Risiken im Projektgeschäft zeigt folgende unvollständige Aufzählung:[112]

- Innovations- und Technologierisiken bezüglich der Neuartigkeit der Projektaufgabe
- Termineinhaltungsrisiko (schlecht planbare Laufzeiten)
- Kalkulations- und Preisrisiken durch hohe Wettbewerbsintensität mit ruinösem Preiswettkampf
- Vertrags- und Rechtsrisiken durch verschärfte juristische Rahmenbedingungen
- Auslastungsrisiken durch zyklische Beschäftigung
- Projektkomplexitätsrisiken
- Leistungsrisiken durch nicht transparente und teils unbekannte Leistungen in der Angebots- und Akquisitionsphase
- Länderrisiken
- Vorfinanzierungsrisiko von Leistungen
- Koordinationsrisiko zwischen Sub- bzw. Nachunternehmern, Lieferanten, ARGE-Partnern und eigenen zentralen Dienstleistungseinheiten

Die Führungskräfte sollten daher besonders im Projektgeschäft die Risiken mit einem angemessenen Risikomanagement steuern. Hierbei sollten die Risiken gesammelt (Risikoidentifikation), analysiert und bewertet (Risikoanalyse und -beurteilung), gesteuert (Risikosteuerung) und fortlaufend überwacht werden (Risikoüberwachung und Dokumentation). Letzteres erfolgt über den Projektrisikobericht (vgl. Abb. 3.130).

Anhand der Grafik kann man das Risikoportfolio (Risk Map) hinsichtlich Eintrittswahrscheinlichkeit und Risikoausmaß einzelner Risiken analysieren. Je nach Einstellung des Radio-Buttons lassen sich Brutto- und Netto-Risiken darstellen. Während das Brutto-Risiko die Ersteinschätzung des Risikos anzeigt, stellt das Netto-Risiko die reduzierte Risikoeinschätzung dar, die nach der Umsetzung von Risikomaßnahmen für das Risiko angenommen wird.

Die Größe der Fläche des Risikonetzes zeigt die Risikoeinschätzung bewerteter wichtiger Risikokriterien im Projektgeschäft. Hierbei werden die Risikokriterien anhand einer zumeist einfachen ordinalen Bewertung, z. B. „1" sehr niedrig bis „5" sehr hoch, einge-

---

[112] Vgl. Schön (2017, S. 507–537).

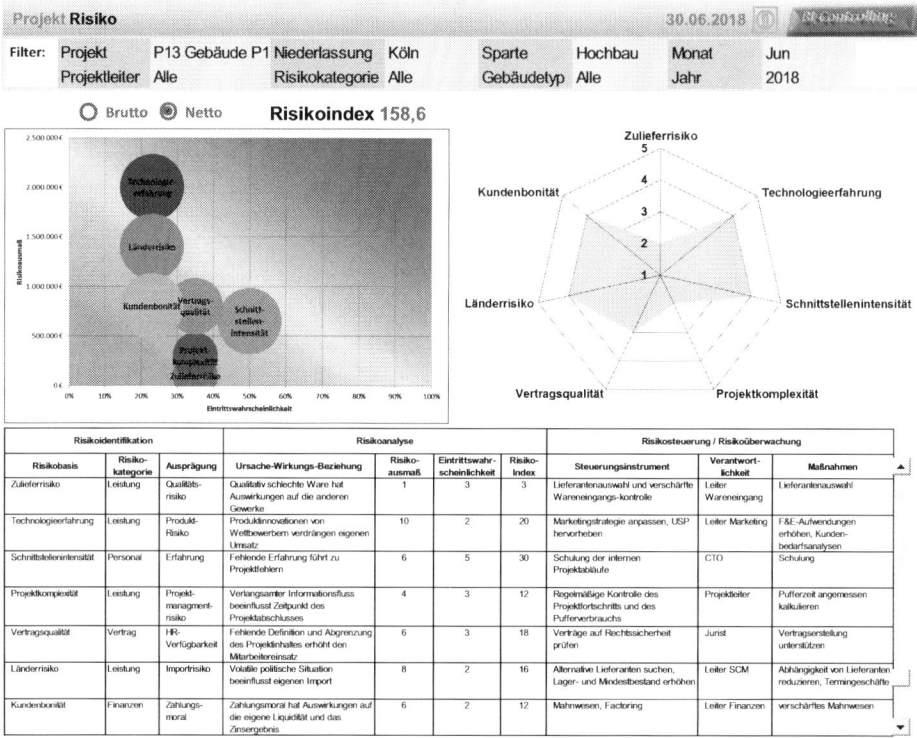

Abb. 3.130 Projekt-Risiken

schätzt. Je größer die markierte Fläche des Spinnendiagramms wird, desto größer ist das Gesamtrisiko des Projektes.

Details zur Risikobewertung, Verantwortlichkeiten und Maßnahmen zur Einschränkung der Risiken sind dem Risikokatalog unten zu entnehmen. Die Auswahl einzelner Risiken ist dynamisch angelegt. Die Anzeige der Risiken im Risikokatalog oder in den Grafiken wird entsprechend angepasst.

3.9.4.6 Projektressourcen

Die Steuerung der Projektressourcen umfasst die Ermittlung von Abweichungen bezüglich des Ressourceneinsatzes im Projektablauf. In den meisten Projekten handelt es sich hier um Arbeitsleistungen des Projektpersonals bzw. um Geräte- oder Anlagenleistungen, die für das Projekt eingesetzt werden. Da Projektressourcen i. d. R. projektübergreifend eingesetzt werden, handelt es sich um eine Aufgabe des Multiprojektcontrollings und wird für die entsprechenden Organisationseinheiten (z. B. Niederlassungen, Personalpool oder Gerätepool) des Unternehmens durchgeführt.

Für selektierte Bereiche, z. B. Niederlassungen und Tätigkeitsgruppen, lassen sich die geleisteten und produktiven Stunden für die eingesetzten Personalressourcen analysie-

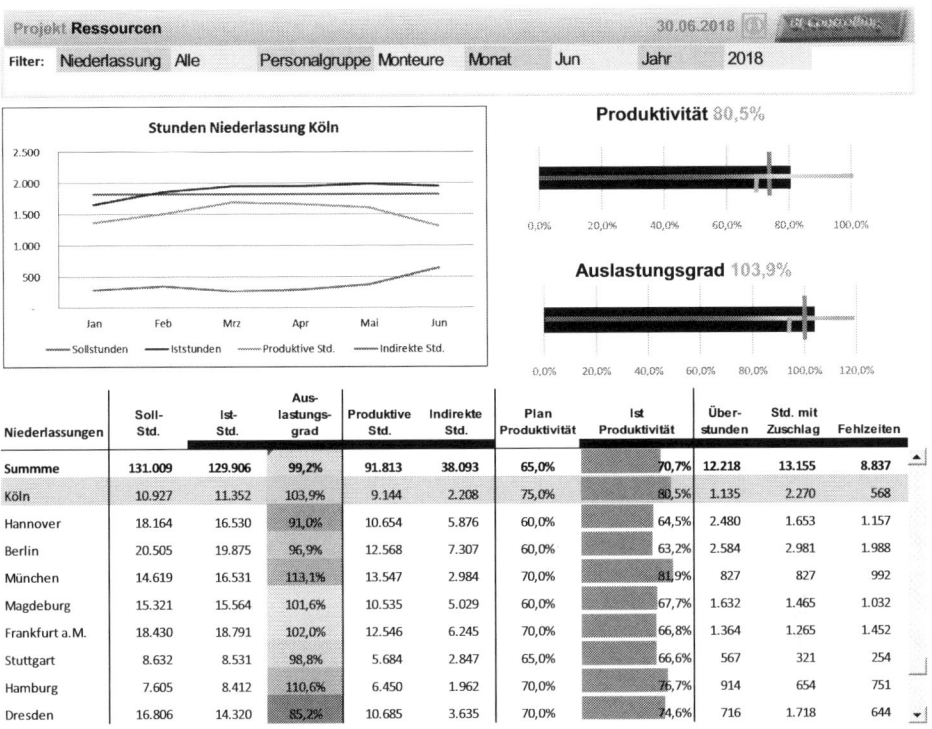

Abb. 3.131 Projekt-Ressourcen

ren (vgl. Abb. 3.131). Die wichtigsten Kennzahlen für die Ressourcensteuerung sind der Auslastungsgrad und die Produktivität. Der **Auslastungsgrad** zeigt den Anteil der geleisteten Ist-Stunden im Vergleich zu den Soll-Stunden an. Alternativ können auch erweiterte Auslastungsgrade zur technischen oder maximalen Gesamtkapazität ausgewiesen und analysiert werden. Letzteres bietet sich z. B. bei Unternehmen mit Schichtmodellen oder anderen Arbeitszeitmodellen an. Ist die Auslastung sehr hoch, entstehen ggf. Überlastungen, die nur mit Hilfe von Überstunden, Fremdkräften oder anderen Anpassungsmaßnahmen aufgefangen werden können. Ist die Auslastung gering, entsteht eine kostenintensive Vorhaltung von Ressourcen, der man z. B. mit Kurzarbeit, Freisetzung, Umschichtung von Ressourcen oder anderen Maßnahmen begegnen kann.

Während die Ist-Stunden neben den produktiven Einsatzstunden auch indirekte Stunden (z. B. für Weiterbildung, Verwaltungsarbeiten, Qualitätssicherung oder Reinigung) enthalten, weist die Kennzahl **Produktivität** nur die Anzahl der produktiven Stunden an der Soll-Stundenzahl aus. Durch die Miniaturbalkenlänge können die Leistungsunterschiede der Niederlassungen leicht miteinander verglichen werden. Die Abweichung der Ist-Produktivität zum Sollwert kann kumuliert in der Tabelle oder monatlich in der zeitlichen Entwicklung mit Hilfe des Diagrammes untersucht werden. Überstunden, Stunden mit Zuschlägen sowie Fehlzeiten runden die Ressourcenanalyse in den betrachteten

Organisationen ab. Sie geben Hinweise auf die Belastung der Ressourcen und können somit zur Regulierung der Belastung genutzt werden, wenn sich zum Beispiel Ressourcen unterstützend in anderen überlasteten Organisationseinheiten einsetzen lassen.

Zusammenfassend zeigt dieses Kapitel für das Projekt-Controlling auf, wie schnell man im Projekt-Controlling-Cockpit steuerungsrelevante Informationen analysieren kann. Spitzenkennzahlen helfen, schnell einen Gesamtüberblick zu erhalten. Mit wenigen Klicks können strategische und operative Analysebereiche zum Einzelprojekt- und Multiprojekt-Controlling erreicht werden.

3.10   Planungsformulare und ihre Besonderheiten

In einem integrierten Planungs- und Steuerungsmodell sollten Planung und Reporting aufeinander abgestimmt sein. Das heißt, Planwerte sollten im Reporting auch hinsichtlich ihrer Erreichung bzw. Verfehlung kontrolliert und analysiert werden können. Die Granularität der Plan- und Ist-Informationen ist aber i. d. R. unterschiedlich. Im Ist sind alle Geschäftsvorfälle des Unternehmens in unterschiedlichen Bereichen und Systemen belegmäßig zu erfassen und bis zum Reporting zu verdichten und weiterzuverarbeiten. Die Planung kann nicht auf dieser Detailebene beginnen, sondern basiert auf einer verdichteten Ebene. In der Regel findet sie auf der Konten- bzw. Erlös- und Kostenartenebene, manchmal aber auch erst auf der jeweiligen Gruppenebene der Konten bzw. Erlös- und Kostenarten des Unternehmens, statt. Trotzdem ist es wichtig, dass sich die Planungsergebnisse im Reporting auf derselben Wertebene vergleichen lassen. Aus diesem Grunde bietet es sich an, auch die Planungsformulare in Anlehnung an das Reporting zu gestalten.

Genauso wie bei den Berichten sind in Planungsformularen Filter- und Selektionsfunktionen im Einsatz, durch die eine gezielte Planeingabe möglich wird. Identisch zur Berichtsgestaltung ist auch die grundlegende Gestaltung von Berichtsköpfen, Tabellen und Diagrammen bis hin zu den Kommentierungen.

Im Gegensatz zu den Berichten weisen Planungsformulare Besonderheiten auf, die bei der Gestaltung zu berücksichtigen sind:

- **Einlesen von Vorgabewerten als Orientierungs- bzw. Übernahmegrößen zur Planung**

  In der Planung dienen Vorgabewerte, z. B. alte Planwerte, Vorjahreswerte etc., für den Planer als Orientierungsgrößen für die neue Planungsrunde und vereinfachen somit die Planung. Sie können durch den Planer in den neuen Plan „eins zu eins", oder auch durch Umwertungsfunktionen oder manuelle Anpassung verändert und übernommen werden. Nachteilig ist bei der Übernahme von alten Planungsgrößen, dass sich der Planer ggf. keine Mühe macht zukünftige Planwerte zu antizipieren und eher darauf bedacht ist, Budgetsicherung aus der Vergangenheit zu betreiben oder Zielvorgaben einfach zu übernehmen.

- **Direkte Eingabemöglichkeit von Planwerten und anderen Planungsgrößen (manuelle Planung)**
  Der wichtigste Unterschied zu Berichten ist die Eingabemöglichkeit von Planwerten, also die Editierbarkeit von Mengen-, Preis- und Wertgerüsten. Neben der direkten Eingabemöglichkeit von Planwerten, ist in der Planung vor allem die Pflege von Planmengen und -preisen, aber auch von Prozentgrößen und andere Umwertungs- und Verteilungsgrößen für die Ermittlung der Planwerte notwendig.
  Um die Eingaben möglichst komfortabel und flexibel zu gestalten helfen folgende Funktionen:
  - Absolutwerteingabe (z. B. 800) oder Prozentwerteingabe (z. B. +6 %)
  - Kurzeingaben, z. B. für 7 Mio. = 7 m oder 3000 = 3k,
  - Undo-Funktion: Rückgängig machen der letzten Eingaben
  - Zeiteinstellungen per Zeitregler (Timeslider) als Alternative zur Selektion
  - Verteilungshilfen (z. B. Saisonverteilungskurven)
  - Dokumentationshilfen (Arbeitsanweisungen zu den Planungsformularen)
  - Kommentarfunktionen
- **Einlesen bzw. Berechnung von Planwerten aus vorgelagerten Planungsgebieten**
  Ähnlich wie bei den Vorgabewerten, werden in den Planungsformularen der nachgelagerten Planungsgebiete bereits ausgehende Planungsgrößen der vorgelagerten Planungsgebiete als Planergebnisgrößen eingestellt. Diese sind dort bereits fixiert worden und können hier nicht mehr geändert werden, z. B. die Abschreibungswerte aus der Anlagenbuchhaltung für das bereits vorhandene Anlagevermögen.
- **Zugriffs- und Sperrfunktionen**
  Wenn mehrere Benutzer gleichzeitig an Planungsinhalten arbeiten sind zudem Zugriffsregeln und Sperrfunktionen notwendig, da zu einem Zeitpunkt nur ein berechtigter Benutzer Planungsänderungen für bestimmte selektierte Datenbereiche eingeben darf. Anderenfalls sind bei Paralleleingaben später Synchronisierungsfunktionen von unterschiedlich geänderten Werten notwendig.
- **Nutzung von Planungsfunktionen**
  Während in den Berichten Daten nur eingelesen und ausgegeben werden, sind in Planungsformularen oder vorgelagerten Planungsbereichen Planungsfunktionen anzustoßen. Die am häufigsten verwendeten Planungsfunktionen (Verteilungen, Hochrechnungen, Prognosen, Umwertungen, Verdichtungen, Planbewertungen und -berechnungen, Simulationen und Sensitivitätsanalysen) werden im Folgenden kurz erläutert.
  - **Verteilungen**
    Verteilungen erfolgen von einem gesamten Ausgangswert auf eine Anzahl von Detailwerten, wie z. B. der Jahreswert auf die Monatswerte. Hierzu können verschiedenste Schlüssel (Prozentwerte, Absolutwerte) als Verteilungsschlüssel verwendet werden. Für viele Planungsgebiete wie z. B. der Absatzplanung ist es dabei nützlich, wenn bereits manuell geplante Werte durch einen Verteilungslauf nicht überschrieben werden, sondern nur diejenigen Detailwerte überschrieben werden, die bisher noch nicht manuell geplant wurden. Diese Verteilung nennt man u. a. Restwertver-

Top-Down

	Umsatz VJ	Umsatz Plan			Umsatz VJ	Umsatz Plan
Unternehmen gesamt	1.000	1.200		Unternehmen gesamt	1.000	1.200
Vertrieb Region Nord	250			Vertrieb Region Nord	250	300
Vertrieb Region Süd	300			Vertrieb Region Süd	300	360
Vertrieb Region West	200			Vertrieb Region West	200	240
Vertrieb Region Ost	250			Vertrieb Region Ost	250	300

Bottom-Up

	Umsatz VJ	Umsatz Plan			Umsatz VJ	Umsatz Plan
Unternehmen gesamt	1.000			Unternehmen gesamt	1.000	1.150
Vertrieb Region Nord	250	250		Vertrieb Region Nord	250	250
Vertrieb Region Süd	300	360		Vertrieb Region Süd	300	360
Vertrieb Region West	200	240		Vertrieb Region West	200	240
Vertrieb Region Ost	250	300		Vertrieb Region Ost	250	300

Gegenstrom (Top-Down dann Bottom-Up)

	Umsatz VJ	Umsatz Plan			Umsatz VJ	Umsatz Plan			Umsatz VJ	Umsatz Plan
Unternehmen gesamt	1.000	1.200		Unternehmen gesamt	1.000	1.200		Unternehmen gesamt	1.000	1.140
Vertrieb Region Nord	250			Vertrieb Region Nord	250	300		Vertrieb Region Nord	250	320
Vertrieb Region Süd	300			Vertrieb Region Süd	300	360		Vertrieb Region Süd	300	340
Vertrieb Region West	200			Vertrieb Region West	200	240		Vertrieb Region West	200	200
Vertrieb Region Ost	250			Vertrieb Region Ost	250	300		Vertrieb Region Ost	250	280

Verteilung ohne fixierte Werte zu überschreiben

	Umsatz VJ	Umsatz Plan	
Unternehmen gesamt	1.000	1200,00	
Vertrieb Region Nord	250	306,25	
Vertrieb Region Süd	300	367,50	
Vertrieb Region West	200	220,00	fixiert (manuell geplant)
Vertrieb Region Ost	250	306,25	

Abb. 3.132 Verteilungs- und Verdichtungsfunktionen

teilung. Verschiedene Top-Down-Verteilungs- und Bottom-Up-Verdichtungsfunktionen zeigt Abb. 3.132. Hierbei sind die Planeingaben farblich (z. B. gelb) hervorgehoben.

Die Dateneingabe und das Verteilen von Werten auf darunterliegende Objekte wird in manchen Softwareanwendungen auch Splashing (Rumspritzen) genannt. Es hat den Charakter vom Herunterbrechen übergeordneter Werte mit Hilfe von Verteilungsalgorithmen oder einfachen historischen Verteilungsparametern, z. B. bei der kundenorientierten Umsatzplanung die Verteilung auf Produkte anhand der Istwerte des vergangenen Jahres.

Neben dem Splashing gibt es weitere Unterstützungsmöglichkeiten für die Datenverteilung, z. B.[113]:

– **Kopierfunktion**: Die eingegebenen Planwerte werden auf andere Plan-Eingabefelder übertragen.

– **Basiswertverteilung**: Die Anteile vorher gepflegter Basiselemente werden genutzt, um den eingegebenen Planwert zu verteilen.

– **Additive und prozentuale Erhöhungen/Minderungen**: Die eingegebenen absoluten oder prozentualen Planwerte werden auf- bzw. abgeschlagen.

– **Fixwertverteilung**: Ein fixierter Eingabewert kann bei der Verteilung nicht überschrieben werden. Der Planwert wird um den Fixwert herum verteilt (letztes Beispiel in der Abb. 3.132).

---

[113] Vgl. BARC (2016, S. 5–6).

- **Hochrechnungen/Prognosen/Predictive Analytics**
  Automatisierte und schnelle Planwertermittlungen sollten durch vielfältige Hoch-
  rechnungsfunktionen aus Gründen der Wirtschaftlichkeit und der Planungsverein-
  fachung für einige Planpositionen genutzt werden können.[114] Der Benutzer sollte
  zwischen verschiedenen unterschiedlich geeigneten Hochrechnungsverfahren wählen können. Ausgangsbasis von Hochrechnungen bilden die Istdaten. Häufig werden
  die Istdaten auf das Jahresende bzw. Projektende hochgerechnet. Die zu planenden
  Restplanwerte der verbleibenden Perioden werden entweder aus dem ursprünglichen Plan übernommen oder neu geplant. Hierzu können z. B. statistisch-mathe-
  matische Formeln oder Methoden (wie z. B. die Trendexploration) herangezogen
  werden, die auf den zurückliegenden Istwerten basieren.[115] Eine einfache Form der
  Hochrechnung ist die Trendberechnung aus den Istdaten der zurückliegenden Perioden. Prognosen werden heute auch Forecasting genannt. Prognose- bzw. Forecast-
  Werte können alternativ zum Jahresende auch für einen festgelegten zukünftigen
  Zeitraum (z. B. immer 12 Monate) durchgeführt werden. Dann handelt es sich um
  eine rollierende Planung. Bei Predictive Analytics (Vorhersagemodelle) handelt es
  sich um statistische Prognosefunktionen, mit denen man zukünftige Ereignisse und
  Entwicklungen prognostiziert. Die lineare Regressionsanalyse ist ein bekanntes Beispiel hierfür, wobei mit Hilfe einer zurückliegenden Datenreihe (eine oder mehrere
  unabhängige Variablen) das Verhalten einer abhängigen Variable berechnet wird.
- **Umwertungen**
  Preis- bzw. Tarifanpassungen oder die Veränderungen von Mengen- und Wertan-
  sätzen können innerhalb der Planung mit dem Instrument der Planungsumwertung
  berücksichtigt werden.
- **Verdichtungen**
  Bei Verdichtungen handelt es sich um die Aggregation von Detailplanwerten auf
  eine höhere Ebene, z. B. von einzelnen Planwerten je Kostenart zu einer Kostenar-
  tengruppe.
- **Planbewertungen** und -berechnungen
  Planbewertungen können sich aus verschiedensten Werten ergeben, z. B. ergibt die
  Planmenge multipliziert mit dem Planpreis den Planwert (z. B. Umsatz) oder der
  Rabatt ermittelt sich durch Prozentbewertung auf Basis des Umsatzes. Weitere Beispiele sind Zinsberechnungen oder Währungsumrechnungen. Zudem gehören auch
  komplexere Berechnungsfunktionen, wie die Stücklistenauflösung, die Planungsite-
  ration in der innerbetrieblichen Leistungsverrechnung oder die Programmplanung,
  hierzu. Komplexere Berechnungsfunktionen werden häufig nicht im Planungsformular, sondern im vorgelagerten ERP-System mit speziellen Statistikprogrammen

---

[114] Vgl. Reichmann (2006, S. 130 f.).
[115] Vgl. Warnick (1992, S. 1301). Die Hochrechnung muss z. B. getrennt nach variablen und fixen
Kosten erfolgen, da die Fixkosten leistungsunabhängig sind.

(z. B. PASW dem Nachfolger von SPSS) im Data Warehouse oder in anderen Systemen durchgeführt.

– **Simulationen[116] und Sensitivitätsanalysen (What-If- und How-to-Achieve-Simulation)**

Bei der What-If-Simulation wird die Auswirkung der Veränderung von einem oder mehreren Inputfaktoren auf eine oder mehrere Ergebnisgrößen untersucht. Beispielfrage: Wie ändert sich der Gewinn, wenn die Absatzmenge um 2 % steigt und der Preis um 10 % sinkt?

Bei der Sensitivitätsanalyse (How-to-Achieve-Simulation) wird ausgehend von einer oder mehreren Ergebnisgrößen untersucht, inwieweit diese sich durch den Einfluss von Inputfaktoren (einzeln oder gemeinsam) beeinflussen und erreichen lassen. Beispielfrage: Welche Preisänderung und Absatzmengenänderung ist notwendig, um einen Gewinn von 1 Mio. € zu erzielen.

Ein Beispiel für die Integration verschiedenster Eingabe- und Planungsfunktionen mit dem Softwareprodukt „prevero" zeigt Abb. 3.133.

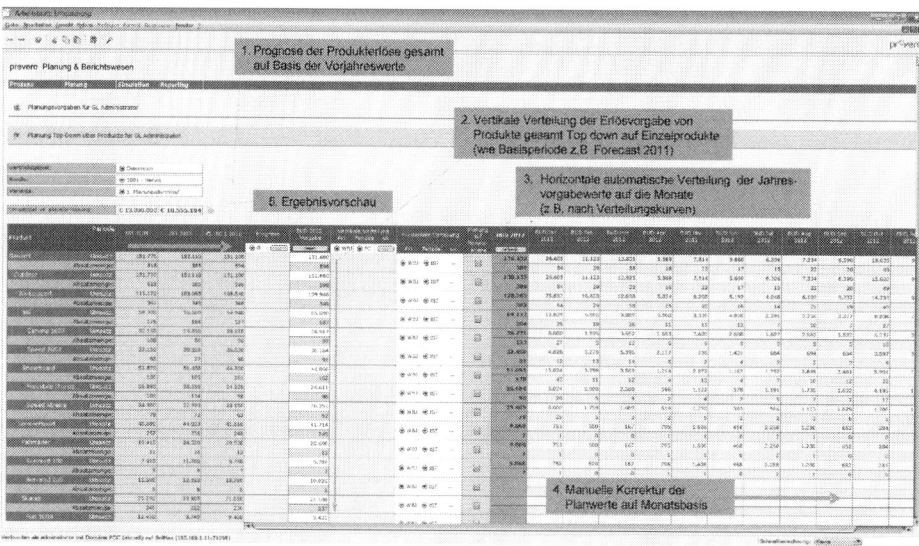

Abb. 3.133 Verschiedene Eingabe- und Planungsfunktionen am Beispiel der Erlösplanung mit prevero. (Leicht geändert entnommen aus den Vortragsunterlagen von Hein 2011, S. 42)

---

[116] Vgl. Romeike und Spitzner (2013, S. 56 ff.).

3.11 Abstimmung der Planungs- und Reportinginhalte

Die Daten für das operative Geschäft spiegeln im Ist-Zustand die betriebswirtschaftliche Realität des Unternehmens wieder. Bis auf Einzelbelegebene können die Daten analysiert werden. Im Berichtswesen werden diese Einzelbeleginformationen bereits auf verdichteten Ebenen der Abrechnungssysteme auf Konten- bzw. Kosten- und Erlösartenebene verdichtet. Dennoch besteht die Möglichkeit mit Drill-Down- bzw. Drill-Through-Funktionalität im Reporting bis auf die tiefste Belegebene zu navigieren.

Für die Planung ist die Detailtiefe bis auf die Belegebene nicht geeignet. Sie muss auf einer höheren Ebene stattfinden. In der Planung sollten die wertschöpfungstreibenden Faktoren bezüglich ihrer Auswirkung auf das Geschäftsergebnis im Vordergrund stehen.

Aus diesem Grunde erfolgt die Planung bei diesen wichtigen wertschöpfungsrelevanten Faktoren auf der Detailebene der Konten, Kosten- und Erlösarten. Für andere Positionen bietet es sich aus Wirtschaftlichkeitsgründen an, auf einer höheren Ebene, z. B. auf verdichteten Plankonten bzw. Plankosten- und -erlösarten; zu planen. Häufig bieten sich hierfür die gebildeten Gruppen und Hierarchieebenen der Konten- bzw. Kosten- und Erlösartenhierarchie an, wie Abb. 3.134 am Beispiel von Beiträgen und Gebühren zeigt. Je nach Softwareprodukt lassen sich aber Konten bzw. Gruppen nicht bebuchen. In diesem Fall ist die Einrichtung spezieller verdichteter Plankonten bzw. Plankosten- und -erlösarten notwendig. In der Praxis wird dann häufig auch eine Detailkostenart bzw. -konto für die Planung bestimmt. Aus Transparenzgründen ist jedoch die Einführung eines Planungsobjektes (Konto/Kosten-/Erlösart) zu empfehlen.

Sollte ein Vergleich auf diesen komprimierten Objekten nicht ausreichen, lassen sich die geplanten Werte auf die Detailobjekte z. B. nach stochastischen Regeln (z. B. wie in den Vorperioden) verteilen, so dass ein Plan-Ist-Vergleich auf den Detailobjekten stattfinden kann.

Abb. 3.134 Abstimmung von Planungs- und Reportinginhalten

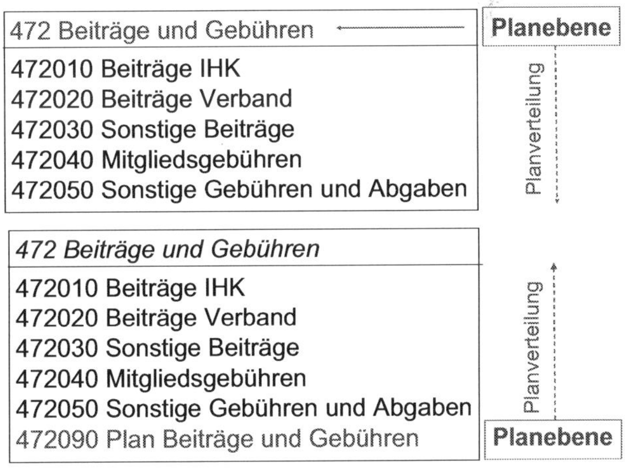

Ansonsten gelten für die Abstimmung der Planungs- und Reportinginhalte folgende Grundregeln:

- Strukturierung und Gliederung der Objekte sollte identisch sein.
- Selektions- und Filterkriterien sollten identisch sein.
- Gestaltung der Berichte und Planungsformulare sollten vom Layout her ähnlich sein.

3.12   Exemplarische Planungsgebiete im BI-gestützen Controlling-Cockpit

In den nachfolgenden Unterkapiteln werden für ausgewählte Planungsgebiete exemplarische Planungsformulare und -berichte gezeigt, die im BI-gestützten Controlling-Cockpit integriert werden:

- Balanced Scorecard im Rahmen der strategischen Planung
- Absatz- und Umsatzplanung
- Ressourcenplanung
- Materialbewertungsplanung
- Personal-, Anlagen- und Kapazitätsplanung

3.12.1   Balanced Scorecard im Rahmen der strategischen Planung

Für die strategische Führung bietet sich inhaltlich die Balanced Scorecard an (vgl. Abschn. 2.2). Sie wird neben den klassischen Instrumenten der strategischen Planung, wie der SWOT-Analyse und der Portfolio-Technik, in der strategischen Planung eingesetzt und dient hier insbesondere als Bindeglied zur taktischen und operativen Steuerung. Ergebnis der Strategiefindung ist die Festlegung der strategischen Ziele, der Risiken und die zur Erreichung notwendigen strategischen Projekte. Für die einzelnen Ziele werden Messgrößen und Vorgaben erfasst. Die Balanced Scorecards lassen sich für das Gesamtunternehmen oder für Teilbereiche, z. B. Geschäftsfelder, Regionalbereiche, aufstellen. Eine Balanced Scorecard, die mit der SAP-NetWeaver-Technologie dargestellt wurde, zeigt Abb. 3.135. Hierbei werden die 4 Grundperspektiven der Balanced Scorecard mit ihren strategischen Zielen dargestellt. Für jedes strategische Ziel werden eine oder mehrere Kennzahlen definiert. Die Kennzahlen dienen zur Planung und Kontrolle der strategischen Ziele. Tendenzpfeile und farbliche Statussysmbole signalisieren Handlungsbedarfe. Strategische Projekte und Maßnahmen werden zur Zielerreichung angelegt.

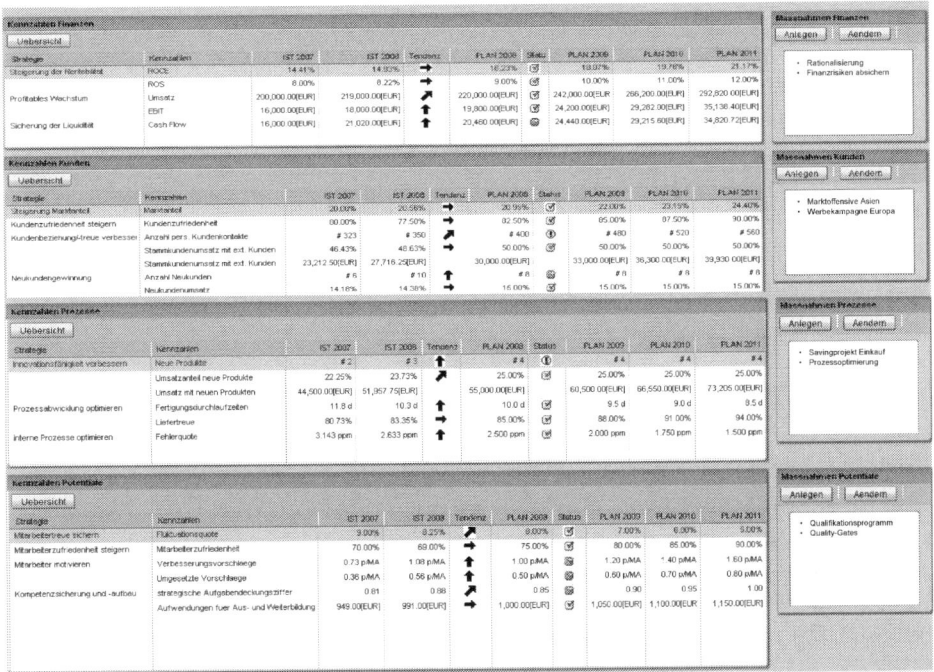

Abb. 3.135 Exemplarische Balanced Scorecard Planung mit SAP NetWeaver-Technologie. (Entnommen aus Schön et al. 2010, S. 25)

3.12.2   Absatz- und Umsatzplanung

Die Absatz- und Umsatzplanung bildet i. d. R. den wichtigen Startpunkt der operativen Planung, da alle weiteren wichtigen Ressourcenpläne (Anlagen, Personal, Einkauf etc.) und Ergebnispläne von ihr abhängen. Die Vorgehensweise der Absatz- und Umsatzplanung ist in den Unternehmen sehr unterschiedlich und kann daher nur beispielhaft aufgeführt werden. Branchen- und unternehmensindividuelle Anforderungen sind zu berücksichtigen. Hierzu gehören gesamtwirtschaftliche Einflussfaktoren, wie z. B. die Veränderung des Bruttoinlandsproduktes, die Arbeitslosenquote und die Auftragseingänge in der Branche, genauso wie unternehmensspezifische Einflussfaktoren, z. B. die Wettbewerbsintensität, die Werbeaktivitäten, die Preisentwicklungen und die vorhandenen Kundenverbindungen. Die mengenbezogene Absatzplanung der Außenumsätze ist die Basis für die wertmäßige Umsatzplanung. Sie wird von den verantwortlichen Mitarbeitern des Vertriebs für ihren Vertriebsbereich (z. B. nach Kunden- oder Produktgruppen oder Regionen) durchgeführt.

Bei den vielen Produkten und unterschiedlichen Produktgruppen sind grundsätzlich bei der Planung sowohl bereits in Serie befindliche Produkte als auch neue Produkte zu unterscheiden. Für neue Produkte werden sogenannte Referenzplanungen durchgeführt, die in der Ressourcenplanung herangezogen werden (vgl. Abschn. 3.12.3).[117]

Der Ablauf der Absatz- und Umsatzplanung erfolgt schrittweise, z. B. zuerst analytisch für die sicheren Auftragsbestände und Rahmenverträge, dann für die Angebote und sonstigen Verkaufschancen. In einem weiteren Schritt werden die restlichen laufenden Kundenbedarfe geplant. Hierfür nutzt man z. B. die Vorjahreswerte und verteilt stochastisch die restlichen Kundenbedarfe auf die Produkte bzw. Produktgruppen.

Für die verschiedenen Planungsschritte stehen sowohl einfache Fortschreibungs-, Umwertungs- und Aufteilungsfunktionen als auch Einzelplanungsmasken für die Planung zur Verfügung.

Ein Beispiel für eine detaillierte rollierende Absatzplanung für den Vertriebsbereich zeigt Abb. 3.136. Das Beispiel basiert auf den Daten der Musterunternehmung Pantara Holding von Cubeware. Die Planung erfolgt nach den Hierarchieebenen der Artikel und Kunden. Wahlweise kann die Sicht von Produkten und Kunden gewechselt werden. Die Planungstabelle ist in drei Blöcke aufgeteilt. Im ersten Block befinden sich die Durchschnittswerte der letzten 12, 6 und 3 Monate als Orientierungswerte. Der Trend wird mit Hilfe von Miniatursäulendiagrammen dargestellt. Im zweiten Block werden die letzten 5 Monate zum Vergleich dargestellt. Im letzten Block werden die Planzahlen periodisch gepflegt. Die Pflege wird durch Aggregations- und Verteilungsfunktionen, z. B. der Splash-Funktionalität, unterstützt. Manuell geplante Werte werden bei einer Planungsverteilung nicht überschrieben. Als Beispiel für die Berücksichtigung unternehmensspezifischer Einflussfaktoren können im Planungsformular Umsatzveränderungen auf Basis bereits bestätigter, noch geplanter Werbeaktionen oder Listungen beim Händler in den Planungszeilen gepflegt werden. Bei der Gestaltung des Planungsformulars kommt es darauf an, die wichtigsten erfolgstreibenden Größen für die Planung aufzunehmen und den Anwender durch Verteilungs- und andere Planungsfunktionen bestmöglich zu unterstützen.

Über Produkt- und Kundengruppenhierarchien sowie weiteren Ergebnisobjektebenen, wie Werke, Verkaufsorganisationen und Buchungskreise, lassen sich Planungsfunktionen und Auswertungen sinnvoll selektieren. Dies erhöht die Performance und Akzeptanz der Planung und hilft Überschneidungen zu vermeiden.

Nachdem die direkten Absatzmengen geplant wurden erfolgt die Umsatzplanung. Sie umfasst die Planung der Verkaufspreise sowie der Erlös- und Kostenplanung der vertriebsnahen Positionen wie z. B. für Frachten, Verpackung und Provisionen. Damit die Umsatzplanung möglichst schnell und an den realen Bewertungsbedingungen gekoppelt ist, werden die einzelnen Preisbestandteile mit der gleichen Preisfindung bewertet, die auch im operativen ERP-System Anwendung findet. Somit ist bei ordentlicher Pflege der Stammdaten die Bewertung automatisch und ohne großen Aufwand möglich. Der manuelle Pflegeaufwand in der Umsatzplanung beschränkt sich auf die Planung von erwarteten Preisveränderungen (z. B. durch Savings eines OEM), Konditionen (Rabatte, Skonti etc.) sowie die Übernahme der automatisch ermittelten Konditionen (z. B. staffelabhängige

---

[117] Vgl. hierzu Schön und Irmer (2010, S. 49–56).

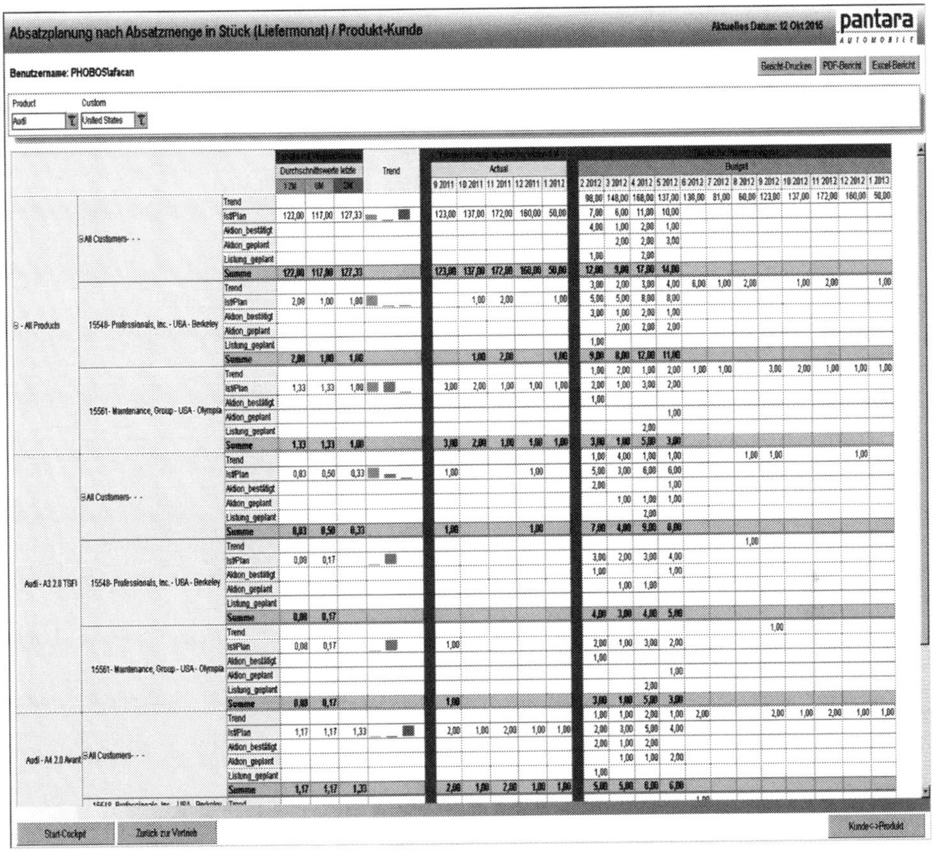

Abb. 3.136 Rollierende Absatzplanung mit dem Cubeware-Cockpit

Brutto- bzw. Nettopreise sowie Ausgangsfrachten, Verpackung und Provisionen). Die Planung ist entweder global, selektiv nach ausgewählten Gruppen (vgl. Abb. 3.137) oder einzeln möglich (vgl. Abb. 3.138). Es kann jährlich, periodisch oder mit Verteilfunktionen in verschiedenen Planversionen geplant werden. Vorgabe- oder Ausgangswerte der Planung, wie z. B. Preise der ERP-Systeme, werden übernommen.

Für die spätere Integration der Finanzplanung sind die von der Umsatzplanung abhängigen Forderungen und Umsatzsteuern zu ermitteln. Diese Plandaten werden nachfolgend für die Teilpläne Bilanz und Gewinn- und Verlustrechnung benötigt. Für die Integration in die Ergebnisplanung werden die Umsätze in den verfügbaren und angereicherten Ergebnismerkmalen (z. B. Materialgruppe, Kundengruppe, Business Unit, Profit Center, Verkaufsorganisation, Region) für die Ergebnisplanung zur Verfügung gestellt.

Die Intercompany-Umsätze (Innenumsätze) werden über die aufgelösten IC-Absatzmengen (aus der Ressourcenplanung) mit Hilfe einer iterativen Bewertung je Komponente automatisch ermittelt (vgl. Abschn. 3.12.3). Zur Identifizierung der IC-Preise ist es erforderlich, die Verbindung des sendenden und liefernden Werkes, sowie

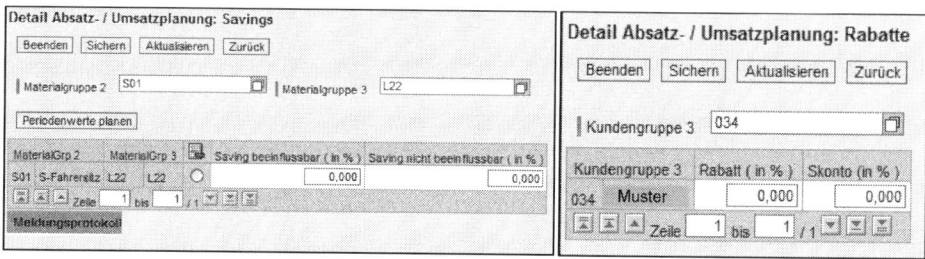

Abb. 3.137 Selektive Gruppenplanung von Preisveränderungen und Konditionen. (Quelle: Schön und Irmer 2010, S. 52. Hierbei handelt es sich um eine Umsetzung mit dem BEx Web Application Designer von der SAP AG)

Konzernlieferanten- und -kundennummer zu identifizieren. Zur Bewertung sind zudem neben den automatisch ermittelten Herstellkosten, gemäß den im Konzern einheitlich geregelten Preisbildungsrichtlinien, IC-Zuschläge und Frachten zu berücksichtigen.

Um die Terminierung der Absatzmengen in einem europa- bzw. weltweit agierenden Unternehmen noch genauer zu bestimmen, werden sowohl die externen und die internen Absatzmengen unter Berücksichtigung der Routenplanung ermittelt. Dies ist notwendig, wenn lange Transportwege zwischen den betroffenen Werken überbrückt werden müssen.

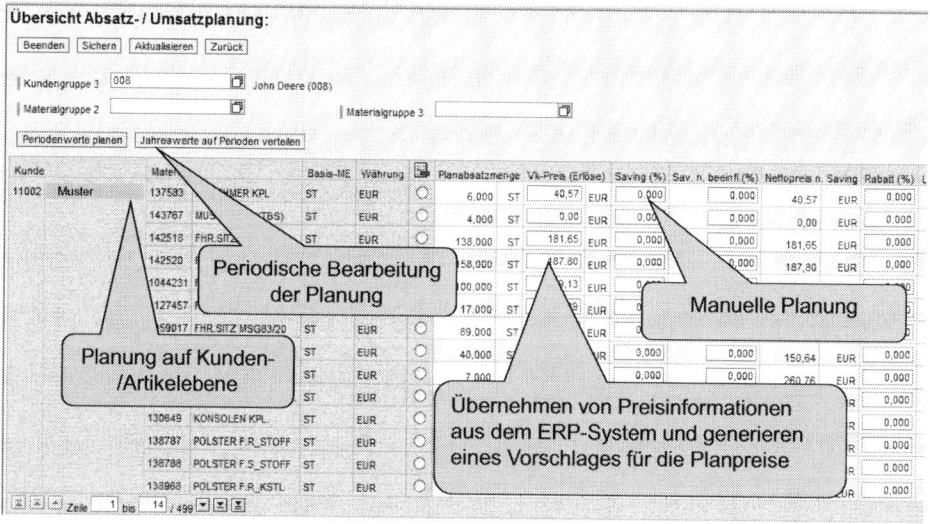

Abb. 3.138 Detaillierte Umsatzplanung auf Ebene Kunde/Artikel. (Quelle: Schön und Irmer 2010, S. 52. Hierbei handelt es sich um eine Umsetzung mit dem BEx Web Application Designer von der SAP AG)

3.12.3   Ressourcenplanung

Die Ressourcenplanung ist ein wichtiges Bindeglied für die nachgelagerten Planungsgebiete Einkaufspreis-, Personal- und Kapazitätsplanung. Sie ist wie die Absatzplanung unternehmensindividuell auszugestalten. Die Ressourcenplanung umfasst die Planung der Rohstoff- und Komponentenmengen sowie die Planung der notwendigen Fertigungsleistungen der geplanten Absatz- bzw. Produktionsmengen. Dies sind zum einen die Materialbedarfsmengen für die Einkaufspreisplanung und zum anderen die Leistungsbedarfsmengen (Zeiten je Leistungsart) für den Kapazitätsbedarfsplan für fertigungsbezogenes Personal und für die eingesetzten Anlagen der Kostenstellen.[118]

Die Berechnung der Mengen- und Zeitgerüste der Absatzplanung erfolgt mit Hilfe der Strukturen zur Kalkulation oder den Stücklisten und Arbeitsplänen (z. B. aus dem ERP-System mit Unterstützung der MRP-Läufe), so dass auch hier eine Datenintegration und somit Planungssicherheit gewährleistet ist.[119] Für neue Produktplanungen werden Strukturen der Referenzkalkulationen herangezogen. Dabei müssen diese Kalkulationen dem inhaltlichen Aufbau einer Standardkalkulation entsprechen.

Im Gegensatz zu reinen Kostenstrukturplanungen erlaubt diese ressourcenbezogene Vorgehensweise einen transparenten Rückschluss auf Ressourcenbedarfe im Einkauf, beim Personal und den Anlagen (vgl. Abschn. 3.12.5). Dies ist ein entscheidender Wettbewerbsvorteil, da man viel schneller und präziser durch gezielte Ressourcenanpassungen aufgrund sich ändernder Marktbedingungen reagieren kann. Das ist wichtig für die operative Planung, für den Forecast und für Simulationen bzw. Szenarien.

Im Rahmen der Ressourcenplanung ist es notwendig, die Intercompany-Beziehung zu erkennen, um eine vollständige Sicht auf Umsätze und Kosten zu bekommen.

Sowohl die automatische Mengenermittlung (mehrstufige Auflösung) als auch die Preisermittlung der Intercompany-Teile (mehrstufige Aggregation) benötigt ein iteratives Vorgehen, für das eine leistungsfähige Funktionalität zur Verfügung gestellt werden muss.

Hinsichtlich der Kalkulationsbewertung sind verschiedene Simulationsschritte notwendig, die sukzessiv Planergebnisse zu unterschiedlichen Zeitpunkten ermöglichen. Durch das Laden aktuell verwendeter, also noch nicht geplanter, Einkaufskonditionen und Leistungstarife sind z. B. mengenbezogene Auswirkungen auf das Planergebnis sichtbar. Durch die Überleitung der Mengengerüste an die nachgelagerten Planungsgebiete „Materialbewertungsplanung und Leistungsbedarfsplanung" können weiterhin schrittweise die Preis- und Tarifstrukturen geplant und deren Auswirkung simuliert werden. Die Rückflüsse der Einkaufspreise aus der Materialbewertungsplanung und der neuen Tarife aus der Gemeinkostenplanung vervollständigen die Planpreisinformationen. Mit Hilfe der iterativen Kalkulationsermittlung und der Berücksichtigung der IC-Beziehungen sowie weiterer Kostenzuschläge, lassen sich die Herstellkosten für die Artikel sowie *für die IC-Komponenten* ermitteln.

---

[118] Vgl. Schön und Irmer (2010, S. 49–56).
[119] Vgl. hierzu im Gegensatz den Ablauf in MRP-Systemen: Steven (2007, S. 235 ff.).

Für diesen Planungsschritt wird kein Planungsformular benötigt, sondern es wird eine Planungsfunktion aus dem Planungsprozess angestoßen.[120]

3.12.4   Einkaufspreisplanung

Auf Basis der Ergebnisse aus der Ressourcenplanung erfolgt die Einkaufspreisplanung (Materialbewertungsplanung). Die Einkaufspreisplanung bewertet die aufgelösten Komponenten, Mengen und Rohstoffe der Ressourcenplanung mit Planpreisen, um so den geplanten Wareneinsatz zu ermitteln.[121]

Die Planung der Einkaufspreise erfolgt getrennt nach Rohstoffen und IC-Materialien. Der Prozess der IC-Preisplanung hat iterativ zu erfolgen, da Intercompany-Beziehungen stufenweise aufgelöst werden müssen, wie bereits im Rahmen der Ressourcenplanung beschrieben wurde (vgl. Abschn. 3.12.3). Für die Planung der Rohstoffe und zu beziehenden Teile können Planungsmasken genutzt werden, wobei ERP-Systempreise für diese Materialien als Vorschlagswerte im Planungsdialog übernommen bzw. überschrieben werden können.

Hinsichtlich der Preisfindung im Einkauf sind verschiedene Wege einzuschlagen, wobei gilt, spezielle und aktuelle Preisinformationen werden vor allgemeinen Preisinformationen berücksichtigt. Die Preisinformationen können hierbei z. B. mit Hilfe der Materialstammsätze, der Orderbücher, der Einkaufsinformationssätze, der Lieferpläne und der Rahmenverträge des ERP-Systems abgeleitet werden. Die Formulare der Einkaufsplanung sind nach den Anforderungen des Unternehmens individuell zu gestalten.

Für die manuelle Materialpreisplanung sollte dem Planer eine geeignete Oberfläche (z. B. eine webfähige Planungsoberfläche) zur Verfügung gestellt werden. Über verschiedene Selektionsmöglichkeiten, wie Werk, Warengruppe, Commodity-Gruppe, Bewertungsklasse und Lieferant, kann der Planer seine Planungsobjekte einschränken. Für die darin eingeschlossenen Einzelmaterialien wird die Preisplanung durchgeführt. Der Planer bestimmt, ob der vorgeschlagene Preis in den Planpreis übernommen oder ob er neu manuell gepflegt werden soll.

Für die Preisplanung bietet sich häufig ein gestuftes Vorgehen an (vgl. Abb. 3.139 und 3.140), z. B.:

1. Zu-/Abschlag pauschal für einen Lieferanten, der auf Werk-Material-Preis-Kombinationen heruntergebrochen wird
2. Zu-/Abschlag pauschal für Warengruppe (Commodity) der auf Werk-Material-Preis-Kombinationen heruntergebrochen wird
3. Fester Planpreis für ein Material in allen Werken (werksübergreifend)
4. Fester Planpreis für ein Material in einem Werk (werksspezifisch)

---

[120] Vgl. hierzu Schön und Irmer (2010, Heft, S. 49–56).
[121] Vgl. Schön und Irmer (2010, S. 49–56).

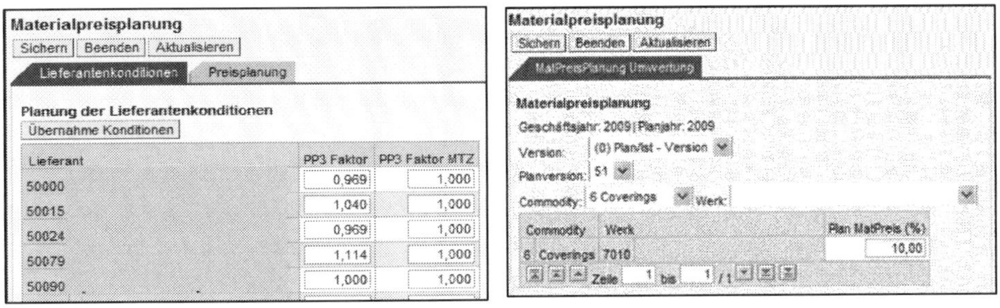

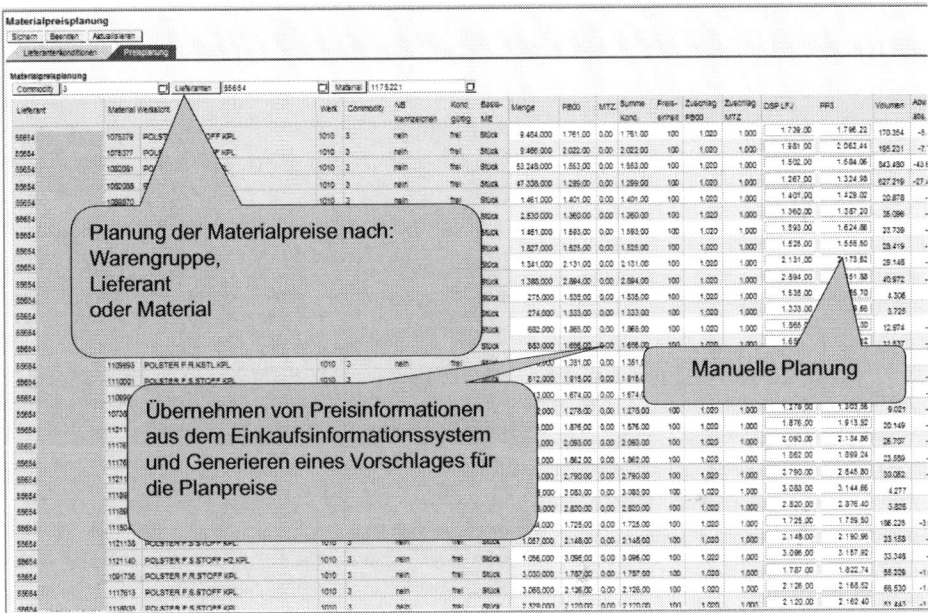

Abb. 3.139 Exemplarische Zuschläge in der Einkaufspreisplanung. (Quelle: Schön und Irmer 2009, S. 296. Hierbei handelt es sich um eine Umsetzung mit dem BEx Web Application Designer von der SAP AG.)

Abb. 3.140 Detail-Planungsmaske für die Einkaufspreisplanung. (Quelle: Schön und Irmer 2010, S. 54. Hierbei handelt es sich um eine Umsetzung mit dem BEx Web Application Designer von der SAP AG.)

Bei dem Planungsmodell und den Planungsmasken sind im Einkaufsbereich u. a. folgende Themen zu berücksichtigen: eindeutige Ableitung der Preis- und Incoterm-Informationen, Nachbesserung der Preisfindungsfehler, Pflege der Stammdaten (Bewertungsklassen, Mengeneinheiten etc.), Währungsverwendung, Berechtigungskonzept, Handling in den Planungslayouts und die Behandlung von Staffelpreisen und Konditionen.

Hinsichtlich der Integration zu den Aktivitäten im ERP-Umfeld (Durchführung von Kalkulationen, Bewertungen, Preisverhandlungen), sind die im Rahmen der Materialpreisplanung ermittelten Materialpreise automatisch ins ERP-System zu retrahieren. Die Integration hinsichtlich abgestimmter Plan- und Steuerungsinformationen vermeidet damit in Zukunft zahlreiche kostspielige Fehlerquellen, wie z. B. falsche Kalkulationsgrundlagen für die Angebotspreisfindung.

Für die spätere Integration der Finanzplanung sind die von der Einkaufsplanung abhängigen Verbindlichkeiten und Vorsteuern zu ermitteln. Diese Plandaten werden in den nachfolgenden Teilplänen der Bilanz und der Gewinn- und Verlustrechnung benötigt.

3.12.5   Personal- und Anlagenplanung

Die Personalplanung kann mitarbeiterbezogen oder anonym auf Mitarbeiterkategorien erfolgen. Bei der mitarbeiterbezogenen Personalplanung basiert die Planung auf den Ist-Daten, die aus den Personalabrechnungssystemen auf Mitarbeiterebene extrahiert werden. Mit dem personenbezogenen Planungsmodell wird, im Gegensatz zu den auf Mitarbeiterkategorien basierenden Planungsansätzen, u. a. die Pflege von Tariftabellen vermieden. Über die zentrale Vorgabe von Planungsprämissen, wie z. B. Tariferhöhungen, Sozialbeiträge und Werkskalender, können diese Daten für jeden Buchungskreis bzw. Betriebsstätte für die Planperiode umgewertet werden. International tätige Unternehmen müssen die jeweils lokal geltenden rechtlichen Rahmenbedingungen beachten. Rückstellungsrelevante Personalkostenbestandteile werden ebenso systemisch ermittelt wie die Beiträge für den Arbeitgeberanteil. Alle Kosten werden auf den entsprechenden Konten verbucht. Über

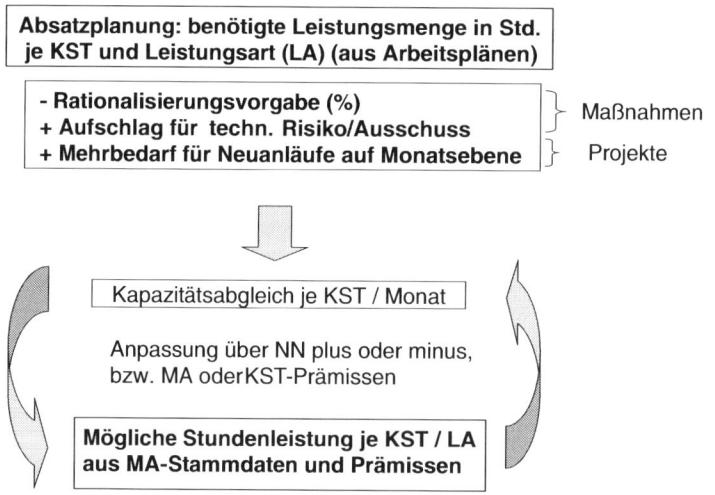

Abb. 3.141 Abstimmung der Personalplanung. (Entnommen aus: Schön und Irmer 2009, S. 301)

mitarbeiterbezogene Zuordnungen werden die richtigen Leistungsarten gefunden. Damit können später in der Kostenstellenrechnung die Plantarife ermittelt werden.[122]

Auf Basis der mitarbeiterbezogenen Personalplanung sind jetzt nur noch relevante Veränderungen zu planen, z. B. Umsetzungen, Befristungen, Einmalzahlungen und zusätzlicher Mitarbeiterbedarf. Abb. 3.141 veranschaulicht die Funktionsweise der Personalplanung hinsichtlich der Abstimmung mit den Kapazitätsbedarfen, die in der Ressourcenplanung ermittelt wurden.

Auf der Ebene der einzelnen Mitarbeiter wird deren mögliche Leistung ermittelt und zum Leistungsangebot der Kostenstelle verdichtet. Der aus der Absatzplanung abgeleitete Mehr- oder Minderbedarf an Kapazität wird im Kapazitätsabgleich auf Ebene der Kostenstellen dargestellt. Die Anpassung der Kapazität erfolgt dann im Rahmen der Personalplanung anhand der Einstellung eines entsprechend bewerteten Mehr- oder Minderbedarfs an Mitarbeitern (ggf. anonym: NN = No Name). Weitere Alternativen zur Kapazitätsanpassung ergeben sich durch die Veränderung von mitarbeiter- oder kostenstellenbezogenen Prämissen, wie z. B. Leistungsgrade und Schichtmodelle. Exemplarische Planungsmasken bzw. Auswertungen der Personalkostenplanung zeigen die beiden Abb. 3.142 und 3.143.

In der Personalplanung sind sowohl die Kopfzahlen als auch die Personalkosten zu planen. Als Vorlage werden hierzu die Ist-Daten aus dem Personalabrechnungssystem auf Mitarbeiterebene extrahiert. Relevante Veränderungen, wie z. B. Umsetzungen, Befristungen, Einmalzahlungen, zusätzlicher Mitarbeiterbedarf und -freisetzungen, können nun einfach ergänzt werden. Für die Personalkostenplanung und Tarifermittlung der Kostenstellen werden zudem generelle Informationen wie Tariferhöhungen und Sozialbeiträge zentral vorgegeben. Aus der Personalplanung lässt sich weiterhin das mögliche Leistungsangebot der Kostenstellen ermitteln, das im Kapazitätsabgleich zur Verfügung gestellt wird.

Im Rahmen der Datenintegration werden die Anlagen als Kapazitäten der Kostenstellen aus dem ERP-System retrahiert. Die Darstellung der Kapazitäten erfolgt in Stunden je Leistungsart. Durch Multiplikation mit den Fertigungstagen wird hierbei gemäß Fabrikkalender pro Periode das Kapazitätsangebot je Kapazitätsart, z. B. Maschine, errechnet.

Die in der Ressourcenplanung ermittelten Kapazitätsbedarfe können z. B. durch manuelle Korrekturen und Mehrbedarfe angepasst werden (vgl. Abb. 3.144). Die Kapazitätsplanung gleicht schließlich das Kapazitätsangebot an Maschinenstunden mit den geplanten Bedarfen (Nachfrage) ab. Die Anpassung der Anlagenkapazität erfolgt, ähnlich wie bei der Personalplanung, entweder durch die Planung eines Mehr- oder Minderbedarfs an Anlagen oder durch die Veränderung der Kapazitäts- oder Kostenstellenprämissen (z. B. durch Veränderung der Schichtmodelle oder eine Leistungsgradanpassung). Zudem können Rationalisierungspotenziale und Mehrbedarfe für Neuanläufe geplant werden.

---

[122] Vgl. Schön und Irmer (2007, S. 245–255, 2010, S. 49–56).

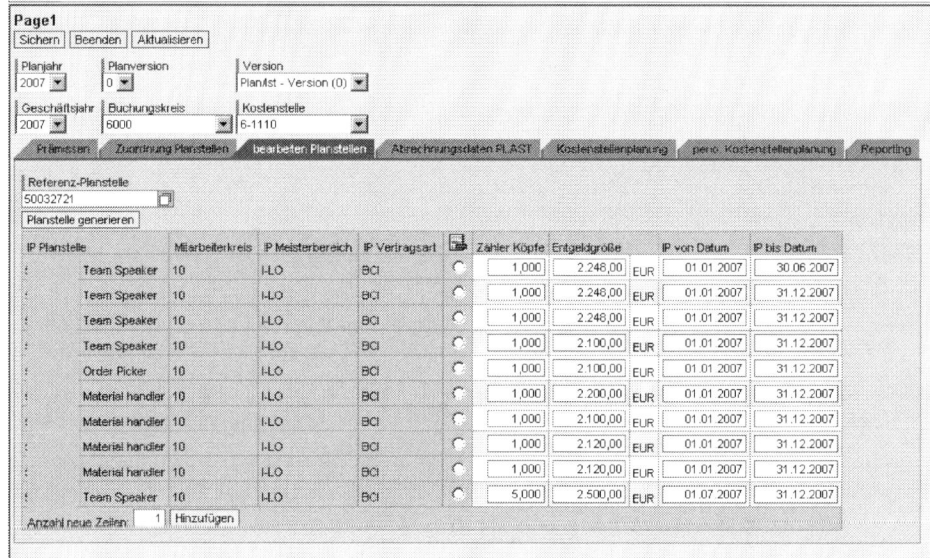

Abb. 3.142 Planungsformular Personalkostenplanung. (Quelle: Schön und Irmer 2007, S. 253. Hierbei handelt es sich um eine Umsetzung mit dem BEx Web Application Designer von der SAP AG)

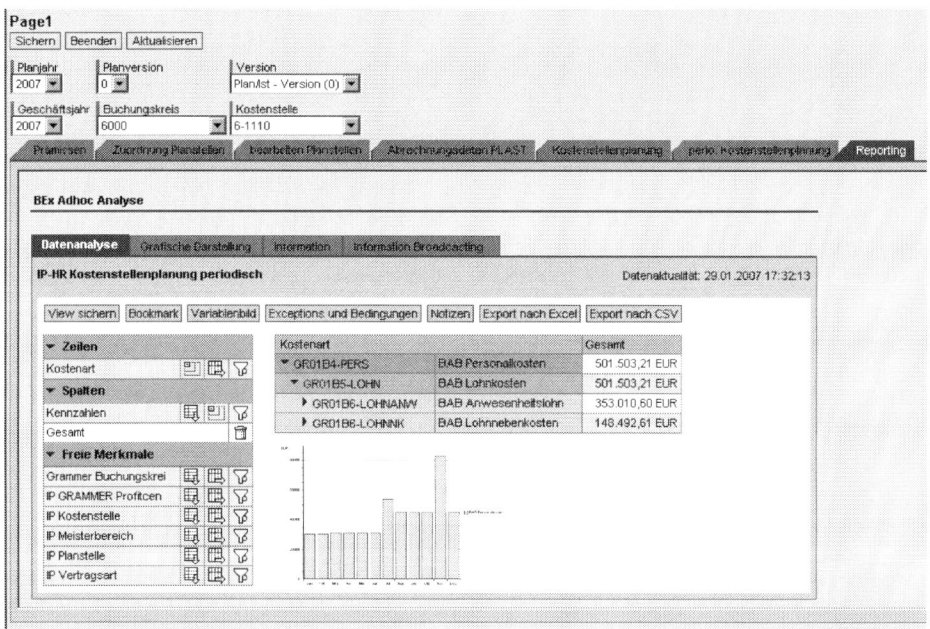

Abb. 3.143 Planungsauswertung Personalkostenplanung. (Quelle: Schön und Irmer 2007, S. 254. Hierbei handelt es sich um eine Umsetzung mit dem BEx Web Application Designer von der SAP AG)

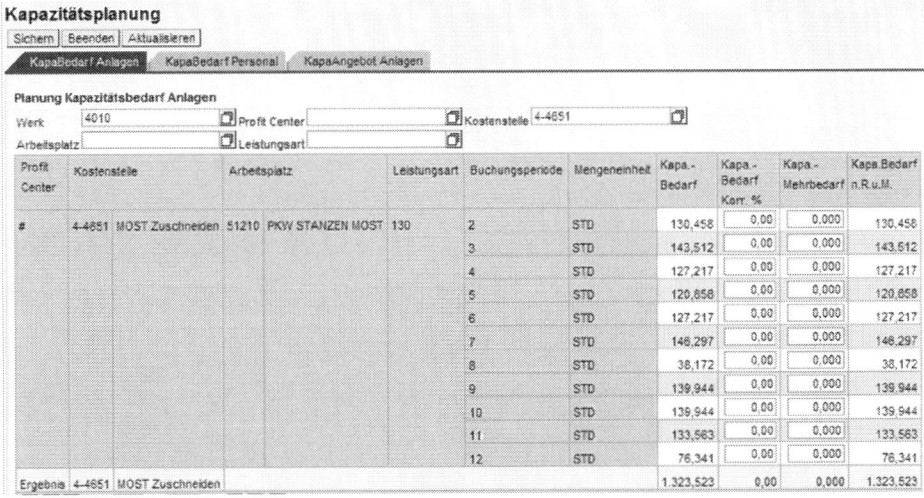

Abb. 3.144 Planungsformular Kapazitätsbedarf Anlagen. (Quelle: Schön und Irmer 2010, S. 55. Hierbei handelt es sich um eine Umsetzung mit dem BEx Web Application Designer von der SAP AG)

Literatur

Al-Laham, A., M.K. Welge, und M. Eulerich. 2017. *Strategisches Management: Grundlagen – Prozess – Implementierung*, 7. Aufl. Wiesbaden: Springer Gabler.

BARC. 2016. BARC Product Review – Jedox Suite 6, S. 5–6. http://barc.de/docs/jedox-jedox-suite. Zugegriffen: 4. Juli 2016.

Bauer, H.H. 1995. Marketing-Planung und -Kontrolle. In *Handwörterbuch des Marketing*, Hrsg. B. Tietz, R. Köhler, und J. Zentes, 1653–1668. Stuttgart: Schäffer-Poeschel.

Bea, F.X., S. Scheurer, und S. Hesselmann. 2008. *Projektmanagement*. Stuttgart.

bime Showcase. 2017. Pie- bzw. donut-chart. https://showcase.bime.io/dashboard/ecommerce. Zugegriffen: 23. Juni 2017.

Bissantz & Company. 2011. http://www.bissantz.de/sparkmaker/beispiele.asp. Zugegriffen: 12. Mai 2011.

Bissantz, N., G. Mertens, G. Butterwegge, und V. Christ. 2010. In *Analytische Informationssysteme*, 4. Aufl., Hrsg. P. Chamoni, P. Gluchowski, 439–462. Berlin, Heidelberg: Springer.

BITCOM. 2005. Phasen im Leadmanagement-Prozess – Leitfaden, S. 1–36. https://www.bitkom.org/NP-Marktdaten/Leitfaden-Phasen-im-Leadmangement-Prozess/060707-Leitfaden-Phasen-im-Leadmanagement-Prozess-dc-final.pdf. Zugegriffen: 10. Juli 2017.

Black, A., P. Wright, und J.E. Bachmann. 1998. *Shareholder Value für Manager*. New York: PricewaterhouseCoopers.

Blumenschien, F., und R. Dick. 2004. Der integrierte Business Plan: Die Vernetzung von strategischer Zielplanung und operativer Erfolgs-, Finanz- und Ressourcenplanung. In *Handbuch Finanzmanagement in der Praxis*, Hrsg. R. Guserl, H. Pernsteiner, 659–678. Wiesbaden: Springer Gabler.

Bruhn, M. 2010. *Marketing*, 10. Aufl. Wiesbaden: Springer Gabler.

Coenenberg, A.G. 2009. *Jahresabschluß*, 21. Aufl. Landsberg/Lech: Moderne Industrie.

Copeland, T., T. Koller, und J. Murrin. 1998. *Unternehmenswert – Methoden und Strategien für eine wertorientierte Unternehmensführung*, 2. Aufl. Frankfurt a. M.: Campus.

Cubeware Bildergalerie. 2011. Cubeware Bildergalerie. http://www.cubeware.de/produkte/online-demo-cockpit-v6pro.html. Zugegriffen: 20. Juli 2011.

Denk, R., K. Merkelt-Exner, und R. Ruthner. 2008. *Corporate risk management*, 124. Wien: C.H. Beck.

Deyle, A. 2001. Soll-Ist-Vergleich, Erwartungsrechnung und Führungsstil. In *Controller Praxis – Führung durch Ziele, Planung und Controlling*, 14. Aufl., Bd. II, 31 Wörthersee-Etterschlag: Verlag für ControllingWissen.

DIN 66901.2017. https://www.din.de/de/meta/suche/62730!search?query=69901. Zugegriffen: 05. September 2017.

Drews, H., und S. Schilling. 2014. Reporting-Regeln situationsgerecht anwenden: Hinweise zum Umgang mit Hicherts Success-Modell. In *Der Controlling-Berater, Reporting und Business Intelligence – Update*, Bd. 32, Hrsg. R. Gleich, A. Klein, 125–144. Freiburg: Haufe-Lexware.

Egger, N., J.M. Fiechter, C. Rohlf, J. Rose, und S. Weber. 2005. *SAP BW Planung und Simulation*. Bonn: Galileo Press.

Ehrmann, H. 2016. *Marketing-Controlling*. Herne: NBW Verlag.

Farris, P., N. Bendle, P. Pfeifer, und D. Reibstein. 2007. *Marketing messbar machen – Die 50 wichtigsten Methoden aus dem Marketing die jeder Manager kennen sollte*. München: Pearson Studium.

Fiedler, R. 2016. *Controlling von Projekten*, 7. Aufl. Wiesbaden: Springer.

Fischer, R. 2003. *Unternehmensplanung mit SAP SEM – Operative und strategische Planung mit SEM-BPS*. Bonn: Galileo Press.

Friedemann, W., und C. Neumann. 2007. Kundenzufriedenheit und Kundenbindung. In *Wirtschaftspsychologie*, Hrsg. K. Mose. Heidelberg: Springer.

Frontline-Consulting. 2011. Tipps: Gestaltung von Präsentationsmedien. https://www.frontline-consulting.de/tipp-mediengestaltung.pdf. Zugegriffen: 19. Apr. 2011.

Gehringer, J., und W.J. Michel. 2000. *Frühwarnsystem Balanced Scorecard. Unternehmen zukunftsorientiert steuern; mehr Leistung, mehr Motivation, mehr Gewinn*. Berlin: Metropolitan in Walhalla u. Praetoria.

Gerths, H., und R. Hichert. 2011. *Geschäftsdiagramm mit Excel nach den SUCCESS-Regeln gestalten*. Freiburg: Haufe-Lexware.

Gladen, W. 2014. *Unternehmensperformance, Controlling mit Kennzahlen*, 6. Aufl. Wiesbaden: Springer Gabler.

Gleißner, W. 2000. Risikopolitik und Strategische Unternehmensführung. *Der Betrieb* 2000(33):1625–1629.

Gleißner, W. 2011. *Grundlagen des Risikomanagements*. München: Vahlen.

Gleißner, W., und F. Romeike. 2005. *Risikomanagement*. Planegg: Haufe.

Godmode-trader. 2011. R. Berteit: SOFTWARE AG wieder im Käufermarkt. http://www.godmode-trader.de/nachricht/SOFTWARE-AG-wieder-im-Kaeufermarkt-Software,a2580092,b1.html. Zugegriffen: 5. Juli 2011.

Göpfert, I. 2006. Berichtswesen. In *Wirtschaftslexikon*, Bd. 2, 692–702. Stuttgart: Haufe.

Heigl, A. 1989. *Controlling – Interne Revision*, 2. Aufl., 128. Stuttgart, New York: Gustav Fischer.

Hein, A. 2011. *prevero Unternehmen und Lösungen – Unternehmenssteuerung mit prevero*. Wien: prevero Österreich. Vortragsunterlagen.

Hermann, S. 2015. *Preisheiten – Alles, was Sie über Preise wissen müssen*, 2. Aufl. Frankfurt a. M.: Campus.

Heuser, R., F. Günther, und O. Hatzfeld. 2003. *Integrierte Planung mit SAP – Konzeption, Methodik, Vorgehen*. Bonn: Galileo Press.

Hichert+Partner AG. 2008. Gestalten von Berichten und Präsentationen, S. 1–17. http://www.
     hichert.com/de/_media/broschueren/broschuere_2008.pdf. Zugegriffen: 15. Juli 2011.

Hichert+Partner AG. 2011. Management Information Design – Damit Berichte etwas berichten, S.
     1–29. http://www.hichert.com/de/_media/broschueren/handout.pdf. Zugegriffen: 15. Juli 2011.

Hofbauer, G., und C. Hellwig. 2016. *Professionelles Vertriebsmanagement*, 4. Aufl. Erlangen: Pu-
     blicis.

Homburg, C. 2017. *Marketingmanagement*, 6. Aufl. Wiesbaden: Springer Gabler

Horváth, P. 2008. *Controlling*, 11. Aufl. München: Vahlen.

Hostettler, S. 2000. *Economic Value Added – Darstellung und Anwendung auf Schweizer Aktienge-
     sellschaften*, 4. Aufl. Bern: Haupt.

IIRC. 2013. The International ⟨IR⟩ Framework. http://www.theiirc.org/wp-content/uploads/2013/
     12/13-12-08-THE-INTERNATIONAL-IR-FRAMEWORK-2-1.pdf. Zugegriffen: 16. März
     2015.

Keist, N.-K., S. Benisch, und C. Müller. 2016. Möglichkeiten und Grenzen der plattformübergrei-
     fenden App-Entwicklung. In *Mobile Anwendungen in Unternehmen*, Hrsg. T. Barton, C. Müller,
     und C. Seel, 109–119. Wiesbaden: Springer.

Kemper, H.G., H. Baars, und W. Mehanna. 2010. *Business Intelligence Grundlagen und Praktische
     Anwendungen*, 3. Aufl. Wiesbaden: Springer Vieweg.

Kilger, W. 1988. *Flexible Plankostenrechnung und Deckungsbeitragsrechnung*, 10. Aufl. Wiesba-
     den: Gabler. Überarbeitet von K. Vikas.

Klein, A. 2014. *Reporting und Business Intelligence*. Freiburg im Breisgau: Haufe-Lexware.

Klein, A., und P. Schentler (Hrsg.). 2016. *Einkaufscontrolling: Instrumente und Kennzahlen für
     einen höheren Wertbeitrag des Einkaufs*. Freiburg: Haufe.

Knorren, N. 1998. *Wertorientierte Gestaltung der Unternehmensführung*. Wiesbaden: Springer
     Gabler.

Köhler, R. 1993. *Beiträge zum Marketing-Management: Planung, Organisation, Controlling*,
     3. Aufl. Stuttgart: Schäffer-Poeschel.

Kohlhammer, J., U. Proff, und A. Wiener. 2013. *Visual business analytics*. Heidelberg: dpunkt Ver-
     lag.

Kommission der Europäischen Gemeinschaft. 2001. *Grünbuch Europäische Rahmenbedingungen
     für die soziale Verantwortung der Unternehmen*, 7. Brüssel: European Commission – CSR
     Green Paper Consultation.

Krause, H.-U., und D. Arora. 2008. *Controlling-Kennzahlen Key Performance Indicators*. München:
     Oldenbourg.

Krüger, J. 2015. *SAP simple finance an introduction*. Bonn: Galileo Press.

Küpper, H.U. 2004. *Controlling – Konzeption, Aufgaben und Instrumente*, 4. Aufl. Stuttgart:
     Schäffer-Poeschel.

Lachnit, L., und S. Müller. 2012. *Unternehmenscontrolling*, 2. Aufl. Wiesbaden: Springer Gabler.

Laier, R. 2011. *Value reporting*. Wiesbaden: Springer Gabler.

Linden, M. 2016. *Geschäftsmodellbasierte Unternehmenssteuerung mit Business-Intelligence-
     Technologien – Unternehmensmodell – Architekturmodell – Datenmodell*. Wiesbaden: Springer
     Gabler.

Lutz, S., C. Back, und W. Becker. 2011. *Gabler Kompaktlexikon Modernes Rechnungswesen*,
     3. Aufl. Wiesbaden: Springer Gabler.

Mehanna, W. 2016. Digital forecasts. *Business Intelligence Magazine* 2016(1):22–25.

Mehlan, A. 2007. *Praxishilfen Controlling: die besten Controlling-Instrumente mit Excel*. Freiburg
     im Breisgau: Haufe.

Mentzel, K. 2015. *Strategisches Management & Controlling*. Dortmund: w3l ag.

Microsoft. 2017a. Sunburst-chart. https://docs.microsoft.com/en-us/sql/reporting-services/report-design/tree-map-and-sunburst-charts-in-reporting-services. Zugegriffen: 23. Juni 2017.

Microsoft. 2017b. Treemap-chart. https://docs.microsoft.com/en-us/sql/reporting-services/report-design/tree-map-and-sunburst-charts-in-reporting-services. Zugegriffen: 23. Juni 2017.

Möller, K., F. Federmann, S. Pieper, und M. Knezevic. 2017. Predictive Analytics zur kurzfristigen Umsatzprognose. *Zeitschrift für Controlling* 28(8–9):509–518.

Müller, H. 1995. Grundlagen und praktische Anwendung der Primärkostenrechnung. In *Modernes Kostenmanagement – Grenzplankostenrechnung als Controllinginstrument*, Hrsg. W. Männel, H. Müller, 35–44. Wiesbaden: Springer. Beiträge der Plaut-Gruppe.

Müller, R.M., und H.-J. Lenz. 2013. *Business Intelligence*. Berlin, Heidelberg: Springer Vieweg.

Oehler, K. 2006. *Corporate Performance Management*. München, Wien: Hanser.

Online Chart Makers – amCharts. 2017. Funnel-chart. https://www.amcharts.com/demos/funnel-chart/. Zugegriffen: 23. Juni 2017.

Online Chart Makers – amCharts. 2017. Bullet-Charts. https://www.amcharts.com/demos/bullet-chart/. Zugegriffen: 23. Juni 2017.

Poensgen, O.H. 1981. Break-Even-Analysis. In *HWR*, 2. Aufl., Hrsg. E. Kosiol, 303–313. Stuttgart: C.E. Poeschel Verlag.

PPM Execution. 2017. Bubble-chart. http://ppmexecution.com/portfolio-reports-portfolio-bubble-charts/. Zugegriffen: 23. Juni 2017.

Pufahl, M. 2015. *Sales performance management*. Wiesbaden: Springer Gabler.

QlikView-Demo Market Share. 2015. Qlik View-Demo Market Share. http://eu-b.demo.qlik.com/QvAJAXZfc/opendoc.htm?document=qvdocs%2FMarketPS.qvw&host=demo11&anonymous=true. Zugegriffen: 18. Febr. 2015.

react. 2017. Bubble-chart. https://www.npmjs.com/package/react-bubble-chart. Zugegriffen: 23. Juni 2017.

Reichmann, T. 2006. *Controlling mit Kennzahlen und Managementberichten*, 7. Aufl. München: Vahlen.

Reichmann, T. 2011. *Controlling mit Kennzahlen, Die systemgestützte Controlling-Konzeption mit Analyse- und Reportinginstrumente*, 8. Aufl. München: Vahlen.

Reichmann, T., M. Kißler, und U. Baumöl. 2017. *Controlling mit Kennzahlen – Die systemgestützte Controlling-Konzeption*, 9. Aufl. München: Vahlen.

Reinecke, S., und S. Janz. 2007. *Marketingcontrolling*. Stuttgart: Kohlhammer.

Romeike, S., und J. Spitzner. 2013. *Von Szenarioanalyse bis Wargaming. Betriebswirtschaftliche Simulationen im Praxiseinsatz*. Weinheim: Wiley.

SAP AG. 2003. BExMap, Beispiel Market Potential USA. SAP AG.

Schlick, C., M. Schenk, D. Spath, und W. Ganz. 2016. *Produktivitätsmanagement von Dienstleistungen – Modelle, Methoden und Werkzeuge*. Berlin: Springer Vieweg.

Schmid-Gundram, R. 2014. *Controlling-Praxis im Mittelstand*. Wiesbaden: Springer Gabler.

Schmidt-Volkmar, P. 2008. *Betriebswirtschaftliche Analyse auf Operationalen Daten*. Wiesbaden: Springer Gabler.

Schneider, W., und A. Henning. 2008. *Lexikon Kennzahlen für Marketing und Vertrieb – Das Marketing-Cockpit von A–Z*, 2. Aufl. Heidelberg: Springer.

Schoeneberg, K.-P. 2014. *Komplexitätsmanagement in Unternehmen*. Wiesbaden: Springer Gabler.

Schön, D. 1999. *Neue Entwicklungen in der DV-gestützten Kosten- und Leistungsplanung*. Frankfurt a. M.: Peter Lang.

Schön, D. 2003. Stichwortgruppe: Projekt-Controlling (ca. 100 Stichwörter). In *Vahlens Großes Controllinglexikon*, 2. Aufl., Hrsg. P. Horváth, T. Reichmann. München: Vahlen.

Schön, D. 2004a. Moderne EDV-gestützte Planning- und Reportingtools. In *19. Deutscher Controlling Congress, Tagungsband*, Hrsg. T. Reichmann, 287–337. Dortmund: Gesellschaft für Controlling e.V.

Schön, D. 2004b. Moderne Planungskonzepte und Reportingtools. In *19. Deutscher Controlling Congress, Tagungsband*, Hrsg. T. Reichmann, 287–337. Dortmund: Gesellschaft für Controlling e.V.

Schön, D. 2017. Kapitel 10 Projekt-Controlling. In *Controlling mit Kennzahlen*, 9. Aufl., Hrsg. T. Reichmann, M. Kißler, und U. Baumöl, 507–537. München: Vahlen.

Schön, D., und K.-H. Irmer. 2009. Integriertes Planungssystem bei der Grammer AG. In *24. Deutscher Controlling Congress, Tagungsband*, Hrsg. T. Reichmann, 279–305. Dortmund: Gesellschaft für Controlling e.V.

Schön, D., und K.H. Irmer. 2007. Integrierte Unternehmensplanung bei der Grammer AG. *Controlling* 19(4):245–255.

Schön, D., und K.H. Irmer. 2010. Effiziente Steuerung mit Forecasting und Integrierter Unternehmensplanung bei der GRAMMER Gruppe. *Controlling* 22:49–56.

Schön, D., und R. Müller. 2010. Mittelstandscontrolling für Inhaber und Manager. In *25. Deutscher Controlling Congress, Tagungsband*, Hrsg. P. Horváth, T. Reichmann, 123–165. Dortmund: Gesellschaft für Controlling e.V.

Schön, D., V. Busch, und M. Diederichs. 2001. Chancen- und Risikomanagement in Unternehmen mit Projektgeschäft – Transparenz durch ein DV-gestütztes Frühwarninformationssystem. *Controlling* 13(7):379–387.

Schön, D., J. Thünken, und A. Johanning. 2010. Strategische Planung mit der Balanced Scorecard im SAP Visual Composer. *Controlling Magazin* 35(5):22–29.

Schön, D., M.J. Reinfelder, und M. Drozdzynski. 2011. Modernes Reporting im Mittelstand am Beispiel der Hemmelrath Lackfabrik GmbH. *Controlling* 5(4):230–236.

Schön, D., M. Ständer, und M. Liebe. 2013. Unternehmens- und Projektsteuerung mit Hilfe eines BI-gestützten Controlling-Cockpits am Beispiel der Securiton GmbH. *Controlling* 25(4/5):252–260.

Schreckeneder, B. 2013. *Projekt-Controlling – Projekte überwachen, steuern, präsentieren*, 4. Aufl. Freiburg: Haufe.

Seppelfricke, P. 2005. *Handbuch Aktien- und Unternehmensbewertung*, 2. Aufl. Stuttgart: Schäffer-Poeschel.

Steger, J. 2014. *Kennzahlen und Kennzahlensysteme*. Herne: NBW Verlag.

Steven, M. 2007. *Handbuch Produktion*. Stuttgart: Kohlhammer.

Sullivan, L., und W.W. LaMorte. 2017. Box-whisker-plot. http://sphweb.bumc.bu.edu/otlt/mph-modules/bs/bs704_summarizingdata/bs704_summarizingdata8.html. Zugegriffen: 23. Juni 2017.

Tufte, E. 2011. The work of Edward Tufte and Graphics Press. http://www.edwardtufte.com/. Zugegriffen: 12. Mai 2011.

Unrein, D. 2016. *Excel im Controlling*. München: Vahlen.

Varnholt, N.T., und M. Dagit. 2009. Rolle der BWA im Risk Performance Management. In *Risk Performance Management*, Hrsg. R.M. Hilz-Ward, O. Everling, 191–208. Wiesbaden: Springer Gabler.

Voß, S., und K. Gutenschwager. 2001. *Informationsmanagement*. Berlin, Heidelberg: Springer Gabler.

Warnick, B. 1992. Typische Funktionsumfänge der Standardsoftware zur Kosten- und Leistungsrechnung. In *Handbuch Kostenrechnung*, Hrsg. W. Männel, 1295–1307. Wiesbaden: Gabler.

Weber, J., U. Bramsemann, C. Heineke, und B. Hirsch. 2017. *Wertorientierte Unternehmenssteuerung*, 2. Aufl. Wiesbaden: Gabler.

Weißenberger, B.E. 2014. Integrated Reporting Fragen (und Antworten) aus der Diskussion um die integrierte Rechnungslegung. *Controlling* 26(89):440–446.

Weissman, A., T. Augsten, und A. Artmann. 2014. *Das Unternehmenscockpit*, 2. Aufl. Wiesbaden: Springer Gabler.

XLSTAT. 2017. Histogramm. https://www.xlstat.com/de/loesungen/eigenschaften/histogramme. Zugegriffen: 23. Juni 2017.

Organisation und Prozesse

4

Inhaltsverzeichnis

4.1   Organisatorische Einbindung

Für die Ausgestaltung der Planungs- und Reportinglösung ist die organisatorische Verankerung wichtig. Dies liegt vor allem an den unterschiedlichen Informationsbedarfen auf
allen führungsverantwortlichen Ebenen des Unternehmens. Die Informationsanforderungen sind, angefangen von den leistungserbringenden Stellen bis hin zum Top-Management, sehr unterschiedlich. Bezüglich der organisatorischen Einbindung werden folgende
Themenbereiche untersucht:

- Unternehmensgröße
- Unternehmensverbindungen
- Aufbauorganisation
- Führungsstil

© Springer Fachmedien Wiesbaden GmbH, ein Teil von Springer Nature 2018   225
D. Schön, *Planung und Reporting im BI-gestützten Controlling*,
https://doi.org/10.1007/978-3-658-19963-0_4

- Beteiligte
  - Adressaten/Empfänger
  - Koordinaten
  - Ersteller/Sender

4.1.1 Unternehmensgröße

Die Unternehmensgröße hat einen signifikanten Einfluss auf den Umfang und die Tiefe der Planung und des Reportings der Unternehmen. Generell gilt, je größer ein Unternehmen ist, desto komplexer sind auch die Steuerungserfordernisse an Planung und Reporting. In diesem Kapitel wird daher herausgearbeitet, welche Klasseneinteilung von Unternehmensgrößen existieren. Anschließend werden für ausgewählte Kriterien Unterschiede und Gemeinsamkeiten für mittelständische und Großunternehmen für die Planung und das Reporting herausgearbeitet.

Eine einheitliche Definition und Einteilung von Größenklassen für Unternehmen z. B. in kleine, mittlere und große Unternehmen in Deutschland lässt sich nicht finden. Führende Institute in diesem Bereich verwenden ähnliche, aber nicht deckungsgleiche Definitionen. Die wichtigsten Abgrenzungskriterien sind die Mitarbeiteranzahl, der Jahresumsatz und die Bilanzsumme.

Die EU Kommission verwendet z. B. für den Mittelstand seit dem 01.01.2005 die Schwellenwerte wie sie in der Tab. 4.1 aufgeführt sind.

Das Institut für Mittelstandsforschung Bonn grenzt den Mittelstand seit dem 01.01.2002 wie in Tab. 4.2 dargestellt ab.

Die aufgezeigten Grenzen für die KMU sollte für die Ausprägung der Planung und des Reportings aber keine quantitative Mauer darstellen. In der Unternehmenspraxis zeigt sich, dass auch größere Unternehmen, als in den Klassen gezeigt, sich zum Mittelstand zugehörig fühlen. Hierbei kann die Anzahl der Beschäftigten auch weit über 1000 hinausgehen.

Auch andere Studien zum Controlling im Mittelstand von Kosmider, Legenhausen, Dintner/Schrochtt, Kappler, Schreytt, Zimmermann und Ossandnik/Barklage/van Lengerich haben die Größenklassen hier am Beispiel der Mitarbeiterzahl weitergefasst.[1] Das

Tab. 4.1 Schwellenwerte für den Mittelstand laut der EU Kommission. (Tabelleninhalte entnommen aus EU Kommission 2003)

Unternehmensgröße	Zahl der Beschäftigten	und	Umsatz €/Jahr	oder	Bilanzsumme €/Jahr
Kleinst	Bis 9		Bis 2 Mio.		Bis 2 Mio.
Klein	Bis 49		Bis 10 Mio.		Bis 10 Mio.
Mittel	Bis 249		Bis 50 Mio.		Bis 43 Mio.

---

[1] Vgl. Ossadnik et al. (2010).

Tab. 4.2 Schwellenwerte für den Mittelstand laut IfM Bonn. (Tabelleninhalte entnommen aus IfM Bonn 2006)

Unternehmensgröße	Zahl der Beschäftigten	und	Umsatz €/Jahr
Klein	Bis 9		Bis unter 1 Mio.
Mittel	Bis 499		Bis unter 50 Mio.
(KMU) zusammen	Unter 500		Unter 50 Mio.

Abgrenzungskriterium dieser Studien war die Unternehmensgröße, wobei die Spannweite von 25 bis 2000 Mitarbeiter reichte (vgl. Tab. 4.3).

Die Diskussionen um die festzulegenden Zahlenwerte wurden durch eine Studie von Simon erheblich beeinflusst. In einer Untersuchung ermittelte er neue Schwellenwerte auf der Basis von quantitativen und qualitativen Kriterien. Nach seiner Untersuchung existieren Unternehmen, die dem Mittelstand zugerechnet werden können, obwohl ihre Zahlenwerte wesentlich größer als die oben genannten Schwellenwerte sind.[2] Diesem Weg folgend, legt auch das Europäische Kompetenzzentrum für Angewandte Mittelstandsforschung (EKAM) an der Universität in Bamberg die Schwellenwerte wesentlich höher aus (vgl. Tab. 4.4).[3] Die wichtigsten qualitativen Kriterien, die das *EKAM* zur Definition des Mittelstandes hinzuzieht, sind „eigentümergeführte Unternehmen" und „Familienunternehmen".[4]

Da die quantitativen Größen als Abgrenzungskriterien für die Planung und das Reporting nach Unternehmensgröße nicht ausreichen, sollen weitere qualitative Kriterien herausgearbeitet werden. Hierbei sollen im Unterschied zu breit angelegten Studien be-

Tab. 4.3 Größenklasseneinteilungen mittelständischer Unternehmen in den relevanten empirischen Untersuchungen. (Tabelleninhalte entnommen aus: Ossadnik et al. 2010, S. 11)

Größenklasse nach Anzahl der Mitarbeiter		Kosmider (1993)	Legenhausen (1998)	Dintner/ Schorcht (1999)	Kappler/ Scheytt (2000)	Zimmermann (2001)	Ossadnik/ Barklage/ van Lengerich (2003)
Klein	Bis	100	50	49	49	25	100
Mittel	Von	101	51	50	50	26	101
	Bis	500	200	499	250	250	200
Groß	Von	500	201	–	–	251	201
	Bis	1000	500			1000	500
Sehr groß	Von	–	–	–	–	1001	–
	Bis					2000	

---

[2] Vgl. zur Studie von Simon (1992) den Beitrag von: Becker et al. (2009, S. 258).

[3] Vgl. Becker und Ulrich (2011, S. 29). Vorgängerinstitution des EKAM war das Deloitte Mittelstandsinstitut (DMI).

[4] Vgl. Becker et al. (2016, S. 6).

Tab. 4.4 Mittelstandsdefinition des EKAM. (Tabelleninhalte entnommen aus Becker und Ulrich 2009, S. 3)

Unternehmensgröße	Beschäftigte	Jahresumsatz
Kleinstunternehmen	Bis ca. 30	Bis ca. 6 Mio. EUR
Kleinunternehmen	Bis ca. 300	Bis ca. 60 Mio. EUR
Mittlere Unternehmen	Bis ca. 3000	Bis ca. 600 Mio. EUR
Große Unternehmen	Über 3000	Über 600 Mio. EUR

züglich der Abgrenzung von KMU und Großbetrieben, wie bei Pfohl oder Rheinard et al.,[5] die Anforderungen an die Planung und das Reporting im Vordergrund stehen.

Als erster Anhaltspunkt für die Kriterienfindung dient eine repräsentative empirische Untersuchung vom Autor und der Diamant Software GmbH vom April 2010. Hierbei wurde mit Hilfe einer branchenübergreifenden Fragebogenaktion das Controlling in mittelständischen Unternehmen analysiert.[6] Bei einer Rücklaufquote von ca. 5 % haben hierbei 190 der ca. 4000 angefragten Unternehmen wichtige Mängel und Hindernisse zur Gestaltung von leistungsfähigen Planungs- und Reportinglösungen aufgeführt.

- Personal- und Zeitmangel
- Es fehlt ein ganzheitliches Controlling für alle Funktions- bzw. Entscheidungsbereiche.
  - Im Mittelpunkt des Berichtswesens stehen häufig nur die zentralen Auswertungen des Rechnungswesens (BWA, Kostenstellen- und Ergebnisrechnung) und der Finanzrechnung (Liquiditätsentwicklung).
  - Es fehlen sparten- und kostenträgerbezogene Erfolgsrechnungen.
  - Berichte für andere Funktionsbereiche wie Beschaffung, Vertrieb, Produktion etc. fehlen häufig gänzlich.
- Berichte und Planungsformulare sind uneinheitlich und werden häufig mit Excel aufbereitet.
- Mängel in der inhaltlichen Ausgestaltung der Berichte und Planungsformulare.
- Mängel in den Prozessen zur Berichtsgestaltung. Die Datenaufbereitung ist fehlerhaftet und aufwändig, teilweise manuell.
- Die Datenintegration weiterer Systeme fehlt (u. a. Warenwirtschaft, Zeiterfassung, PPS, Liquidität, Logistik etc.); es existieren heterogene Softwarelandschaften.
- EDV-Unterstützung wird nicht konsequent ausgenutzt.

Weiterhin zeigte die Studie, dass insbesondere inhabergeführte Unternehmen im Reporting nur bedingt volle Ergebnistransparenz für die Abteilungs-/Bereichsleitungsebenen sowie Gruppen- und Teamleitungsebenen wünschen. Für diese Führungsebenen wird nur teilweise eine Transparenz für die ausgewählten Bereiche angestrebt. Die volle Ergebnistransparenz bleibt der Unternehmensführung vorbehalten. Deswegen ist es

---

[5] Vgl. Pfohl (2006, S. 331–355) und Rheinhardt et al. (2007).
[6] Vgl. Schön und Müller (2010, S. 123–165).

für das Berichtswesen und die Planung wichtig, leistungsfähige Berechtigungssysteme bereitzustellen und benutzergruppenorientierte Berichts- und Planungskonzepte aufzubauen.[7]

Fasst man weitere Ergebnisse der Studie zusammen, so lassen sich für Planung und Reporting im Mittelstand noch weitere Anforderungen festhalten. Für Planung und Reporting soll eine Integration führungsrelevanter Daten aus verschiedenen vorgelagerten Systemen mit automatischer Datenübertragung vorhanden sein.[8] Neben der adressatenge-

Tab. 4.5 Abgrenzungskriterien von Großbetrieben und KMU hinsichtlich Planung und Reporting

Abgrenzungskriterium	Großbetrieb	KMU/Mittelstand
Eigentümerverhältnisse und Unternehmensführung	Eigentum eher auf viele Anteilseigner verteilt. Die Großbetriebe sind i. d. R. managementgeführt (Prinzipal-Agent-Beziehung)	Eigentum ist auf wenige Anteilseigner verteilt. Die Unternehmung ist häufig inhaber- bzw. familiengeführt, teilweise aber auch managementgeführt
Strategieverankerung	Eher höher	Eher geringer, Tendenz aber steigend
Operatives Handeln und Entscheidungswege	Komplexere Hierarchien erfordern längere Entscheidungswege mit Genehmigungsprozessen	Flexible und überschaubare Unternehmensprozesse; einfache Entscheidungswege, flache Hierarchien
Begrenzte personelle Ressourcen	Personelle Ressourcen sind verfügbar. Methoden- und Instrumenten-Know-how verfügbar	Personelle Ressourcen sind stark begrenzt. Methoden- und Instrumenten-Know-how teils unzureichend
Planungs- und Reportingintensität	Eher höher	Geringer, tendenz steigend
IT-gestützte Controllingsysteme	Eher integrierte Systemlandschaften und verzahnte ERP-Systeme, Reporting und Planung finden verstärkt mit Datenbank- bzw. Data Warehouse-gestützten Lösungen statt, teilweise aber auch mit MS Excel	Heterogene Softwarelandschaft, teilweise fehlende Datenintegration, Planung und Reporting häufig mit MS Excel
Kapital- und Liquiditätsabhängigkeit	Zugänge zum Kapitalmarkt größer, Liquiditätsabhängigkeit eher geringer	Zugänge zum Kapitalmarkt beschränkter, Liquiditätsabhängigkeit eher größer
Beteiligungsstrukturen	Zumeist viele nationale und internationales Unternehmensverbindungen	Eher wenige nationale und internationale Unternehmensverbindungen, Tendenz aber bei größeren KMU steigend

---

[7] Vgl. Schön und Müller (2010, S. 142–143).
[8] Vgl. Reichmann (2008, S. 690; 2011, S. 7).

rechten Aufbereitung der Berichte und Planungsergebnisse[9] wird eine stärkere strategische Ausrichtung der Planung und des Reportings gefordert. Zudem sollen Planung und Reporting in der Ablauf- und Aufbauorganisation sowie in der Führungskultur der Unternehmung verankert sein.[10] Dies ist unabhängig von der Nationalität des Unternehmens, da das interne Planungs- und Berichtswesen im internationalen Controlling einen hohen Stellenwert besitzt.[11]

Betrachtet man den Unterschied zwischen Großbetrieben auf der einen Seite und den kleineren und mittleren Betrieben als Mittelstand auf der anderen Seite, lassen sich folgende Abgrenzungskriterien finden (vgl. Tab. 4.5).

4.1.1.1 Eigentumsverhältnisse und Unternehmensführung

Die Adressatengruppe in mittelständischen Unternehmen besteht im Gegensatz zu Großbetrieben aus einem kleinen Kreis von Eigentümern (oftmals Familienangehörige) und nicht aus einer Vielzahl bekannter und anonymer Investoren. Die Eigentümer beziehen ihr laufendes Einkommen in Form von Geschäftsführerbezügen oder Gewinnausschüttungen aus dem Unternehmen, deshalb werden Informationen über die Ertragslage und insbesondere über die Ertragspotenziale und die Liquiditätskraft des Unternehmens benötigt. In dieser Hinsicht ist der Erhalt der Einkommensquelle von höchster Priorität. Darum erstreckt sich das Informations- und Planungsbedürfnis sowohl auf das Erkennen positiver als auch negativer Unternehmensentwicklungen, da diese langfristig ihren Einkommensstrom unterstützen bzw. gefährden.[12] Eigentum, Leitung und wirtschaftliche Existenzsicherung bilden hier eine Einheit.

Während in Großbetrieben meist eine Trennung von Eigentümern und Managementführung nach der Prinzipal-Agent-Theorie vorliegt, werden KMU häufig direkt durch Inhaber bzw. Familien geführt. Ein inhabergeführtes Unternehmen bzw. ein Familienunternehmen zeichnet sich dadurch aus, dass eine oder mehrere natürliche Personen geschäftsführend tätig sind und sie zusammen oder ihre Familien mindestens 50 % der Anteile am Unternehmen halten.[13] Maßgeblichen Einfluss auf die Geschäftsführungstätigkeit können Inhaber hierbei auch über den Beirat bzw. den Aufsichtsrat besitzen. Aufgrund der Konzentration der Führung durch Inhaber und Familien sind die Entscheidungswege viel kürzer und nötige Anpassungen werden schneller durchgesetzt. Planungs- und Reportingsysteme müssen sich deswegen ebenso rasch an diese Veränderungen im Unternehmen anpassen.

Managementgeführte Unternehmen im Mittelstand als auch in großen Unternehmen sind dadurch gekennzeichnet, dass für die Geschäftsführung Personen eingesetzt werden, die nicht oder nur zu einem geringeren Umfang an der Unternehmung direkt beteiligt sind. Bei managementgeführten Unternehmen führen die Anteilseigner keine unmittel-

---

[9] Vgl. Horváth (2008, S. 37).
[10] Vgl. Weber et al. (2008, S. 27).
[11] Vgl. Hoffjan (2008, S. 657).
[12] Vgl. Janssen (2008, S. 89 ff.).
[13] Vgl. Wallau (2008, S. 9 f.).

bare Kontroll- und Steuerungsfunktion auf die Unternehmung aus. Diese wird durch das Management ausgeführt. In managementgeführten Unternehmen sind die Manager den Interessen der Anteilseigener verbunden, deren Renditeziele tendenziell eher kurzfristiger angelegt sind. Da sie nicht der Familienbindung und Nachhaltigkeit der Generationen verpflichtet sind, neigen Manager eher dazu, einen Wechsel in der Strategie und in der Geschäftsfeldausrichtung einzuschlagen. Zudem verfolgen sie ihre eigenen persönlichen, erfolgsbezogenen und finanziellen Ziele, wie sie insbesondere in der Prinzipal-Agent-Theorie herausgestellt werden.[14] Zur internen Zielerreichung müssen die Manager (Agenten) ihr erfolgreiches Handeln den Eignern (Prinzipal) nachweisen und somit nach außen hin transparent darstellen.

Es ist also zu vermuten, dass die managementgeführten Unternehmen aufgrund der Darstellungsanforderungen hier stärker auf Planungs- und Reportinginhalte sowie Controlling-Instrumente zurückgreifen. Die Eigner hingegen sind auf diese Informationen angewiesen, um ihre Zielerreichung zu kontrollieren.

Da sowohl inhaber- bzw. familien- und auch managementgeführte Unternehmen im Mittelstand und großen Unternehmen zu finden sind, müssen beide Führungsrichtungen für die Planung und das Reporting berücksichtigt werden.

4.1.1.2 Strategieverankerung

Erstaunlicherweise verfügt nur ein gewisser Anteil der KMU über eine „kommunizierte" Unternehmensstrategie, woran sich das Reporting und die Planung ausrichten können. Für das Controlling besteht somit schon das erste Problem, eine interne Berichterstattung und Planung für die Unternehmensführung zu liefern, die sich an einer Strategie orientieren kann. Eine empirische Studie von Rautenstrauch im Jahr 2005 zeigte, dass im Mittelstand nur 45 % ein strategisches Leitbild oder eine Vision besitzen.[15] 12 % der Unternehmen verfügten hier sogar über keine explizit formulierte Strategie. Die Anzahl der Unternehmen mit einer Gesamtunternehmensstrategie wurde hier mit 58 % gemessen, wohingegen nur noch 33 % bzw. 14 % weitergehende Geschäftsbereichs- bzw. Funktionsbereichsstrategien aufweisen.

Ergebnisse einer anderen empirischen Studie von Feldbauer-Durstmüller zeigen einen kontinuierlich steigenden Einsatz der strategischen Planungsinstrumente im Vergleich zu älteren Erkenntnissen von Niedermayr und Wimmer auf.[16] Es wird deutlich, dass im Gegensatz zu Großbetrieben im Mittelstand die Strategieverankerung und -ausstrahlung im Unternehmen hinterherhinkt, aber zunehmend an Bedeutung gewinnt. Für die Ausrichtung von Planung und Reporting an strategischen Zielen sind jedoch weitaus größere Hindernisse im Mittelstand zu erwarten als im Großbetrieb. Dies gilt insbesondere, wenn die strategischen Ziele nicht explizit formuliert werden.

---

[14] Vgl. Andreae (2007, S. 23).
[15] Vgl. Rautenstrauch (2006, S. 1–17).
[16] Vgl. Feldbauer-Durstmüller und Wimmer (2008, S. 31–52).

Zusammengefasst lässt sich also sagen, dass die Planung und das Reporting bei KMU sowie Großunternehmen zunächst an die strategischen Ziele angepasst werden müssen. Wenn diese nicht oder nur unzureichend definiert sind, muss dies nachgeholt bzw. verbessert werden (vgl. Abschn. 3.1). Zudem sollte das Geschäftsmodell und seine wertschöpfungstreibenden Faktoren einen bedeutenden Einfluss auf Planung und Reporting nehmen (vgl. Abschn. 3.2).

4.1.1.3   Operatives Handeln und Entscheidungswege

Im Gegensatz zu Großbetrieben ist der Mittelstand geprägt durch die Flexibilität und die Überschaubarkeit ihrer Unternehmensprozesse. Zudem existieren flachere Hierarchien und Genehmigungswege bei KMU als bei Großbetrieben, so dass Entscheidungen schneller getroffen und in operatives Handeln umgesetzt werden können. Direkte Kommunikationswege sowie die Nähe der Mitarbeiter zu den Entscheidungsträgern unterstützen dies. Die Anforderungen an Reporting und Planung fallen im Gegensatz zu Großbetrieben beim Mittelstand geringer aus. Reporting und Planung können viel flexibler und ohne große Genehmigungshürden aufgebaut und verwendet werden. Während im Großbetrieb Entscheidungen erst auf der Basis von umfangreichen Reporting- und Planungsergebnissen abgesichert und getroffen werden, kann das Reporting und die Planung in KMU gezielter, schneller und flexibler zur Entscheidungsfindung herangezogen werden.

4.1.1.4   Begrenzte personelle Ressourcen

Im Vergleich zu Großbetrieben stehen in KMU weniger personelle Ressourcen für das Reporting und die Planung zur Verfügung. Planung und Reporting im Unternehmen wird durch das Controlling schwerpunktmäßig unterstützt. Die Controlling-Aufgaben in KMU werden aber nur durch wenige Mitarbeiter, häufig sogar nur einen Mitarbeiter, getragen. Häufig existiert sogar keine eigenständige Controlling-Abteilung oder -Stelle, sondern die Controlling-Aufgaben werden als Tätigkeiten im Bereich Rechnungswesen und Finanzen mit abgedeckt.[17] Konkurrierende Tätigkeiten wie die Erstellung von Monats- und Jahresabschlüssen im Rechnungswesen und laufende Buchungstätigkeiten vermindern deutlich die potenzielle Einsatzzeit für Controlling-Aufgaben, wie das Management-Reporting und die Planung. Aber auch in den anderen Fachabteilungen ist die Personalausstattung hinsichtlich Reporting und Planung relativ überschaubar. Die Schlussfolgerung für kleine und mittlere Unternehmen hieraus ist, dass die Systeme für Planung und Reporting mit diesen begrenzten Ressourcen entwickelt und gepflegt werden müssen. Eventuelle Wissensdefizite sind aufzuholen.

Ein weiteres Problem ergibt sich durch das fehlende technische Know-how. Moderne Reporting- und Planungsinstrumente sind in kleinen und mittleren Unternehmen nicht oder nur unzureichend bekannt.

In großen Unternehmen ist die Personaldecke für Planungs- und Reportingaufgaben deutlich höher. In Abstimmung mit dem Management und den Fachabteilungen sind vor

---

[17] Vgl. Schön und Diamant Software GmbH (2009, S. 4).

allem das zentrale und dezentrale Controlling für die Planung und das Reporting verantwortlich (vgl. Abschn. 4.1.5). Inhaltliches und technisches Know-how ist häufiger vorhanden, was aber nicht heißt, dass bei Großunternehmen keine Know-how-Defizite vorliegen können.

4.1.1.5 Planungs- und Reportingintensität

Auch beim Kriterium Planungs- und Reportingintensität liegen KMU hinter den großen Unternehmen. Dies ist nicht verwunderlich, da bei zunehmender Größe eines Unternehmens die Komplexität tendenziell steigt und somit in der Regel auch der Steuerungs- und Planungsbedarf größer wird. Bei Großunternehmen ist generell davon auszugehen, dass Inhalte und Prozesse der Planung und des Reportings deutlich strukturierter, detaillierter und umfangreicher sind als bei KMU.

Erfreulich ist aber, dass der Anteil der intensiver planenden KMU zunimmt. Laut der empirischen Studie von Schön und der Diamant Software GmbH im Jahr 2009 haben bereits ca. 33,4 % der KMU eine integrierte Planung für kosten- und erfolgsrelevante Bereiche im Unternehmen voll umgesetzt, während weitere 29,7 % der Unternehmen dies zumindest teilweise getan haben.[18] Dennoch wird man auch noch KMU finden, die bisher nicht oder nur sehr rudimentär Planung betreiben.

Bei KMU fällt auf, dass das Reporting häufig historisch gewachsen ist und kein grundlegendes Reportingkonzept im Sinne eines ganzheitlichen Controllings für alle Funktions- bzw. Entscheidungsbereiche existiert. Schwerpunkte des Reportings in KMU sind oft nur die zentralen Auswertungen des Rechnungswesens (u. a. Umsatzstatistiken, BWA, Kostenstellen- und Ergebnisrechnungen sowie Liquiditätsentwicklungen). Es fehlen sparten- und kostenträgerbezogene Erfolgsrechnungen. Berichte für andere Funktionsbereiche wie etwa Vertrieb, Produktion und Technik fehlen häufig gänzlich.

Hinsichtlich der Planungs- und Reportingintensität besteht sowohl konzeptionell als auch umsetzungstechnisch Verbesserungsbedarf. Dies gilt vor allem für KMU, aber auch in Großunternehmen sind Defizite (z. B. Wildwuchs an Berichten) im Reporting und in der Planung vorzufinden. Optimierungspotenziale lassen sich in allen Unternehmensgrößen identifizieren.

4.1.1.6 IT-gestützte Controllingsysteme

Im Gegensatz zu mittelständischen Unternehmen verfügen größere Gesellschaften häufiger über eine homogenere Softwarelandschaft mit einem umfangreich ausgebauten (zentralen) ERP-System. Die Controlling-Funktionalität des ERP-Systems wird dabei durch Reporting- und Planungssysteme erweitert, die auf Business Intelligence und Data Warehouse basieren (vgl. hierzu Abschn. 5.5 und 5.6). Das bedeutet jedoch nicht, dass es in größeren Unternehmen teilweise auch heterogene Softwarelandschaften geben kann. Insbesondere in dezentralen Einheiten nutzen die Fachfunktionen häufig eigene IT-Systeme, die nicht oder nur bedingt in die gesamte IT-Landschaft integriert sind.

---

[18] Vgl. Schön und Diamant Software GmbH (2009).

In KMU existieren häufiger heterogene Softwarelandschaften. Software für Personalwirtschaft und Rechnungswesen sowie Warenwirtschaftssysteme sind häufig von
verschiedenen Softwareherstellern und müssen über Schnittstellen verbunden werden.
Oft sind auch noch manuelle Datenübertragungswege zu finden. Die Planungsrechnungen
und Controllingauswertungen können mit den Reportfunktionen des Rechnungswesens
nur in Teilen erfolgen. Für die letztendliche Durchführung wird in vielen Fällen das
Tabellenkalkulationsprogramm MS Excel genutzt (vgl. hierzu Abschn. 5.4.3). Moderne
Data-Warehouse-Lösungen mit Reporting- und Planungs-Cockpits sind im Gegensatz zu
größeren Unternehmen nicht so häufig zu finden.[19] Dies gilt vor allem für KMU unter 100
Beschäftigten. Hier konnte eine Größenschwelle für die Akzeptanz und die Nutzung von
Business Intelligence festgestellt werden. Bei größeren Unternehmen wächst der Einsatz
von Business-Intelligence-Lösungen stetig an.[20] Ebenfalls sind größere Unternehmen
Trendsetter für neue Themenbereiche wie Mobile BI und Big-Data-Technologie.

Hinsichtlich der IT-Unterstützung sind Verbesserungspotenziale anzustreben, die unabhängig von der Unternehmensgröße sind. Vom jeweiligen Status der IT-Landschaft des
Unternehmens sind die Systeme für Planung und Reporting angemessen und nachhaltig weiterzuentwickeln. Wichtige Themen sind hierbei die Integration der vorgelagerten
Systeme (Warenwirtschaft, Erfassungssysteme etc.) sowie die inhaltliche Ausgestaltung
der kaufmännischen Systeme und hier vor allem der Ausbau der Erfolgs- und Kostenträgerrechnung. Ein wichtiges Glied in der Informationskette sind heute Reporting- und
Planungswerkzeuge mit moderner Data-Warehouse- bzw. Business-Intelligence-Techno-
logie. Weitere wichtige Trends wie z. B. Mobile BI und Big Data sind dem Kap. 5 zu
entnehmen.

4.1.1.7 Kapital- und Liquiditätsabhängigkeit

Der Zugang zum Kapitalmarkt ist bei KMU gegenüber großen Unternehmen eingeschränkt. Während die großen Unternehmen Zugang zum organisierten Kapitalmarkt und
anderen Finanzierungsformen haben, nutzen die KMU neben den Gesellschaftereinla-
gen i. d. R. Bankkredite und verstärkt auch institutionelle Investoren wie Private-Equity-
Gesellschaften oder stille Gesellschafter.

Aufgrund des begrenzten Zugangs zum Kapitalmarkt und der begrenzten finanziellen
Möglichkeiten hat die Planung der Liquiditätsbedarfe und das Reporting der Liquidi-
tätsentwicklung für KMU einen hohen Stellenwert. Bei großen Unternehmen spielt die
Planung und das Reporting der Liquidität und der Kapitalbedarfe von jeher eine wichtige
Rolle. Erhöhte Kredit-Sicherungsanforderungen der Banken durch Basel II und III erfor-
dern zusätzlich zu den finanziellen Kennzahlen der traditionellen Jahresabschlussanalyse
weitergehende qualitative Informationen über die leistungstreibenden Größen (z. B. über
Prozesse, Mitarbeiter und Kunden) der Unternehmungen.[21] Durch die Rating-Anforderun-

---

[19] Vgl. hierzu Schön (2011).
[20] Vgl. hierzu Schön (2011, S. 10).
[21] Vgl. Schulte-Mattler und Manns (2010, S. 83–126).

gen an die Unternehmen wird die Planung und Berichterstattung aller wichtigen Risiken und Chancen im Rahmen des Risikomanagements und Risiko-Controllings wichtiger.

4.1.1.8 Beteiligungsstrukturen

Unternehmen, bei denen Fremde oder andere Unternehmen einen größeren Anteil als 25 % der Stimmrechte oder Besitzanteile haben, sind wirtschaftlich nicht mehr eigenständig. Liegt der Anteil zwischen 25 % und 50 %, so spricht man von Partnerunternehmen. Liegt er darüber, so spricht man von verbundenen Unternehmen.[22] Große Unternehmen besitzen meist Konzernstrukturen, die national und international ein Geflecht aus Teilkonzernen und Einzelgesellschaften bilden. In diesem Geflecht von Unternehmensverbindungen sind aber viele KMU eingebunden, die den Reportinganforderungen der übergeordneten Konzerneinheiten genügen müssen. Je nach Konzerntyp (Finanzholding, Strategische Holding, Managementholding) sind die Anforderungen an das Reporting und die Planung höher oder niedriger (vgl. folgenden Abschn. 4.1.2). Der Einfluss durch die übergeordnete Konzerngesellschaft ist bei der Managementholding deutlich höher als bei der Finanzholding. Es kann also sein, dass der Einfluss auf das beteiligte (mittelständisch geprägte) Unternehmen eher geringer ausfällt und somit die Handlungsspielräume weitestgehend frei ausgeübt werden können.[23] Zwar fällt bei den verbundenen KMU die Eigenständigkeit als Kriterium eines mittelständischen Unternehmens weg, dennoch weisen viele dieser verbundenen Gesellschaften mittelständische Strukturen auf, wie z. B. die begrenzten personellen Ressourcen, die heterogenen Softwarelandschaften und die geringe Strategieverankerung.

Anders als bei den kleineren Unternehmen findet man unter den größeren Mittelständlern zunehmend mehrere, die selbst als Unternehmensverbund mit mehreren kleineren Einzelgesellschaften am Markt agieren. Die Anforderungen an Planung und Reporting im Sinne des Beteiligungscontrolling steigen auch hier.

4.1.2 Unternehmensverbindungen

Natürlich sind die Anforderungen von Konzernen eher für größere Unternehmen relevant. Aber auch viele größere mittelständische Unternehmen sind als Unternehmensgruppe organisiert und haben die gleichen Probleme bei der Abbildung der Verflechtungen in der Planung und im Reporting wie Konzernunternehmen (vgl. Abschn. 4.1.1.8).

Je nach Unternehmensverbindung ergeben sich spezielle Anforderungen an das Reporting und die Planung, die für die Unternehmensgruppe die Basis für die Konsolidierung aber auch für die Steuerung der Unternehmensgruppe sind.

---

[22] Vgl. Lerch (2008, S. 43 ff.).
[23] Vgl. Reinemann (1999, S. 661–662).

Zu den Aufgaben der Konsolidierung gehören u. a.:[24]

- Die Kapitalkonsolidierung
- Die Konsolidierung von Forderungen und Verbindlichkeiten
- Die Konsolidierung von Erträgen und Aufwänden
- Korrektur- und Abschlussbuchungen

Zu den weiteren Aufgaben der Steuerung einer Unternehmensgruppe zählen u. a.:

- Cash-Pooling
- Beteiligungsreporting
- Unternehmensbewertung

Die Steuerung der Unternehmensgruppe ist bestimmt durch die Art der Holding. Sie entscheidet über die Detailtiefe der zu liefernden Informationen im Beteiligungsreporting und in der Beteiligungsplanung und greift mehr oder weniger stark in die strategische und operative Steuerung der Teilkonzerne, strategischen Geschäftseinheiten und Einzelgesellschaften ein. Als Konzerntypen werden hierbei die Finanz-Holding, die Strategische Holding und die Management-Holding unterschieden.

Die **Finanz-Holding** betrachtet die Beteiligungen größtenteils aus der Sicht einer Finanzinvestition und greift somit nicht direkt in die operative Steuerung der Beteiligungen ein, sondern führt eine wertorientierte Steuerung durch, bei dem die Zielerreichung monetärer Kennzahlen im Vordergrund steht. Kennzahlen zur wertorientierten Unternehmensführung sind z. B. der Economic Value Added (EVA),[25] der Discounted Cash Flow (DCF) oder der Cash Flow Return On Investment (CFROI).[26] Planung und Reporting können in der Beziehung der Holding zu den Beteiligungen somit schlank gehalten werden und konzentrieren sich auf die wertorientierten Steuerungsgrößen.

Bei der **Strategischen Holding** wird der Einfluss des Konzerns auf die Beteiligungen größer. Neben der wertorientierten Steuerung bekommt besonders die strategische Steuerung im Konzernverbund einen hohen Stellenwert. Die strategische Zielausrichtung des Gesamtkonzerns wird über die Teilkonzerne bis hin zu den Einzelunternehmen heruntergebrochen. Neben finanziellen Größen werden Kennzahlen anderer strategischer Zielbereiche, z. B. Vertrieb, Produktion, Prozesse und Ressourcen, zur strategischen Steuerung herangezogen. Die Planung und das Reporting einer „Strategischen Holding" zu seinen Beteiligungen muss im Vergleich zur Finanzholding daher um die Verfolgung der strategischen Kenngrößen erweitert werden.

Die **Management-Holding** weitet die Steuerung bis auf die operative Ebene aus. Beispielsweise gibt es eine konzernweite Preisstrategie oder es werden Bündelungseffekte

---

[24] Vgl. Coenenberg (2000, S. 567 ff.).

[25] Der Economic Value Added (EVA) ist ein eingetragenes Warenzeichen der Stern Stewart & Co. Unternehmensberatung.

[26] Vgl. Stiefl und von Westerholt (2007), Hüllmann (2003), Coenenberg und Salfeld (2003), Rappaport (1986) oder Copeland et al. (2002).

im Einkauf ausgenutzt. Neben den strategischen Kennzahlen werden hier auch operative Kennzahlen bis zur Detailebene der Geschäftsfelder und Funktionsbereiche zur Steuerung herangezogen. Die Form der Management-Holding hat somit den größten Einfluss auf die Planung und das Reporting.

Abb. 4.1 fasst die drei Grundformen der Holding und ihren Einfluss auf die Planung und das Reporting zusammen.

Um den Konsolidierungsanforderungen in der Planung und im Reporting gerecht werden zu können, müssen die Intercompany-Beziehungen und die strategischen Geschäftsfelder festgelegt werden. Ideal wäre, dass alle Plan- und Buchungssätze sich nach den Intercompany-Beziehungen, aber auch nach den Zuordnungen der strategischen Geschäftseinheiten (SGE), identifizieren lassen. Weiterhin müssen die Intercompany-Beziehungen und Geschäftsfelder auch auf höheren Verdichtungsebenen identifiziert und analysiert werden können. Häufig ist dies nicht so einfach, weil die Informationen über die Intercompany-Beziehung oder die Zuordnung zur strategischen Geschäftseinheit fehlt. Aus diesem Grunde müssen für diese Werte Intercompany-Regeln und Zuordnungsregeln angewendet werden, die sich aus einer Matrix der IC-Beziehungen und SGE-Zuordnungen ergeben. Wie schwierig dies bei Konzernen mit vielen Einzelgesellschaften sein kann, zeigt Abb. 4.2. Die Teilkonzerne 1 und 2 haben unterschiedliche Strategische Geschäftseinheiten, die durch verschiedene Einzelgesellschaften abgedeckt werden, während Teilkonzern 3 aus mehreren Einzelgesellschaften besteht, die mehrere SGE beinhalten können.

In der Unternehmenspraxis gibt es alle denkbaren Konzernverflechtungen. Teilkonzerne umfassen z. B. mehrere Strategische Geschäftseinheiten. Nicht immer lassen sich Einzelgesellschaften den Strategischen Geschäftseinheiten eindeutig zuordnen. Bei den in der Praxis als „Zebra"-Gesellschaften bezeichneten Unternehmen ist dies am schwierigsten. Wie im gezeigten Beispiel umfassen die Gesellschaften 5 und 6 mehrere Strategische Geschäftseinheiten. Im Gegensatz zur reinen Intercompany-Beziehung müssen nun auch die SGE für die Konsolidierung identifiziert werden.

Abb. 4.1 Einfluss der Holding-Art auf Planung und Reporting. (Leicht abgeändert im Vgl. zu: Weber et al. 2008, S. 25)

Abb. 4.2 Mögliche Konzernverflechtungen hinsichtlich
SGE- und Gesellschaftsbezie-
hungen

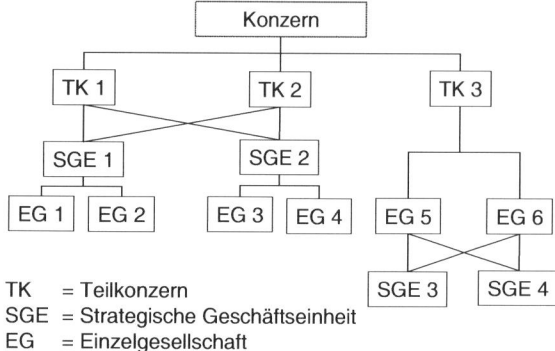

Eine weitere Grundvoraussetzung zur Planung und zum Reporting mit Intercompany-Beziehungen ist die Verwendung einheitlicher Strukturen, vor allem der Stammdaten
und Dimensionsausprägungen. Idealerweise ist ein einheitlicher Konzernkontenplan, ein
abgestimmter konzernumfassender Kostenstellen- und -trägerplan, aber auch eine Vereinheitlichung der Artikel- und Materialstämme notwendig. Wie im Planungsgebiet der
Absatz- und Umsatzplanung sowie der Ressourcenplanung bereits aufgezeigt wurde (vgl.
Abschn. 3.12.2 f.), sind Innenumsätze, z. B. durch die Auslösung der Stücklisten bzw. Kalkulationsstrukturen, in der Gruppe zu identifizieren. Hier muss sichergestellt sein, dass die
verwendeten Komponenten als IC-Teile identifiziert werden können. Zudem sind die Preise für IC-Verrechnungen zu kalkulieren und für die Bewertung heranzuziehen.

4.1.3 Aufbauorganisation

Die Grundformen der Aufbauorganisationen (funktional, divisional, regional, Matrix) haben einen wichtigen Einfluss auf die Gestaltung der Planung und des Reportings.

Bei einer **funktionalen Organisation** sind die Planung und das Reporting ausgehend
vom Top-Management je Fachfunktion ausgerichtet (vgl. Abb. 4.3). Die großen Funktionsbereiche Vertrieb, Einkauf, Produktion und auch die anderen Bereiche wie Logistik,
Forschung & Entwicklung etc. benötigen dabei steuerungsrelevante Berichte und Kennzahlen.

Abstimmende und koordinierende Berichte und Planungen hinsichtlich der funktions-
bereichsübergreifenden Wertschöpfung fehlen häufig. Da z. B. ein Produktmanager, ein
Sparten- oder Business-Unit-Leiter fehlt, kommt hier das integrative, verzahnende Element zu kurz. Zudem fehlt die Sicht auf andere Geschäftsausrichtungen oder sie ist weniger stark ausgeprägt. Dies ist aber wichtig, da Veränderungen in den Geschäftsbereichen,
Regionen etc. Auswirkungen auf die Funktionsbereiche nach sich ziehen, wenn z. B. Absatzmengen bestimmter Produkte sinken.

Abb. 4.3 Funktionale Organisation

Bei einer **divisionalen Organisation** ist der Fokus der Planung und des Reportings vom Top-Management auf die einzelnen Sparten, Geschäftsfelder oder Business-Units ausgerichtet (vgl. Abb. 4.4). Hier kommt die Verzahnung spartenübergreifender Funktions- und Zentralbereiche und die regionale Ausrichtung zu kurz. Die Steuerung der spartenübergreifend genutzten Ressourcen und Kapazitäten wird eher vernachlässigt.

Bei einer **regionalen Organisation** (ohne Abbildung) erfolgt die Ausrichtung der Planung und des Reportings auf die regionalen Einheiten, wie Niederlassungen und Geschäftsstellen. Ähnlich wie bei der spartenorientierten Organisation kommt die Verzahnung der übergreifenden Funktions- und Zentralbereiche zu kurz.

Ein wesentlicher Vorteil einer eindimensionalen Ausrichtung (primär funktional, regional oder divisional) besteht in dem niedrigen Abstimmungsaufwand. Bei einer vieldimensionalen Ausrichtung sind die Schnittstellen- und Abstimmungsanforderungen an das Reporting und die Planung deutlich höher. Nachteil einer eindimensionalen Ausrichtung ist vor allem die fehlende oder reduzierte Berücksichtigung anderer Geschäftsausrichtungen, wie z. B. die Produktgruppen, die Kundengruppen oder die Regionen.[27]

Aufgrund der genannten Mängel der rein funktional, divisional oder regional ausgerichteten Unternehmen setzt sich in der Praxis mehr und mehr eine Matrixorganisation ggf. mit divisionaler/regionaler oder funktionaler Dominanz durch.[28]

Abb. 4.4 Divisionale Organisation

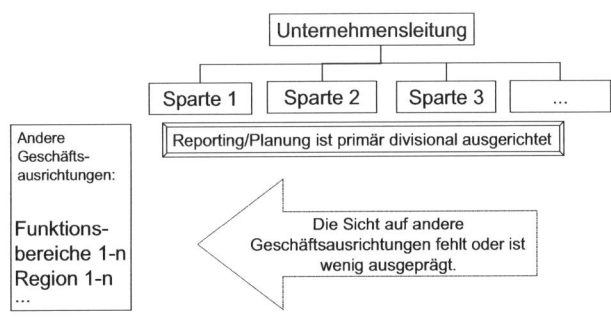

---

[27] Vgl. Gleich und Temmel (2008, S. 84–87).
[28] Vgl. Freese (2005, S. 445).

Bei einer **Matrix-Organisation** wird eine entsprechende multidimensionale Ausrichtung des Reportings und der Planung für alle Sichten benötigt (vgl. Abb. 4.5). Produktmanager erhalten eine spartenbezogene Erfolgsrechnung. Der Vertriebsleiter benötigt die Gesamtsicht, um seine Ressourcen bestmöglichst spartenübergreifend lenken zu können.

Hierdurch bekommt das abstimmende und koordinierende Element sowohl in der Planung als auch im Reporting einen höheren Stellenwert. Moderne IT-Systeme wie Data Warehouse- und BI-gestützte Controlling-Systeme unterstützen die Mehrdimensionalität in der Analyse deutlich besser als traditionelle Planungs- und Reportinglösungen (vgl. Kap. 5).

Die Gestaltung und Pflege der Planungs- und Reportingsysteme ist idealerweise zentral organisiert (i. d. R. übernimmt das Controlling die fachliche Verantwortung in Zusammenarbeit mit den Fachabteilungen und die IT die technische Verantwortung). Die Berichtserstellung sollte möglichst automatisiert auf einem standardmäßig zur Verfügung gestellten Datenbestand erfolgen.

Die Berichtsanalyse und Kommentierung erfolgt vorbereitend mit der Unterstützung des hierfür zuständigen Controllings, je nach Organisationsform zentral oder dezentral durch die Fachfunktion. Das Controlling unterstützt die verantwortlichen Führungskräfte und unterbreitet Vorschläge für Maßnahmen und hilft bei der Entscheidungsfindung. Die Verantwortung der Analyse, Kommentierung und Steuerung trägt die verantwortliche Führungskraft in ihrer Fachfunktion aber selber.

Die Controlling-Organisation als maßgebliche fachliche Instanz für Planung und Reporting folgt i. d. R. der Führungsorganisation der Unternehmung.[29] Das Controlling ist häufig fachlich und weisungsgebunden der kaufmännischen Unternehmensleitung unterstellt. Während in größeren Unternehmen häufig zentrale und dezentrale Controlling-Abteilungen in der Unternehmensorganisation zu finden sind, ist in mittelständischen Betrieben häufig nur eine Stabsstelle eingerichtet, die als Servicebereich die Reporting- und Planungsfunktionen der Unternehmung zentral unterstützt. Bei kleineren mittelständischen Unternehmen werden die kaufmännischen Servicebereiche Finanzen, Rechnungs-

Abb. 4.5 Matrixorganisation

Matrix	Divisional/Regional			
	Sparte 1	Sparte 2	...	Sparte n
	NL 1 ..n,	NL 1 ..n,	...	NL 1 ..n,
Funktional Vertrieb				
Einkauf				
...				

---

[29] Vgl. Weber et al. (2001, S. 8).

wesen und Controlling auch häufig nur unter einer Abteilung geführt, so dass die Controlling-Funktion als Teilaufgabe des betrieblichen Rechnungswesens etabliert ist. Eine eigene Controlling-Abteilung existiert in diesen Fällen gar nicht im Organigramm. Aus diesem Grunde sind auch die Personalressourcen für Aufgaben des Controllings knapp. Es fehlt fachliches Know-how und IT-Unterstützung.

Aufgrund der vielen kommunikativen und koordinativen Aufgaben beim Aufbau eines Planungs- und Steuerungssystems mit einem Data Warehouse und der Komplexität von Business-Intelligence-Projekten wird verstärkt von Seiten der Wirtschaftsinformatik empfohlen, ein BI Governance Committee als Lenkungs- und Entscheidungsgremium für Business Intelligence und einen separaten BI Competence Center (BICC) als separate BI-Organisation im Unternehmen zu verankern. Dass BICC soll dabei als Schnittstelle zwischen IT, Controlling, Fachbereichen und Management hinsichtlich Business Intelligence fungieren.[30] Dies ist m. E. eine idealtypische Vorstellung und würde unnötig den Personalbedarf und die Organisationsstruktur aufblähen. Im Idealfall sollte im Sinne des „simultaneous engineering" ein BI-Team mit Vertretern aus den Bereichen Controlling, IT und den Fachbereichen diese Aufgaben übernehmen, ohne dass eine neue Institution in der Organisation verankert werden muss. Ein Vertreter des Controllings bietet sich für die Leitung eines solchen BI-Teams an, da die Controlling-Institution bereits die koordinativen und kommunikativen Aufgaben für das Planungs- und Steuerungssystem im Unternehmen übernimmt und die Fachbereiche und das Management hinsichtlich ihrer inhaltlichen Anforderungsprofile unterstützt. Die IT ist ein unerlässlicher Part in diesem Team, um vor allem die technischen Fragestellungen zu lösen.

4.1.4 Führungsstil

Im Abschn. 4.1.1 „Unternehmensgröße" wurde bereits aufgezeigt, dass inhaber- bzw. familiengeführte Unternehmen tendenzmäßig ein nicht so umfangreiches Reporting- und Planungssystem aufbauen wie managementgeführte Unternehmen. Dies liegt vor allem an den kürzeren Entscheidungswegen bei inhaber- und familiengeführten Unternehmen und an der Führungskonzentration auf wenige Personen. Bei managementgeführten Unternehmen hat das Reporting und die Planung einen höheren Stellenwert, da die Organisationsstrukturen und Entscheidungswege häufig komplexer sind und das Reporting u. a. auch zur Dokumentation und Absicherung der Zielerreichung der Manager gegenüber den Eigentümern dient.

Weiterhin sind sowohl bei inhaber- als auch bei managementgeführten Unternehmen unterschiedliche Führungsstile vorhanden, die einen Einfluss auf das Reporting und die Planung besitzen.

---

[30] Vgl. Kemper et al. (2010, S. 189 ff.).

In den durch das IfM Bonn wissenschaftlich begleiteten MIND-Studien wurden im Jahr 2004 spezifische stilistische Führungstypen für den Mittelstand herausgearbeitet.[31] Anhand von 1,6 Mio. Inhabern und geschäftsführenden Gesellschaftern ließen sich hierbei Persönlichkeitsprofile der Führungskräfte analysieren. Als Ergebnis der Studie wurden vier grundlegende Typen herausgearbeitet: der Stratege, der Macher, der Pragmatiker und der Patriarch.[32]

Der **Stratege** ist geprägt durch eine gute Ausbildung, durch professionelles Management und seinen Willen eigene Ideen umzusetzen, z. B. erfolgsversprechende Marktnischen zu besetzen. Er ist häufiger in größeren mittelständischen Betrieben anzufinden, in denen mehrere Geschäftsfelder existieren und in denen er seine Innovationsideen umsetzen kann. Zur Analyse und Kontrolle seiner strategischen Maßnahmen benötigt er tendenziell ein ausgeprägtes Reporting und eine detaillierte Planung.

Der **Macher** zeichnet sich durch eine gute Ausbildung, zumeist in technischen Berufen oder in einem anderen Fachgebiet, aus. Er sieht seine Stärken in der direkten Umsetzung seiner Ideen, die tendenzmäßig eher nicht durch detaillierte Pläne und Berichte abgesichert werden.

Der **Pragmatiker** ist eher in kleinen Betrieben z. B. im Handwerk zu finden. Er ist darauf aus, sein bestehendes Geschäft solide abzuwickeln und weniger dadurch geprägt, neue Geschäftsideen umzusetzen. Reporting und Planungsaufgaben konzentrieren sich daher auch tendenzmäßig eher um die Abbildung der zentralen Inhalte des Geschäfts und sind nicht übermäßig ausgeprägt.

Der **Patriarch** ist häufig in inhaber- bzw. familiengeführten Unternehmen zu finden, wobei dieser klassische Unternehmer sich dadurch auszeichnet, dass er seine Entscheidungen im Wesentlichen alleine trifft. Er hat häufig den Betrieb selbst aufgebaut oder ihn von der vorherigen Generation übernommen, so dass er das Umfeld und die Geschäftsprozesse sehr gut kennt. Hierdurch ist er auch nicht auf ein ausgeprägtes Berichtswesen und eine detaillierte Planung angewiesen.

Eine weitere Unterscheidung des Führungsstils kann in Verbindung mit der Einbindung weiterer Führungskräfte in den Steuerungsprozess des Unternehmens getroffen werden. Hier sind der autoritäre und der kooperative Führungsstil zu unterscheiden.

Beim **autoritären Führungsstil** werden tendenziell Ziele und Vorgaben für die ausführenden Bereiche und verantwortlichen Personen gesetzt. Entscheidungen werden alleine getroffen und mitgeteilt. Die Zielerreichung wird regelmäßig kontrolliert und bei Nicht-Erreichen erfolgen Sanktionen. Die Planung erfolgt in diesem Fall Top-Down, wobei die dezentralen Bereiche die Planvorgaben zu akzeptieren haben. Das Reporting ist stärker auf die Kontrollfunktion ausgerichtet.

Der **kooperative Führungsstil** zeichnet sich dadurch aus, dass dezentrale Bereiche und dezentral verantwortliche Personen mit in den Steuerungsprozess eingebunden werden. Die Planungen erfolgen im Gegenstromverfahren, so dass Top-Down-Vorgaben durch

---

[31] Die Abkürzung MIND steht für den Mittelstand in Deutschland.
[32] Vgl. IfM (2009, S. 58); Schweinsberg (2006 S. 64).

Bottom-Up-Planungen konkretisiert und ggf. abgeändert werden können. Das Berichtswesen dient sowohl der Analyse, Steuerung und Kontrolle der gemeinsam abgestimmten Ziele.

4.1.5 Beteiligte

Die Beteiligten in der Planung und im Reporting werden einerseits nach den Adressaten bzw. den Empfängern und den Sendern bzw. Erstellern und Koordinatoren unterschieden, deren unterschiedliche Position und deren Verbindung in den nächsten beiden Kapiteln im Vordergrund steht. In der IT sind für alle Beteiligten adäquate Berechtigungen bzw. Rollenprofile zu bilden und zuzuordnen (vgl. hierzu Abschn. 5.5.3).

4.1.5.1 Adressaten/Empfänger

Bei den Empfängern von Planergebnissen und Berichten lassen sich **externe Adressaten** (z. B. Shareholder, Kunden, Lieferanten, Gläubiger, Gesetzgeber, Börsenaufsicht) und **interne Adressaten** (z. B. Management, Controlling, Führungskräfte, Abteilungsleitung, Projektleiter) unterscheiden. Sie sind i. d. R. auch verantwortlich für die Inhalte der Planungen und Berichte bzw. leiten hieraus ihren Steuerungsbedarf ab. Aufgrund der Akzeptanz und besseren Steuerungsmöglichkeit mit den Informationen sollten im Rahmen der Informationsbedarfsanalyse (vgl. Abschn. 4.2.1.2) konsequent alle Adressaten berücksichtigt werden. Neben der Informationsbedarfsanalyse in der Einführungsphase sind die Empfänger vor allem in folgenden Prozessen involviert: Test der IT-Lösungen in der Phase der IT-Implementierung (vgl. Abschn. 4.2.1.6), Informationsanalyse und Steuerung (vgl. Abschn. 4.2.3.4), die Planungsdurchführung und -genehmigung (vgl. Abschn. 4.2.2.3 und 4.2.2.4) und die Qualitätssicherung der Informationsbedarfe (vgl. Abschn. 4.2.4.1).

Die Adressaten stehen dabei nicht alleine und isoliert für sich, sondern es besteht eine **partnerschaftliche** (z. B. gleichberechtigte Abteilungsleiter) und häufig auch **hierarchische Beziehung** zwischen den Adressaten, in der Detail- und Gesamtverantwortlichkeit aufeinandertreffen. Vor allem bei den internen Adressaten reicht die hierarchische Beziehung von der Top-Managementebene bis zu den niedrigsten Führungsebenen im Unternehmen. In der Abb. 4.6 ist dies am Beispiel der Niederlassungs- und Abteilungsleitung dargestellt.

Es besteht eine Art Vertragsbeziehung wie zwischen Auftraggeber und Auftragnehmer, hier nur zwischen dem Sender (verantwortliche und operierende Instanz) und dem Empfänger (Kontroll- und Steuerungsinstanz). In der Hierarchie der Führungsebenen werden dabei vereinbarte Inhalte im Rahmen der Planung und des Reportings erstellt und analysiert, um hieraus steuerungsrelevante Maßnahmen und Entscheidungen abzuleiten. Hierbei werden die Inhalte auf jeder höheren Führungsebene immer komprimierter dargestellt, um so einen steuerungsrelevanten Überblick über den gesamten Verantwortungsbereich zu gewährleisten. Dies bedeutet aber nicht, dass Detailinformationen verloren gehen oder

Abb. 4.6 Hierarchische Beziehung im Unternehmen

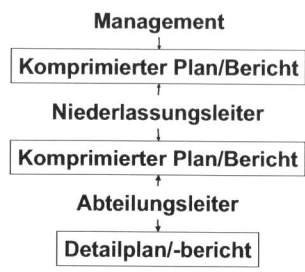

nicht zugänglich sind. Bei Bedarf kann eine Top-Down-Analyse bis zur detailliertesten Information durchgeführt werden.

Die Divergenz der Verantwortung zwischen steuerungsrelevanten Ergebnisobjekten und den verantwortlichen Berichts- bzw. Planungsempfängern kann zu Unstimmigkeiten führen. Es lassen sich vier Fälle differenzieren:[33]

Volle Übereinstimmung (Idealfall): Das steuerungsrelevante Ergebnisobjekt hat einen eindeutigen verantwortlichen Planungs- bzw. Berichtsempfänger (Beispiel: Der Produktmanager verantwortet die ihm zugeordneten Produktgruppen).

Teilweise Übereinstimmung: Nur ein Teil der steuerungsrelevanten Ergebnisobjekte hat einen eindeutigen verantwortlichen Planungs- bzw. Berichtsempfänger. (Beispiel: Der Produktmanager verantwortet die ihm zugeordneten Produktgruppen, die in verschiedenen Regionen verkauft werden, aber die Regionen, in denen die Produkte vertrieben werden, werden nicht von ihm und auch nicht von einem Regionalmanager verantwortet.) In diesem Fall ist entweder das nicht zugeordnete Ergebnisobjekt einem oder mehreren Verantwortlichen zuzuordnen. Im letzten Fall können die verschiedenen Produktmanager das Ergebnisobjekt Region über die Auswertungssicht Region steuern.

Keine Übereinstimmung: Es gibt keine Übereinstimmung zwischen dem steuerungsrelevanten Ergebnisobjekt und dem verantwortlichen Berichtsempfänger. (Beispiel: Der Materialbeschaffungsprozess hat keinen speziell zugeordneten Verantwortlichen. Aufgrund der funktionalen Organisationsausrichtung sind an dem Prozess der Einkauf, die Qualitätssicherung und die Warenannahme beteiligt.) Auch hier bietet es sich an, das nicht zugeordnete Ergebnisobjekt einem oder mehreren Verantwortlichen zuzuordnen.

Mehrfache Verantwortung: Das steuerungsrelevante Ergebnisobjekt hat mehrere verantwortliche Berichtsempfänger. (Beispiel: In einer Matrixorganisation haben Produkt- und Servicemanager das Ergebnisobjekt Produkt in der gemeinsamen Verantwortung.) Hier bietet es sich an, das zugeordnete Ergebnisobjekt so abzugrenzen, dass die verantwortlichen Bereiche Verkaufs- und Produktergebnis sowie Ergebnis aus Service und Wartung getrennt werden.

---

[33] Vgl. Gräf und Nase (2008, S. 47).

4.1.5.2   Koordinatoren

Ein unkoordiniertes Berichtswesen und eine unkoordinierte Planung zeichnen sich dadurch aus, dass sowohl die dezentralen und zentralen Einheiten ihre Berichte und Planungen unabhängig voneinander erstellen und an die vorgelagerten Führungsebenen, z. B. Spartenleitung, Funktionsbereichsleitung oder das Management, weiterleiten. Diese Vorgehensweise ist nicht zu empfehlen, da sie fehleranfällig ist und häufig aufwändige Nachbereitungen erforderlich sind.

Aus diesem Grund empfiehlt es sich, als koordinative Institution für die Planung und das Reporting die Controlling-Abteilung zu nutzen. Das Controlling sollte hierbei alle Prozessschritte sowohl bei der Einführung, bei der kontinuierlichen Durchführung als auch bei der Pflege und Qualitätssicherung (vgl. Abschn. 4.2) begleiten. Bei größeren mittelständischen Unternehmen sowie bei Großunternehmen stimmen sich die dezentralen Bereiche mit ihrem dezentralen Controlling und der dezentralen Leitung ab. Weiterhin erfolgt eine Abstimmung der dezentralen Controlling-Bereiche mit dem Zentralcontrolling. Die zentralen Bereiche stimmen sich ebenfalls mit dem zentralen Controlling ab. Das Management bekommt hinsichtlich der Koordination und Abstimmung der Daten somit eine zentrale Institution als Ansprechpartner (vgl. Abb. 4.7).[34]

Das Controlling übernimmt aber nicht die Verantwortung der Plandaten bzw. der realisierten Berichtsergebnisse. Diese behalten die dezentralen und zentralen Führungskräfte in ihren jeweiligen Fachfunktionen. Das Controlling unterstützt die Führungskräfte bei der Planung, der Berichterstellung, der Berichtsanalyse und der Kommentierung und hilft somit als betriebswirtschaftlicher Sparringspartner und Berater bei der Entscheidungsunterstützung.[35]

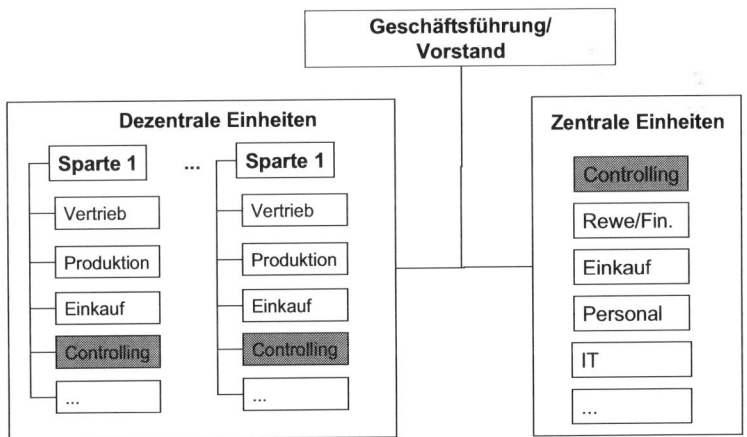

Abb. 4.7 Controlling in größeren (mittelständischen) Unternehmen

---

[34] Vgl. Weber et al. (2008, S. 50).
[35] Vgl. Weber et al. (2006, S. 44).

Bei kleineren (mittelständischen) Unternehmen wird die Aufgabe des Controllings häufig nur durch eine Person oder einige wenige Personen übernommen (vgl. Abschn. 4.1.1.4). In diesem Fall erfolgt die Koordination durch die *Controlling*-ausführende Stelle.

Eine wichtige Rolle im Rahmen der technischen Versorgung der fachlichen Informationsanforderungen kommt der IT-Abteilung zu. Das Controlling koordiniert die inhaltlichen und fachlichen Anforderungen und kommuniziert diese an die IT, die für die technische Implementierung und Pflege zuständig ist. Technische Rückfragen, z. B. hinsichtlich der Datenquelle, der Schnittstellenanbindung bzw. hinsichtlich der gewünschten Reportingumsetzung, werden im Dialog zwischen IT, Controlling und Fachabteilung gelöst. Aufgrund der wichtigen Koordinationsfunktion des Controllings erweisen sich erweiterte Kenntnisse bezüglich der anzuwendenden Informationstechnologien als hilfreich. Das Wissensspektrum des Controllers erweitert sich in diese Richtung.

Grundlegende Datenbankkenntnisse, einfache Programmierungsarbeiten, das Customizing und die Anwendung der eingesetzten Softwareprodukte im Bereich traditioneller ERP-Systeme und moderner Business-Intelligence-Technologien (vgl. Kap. 5) erweitern das Wissensspektrum der heutigen Controller. Für technisch anspruchsvolle Aufgaben stehen die eigene IT-Abteilung oder externe Fachexperten zur Verfügung.

4.1.5.3   Ersteller/Sender

Die Hoheit über die zu erstellenden Inhalte der Planung und Berichte haben in erster Linie die Führungskräfte und das Management als Adressaten der Berichte. Die Erstellung der Planungen und Berichte kann durch die Führungskraft selbst erfolgen, wird aber i. d. R. häufig dezentral durch Mitarbeiter der Fachabteilung, durch ein dezentrales oder ein zentrales Controlling erledigt. In einigen Fällen sind es Mitarbeiter der IT, die für die Berichterstellung herangezogen werden. Wie bereits im vorherigen Abschn. 4.1.5.2 besprochen, ist das Controlling hauptsächlich für die Koordination von Planung und Reporting im Unternehmen zuständig.

Idealerweise übernimmt die Aufgabe der Konzeption und Weiterentwicklung der Planung und des Standard- und Analysereportings das Controlling. Bei der Implementierung der Planungsgebiete und -formulare sowie des Berichtssystems wird zumeist technisches Know-how benötigt, so dass eine Unterstützung durch Mitarbeiter der IT unumgänglich ist. Der Anteil der fach- und controllingspezifischen Erstellung hängt also maßgeblich von der Bedienungsfreundlichkeit der verwendeten IT-Lösungen und dem verfügbaren IT-Know-how der Mitarbeiter ab. Vorteilhaft bei der Erstellung durch die Fachabteilung und das Controlling ist die direkte Berücksichtigung fachlicher Aspekte. Nachteilig wirken sich fehlende Kenntnisse hinsichtlich der verfügbaren Daten und deren Strukturen sowie das geringe Know-how bezüglich der Anwendung der Informationstechnologie, z. B. der Berichtsgeneratoren und Designwerkzeuge, aus.

4.1.5.4   Self-Service BI

Während z. B. einfache Sonder- und Ad-hoc-Berichte durch Mitarbeiter der Fachabteilung und das Controlling mehr oder weniger schnell mit Tabellenkalkulations- und Office-

Programmen ohne tiefere IT-Kenntnisse erstellt werden können, ist der Aufbau eines Standard- und Analysereporting mit diesem Know-how nur unzureichend möglich. Daher wird von den modernen IT-Werkzeugen erwartet, dass ihre Anwendung durch einfache Fachanwender ohne größere IT-Vorkenntnisse und Schulungen möglich ist. Mit der Diskussion über den Einsatz von modernen Data-Warehouse- und BI-gestützten Controlling-Systemen wird hier in den letzten Jahren diese Thematik unter dem Schlagwort „Self-Service BI" diskutiert. Der Begriff **Self-Service BI** soll verdeutlichen, dass Fachanwender Analysen und Planungen selbstständig mit geeigneten Anwendungsoberflächen auch ohne Rückgriff auf das Know-how von IT-Abteilungen erstellen können. Laut der weltweiten BARC-Studie „BI Survey 14" wollen 50 % der Unternehmen ihren Mitarbeitern mehr Freiheiten beim Reporting durch Self-Service BI im Fachbereich gewähren.[36] Im BI-Trend-Monitor 2017 des Business Application Research Center ist das Self-Service BI der zweitwichtigste Trend nach Data Discovery.[37] Self-Service BI zielt vor allem darauf ab, das Softwareanbieter im BI-Umfeld einfach zu bedienende Benutzeroberflächen entwickeln und Datenintegrationsmöglichkeiten mit höherer Bearbeitungsgeschwindigkeit schaffen.[38] Hierdurch werden die Mitarbeiter der Fachabteilung in die Lage versetzt, eigenständige Analysen wie Ad hoc Reports, Dash Boards etc. eigenständig zu gestalten. In den Fachabteilungen und insbesondere im Controlling wächst der Anteil der sogenannten BI-Poweruser, die im Gegensatz zum starren Standardreporting weitergehende Analyse- und Prognosefunktionen bekommen, um z. B. Datenmodelle zu erweitern und Berichte auszubauen bzw. abzuändern. Mit Unterstützung der In-Memory-Technik können zudem Data-Discovery- bzw. Visual-Discovery-Werkzeuge eingesetzt werden, die proprietäre Datenanbindung, Datentransformation und -modellierung bedingt vereinfachen (vgl. Abschn. 5.7.2.1). Zudem wird mit der In-Memory-Technik eine höhere Bearbeitungsgeschwindigkeit bei der Analyseaufbereitung erreicht. Kollaborative Werkzeuge helfen Teams dabei effektiver zusammen zu arbeiten, indem z. B. Planungsergebnisse und Analysen über Workflows und ohne Medienbrüche administriert werden können. Zur unabhängigen Nutzung der Services sollen neben Desktop-Installationen auch geräteunabhängige Mobile-Lösungen angewendet werden.[39] Mit Hilfe des Konzeptes „Sandboxing" (Sandkasten) sollen den Fachanwendern ausgewählte Datenbereiche zur freien Verfügung gestellt werden, um individuelle Analysen für den Verantwortungsbereich zu kreieren. Diese sind in einem späteren Evaluationsprozess auf ihre Werthaltigkeit zu prüfen, bevor sie in den Regelbetrieb der Steuerung übernommen werden.[40]

Die Verlagerung der Arbeiten von der IT- zur Fachabteilung birgt den Vorteil, dass die Analyseergebnisse zielgerichtet erstellt und intensiver genutzt werden. Das Controlling als zentrale verantwortliche Stelle für Reporting und Planung hat weiterhin dafür zu sorgen, dass auswertungstechnisch kein Wildwuchs entsteht, ohne dabei die kreative

---

[36] Vgl. Bange (2014, S. 28–29).
[37] Vgl. BARC (2017).
[38] Vgl. Taschner (2013, S. 163 f.).
[39] Vgl. Dittmar und Schmidt (2014, S. 24–27).
[40] Gluchowski (2014, S. 240).

Nutzung der Daten einzuschränken. Insbesondere in der Zusammenarbeit über Abteilungen und Hierarchien hinweg bleiben Standardreports unerlässlich, aber nicht unantastbar. Durch die stärkere Einbeziehung der Fachabteilung durch Self-Service BI ist eine kontinuierliche Optimierung des Reportings und der Planung für das gesamte Unternehmen anzustreben. Da nur ausgewählte zumeist technikaffine Mitarbeiter der Fachabteilungen als Poweruser in Frage kommen, sollten diese als Schlüsselanwender identifiziert und in einer durch das Controlling geführte Arbeitsgruppe inkl. IT-Mitarbeiter integriert werden. Diese Arbeitsgruppe kristallisiert sich zumeist als die Keimzelle zur kontinuierlichen Weiterentwicklung des BI-gestützten Controllings im Unternehmen heraus. Wichtige Themen wie Datenqualität, Lebenszyklus der Berichts- und Datennutzung, Verbesserung der Planungsformulare und Berichte, Dokumentation und Metadaten-Management werden hier besprochen.

Im Zusammenhang mit der IT-Unterstützung durch Big Data und Predictive Analytics wird zudem der Einsatz von einem sogenannten **Data Scientist** gefordert. Er soll die Lücke zwischen IT und Fachanwendern schließen, die durch die Datenmustererkennung (Data Mining/Predictive Analytics) und die Datenhaltungstechnologien (RDBMS, Data Warehouse und vor allem Big Data) entstehen. Nach *Davenport* kennt er sich gut in gängigen Programmiersprachen (Hacker) aus, hat wissenschaftlichen Forscherdrang (Scientist), arbeitet mit großen quantitativen Datenbeständen (Quantitativer Analyst) und ist gleichzeitig betriebswirtschaftlicher Experte (Business Expert) und kommunikativ in der Lage, die Entscheidungsprobleme im Unternehmen aus Datenverarbeitungssicht aufzugreifen, zu moderieren und nach technischen Umsetzungslösungen zu suchen (Trust Adviser).[41] Es handelt sich also um ein Personalprofil, das bestmöglich die Anforderungen an das Datenmanagement bezüglich Betriebswirtschaft und IT erfüllt. Dieses Profil hat sehr starke Überschneidungen mit dem Controlling und den Mitarbeitern der IT und ist am Arbeitsmarkt selten in einer Person zu finden. Aus diesem Grunde ist die Bündelung der geforderten personellen Kompetenzen in den meisten Unternehmen besser durch ein Team aus Controlling, IT und Fachabteilung abzudecken. Wie bereits im Abschn. 4.1.3. „Aufbauorganisation" aufgeführt wurde, ist m. E. die Bildung eines BI-Teams anstelle einer separaten BI-Competence-Center-Organisation zu empfehlen. Die Anforderungen, die an den Data Scientist gestellt werden, übernimmt das **BI-Team**. Eine zentrale Funktion im BI-Team übernimmt der Controller, der für die Informationsversorgung des Managements primär aus der fachlichen Sicht zuständig ist. Wie bereits im Abschn. 4.1.5.2 aufgeführt, weitet sich der Wissensbereich im Controlling in Richtung IT-Unterstützung aus. Der Controller bringt neben seinem betriebswirtschaftlichen Know-how häufig grundlegende Informatikkenntnisse für die Administration der Anwendungsprogramme und teilweise sogar für die Datenbanken mit. Daneben wird es einen oder mehrere Personen im BI-Team aus dem Bereich der IT-Abteilung geben, die eher die Funktionen des Data Scientist aus der technischen Sicht unterstützen, wie z. B. die Identifikation und Verknüpfung der Datenquellen sowie die Strukturierung und Modellierung der Datenhaltung. Zudem

---

[41] Davenport (2014, S. 88 ff.).

müssen sie Kenntnisse bezüglich der technischen Software- und Hardware-Produkte, deren Leistungen und deren Skalierbarkeit mitbringen.[42] Weiterhin werden Fachexperten gesucht, die richtige Algorithmen und Werkzeuge für die Prognose und Analyse von Daten auswählen und modellieren können.

4.2 Prozesse

Aus prozessorientierter Sicht fallen für die Planung und für das Reporting verschiedenste Aufgaben an. Hierbei sind der Einführungsprozess, der zyklische Planungs- bzw. Reportingprozess und der Qualitätssicherungsprozess zu unterscheiden (vgl. Abb. 4.8).

Der **Einführungsprozess** wird beim erstmaligen Aufbau eines Planungs- und Reportingsystems in einem z. B. neu gegründeten Unternehmen benötigt oder kommt dann zum Einsatz, wenn eine Unternehmung beabsichtigt, die bisherige Planung und das bisherige Reporting aufgrund von größeren Mängeln komplett bzw. in größerem Umfang neu zu gestalten. Da sich der Einführungsprozess für Planungs- und Reportingsysteme durchaus ähnelt, werden in den folgenden Kapiteln nur an den Stellen Planungs- und Reportingaufgaben besonders hervorgehoben, wo es bedeutsame Unterschiede gibt.

Der **zyklische Durchführungsprozess** beinhaltet die eigentliche Ausführung der Planung sowie den regelmäßigen Reportingprozess im Unternehmen. Da der zyklische Prozess der Planung und des Reportings deutliche Unterschiede aufweist, erfolgt die Darstellung in getrennten Abschnitten.

Der **Qualitätssicherungsprozess** dient der kontinuierlichen Verbesserung und notwendigen Anpassung der inhaltlichen, organisatorischen, prozessbezogenen und IT-technischen Anforderungen in der Planung und im Reporting. Der Qualitätssicherungsprozess für Planungs- und Reportingsysteme ähnelt sich in vielen Teilen, so dass die Darstellung wieder zusammen erfolgt und nur dort Inhalte hervorgehoben werden, wo es bedeutsame Unterschiede gibt.

4.2.1 Einführungsprozess

Der Einführungsprozess ist aufgrund seiner Komplexität in Form eines Projektes in verschiedene Phasen einzuteilen. Eine mögliche Phaseneinteilung zeigt Abb. 4.9.

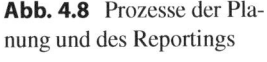 **Abb. 4.8** Prozesse der Planung und des Reportings

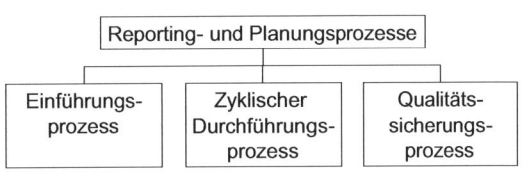

---

[42] Vgl. Horváth und Aschenbrücker (2014, S. 47–62).

Abb. 4.9 Einführungsprozess
für die Planung und das Reporting

- ■ Festlegung der Rahmenbedingungen
- ■ Informationsbedarfs- und Ist-Analyse
- ■ Best-Practice-Abgleich
- ■ Blueprint
- ■ Soll- bzw. Fachkonzept
- ■ IT-Auswahl
- ■ IT-Konzept
- ■ IT-Implementierung
- ■ Coaching/Schulung

4.2.1.1 Festlegung der Rahmenbedingungen

Wenn ein Unternehmen beabsichtigt ein neues Reporting- oder Planungssystem einzufüh-
ren, sollte man die Terminierung des Produktivstarts im Blick haben. Bei Reportingpro-
jekten empfiehlt es sich, das neue Reportingsystem zum Wechsel eines Wirtschaftsjahres
produktiv zu stellen und Altsysteme abzulösen. Dies ist vor allem deswegen vorteilhaft,
da die Jahresabschlussbuchungen im alten System abgeschlossen und die Datenübergabe
(z. B. Saldenüberträge) zum Start des neuen Wirtschaftsjahres erfolgen kann. Alle Bu-
chungen des neuen Geschäftsjahres erfolgen dann im neuen System.

Bei Planungsprojekten sollte zum Starttermin der Budgetplanung (meistens Mitte/Ende
des 3. Quartals des Wirtschaftsjahres) das Einführungsprojekt abgeschlossen sein, um mit
dem neuen Planungssystem starten zu können. Für das Einführungsprojekt ist eine entsprechende Projektlaufzeit mit Pufferzeiten einzuplanen.

Zu Beginn des Projektes sollten im Rahmen der Projektvorbereitung folgende Rahmenparameter festgelegt werden.

- Projektleitung
  Idealtypisch sollte der Projektleiter jemand sein, der sich möglichst breit mit dem
  Thema Reporting und Planung auskennt und der starke kommunikative Kompetenzen besitzt, um die vielen Projektbeteiligten zu koordinieren. Ein Leitungsteam bietet
  sich bei größeren Projekten an, in dem spezielle Fachverantwortlichkeiten aufgeteilt
  werden (z. B. IT und Controlling). Im Leitungsteam ist ein Projektleiter (Sprecher) zu
  bestimmen. Aufgrund seiner koordinativen Aufgaben bietet sich vor allem der Controller hierfür an.
- Lenkungsausschuss
  Der Lenkungsausschuss dient als Kontrollgremium für die Abnahme der im Projektplan definierten Ziele der einzelnen Projektschritte sowie des Gesamtergebnisses. Er
  wird häufig durch das Management geprägt, kann aber auch aus anderen Personen
  bestehen oder ergänzt werden. Ohne Lenkungsausschuss besteht die Gefahr der Ziel-
  verfehlung aber auch der unwirtschaftlichen Abwicklung des Projektes.
- Projektteam
  Zu dem Projektteam gehört neben dem Projektleiter bzw. der Projektleitung auf alle
  Fälle der Hauptverantwortliche für das Reporting bzw. die Planung. Diese Aufgabe
  fällt meistens dem Controlling zu. Weiterhin sind wichtige Berichts-/Planungsadressa-

ten der Fachfunktionen für das Projektteam zu gewinnen, weil sie maßgeblich für die Informationsbedarfsermittlung im Projektteam benötigt werden. Je größer die Anzahl der Berichtsadressaten ist, desto eher empfiehlt es sich, Berichtsadressaten in geeigneten Arbeitsgruppen zu bündeln, deren Sprecher dann Mitglied des Kernteams ist. Die Mitglieder der Arbeitsgruppe gehören dann zum erweiterten Projektteam und werden bedarfsweise im Projekt hinzugezogen.

Aufgrund des häufig fehlenden übergreifenden Know-hows über moderne Planungs- und Reportingsysteme und deren Ausgestaltung bietet es sich an, externe Beratungskräfte in den Prozess und im Projektteam einzubinden.

- Projektplan
  Im Projektplan sind folgende Unterpunkte zu definieren und ggf. im Projektverlauf anzupassen:
  – Arbeitspakete und Projektschritte (Vorgänge) mit Meilensteinen
  – Termine
  – Verantwortlichkeiten
  – Ressourcen
  – Finanzen

Weiterhin ist das Management als **Projektpromotor** zu gewinnen. Ohne die Promotorunterstützung durch das Management fehlt ggf. in schwierigen Projektphasen die Kraft, unbequeme Projektschritte, die vor allem Veränderungen mit sich bringen, durchzusetzen.

4.2.1.2 Informationsbedarfs- und Ist-Analyse

Die Akzeptanz von neuen Reporting- und Planungslösungen ist nur dann im Unternehmen zu erreichen, wenn man die betroffenen Mitarbeiter und Leitungskräfte in den Gestaltungsprozess mit einbindet und sie beim derzeitigen Ist-Zustand abholt. Hierfür bietet sich eine Ist-Analyse an, welche die Stärken und Schwächen des bisherigen Systems in allen bereits aufgeführten Facetten (Inhalte, Organisation, Prozesse und IT), untersucht.

Die Informationsbedarfsanalyse soll für die Anwender und Entscheidungsträger identifizieren, welche Informationen für die betriebliche Steuerung nützlich und entscheidungsrelevant sind. Ziel der Informationsbedarfs- und Ist-Analyse ist es, ein Stärken- und Schwächenprofil für die Analysefelder zu erhalten, anhand derer Verbesserungsvorschläge und Handlungsempfehlungen für den Neuaufbau bzw. die Weiterentwicklung der Planung und des Reportings erarbeitet werden können. Soweit Vergleichsmöglichkeiten zu Best-Practice-Lösungen vorhanden sind, ist es zu empfehlen, diese zur Analyse und Gestaltung heranzuziehen.

Nach dem Stärken- und Schwächenprofil und der Best-Practice-Analyse sind ein Blueprint für das zukünftige Planungs- und Reportingsystem und konkrete Umsetzungsvorschläge in Form von Projektschritten zu entwickeln.

Informationsbedarfsanalyse und inhaltliche Statusaufnahme

Der **erste Schritt** der inhaltlichen Statusaufnahme und der Informationsbedarfsanalyse befasst sich mit der Ausrichtung der Planungs- und Reportinginhalte an der **Strategie** und dem **Geschäftsmodell des Unternehmens** (vgl. Abschn. 3.1 und 3.2). Im Mittelstand liegt allerdings nicht immer eine ausformulierte Strategie vor, wie bereits einführend gezeigt wurde (vgl. Abschn. 4.1.1). Ist das der Fall, ist zu empfehlen, ausgehend von der Vision und den Leitbildern der Unternehmung, eine Strategieorientierung mit dem Management zu erarbeiten, die im Idealfall auch auf die einzelnen Geschäftsfelder und Funktionsbereiche hinuntergebrochen wird. Für die gebildeten strategischen Ziele sind entsprechende steuerungsrelevante Kenngrößen zu erarbeiten.

Es gibt in der Unternehmenspraxis leider auch Situationen, in denen ein solches vorgelagertes Strategiebildungsprojekt nicht möglich ist und somit keine Strategie als Basis für die Planung und das Reporting vorliegt. In diesem Fall sollte man sich Klarheit über das vorliegende Geschäftsmodell mit seinen wertschöpfungstreibenden Faktoren verschaffen und hieran die Planung und das Reporting ausrichten bzw. weiterentwickeln. Hierdurch werden zumindest die operativen Steuerungsgrößen des Unternehmens identifiziert.

Wurden die strategischen und operativen Informationsbedarfe aus der Strategie und dem Geschäftsmodell des Unternehmens abgeleitet (Deduktive Informationsbedarfsanalyse), sind nun die Planungs- und Informationsbedarfe der einzelnen Bereiche und Berichtsadressaten aufzunehmen und weiterzuentwickeln (Induktive Informationsbedarfsanalyse). Hierzu bietet es sich an, im **2. Schritt** die empfängerbezogene Informationsbedarfsanalyse durchzuführen. Zunächst werden dabei alle relevanten Planungs- und Reportinggebiete sowie die wichtigsten Beteiligten herausgearbeitet (vgl. hierzu Abschn. 4.1.5). Dies erfolgt in Verbindung mit der Analyse der Organisationsstruktur im Unternehmen, in der die wichtigsten Sender und Empfänger in der Planung und im Reporting bestimmt und für das Projektteam und ihre Workshops festgelegt werden.

Um die Workshops möglichst erfolgreich zu gestalten, bietet es sich im Vorfeld an, eine Analyse der vorhandenen Planungs- und Reportingdokumente im Rahmen einer Statusaufnahme durchzuführen. Checklisten und Fragebögen können helfen, strukturiert Planungsdefizite und Informationslücken zu erkennen sowie Planungs- und Informationsbedarfe zu ermitteln. Die grundsätzlichen W-Fragen zum Reporting und zur Planung sind zu beantworten, wobei die „Wozu?"-Frage hinsichtlich des Berichtszweckes die wichtigste Frage darstellt:[43]

- Wozu wird geplant und berichtet? Planungs- und Reportingzweck
- Für wen wird geplant und berichtet? Planungs- und Reportingempfänger
- Wer plant und berichtet? Planungs- und Reportingersteller
- Was wird geplant und berichtet? Planungs- und Reportinggegenstand und -inhalt
- Wie wird geplant und berichtet? Gestaltungsformen, Präsentationsmedien, Übertragungswege und Prozesse der Planung und des Reportings

---

[43] Erweitert zu Koch (1994, S. 59), Blohm (1974, S. 13 f.) und Ziegenbein (2012, S. 589).

- Wann wird geplant und berichtet und für welchen Zeitraum? Planungs- und Reporting-termine sowie Zeiträume der Planung und des Reportings
- Wo wird geplant und berichtet? Lokalisierung der Planung und des Reportings
- Womit wird geplant und berichtet? Systeme und technische Instrumente der Planung und des Reportings

Für die Statusanalyse sollten vorab übersichtliche Dokumente geschaffen werden, die grob aufzeigen, welche Berichte und Kerninformationen derzeit erstellt und von welcher Person bzw. Nutzergruppe verwendet werden. Zudem sind die beteiligten IT-Systeme und Datenquellen zu analysieren.[44] Mit dem Abgleich der Statusanalyse und der Informationsbedarfsanalyse können Überhänge und Lücken in der Informationsversorgung erkannt und behoben werden. Berichte und Informationen sind nach Ihrer Bedeutung zu priorisieren und schrittweise im inhaltlichen Soll- bzw. Fachkonzept zu konkretisieren (vgl. Abschn. 4.2.1.3).

Experten, z. B. externe Berater, können mit Best-Practice-Vergleichen aus anderen Unternehmen und Projekten dazu beitragen, neue Ideen für die zukünftige Gestaltung der Planungs- und Reportinglösung zu gewinnen.

Neben klassischen wertorientierten Größen wie Umsatz, Kosten oder Renditen sind auch wichtige qualitative Faktoren und Leistungsgrößen für die zentralen und dezentralen Unternehmensbereiche herauszuarbeiten. Alle Kenngrößen sind hinsichtlich ihrer **Planbarkeit** sowie ihres **Informationsgehalts** zu untersuchen. Weitere wichtige Prüfkriterien sind:

- Strategiebezug und Steuerungsrelevanz
- Umfang und Angemessenheit
- Erfassbarkeit und Beeinflussbarkeit
- Verständlichkeit und Darstellungsmöglichkeit
- Aktualität und zeitliche Verfügbarkeit
- Qualität und Wirtschaftlichkeit

Bei der Festlegung der Planungs- und Informationsbedarfe ist ein Bestreben nach immer mehr Informationswünschen zu verhindern. Es gilt hier die Aussage: „Weniger ist häufig mehr". Die Planung und die Datenerhebung sowie deren Nutzen müssen in einem angemessenen wirtschaftlichen Verhältnis zueinander stehen.

Die Ergebnisse der Informationsbedarfsanalyse sind als Basis für den Blueprint und das Sollkonzept zusammenzufassen.

Organisationsanalyse
Ziel der Organisationsanalyse ist es, zu ermitteln, welche Planungs- und Berichtsempfänger, welche Informationen für welche Führungsgebiete und -aufgaben benötigen. Planung

---

[44] Vgl. Strauch und Winter (2002, S. 359–378).

und Reporting folgen hier der Aufbaustruktur des Unternehmens und bedienen hierbei alle Entscheidungsträger, angefangen von der Unternehmensleitung bis zu den unteren Leitungsebenen.

Neben den internen Adressaten sind auch die externen Adressaten (wie Banken, Private-Equity-Gesellschaften, Muttergesellschaften etc.) zu berücksichtigen, die i. d. R. eingeschränkt an den Ergebnissen der Planung und des Reportings partizipieren.

Für das Reporting sollte mindestens eine Berichts-Organisationsmatrix aufgestellt werden, welche die Berichte der einzelnen Reportinggebiete den Empfängern wie z. B. den Führungskreisen bzw. Leitungsgremien zuordnet (vgl. Tab. 4.6). Weitere Informationen, wie die Berichtsintervalle, verwendete Präsentationstechniken, Benutzerrollen, Termine, Orte, Personen bzw. Gruppen, lassen sich entsprechend ergänzen.

Für die Planung lassen sich die Planungsformulare, Planversionen nach Planungsgebieten zuordnen. Weiterhin ist festzulegen, wer für die Planungsdurchführung und die Genehmigung verantwortlich ist (vgl. Tab. 4.7; Planungs-Organisationsmatrix).

Typische Probleme, die in der Organisationsanalyse entdeckt werden, sind u. a.:

- Die Gremienbildung passt nicht zum Organigramm der Unternehmung
- Es gibt Überschneidungen bei Verantwortlichkeiten
- Es gibt keine Zuordnung der Adressaten, Planungsgebiete und Berichte zu den Gremien
- Die Berichtsintervalle sind nicht eindeutig
- Die Benutzerrollen in den IT-Systemen passen nicht zu der Organisationsmatrix

Tab. 4.6 Beispiel für eine Berichts-Organisationsmatrix

Reportinggebiete	Berichte	Berichtsintervall	Führungskreis
Top-Management	Bilanz	Quartal	Geschäftsleitung
	GuV	Quartal	Geschäftsleitung
	Erfolgsrechnung	Monat	Geschäftsleitung
	Umsatzstatistik	Woche	Geschäftsleitung
	Produkterfolgsrechnung	Monat	Geschäftsleitung
	...		
Vertrieb	Umsatzstatistik	Woche	Vertriebsleitung
	Produkterfolgsrechnung	Monat	Vertriebsleitung
	Verkäuferstatistik	Woche	Vertriebsleitung
	...		
Produktion	Kapazitätsstatistik	Monat	Technikleitung
	Produkterfolgsrechnung	Monat	Technikleitung
	Stundenstatistik	Woche	Technikleitung
	Wartungsstatistik	Quartal	Technikleitung
...	...	...	...

Tab. 4.7 Beispiel für eine Planungs-Organisationsmatrix

Planungs-gebiete	Planungs-formulare	Planungs-versionen	Planungs-durchführung	Genehmigung
Strategische Planung	SWOT	Langfristplanung	Geschäftsleitung	Geschäftsleitung
	Portfolio	Langfristplanung	Geschäftsleitung	Geschäftsleitung
	BSC	Budget-, Mittelfrist-, Langfristplanung	Geschäftsleitung	Geschäftsleitung
	...	...	...	...
Vertrieb	Absatzplanung	Budget-, Mittelfrist-planung	Vertriebsleitung	Geschäftsleitung
	Umsatzplanung	Budget-, Mittelfrist-planung	Vertriebsleitung	Geschäftsleitung
	Produktergeb-nisplanung	Budget-, Mittelfrist-planung		
	Kostenstellen-planung	Budget-, Mittelfrist-planung	Verkaufsstellen-leitung	Vertriebsleitung
	...	...	...	...
Produktion	Ressourcen-planung	Budget-, Mittelfrist-planung	Technikleitung	Geschäftsleitung
	Personalplanung	Budget-, Mittelfrist-planung	Technikleitung	Geschäftsleitung
	Anlagenplanung	Budget-, Mittelfrist-planung	Anlagenführer	Technikleitung
...	...	...	...	...

Sollten Unstimmigkeiten und Mängel erkannt werden, sind diese bereits als Empfehlung für die Organisationsverbesserung im Blueprint festzuhalten, der als Basis für das Sollkonzept herangezogen wird.

Die Gliederung der Berichte nach Reportinggebieten und Berichtsempfängergruppen bzw. die Planungsgebiete und ihre Verantwortlichen helfen dabei, die Teams für die Arbeitskreise für die Informationsbedarfsanalyse und inhaltliche Statusaufnahme festzulegen und das spätere Soll- bzw. Fachkonzept zu entwickeln (vgl. Abschn. 4.2.1.3). Weiterhin bilden sie die Basis für die Entwicklung des Rollen- und Berechtigungskonzeptes (vgl. Abschn. 5.5.3).

Prozessanalyse

In der Prozessanalyse werden die zyklisch ablaufenden Planungs- und Reportingprozesse untersucht, wie sie in den Abschn. 4.2.2 und 4.2.3 detailliert beschrieben werden. Zum zyklischen Reportingprozess gehören die Teilprozesse der Berichterstellung, Analysevorbereitung, Berichtsbereitstellung und Berichtsanalyse und -steuerung.

Die Planung umfasst die strategische Planung, die Mittelfristplanung und die Teilgebiete der Budgetplanung sowie das Forecasting (unterjährige und rollierende Prognosen).

Die jeweiligen Planungen differenzieren sich in die Teilprozesse Planungsvorbereitung, -durchführung, -abstimmung und -genehmigung.

Die Prozessanalyse nimmt den Status der Prozesse auf, identifiziert Mängel und zeigt Verbesserungsmöglichkeiten auf.

IT-Analyse

Die Statusaufnahme der IT führt alle am Reportingprozess beteiligten IT-Komponenten wie Hardware und Software auf. Es werden dabei die Ebenen der Datenversorgung und -bereitstellung (Schnittstellen, ETL- bzw. ELT-Prozess), die Datenverarbeitung und Datenhaltung sowie die Datenanalysemöglichkeiten untersucht. Wichtige Prüfungskriterien sind:

- Bedienungsfreundlichkeit (Erstellung und Analyse)
- Layout-Gestaltungsmöglichkeiten
- Inhaltliche/fachliche Ausgestaltungsmöglichkeiten
- Flexibilität (Erstellung und Analyse)
- Datenqualität
- Aufwand
- Geschwindigkeit/Performance
- Datenhaltung und -verarbeitung
- Datenintegration vorgelagerter Informationssysteme
- Weiterverarbeitung der Informationen in nachgelagerte Systeme
- Planungs- und Analysefunktionalität
- Schulungen
- Supportunterstützung
- Firmenprofile (Bonität, Sicherheit, Unabhängigkeit)

Die IT-Analyse nimmt den Status der Datenverarbeitung auf, identifiziert Mängel und zeigt Verbesserungsmöglichkeiten auf. Für fehlende und mangelhafte IT-Komponenten ist ein Auswahlprozess für die Beschaffung und Implementierung geeigneter neuer IT-Komponenten anzustoßen.

Stärken- und Schwächenprofil und Best-Practice-Analyse

Die Ergebnisse der Ist-Analyse werden in einem **Stärken- und Schwächenprofil** nach den Analysebereichen (Inhalt, Prozesse, Organisation und IT) zusammengefasst, so dass eine Entscheidungsgrundlage für die gezielte Verbesserung in der Planung und im Reporting möglich wird. Handlungsempfehlungen und Projektvorschläge setzen insbesondere an den größten Mängeln und Schwachstellen an.

Typische Schwächen, die im Rahmen einer Reportinganalyse aufgedeckt werden, sind:

- Es existiert ein historisch gewachsenes Reporting aus Einzelberichten verschiedenster Vorsysteme, die aufwändig mit z. B. Excel aufbereitet werden.
- Es fehlt eine Reportingkonzeption.
- Daten aus der Warenwirtschaft und anderen vorgelagerten Systemen sind nicht mit den kaufmännischen Daten im Berichtswesen verbunden.
- Die Dateninhalte und -qualität muss in Teilbereichen deutlich verbessert und erweitert werden.
- Veränderungen von historisch gewachsenen Strukturen (z. B. Kostenträger-, Produkt-, Projekt- und Kostenstellenhierarchien), bisherigen Inhalten (Berichtsinhalte und Kennzahlen) und Prozessen (Umstellung der Buchungslogik für bestimmte Bewegungsarten) werden notwendig.
- Fehlende Prozesskoordination und fehlende organisatorische Verankerung
- …

Typische Schwächen, die im Rahmen einer Planungsanalyse aufgedeckt werden, sind:

- Es fehlt ein Strategiebezug in der Planung.
- Die Planungseingaben in den Planungsformularen (z. B. in MS Excel) sind aufwendig und fehleranfällig.
- Es fehlt eine Planungskonzeption.
- Es fehlt eine Prozesskoordination und organisatorische Verankerung.
- Es fehlt eine Abstimmung der geplanten Werte zwischen den Planungsgebieten.
- Planungsinhalte sind unstrukturiert und Planungsformulare existieren in unterschiedlichsten Ausprägungen.
- Nachträgliche Änderungen können nur mühsam in der gesamten Planung durchgeführt werden.
- Die Integration der Plandaten aus anderen Vorsystemen erfolgt nur manuell oder ist nicht vorhanden.
- …

Hinzu kommen weitere generelle Problemfelder wie z. B.:

- Geringe Personalressourcen in den beteiligten Funktionsbereichen mit konkurrierenden Tätigkeiten wie Monats- und Jahresabschlüssen (Rechnungswesen/Controlling) oder Hardware-, Software- und IT-Architektur-Änderungen (IT)
- Heterogene Softwarelandschaften
- …

Das Stärken- und Schwächenprofil kann sehr gut mit Hilfe einer Scoring- bzw. Nutzwertanalyse veranschaulicht werden (vgl. Abschn. 3.7.10).

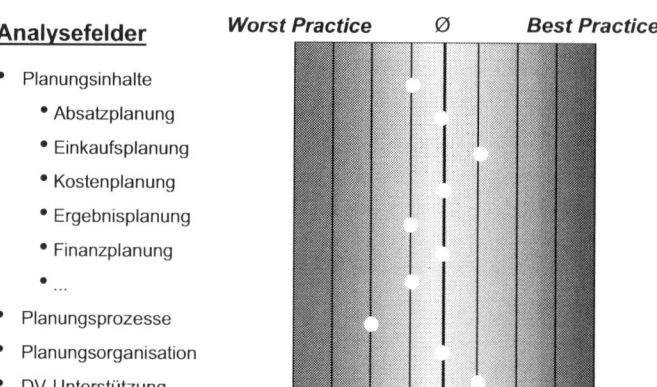

Abb. 4.10 Scoring-Analyse (hier der Bereich Planung)

Die **Best-Practice-Analyse** ergänzt das Stärken- und Schwächenprofil hierbei sinnvoll. Hierzu müssen Implementierungs- und Nutzungserfahrungen aus anderen Unternehmen vorliegen, deren Anforderungen mit dem eigenen Planungs- und Reportingsystem vergleichbar sind und deren Lösungen als beste bzw. anzustrebende gelten. Durch den Abgleich mit den „Besten" erhalten die Entscheidungsträger weitere Ideen zur Verbesserung der eigenen Planungs- und Reportinglösung (vgl. Abb. 4.10).

Blueprint mit Projektvorschlägen
Als letzte Phase der Ist-Analyse wird ein Blueprint mit Projektvorschlägen erstellt, der zur Vorbereitung der Entscheidungsfindung für die Verbesserung der Planung und des Reportings herangezogen wird. Der Blueprint (Blaupause/Skizze) zeigt dabei aus der Vogelperspektive die wichtigsten Rahmenparameter und Gestaltungsfaktoren für die zukünftige Lösung auf. Die grobe Struktur und der Umfang sowie die wichtigsten Inhalte und grundsätzlichen Gestaltungsvorschläge sind aufzuführen und dienen der nachgelagerten Sollkonzeption für die Detailausprägung.

Für den Blueprint bieten sich grafische Darstellungen an, die mit Kurzkommentaren versehen werden. Der Blueprint schließt mit konkreten Projektvorschlägen für die Konzeption und Umsetzung der neuen Planungs- und Reportinglösung. Im Idealfall sind mehrere Alternativen mit ihren Vor- und Nachteilen aufzuführen. Bevorzugte Lösungswege und Empfehlungen sind auszusprechen.

Den Abschluss dieser Phase bildet die Entscheidung für die angestrebte Planungs- und Reportinglösung, deren nächste Phase das Sollkonzept bildet.

4.2.1.3 Soll- bzw. Fachkonzept

Auf Basis der Ergebnisse der Ist-Analyse und des Blueprints werden im Soll- bzw. Fachkonzept nun die detaillierten Anforderungen an das zukünftige Planungs- und Reportingsystem entwickelt.

Für die Planung und das Reporting steht hierbei die inhaltliche und fachliche Gestaltung der Einzelberichte und Planungsformulare, deren Gliederung sowie die Ausgestaltung der Prozesse und die organisatorische Verankerung inklusive Berechtigungskonzept im Vordergrund. Der Bereich Datenverarbeitung wird hier ausgeklammert, da die Ergebnisse des Sollkonzeptes die Grundlage für das spätere IT-Konzept bilden (vgl. den folgenden Abschn. 4.2.1.4).

Als Werkzeug für das Sollkonzept bietet sich eine ausführliche Dokumentation an, die später auch als Metadokumentation im Softwareprogramm zur Weiterentwicklung und Pflege zur Verfügung stehen sollte.

Eine Übersicht zu den Berichten und Planungsgebieten sollte dabei folgende Informationen liefern:

- Bezeichnung des Berichtes/Planungsgebietes
- Zweck und Bedeutung des Berichtes/Planungsgebietes
- Nutzer bzw. Nutzergruppen des Berichtes/Planungsgebietes
- Beispiel/Entwurf zum Bericht/Planungsformular
- Hinweise zu den Datenquellen und Systemen für die Berichte bzw. Planungsgebiete, die im anschließenden IT-Konzept zu konkretisieren sind

Bei der Gestaltung der Einzelberichte und Planungsformulare sind u. a. folgende Kriterien in einer Dokumentation festzulegen (vgl. zu den Gestaltungsmöglichkeiten und -empfehlungen detailliert Abschn. 3.8):

- Kopfinformationen (Überschriften, Verantwortlichkeiten, Logos etc.)
- Selektions- und Filterfunktionen
- Navigations- und Analysefunktionen
- Planungsfunktionen
- Dynamische Objektüberschriften und Texte, die sich nach Objektselektion verändern
- Tabellarische Elemente (Zeilen/Spalten)
- Grafische Elemente (Diagramme, Ampeln etc.)
- Kennzahlen (Definition, Formel, Einheit, Wertearten, Zielgröße, Datenquelle, Anwendungsbereiche, Erhebungszyklus, Bedeutung) und ihre Objektzuordnung nach Dimensionen, Attributen und Hierarchien
- Wertearten (Ist, Plan, Forecast etc.)
- Weitere Anforderungen wie Kommentarfunktionen

Berichte, Planungsformulare und ihre Informationen sind dabei nach Ihrer Bedeutung zu priorisieren, inhaltlich abzustimmen und zu konkretisieren. Ein Beispiel für die Dokumentation von Kennzahlen in einem Kennzahlenblatt zeigt Tab. 4.8.

Tab. 4.8 Kennzahlenblatt. (Vgl. zur Ausgestaltung von Kennzahlenblättern z. B. im Bereich Personal-Controlling u. a. Schulte 2002, S. 170 und Eisele und Doyé 2010, S. 384)

Kennzahl: Anlagendeckung (%)
Definition: Die Anlagendeckung gibt darüber Auskunft, inwieweit das Anlagevermögen durch langfristiges Kapital (Eigenkapital + langfristiges Fremdkapital) gedeckt ist
Formel: Anlagendeckung (%) = $\frac{\text{Eigenkapital} + \text{langfristiges Fremdkapital}}{\text{Anlagevermögen}} \times 100$
Einheit: Prozentwert
Zielgröße: 110–150 %
Wertearten: Ist, Plan, Forecast
Basisdaten und Datenquelle: Bilanzkennzahlen: Eigenkapital, langfristiges Fremdkapital und Anlagevermögen (aus der Finanzbuchhaltung)
Objektzuordnungen: Gesellschaft
Anwendungsbereiche: Spitzenkennzahlen Bilanz-Controlling
Empfänger/Rollenzuordnung: Geschäftsführung, Führungsebene
Erhebungszyklus: Quartal, Jahr
Bedeutung: Im Rahmen der Beobachtung der langfristigen Finanzstruktur spielt die Kennzahl Anlagendeckung eine wichtige Rolle. Das dieser Kennzahl zugrunde liegende Prinzip ist die fristenkongruente Finanzierung des langfristig gebundenen Vermögens, das über die Anlagendeckung kontrolliert werden soll und die Funktion hat, langfristig strukturelle Ungleichgewichte aufzudecken. Langfristiges Vermögen soll auch langfristig finanziert sein (goldene Bilanzregel)! Deshalb sollte der Anlagendeckungsgrad deutlich über 100 % liegen (Ziel z. B. 150 %). Je weiter der Anlagendeckungsgrad über 100 % liegt, umso mehr ist neben dem Anlagevermögen auch das Umlaufvermögen durch langfristiges Kapital finanziert und damit eine höhere finanzielle Stabilität des Unternehmens gegeben. Ist das Anlagevermögen z. B. zum Teil kurzfristig finanziert, könnte das Unternehmen bei Fälligkeit kurzfristiger Verbindlichkeiten in Zahlungsschwierigkeiten geraten, da das Umlaufvermögen nicht ausreicht und das Anlagevermögen nicht so schnell liquidierbar ist.

4.2.1.4 IT-Konzept

Das IT-Konzept setzt die inhaltlichen Vorgaben des Soll- bzw. Fachkonzeptes in technische Vorgaben für die Implementierung in einer vorhandenen bzw. neuen IT-Systemlandschaft um. Es kann auch für den Prozess einer IT-Auswahl als Anforderungsprofil genutzt werden.

Hierzu gehören folgende Aufgaben:

- Bestimmung der technischen Datenquellen
- Integration der vor- und nachgelagerten IT-Systeme
- Datenhaltung und Datenmodellierung
- Datenversorgungskonzept inklusive ETL-Prozess (Extraktions-, Transformations- und Ladeprozesse, vgl. Abschn. 5.5.2) oder ELT-Prozess (Extraktion-, Lade- und Transformationsprozesse, vgl. Abschn. 5.7)
- Abfrage-, Funktions- und Berichtsgestaltung

Für ein unternehmensweites Reporting und eine integrierte Planung liegen die Quelldaten in verschiedenen Vorsystemen und müssen teilweise noch zusätzlich manuell erfasst werden. Die IT-Landschaft besteht häufig aus mehreren heterogenen Systemen, bei denen z. B. die Daten der Personalwirtschaft, der Warenwirtschaft und des Rechnungswesens, aber auch von Fremdquellen, wie dem Internet, sinnvoll zusammengeführt werden müssen.

Zunächst sind die technischen Datenquellen in den jeweiligen Vorsystemen eindeutig und in allen Wertausprägungen (z. B. Ist, Plan und Forecast) vollständig zu bestimmen. Sollten hier Unstimmigkeiten auftreten (z. B. Wer ist der Kunde, der Rechnungs- oder der Warenempfänger?) oder fehlen Daten, so sind diese zu identifizieren und zu klären.

Im Rahmen des Datenversorgungskonzeptes sind die Informationsflüsse festzulegen. Hierbei sollten die Schnittstellen der vorgelagerten Systeme zum internen und externen Rechnungswesen genau betrachtet werden. Alle aus der Konzeption notwendigen Kontierungsobjekte (z. B. Kostenträger, Kostenstellen, Projekte) müssen z. B. bei den zu übergebenden Stamm- und Bewegungssätzen der Warenwirtschaft an die Kostenrechnung mit übergeben werden oder sich aus Ableitungsregeln ermitteln lassen (z. B. lässt sich die Branche als Attribut vom Kunden identifizieren). Häufig sind hierbei Schnittstellen neu zu implementieren, anzupassen oder zu erweitern. Noch nicht abgestimmte Daten der Vorsysteme sind im Transformationsprozess zu harmonisieren.

Die Kostenrechnung stellt für das Managementreporting ein zentrales System dar, in dem der Wertefluss der Unternehmung u. a. für die kurzfristige Erfolgsrechnung abgebildet wird. Die Kostenrechnung ist hinsichtlich des Werteflusses so zu konzipieren, dass die Kosten und Leistungen verursachungsgerecht den Ergebnisobjekten zugeordnet werden. Im Mittelstand sind hier leider häufig Mängel zu identifizieren, die im Vorfeld behoben werden sollten. Einige typische Problemfälle sind u. a.:

- Die Kostenträgerrechnung ist nicht vorhanden. Die Kalkulation ist nur im Warenwirtschaftssystem analysierbar.
- Es gibt nur eine kostenstellenbezogene Erfolgsrechnung ausgewählter Ergebnisobjekte. Es fehlen z. B. Auswertungen für differenzierte Kostenträger.
- Die Strukturen der Kostenrechnung sind für die Steuerung zu grob, es fehlen ggf. sogar Ergebnisobjektstrukturen.
- Es existiert keine Planung oder die Planung ist nur rudimentär vorhanden und nicht integriert.
- Es ist kein Kennzahlensystem etabliert.
- Die Gemeinkostenverrechnungen basieren auf historisch oder politisch ermittelten Werten und Annahmen.
- Materialeinkäufe werden direkt in den Aufwand gebucht, statt über die Lagerbestände und Materialverbräuche zu buchen.
- …

Je nach ausgewähltem Planungs- und Reportingtool sind nun die Datengrundlagen zu definieren und das Datenmodell zu konzipieren. Im IT-Konzept sind weiterhin die Datenversorgungs- und Pflegeprozesse festzulegen. Bei einer Data-Warehouse-gestützten Reportinglösung mit einem Analyse-Cockpit sind z. B. im Rahmen des IT-Konzeptes die Datenversorgung des Data-Warehouses und die Datenmodellierung für die Analyseauswertungen zu definieren. Bei der Datenversorgung ist der ETL-Prozess ausgehend von der Extraktion der Daten aus den Quellsystemen über die Transformation bis zu den Ladeprozessen ins Data-Warehouse zu bestimmen (vgl. hierzu Abschn. 5.5.2). Eine wichtige Aufgabe hierbei ist die Harmonisierung der Daten und die Vergabe von Namensräumen der technisch zu verwendenden Objekte und Inhalte.

Die Datenmodellierung bereitet die Datenstrukturen und Inhalte für eine möglichst optimale und performante Analyseauswertung und Planung vor, in dem sogenannte Datenziele (z. B. ein „Multi-Cube" oder ein „Operational Data Store Object") definiert werden.

Im letzten Schritt des IT-Konzeptes sind auf der Basis des inhaltlichen Sollkonzeptes und des entwickelten Datenmodells die Abfragen für die Planungsformulare und Berichterstellung zu beschreiben. Weiterhin sind die Navigations-, Planungs- und andere Funktionen sowie die Layoutgestaltung der Berichte und Planungsformulare technisch zu dokumentieren (vgl. Abschn. 3.3–3.12). Zudem fallen übergreifende Aufgaben, wie die Erstellung des Berechtigungskonzeptes, an (vgl. Abschn. 5.5.3).

4.2.1.5 IT-Auswahl

Sollten in der IT-Analyse Mängel oder fehlende IT-Komponenten festgestellt werden, ist ein IT-Auswahlprozess durchzuführen, dessen Schritte hier nur in einer Punktaufzählung aufgeführt werden:

- Lasten-/Pflichtenhefterstellung
- Anbieteranfrage
- Preselektion
- Präsentationen ausgewählter Anbieter
- Testmodellumsetzungen (Prototyping)
- Entscheidung
- Implementierung
- Schulung und Einführung
- Laufende Betreuung

Zentrale Studien über Planungs- und Reportingwerkzeuge, wie die Analysen der InfoSoft AG oder die BARC-Studien, geben einen recht guten Überblick über die Softwaremarktsituation und können in der Vorselektionsphase als Anregung genutzt werden. Individuelle Kriterien des Unternehmens und insbesondere der Kontext der IT-Landschaft sowie die Anforderungen der Fachabteilungen machen eine eigene Betrachtung und Analyse der Softwarepakete in einer Auswahlentscheidung später aber unumgänglich. Softwareexperten wie Berater sind effektiv einzusetzen, um eine wirtschaftlich und technisch gute Lösung zu erzielen. Hierbei bestimmt der Inhalt immer noch die Technik. Technische Merkmale und Möglichkeiten geben lediglich den Rahmen vor.

Unabhängig davon, ob eine Kaufentscheidung bzw. die Selbstherstellung eines geeigneten IT-gestützten Systems stattfindet, ist es zu empfehlen, ein Pflichtenheft anzulegen, welches alle oben genannten Anforderungen an ein Softwareprogramm bezüglich Planung und Reporting enthält. Es kann entweder als Checkliste für die Überprüfung der Leistungsfähigkeit verschiedener Softwareprogramme unterschiedlicher externer Hersteller oder als Programmiervorgabe für die eigene oder fremde Softwareherstellung genutzt werden. Dabei ist ein Pflichtenheft umso wertvoller, je konkreter die Anforderungen und deren Gewichtung (z. B. „Muss, Kann, Nice to have") formuliert werden. Neben den betriebswirtschaftlichen Anforderungen an das IT-System sind hierbei allgemeine Fragen zum Softwareprogramm (Produkteigenschaften, Installationszahlen, Bedienungsfreundlichkeit, Integrationsfähigkeit, Datenbank- und Hardwaretechnologie etc.) und Fragen an den Hersteller (Firmenmerkmale, Preisgestaltung, Referenzen, Hotline, Service, Schulung, Wartung etc.) aufzuführen.[45]

Spitzen-IT-Lösungen, die am Markt angeboten werden, können zwei Ansätzen zugeordnet werden: „Best-of-Suite" und „Best-of-Breed".

Bei der Best-of-Suite-Lösung handelt es sich um eine integrierte Plattform als Gesamtpaket eines Herstellers. Die einzelnen Module sind aufeinander abgestimmt.[46] Beim Best-of-Breed-Ansatz werden die besten Software- oder Hardware-Komponenten sowie Services in einer Lösung integriert, auch wenn sie von unterschiedlichen Herstellern kommen. Die einzelnen Komponenten können somit ihre individuellen Stärken in der Gesamtlösung ausreizen.[47]

4.2.1.6 IT-Implementierung

Der letzte Schritt der Reportingeinführung umfasst die IT-Implementierung. Die Ergebnisse des IT-Konzeptes bilden die Grundlage der IT-Implementierung. Die zumeist inhaltlichen Anforderungsprofile des IT-Konzeptes sind zudem um technische und organisatorische Rahmenparameter im Sinne eines Lasten- bzw. Pflichtenheftes zu ergänzen, welche die Basis für die Softwareentwicklung darstellen.

Die zuständigen Entwicklungstätigkeiten übernehmen i. d. R. Mitarbeiter der IT, zugekaufte Fremdentwickler von Beratungs- und Softwareunternehmen oder Poweruser aus dem BI-Team wie z. B. aus dem Controlling. Die einzelnen Arbeitsschritte sind:

- Sicherstellung der Datenversorgung aus den Quellsystemen
- Integration der vorgelagerten Systeme
  - Notwendige Anpassungen in den vorgelagerten Systemen
  - Schnittstellenerstellung bzw. -anpassung

---

[45] Vgl. Schön und Krause (1997, S. 57 f.).
[46] Bitkom (2013, S. 30).
[47] Vgl. Martin (2013, S. 139).

- Aufbau und Pflege der Datenhaltung, z. B. des Data-Warehouses bis zu den Datenzielen
- Entwicklung der Analyseabfragen und Funktionen
- Erstellung der einzelnen Planungs- und Berichtslayouts
- Implementierung der übergreifenden Aufgaben
  - Gruppierungen
  - Portaleinbindung
  - Berechtigungssystem
  - Sizing/Performance
  - …
- Test und Abnahme der IT-Implementierung anhand der aufgestellten Anforderungsprofile im IT-Konzept (Qualitätssicherung der IT-Implementierung)

Da in der gesamten Phase der Einführung der Planung und des Reportings immer wieder neue Erkenntnisse zu Änderungsbedarfen führen, empfiehlt sich für die Einführung in der Praxis ein **Prototyping**. Hierbei sind die einzelnen Prozessschritte nicht bis ins letzte Detail, sondern bis zu einem weiterverarbeitungsfähigen Niveau der nächsten Stufe zu führen. Hierbei können schrittweise auch nur Teile des Planungsmodells oder des Reportings erstellt werden.

Nachteile des Prototypings sind u. a.:

- Durch spätere Konzeptänderungen sind Teile der Entwicklungsarbeiten in ausgeprägten Prototypen nicht mehr zu verwenden. Die verbrauchte Zeit und der Aufwand für die endgültige Entwicklung fallen nochmals an.
- Werden die Prototypen zu einfach ausgestaltet, so lassen sich Defizite und Potenziale der Systeme schlecht erkennen.

Vorteile des Prototypings sind u. a.:

- Die Anwender erhalten schneller Projektergebnisse und können Änderungsbedarfe besser erkennen.
- Bei den zukünftigen Anwendern und Betreuern der Systeme entstehen höhere Lerneffekte bezüglich der Möglichkeiten und Grenzen der verfügbaren Systeme, die zu einer besseren Ausgestaltung des Gesamtsystems führen.
- Änderungsanforderungen lassen sich in den jeweiligen Prozessschritten schnell aufnehmen.

Insbesondere der Vorteil, dass die Anwender frühzeitig durch das Prototyping in die Entwicklungsphase eingebunden werden und ihre Anforderungen durch die Konkretisierung des Prototypen besser initiieren können, spricht häufig für das Prototyping.

Bei größeren Data-Warehouse- und BI-Projekten werden häufig lange Entwicklungszeiten für neue oder geänderte Bedarfe beklagt. Da klassische Entwicklungsprozesse Änderungswünsche (Change-Request) z. B. in einem Wasserfallmodell nur schwerfällig bearbeiten können, werden neue Projektansätze in der Softwareentwicklung bevorzugt. Unter dem Stichwort „**agile BI**" wird hier vor allem das Entwicklungsmodell „**Scrum**" diskutiert,[48] das ähnlich wie beim „simultaneous engineering" Entwicklungsteams etabliert, die in kurzen Intervallen von wenigen Wochen Entwicklungsergebnisse in sogenannten „Sprints" abliefern.[49] Das Wort Scrum kommt aus dem englischen Wort für „Gedränge" und wird u. a. im Rugby verwendet.[50]

Vor dem Start des Sprints werden die inhaltlichen Produktanforderungen in einem Produkt-Backlog aufgenommen und in technische Backlog-Tasks umgewandelt. Für die Produktanforderungen und für den Erfolg des Entwicklungsprojektes ist der Produkt Owner verantwortlich.[51] Er stimmt mit den Stakeholdern des Produktes Wünsche und Produkteigenschaften ab. Aufgrund der wichtigen konzeptionellen Fähigkeiten sind Mitarbeiter des Controllings häufig dafür geeignet, die Rolle des Produkt Owners zu übernehmen. Es finden täglich Meetings im Scrum-Prozess statt, in denen die Mitglieder des Entwicklungsteams über den Entwicklungsschritt informiert werden und ggf. Anpassungen (neue „Backlog Tasks" im Sinne von Änderungsaufträgen) abgesprochen werden können. Innerhalb des Sprints sind allerdings keine Änderungsanforderungen erlaubt, die das Ziel des Sprints beeinflussen. Am Ende des Sprints werden die Ergebnisse präsentiert und mit den Anforderungen abgeglichen. Neue Anforderungen werden durch das Produkt-Backlog aufgenommen und ein neuer Sprint kann initiiert werden.

Wie im simultaneous engineering könnte der Scrum-Prozess dahingehend verbessert werden, indem im Sprint durch das Entwicklungsteam Änderungsanforderungen im Entwicklungsprozess aufgenommen werden könnten, auch wenn sich das Sprintziel dadurch verlängert. Sie sollten jedoch nur dann aufgenommen werden, wenn die Veränderungen angemessen sind. In diesem Fall ließen sich aufwändige Abstimmungen, Schleifen und nachträgliche Änderungsarbeiten im leicht angepassten Entwicklungsprozess verringern.

Eine dritte Rolle, der sogenannte Scrum-Master, ist für die Rahmenbedingung im Scrum-Entwicklungsmodell verantwortlich. Er stellt Regeln für das Gelingen des Scrum-Prozesses auf und kümmert sich um Störungen im laufenden Prozess.[52]

4.2.1.7 Coaching/Schulung/Qualitätssicherung

Um eine große Akzeptanz für die neue Planungs- und Reportinglösung zu erhalten, sollten neben der Informationsbedarfsermittlung und der Erstellung und Festlegung des Sollkonzeptes die Hauptbetreuer und die wichtigsten Anwender des Systems in den Einführungsprozess eingebunden sein.

Für die Betreuer (z. B. BI-Team, Controlling und IT) der Systeme ist ein Coachingansatz zu empfehlen. Der Coachingansatz sieht vor, dass die zukünftigen Betreuer des Planungs- und Reportingsystems in allen Schritten der Einführungsphase eingebunden

---

[48] Vgl. Gluchowski (2017, S. 9–10).
[49] Vgl. Dräther et al. (2013, S. 125 ff.).
[50] Vgl. Foegen (2014, S. 50–51).
[51] Vgl. Schwaber und Sutherland (2013, S. 13 ff.).
[52] Vgl. Pichler (2009, S. 20–23).

sind, um inhaltliche aber auch technische Anforderungen und Umsetzungsschritte zu erlernen. Das Know-how der Experten fremder Beratungs- und Softwarefirmen wird so schrittweise auf die Betreuer im Unternehmen übertragen. Fachliche und technische Dokumentationen helfen zudem dabei, das Wissen für die Weiterentwicklung des Systems langfristig zu sichern.

Nach der IT-Implementierung sind die Planungs- und Berichtsadressaten bezüglich der Inhalte des Planungs- und Reportingsystems und seiner Nutzung zu schulen und zu trainieren. Dies kann z. B. in Form von Kernschulungen und erweiterten Schulungsrunden bis hin zu Einzelschulungen gestaltet werden. Die betroffenen Mitarbeiter sollten dabei das Wissen erlangen, wie das Berichtswesen im Unternehmen gehandhabt und genutzt wird.

Mit der Übergabe und Abnahme des Systems endet der Einführungsprozess. Es schließen sich die zyklischen Planungs- und Reportingprozesse an, die wiederkehrend im Laufe der Geschäftsjahre stattfinden (vgl. Abschn. 4.2.2 und 4.2.3).

Als qualitätssichernde Maßnahme des Entwicklungsprozesses sollten kontinuierliche Qualitätssicherungsmaßnahmen für die Weiterentwicklung der Planungs- und Reportinglösung im Unternehmen etabliert werden. Die laufende Qualitätssicherung stellt einen eigenen Prozess dar, der in Abschn. 4.2.4 beschrieben wird.

4.2.2 Zyklischer Planungsprozess

Der Planungsprozess wird in der Unternehmenspraxis nach den Planungsgebieten gegliedert, die sukzessive durchschritten werden müssen, um einen Gesamtplan zu erhalten. Aufgrund der komplexen Zusammenhänge ist eine Simultanplanung praktisch nicht durchführbar. Abb. 4.11 zeigt einen möglichen Planungskalender, in dem die Planungsgebiete aufgeführt sind.[53]

Ausgangspunkt der Planung bildet, wie bereits im Abschn. 3.1.1 erläutert wurde, die strategische Planung. Sie gibt die Planungsprämissen und die strategischen Planungseckpunkte vor, die z. B. auf die Bereiche für die Budgetplanung heruntergebrochen werden. Vergleiche hierzu auch den folgenden Abschn. 4.2.2.1.

Die operative Budgetplanung ist nach dem Engpassbereich des Unternehmens ausgerichtet, der in den meisten Fällen der Absatzbereich ist. Von dort ausgehend folgen die weiteren Teilgebiete nach den Abhängigkeiten in der Wertschöpfung, z. B. die Produktions- und Ressourcenplanung, und reichen dann bis zur Erfolgs-, Bilanz- und Finanzplanung. Während früher operative Planungszyklen 3 bis zum Teil 6 Monate andauerten, versucht man heute die Planungsdauer auf 4 Wochen zu drücken. Im Forecasting sogar noch kürzer. Dies ist vor allem auch durch die BI-gestützten Planungssysteme möglich, die vor allem auf Data-Warehouse-Technologie aufsetzen (vgl. Abschn. 5.5 und 5.6).

---

[53] Ein integrierter Reporting- und Planungskalender ist der Abb. 3.11 zu entnehmen. Eine einfache Prozessablaufbeschreibung ist z. B. bei Weber et al. (2009, S. 30) zu finden.

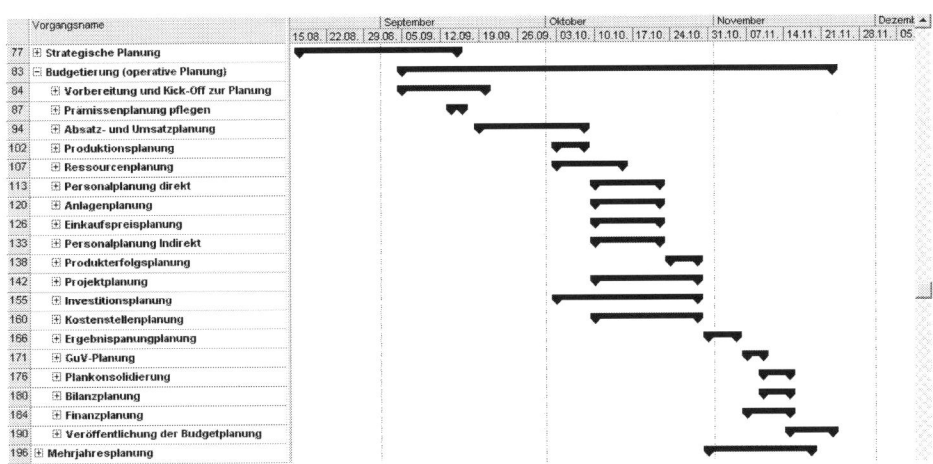

Abb. 4.11 Planungskalender. (Der Planungskalender wurde mit MS Projekt erstellt.)

Weiterhin ist anzunehmen, dass auch die In-Memory-Technologie mittelfristig hier zur Verkürzung der Planungszyklen beitragen wird, wenn z. B. komplexe Planungsmodelle und -algorithmen durchgerechnet werden (vgl. Abschn. 5.7.2.1).

Die Mittelfristplanung (Mehrjahresplanung, z. B. 1–3 Jahre) schließt sich in der Praxis häufig direkt an die strategische Planung an, was den Nachteil mit sich bringt, dass sie nicht so gut mit der Budgetplanung verzahnt ist. Folgt mit Abstand von einigen Monaten erst die Budgetplanung, in der das kommende Wirtschaftsjahr im Detail geplant wird, so wird das erste Jahr der Mittelfristplanung obsolet. Deshalb bietet es sich m. E. an, die Mittelfristplanung direkt im Anschluss zur Budgetplanung durchzuführen und abzustimmen. Das erste Jahr der Mittelfristplanung entspricht dann den Ergebnissen der Budgetplanung.

Bei der Planung handelt es sich um ein konvergentes Vorgehen, bei dem die Planungsergebnisse schrittweise verfeinert und abgestimmt werden.

Über die Szenarioplanung lassen sich weiterhin optimistische, pessimistische und realistische Planalternativen (best, worst, middle case) erstellen, die alternative Zukunftsperspektiven aufzeigen und zur Orientierung und Festlegung einer finalen Planversion dienen. Die Planung einer Worst- und Best-Case-Variante wird auch Bandbreitenplanung genannt. In Verbindung mit einer Prämissenplanung (vgl. Abschn. 3.1.2) oder einer werttreiberorientierten Planung (vgl. Abschn. 3.2) und moderner Data-Warehouse- und BI-Technologie ist sie in einer angemessenen Zeit durchzuführen, wenn man sich auf wenige zentrale Prämissen bzw. Treibergrößen konzentriert.

Die Planungsgebiete werden aufgrund ihrer Abhängigkeiten primär sukzessiv bearbeitet (z. B. Absatz-, Produktions- und Ressourcenplanung). Wenn keine oder nur bedingte Abhängigkeiten zwischen den Planungsgebieten vorkommen, können Sie auch überlappend bzw. parallel durchgeführt werden (z. B. Personal- und Einkaufsplanung). Im Planungsprozess kommt es aber auch immer wieder zu Planungsschleifen, wobei ein Rücksprung zu einem vorgelagerten Planungsgebiet notwendig wird und die Nachbearbeitung dieses und der nachfolgenden Planungsgebiete erfolgen muss. Beispielsweise bricht ein wichtiger Kunde mit einem sehr hohen Umsatzanteil weg, so dass der Absatzplan überarbeitet werden muss. Dies wirkt sich auf viele nachgelagerte Planungsgebiete bis zur Ergebnis- und Finanzplanung aus. Solche Planungsschleifen werden häufig initiiert durch:

- Neue Ereignisse und Erkenntnisse aus der Umwelt und dem Betrieb, die erst zu einem späteren Zeitpunkt bekannt wurden
- Fehlerhafte Planungsergebnisse, die durch Prüfungen aufgedeckt wurden
- Abstimmungen zwischen den verantwortlichen Führungsbereichen, die im Genehmigungsprozess zur Nachbesserung der Planungsergebnisse führen

Während die operative Planung in der Regel im dritten Quartal des Wirtschaftsjahres durchgeführt wird, erfolgt die strategische Planung häufig im ersten Quartal. Zur Ableitung der Top-Down-Vorgaben wäre es vorteilhafter, wenn die einzelnen Planungsbestandteile näher zusammenrücken bzw. im Sinne der rollierenden Planung kontinuierlich bearbeitet werden. Bei der rollierenden Planung spricht man alternativ auch vom rollierenden Forecast. Beim Forecast sind grundsätzlich zwei Varianten zu unterscheiden:

- Der Forecast erfolgt basierend auf den laufenden Istwerten für einen festgelegten Zeitpunkt, i. d. R. bis zum Geschäftsjahresende (Year to End)[54].
- Der Forecast erfolgt rollierend für einen festgelegten Zeitraum, z. B. für 12 Monate im Voraus (vgl. Abb. 4.12).

Das Forecasting ist in der Abbildung zum Reportingkalender aufgeführt (vgl. Abb. 4.15), weil es zeitlich gesehen im Wirtschaftsjahr mit den Quartals- bzw. Halbjahresabschlüssen oder anderen Intervallen des Reportings durchgeführt wird. Hierdurch wird das Berichtswesen mit den laufenden Istwerten um die aktualisierten Prognosen ergänzt. Aufgrund des hiermit verbundenen Aufwandes findet man in der Praxis monatliche Forecastingrunden eher selten. Die Prognosen für den Forecast finden eher zwei bis drei mal im Jahr statt, z. B. quartalsweise, wobei das letzte Quartal mit der Budgetplanung des neuen Jahres zusammenfällt.

Alle Planungsgebiete haben sicherlich ihre Spezialitäten und Planungsvorgehensweisen. Dennoch lassen sich für alle Planungsgebiete zyklische Planungsprozessschritte bestimmen, die der Abb. 4.13 zu entnehmen sind.

Bevor nun die einzelnen zyklischen Planungsschritte beschrieben werden, erfolgt zunächst die Erläuterung der generellen Grundausrichtung der Planung, wobei zwischen Top-Down- und Bottom-Up-Planung sowie dem Gegenstromverfahren unterschieden wird.

---

[54] Vgl. Becker et al. (2013, S. 131).

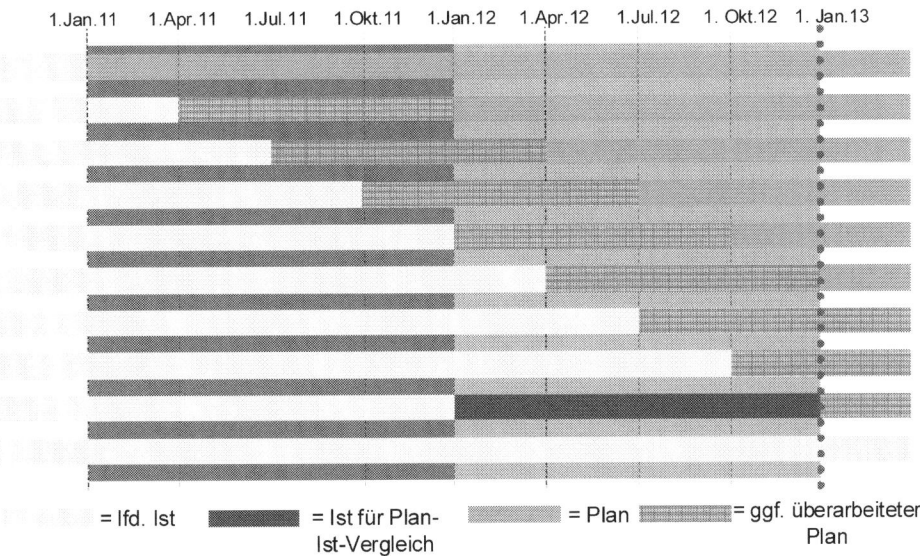

1.Jan.11	1.Apr.11	1.Jul.11	1.Okt.11	1.Jan.12	1.Apr.12	1.Jul.12	1. Okt.12	1. Jan.13

= lfd. Ist   ■■■■■ = Ist für Plan-   ▨▨▨ = Plan   ▨▨▨ = ggf. überarbeiteter
                                    Ist-Vergleich   Plan

Abb. 4.12 Rollierende Planung/rollierender Forecast

Abb. 4.13 Zyklischer Planungsprozess

Zyklischer Planungsprozess:

- Planungsvorbereitung
  - Terminplan
  - Systemeinstellungen
  - Beschaffung und Transformation der Vorgabe- und Orientierungswerte zur Planung
  - Bereitstellung der Planungsformulare und Planungsfunktionen

- Planungsdurchführung
  - Ausführen der automatischen Planungsfunktionen und der manuellen Planungseingaben
  - Plausibilisierung und Prüfung der Planungsergebnisse
  - Kommentierung zur Planung

- Abstimmung und Genehmigung der Planung
  - Präsentation, Diskussion und Abstimmung der Planungsinhalte
  - Pflege und Korrektur der Änderungen
  - Genehmigung der Planung
  - Fixierung der Planung

4.2.2.1 Grundausrichtung der Planung (Top-Down, Bottom-Up oder Gegenstromverfahren)

Bei der Entscheidung, wer mit der Planung beginnt und welche Abstimmungen erforderlich sind, lassen sich drei Grundausrichtungen unterscheiden (vgl. Abb. 4.14):[55]

- Top-Down
- Bottom-Up oder
- Wechselseitig (Gegenstromverfahren)

---

[55] Vgl. Wahls (1993, S. 83 ff.) und Schlegel (1996, S. 66).

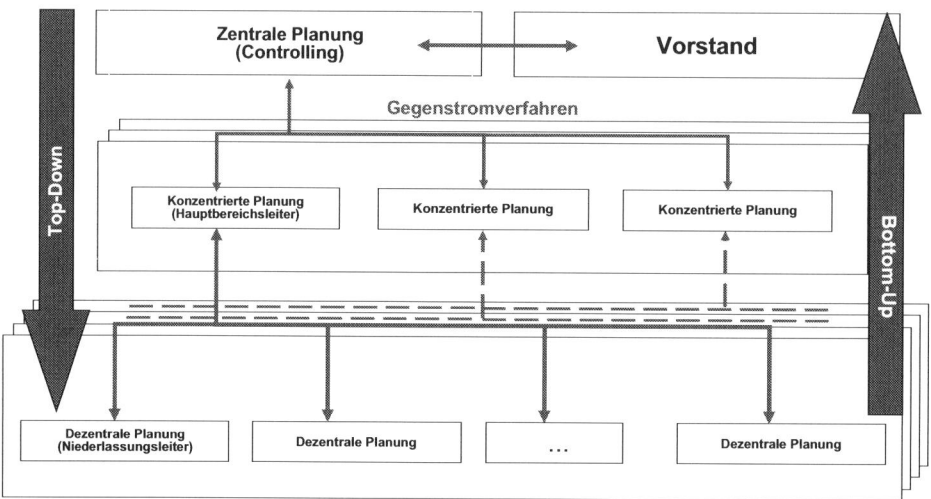

Abb. 4.14 Planungsgrundausrichtung

Beim reinen Top-Down-Ansatz werden die Planungsvorgaben von der Top-Manage-ment-Ebene auf die verantwortlichen Ergebnisbereiche heruntergebrochen. Die Vorgaben sind somit fixiert und werden nicht mehr durch die dezentralen Verantwortlichen geändert. Die Vorgaben dienen als Kontroll- und Steuerungsinstrument zur Einhaltung bzw. Verfeh-lung von gesetzten Zielen. Für den Ansatz der Top-Down-Planung sprechen die Strate-gieorientierung und die Ausrichtung an den Steuerungsbedürfnissen des Managements.[56] Vorteil des Top-Down-Ansatzes ist weiterhin die schnelle und wirtschaftlich günstige Durchführung. Nachteilig ist die Nicht-Einbeziehung der dezentralen Entscheidungsträ-ger, durch die wichtige Detailinformationen der dezentralen Bereiche für die Planung und deren Abstimmung unberücksichtigt bleiben. Durch die fehlende Mitwirkung ist die Ak-zeptanz der Planung bei den Mitarbeitern geringer und die Steuerungsgrundlage sowie der Anreiz zur Zielerreichung fehlt.

Beim Bottom-Up-Verfahren erfolgt die Planung ausgehend von den dezentralen Ver-antwortlichen. Die Planergebnisse werden von den jeweiligen Unternehmensebenen von unten nach oben bis zum Gesamtunternehmen stufenweise aggregiert und abgestimmt. Sollten die Planergebnisse nicht den Ergebnisvorstellungen des Top-Managements ent-sprechen, ist eine Überarbeitung der Planung notwendig. Für den Bottom-Up-Ansatz spricht die Nähe zu der Datenentstehung und -lieferung und den operativen Geschäftspro-zessen durch die Mitwirkung der dezentralen Entscheidungsträger. Nachteilig ist vor allem der lange Prozess und die aufwändigen Überarbeitungsprozesse, die i. d. R. erfor-derlich werden. Zudem kann die Bottom-Up-Planung zu Planwerten führen, die nicht den Managementerfordernissen entsprechen, wenn z. B. Umsätze zu niedrig und Kosten zu hoch budgetiert werden und somit der Anspannungsgrad zu gering ausfällt.

---

[56] Vgl. Weber et al. (2008, S. 22).

Das Gegenstromverfahren ist eine Kombination aus der Top-Down- und Bottom-Up-Planung. Ausgangspunkt ist die Einbindung der strategischen Ziele und der Managementanforderungen in Planungsvorgaben für die wichtigsten Kennzahlen und Ergebnisobjekte, die dann Top-Down auf die weiteren Ergebnisobjekte der tiefer liegenden Verantwortungsbereiche heruntergebrochen werden. Dies sollte mit den Verteilungsalgorithmen der verwendeten Softwarelösungen erfolgen, die ggf. manuell nachjustiert werden können. Diese Vorgehensweise ist schnell und wirtschaftlich. Im Gegenstromverfahren werden diese Top-Down-Vorgaben dann durch die Bottom-Up-Planung konkretisiert und ausgestaltet. Die Vorgabewerte der Top-Down-Planung werden als Orientierungs- und Abstimmungsgröße genutzt, was nicht heißt, dass die Vorgaben durchaus auch verworfen werden können. Dies ist eine sukzessive Vorgehensweise, die durch einen kommunikativen Prozess zwischen den beteiligten Adressaten und Erstellern erfolgen sollte. Nur hierdurch lassen sich Fehlausrichtungen und Gestaltungsdefizite vermeiden. Die Überarbeitungsschritte lassen sich auf ein sinnvolles Niveau reduzieren. Der Anspannungsgrad und die koordinative Abstimmung der Planwerte ist deutlich angemessener als bei der Top-Down- bzw. Buttom-Up-Planung.

Die Fixierung der Budgetplanung ist schließlich der letzte Schritt zu einer zwischen den Führungsebenen abgestimmten Planung, der für die Steuerung des Unternehmens herangezogen wird.

Die wechselseitige Ausrichtung der Planung im Gegenstromverfahren mit heruntergebrochenen Top-Down-Vorgaben trägt somit zur besten Lösung bei.

4.2.2.2 Planungsvorbereitung

Die Planungsvorbereitung umfasst die Terminplanung, die Vorbereitung der Systemeinstellungen in der Software, die Beschaffung und Transformation der Vorgabe- und Orientierungswerte, die Bereitstellung der einzelnen Planungsformulare sowie zusätzlicher Planungsfunktionen für die Planenden.

In der Terminplanung sollten, ausgehend vom Kick-Off-Termin, alle Planungsvorgänge der einzelnen Teilgebiete mit ihren Beginn- und Endterminen, den abhängigen Planungsschritten sowie den verantwortlichen Mitarbeitern aufgeführt sein. Zudem sind Termine für die Abstimmungsworkshops und andere Planungsrunden frühzeitig zu kommunizieren. Hierfür bietet es sich an, Kommunikationssoftware wie Office-Produkte (z. B. Lotus-Notes, MS Outlook) oder Kommunikationsplattformen (Foren, Chats etc.) zu nutzen.

In den Softwareapplikationen zur Planung sind die Planversionen und andere zentrale Parameter zum Planjahr zu Beginn der Planungsrunde einzustellen.

Für die einzelnen Planungsgebiete ist sicherzustellen, dass ihre im Konzept vormodellierten Vorgabe- und Orientierungsgrößen in den Planungsformularen bereitgestellt werden. Während einige Größen, z. B. die alten Planwerte des Vorjahres, aus den historischen Datenquellen entnommen werden können, sind einige Größen abhängig von vorgelagerten Planungsgebieten, wie z. B. der Prämissenplanung für die Personalkostenplanung oder die Absatzplanung für die Produktionsplanung. Ein Monitoring der Planungsstände der einzelnen Gebiete und deren Freigabe sollte dem Planenden des Planungsgebietes idealerweise anzeigen, ob alle Daten und Voraussetzungen zum Start des Planungsgebietes vorhanden sind.

Die Daten- und Formularbereitstellung unterliegt ansonsten den gleichen oder ähnlichen Anforderungen wie sie auch im Reporting bei der Berichterstellung anfallen (vgl. hierzu Abschn. 4.2.3.1). Neben der Bereitstellung der Planungsformulare sind in der Planung auch Planungsfunktionen anzustoßen, wie z. B. die Umlagen, Verteilungen und Umwertungen, deren Ergebnisse in Planungsprotokollen und Planungsberichten angezeigt werden.

4.2.2.3   Planungsdurchführung

Stehen alle Systeme und Informationen zur Planung zur Verfügung, erfolgt die Durchführung der Planung. Hierbei werden entweder die Planungsfunktionen angestoßen oder die Planwerte manuell in den Planungsformularen eingetragen. Wurden die Planungen abgeschlossen sind die Planergebnisse zu prüfen. Als Plausibilisierungshilfe können dabei auch Instrumente wie Abstimmungsberichte, Fehlerprotokolle etc. genutzt werden.

Schließlich sind die Planungen mit zielgerichteten Kommentierungen zu ergänzen, welche die Weiterverarbeitung in den nachfolgenden Planungsgebieten transparenter macht. Zudem helfen die Kommentare bei der Analyse, Abstimmung und Genehmigung der Planungsergebnisse in den jeweiligen Führungsgremien.

4.2.2.4   Abstimmung und Genehmigung der Planung

Die Planergebnisse der meisten Planungsgebiete erfordern eine Abstimmung und Genehmigung durch die Verantwortlichen der jeweiligen Führungsebenen und ggf. angrenzender Planungsgebiete.

Im Planungskalender sind diese Vorgänge als Meilensteine zu kennzeichnen.

In bestimmten Steuerungsgremien des Unternehmens werden i. d. R. die Planergebnisse präsentiert, diskutiert und schließlich abgestimmt. Weichen die Vorstellungen der jeweiligen Führungsebenen und Planungsgebiete deutlich voneinander ab, werden i. d. R. Korrekturen und Änderungen in der Planung notwendig. Deswegen sollten die Ergebnisse dieser Workshops schriftlich fixiert werden, bevor sich die Pflege und Korrektur der Änderungen anschließen. Sind einvernehmliche Planungsergebnisse erzielt worden, so erfolgt die Genehmigung der Planung. Der Planungsstand des Planungsgebietes wird eingefroren (fixiert) und für weitere Planungsschritte freigegeben. Sind alle Planungsgebiete durchlaufen, steht der integrierte Gesamtunternehmensplan mit allen Teilplanungsgebieten fest. Die letztendliche Genehmigung erfolgt durch die Geschäftsführung bzw. den Vorstand und wird schließlich durch die Gesellschafterversammlung bzw. den Aufsichtsrat und die Hauptversammlung beschlossen.

Die Planungen werden schließlich zur Veröffentlichung und fürs Reporting freigegeben.

4.2.3   Zyklischer Reportingprozess

Das Reporting im Unternehmen ist geprägt durch die Monats-, Quartals- und Jahres-abschlüsse im Wirtschaftsjahr. Sie bilden eine Hauptaufgabe für das Controlling bzw. das Rechnungswesen. Die Terminierung der Reportingintervalle ist dem folgenden Reportingkalender zu entnehmen (vgl. Abb. 4.15). Je nach Planungssystematik ist in dem Reportingprozess auch das Forecasting integriert (vgl. Abschn. 4.2.2). Thematisch gehört das Forecasting zur Planung und wird z. B. quartalsweise durchgeführt.

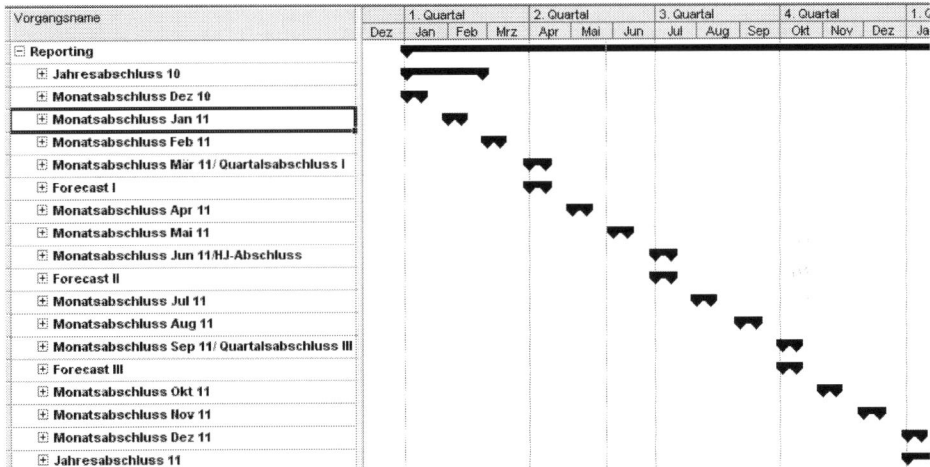

Abb. 4.15 Reportingkalender. (Der Reportingkalender wurde mit MS Projekt erstellt.)

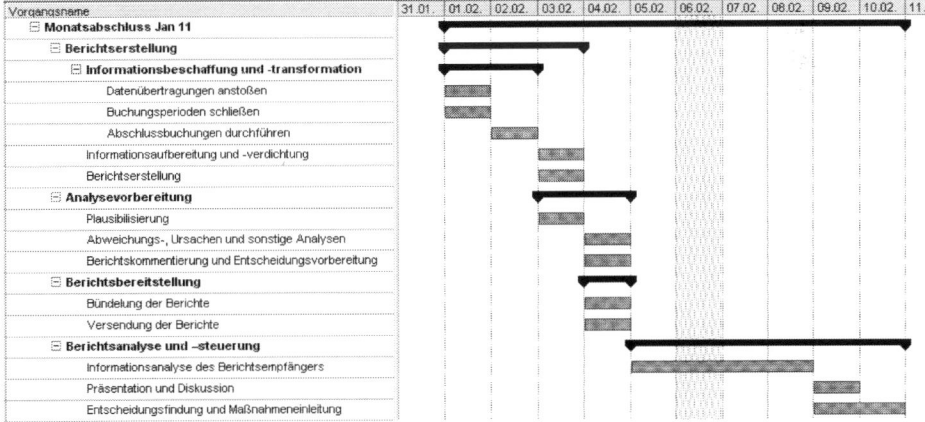

Abb. 4.16 Reportingkalender Monatsabschluss. (Der Reportingkalender (Monatsabschluss) wurde mit MS Projekt erstellt.)

Abb. 4.17 Zyklischer Reportingprozess

Zyklischer Reportingprozess

- Berichterstellung
  - Informationsbeschaffung und -transformation
  - Informationsaufbereitung und -verdichtung
  - Berichterstellung/Berichtsgestaltung

- Analysevorbereitung
  - Plausibilisierung
  - Abweichungs-, Ursachen- und sonstige Analysen
  - Berichtskommentierung und Entscheidungsvorbereitung

- Berichtsbereitstellung
  - Bündelung der Berichte
  - Versendung der Berichte

- Informationsanalyse und -steuerung
  - Informationsanalyse des Berichtsempfängers
  - Präsentation und Diskussion
  - Entscheidungsfindung und Maßnahmeneinleitung

Die Prozesse lassen sich in weitere Detailschritte aufteilen. Ein Beispiel für den Monatsabschluss zeigt Abb. 4.16, wobei die Berichte nach 4 Tagen bereits versendet und nach 10 Tagen analysiert und für Entscheidungen herangezogen worden sind.

Der zyklische Reportingprozess (vgl. Abb. 4.17) umfasst die Prozessschritte, die in den nächsten Kapiteln detailliert behandelt werden.

4.2.3.1   Berichterstellung

Der zyklische Reportingprozess beginnt mit der Berichterstellung. Er umfasst die Abläufe der Informationsbeschaffung, -aufbereitung und -verdichtung sowie die Berichterstellung im Speziellen.[57]

Der Prozess der Berichterstellung basiert im Wesentlichen auf den Ergebnissen der Informationsbedarfsanalyse (vgl. Abschn. 4.2.1.2) und den Berichtsanforderungen der Berichtsadressaten, die bereits im Soll- und IT-Konzept (vgl. Abschn. 4.2.1.3 und 4.2.1.4) definiert und im Rahmen der IT-Implementierung (vgl. Abschn. 4.2.1.6) umgesetzt wurden. Der Prozess der zyklischen Berichterstellung weist einen hohen Standardisierungsgrad auf,[58] so dass es sich anbietet, diesen zentral zu unterstützen. Fachlich gesehen bietet sich hier das Controlling als zentrale Institution an. Bei schwierigen technischen Fragestellungen und Aufgaben erfolgt eine Unterstützung durch die IT-Abteilung und Fachexperten.

Informationsbeschaffung und -transformation

Für die zyklische Berichterstellung müssen zunächst die benötigten Daten gesammelt werden. Hierbei sind manuelle und automatische Datenerfassungen sowie der Ort der Datenerfassung zu unterscheiden. Die manuelle Datenerfassung kann sowohl in der berichterstellenden Einheit oder in anderen Unternehmensteilen in den Fachfunktionen er-

---

[57] Vgl. zum Berichtserstellungsprozess u. a. Sanders und Schafft (2014, S. 297 f.).
[58] Vgl. Gleich und Temmel (2008, S. 78).

folgen und zentral abgefragt werden. Bei der automatischen Datenerfassung werden die benötigten Daten über Schnittstellen oder andere Systemzugriffe aus den vorgelagerten Systemen direkt in die weiterverarbeitenden Systeme weitergeleitet. Dies kann ständig, in regelmäßigen Abständen oder per Anfrage erfolgen. Aufgrund der hohen Arbeitsintensität und Fehleranfälligkeit sollte auf manuelle Datenerfassung immer dort verzichtet werden, wo es wirtschaftlich ist, sie durch automatische Datenerfassung abzulösen. Die Eingabe von Daten muss auch heute meistens manuell, bestenfalls im IT-System direkt erfolgen. Technische Hilfsmittel, wie Barcode-Scanner, RFID- oder QR-Code-Reader, können allerdings bei der Erfassung helfen.[59] Im Zeitalter der zunehmenden Digitalisierung werden mehr und mehr Quelldaten aber auch von den Systemen selber erzeugt, z. B. durch Messstationen und maschinelle Auswertungen. Weiteren Dateninput erhalten die Systeme durch Anwendereingaben, z. B. auf den Webseiten der Unternehmung.

Da die Daten in den vorgelagerten Systemen nicht immer konsistent vorliegen, müssen sie teils bei der Datensammlung auch angepasst werden. Im Rahmen der Transformation können die Daten so angepasst werden, dass z. B. unterschiedliche Bezeichnungen vereinheitlicht (harmonisiert) oder fehlende Informationen wie Abkürzungen oder Langtextbezeichnungen angereichert werden.

Für die meisten Abrechnungssysteme (z. B. Personalabrechnung und Finanzbuchhaltung) werden für die Monats-, Quartals-, und Jahresabschlüsse Buchungsmonate gesperrt und abgeschlossen, so dass Änderungen der Ist-Buchungen nicht mehr möglich sind, es sei denn, die Buchungsmonate werden rückwirkend wieder geöffnet, was i. d. R. nicht der Fall sein sollte, aber in der Praxis häufig anzutreffen ist. Der Anstoß von Prüf- und Abstimmungstätigkeiten, die Durchführung von Abschlussbuchungen sowie die Belegarchivierung ergänzen diese routinemäßigen Abschlusstätigkeiten in den Abrechnungssystemen (z. B. im Rechnungswesen und in den ERP-Systemen).

Für die Versorgung eines Data Warehouses mit Daten werden z. B. Softwaretools für die Datensammlung und -transformation eingesetzt, die den sogenannten ETL-Prozess (Extraktions-, Transformations- und Ladeprozess) unterstützen (vgl. Abschn. 5.5.2). Hierbei verwenden die Hersteller i. d. R. leistungsfähige eigene oder fremde Applikationen, die ihre Datenbasis auffüllen. Diese sind gegenüber den individuell geschriebenen Schnittstellen flexibler, zumeist schneller und aufgrund der Standardisierung günstiger. Die Applikationen für eine Anwendungsintegration sind neben der Importfunktion auch für den ggf. notwendigen Export zuständig, wenn Daten ggf. wieder ins Vorsystem zurückgespielt werden müssen oder nachgelagerte Systeme Daten erhalten sollen.

Die Geschwindigkeit der Informationsbeschaffung und -transformation ist eins der wesentlichen Kriterien für die Anwender. Als Beispiel für die Daten- und Applikationsintegration soll hier das Beispiel Hyperion Application Link gezeigt werden (vgl.

---

[59] RFID steht für radio-frequency identification. Hierbei können Objekte, die mit einem Transponder markiert sind, mit Hilfe von elektromagnetischen Wellen identifiziert werden. QR-Code steht für Quick-Response-Code. Es ist ein zweidimensionaler Code, der zur Identifizierung von Objekten und zugehörigen Informationen genutzt wird.

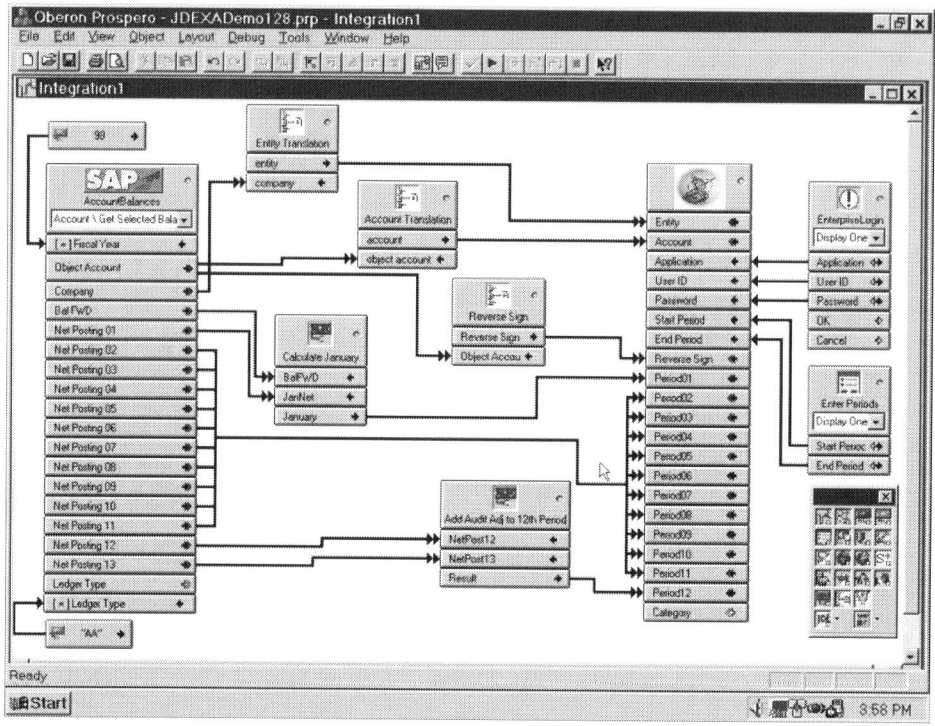

Abb. 4.18 Hyperion Application Link. (Entnommen aus Schön 2004, S. 323)

Abb. 4.18), mit dem eine hohe Datenintegration mit bestehenden Transaktionssystemen (z. B. ERP-Systeme wie SAP), vorhandener Datenbanken aber auch einfachen Excel-Tabellen mit einem Data Warehouse erreicht werden kann.

Informationsaufbereitung und -verdichtung

Da die Daten in der Phase der Datensammlung nicht immer vollständig, harmonisiert und in kompatibler Struktur und Güte vorliegen, müssen die Daten in einem weiteren Schritt für die Verdichtung aufbereitet werden. Hierbei kommt es darauf an, die Daten für die eigentliche Berichterstellung möglichst optimal zu strukturieren und abzulegen.

Je nach Einsatz der Reportingtechnologie kommt dieser Phase eine unterschiedliche Rolle zu. Werden die Berichte z. B. sehr einfach mit MS Excel aufbereitet, fallen hier viele zeitaufwendige (häufig manuelle) Aufgaben, wie Prüfen, Harmonisieren, Verdichten und Konsolidieren an. Wird ein Data Warehouse eingesetzt, so wird in der Datenadministration dafür gesorgt, dass die Datenaufbereitung in sogenannte Datenziele möglichst automatisch über Harmonisierungsregeln erfolgt. Die Datenziele sind z. B. multidimensionale Cubes oder flache Tabellen (Operational Data Store Objects), auf Basis derer die Berichtsabfragen (Querys) und Berichtsgestaltung erfolgen (vgl. hierzu Abschn. 5.5).

Berichterstellung/-gestaltung

Bei der Berichterstellung werden Standard-, Analyse-, Ad-hoc- sowie Exception-Reporting unterstützt. Wichtige Berichtsgrundformen, Layouthinweise und Objekte der Berichtgestaltung (Kommentare, Tabellen und Grafiken) wurden in den Abschn. 3.6–3.8 ausführlich beschrieben. Die Phase der Berichterstellung kann unterschieden werden nach dem erstmaligen Aufbau, der Gestaltung und Generierung des Berichts und dem zyklischen Abruf von bereits generierten Berichten. Werden leistungsfähige Reportgeneratoren auf z. B. bestehende relationale Datenbanken oder Data-Warehouse-Lösungen angewendet, so ist die erstmalige Berichterstellung zeitaufwändig. Der Abruf der Berichte per Knopfdruck benötigt dann später nur wenige Sekunden. Werden Berichte mit einfachen Tabellenkalkulationsprogrammen erstellt, dann ist die erstmalige Gestaltung zwar relativ einfach, muss aber bei regelmäßiger Neuanfrage immer wieder aufwändig befüllt und angepasst werden.

Aufgrund der hohen Standardisierungsmöglichkeiten bietet es sich an, leistungsfähige Reportgeneratoren zu nutzen. Moderne Frontend-Lösungen knüpfen direkt an das Data Warehouse an und ermöglichen multidimensionale Datenanalysen, die einfach erstellt und für Ad-hoc-Anfragen verändert werden können. Bei den Data-Warehouse-gestützten Frontend-Lösungen kristallisieren sich am Markt drei Richtungen heraus, die im Abschn. 5.5.5.2 detaillierter analysiert werden:

- Excel-integrierte Reportinglösung
- Spezielle proprietäre Reportgeneratoren mit grafischen Benutzeroberflächen
- Webbasierte Reportinglösungen

Bei den Excel-integrierten Reportinglösungen wird Excel als Add-in-Lösung genutzt, wobei die Zusatzfunktionen vor allem die Datenselektion und -bereitstellung aus dem Data Warehouse unterstützen, die Gestaltungsfunktionen aber von Excel genutzt werden können (vgl. Abb. 4.19).

Bei den Softwareanbietern fällt auf, dass zum Teil unterschiedliche Strategien für die unterschiedlichen Berichtsformen (Standard-, Analyse-, Ad-hoc- sowie Exception-Reporting) angeboten werden. Während eine Gruppe von Anbietern für verschiedene Reportformen unterschiedliche Tools auf der gleichen Datenbasis einsetzt, gibt es andere Hersteller, die hierfür nur eine Applikation einsetzen.

Zum Beispiel werden für das Standardreporting höhere Anforderungen an eine Druckversion gestellt, die besser durch spezielle Reportgeneratoren mit einer pixelgenauen grafischen Benutzeroberfläche erfüllt werden können als durch Web-Lösungen.

Ein großer Vorteil des Web-Reportings liegt vor allem darin, dass keine Clientsoftware mehr auf dem Desktop installiert werden muss. Ein herkömmlicher Browser reicht für die Reportdarstellung aus und kann von jedem Ort der Welt angesteuert werden, an dem eine Internetverbindung möglich ist (vgl. Abb. 4.20). Wird neben dem Desktop-Reporting auch ein mobiles Reporting auf unterschiedlichen Geräten erforderlich, sollten die Berichte so

Datei Bearbeiten Ansicht Einfügen Format Extras Daten Fenster Business Explorer ?

(IDES) Vertriebsmitarbeiter Quartalsvergleich

| Verkaufsorganisation | 1000 |
| Geschäftj./Periode | Januar 1999..Dezember 1999 |

VertrBeauftragter	
KalJahr/Quartal	
Kennzahlen	Absatzmenge; Erlös; Deckungsbeitrag I
Kunde	
Branche	
Warengruppe	

VertrBeauftragter	Kunde	KalJahr/Quartal	19991	19992	19993	19994	Gesa
Anke Heininger	COMPU Tech. AG	Absatzmenge	2.716 ST	2.585 ST	3.608 ST	1.909 ST	
		Erlös	443.419 EUR	404.096 EUR	693.230 EUR	307.122 EUR	1.8
		Deckungsbeitrag I	375.274 EUR	191.657 EUR	241.494 EUR	63.061 EUR	8
	Computer Competence Center	Absatzmenge	10 ST				
		Erlös	10.402 EUR				
		Deckungsbeitrag I	4.823 EUR				
	N.I.C. High Tech	Absatzmenge	676 ST	882 ST	949 ST	377 ST	
		Erlös	654.374 EUR	798.725 EUR	887.838 EUR	375.353 EUR	2.7
		Deckungsbeitrag I	569.960 EUR	695.599 EUR	772.801 EUR	275.593 EUR	2.3
	Ergebnis	Absatzmenge	3.402 ST	3.467 ST	4.557 ST	2.286 ST	
		Erlös	1.108.195 EUR	1.202.822 EUR	1.581.068 EUR	682.475 EUR	4.5
		Deckungsbeitrag I	950.057 EUR	887.256 EUR	1.014.295 EUR	338.654 EUR	3.1
Armin Schwarzenberger	Christal Clear	Absatzmenge	4.240 KAR	2.493 KAR	3.156 KAR	1.084 KAR	
		Erlös	1.628.927 EUR	961.892 EUR	1.210.199 EUR	415.783 EUR	4.2
		Deckungsbeitrag I	740.507 EUR	410.254 EUR	404.657 EUR	80.766 EUR	1.6
	Elektromarkt Bamby	Absatzmenge	3.200 KAR	3.349 KAR	3.064 KAR	3.399 KAR	
		Erlös	1.243.086 EUR	1.290.095 EUR	1.186.169 EUR	1.314.065 EUR	5.0
		Deckungsbeitrag I	601.431 EUR	476.396 EUR	380.219 EUR	273.368 EUR	1.7
	Ergebnis	Absatzmenge	7.440 KAR	5.842 KAR	6.220 KAR	4.483 KAR	
		Erlös	2.072.012 EUR	2.251.987 EUR	2.396.368 EUR	1.729.847 EUR	9.2
		Deckungsbeitrag I	1.341.939 EUR	886.650 EUR	784.875 EUR	354.133 EUR	3.3
Claus Thomas	C.A.S. Computer Application Systems	Absatzmenge	2.380 ST	2.189 ST	2.698 ST	964 ST	
		Erlös	601.582 EUR	310.772 EUR	521.787 EUR	202.203 EUR	1.6
		Deckungsbeitrag I	511.024 EUR	139.999 EUR	212.800 EUR	50.297 EUR	8
	CBD Computer Based Design	Absatzmenge	2.758 ST	2.107 ST	1.662 ST	2.069 ST	
		Erlös	585.271 EUR	383.505 EUR	344.530 EUR	344.717 EUR	1.6
		Deckungsbeitrag I	450.777 EUR	176.609 EUR	135.206 EUR	71.467 EUR	8
	HTG Komponente GmbH	Absatzmenge	993 ST	275 ST	933 ST	623 ST	
		Erlös	882.428 EUR	254.362 EUR	856.620 EUR	557.574 EUR	2.5

Abb. 4.19 SAP BW-Bericht mit dem Bex-Analyser (MS Excel-Integration). (Quelle: SAP BW-Bericht mit dem Bex-Analyser (MS Excel-Integration) basierend auf Daten eines SAP-IDES-Systems. Entnommen aus Schön 2004, S. 331)

entwickelt werden, dass eine automatische Anpassung der Berichtsinhalte und Funktionen auf das mobile Endgerät und seine Größe erfolgt (vgl. Abschn. 5.9.5).

Bei der Berichterstellung müssen nicht zwingenderweise Verständnis für Datenbankstrukturen und Kenntnisse in Programmiersprachen vorhanden sein. Die Berichte können mit modernen Reportgeneratoren auch ohne die IT-Abteilung und ohne IT-Spezialisten und Berater erstellt werden. Die Datenanbindung und -analyse wird u. a. durch Explorative Analysewerkzeuge des Data Mining und Data-Discovery- bzw. Visual-Discovery-Werkzeuge unterstützt. Vergleiche hierzu auch die Anmerkungen zum Data Mining im Abschn. 5.5.5.3 und zum Self-Service BI im Abschn. 4.1.5.4.

Die Anbieter unterscheiden beim Reporting zwischen der Reportentwicklungsebene und der Reportanalyseebene. Wichtig bei der Reportentwicklung ist die Gestaltungsfreiheit bei der Darstellung der Berichtsinhalte. Berichtsvorlagen, sogenannte Templates, helfen bei der Gestaltung der Berichte. Sie enthalten Informationen über den Aufbau und die Struktur der verfügbaren Informationen und nutzbaren Berichtsobjekte. Über Frames (Berichtsabschnitte) können dabei in einem Bericht (z. B. auf einer Seite) Dateninhalte voneinander getrennt werden. Mit der Drag & Drop-Funktionalität werden sogenannte

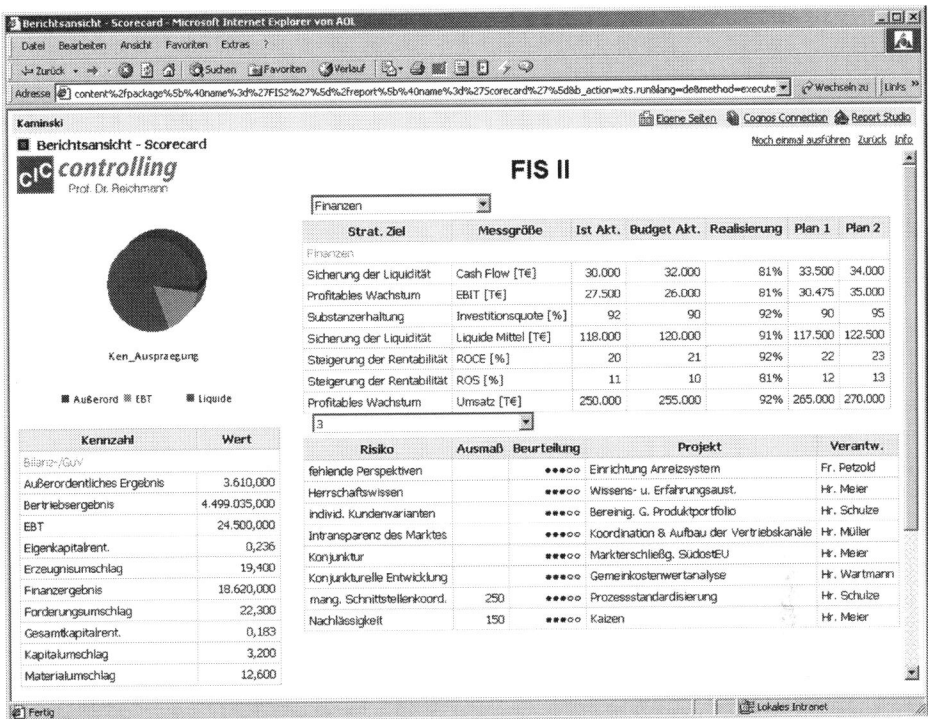

Abb. 4.20 Web-Bericht-Beispiel mit Cognos ReportNet. (Entnommen aus Schön 2004, S. 324)

Berichtsobjekte (z. B. Tabellen, Selektionsfilter, Grafiken, Menü- und Schaltfelder) individuell positioniert, formatiert und können flexibel geändert werden. Selektions- und Filterkriterien sind für die Gestaltung der Berichtsobjekte auszuwählen. Ein Metadatenmodell hilft bei der Mehrsprachigkeit und Übersetzung der Berichte in andere Sprachen.

Beliebige Kommentare und Corporate Identity-Merkmale wie Logos und andere Firmenlayouts oder auch Produktbilder sind individuell einfügbar. Als Hilfestellung bei der Berichtsentwicklung können sogenannte „**Wizards**" (Berichterstellungsassistenten) eingesetzt werden, die den Anwender Schritt für Schritt bei der Erstellung seiner Berichte führen. Mit Hilfe eines Vorschaubildes (**Thumbnails**) kann der mit Hilfe des Wizards erstellte Bericht vorab gesichtet werden.

Zu den Möglichkeiten der Reportentwicklung vergleiche auch die Ausführungen im Abschn. 5.5.5.2 und hier speziell die unterschiedlichen Anwendungsoberflächen.

4.2.3.2 Analysevorbereitung

Nach der Berichterstellung erfolgt die Phase der Analysevorbereitung. Sie reicht von der Plausibilisierung der erstellten Berichte über die Abweichungs- und Ursachenanalyse bis zu der Kommentierung der Berichte.

Diese Phase erfolgt i. d. R. zentral durch die Controlling-Institution. Die Analysen und Kommentierungsaufgaben bedingen jedoch auch die Kommunikation zu den Fachverantwortlichen bzw. den Führungs- und Leitungskräften.

Plausibilisierung

Je nach Systemeinsatz, angefangen von Excel bis hin zu Data-Warehouse-Lösungen, bekommt diese Phase ein unterschiedliches Gewicht. Durch die verstärkte Automatisierung der Datenübertragung lassen sich tendenziell Plausibilisierungsprozesse optimieren. Im Fall sehr vieler manueller Übertragungswege ist dieser Prozessschritt i. d. R. sehr zeitaufwändig.

Ziel der Plausibilisierung ist es, Unstimmigkeiten, Fehler und Qualitätsmängel der Daten in den erstellten Berichten aufzudecken und zu beheben (vgl. Abschn. 4.2.4.4). Datenqualität ist schließlich das am meisten genannte Problemfeld von Umfragen zum Reporting und ihren Systemen, z. B. im Themenbereich Business Intelligence.[60]

Die Datenqualität fängt schon bei den **Stammdaten** und den **Kontierungsvorgaben** an, die zunächst einmal standardisiert und strukturiert für das gesamte Unternehmen aufzubauen sind. Zudem bietet es sich an, regelmäßig **Validierungen** durchzuführen sowie **standardisierte Anlage- und Pflegeprozesse von Stammdaten** zu etablieren und über bestimmte Analyseverfahren (z. B. **Syntaxanalyse, Vollständigkeitsanalyse**) und **Synchronisierungsfunktionen** zu unterstützen.[61]

Datenverluste zwischen den Systemen lassen sich beispielsweise durch Kontrollsummen prüfen. **Fehlerprotokolle** der Schnittstellen zeigen z. B. fehlerhafte Datenübertragungen oder die Unvollständigkeit der Datensätze an. **Abstimmberichte und Überleitungsrechnungen** helfen dabei, die Datenvollständigkeit zu prüfen. Nicht zugeordnete Kennzahlen lassen auf fehlende Informationsanreicherung schließen. Nicht zuletzt ist die **Erfahrung** im Controlling und in anderen Bereichen wichtig, um mögliche fehlerhafte Stellen in den Auswertungen zu finden.

All die gefundenen Fehlerquellen müssen bestenfalls an ihrer Quelle behoben werden. Nachträgliche Korrekturen im Informationsprozess, z. B. über Datenveränderungen oder Korrekturzeilen, sind später kaum noch nachzuvollziehen.

In der Praxis zeigt sich, dass durch eine kontinuierliche Qualitätssicherung im Reporting eine Verbesserung der Datenqualität mit degressiv fallenden Fehlerquoten erreicht werden kann.

Abweichungs-, Ursachen- und andere Analysen

Eine Hauptaufgabe des Controllers ist die Funktion der Informationsversorgung und Entscheidungsvorbereitung. Er nimmt hierbei die Stellung eines „Beraters" bzw. „Sparring-

---

[60] Vgl. z. B. Friedrich (2008, S. 10–11), Finucane und Mack (2011, S. 8–11) und Schön (2011, S. 1–47).
[61] Es werden bereits spezielle Softwarelösungen für die Datenqualitätsprüfung eingesetzt (Vgl. z. B. Atacama 2011).

partners" für das Management ein. In der Phase der Abweichungs- und Ursachenanalyse werden hierfür wichtige Grundlagen geschaffen.

Die Abweichungsanalyse zeigt hierbei den Erreichungsgrad bezüglich der gesteckten Ziele an, indem die tatsächlichen Ist- bzw. Forecastwerte mit den Planwerten verglichen werden.

Best-Practice-Benchmarks zeigen den Analysten Verbesserungspotenziale bei unterschiedlichen Ergebnisobjekten (Abteilungen, Prozesse etc.) an. Die Bedeutung der Ergebnisobjekte in Relation zur Gesamtheit der Ergebnisobjekte lässt sich u. a. mit der ABC-Analyse durchführen.

Zeitreihenanalysen zeigen Trends und besondere Einbrüche oder Spitzen der betrachteten Werte je Ergebnisobjekt an.

Details zu den vorgenannten und weiteren Berichts- und Analyseformen sind dem Abschn. 3.7 zu entnehmen.

Dem Controller kommt die Herausarbeitung der wichtigsten Erkenntnisse aus dieser „kreativen" Analysearbeit zu. Bestmöglich sind hierbei die Ursachen- und Wirkungszusammenhänge sowie Regelmäßigkeiten und Sondereffekte zu identifizieren. Der Controller benötigt für die Analysevorbereitung gutes kaufmännisches Wissen, das er in der Theorie aufgebaut und in der Unternehmenspraxis verifiziert und ausgebaut hat. Weiterhin benötigt das Controlling einen Unternehmergeist. Es muss Freude daran haben, für die Unternehmung Verbesserungspotenziale aufzuspüren und dem Management helfen diese umzusetzen.

Berichtskommentierung und Entscheidungsvorbereitung

In der Phase der Berichtskommentierung werden die gewonnenen Erkenntnisse der vorbereitenden Analysephase dokumentiert. Dies sollte in komprimierter Form, z. B. in Stichpunkten und kurzen Sätzen, erfolgen. Bei den Kommentierungen lassen sich dabei zentral zusammengefasste Ergebnisse und Einzelkommentierungen an einzelnen Berichtsobjekten und Einzelwerten unterscheiden (Zur Gestaltung von Kommentierungen vgl. Abschn. 3.8.2.5). Zudem helfen Lesezeichen (Bookmarks) bei der Suche wichtiger Inhalte.

Hierauf aufbauend sollten Entscheidungsbedarfe der Führungs- und Leitungskräfte sowie Vorschläge für Maßnahmen herausgearbeitet werden. Diese beiden letzten Schritte sind in der Praxis häufig beschnitten, wenn sich das Management die Hoheit über die Interpretation und die Entscheidung allein vorbehält oder die Interpretationsmöglichkeit im Controlling aufgrund des spezifischen Know-hows der Fachabteilung nicht oder nur beschränkt möglich ist.

Besteht eine gute Informations- und Kommunikationskultur im Unternehmen, sollten idealerweise am Ende dieser Phase die ursprünglichen Ergebnisberichte um entsprechende Kommentierungen und Entscheidungsbedarfe und -vorschläge ergänzt werden.

4.2.3.3 Berichtsbereitstellung

Nach der Phase der Analysevorbereitung erfolgt die Berichtsbereitstellung. Die Berichtsbereitstellung umfasst die Themen Ausgabeformat, Berichtsbündelung und die Art der Versendung der Berichte.

Die Berichtsbereitstellungsbedarfe sind mit den Berichtsadressaten in der Reportingeinführungs- bzw. Reporting-Qualitätssicherungsphase zu bestimmen. Die Durchführung der Berichtsbereitstellung erfolgt zentralgesteuert durch die Controlling-Institution, die sich hier der technischen Möglichkeiten der IT bedient (Job-Läufe, Monitoring etc.).

Beispielhafte Ausgabeformate sind u. a.:

- Druckberichte (Papier, pdf.)
- Grafische Ausgabe in einem Präsentationsprogramm (z. B. Powerpoint,.pptx)
- Grafische Ausgabe in einem Tabellenkalkulationsprogramm (z. B. Excel,.xlsx)
- Grafische Ausgabe in einem speziellen Reportingprogramm
- Grafische Ausgabe in einem Web-Browser (html.)

Zu den differenzierten Ausgabeformaten und -medien vergleiche Abschn. 5.5.5.7.

Bündelung der Berichte

Für die Bündelung der Berichte bieten sich nach Ausgabeformat unterschiedliche Bündelungsformen an, die im Abschn. 3.3 detaillierter erläutert wurden:

- Ordner, Inhaltsverzeichnisse, Register und Berichtsmappen
- Spezielle Dateiverzeichnisstrukturen und Dokumentenordner, die nur für zugewiesene Berichtsadressaten zugänglich sind
- Im Storyboard gebündelte Berichte und Kommentare
- Gliederungsmöglichkeiten und Navigationsberichte der Reportingprogramme
- Gliederungsmöglichkeiten und Zugriffsmöglichkeiten von Portal-Lösungen, die über das Internet/Intranet erreicht werden können

Versendung und Bereitstellung der Berichte

Hinsichtlich der Versendung, Übertragung (**Broadcasting**) bzw. Bereitstellung der Berichte sind folgende Wege gängig:

- Manueller Versand und Zustellung
- Elektronische Zustellung
  - per Mail
  - per Zugang zu einem Dokumentenverzeichnis
  - per Programmzugang
  - per Online-Link
  - per Web-Zugang, z. B. über eine intranetgestützte Portallösung
  - auf mobile Endgeräte wie Smartphones

Der Form halber sei hier erwähnt, dass Informationen natürlich auch auf dem mündlichen Weg überbracht werden können. Dies bietet sich bei sehr wichtigen und aktuellen Informationen auch an. Für das Reporting und die Planung an sich erfolgt die Bereitstellung jedoch in papiermäßiger oder elektronischer Form.

Die Adressaten der Berichte sind vorab zu bestimmen und idealerweise in den Systemen inklusive ihrer Berechtigungen zu hinterlegen (vgl. hierzu Abschn. 4.1.5.1 und 5.5.3).[62]

Zu den technischen Verteilungsmöglichkeiten von Berichten und Planungsformularen vergleiche auch Abschn. 5.5.5.6. Bei der Versendungsart lassen sich folgende Wege unterscheiden:

- Manueller Anstoß der Berichtsversendung
- Zyklischer Anstoß der Berichtsversendung
- Exemption-Reporting löst die Berichtsversendung bei Erreichung von Toleranzgrößen aus.

Die moderne Berichtsübertragung und -bereitstellung erfolgt entweder auf individuellen, anbieterspezifischen, grafischen Oberflächen oder auf Standard-Web-Browser-Oberflächen (vgl. Abb. 4.21). Insbesondere das webbasierte Reporting hat hier Vorteile bezüglich der Verteilung der Berichte, da auch Anwender ohne installierte Spezialapplikation auf dem lokalen Rechner in den Berichten analysieren und navigieren können.

Die Verteilungsfunktion von Berichten wird durch die Berechtigungskonzepte und Zugriffsrechte der User gesteuert. Zur übersichtlichen Verwaltung der zum Teil unterschiedlichen Berichtsempfänger bietet es sich an, sogenannte Berichtsmappen zu erstellen, die Usergruppen oder einzelnen Personen zugeordnet werden.

Zu unterscheiden ist weiterhin das Push- und Pull-Berichtswesen. Beim **Push-Berichtswesen** werden die Berichte den Empfängern nach vorgegebenen Kriterien (z. B. periodisch) zur Verfügung gestellt, was zu einem Informations-Overload führen kann. Beim **Pull-Berichtswesen** fordert der Empfänger individuell seine Berichte an, wobei er u. a. die Hilfe von speziellen Suchmechanismen nutzen kann. Reines Pull-Berichtswesen birgt allerdings die Gefahr, dass Anwender wichtige Informationen nicht erhalten. Aus diesen Gründen ist eine Kombination von Push- und Pull-Berichtswesen zu favorisieren, bei dem z. B. ein potenzieller Berichtsempfänger per E-Mail oder im Userbereich des Portals auf neue Reports mit einer kurzen Inhaltsbeschreibung (Metadaten des Reports) hingewiesen wird. Er kann nun selbst entscheiden, ob er den Bericht selektieren möchte oder nicht.

Weiterhin besteht der Bedarf die Berichtsinhalte in anderen nachgelagerten Systemen zu nutzen. Hierfür stellen die Reportingwerkzeuge Exportfunktionen zur Verfügung, die zahlreiche Datenformate (z. B. „csv" für Tabellenkalkulationsprogramme) bedienen.

---

[62] Vgl. Knöll et al. (2006, S. 200).

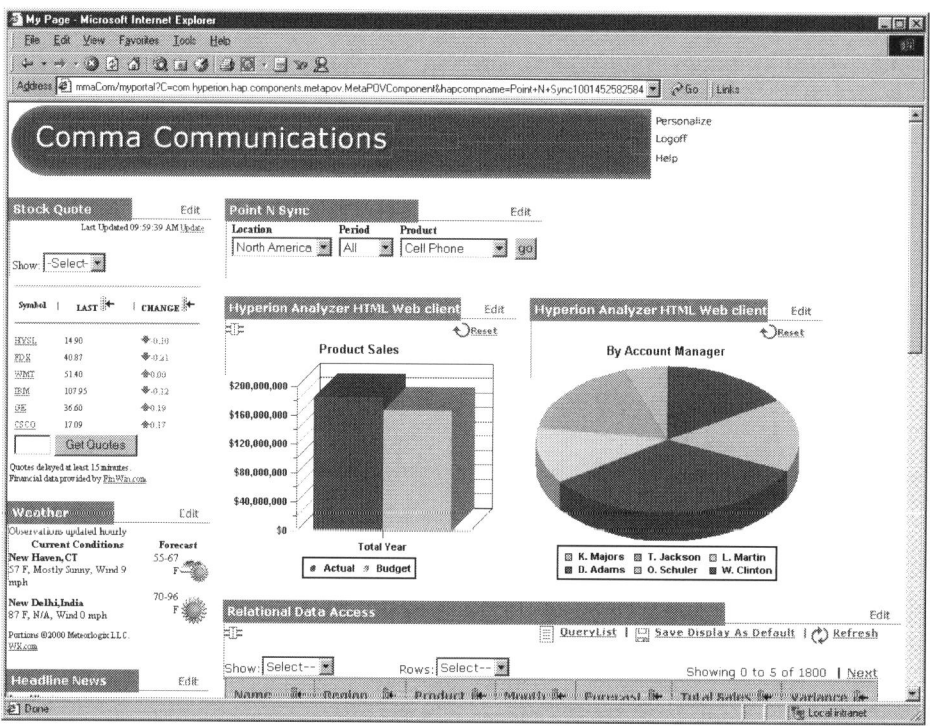

Abb. 4.21 Webbasierte zentrale Portal-Applikationen (Hyperion Central). (Entnommen aus Schön 2004, S. 330)

4.2.3.4   Informationsanalyse und Steuerung

Die wichtigste Phase des Reportingprozesses ist die Phase der Informationsanalyse und -steuerung. Sie umfasst die Informationsanalyse des Berichtsempfängers, die Berichtspräsentation und -diskussion der jeweiligen Führungskreise sowie die hier erzielte Entscheidungsfindung und Maßnahmenableitung.

Die Informationsanalyse und Steuerung erfolgt durch die Führungs- und Leitungskräfte der jeweiligen Führungsebene und wird durch das Controlling unterstützt. Der Kommunikation zwischen den Führungsebenen und dem Controlling kommt hier eine hohe Bedeutung zu. Sie dient der Wissensmehrung und Schaffung von Transparenz bei allen Beteiligten.

Informationsanalyse des Berichtsempfängers

Nach Erhalt der zur Verfügung gestellten Berichtsinformationen hat sich der Berichtsempfänger vorab zunächst selbst ein Bild über die Lage seines Verantwortungsbereiches zu erarbeiten. Die verschiedenen Analyseformen (vgl. Abschn. 3.7), wie z. B. die Abweichungsanalysen, Trendanalysen oder ABC-Analysen, helfen dabei Stärken und Schwächen bzw. Erfolgs- und Verlustquellen der Ergebnisobjekte aufzudecken. Sie sensibilisieren für Entwicklungen und lassen ggf. Chancen und Risiken erkennen. Sie regen an, weitere Ursachen und Wirkungszusammenhänge aufzudecken und für die Steuerung zu nutzen. Als Ansprechpartner für Fragen, Beratungs- und Entscheidungshilfen steht der Controller zur Verfügung, der bereits in der Analysevorbereitung die Entscheidungsträger mit wichtigen Hinweisen, Kommentaren und Vorschlägen unterstützt hat.

Während die Informationsversorgung zumeist Bottom-Up erfolgt, also von unverdichteten Basisdaten bis hin zu Informationen höchster Verdichtungsstufe, sind die Analysewege Top-Down zu gestalten. Bei einem Analyseweg handelt es sich um eine individuelle oder standardisierte Suche nach Ursachen, die für eine Auswirkung verantwortlich gemacht werden können. Die Lokalisierung der problemrelevanten Einzelinformationen erfolgt zumeist auf einer nachgelagerten Ebene.

Bei der Informationsanalyse sollten folgende Fehler vermieden werden:

- Verschlossenheit gegenüber Veränderungen (Betriebsblindheit)
- Konzentration auf einen oder wenige Aspekte
- Übertriebene Kontrolle
- Persönliche Schuldzuweisungen
- Konzentration auf die Bestätigung von getroffenen Prognosen und Annahmen

Stattdessen sollte die Informationsanalyse möglichst offen, vielschichtig und objektiv durchgeführt werden.

Die Informationsaufnahme wird in der Praxis im besten Fall im Dialog mit den gezeigten Business-Anwendungen digital durchgeführt. Es handelt sich um einen Prozess zwischen Mensch und Computer. Auf ausgedruckte Berichte sollte mehr und mehr verzichtet werden.

Die wichtigsten Analysefunktionen der Software-Anwendung sind dabei die Drill-Down- und Roll-Up-Funktion, Drill-Through, Slice- und Dice-Funktion, das Pivoting und Drill-Across. Mit der Drill-Down- und Roll-Up-Funktionalität lassen sich die Berichtsinhalte vom verdichteten Zustand bis hin zur Datenquellinformation auflösen und umgekehrt verdichten. Mit dem Drill-Through erhält man die Möglichkeit bis zur Datenquelle im vorgelagerten System zu verzweigen. Bei der OLAP-spezifischen Slice- und Dice-Funktionalität lassen sich in hoher Geschwindigkeit selektierte Dimensionssichten (Scheiben und Würfel) aus dem multidimensionalen Data Warehouse bzw. Data Mart anzeigen. Beim Pivoting und dem Drill-Across lassen sich die selektierten Dimensionen (wie Kunden- und Produktsicht oder die Zeit) flexibel austauschen (vgl. hierzu den Abschnitt über Pivottabellen im Abschn. 3.8.2.3). Hierdurch sind multidimensionale Datenanalysen (vgl. Abb. 4.22) mit akzeptablen Antwortzeiten möglich.

Über interaktive Navigationspunkte kann zudem auf weitere Berichtsquellen und Dokumente oder Internetseiten (über Web-Link-Verknüpfung) verzweigt werden.

Die vom Controlling erstellten Kommentare, Entscheidungsbedarfe und -vorschläge helfen dem Analysten schneller, wichtige (voranalysierte) Erkenntnisse aufzunehmen und

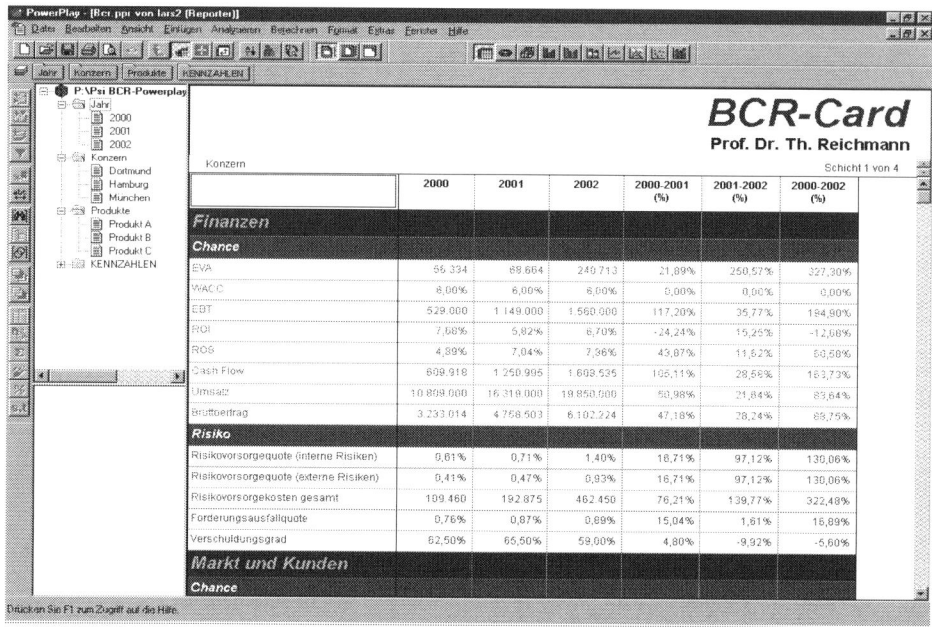

Abb. 4.22 Multidimensionale Analysen mit Powerplay von Cognos. (Entnommen aus Schön 2004, S. 332)

Rücksprachen zu halten, um so die Berichte ggf. mit eigenen Kommentaren zu versehen. Für die Suche wichtiger Inhalte können Lesezeichen (Bookmarks) eingefügt werden.

Berichtspräsentation und -diskussion

Ein weiterer wichtiger Schritt der Berichtssteuerung ist die Besprechung der Berichtsinhalte im dafür vorgesehenen organisatorisch festgelegten Führungskreis bzw. Gremium.

Eine intensive Aufnahme, gemeinsame Analyse, Diskussion und Nutzung der Berichte für die Steuerung kann im Vorfeld durch eine gut ansprechende Präsentation der Berichte erreicht werden.

Gute Präsentationen und Diskussionsmöglichkeiten zur Informationsanalyse zeichnen sich durch folgende Punkte aus:

- Zusammenfassung der wichtigsten Ergebnisse
- Kommentierung wichtiger Erkenntnisse
- Vorgezeichnete Analysewege, ausgehend von verdichteten Informationen bis zu den wichtigen Detailinformationen
- Auf Bedarf Bereitstellung weiterer Informationsquellen bis auf die Detailebene der vorgelagerten Systeme (Back office)
- Entscheidungsbedarfe und -vorschläge sind zu formulieren
- Ergebnisse und ggf. Entscheidungen der Besprechungen sind zu dokumentieren

Für die Besprechung und Diskussion von Berichtsinhalten in Führungsgremien eignen sich klassische Präsentationstechniken, wie Beamerpräsentationen und ausgedruckte
Berichtsvorlagen oder moderne Collaboration- und Groupware-Funktionen zum Terminieren und Einladen für Meetings, zum Einrichten von Chat-Rooms, Videokonferenzen
und anderen Diskussionsforen. Hierbei können Mitarbeiter in virtuellen Teams auch über
Zeitzonen und geografische Gegebenheiten hinweg weltweit in sogenannte Collaboration
Rooms zusammengeführt werden.[63] Immer mehr Unternehmen setzen diese virtuellen
Kommunikationsmöglichkeiten ein. Unabhängig vom BI-Softwaremarkt haben sich hier
spezielle Softwareanbieter etabliert. Zudem bekommt das Mobile Reporting einen höheren Stellenwert. Anwender nutzen ihre mobilen Endgeräte zu jeder Zeit an beliebigen
Orten (vgl. Abschn. 5.7).

Entscheidungsfindung und Maßnahmeneinleitung
Die Entscheidungsfindung und Maßnahmeneinleitung kann, wie oben aufgeführt, Ergebnis der Führungsgremien im Rahmen der Berichtspräsentation und -diskussion sein, sie
kann aber auch in zeitlich versetzten Führungsrunden getroffen werden, insbesondere
wenn Entscheidungen überdacht werden müssen. Häufig sind mehrere Entscheidungsrunden nötig, um geeignete Maßnahmen oder Gegenmaßnahmen bzw. Eskalationsmaßnahmen zu bestimmen.

Getroffene Maßnahmen und initiierte Projekte sollten hinsichtlich folgender Punkte
konkretisiert und gesteuert werden:

- Zielsetzung festlegen (z. B. über Leistungs- und Erfolgsgrößen)
- Verantwortungszuordnung
- Ressourcenzuordnung
- Zeitliche Terminierung
- Finanzielle Ausstattung
- Ggf. Risikoabschätzung

4.2.4 Qualitätssicherungsprozess

Der Qualitätssicherungsprozess umfasst die inhaltlichen, organisatorischen, prozessmäßigen und IT-relevanten Anforderungen an die gesamte Planung und das gesamte Reporting.
Die Teilaufgaben des Qualitätssicherungsprozesses sind der Abb. 4.23 zu entnehmen.

4.2.4.1 Informationsbedarfsanalyse und -änderungen
Änderungen der Umwelt und Änderungen der strategischen Ausrichtung eines Unternehmens machen die Überprüfung der Informationsbedarfe in gewissen Abständen erforderlich. Einmal im Jahr oder in größeren Zeitabständen sind daher auch die Informations-

---

[63] Vgl. Knöll et al. (2006, S. 201).

Abb. 4.23 Qualitätssicherungsprozess

Qualitätssicherungsprozess:

- Informationsbedarfsanalyse und -änderungen
- Prozessqualitätsprüfung und -änderungen
- Organisatorische Qualitätsprüfung und -änderungen
- Datenqualitätsprüfung und -steuerung
- Informationssystem-Qualitätsprüfung und -steuerung

bedarfe und Planungsinhalte zu prüfen (vgl. hierzu Abschn. 4.2.1.2). Hierzu bietet sich das Controlling als zentrale koordinierende und ausführende Stelle im Zusammenhang mit den Führungsebenen und Fachabteilungen an. Um neue Impulse zu erhalten ist die Hinzuziehung externer Beratungskräfte nützlich.

Wurde der neue bzw. abgeänderte Planungs- und Informationsbedarf aufgenommen, sind hieraus die notwendigen Änderungen vorzunehmen und in den Systemen zu pflegen. Zudem sind ggf. Überleitungsregeln zu erstellen, wenn z. B. Organisationseinheiten zusammengelegt oder aufgespalten wurden.

Für die Verwaltung der Berichte ist die Pflege von Metadaten zu empfehlen, anhand derer die Mitarbeiter der IT, des Controllings und der Fachabteilungen sowie anderer Empfänger und Sender von Berichten den Überblick über den Reportingvorrat, deren Inhalte, Bedeutung und Aussagekraft erhalten können.

Als Medium bieten sich (IT-gestützte) Reporting-Handbücher und -Richtlinien (sogenannte Reporting-Guidelines) an, in denen alle Anforderungen an das Reporting detailliert beschrieben werden. Hierunter fallen Beschreibungen zur Entwicklung und Präsentation von Berichten sowie Erläuterungen zur Aufstellung und Bewertung einzelner Kenngrößen.

Weiterhin sollte auch die technische Dokumentation (vgl. Abschn. 4.2.1.4, IT-Konzept), ausgehend vom inhaltlichen Soll- bzw. Fachkonzept (vgl. Abschn. 4.2.1.3), stetig weitergepflegt werden, um so die Aktualität über die Datenquellen, die Datenmodellierung und die Datenversorgung aufrechtzuerhalten. Ideal wären hier zudem automatische Dokumentationen, die wichtige Änderungen in den Systemen festhalten, wenn z. B. neue Datenquellen angebunden wurden.

4.2.4.2 Prozessqualitätsprüfung und -änderungen

Im Rahmen der Prozessqualitätsprüfung steht die Analyse des Planungs- und Reportingprozesses hinsichtlich Qualität, Schnelligkeit und Wirtschaftlichkeit an.

Bei den Planungs- und Reportingprozessen ist zu berücksichtigen, dass der Weg von der Erstellung bis zur Abstimmung, Analyse und Steuerung mit einem „time lag" verbunden ist, welcher sich aus der Zeitspanne, z. B. zwischen der Sichtung einer Abweichung im Führungsinformationssystem und der Erfassung der Quelldaten in vorgelagerten Systemen, ergibt. Diesen „time lag" zu verkürzen und die Geschwindigkeit der Informationsversorgung bzw. der Planung zu erhöhen ist eine der größten Herausforderungen hinsichtlich der Prozessoptimierung.

Zur Analyse und Dokumentation der Planungs- und Reportingprozesse bieten sich folgende Werkzeuge an:

- Grafische Workflows
- Ablaufbeschreibungen
- Arbeitsanweisungen

Sollten sich hier im Zeitablauf wirtschaftlich vertretbare Verbesserungsmöglichkeiten ergeben, sind diese umzusetzen, z. B. automatische statt manuelle Datenübertragungen oder die Einführung von Abstimmungsberichten zur Prüfung der Datenqualität.

Bei den Reportingprozessen kommt der Forderung, einen Abschluss bzw. einen Bericht schnell zu liefern (**fast close**), eine hohe Bedeutung zu. In der Unternehmenspraxis werden Abschlüsse leider erst mehrere Wochen oder sogar Monate später geliefert, so dass die Aktualität der Informationen und die hierdurch gegebene Steuerungsmöglichkeit zu spät kommt und ggf. schon wieder hinfällig ist. Ziel ist es, den Abschlussbericht möglichst zeitnah nach dem Ende der Periode zu liefern, also z. B. beim Monatsreport spätestens bis zum 10. Arbeitstag nach Monatswechsel, besser noch früher z. B. nach dem 3. oder 4. Arbeitstag.

Generell zu überprüfen und festzulegen ist die Terminierung und der Zyklus der standardmäßigen Analyseberichte. Hierbei lassen sich generell folgende Berichtsintervalle unterscheiden:

- Tagesberichte
- Wochenberichte
- Monatsberichte
- Quartalsberichte
- Halbjahresberichte
- Jahresberichte
- Mehrjahresberichte

Die Berichtsintervalle müssen mit den Führungsgremien und Analysemöglichkeiten der Berichtsempfänger abgestimmt werden. Wichtige Kennzahlen des Unternehmens, wie Auftragseingänge, Umsatz, Zahlungseingänge und Produktionszahlen sind kurzfristig (wöchentlich bis täglich) zu berichten. Durch die moderne IT-Unterstützung in der heutigen Arbeitswelt kommt es dabei vor allem auf den Einstiegsbericht an (vgl. Abschn. 3.9). Die Führungskraft will sofort die wichtigsten Kennzahlen seines Bereiches auf einen Blick betrachten und bei kritischen Größen, wenn notwendig, sofort handeln. Sie benötigt die Daten zeitnah (Echtzeit) und ortsunabhängig (ggf. mobil).

Das Kern-Managementreporting wird weiterhin monatlich erfolgen, da viele Ergebnisgrößen und Kosten, wie z. B. die Personalkosten, erst nach Buchungsschluss im Monatstakt zur Verfügung stehen. Größen, die sich kurzfristig nicht nennenswert verändern, wie

z. B. die Mitarbeiterstatistik können in längeren Zyklen betrachtet werden. Bei der Terminierung mit zu berücksichtigen sind natürlich die gesetzlich verpflichtenden Berichte wie z. B. Quartalsberichte und der Jahresabschlussbericht.

Für die zyklische Berichtsgenerierung werden sogenannte Scheduler- und Monitoring-Funktionen angeboten, mit deren Hilfe ein periodisches Standardberichtswesen elektronisch terminiert und überwacht werden kann.

Auch Planungsprozesse sind häufig in der Unternehmenspraxis ausfernd lang und können in der Budgetplanung z. B. 6 Monate und mehr erreichen. In dieser Zeit haben sich die Rahmenbedingungen bereits wieder so geändert, dass zeitintensive Korrekturplanungen notwendig sind. Deswegen gilt auch hier die Zielsetzung, die Planungsprozesse schlanker zu machen (z. B. auf unter 3 Monate bei der Budgetplanung und wenige Wochen beim Forecast) und besser aufeinander abzustimmen, damit weniger Korrekturen und Nachpflegeprozesse entstehen.

4.2.4.3   Organisatorische Qualitätsprüfung und Änderungen

Zentral für die organisatorische Qualitätsprüfung ist die Zuordnung der verantwortlichen Berichtsempfänger, die nach Maßgabe von Organisationsänderungen bzw. bei Personaländerungen zu aktualisieren sind. Hierbei helfen das Berechtigungskonzept und die Organisationsmatrix zur Planung und zum Reporting sowie ihre technische Umsetzung, die flankierend zu den vorhandenen Organisations- und Zuständigkeitsregelungen genutzt werden sollten (vgl. Tab. 4.6 im Abschn. 4.2.1.2).

Das Berechtigungskonzept (siehe hierzu Abschn. 5.5.3) richtet unterschiedlichen Personen und Gruppen spezielle Rechte und Pflichten für das Reporting und die Planung ein (Lesen, Selektieren, Schreiben, Verändern, Löschen etc.). Vom Anwender her lassen sich einfache **Benutzer** (User) mit Leserechten bis hin zu Powerusern mit Entwicklungsrechten unterscheiden.

Auf der Grundlage des Berichtszuordnungskonzeptes werden einzelne Berichte oder Berichtsmappen (Briefing Books) den Berichtsempfängern einzeln oder rollenbezogen zugeordnet.

4.2.4.4   Datenqualitätsprüfung und -steuerung

Die Datenanalysen können nur so gut sein, wie der eingegebene Dateninput ist. Der Slogan „garbage-in – garbage-out" (Unsinn rein – Unsinn raus) verdeutlicht das sehr gut und wird häufig verwendet, um auf dieses Grundproblem der Datenqualität aufmerksam zu machen. Neben dem Eingabeproblem entstehen Datenqualitätsprobleme im kompletten Datenverarbeitungsprozess von der Entstehung bzw. Generierung über die Transformation bis hin zur Analyse der Daten.[64] Datenqualität ist ein mehrdimensionales Maß für die zweckgebundene Eignung der Nutzung von Daten, die sich im Zeitverlauf aufgrund

---

[64] Vgl. Naumann (2007, S. 29).

veränderter Bedürfnisse ändern kann.[65] Die Schlagwörter „Fitness for Use" oder „Zweckeignung" werden gerne für die Datenqualität verwendet.[66]

Folgende Datenqualitätskriterien sind generell für IT und insbesondere für Business Intelligence und Big Data relevant:[67]

- Vollständigkeit
- Inhaltliche Richtigkeit/Korrektheit
- Relevanz
- Verständlichkeit
- Nachvollziehbarkeit
- Technische Richtigkeit/Korrektheit
- Konsistenz
- Eindeutigkeit
- Aktualität
- Redundanz

Es dürfen keine Daten im ausgewählten Bereich fehlen, sie müssen **vollständig** sein. Die **inhaltliche Richtigkeit bzw. Korrektheit von Daten** besagt, dass die Daten grundsätzlich mit der Realität übereinstimmen. Die **Relevanz von Daten** bezieht sich auf den Vergleich von Informationsangebot und -nachfrage. Überflüssige Informationen sollen vermieden werden.[68] Die Informationen sind **verständlich** für den Empfänger aufzubereiten. Beispielsweise sind unklare Begriffe und Abkürzungen zu vermeiden. Die Berichte sind benutzerfreundlich zu gestalten. Die Relevanz und Verständlichkeit der Berichtsinhalte sollten bereits in der Gestaltungsphase des Reportings berücksichtigt werden (vgl. Abschn. 4.2.3).

Die **Nachvollziehbarkeit** von Daten betrifft die Verfolgbarkeit der Datenverarbeitung von der Analyse bis hin zur Datenquelle. Bei diesem Merkmal ist auch die Zuverlässigkeit der Daten einbegriffen, ob z. B. externe Daten aus einer vertrauenswürdigen richtigen Quelle stammen. Die **technische Genauigkeit** besagt, dass die Daten im richtigen Feldformat, z. B. mit den notwendigen Nachkommastellen und Tausenderpunkt angegeben sind. **Konsistente** Daten weisen keine logischen Widersprüche untereinander auf. In relationalen Datenbanken sind hier folgende Beispiele für die Integrität von Daten gemeint. Jedes Objekt muss über einen Identifikationsschlüssel (Entitätsintegrität) eindeutig erkannt werden. Ein Objekt ohne Schlüssel ist nicht korrekt. Eine referenzielle und logische Konsistenz besteht z. B. in der Verbindung von Objekten. (*Beispiel: Ein Kundenauftrag ist einem Kunden zugeordnet. Der Kunde kann nicht gelöscht werden, solange es den Kundenauftrag im Datenbestand gibt. Ein Auftrag für einen Kunden kann erst angelegt werden, wenn der Kunde bereits angelegt ist.*) Eine Bereichsintegrität besteht, wenn ein

---

[65] Vgl. Würthele (2003, S. 21) und Apel et al. (2015, S. 7).
[66] Vgl. Gebauer und Windheuser (2015, S. 88).
[67] Vgl. Apel et al. (2015, S. 5).
[68] Vgl. Hinrichs (2002, S. 30 f.) und Zeh (2013, S. 43 f.).

Wert eines Attributes in einem bestimmten Wertebereich liegen soll, z. B. bei Nummern-
schlüsselbereichen für Kundenaufträge. **Eindeutige Daten** sollten z. B. semantisch keine
Unterschiede aufweisen, z. B. unterschiedliche Schreibweisen für dasselbe Objekt. Die
Aktualität der Daten garantiert, dass die Analysen nicht auf veralteten Daten basieren.

Bei der Betrachtung und Bewertung der Datenqualitätskriterien sind immer alle Kriterien im Verbund zu berücksichtigen. Sind die Daten eines Berichtes beispielsweise vollständig, aufgrund großzügiger Ladezyklen aber nicht mehr aktuell, wird der Bericht in
seiner Gesamtheit als qualitativ unzureichend betrachtet.[69]

Das Kriterium **Redundanzfreiheit von Daten** wurde hier bewusst als letztes Kriterium
genannt. Generell sollten Daten nicht doppelt bzw. redundant eingegeben oder im Datenbestand abgelegt werden. Die Redundanz wird allerdings im Rahmen der Datenhaltung im
Data Warehouse und vor allem für die verteilte Datenhaltung im Rahmen von Big Data
bevorzugt. Hier werden Kopien (Replikationen) bewusst erzeugt und abgespeichert, um
eine bessere Auswertungsqualität zu erreichen. Nur die doppelte Eingabe von Werten ist
weiterhin nicht gewünscht.

Die aufgezeigten Kriterien für Datenqualität gelten generell für alle Daten. In der Geschäftswelt werden hierbei Stamm- und Bewegungsdaten unterschieden. **Stammdaten**
sind Daten, die i. d. R. über einen längeren Zeitraum konstant bleiben und Geschäftsob-
jekte (z. B. Mitarbeiter, Produkte, Kunden und Lieferanten) beschreiben, auf denen die
jeweiligen Geschäftsprozesse aufbauen.[70] **Bewegungsdaten** sind geschäftsprozessbezo-
gene Daten, die bei betrieblichen Transaktionen, z. B. bei Rechnungen, Bestellungen,
Aufträgen und Lieferungen, immer wieder neu anfallen und i. d. R. mit Teilen der vorhandenen Stammdaten verknüpft werden müssen.[71]

Die Ursachen für schlechte Datenqualität sind vielschichtig und werden hier wie folgt
kategorisiert:[72]

- Datenerfassung/-generierung
  - Keine Ressourcen zur Eingabe vorhanden (keine Eingaben)
  - Benutzerfehler/Eingabefehler/Fehlendes Know-how für die Eingabe (falsche Einga-
    ben, unvollständige Eingaben, inkonsistente und redundante Eingaben)
  - Schlechte Eingabemasken
  - Fehler im Generierungsalgorithmus
  - Inkonsistente Datenkorrekturen
- Datendefinition
  - Fehlen von Standards für die Stammdatenpflege (z. B. fehlendes Stammdaten-
    management)

---

[69] Vgl. Leser und Naumann (2007, S. 354 f.).
[70] Vgl. Hildebrand (2015, S. 301).
[71] Vgl. Schemm (2009, S. 20).
[72] Vgl. Apel et al. (2015, S. 28).

- Fehlende inhaltliche und technische Regeln für die Eingabe und Pflege von Bewegungsdaten (z. B. Buchungsregeln, semantische Vorgaben, Feldformate, Nummernkreise und Objektbestimmung)
  - Fehlende Regeln für Datenhoheit (Verantwortlichkeit) und Pflege von Daten
- Datenprozesse
  - Schnittstellenfehler, fehlende Extraktions-, Transformations- und Ladeprozesse
  - Medienbrüche (unterschiedliche Software mit und ohne Unterbrechung der elektronischen Verarbeitung)
  - Abbruch und Fehler in den Extraktions-, Transformations- und Ladeprozessen
  - Fehlende Prüf-, Abstimmungs- und Qualitätssicherungsprozesse
- Datenverwendung
  - Falsche Interpretation der zur Verfügung gestellten Daten
  - Zu wenige Ressourcen zur Datenanalyse
  - Fehlendes Know-how zur Datenanalyse
  - Schlechte Aufbereitung der Berichte
- Software und Datenbanken
  - Heterogene Softwaresysteme
  - Heterogene Datenbanken
  - Heterogene Feldformate
- Datenverfall[73]
  - Datenlatenz
    - Zu spät gepflegte Informationen
    - Lange Ladezeiten
    - Aussetzung von Ladeprozessen
  - Analyselatenz (zu späte Analyse der Daten)
  - Entscheidungslatenz (zu späte Entscheidung mit Hilfe der Daten)
  - Umsetzungslatenz (zu späte Umsetzung der Entscheidung)

Die Auswirkungen einer schlechten Datenqualität reichen von der fehlenden Nutzung über die entstehenden Datenqualitätskosten bis hin zum Verstoß gegenüber gesetzlichen Anforderungen. Das fehlende Problembewusstsein und die funktionsbereichsübergreifende Komplexität der Datenpflege haben zur Folge, dass Unternehmen kaum Anstrengungen in die Verbesserung der Datenqualität investieren. Häufig setzen erst prägnante und meist negative Erlebnisse, die zum Teil große monetäre Schäden anrichteten, finanzielle Mittel für Projekte zur Datenqualitätsoptimierung frei.

Datenqualitätskosten werden unterschieden in Kosten, die durch schlechte Datenqualität verursacht werden und Kosten, die zur Verbesserung und Sicherstellung einer ausreichenden Datenqualität benötigt werden. Die durch schlechte Datenqualität verursachten Kosten sind beispielsweise Umsatzeinbußen, Ineffizienzen, Fehlentscheidungen und

---

[73] In Anlehnung zu Kemper et al. (2010, S. 9).

Imageverluste, die aufgrund der schlechten Datenqualität entstanden sind.[74] Die Kosten zur Verbesserung der Datenqualität werden nach Präventions-, Entdeckungs- und Bereinigungskosten differenziert.[75] Ähnlich wie bei der generellen Qualität von Produkten und Leistungen wird auch bei der Datenqualität eine Null-Fehler-Qualität bevorzugt, da sich Datenqualitätsfehler in frühen Phasen des Informationsaufbereitungsprozesses in nachgelagerten Phasen um ein Vielfaches potenzieren, z. B. führen Stammdatenfehler bei Einheiten zu Verhandlungsfehlern und Fehleinkäufen.

Neben den Datenqualitätskosten spielen die gesetzlichen Regelungen aufgrund der steigenden Anzahl an Bestimmungen eine bedeutende Rolle. Dies gilt insbesondere für personenbezogene Daten. Das Datenschutzrecht will hierbei das Recht auf die informationelle Selbstbestimmung einer natürlichen Person gewährleisten.[76] Im Mittelpunkt des deutschen Datenschutzrechtes steht das Bundesdatenschutzgesetz (BDSG), welches den Umgang mit personenbezogenen Daten schützt. Dem BDSG liegen folgende Prinzipien zugrunde:[77]

- Verbot mit Erlaubnisvorbehalt
- Zweckbindung
- Transparenz
- Unmittelbarkeit der Datenerhebung
- Datensparsamkeit

Das Verbot mit Erlaubnisvorbehalt in § 4 Abs. 1 BDSG besagt, dass eine Datenerhebung, -verarbeitung und -haltung grundsätzlich verboten ist, soweit keine gesetzliche Legitimation vorhanden ist. Der Zweckbindungsgrundsatz besagt, dass personenbezogene Daten nur zweckgebunden erhoben, verarbeitet und genutzt werden dürfen. Das Prinzip der Transparenz räumt jeder natürlichen Person die Chance ein, sich jederzeit über die Existenz und Verwendung von personenbezogenen Daten zu erkundigen.[78] Der Direkterhebungsgrundsatz im § 4 Abs. 2 S. 1 BDSG schreibt vor, dass die Daten bei der betroffenen Person selbst und nicht etwa über Dritte zu erheben sind. Der Grundsatz der Datenvermeidung und Datensparsamkeit ist in § 3a BDSG niedergelegt und verpflichtet zur datenschutzfreundlichen Gestaltung von Datenbanken, Software etc.

Aus den Prinzipien des Datenschutzrechts ergeben sich Rechte für die Betroffenen. Dies regeln u. a. die §§ 33–35 BDSG. Demnach sind Betroffene vor der Datenerhebung über die Identität der verantwortlichen Stelle, die Zweckbestimmung und die möglichen Empfänger zu benachrichtigen. Ein Ausnahmetatbestand ergibt sich z. B., wenn die Daten

---

[74] Vgl. Apel et al. (2015, S. 41).

[75] Vgl. Won und Choi (2003, S. 73 ff.).

[76] Vgl. Albrecht et al. (2013, S. 506).

[77] Vgl. Bundesdatenschutzgesetz (BDSG) vom 14. Januar 2003 (BGBl. I S. 66), zuletzt geändert durch Artikel 1 des Gesetzes vom 25. Februar 2015 (BGBl. I S. 162). Vergleiche zu den Datenrechten für Personen auch die Ableitung von Grundrechten für personenbezogene Daten: Weigend (2017a, S. 18) und Weigend (2017b).

[78] Vgl. Bartsch et al. (2015, S. 169 f.).

aus allgemein zugänglichen Quellen stammen und eine Benachrichtigung aufgrund der hohen Anzahl der Betroffenen unverhältnismäßig ist. Diese Ausnahme ist insbesondere für Big-Data-Anwendungen interessant, in denen Social-Media-Profile analysiert werden. Die häufig personenbezogenen Daten werden aus dem Quellsystem extrahiert und in das organisationseigene Data Warehouse importiert. Der Nutzer der Social-Media-Plattform wird über diesen Vorgang nicht benachrichtigt.[79] Neben der Pflicht zur Benachrichtigung besteht ein Anspruch auf Datenauskunft und ein Recht auf Berichtigung, Löschung oder Sperrung der Daten.[80] Das Veröffentlichen von personenbezogenen Daten ist grundsätzlich unzulässig, wobei dies durch Aggregation, Anonymisierung bzw. Pseudonymisierung umgangen werden kann.[81] Im Vergleich zur Anonymisierung werden bei der Pseudonymisierung Identifikationsmerkmale nicht gelöscht, sondern durch Pseudonyme ersetzt.[82]

Um die Datenqualität nachhaltig steigern und die Auswirkungen schlechter Datenqualität aktiv beeinflussen zu können, sollte ein Datenqualitätsmanagement implementiert werden, das die Fehler kontinuierlich prüft und behebt sowie nachhaltige Standards zur Optimierung der Datenqualität schafft. Obwohl nachträgliche Fehlerbereinigungen fünf- bis zehnmal teurer sind als präventive Maßnahmen, entsteht erst langsam ein Problembewusstsein für nachhaltiges Datenqualitätsmanagement. Im Rahmen der Qualitätsplanung ist hierbei festzulegen, welche Qualitätsstandards und -niveaus im Unternehmen hinsichtlich der Datenqualität eingehalten werden sollen. Die Qualitätssteuerung muss schließlich folgende Aufgaben kontinuierlich mit geeigneten Qualitätsmaßnahmen überwachen:

- Laufende Prüfung und Kontrolle der festgelegten Qualitätsstandards und -niveaus in allen Systemen, z. B. mit Hilfe von:
  - **Stichproben**, **Datenvalidierung** und **Datenevaluation** durch Mitarbeiter
  - **Kennzahlen(-systemen)** und Berichten zur Messung der Datenqualität ausgehend vom Datenelement, über einzuhaltende Regeln bis hin zur Bildung eines Datenqualitätsindex[83]
  - **Data Profiling** (Werkzeuge zur Überprüfung der Daten auf Konsistenz, Integrität und fehlerhafte Werte)
- Laufende punktuelle und systematische Fehlerbereinigung, u. a. mit:
  - **Manueller Fehlerbereinigung** vom Quellsystem bis zum Datenziel
  - **Data Cleansing** (Werkzeuge zur automatischen Bereinigung der Daten, bei denen z. B. Daten von Dubletten bereinigt werden.)
- Systematische Instrumente zur Datenqualitätssicherung:
  - Schaffung eines Ordnungsrahmens (**Data Governance**)

---

[79] Vgl. Bartsch et al. (2015, S. 194 f.).
[80] Vgl. §§ 34f BDSG.
[81] Vgl. Albrecht et al. (2013, S. 508 f.), Bartsch et al. (2015, S. 191 f.) und § 3 Abs. 6 BDSG.
[82] Vgl. Bitkom (2013, S. 27).
[83] Vgl. hierzu Otto und Legner (2016, S. 552).

– Schaffung bzw. Weiterentwicklung von Standards und Richtlinien für **Datenpfle-ge-**, **Datenverwaltungs-** und **Datenqualitätsüberwachungsprozesse**. Hierunter fällt das wichtige Prinzip bereits mögliche Fehlerquellen bei ihrer Entstehung (meistens die Erfassung der Daten) zu vermeiden und nicht erst bei späteren Kontroll-Gates. Es gilt die Regel: „**First Time Right**".[84]
– Optimierung der **Datenarchitektur**
– Bestimmung der **stammdatenführenden Systeme**.
– Festlegung von **Verantwortlichkeiten** (siehe unten).
– Einführung eines **BI-Monitoring (BI on BI),** wobei das BI-System selbst seine Leistungen anhand von Kennzahlen prüft (vgl. Abschn. 5.5.5.6).

Bei der Datenverantwortlichkeit werden drei Gruppen unterschieden:[85]

- Der **Data Owner** besitzt die Verantwortung für die Qualität seines Datenbereiches, z. B. der Beschaffungsleiter für den Artikelstamm der Einkaufsmaterialien.
- Der **Data User** nutzt die Daten und stellt für seinen Anwendungsbereich die Anforderungen für die Datenqualität auf. Er unterstützt das Datenqualitätsmanagement bei der Prüfung der Daten und meldet Auffälligkeiten in seinem Anwendungsbereich.
- Der **Data Steward** definiert übergreifend die einzuhaltende Qualität der Daten und stellt Regeln und einen Ordnungsrahmen für die Einhaltung auf. Er initiiert die Auswahl und den Einsatz von Werkzeugen und Instrumenten zur Verbesserung der Datenqualität. Es bietet sich an, einen Datenqualitätsbeauftragten im Unternehmen einzusetzen. Alternativ kann die Controlling-Institution hier als koordinative Stelle fungieren.

Ideal ist es, die Fehler an der Wurzel bzw. Quelle zu packen (First Time Right), wobei zumeist die datenführenden Quellsysteme betroffen sind. Das Qualitätsmanagement umfasst neben der Planung und Steuerung der Datenqualität übergreifende Führungsaufgaben wie die Festlegung der Qualitätsorganisation, u. a. die Bestimmung der Verantwortlichkeiten sowie die Kommunikation von Qualitätszielen. In Anbetracht der vielen unterschiedlichen Systeme und Daten, die ein Unternehmen heute nutzt, kommt ein Datenqualitätsmanagement an seine Grenzen. Während die Qualität der Daten der eigenen Systeme (ERP, CRM etc.) noch relativ gut durch die etablierten Instrumente überwacht und verbessert werden kann, nimmt diese Möglichkeit bei externen Daten wie Community Daten und Big Data deutlich ab. Hier helfen ab einer gewissen Stufe Kontroll-Gates, um die erfassten Daten einer angemessenen Datenqualitätssicherung zu unterwerfen.

4.2.4.5 Informationssystem-Qualitätsprüfung und -steuerung

Von Seiten des Softwareherstellers sollte im Rahmen der **Support- und Wartungsverträge** eine regelmäßige Qualitätssicherung über Updates und Releasewechsel erfolgen, die eine ständige Weiterentwicklung der Programme an den neusten technischen Stand und

---

[84] Vgl. Apel et al. (2015, S. 12).
[85] Vgl. hierzu Otto und Legner (2016, S. 553).

den neusten inhaltlichen Fortschritten garantiert. Die Phase der neuen Implementierung schließt wiederum mit Tests und Abnahmen der jeweiligen Neuerungen als qualitätssichernde Maßnahme ab (vgl. hierzu Abschn. 4.2.1.6). Gerade durch die Implementierung von neuen Inhalten und Funktionen zeigt die Erfahrung aus der Unternehmenspraxis immer wieder, dass altbewährte Funktionen auf einmal nicht mehr laufen. Deswegen sollten die Tests und Abnahmen sich auch nicht nur auf die „neuen" Inhalte und Funktionen konzentrieren, sondern auch auf die Nutzbarkeit „alter" Funktionalitäten achten.

Über die Hotline und andere Kommunikationswege sollten Fehler schnell behoben und neue Anforderungen im Produktmanagement aufgenommen und nachgehalten werden können.

Auf der Seite der Unternehmung sollten kontinuierlich Mängel durch die Anwender abgefragt, berichtet und durch die zentral koordinierende Stelle z. B. im Controlling aufgenommen werden. Aufgrund vieler technischer Anfragen ist hier insbesondere die IT-Abteilung angesprochen.

In größeren Abständen, z. B. einmal im Jahr, sollte eine Überprüfung der eingesetzten IT-Systeme hinsichtlich ihrer Qualität erfolgen. Hierbei sind Verbesserungsmöglichkeiten, z. B. durch die Integration der Systeme durch Mängelbeseitigungen oder durch Ausbaumöglichkeiten neuer Module aufzuzeigen. Kurzfristige und operative Maßnahmen sind mit der IT-Abteilung festzulegen und im Projektplan der Unternehmung sowie der betroffenen Abteilungen (IT, Controlling etc.) aufzunehmen.

Um neue Impulse und Fortschritte der Softwarehersteller aufzunehmen und für die Eignung des Einsatzes im Unternehmen zu prüfen, sind regelmäßig Informationen hierüber einzuholen. Als Quelle kommen Fachtagungen, Kongresse, Messen (z. B. die Cebit), Internetrecherchen, Informationsveranstaltungen der Softwarehersteller, Fachzeitschriften aber auch der Austausch mit anderen Unternehmen, Verbänden und sozialen Netzwerken in Betracht.

Wichtige Qualitätskriterien für die Software hierbei sind:[86]

- **Leistung und Effizienz** (Performance): Die Software sollte unter festgelegten Bedingungen ein angemessenes Leistungsniveau im Bezug auf die eingesetzten Ressourcen vorweisen.
- **Zuverlässigkeit** (Reliability): Die Software sollte ein spezifiziertes Leistungsniveau garantieren, wenn es unter normalen Bedingungen benutzt wird.
- **Benutzerfreundlichkeit** (Usability): Die Software sollte vom Benutzer leicht verstanden und genutzt werden können.
- **Sicherheit** (Security)
  Informationen und Daten sind so zu schützen, dass nicht autorisierte Benutzer sie nicht lesen oder manipulieren können.
- **Wartbarkeit** (Maintainability): Die Software sollte instandhaltungsfähig und änderungsfähig sein.

---

[86] Vgl. Balzert (2011, S. 109–113).

- **Portabilität** (Portability)
  Die Software sollte ortsunabhängig eingesetzt werden können.
- **Weiterentwickelbarkeit** (Evolvability): Die Software sollte an geänderte Anforderungen und Techniken angepasst werden können.

Sollte die vorhandene IT-Landschaft nicht mehr den inhaltlichen Ansprüchen genügen, ist ein Wechsel in der gesamten IT-Strategie zu überlegen, bei dem z. B. komplette ERP-Systeme bis zu den Auswertungstools in Frage gestellt werden. Der Zyklus einer IT-Strategie mit der Auswechselung zentraler Software- und Hardwarekomponenten umfasst einen größeren Zeitraum von z. B. 5–10 Jahre.

Sollten einzelne Soft- und Hardwarekomponenten oder auch die gesamte IT-Landschaft ausgewechselt werden, schließt sich hier ein IT-Auswahlprozess an (vgl. Abschn. 4.2.1.5).

Literatur

Albrecht, J., et al. 2013. Anwendung. In *Data-Warehouse-Systeme: Architektur, Entwicklung, Anwendung*, 4. Aufl., Hrsg. A. Bauer, H. Günzel, 373–608. Heidelberg: dpunkt Verlag.

Andreae, C. 2007. *Familienunternehmen und Publikumsgesellschaft*. Wiesbaden: Springer.

Apel, D., et al. 2015. *Datenqualität erfolgreich steuern*, 3. Aufl. Heidelberg: dpunkt Verlag.

Atacama. 2011. Produkte. http://www.ataccama.de/produkte/dq-analyzer/dqa-uberblick.html. Zugegriffen: 22. Juli 2011.

Balzert, H. 2011. *Lehrbuch der Softwaretechnik: Entwurf, Implementierung, Installation und Betrieb*, 3. Aufl. Heidelberg: Spektrum Akademischer Verlag.

Bange, C. 2014. Business Intelligence im Self-Service hat Konjunktur. *IS-Report* 18(8):28–29.

BARC. 2017. BI-Trend Monitor 2017. http://barc.de/trend-monitor?s=s_9_550. Zugegriffen: 12. Juni 2017.

Bartsch, M., et al. 2015. Recht. In *Praxishandbuch Big Data: Wirtschaft – Recht – Technik*, Hrsg. J. Dorschel, 167–251. Wiesbaden: Springer Gabler.

Becker, W., und P. Ulrich. 2009. Mittelstand, KMU und Familienunternehmen in der Betriebswirtschaftslehre. *WiSt* 38(1):2–7.

Becker, W., und P. Ulrich. 2011. *Mittelstandsforschung in Deutschland: Begriffe, Relevanz und Konsequenzen*. Stuttgart: Kohlhammer.

Becker, A., J. Leyk, und L. Riemer. 2013. Dynamische Unternehmenssteuerung am Beispiel von Beyer MaterialScience. In *Moderne Instrumente der Planung und Budgetierung*, Hrsg. R. Gleich, S. Gänßlein, M. Kappes, U. Kraus, J. Leyk, und M. Tschandl, 121–142. München: Haufe.

Becker, W., M. Staffel, und P. Ulrich. 2009. Wissensmanagement als Instrument der strategischen Führung im Mittelstand – Konzepte, Modifikationen und Empfehlungen. In *Management-Instrumente in kleinen und mittleren Unternehmen: Jahrbuch der KMU-Forschung und -Praxis 2009*, Hrsg. J. Meyer, 257–282. Lohmar: Eul-Verlag.

Becker, W., P. Ulrich, und T. Botzkowski. 2016. *Data Analytics im Mittelstand*. Wiesbaden: Springer Gabler.

Bitkom. 2013. Management von Big-Data-Projekten: Leitfaden. Berlin. https://www.bitkom.org/noindex/Publikationen/2013/Leitfaden/Managementvon-Big-Data-Projekten/130618-Management-von-Big-Data-Projekten.pdf. Zugegriffen: 15. Jan. 2017.

Blohm, H. 1974. *Die Gestaltung des betrieblichen Berichtswesens als Problem der Leitungsorganisation*, 2. Aufl. Herne: NWB.

Bundesdatenschutzgesetz (BDSG) vom 14. Januar 2003 (BGBl. I S. 66).

Coenenberg, A.G. 2000. *Jahresabschluss- und Jahresabschlussanalyse*, 17. Aufl. Stuttgart: Moderne Industrie.

Coenenberg, A.G., und R. Salfeld. 2003. *Wertorientierte Unternehmensführung*. Stuttgart: Moderne Industrie.

Copeland, T., T. Koller, und J. Murrin. 2002. *Unternehmenswert – Methoden und Strategien für eine wertorientierte Unternehmensführung*, 3. Aufl. Frankfurt a. M.: Campus.

Davenport, T.H. 2014. *Big data at work: dispelling the myths, uncovering the opportunities*. Boston: Harvard Business School.

Schön, D, und Diamant Software. 2009. *Moderne Anforderungen und Trends im Finanz- und Rechnungswesen sowie im Controlling – Ergebnisse der empirischen Studie*. Dortmund, Bielefeld: Diamant Software GmbH.

Dittmar, C., und T. Schmidt. 2014. Self-Service BI benötigt eine ganz spezielle Governance. *IS-Report* 18(8):24–27.

Dräther, R., H. Koschek, und C. Sahling. 2013. *Scrum – kurz & gut*. Köln: O'Reilly.

Eisele, D., und T. Doyé. 2010. *Praxisorientierte Personalwirtschaftslehre. Wertschöpfungskette Personal*, 7. Aufl. Stuttgart: Kohlhammer.

EU Kommission. Empfehlung der Kommission vom 6. Mai 2003 (Empfehlung 2003/361/EG), die seit dem 1. Januar 2005, die bis dahin geltende Empfehlung (96/280/EG) ersetzt.

Feldbauer-Durstmüller, B., und B. Wimmer. 2008. Familienunternehmen und Controlling – Ergebnisse der empirischen Studie: Familienunternehmen in Oberösterreich. In *Familienunternehmen*, Hrsg. B. Feldbauer-Durstmüller, H. Pernsteiner, R. Rohatschek, und M. Tumpel, 31–52. Wien: Linde.

Finucane, B., und M. Mack. 2011. Business-Intelligence-Software boomt in Deutschland. In *is report, Informationsplattform für Business Applications, BARC-Guide Business Intelligence*, 8–11.

Foegen, M. 2014. *Der Ultimative Scrum Guide 2.0*. Darmstadt: wibas GmbH.

Freese, E. 2005. *Grundlagen der Organisation*, 9. Aufl. Wiesbaden: Springer Gabler.

Friedrich, D. 2008. Business Intelligence etabliert sich im Mittelstand, BARC-Guide Business Intelligence, S. 10–11. http://www.barc.de/fileadmin/Fachartikel/10-11_FB_BI-Guide.pdf. Zugegriffen: 19. Febr. 2011.

Gebauer, M., und U. Windheuser. 2015. Strukturierte Datenanalyse, Profiling und Geschäftsregeln. In *Daten- und Informationsqualität*, 3. Aufl., Hrsg. K. Hildebrand, et al., 87–100. Wiesbaden: Springer Vieweg.

Gleich, R., und P. Temmel. 2008. Die Rolle der Organisation des Controllings im Management Reporting. In *Management-Reporting – Grundlagen, Praxis und Perspektiven*, Hrsg. P. Horváth, R. Gleich, und U. Michel, 63–91. München: Haufe.

Gluchowski, P. 2014. Aktuelle Trends in der Business Intelligence. *Controlling* 26:235–243.

Gluchowski, P. 2017. Die Big-Data-Diskussion verhilft Business Intelligence zum Höhenflug. *isreport*. Sonderausgabe August 2017, 7–10.

Gräf, J., und D. Nase. 2008. Objekte des Management Reportings im Überblick. In *Management-Reporting – Grundlagen, Praxis und Perspektiven*, Hrsg. P. Horváth, R. Gleich, und U. Michel, 43–61. München: Haufe.

Hildebrand, K. 2015. *Master Data Life Cycle – Stammdatenprozess am Beispiel Materialstamm in SAP*. Wiesbaden: Vieweg+Teubner.

Hinrichs, H. 2002. Datenqualitätsmanagement in Data Warehouse-Systemen. Diss. Oldenburg.

Hoffjan, A. 2008. Comparative management accounting. *Controlling* 20:655–660.

Horváth, P. 2008. Grundlagen des Management-Reportings. In *Management-Reporting – Grundlagen, Praxis und Perspektiven*, Hrsg. P. Horváht, R. Gleich, und U. Michel, 15–42. München: Haufe.

Horváth, P., und A. Aschenbrücker. 2014. Data Scientist: Konkurrenz oder Katalysator für den Controller? In *Der Controlling-Berater – Controlling und Big Data*, Bd. 35, Hrsg. R. Gleich, A. Klein, 47–62.

Hüllmann, U. 2003. *Wertorientiertes Controlling für eine Management-Holding*. München: Vahlen.

IfM. 2006. MIND 2006. Der Mittelstand in Deutschland: Das Rückrad der Wirtschaft – Kleine Unternehmen und Dienstleister prägen den Mittelstand – Mittelständler blicken optimistisch in die Zukunft. http://www.impulse.de/unternehmen/:Zahlen-und-Fakten--MIND-Downloads/265749.html. Zugegriffen: 5. Nov. 2009.

Janssen, J. 2008. Rechnungslegung im Mittelstand, Diss. TU Dortmund.

Kemper, H.G., H. Baars, und W. Mehanna. 2010. *Business Intelligence – Grundlagen und praktische Anwendungen*, 3. Aufl. Wiesbaden: Springer Vieweg.

Knöll, H.D., et al. 2006. *Unternehmensführung mit SAP BI*. Wiesbaden: Springer Vieweg.

Koch, R. 1994. *Betriebliches Berichtswesen als Informations- und Steuerungsinstrument*. Frankfurt am Main: Peter Lang.

Lerch, V. 2008. *Konzept einer Modellfabrik für integrierte Business Intelligence im Mittelstand – Theorie und Anwendung bei einem mittelständischen Unternehmen der Fertigungsindustrie.* Inauguraldissertation, Universität Mannheim.

Leser, U., und F. Naumann. 2007. *Informationsintegration*. Heidelberg: dpunkt Verlag.

Martin, W. 2013. *Business Intelligence trifft Business Process Management und Big Data*. http://www.wolfgang-martin-team.net/BI-BPM-SOA_dt.php. Zugegriffen: 14. Mai 2016.

Naumann, F. 2007. Datenqualität. *Informatik-Spektrum* 30(1):29.

Ossadnik, W., D. Barklage, und E. van Lengerich. 2010. *Controlling mittelständischer Unternehmen*. Berlin Heidelberg: Physica.

Otto, B., und C. Legner. 2016. Datenqualitätsmanagement für den Industriebetrieb. *Controlling* 28(10):550–557.

Pfohl, H.C. 2006. Abgrenzung der Klein- und Mittelbetriebe von Großbetrieben. In *Betriebswirtschaftslehre der Mittel- und Kleinbetriebe*, 4. Aufl., Hrsg. H.C. Pfohl, 331–355. Berlin: Erich Schmidt Verlag.

Pichler, R. 2009. *Scrum – Agiles Projektmanagement erfolgreich einsetzen*, 20–23. Heidelberg: dpunkt Verlag.

Rappaport, A. 1986. *Creating shareholder value – the new standard for business performance*. New York: Free Press.

Rautenstrauch, T. 2005. Balanced Scorecard in mittelständischen Unternehmen: Empirische Ergebnisse und Implikationen. In *Einsatz von Controllinginstrumenten im Mittelstand*, Konferenz Mittelstandscontrolling 2005 – TU Kaiserslautern, 1–17, Hrsg. V. Lingnau. Köln: Eul-Verlag.

Reichmann, T. 2008. Die systemgestützte Controlling-Konzeption in Theorie und Praxis. *Controlling* 20:689–700.

Reichmann, T. 2011. *Controlling mit Kennzahlen. Die systemgestützte Controlling-Konzeption mit Analyse- und Reportinginstrumenten*, 8. Aufl. München: Vahlen.

Reinemann, H. 1999. Was ist Mittelstand? Zur Definition der kleinen und mittleren Unternehmen. *WiSt* 28(12):661–662.

Rheinhardt, R., D. Kilian, B. Kirschner, und W. Moriel. 2007. *Wettbewerbsfähigkeit kleiner und mittlerer Unternehmen in Österreich, eine empirische Studie*. Innsbruck: Studia Verlag.

Sanders, D., und N. Schafft. 2014. Implementierung eines globalen Berichtswesens. In *Controlling in der Konsumgüterindustrie. Innovative Ansätze und Praxisbeispiele*, 293–312, Hrsg. M. Buttkus, R. Eberenz. Wiesbaden: Springer Gabler.

Schemm, J.W. 2009. *Zwischenbetriebliches Stammdatenmanagement*. Berlin, Heidelberg.

Schlegel, H.B. 1996. *Computergestützte Unternehmensplanung und -kontrolle*. München.

Schön, D. 2004. Moderne Planungskonzepte und Reportingtools. In *19. Deutscher Controlling Congress, Tagungsband*, Hrsg. T. Reichmann, 287–337. Dortmund: Gesellschaft für Controlling e.V.

Schön, D. 2011. Ergebnisse zur empirischen Untersuchung – Business Intelligence für Reporting und Planung im Mittelstand, 1–47. http://www.fh-dortmund.de/de/studi/fb/9/personen/lehr/schdie/103020100000206873.php. Zugegriffen: 1. Juni 2011.

Schön, D., und H. Krause. 1997. DV-gestütztes Krankenhaus-Controlling mit Hilfe von Standard-Software. DV-gestützte und controllinggerechte Kosten- und Leistungsrechnung mit Hilfe von Standard-Software. In *Controlling im Krankenhaus. Ein Handbuch für alle Führungskräfte im Krankenhaus*, Hrsg. E. Hauke, 1–70. Wien: Ueberreuter. Erg.-Lfg. 3, Abschn. 9.

Schön, D., und R. Müller. 2010. Mittelstandscontrolling für Inhaber und Manager. In *25. Deutscher Controlling Congress, Tagungsband*, Hrsg. T. Reichmann, 123–165. Dortmund: Gesellschaft für Controlling e.V.

Schulte, C. 2002. *Personal-Controlling mit Kennzahlen*, 2. Aufl. München: Vahlen.

Schulte-Mattler, H., und T. Manns. 2010. Bedeutung des regulatorischen und ökonomischen Eigenkapitals für das Risikomanagement der Banken. In *Risikomanagement und Frühwarnverfahren*, Hrsg. U. Bantleon, A. Becker, 83–126. Stuttgart: Erich Schmidt Verlag.

Schwaber, K., und J. Sutherland. 2013. *Software in 30 Days*. Heidelberg: Published Online.

Schweinsberg, K., et al. 2006. Persönlichkeiten – Was macht den Mittelständler aus? In *Praxishandbuch des Mittelstands – Leitfaden für das Management Mittelständischer Unternehmen*, Hrsg. W. Krüger, 63–70. Wiesbaden: Gabler.

Simon, H. 1992. Lessons from Germany's midsize giants. *Harvard Business Review* 70:115–123.

Stiefl, J., und K. von Westerholt. 2007. *Wertorientiertes Management*. München: Oldenbourg.

Strauch, B., und R. Winter. 2002. Vorgehensmodell für die Informationsbedarfsanalyse im Data Warehousing. In *Vom Data Warehouse zum Corporate Knowledge Center*, Hrsg. E. Maur, R. Winter, 359–378. Heidelberg: Springer.

Taschner, A. 2013. *Management Reporting. Erfolgsfaktor internes Berichtswesen*. Wiesbaden: Springer Gabler.

Wahls, J. 1993. *Unternehmensplanung mit Excel*. München: Vahlen.

Wallau, F. 2008. *Institut für Mittelstandsforschung Bonn: Das familiengeführte Unternehmen, Expertenforum Familienunternehmen*. Köln: Institut für Mittelstandsforschung Bonn.

Weber, J., C. Hunold, C. Prenzler, und S. Thust. 2001. *Controllerorganisation in deutschen Unternehmen*. Schriftenreihe Advanced Controlling, Bd. 18, 8. Vallendar: Wiley.

Weber, J., B. Hirsch, R. Rambusch, H. Schlüter, F. Sill, und A. Spatz. 2006. *Controlling 2006 – Stand und Perspektiven*. Valendar: Wiley.

Weber, J., R. Malz, und T. Lührmann. 2008. Excellence im Management-Reporting. In *Schriftenreihe Advanced Controlling*, Bd. 22, 25, 50, 62, Hrsg. J. Weber. Weinheim: Wiley.

Weber, J., P. Nevries, D. Breiter, et al. 2009. *Operative Planung*. Schriftenreihe Advanced Controlling, Bd. 71, 30. Vallendar: Wiley.

Weigend, A. 2017a. Data for the people: Das implizite explizit machen! *mobile Business* H. 5–6:16–19.

Weigend, A. 2017b. *Data for the people: how to make our post-privacy economy work for you*. New York. Published in the United States by Basic Books, an imprint of Perseus Books, LLC, a subsidiary of Hachette Book Group, Inc.

Won, K., und B. Choi. 2003. Towards quantify data quality costs. *Journal of Objects Technology* 2(4):69–76.

Würthele, V. G. 2003. Datenqualitätsmetrik für Informationsprozesse. Diss. Zürich.

Zeh, T. 2013. Datenqualität. In *Data-Warehouse-Systeme: Architektur, Entwicklung, Anwendung*, 4. Aufl., Hrsg. A. Bauer, H. Günzel, 49–52. Heidelberg: dpunkt Verlag.

Ziegenbein, K. 2012. Controlling. In *Kompendium der praktischen Betriebswirtschaft*, 10. Aufl., Hrsg. K. Ollfert. Herne: NWB.

IT-Unterstützung

5

Inhaltsverzeichnis

© Springer Fachmedien Wiesbaden GmbH, ein Teil von Springer Nature 2018   303
D. Schön, *Planung und Reporting im BI-gestützten Controlling*,
https://doi.org/10.1007/978-3-658-19963-0_5

5.1 Betriebliche IT-Systeme

Zur Unternehmensführung, und hier speziell für die Planung und das Reporting, wird eine effektive Informationsversorgung benötigt. Wegen der großen Mengen der zu verarbeitenden Daten in der Planung und im Reporting, sowie der Komplexität der Analyse und Planungsprozesse ist es sinnvoll, die Planung und das Reporting mit Hilfe von IT-Systemen abzubilden.

Bei der IT-gestützten Umsetzung der Planung und des Reporting handelt es sich um ein Mensch-Maschine-System, bei dem die Fähigkeiten des Analysten bzw. Planenden und die rechentechnischen Möglichkeiten des Computers im Online-Dialog zu einem integrierten Bestandteil des Analyse- bzw. Planungsprozesses werden.[1] Der Computer zeichnet sich vor allem durch seine hohe Verarbeitungsgeschwindigkeit und seine Speicherkapazität von großen Datenmengen aus, während die menschlichen Fähigkeiten eher kreativer und analytischer Art sind.

In Anlehnung an die mehrdimensionale Controlling-Konzeption von Reichmann ist die Ebene für die Planung und das Reporting oberhalb der Erfassungs-, Dispositions- und Abrechnungssysteme platziert.[2] Die wichtigste interne Informationsbasis für das Controlling stellt das betriebliche interne und externe Rechnungswesen dar. Für eine umfassende Planung und ein ganzheitliches Reporting werden darüber hinaus noch viele weitere Quellen der Erfassungs-, Dispositions- und Abrechnungssystemebenen, wie z. B. die Personalabrechnung für die Personalkostenplanung oder die Warenwirtschaft für die Planung der Logistik- und Produktionskapazitäten, benötigt (vgl. Abb. 5.1). Neben diesen internen Quellen werden verstärkt externe Informationsquellen genutzt, um aktuelle Informationen, wie z. B. Währungskurse und Preisindizes für Materialien, zu bekommen. Mit Big Data werden zudem weitere Datenquellen für die Informationsversorgung im Management wichtiger, wie z. B. aus den Web-Logs aus dem Internet für den Vertrieb oder RFID-Sensordaten im Handel und in der Produktion.

Während für die klassischen Berichts- und Planungsfunktionen der ERP-Systeme oder für die speziellen Berichts- und Planungssysteme zumeist relationale und unterschiedliche Datenbanksysteme verwendet werden, wird für ein traditionelles Business-Intelligence-gestütztes Controlling-System eine einheitliche Datenbasis in Form eines Data Warehouses als redundante Datenquelle eingeführt. Mit dem Kern-Data-Warehouse strebt man an, einen sogenannten Single Point of Truth (SPoT) aufzubauen, der zentral für Steuerungszwecke herangezogen wird. Mit der Einführung von Big-Data-Technologie wird

---

[1] Vgl. Mertens und Griese (1988, S. 5).
[2] Vgl. Reichmann (2011, S. 18).

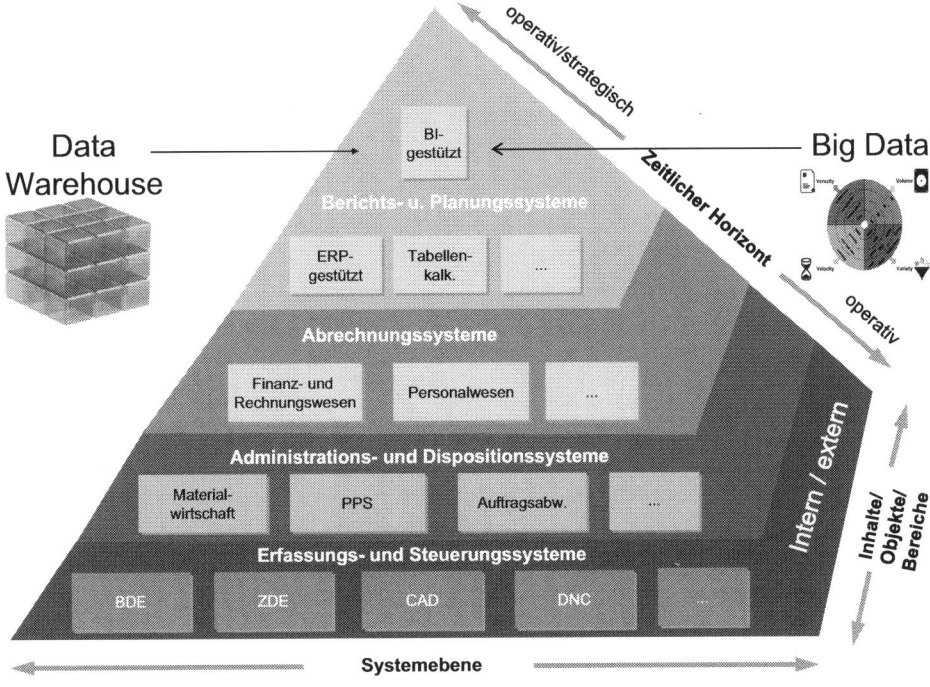

Abb. 5.1 Dimensionsebenen von betrieblichen IT-Systemen

diese Zielsetzung aufgeweicht. Wie in den Abschn. 5.5–5.8 noch ausführlich beschrieben wird, ergänzen sich traditionelle Data-Warehouse- und Big-Data-Technologie zu einem logischen Single Point of Truth, in dem die jeweils optimale Technologie für die entsprechende Informationsverarbeitung zur Steuerungsunterstützung herangezogen wird.

Da eine Untersuchung einzelner Lösungen für die Planung und das Reporting aufgrund ihrer Vielfalt nicht möglich ist, sollen hier nur potenzielle Grundausrichtungen für die Untersuchung herangezogen werden.

Für die jeweiligen Aufgaben der Planung und des Reportings können grundsätzlich entweder Individual- oder Standardsoftwarelösungen genutzt werden.[3] Individuallösungen zeichnen sich durch ihre individuelle (eigene oder fremde) Programmierung aus, so dass vor allem gesonderte Spezialanforderungen der Unternehmen berücksichtigt werden können. Als Standardsoftware bezeichnet man eine Anwendungssoftware, die für einen anonymen Markt zur Lösung von z. B. betriebswirtschaftlichen Problemen von Softwareherstellern angeboten wird. Standardsoftware wird dabei klassifiziert in Spezialsysteme, Anwendungssprachen und Standardsoftwarefamilien.[4]

---

[3] Vgl. Reichmann (2006, S. 662).
[4] Vgl. Scheer (1990, S. 139).

Spezialsysteme werden eigens für ein abgegrenztes Aufgabengebiet geschrieben.[5] Sie zeichnen sich durch ein hohes funktionelles und technisches Know-how aus.

Die sprachenorientierten Systeme sind universal einsetzbare Programme, die dem Anwender einen „Baukasten" von Funktionen und Werkzeugen zur Verfügung stellen, mit dem er ein System zur Lösung seines speziellen Problems selbst entwickeln kann. Die hierdurch erreichbare höhere Flexibilität gegenüber anderen Softwarelösungen erfordert allerdings zum Teil detaillierte und komplexe programmiertechnische Kenntnisse des Anwenders. Zur sprachenorientierten Standardsoftware zählen auf der einen Seite problemorientierte höhere Programmiersprachen und auf der anderen Seite tabellenorientierte Planungssprachen, wie z. B. Spreadsheet- bzw. Tabellenkalkulationsprogramme.

Unter Standardsoftwarefamilien versteht man im Allgemeinen umfassende integrierte Softwarelösungen im Sinne von Anwendungsfamilien, die für ein größeres z. B. betriebswirtschaftliches Anwendungsgebiet eingesetzt werden können. Durch die Zusammenfassung mehrerer Funktionsmodule, z. B. Vertrieb, Materialwirtschaft, Produktion und Finanzwesen, entsteht eine Standardsoftwarefamilie. Viele ERP-Systeme sind aufgrund ihrer Zusammenfassung mehrerer Funktionsmodule hier einzuordnen (vgl. hierzu Abschn. 5.4.2). Der modulare Aufbau erlaubt die Zusammenstellung von zahlreichen spezifischen Systemen, die den Vorteil besitzen, dass sie auf einer einheitlichen Datenbank beruhen, so dass bereichsübergreifende Funktionen besser und einfacher koordiniert und abgestimmt werden können.[6] Da viele Unternehmen aber besondere Anforderungen an die Abbildung ihrer Geschäftsprozesse besitzen, muss die Standardsoftware an diese angepasst werden. Diese Anpassung erfolgt in den Standardsoftwareprogrammen in speziell dafür vorgesehenen Funktionsbereichen. Dieser Anpassungsprozess wird auch Parametrisieren oder Customizing genannt.[7]

Tab. 5.1 führt die Vor- und Nachteile der Individual- und Standardsoftware auf.

Heutzutage überwiegen oftmals die Vorteile von Standardsoftwaresystemen, speziell wenn es sich um komplexere Aufgabenstellungen der Abbildung der Geschäftsprozesse handelt. Das Problem ist hier schon eher, aus der Vielzahl der angebotenen Programme, das für das eigene Unternehmen optimale Programm oder die optimale Programmkombination herauszufinden. Zudem sollten Standardprogramme als offene Systeme gestaltet sein, so dass Anpassungen an unternehmensspezifische Bedürfnisse mit Hilfe der zur Verfügung gestellten Werkzeuge abbildbar sind und in das vorhandene bzw. auszuwählende Standardsystem integriert werden können. Individuallösungen kommen nur dann in Frage, wenn besondere branchen- oder unternehmensspezifische Anforderungen durch die Standardanwendungen nicht erfüllt werden.

Bis auf einige wohlstrukturierte Berichte, wie die gesetzlich vorgeschriebene Bilanz oder die Gewinn- und Verlustrechnung, sind bei anderen Berichten bezüglich der Kreativität und Gestaltung keine Grenzen gesetzt. Deswegen bieten sowohl ERP- als auch

---

[5] Siehe Weber und Strüngmann (1997, S. 30–36).
[6] Vgl. Scheer (1990, S. 37, 142 u. 153).
[7] Vgl. Hesseler und Görtz (2007, S. 7 f. und 15 ff.).

Tab. 5.1 Vor- und Nachteile individuell entwickelter und standardisierter Softwaresysteme

	Nachteile	Vorteile
Individual-software	– Personal- und kapitalintensiv (oft fehlen eigene Programmierkapazitäten) – Keine erfolgsversprechende Entwicklungsgarantie – Integrationsfähigkeit zu nach- und vorgelagerten Systemen muss selbst gewährleistet werden – Komplexität der Anforderungen zumeist alleine nicht mehr umsetz- und pflegbar – Abhängigkeit von einzelnen Programmierern bzw. vom Programmierwissen	– Flexible Weiterentwicklung möglich (falls entsprechende Programmierressourcen vorhanden sind) – Unabhängigkeit vom Softwarehersteller – Individuelle Spezialanforderungen können berücksichtigt werden
Standard-software	– Abhängigkeit vom Softwarehersteller – Individuelle Spezialanforderungen, die über das Customizing hinaus gehen, können nur bei offenen Systemen berücksichtigt werden	– Jahrelange Erfahrungen verschiedenster Branchenanforderungen können genutzt werden. – Bestimmte Unternehmensanforderungen können durch das Customizing für den vorgedachten Standard abgedeckt werden. – Integrationsflexibilität zu anderen Systemen – Weniger personal- und kapitalaufwendig – Weiterentwicklung zumeist durch den Softwarehersteller gewährleistet

spezielle Reporting- und Planungssoftwareanbieter in ihren Systemen Werkzeuge an, die zur flexiblen Gestaltung der Berichte und Planungsformulare individuell genutzt werden können. Zur Orientierung stellen die Hersteller häufig Beispielberichte und Templates für das Berichts- und Planungswesen zur Verfügung, die z. B. als Kopiervorlage genutzt werden können.

Bevor die einzelnen Grundausrichtungen von potenziellen Softwarelösungen untersucht werden, soll vorab eine kurze Schilderung über die historische Entwicklung von Planungs- und Berichtssystemen und in einem weiteren Kapitel eine kurze Übersicht über notwendige Hardwarekomponenten für die Planung und das Reporting gegeben werden.

5.2 Historie

IT-gestütztes betriebliches Berichts- und Planungswesen gibt es ebenso lange, wie es Computer gibt. In den Anfängen der Datenverarbeitung stand für die betriebliche Nutzung vor allem das operative Reporting in Form von Berichten und Listen im Vordergrund. Da sich bereits in der Literatur[8] viele Informationen zu der historischen Entwicklung von IT-gestützten Reporting- und Planungslösungen finden, soll hier nur ein kurzer Abriss der Historie gezeigt werden.

Anwendungssysteme, welche die Aufgabe haben Fach- und Führungsverantwortliche durch Informations- und Kommunikationssysteme zu unterstützen, werden unter dem Oberbegriff Management Support Systeme (MSS) zusammengefasst.

Unter dem Begriff Management Information Systeme (MIS) wurden die ersten MSS bereits in den 60er-Jahren entwickelt und schafften die Möglichkeit, Informationsgewinnung durch einfache Reports aus den operativen Daten zu erstellen.

In den 70ern entstand der Begriff Decision Support System (DSS) bzw. Entscheidungsunterstützungssystem (EUS) (vgl. hierzu Abschn. 5.5.5.3). Im Gegensatz zu MIS stand bei DSS und EUS nicht mehr die reine Datenversorgung der Fach- und Führungskräfte im Vordergrund, sondern die effektive Unterstützung im Planungs- und Entscheidungsprozess.

Hiernach entstand Mitte der 80er-Jahre der Begriff Executive Information System (EIS) in den USA. In Deutschland wurde alternativ der Begriff Führungsinformationssystem (FIS), Chefinformationssystem (CIS) oder Vorstandsinformationssystem (VIS) verwendet. Durch den Technologiefortschritt wurde es möglich, neue Präsentationsformen und Informationszugriffe zu erhalten. Diese Führungsinformationssysteme hatten zumeist eine anwendungsfreundliche Oberfläche und waren bereits ohne große IT-Kenntnisse zu bedienen. Sie gaben den Anwendern erstmalig komfortable Auswertungsmöglichkeiten bezüglich wichtiger betrieblicher Informationen.

Da die unterschiedlichen Begriffe der MSS in der Praxis häufig beliebig angewendet werden, ist eine genaue Abgrenzung schwer. Die MSS-Ansätze scheiterten alle in der Vergangenheit u. a. aufgrund folgender fehlender Voraussetzungen:

- leistungsfähige und kostengünstige Prozessoren
- schnelle, kostengünstige und ausreichende Datenspeicher
- grafische Benutzeroberflächen
- große Datenbasen durch integrierte operative Systeme
- schnelle und flächendeckende Kommunikationstechnologien.

Mit dem technologischen Fortschritt begann schließlich in den 90er-Jahren die Verbreitung der dritten Generation von entscheidungsorientierten Informationssystemen, die auf den Konzepten des Data Warehouse beruhen. Während die Vorsysteme, z. B. die ERP-Systeme, auf On-Line Transaction Processing (OLTP) basieren, nutzt die Data-Warehouse-Technologie das sogenannte On-Line Analytical Processing (OLAP), was detailliert im Abschn. 5.5 erläutert wird.

---

[8] Vgl. zu historischen Entwicklung von Reporting- und Planungslösungen u. a. Laudon und Laudon (1988), Gluchowski et al. (2008, S. 55 ff.), Oppelt (1995), Schinzer (1996), Mertens und Griese (2002), Oehler (2006) und Chamoni und Gluchowski (2004, S. 5 ff.).

Mit dem Internet und weiteren technologischen Entwicklungen, wie z. B. die RFID-Technologie mit ihrer Nahfeldkommunikation (NFC), konnten immer mehr Daten generiert werden, die zusätzlich zu den internen Unternehmensinformationen im Management genutzt werden können. Für die Verarbeitung solcher riesigen und zumeist unstrukturierten Datenmengen wurde Ende der ersten Dekade im neuen Millennium Big-Data-Technologie so weit entwickelt, dass sie für den betrieblichen Einsatz in der Planung und im Reporting interessant wurde. Technische Grundlagen, Anwendungsbereiche und Integrationsaspekte von Big Data zum traditionellen Data Warehouse werden in Abschn. 5.7 erläutert.

Die Bewältigung explorativer Datenmengen und der Wunsch nach möglichst großer Verfügbarkeit der Informationen führte im neuen Millennium weiterhin dazu, Daten in einer Cloud verteilt für Endgeräte zur Verfügung zu stellen. Die verschiedenen Möglichkeiten beim Cloud Computing, sowie deren Vor- und Nachteile werden in Abschn. 5.8 vorgestellt.

Mit der technischen Entwicklung der mobilen Endgeräte wie Smartphones und Tablets in den letzten 20 Jahren steigen zudem die mobilen Anforderungen an die Planung und das Reporting. Mit der Entwicklung und den technischen Besonderheiten im Mobile Computing beschäftigt sich der abschließende Abschn. 5.9.

5.3 Hardware und Netzwerk

Reporting- und Planungssysteme benötigen wie andere Softwareprogramme abgestimmte Hardwarebedingungen zur optimalen Programmnutzung. Aus diesem Grunde bietet es sich an, die von den Herstellern empfohlenen Hardwarekomponenten, Betriebssysteme und Datenbanksysteme zu implementieren. In der Regel werden bei der Auswahl der Hardwarekomponenten, Betriebssysteme und Datenbanksysteme mehrere Optionen angeboten, die für die Anwendung zur Verfügung stehen. Da die Empfehlungen von Softwareanwendung zu Softwareanwendung sehr unterschiedlich sind, wird hier auf eine Vertiefung und Aufführung verzichtet.

Die Leistung der Server, auf denen die Anwendungsapplikation und Datenbankanwendung läuft, sollte über ein sogenanntes „**Sizing**" des Herstellers berechnet und ausreichend groß ausgelegt werden. Hierdurch soll erreicht werden, dass Erweiterungen im Reporting und in der Planung ohne aufwändiges Nachrüsten möglich sind und das Zeitverhalten der Software (die sogenannte „**Performance**") akzeptabel ist. Für das Sizing werden verschiedene Nutzungsparameter, wie die Anzahl der Benutzer und die erwarteten Datensätze, als Berechnungsgrundlage herangezogen. Die Vorgehensweise ist wiederum von Hersteller zu Hersteller sehr unterschiedlich.

Reporting- und Planungssysteme sollten wie andere Programme auch im Netzwerk (z. B. Local Area Network oder Wide Area Network) des Unternehmens und darüber hinaus verfügbar sein. Hierbei sind verteilte Rechnerkonzeptionen wie beim Client-Server-Modell möglich, bei denen Anwendungs- und Datenbankmanagement auf verschiedenen

Servern liegen können und die Nutzungsebene (Client) auf dem Personal Computer eingerichtet wird. Bei webgestützten Anwendungen kommuniziert der Client über sogenannte
Webservices mit den Anwendungen, die auf einem oder verteilt auf mehreren Webservern
liegen können, was einer serviceorientierten Architektur entspricht. Ein wirtschaftlicher
Vorteil der webbasierten Systeme liegt darin, dass keine zusätzliche Client-Software auf
den Desktop installiert werden muss und somit weniger Lizenzkosten anfallen. Zudem ist
World Wide Web in weiten Teilen der Welt verfügbar.

Als Endgeräte für die Reporting- und Planungsanwendungen kommen Personal Computer, Laptops/Notebooks und mobile Endgeräte in unterschiedlichen Größen (Tablet-PC,
Smartphones etc.) in Frage (vgl. hierzu Abschn. 5.5.5.7 und 5.7). Von der Eingabe her
können diese Geräte entweder mit Tastatur und Maus bzw. über einen Touchscreen bedient werden.

Wichtige Peripheriegeräte für das Reporting und die Planung sind die Bildschirme der
PCs und andere Ausgabegeräte wie Beamer, Fernseher und interaktive Whiteboards für
Meetings, Chats und Konferenzen sowie Drucker für Papierberichte.

Neben zahlreichen internen Datenquellen und Anwendungen lassen sich durch die
Vernetzung verschiedenster Server untereinander zahlreiche Informationsquellen externer
Server nutzen. Hierdurch entsteht eine firmenübergreifende Integration zum Teil weltweit
vorhandener heterogener Datenquellen und Anwendungen, die i. d. R. über das Internet
bzw. das Intranet des Unternehmens abgerufen werden können. Bezüglich der Speicherung und Nutzung der Daten über das Internet ist zudem die Entwicklung der Cloud-
Technologie zu beobachten (vgl. Abschn. 5.9). Gelingt es ihr die Versorgung der Daten
sicher und stabil zu gewährleisten, dann ist dies für die Verfügbarkeit der Daten und Anwendungen eine interessante Option.

5.4   Softwarelösungen für Reporting und Planung

Für die IT-gestützte Abbildung der Planung und des Reportings im Unternehmen ergeben
sich derzeit vier potenzielle Grundausrichtungen:

- Planungs- und Reportingfunktionen der ERP-Systeme
- Tabellenkalkulationsprogramme
- Spezielle Planungs- und Reportingsysteme, die auf relationaler Datenbanktechnik ba-
  sieren
- BI-gestützte Systeme mit Data-Warehouse- und Big-Data-Technologie

Die Untersuchung der unterschiedlichen Grundausrichtungen der Planungs- und Reportingsysteme soll anhand von verschiedenen Anforderungskriterien erfolgen, die im
folgenden Kapitel aufgestellt werden.

Im Gegensatz zu der in der Praxis häufig getrennten Darstellung von Planungs- und
Reportinglösungen, soll hier im Weiteren die Verzahnung von Reporting und Planung

im Vordergrund stehen. Häufig treffen die Aussagen wegen vieler Gemeinsamkeiten auf beide Aufgabengebiete zu, weswegen eine integrierte Betrachtung sinnvoll ist. Besonderheiten des jeweiligen Aufgabengebietes der Planung und des Reportings werden allerdings hervorgehoben (vgl. hierzu auch Abschn. 3.10).

5.4.1   Anforderungskriterien

Die Anzahl der Anforderungskriterien an moderne und leistungsfähige Reporting- und Planungslösungen ist vielfältig.[9] Einige Anforderungen sind bezüglich der aufgeführten Grundrichtungen für Reporting- und Planungssysteme nur schwer zu vergleichen, daher sollen diese nicht im Fokus der weiteren Betrachtung stehen. Hierzu gehören Anforderungsgebiete wie:

- Internationalität
- Währungsfähigkeit
- Berechtigungssysteme
- Sicherheit
- Übertragbarkeit in eine andere technische Umgebung
- Schulungen
- Wartung/Service
- Multiuser-Fähigkeit
- …

Ebenfalls ausgeklammert werden anbieterbezogene Kriterien, wie z. B. Kosten, Support, Verfügbarkeit, Beratung, Reputation, Bonität und Netzwerk.[10]

Für einen richtungsweisenden Vergleich der aufgeführten Grundrichtungen für Reporting- und Planungssysteme sollen daher die folgenden, inhaltlich und datentechnisch geprägten Anforderungskriterien genutzt werden, um später hieran die Vor- und Nachteile von Data-Warehouse- und BI-gestützten Systemen gegenüber ERP-Systemen und Tabellenkalkulationsprogrammen zu analysieren:[11]

---

[9] Vgl. Wild (1981, S. 36 ff.) oder Dahnken et al. (2003, S. 52 ff.).

[10] Vgl. zu weiteren Softwareauswahlkriterien z. B. Becker et al. 2011, S. 16.

[11] Die aufgeführten Anforderungskriterien ergänzen die Qualitätsmerkmale nach ISO 9126 (Fassung bis 2005) und der Nachfolge-Norm ISO/IEC 25000. Sie sind im Gegensatz zu den ISO-/IEC-Normen jedoch nicht aus technischer Sicht (z. B. Sicherheit und Übertragbarkeit) oder Herstellersicht (z. B. Wartung und Service) definiert worden. Sie dienen vielmehr der Analyse und Vergleichbarkeit von unterschiedlichen Softwarerichtungen für Planungs- und Reportinglösungen.

Datenanbindung zu vor- und nachgelagerten Systemen

Die Integration von Datenquellen aus verschiedenen vorgelagerten und nachgelagerten Systemen für das Reporting- und das Planungssystem muss gewährleistet sein. Weiterhin erfordern die unterschiedlichen internen und externen Datenquellen eines Unternehmens komfortable Import- und Exportschnittstellen.

Datenmodellierung, -harmonisierung und -qualität

Durch die Integration von verschiedenen Datenquellen für das Reporting- und das Planungssystem müssen die Daten harmonisiert werden, da sie in den verschiedenen Vorsystemen ggf. in unterschiedlicher Form und Beschreibung vorliegen. Wenn kein explizites Datenmodell genutzt wird, an welches die Daten angepasst werden müssen, ist weiterhin eine eigene Datenmodellierung notwendig. Zudem müssen bei der Planung ggf. auch neue Stamm- und Bewegungsdaten angelegt werden. Die Datenqualität ist ein, wenn nicht sogar das wichtigste Kriterium für die Akzeptanz eines Planungs- und Reportingsystems. Durch die Integration verschiedener Datenquellen und die Anreicherung des Datenbestandes kommt es hier immer wieder zu Inkonsistenzen, die zu vermeiden sind.

Geschwindigkeit

Die Berichterstellung und -anzeige sowie der Prozess der Planung mit der Eingabe und Ermittlung der Planungsergebnisse sollten einfach und schnell durchgeführt werden können. Hierbei ist insbesondere auf die Rechengeschwindigkeit und das Laufzeitverhalten (Performance) zu achten. Das System muss dem Benutzer jederzeit zur Verfügung stehen und vom (ggf. flexiblen) Arbeitsplatz unmittelbar und ohne zeitliche Verzögerung nutzbar sein.

Wirtschaftlichkeit

Der Nutzen von Reporting und Planung (vor allem die Analyse-, Gestaltungs- und Steuerungsfunktion) müssen in einem wirtschaftlichen Verhältnis zu den dafür entstandenen Kosten (u. a. Softwareanschaffung, Implementierung, Durchführungskosten) stehen.

Bedienungsfreundlichkeit

Unabhängig von der Funktionalität eines IT-Programms hängt die Systemakzeptanz und somit die Akzeptanz eines Reporting- und Planungssystems in hohem Maße von der Benutzerfreundlichkeit, der Ergonomie und dem Bedienungskomfort ab. Aus Sicht des Anwenders sind übersichtliche, klar und einheitlich strukturierte grafische Bildschirmoberflächen sowie leicht handhabbare Eingabemöglichkeiten unabdingbar für das Arbeiten.

Zur Eingabe lassen sich neben der Tastatur und der Funktionstastensteuerung heute grafische Elemente wie Buttons, Auswahlboxen, Reiter-(Register) bzw. Menüleisten per Mausklick dazu verwenden, bestimmte Befehle und Funktionen auszuführen bzw. Berichte und Planungsformulare anzusteuern.

Bei der Gestaltung der Bildschirmoberfläche hat sich der strukturierte Bildschirmaufbau durchgesetzt, bei dem bestimmte Bildschirmbereiche für Symbolleisten, Funktionsleisten, Dialogeingaben, Meldungen und Nachrichten sowie andere Werkzeuge freigehalten werden. Zudem setzen sich immer mehr systemgeführte Interaktionstechniken durch, wobei der Anwender Hinweise und Ablaufhilfestellungen für die ausgeübte Funktion erhält; er wird quasi schrittweise durch das Programm geführt.

Aussagekräftige, leicht verständliche Dokumentationen und Online-Hilfesysteme runden benutzerfreundliche Systeme ab.

Analyse- und Planungsfunktionalität

Die Anwender benötigen für das Reporting und die Planung betriebswirtschaftliches Modell- und Methoden-Know-how. Zum Beispiel benötigt der Vertriebsmitarbeiter Regressionsanalysen bezüglich der Umsatzentwicklung, während in der Kostenrechnung z. B. eine Deckungsbeitragsrechnung abgebildet werden muss. In der strategischen Planung werden Portfolioanalysen, im Einkauf ABC-Analysen eingesetzt. Während im Reporting standardisierte Kennzahlen- und Berichtssysteme zur Verfügung gestellt werden, sind für die Abbildung differenzierter Planungsstrukturen flexibel einsetzbare mathematische und statistische Rechenoperationen, z. B. in Form eines Formelgenerators, nützlich. Die Vielfalt der Reporting- und Planungsfunktionen (z. B. Drill-Down, Aggregationen, Hochrechnungen, Konsolidierung, Szenariorechnungen, Simulationen), welche die Systeme zur Verfügung stellen sollten, kann hier nur angedeutet werden (vgl. hierzu insbesondere Abschn. 3.7 und 3.8).

Da verschiedene Branchen sich vor allem durch ihr Leistungsprogramm, den Leistungserstellungsprozess und die eingesetzten Produktionsfaktoren differenzieren, sind ggf. individuelle Analyse- und Planungsfunktionen für die Branchen abzubilden.

Flexibilität und Gestaltungsmöglichkeiten

Die Reporting- und Planungsstrukturen sowie die dazugehörigen Objekte (z. B. Bereiche, Produkte, Märkte, Gesellschaften und SGEs) müssen im Zeitablauf ständig aktualisiert und an die geänderten Situationen angepasst werden können.

Die Auswahl und Erstellung von Modell- und Methodenbanken sowie die Datenstrukturierung sind möglichst flexibel zu gestalten. Die Datenbasis muss leicht handhabbar, anpassungsfähig und nach unterschiedlichen Kriterien analysierbar sein. Für die Berichte und die Planungsformulare sind Layouts zu entwickeln, die flexibel angepasst werden können.

Dokumentationsunterstützung

Aufgrund der oftmals komplexen Reporting- und Planungsergebnisse ist eine differenzierte, teils objektbezogene Dokumentationsunterstützung (Kommentierungen, Texte, Bilder etc.) für eine bessere Transparenz innerhalb des Planungs- und Steuerungsprozesses sinnvoll. Die Dokumentationsunterstützung sollte dabei unterschiedlichste Aspekte unterstützen, wie z. B. die Dokumentation spezieller Rahmenparameter und -vorgaben oder die Kommentierung wichtiger Erkenntnisse.

Organisation und Prozessunterstützung

Der Ablauf und die Organisation für das Reporting und die Planung sollten durch das System unterstützt werden. Hierbei stehen koordinative Aufgaben wie Zeitplanung, Verteilung der Daten, zentrale und dezentrale Koordinierung der Funktionen sowie andere Hilfestellungen im Vordergrund.

Nicht alle aufgeführten Anforderungskriterien müssen für ein Planungs- und Reportingsystem umfänglich relevant sein. Dennoch stellt die Mehrheit der aufgestellten Anforderungskriterien eine Notwendigkeit oder zumindest eine wünschenswerte Eigenschaft für ein modernes und leistungsfähiges Reporting- und Planungssystem dar.

Die Effizienz eines Planungs- und Analysesystems hängt zudem stark von der Akzeptanz und dem Vertrauen der betroffenen Mitarbeiter ab. Ein „gutes" Planungs- und Analysesystem kann aber nur ein System sein, das auf die Bedürfnisse der Anwender zugeschnitten ist. Reporting und Planung sind Vertrauenssache aller beteiligten Personen. Intensität und Qualität müssen deshalb in einem ausgewogenen Verhältnis zueinander stehen. Zu detaillierte und differenzierte Reporting- und Planungssysteme hemmen den Arbeitsfluss, demotivieren und führen zu Flexibilitätsverlusten. Da ggf. Vorbehalte gegenüber computergestützten Systemen vorhanden sind und zum Teil Rechenvorgänge und Funktionen nur schwerlich nachvollzogen werden können, muss insbesondere für IT-gestützte Reporting- und Planungssysteme ein „Systemvertrauen" aufgebaut werden. Je komplexer die Systeme im Aufbau und in ihrer Funktionalität sind, desto mehr Vertrauen muss dem System entgegengebracht werden. Der Output eines IT-gestützten Systems erscheint dem Anwender aufgrund der undurchschaubaren Informationsprozesse oftmals wie ein Ergebnis aus einer „Blackbox". Hier besteht die Gefahr einer Systemgläubigkeit, dass z. B. IT-gestützte Planungsfunktionen einfach genutzt und errechnete Planergebnisse unreflektiert übernommen werden. Die IT-Bausteine und Funktionen stellen allerdings nur Instrumente bzw. Werkzeuge dar und dienen demnach als Hilfsmittel der Planwertermittlung bzw. der Berichterstattung.

Zudem kann eine sinnvolle Unterstützung von Reporting und Planung durch die EDV nur dann gewährleistet werden, wenn entsprechend ausgebildetes Personal vorhanden ist, das mit den vorhandenen IT-Werkzeugen vertraut ist. Oft können die Möglichkeiten der vorhandenen Systeme nicht optimal für die Unternehmung ausgeschöpft werden, da das Know-how der Mitarbeiter nicht entsprechend ausgebaut ist, so dass nicht die EDV, sondern die jeweiligen Mitarbeiter den Engpass bei der eigentlichen Planungsaufstellung und Informationsauswertung bilden.

Deshalb sollten die Systeme benutzerfreundlich sein und die Anwender im Umgang mit dem System hinreichend geschult werden. Onlinehilfen, integrierte Anwendungsbeispiele, komfortable Bildschirmoberflächen und andere Funktionen helfen den Benutzern, die Systeme schneller kennenzulernen sowie besser und effektiver zu nutzen (vgl. hierzu auch den Trend zum Self-Service BI im Abschn. 4.1.5.4).

Zusammengefasst werden Reporting- und Planungssysteme gefordert, die Informationstransparenz und Systemvertrauen schaffen und den Reporting- und Planungsprozess sinnvoll und effizient unterstützen.

5.4.2 Reporting- und Planungsfunktionen der ERP-Systeme

Eine Definition für ERP-Systeme ist schwer zu finden, zu erstellen bzw. abzugrenzen. ERP steht für „Enterprise Resource Planning". Es ist ein Begriff der Wirtschaftsinformatik, der in der Praxis von vielen Softwareherstellern betrieblicher Standardanwendungen verwendet wird, um ihr Software-Produktportfolio für Unternehmenssoftware zu beschreiben oder einzuordnen. Da ERP-Systeme Softwarebausteine für unterschiedliche Funktionsbereiche eines Unternehmens umfassen können, ist die Bandbreite von Softwarelösungen hier sehr groß.[12] Sie reicht von sehr mächtigen ERP-Systemen, wie z. B. von SAP, Oracle und Infor, die ein großes Spektrum der logistischen, kaufmännischen und sonstigen abrechnungstechnischen Funktionen abdecken, bis hin zu kleineren mittelständischen Lösungen, die sich z. B. nur auf Teile der logistischen oder kaufmännischen Aufgaben beschränken. Häufig werden diese Produkte auch modular entwickelt und verkauft, so dass durch Implementierung von Zusatzmodulen und ggf. Add-on-Produkten der Funktionsumfang schrittweise ausgebaut werden kann. Auch spezielle Branchenausrichtungen, z. B. für das Baugewerbe, den Handel und andere Wirtschaftszweige, sind zu finden.[13]

Das wohl weltweit am häufigsten im betriebswirtschaftlichen Umfeld eingesetzte ERP-System ist das früher „SAP R/3" genannte System der SAP AG, das mittlerweile unter der Bezeichnung „SAP ERP Central Components" geführt wird. Nicht gemeint sind an dieser Stelle z. B. BI-Module der erweiterten SAP NetWeaver-Technologie, andere übernommene BI-Komponenten von SAP, wie z. B. SAP BusinessObjects und die Komponenten der neuen SAP Hana-Technologie, die im Abschn. 5.7.3 behandelt wird.

Theoretisches Ziel von umfassenden ERP-Systemen ist es, (weitgehend) alle Geschäftsprozesse und Ressourcen in einem durchgehend integrierten System abzubilden, die bestmöglich über einen gemeinsamen Datenbestand miteinander verbunden sind.

Häufig anzufindende Funktionsbereiche einer ERP-Standardsoftware sind die logistischen Aufgaben (Verkaufssteuerung, Produktions-, Planungs- und Steuerungssysteme, die Warenwirtschaft, Forschung und Entwicklung etc.) sowie die kaufmännischen und abrechnungstechnischen Aufgaben (Personalwirtschaft, Finanz- und Rechnungswesen, Anlagenwirtschaft, Konsolidierung etc.).

Erweitert man den Einsatz der Planung und Steuerung über die Unternehmensgrenzen hinaus, so können ERP-Systeme heute vor allem durch die rasante Verbreitung der Internettechnologie durch Systeme für Supply Chain Management (SCM-Systeme), Customer Relationship Management (CRM) bzw. Advanced Planning and Scheduling (APS-Systeme) unterstützt werden, die aber hier nicht weitergehend betrachtet werden.

Im Folgenden werden nun wichtige Aspekte bezüglich der oben aufgeführten Anforderungskriterien für die Planung und das Reporting mit ERP-Systemen aufgeführt.

---

[12] Vgl. Hesseler und Görtz (2007, S. 2 f.).
[13] Vgl. Hesseler und Görtz (2007, S. 17 f., 24).

Datenanbindung zu vor- und nachgelagerten Systemen

Während die Planungs- und Reportingsysteme der ERP-Systeme i. d. R. direkt auf die vorhandenen Datenbanken der integrierten ERP-Systemkomponenten zugreifen, sind die anderen Systemformen häufig auf die Datenbereitstellung der vorgelagerten Systeme per Schnittstelle angewiesen. Dies ist ein klarer Vorteil der ERP-Systeme. Die Integration zwischen den Teilkomponenten hat jedoch auch seine Grenzen. So können vereinzelnd z. B. Personalkosten aus dem Personalwesen oder die kalkulatorischen Kosten aus der Anlagenbuchhaltung für die Kostenrechnung zur Verfügung gestellt werden. Dennoch ist eine integrierte Gesamtunternehmensplanung über alle Teilkomponenten hinweg sehr schwierig darstellbar. Wie die Planung, so ist auch das Reporting in ERP-Systemen tendenziell auf die Teilkomponenten (Personalwesen, Warenwirtschaft, Rechnungswesen etc.) ausgelegt. Eine Integration von Reportinginhalten bzw. Planungsinhalten verschiedener Teilkomponenten wird nicht mit dem ERP-System, sondern eher mit nachgelagerten Data-Warehouse- bzw. BI-gestützten Systemen durchgeführt. Wird nur ein partielles Planungsgebiet angesprochen nutzt man gerne auch die bidirektionale Excel-Integration, wobei die Vorgabewerte für Excel aus dem ERP-System bereitgestellt werden und die in Excel geplanten Werte ins ERP-System zurückgeladen werden.

Datenmodellierung, -harmonisierung und -qualität

ERP-Systeme besitzen ein sehr komplexes relationales Datenmodell im Standard, was bedingt durch den Anwender oder den Softwarehersteller erweitert werden kann, mit dem Nachteil, ggf. aus der Update- und Releasefähigkeit für diese Weiterentwicklungen herauszufallen. Sollten zusätzliche Informationen für die Planung und das Reporting aus anderen Quellen benötigt werden oder sind Fremddaten zu harmonisieren, kann es sehr kompliziert und aufwändig sein, diese Änderungen umzusetzen. Die Datenqualität ist für die integrierten ERP-Systeme, bezogen auf die internen Daten, ein großer Vorteil. Kommen Fremddaten hinzu, entstehen die gleichen Probleme der Datenqualität, die sich auch bei den relationalen oder multidimensionalen datenbankgestützten Systemen ergeben.

Geschwindigkeit

Der Vorteil von ERP-Systemen liegt in der Verarbeitung von Massendaten in Form von einfach strukturierten Belegsätzen. Bezüglich des Reportings kommt es bei sehr komplexen Abfragen im relationalen Datenbestand zu sehr langen Laufzeiten, wenn z. B. die Spartenergebnisrechnung für das Gesamtunternehmen angestoßen wird. Hier haben OLAP-gestützte Data-Warehouse-Anwendungen einen erheblichen Geschwindigkeitsvorteil.

Im Rahmen der Planung trifft dies auch für die Verdichtung der Planergebnisse zu. Allerdings sind rechenintensive Planungsfunktionen wie z. B. die Stücklistenauflösung, die Umlage oder die Plantarifermittlung bereits im ERP-System vorhanden. Deswegen ist durchaus ein Wechsel bei der Ausführung der Planungsaufgabe zwischen ERP-Systemen und Data-Warehouse-Systemen bei geeigneten Funktionen sinnvoll.

Wirtschaftlichkeit

ERP-Systeme werden primär zur Planung und Abbildung der verschiedenen Geschäftsprozesse und Ressourcen im Unternehmen angeschafft. Sie sind daher von den Softwareausgaben eher als größere Position anzusehen, was für diese operative Aufgabe gerechtfertigt ist. Betrachtet man nur die Planungs- und Reportingaufgaben, so ist die Wirtschaftlichkeit nur dann gegeben, wenn das Unternehmen mit den Standardfunktionen auskommt. Aufgrund der größeren Anforderungen eines ganzheitlichen Reportings und einer integrierten Unternehmensplanung reichen diese Standardfunktionen häufig nicht aus und eine Weiterentwicklung ist meistens zu teuer.

Bedienungsfreundlichkeit

Bezüglich der Bedienungsfreundlichkeit für Planungs- und Reportingaufgaben besitzen ERP-Systeme häufig Nachteile gegenüber Data-Warehouse- und BI-gestützten Systemen. Die Oberflächen entsprechen zumeist nicht den aktuellen technischen Möglichkeiten. Ein Wechsel zwischen verschiedenen Ansichten ist teils nur durch kompliziertes Navigieren im System möglich. Hilfesysteme sind teils sehr kompliziert, unübersichtlich, kryptisch oder lückenhaft.

Analyse- und Planungsfunktionalität

Die Methoden und Modelle sowie die sich hieraus ergebenden Analyse- und Planungsfunktionen und -techniken der ERP-Module erfüllen häufig in großem Umfang die betriebswirtschaftlichen Anforderungen der Unternehmen. Dies reicht von der konsistenten Datenhaltung über die Abbildung der Reportinginhalte bis zum flexiblen Einsatz von Planungsdialogen (z. B. Verteilungen, Planvarianten, Planpreisiterationen und Planungssimulationen).

Die Reporting- und Planungsfunktionen der ERP-Systeme sind allerdings auch geprägt durch eine gewisse Komplexität und somit Intransparenz hinsichtlich der durchzuführenden Dialoge. Nur einem Spezialisten und systemvertrauten Mitarbeiter wird es möglich sein, alle für ihn sinnvollen Funktionen auszuschöpfen. Diese Komplexität könnte zum einen dadurch verkleinert werden, indem die vorhandenen Feldbeschreibungen und Dialogmasken auf zum Teil hieroglyphische und nicht nachvollziehbare Kürzel verzichten und dem Anwender erlauben, ohne große Programmier- und Customizing-Kenntnisse seinen Bericht oder seine Planungsmaske an seine Bedürfnisse anzupassen. Nicht benötigte Planungsfunktionen sollten aufgrund der großen Unübersichtlichkeit des Gesamtsystems ausgeblendet und bei Bedarf später wieder aktiviert werden können.

Die gelieferten und teils zu parametrisierenden Standardfunktionen reichen aber nicht immer aus, alle gewünschten unternehmensindividuellen Anforderungen abzubilden. Sollten solche Defizite vorliegen, sind diese nur über aufwändige Zusatzentwicklungen oder Modifikationen zu beheben.[14] Hier bieten sich offene Systeme an, die von vornherein die Weiterentwicklungsmöglichkeit vorsehen.

---

[14] Vgl. hierzu Hesseler (2009, S. 52).

Für die Integration individueller Branchenspezifikationen und Unternehmensanforderungen sowie die Einbindung von Spezialprogrammen im Gesamtsystem bietet z. B. das System „SAP ERP Central Components" die Möglichkeit an, nicht abgedeckte Funktionalitäten mit Hilfe der ABAP/4 (Advanced Business Application Language) Development Workbench zu verändern bzw. hinzuzufügen. Es ist zudem als offenes System konzipiert, das die Zusammenwirkung und die Portierbarkeit von Anwendungen, Daten und Bedienungsoberflächen durch Berücksichtigung internationaler Standards für Schnittstellen, Dienste und Datenformate ermöglicht (z. B. durch TCP/IP – Transmission Control Protocol/Internet Protocol; SQL – Structured Query Language; ODBC Open Database Connection; OLE Object Linking and Embedding).[15]

Bei Reporting- und Planungsaufgaben zeigt der Trend aber einen Weggang von ERP-gestützten hin zu Data-Warehouse-gestützten bzw. BI-gestützten Reporting- und Planungssystemen an.

Flexibilität und Gestaltungsmöglichkeiten

Hinsichtlich der Anlage der Strukturen und Stammdaten sind die ERP-Systeme sehr leistungsfähig und können flexibel geändert werden. Bezüglich der Berichtsgestaltung und Planungsfunktionen sind die ERP-Systeme eher als starr zu bezeichnen. Zeilen- und Spalteninformationen sind z. B. nur mit gewissem Aufwand zu ändern. Wechselnde Sichten nach Ergebnisobjekten, Zeitdimensionen etc. sind schwerfällig bei der Analyse zu nutzen

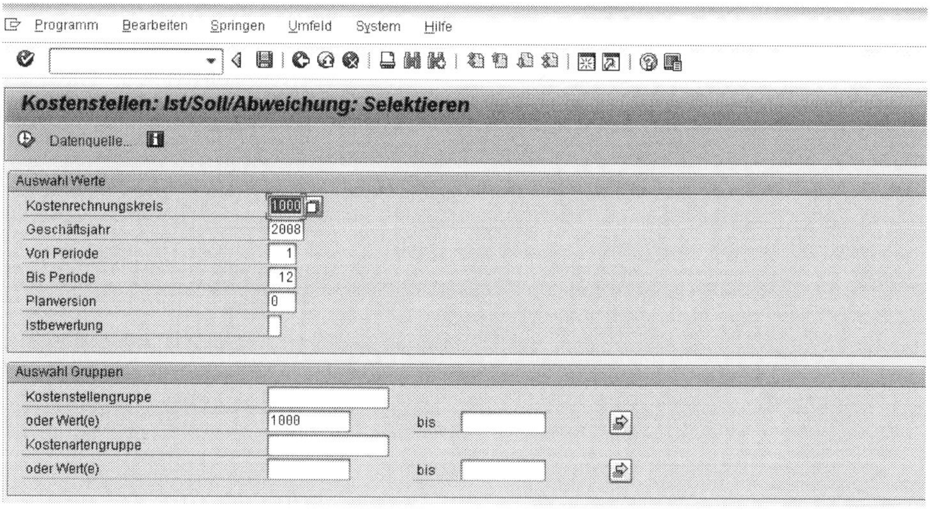

Abb. 5.2 Standardbericht SAP ERP CC (Selektionsmaske). (Quelle: SAP AG 2011 ERP CC System – Standardbericht, Selektionsmaske)

---

[15] Vgl. Buck-Emden (1995, S. 29).

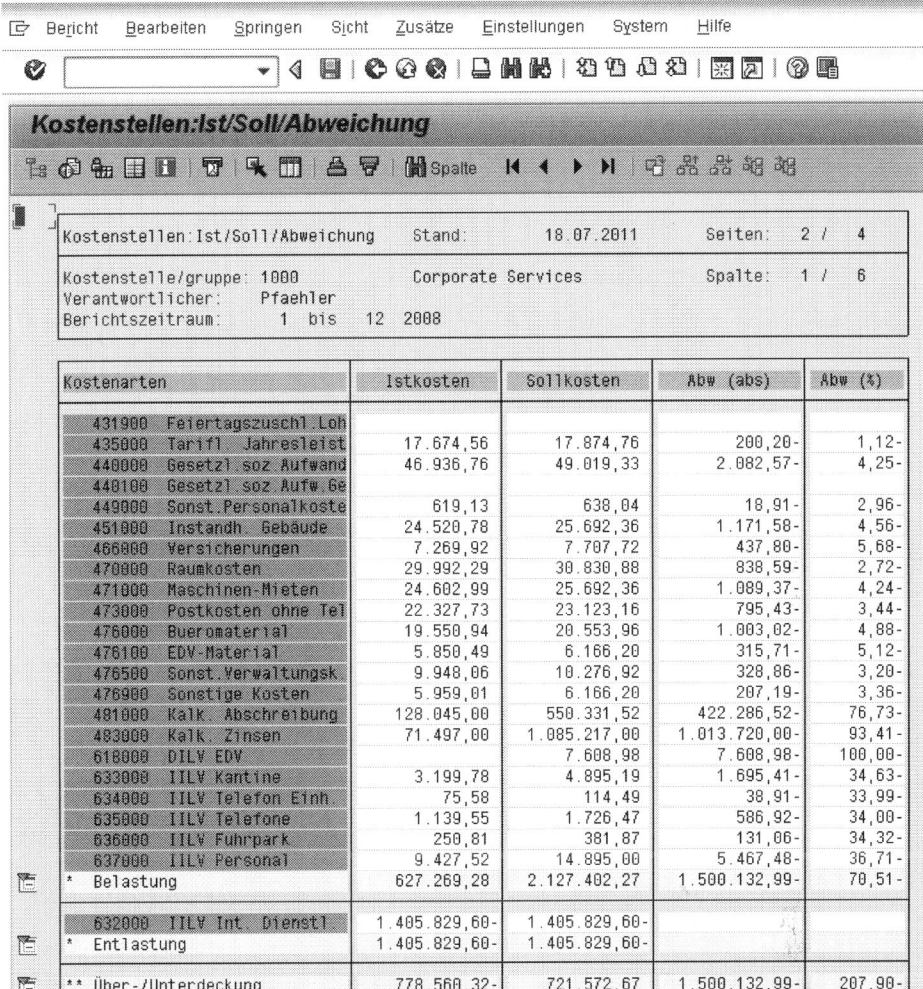

Abb. 5.3 Standardbericht SAP ERP CC (Detailbild). (Quelle: SAP AG 2011 ERP CC System – Standardbericht aus einem IDES-System)

(vgl. Abb. 5.2 und 5.3). Planungsformulare sind relativ starr vorgegeben und haben wenig Gestaltungspotenzial (vgl. Abb. 5.4).

Dokumentationsunterstützung

ERP-Systeme bieten im Rahmen ihrer Planungs- und Reportingfunktionen häufig nur geringe Dokumentationsunterstützung für Kommentierungen und anderes Hintergrundmaterial (Bilder, Texte, Zeichnungen etc.) an. Kommentare müssen meist sehr individuell in den jeweiligen Teilanwendungen hinterlegt werden. Eine Aggregierung und ebenenbezogene Kommentierung ist i. d. R. nicht möglich.

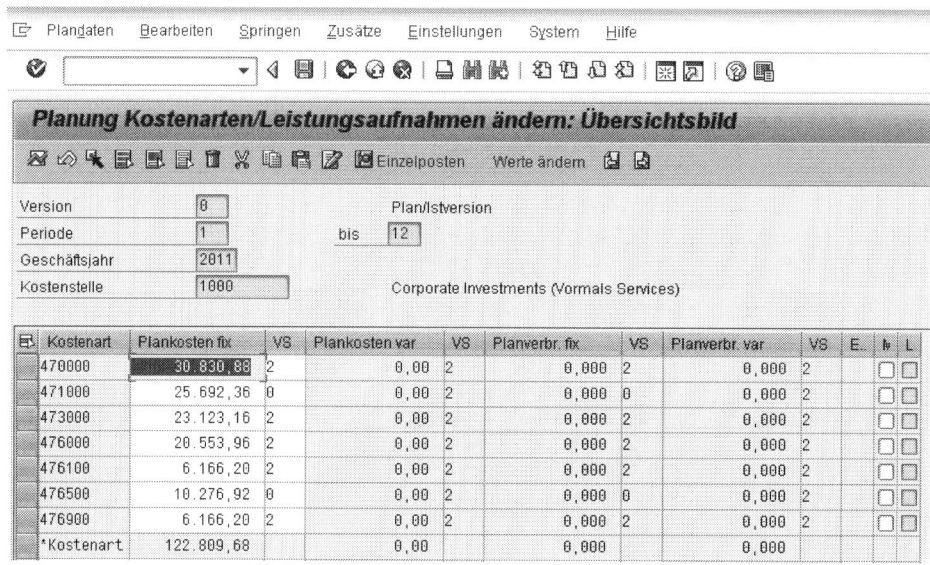

Abb. 5.4 Planungsformular SAP ERP CC. (Quelle: SAP AG 2011 ERP CC System – Planungsformular in einem IDES-System)

Organisations- und Prozessunterstützung

Eine weitergehende Organisations- und Prozessunterstützung beim Reporting und der Planung ist in ERP-Systemen i. d. R. nicht vorhanden. Die Bündelung von Berichten z. B. in einem Cockpit oder die Abbildung der Planungs- und Reportingprozesse als Steuerungsfunktion im System findet man häufig nur bei Data-Warehouse- bzw. BI-gestützten Systemen. Sollten für das Reporting und die Planung organisations- und prozessunterstützende Funktionen geschaffen werden, sind dies meist aufwändige Erweiterungen und Zusatzentwicklungen.

Zusammengefasst eignen sich die Reporting- und Planungslösungen der ERP-Systeme nur dann, wenn man sich auf die jeweiligen Teilgebiete beschränken kann. Sollen ganzheitliche und integrierte Reporting- und Planungslösungen angestrebt werden, sind die Data-Warehouse- und BI-gestützten Systemen zu favorisieren. Die meisten ERP-Anbieter ergänzen ihre Produktpalette in diese Richtung, so dass die ERP-Datenbereitstellung in diese Systeme bereits vorkonfiguriert ist.

Für größere betriebswirtschaftliche Analyse- und Planungsrechnungen, wie z. B. die innerbetriebliche Leistungsverrechnung und die Auflösung der Stücklisten und Arbeitspläne, lohnt sich die Nachbildung dieser komplexeren Planungsfunktionen häufig nicht. Hier ist ein Zusammenspiel mit dem ERP-System zu empfehlen.

5.4.3   Tabellenkalkulationsprogramme

Im Bereich des Reportings und der Planung haben Tabellenkalkulationsprogramme, wie z. B. Lotus 1-2-3, Framework und vor allem MS Excel, eine große Bedeutung. Sie werden auch Spreadsheet-Programme genannt.

Tabellenkalkulationsprogramme können als flexible informationstechnische, tabellengesteuerte Instrumentenkästen bezeichnet werden, die auch leicht von Nicht-IT-Spezialisten schnell und komfortabel für individuelle Problemlösungen eingesetzt werden können. Der Einsatzschwerpunkt dieser zumeist PC-gestützten Tabellenkalkulationsprogramme liegt in der Bearbeitung von Kalkulations-, Planungs-, Simulations-, Optimierungs- und Analyseaufgaben oder sonstigen Anwendungsgebieten, die sich i. d. R. auf einen begrenzten Datenumfang beschränken und relativ gut strukturierte und geschlossene Entscheidungsprobleme lösen.

Vor allem die layouttechnische Ausgestaltung des Berichtswesens und die Abbildung der Planung, wie die Aufstellung von Gemeinkostenplänen, Absatz- und Umsatzplänen sowie Erfolgs- und Finanzplänen, werden in der Unternehmenspraxis häufig mit Tabellenkalkulationsprogrammen durchgeführt, obwohl dies datenintensive und komplexe Anwendungsgebiete sind. Das liegt häufig daran, dass in Unternehmen für diese Aufgabengebiete keine leistungsfähigen Systeme (wie z. B. Data-Warehouse- bzw. BI-gestützte Reporting- und Planungssysteme) existieren und die vorhandenen ERP-Systeme keine oder nur teilweise leistungsfähige Lösungen für die Planung bzw. das Reporting anbieten.

Datenanbindung zu vor- und nachgelagerten Systemen
Ein großer Nachteil der Tabellenkalkulationsprogramme ist sicherlich die häufig fehlende Anbindung zu vor- und nachgelagerten Quellen. Zwar können die meisten Vorsysteme Daten im Tabellenkalkulationsformat übergeben und z. B. mit Hilfe der ODBC-Treiber eingelesen werden, die Zusammenführung und Prüfung der Daten muss jedoch häufig aufwändig manuell im Tabellenkalkulationsprogramm erfolgen. In der Praxis findet man sogar häufig noch die komplette manuelle Übertragung von Daten aus Vorsystemen, bei denen Übertragungsfehler keine Seltenheit sind.

In Verbindung mit ERP-Systemen und Data-Warehouse- bzw. BI-gestützten Systemen lässt sich allerdings ein Trend erkennen, dass diese Systeme verstärkt bidirektionale Schnittstellen zu MS Excel anbieten, so dass Daten relativ komfortabel aus der relationalen oder OLAP-basierten multidimensionalen Datenhaltung geladen und zurückgespeichert werden können. MS Excel wird bei solchen Systemen als (alternative) Add-in-Anwendung für die Planungs- bzw. Reportingoberfläche verwendet.

Datenmodellierung, -harmonisierung und -qualität
Tabellenkalkulationsprogramme haben keine datenbankgestützte Datenspeicherung, wie z. B. relationale oder OLAP-basierte multidimensionale Datenbanksysteme. Die Daten werden direkt in die zur Verfügung gestellten Zellen eingetragen, wobei der Entwick-

ler vollkommene Freiheiten bei der Datenanlage hat. Eine Datenharmonisierung in Form von Abgleich und Anpassung von Daten aus unterschiedlichen Datenquellen ist standardmäßig nicht vorgesehen und wird häufig manuell durchgeführt. Durch die schwache Datenintegration kommt es somit häufig zu Datenredundanzen und somit Fehlern, wenn gleiche Werte z. B. an verschiedenen Stellen der Tabellen unterschiedlich gepflegt sind.

Sollte keine Übersicht bei der Datenanlage z. B. im Sinne des EVA-Prinzips (Eingabe, Verarbeitung und Ausgabe) erfolgen, verliert man schnell die Übersicht in den Tabellen und es schleichen sich Fehler und Dateninkonsistenzen ein.

Nachteilig ist auch die eingeschränkte Datenhaltungsmöglichkeit in einzelnen Tabellen, die bei großen Datenmengen an ihre Grenzen stößt.

Bezüglich der Datenqualität schneiden Tabellenkalkulationsprogramme aufgrund der bereits aufgeführten Probleme hinsichtlich Dateninkonsistenz und -redundanz am schlechtesten ab.

Geschwindigkeit
Bei kleineren Reporting- und Planungsanwendungen, bei denen die Datenhaltung direkt in Excel erfolgt, reicht die Performance aus. Diese fällt bei immer größer werdenden Anwendungen deutlich hinter den anderen Systemen (ERP-Systeme, relationale Datenbankgestützte Systeme, Data-Warehouse- bzw. BI-gestützte Systeme) ab.

Wirtschaftlichkeit
Die Anschaffungskosten und Einarbeitungskosten für Tabellenkalkulationsprogramme sind gegenüber den anderen Systemen mit Abstand am geringsten. Allerdings kann sich dieser Vorteil schnell ins Gegenteil umschlagen, da die Planungs- und Berichterstellung mit zunehmender Komplexität mehr personellen Aufwand erfordert, was vor allem an den Übertragungs-, Abstimmungs-, Pflege- und Prüfungsarbeiten liegt.

Bedienungsfreundlichkeit
Aufgrund des hohen Bekanntheitsgrades und der einfachen Bedienung gelten Tabellenkalkulationsprogramme als sehr benutzerfreundlich. Dies ist auch ein zentraler Grund dafür, dass andere Planungs- und Berichtssysteme teilweise MS Excel als Oberfläche in ihr Programm als Add-in integriert haben. Hinsichtlich der Datenadministration und -pflege hingegen gilt diese Benutzerfreundlichkeit nicht.

Analyse- und Planungsfunktionalität
Tabellenkalkulationsprogramme stellen dem Benutzer zu Beginn ein leeres, elektronisches Arbeitsblatt (Spreadsheet) zur Verfügung, das wie eine Matrix aufgebaut und in Zeilen und Spalten unterteilt ist. In die einzelnen Felder (Zellen) können Texte, Zahlen oder Rechenanweisungen eingegeben werden. Durch die Verbindung der Rechenfelder mit Formeln eignen sich Tabellenkalkulationsprogramme gut zur Programmierung von einfachen Berechnungen. Man trägt die geänderten Ausgangsdaten ein und sieht sofort die Ergebnisse der aktuellen Berechnung am Bildschirm. Für die Rechenoperationen einzel-

ner Tabellenfelder und -bereiche stehen zudem zahlreiche mathematische und statistische Formelsammlungen zur Verfügung. Mit Hilfe von zusätzlichen Makroprogrammierungen (z. B. mit Visual Basic für Applications) lassen sich für Reporting und Planung zusätzliche Funktionen schaffen. Hierzu bedarf es allerdings der entsprechenden VBA-Programmierkenntnisse.

Neben den Grundfunktionen einer Tabellenkalkulation (Zellenformatierung, Formelsteuerung etc.) verfügen die Programme über leistungsfähige, flexibel einsetzbare Funktionen wie z. B.:

- Grafikoptionen (3D-Grafiken, Diagramm-Manager etc.)
- Szenario- und Simulationsfunktionen sowie Optionen für die Zielwert- und Schwellenwertberechnungen
- Mit Hilfe von Pivottabellen sind mehrdimensionale Datenanalysen größerer Datenbestände ausführbar. Die Analyse erfolgt in einem Pivot-Fenster in dem Seiten-, Zeilen-, Spalten- und Wertfilter flexible verwendet werden können. Die neue Programmversion „PowerPivot" von Microsoft erweitert z. B. die bisherige Pivot-Funktionalität in MS Excel.
- Möglichkeiten zur komfortablen Programmierung mit Hilfe von leistungsfähigen, applikationsübergreifenden Programmiersprachen sowie einfacher Makroprogrammierungen
- Automatischer Datenaustausch mit verschiedensten Datenbanken sowie direkter Datenbankzugriff per ODBC-Schnittstelle, datenbankähnliche Funktionen zur Datenverwaltung sowie mehrdimensionale Datenbankauswertungen mit Hilfe von Pivottabellen
- Zahlreiche Vereinfachungsfunktionen wie automatische Sortiervorgänge, Konsolidierungs- und Abfragerechnungen wie z. B. die Erstellung von Teilergebnissen

Vorgefertigte betriebswirtschaftliche Planungsfunktionen wie Verteilungen, Verdichtungen etc. gibt es nicht im Standard und müssen aufwendig erstellt werden. Bei komplexen Berichts- und Planungssystemen verlieren die Anwender und die Entwickler solcher Tabellenkalkulationsprogramme leider die Übersicht über die angelegten Formeln und Berechnungsschritte, so dass die Datenqualität und Datenkonsistenz nicht mehr zu gewährleisten ist.

Flexibilität und Gestaltungsmöglichkeiten
Zur Berichtsgestaltung stehen neben den Tabellenfunktionen zahlreiche Diagrammfunktionen und Formatierungsmöglichkeiten zur Verfügung, weshalb Tabellenkalkulationsprogramme auch gerne für die layouttechnische Aufbereitung des Berichtswesens herangezogen werden. Für die individuelle Gestaltung der Planungsformulare werden ebenfalls gerne Tabellenkalkulationsprogramme herangezogen. Hier steht die individuelle Nutzung der Tabellen und Formeln im Vordergrund, mit denen sich schnell einfache Hochrechnungen, Verteilungen, Planeingaben, Simulationen und Szenariorechnungen durchführen lassen. Mit Leichtigkeit lassen sich präsentationsfähige Tabellen sowie Grafiken erstel-

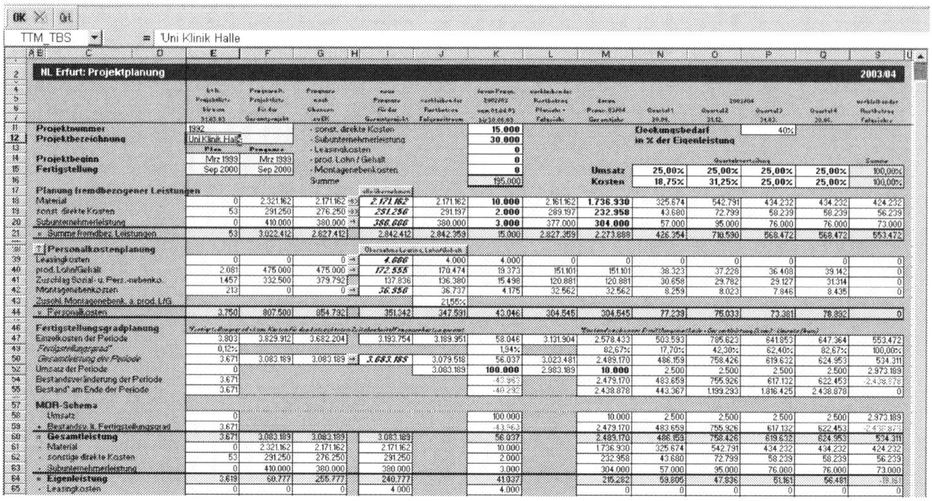

Abb. 5.5 Planung eines Projektfertigers mit MS Excel. (Entnommen aus Schön 2004, S. 572)

len, die relativ einfach in PC-gestützte Textverarbeitungssysteme sowie Präsentations- und Grafikprogramme übernommen werden können.

Ein Beispiel für eine Kosten- und Leistungsplanung eines Projektfertigers ist der Abb. 5.5 zu entnehmen.

Dokumentationsunterstützung

In den Tabellenkalkulationsprogrammen lassen sich zellbezogene Kommentare hinterlegen, die durch Markierungen angezeigt werden. Werden zu viele Zellkommentare abgelegt, wird die Kommentierung häufig unübersichtlich und wichtige Einträge lassen sich nur schwer von unwichtigen Einträgen abgrenzen.

Neben den Zellkommentierungen lassen sich beliebige Textinformationen bei der Seitengestaltung hinzufügen. Eine Integration von weiteren Objekten wie Bildern, Links, Zeichnungen und Texte ist ebenfalls möglich. Eine Aggregationsfunktion und Staffelung von Kommentierungen hingegen existiert nicht.

Organisations- und Prozessunterstützung

Eine vorinstallierte Organisations- und Prozessunterstützung existiert nicht. Allerdings lassen sich geeignete Objekte, wie Arbeitsanweisungen und Ablaufbeschreibungen, in den Tabellen integrieren. Über zusätzliche Makroanweisungen lassen sich auch einfache Navigationshilfen für das Reporting oder die Planung gestalten.

Trotz der großen Flexibilität eignen sich Tabellenkalkulationsprogramme weniger beim Einsatz komplexer Problemstellungen und Aufgaben. Dies liegt vor allem an der funktionellen und datentechnischen Beschränkung, die dazu führt, dass rechenintensive Funktionen, wie z. B. die innerbetriebliche Leistungsverrechnung und das Massendatengeschäft bei Abrechnungsläufen, nur schwerlich umzusetzen sind. Weiterhin erweist sich die anfängliche große Flexibilität und Bedienungsfreundlichkeit der Programme beim Aufbau komplexerer Berechnungen als programmiertechnische Falle. Werden z. B. Konsolidierungen aufgebaut, so ist bei der Verdichtung der Daten darauf zu achten, dass spätere Änderungen der Auswertungen und Berichtsschemata im Zeilen- und Spaltenschema umständlich Tabelle für Tabelle nachzupflegen sind. Formelmäßige Verknüpfungen von Zellbezügen und implementierte Rechenalgorithmen zwischen mehreren Dateien bzw. Tabellenblättern werden dabei schnell unübersichtlich und lassen sich bei Anpassungen nur mühsam anpassen. Inkonsistente Datenhaltung ist die Folge, wobei entstandene Fehler nur schwer zu lokalisieren sind. Es zeigt sich, dass komplexere, selbst programmierte Tabellenkalkulationsprogramme nur schwerlich durch Dritte nachvollzogen werden können.

Wichtige Nachteile von Tabellenkalkulationsprogrammen sind im Folgenden zusammengefasst:

- Hoher Wartungsaufwand
- Instabilität und Fehleranfälligkeit
- Hohe Manipulationsmöglichkeit
- Kaum zentralisierte Kontrolle
- Modellabhängigkeit vom Know-how des Erstellers
- Geringes Konsolidierungstempo
- Schwache Datenintegration,
- Dateninkonsistenz und Datenredundanz
- Fehlende Datenbankunterstützung
- Begrenzte Datenhaltungsmöglichkeit.

Zusammenfassend kann über Tabellenkalkulationsprogramme gesagt werden, dass sie für begrenzte Aufgabenstellungen und einen überschaubaren Datenumfang gut geeignet sind, betriebswirtschaftliche Problemstellungen zu lösen. Speziell für den Bereich des Reportings und der Planung können Spreadsheet-Programme sinnvoll eingesetzt werden, wie zahlreiche Anwendungsbeispiele aus der Unternehmenspraxis zeigen. Dies liegt vor allem daran, dass in kleineren und mittleren Unternehmen nur begrenzte Ressourcen an Sach- und Personalmitteln zur Verfügung stehen, so dass sie keine standardisierten Softwareprogramme, sondern nur einfache, zumeist selbst entworfene Spreadsheets für Planungsrechnungen, Berichte und Kommentierungen einsetzen können.

Bei größeren integrierten Planungsmodellen und anspruchsvolleren Reportinglösungen kommen Tabellenkalkulationsprogramme aber an ihre Grenzen und sollten besser durch Data-Warehouse- bzw. BI-gestützte Reporting- und Planungssysteme abgelöst werden. Bei einigen Anbietern kann die Oberfläche von MS Excel als Add-in für die Analyse- und Eingabeoberfläche genutzt werden.

5.4.4   Spezielle Software (basierend auf relationaler Datenbanktechnik)

Aufgrund der Mängel der Reporting- und Planungslösung der ERP-Systeme und Tabellenkalkulationsprogramme haben sich einige Unternehmen dafür entschieden, Systemlösungen auf Basis der relationalen Datenbanktechnik zu nutzen. Das Spektrum reicht hier von
MS Access als relationales Datenbank-Management-System (RDBMS) mit einfacheren
Planungs- und Berichtsfunktionen bis hin zu speziellen Lösungen.

Datenanbindung zu vor- und nachgelagerten Systemen
Im Gegensatz zu den ERP-Systemen sind spezielle Reporting- und Planungssysteme,
die auf relationaler Datenbanktechnik basieren, auf die Datenintegration der vorgelagerten Systeme angewiesen. Über Schnittstellen werden die Quelldaten z. B. mit Hilfe der
ODBC-Treiber oder anderer Standards eingelesen. Die Zusammenführung und Prüfung
der Daten muss jedoch häufig in der Schnittstelle durchgeführt werden. Fehlerhafte Datenübertragungen und Dateninkonsistenzen sind nicht immer auszuschließen.

Datenmodellierung, -harmonisierung und -qualität
Gegenüber den Tabellenkalkulationsprogrammen haben die RDBMS-gestützten Programme den Vorteil einer systematischen Datenspeicherung. Vorteilhaft gegenüber den ERP-
Systemen, die in der Regel auch auf relationalen Datenbanken aufbauen, ist die leichte
Änderungsmöglichkeit der Datenstrukturen für die Planung und das Reporting, da hier in
der Regel keine Abhängigkeiten zu anderen Programmfunktionen bestehen und die Komplexität geringer ist. Bei Individualentwicklungen, die zumeist neben dem Reporting und
der Planung auch für operative Aufgaben entwickelt wurden, besteht der gleiche Nachteil
wie bei den ERP-Systemen. Bei der Datenintegration vieler unterschiedlicher Quellen sind
der Aufwand der Prüfung und Datenharmonisierung sowie die Fehleranfälligkeit nicht zu
unterschätzen.

Bezüglich der Datenqualität kommen bei RDBM-Systemen wegen der Integration der
Daten aus vorgelagerten Systemen dieselben Probleme vor, die sich auch bei ERP-Systemen sowie bei multidimensionalen Data-Warehouse- bzw. BI-gestützten Systemen durch
die diversen Schnittstellen bzw. ETL-Prozesse ergeben. Das sind z. B. die Inkonsistenzen
der Quelldaten sowie Fehler bei den Lade- und Transformationsprozessen.

Geschwindigkeit
Das Zeitverhalten (Performance) von speziellen RDBMS-gestützten Programmen ist
bezüglich des Reportings und der Planung deutlich vor den Tabellenkalkulationssys-
temen einzuordnen. Aufgrund ihrer Spezialisierung liegen sie auch vor den ERP-
Systemen. Im Gegensatz zu Data-Warehouse-gestützten OLAP-basierten Systemen fällt
die Performance deutlich schlechter aus. Die Gründe hierfür liegen in den unterschiedlichen Datenspeicherungen und Abfragemöglichkeiten, die sich hieraus ergeben, wie in
Abschn. 5.5.4.1 noch detailliert gezeigt wird.

Wirtschaftlichkeit

Spezielle RDBMS-gestützte Reporting- und Planungsprogramme sind hinsichtlich ihrer Anschaffungskosten und Einführungskosten im Gegensatz zu den Standardfunktionen des ERP-Systems, das ja primär zur Abwicklung der operativen Geschäftsprozesse angeschafft wird, als zusätzlich zu sehen. Sie liegen i. d. R. über den Kosten von Tabellenkalkulationsprogrammen, da die Spezial- bzw. häufig auch Individualentwicklungen deutlich aufwändiger sind. Selbst gegenüber den modernen Data-Warehouse- und BI-gestützten Systemen sind hier keine Vorteile, sondern ggf. eher wirtschaftliche Nachteile in der Entwicklung, Einrichtung und Pflege zu sehen.

Bedienungsfreundlichkeit

Grundsätzlich hängt die Bedienungsfreundlichkeit von der Nutzung der technischen Möglichkeiten ab und kann daher bei RDBM-Systemen aufgrund ihres Alters sehr unterschiedlich sein. Aufgrund ihrer Spezialisierung sollten RDBM-Systeme für das Reporting und die Planung gegenüber den ERP-Systemen Vorteile besitzen. Bei manchen Individualentwicklungen ist dies aber nicht immer der Fall, da hier meistens der Inhalt und die Funktionalität und nicht die Oberfläche oder die Hilfesysteme im Vordergrund stehen. Hier lässt die Bedienungsfreundlichkeit dann oft zu wünschen übrig.

Vergleicht man z. B. MS Access mit MS Excel, dann sind hier vom Hersteller Microsoft Oberflächen und Hilfefunktionen technologisch und ergonomisch auf der gleichen Basis. Vom Anwender her gesehen ist MS Excel jedoch vertrauter, was auch an der hohen Durchdringung von MS Excel gegenüber MS Access liegt.

Analyse- und Planungsfunktionalität

Hinsichtlich der Analyse- und Planungsfunktionalität muss zwischen Standard- und Individuallösungen bei RDBM-Systemen unterschieden werden.

Bei Individuallösungen, z. B. auch mit MS Access, müssen Reporting- und Planungsfunktionen, wie auch bei den Tabellenkalkulationsprogrammen, komplett aufgebaut werden. Wie auch bei den Tabellenkalkulationsprogrammen stehen hierfür mathematische Formeln, die Makro-Programmierung mit VBA, etc., als Werkzeuge zur Verfügung. Vorgefertigte betriebswirtschaftliche Planungsfunktionen wie Verteilungen, Umwertungen etc. existieren aber nicht im Standard, sondern müssen entwickelt werden. Für die Berichte steht ein Berichtsgenerator zur Verfügung. Auch hier müssen die Berichtsvorlagen erst aufgebaut werden. Insgesamt ist die Analyse- und Planungsfunktionalität dieser Lösungen meist eingeschränkt (vgl. Abb. 5.6).

Bei speziellen RDBMS-Standardlösungen von Softwareherstellern für das Reporting und die Planung ist die Lieferung zahlreicher betriebswirtschaftlicher Analyse- und Planungsfunktionen sowie Vorlagen im Paket enthalten. Hier ist der Funktionsumfang deutlich größer und muss lediglich hinsichtlich der Abdeckung der Unternehmensanforderungen geprüft werden. Tendenzmäßig ist aber aufgrund der technischen Entwicklung davon auszugehen, dass die modernen Data-Warehouse- und BI-gestützten Systeme hier

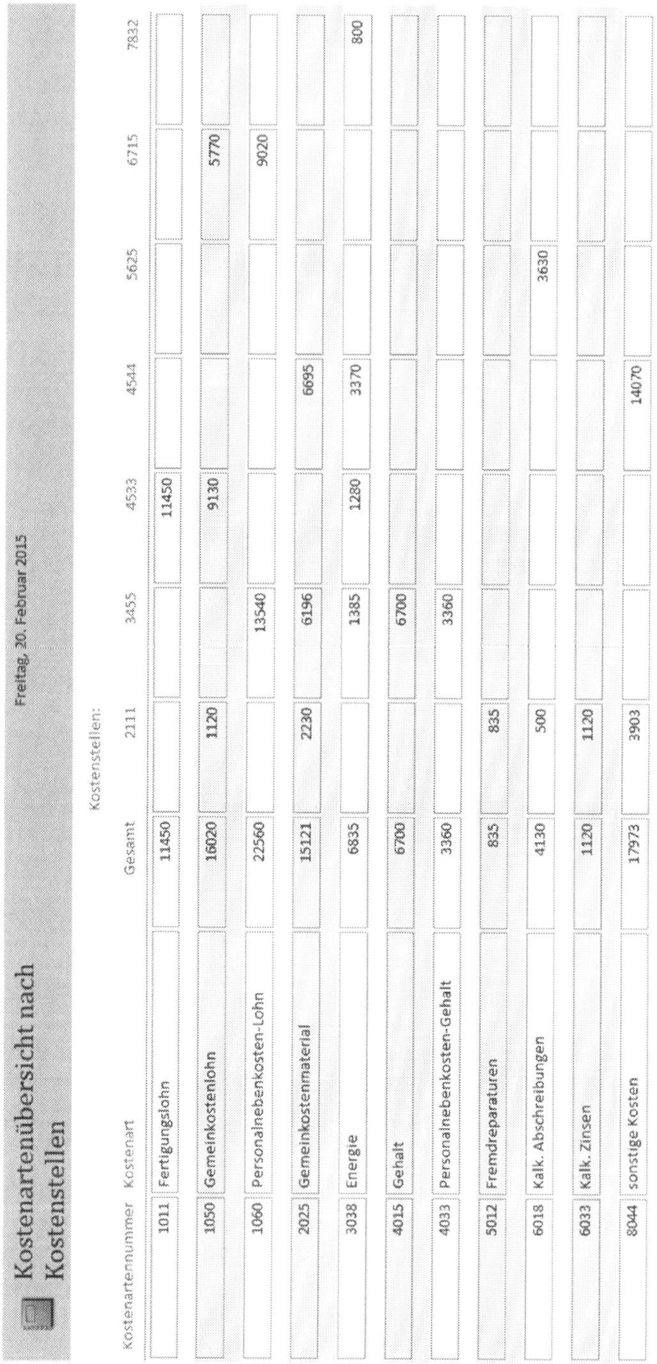

Kostenartenübersicht nach Kostenstellen

Freitag, 20. Februar 2015

Kostenstellen:

Kostenartennummer	Kostenart	Gesamt	2111	3455	4533	4544	5625	6715	7832
1011	Fertigungslohn	11450			11450				
1050	Gemeinkostenlohn	16020	1120		9130			5770	
1060	Personalnebenkosten-Lohn	22560		13540				9020	
2025	Gemeinkostenmaterial	15121	2230	6196		6695			
3038	Energie	6835		1385	1280	3370			800
4015	Gehalt	6700		6700					
4033	Personalnebenkosten-Gehalt	3360		3360					
5012	Fremdreparaturen	835	835						
6018	Kalk. Abschreibungen	4130	500				3630		
6033	Kalk. Zinsen	1120	1120						
8044	sonstige Kosten	17973	3903			14070			

Abb. 5.6 Reporting mit MS Access. (Selbsterstellter Bericht mit MS Access)

die RDBM-Systeme übertreffen, was sowohl die Werkzeuge als auch die Standardvorlagen betrifft.

Flexibilität und Gestaltungsmöglichkeiten

Die Anlage und Pflege der Strukturen und Stammdaten ist in den meisten RDBM-Systemen flexibel möglich. Zu differenzieren sind wiederum die Individual- und Standardlösungen. Bei den Individuallösungen müssen die Berichte und Planungsfunktionen zunächst gestaltet werden, was relativ flexibel und je nach verfügbarem Werkzeug mit den Formular- und Berichtsgeneratoren möglich ist. Der Komfort und die Ergebnisse liegen hier meist deutlich unter den speziellen standardisierten RDBM-Systemen, die hier mehr Features und Möglichkeiten liefern. Individuelle Vorteile hat man hier bei der Gestaltung gegenüber den ERP-Systemen bezüglich der dort verfügbaren Planungs- bzw. Reportgeneratoren. Nach der ersten Entwicklung sind Veränderungen zwar möglich, aber die einmal angelegten Planungs- und Berichtsstrukturen sowie deren Funktionen werden häufig nicht mehr so stark verändert, da die Anpassungen wieder mit Entwicklungsaufwand verbunden sind. Ein Vorteil der speziellen RDBM-Systeme ist die Nutzung von Planungs- und Berichtsvorlagen sowie standardisierten Funktionen, so dass hier ein Teil der Neuentwicklung entfällt.

Die Gestaltungsmöglichkeiten im Reporting und in der Planung werden bei speziellen standardisierten Reporting- und Planungssystemen tendenzmäßig denen der modernen Data-Warehouse- und BI-gestützten Systeme nahe kommen. Eingeschränkt bleiben hier allerdings die mehrdimensionalen Auswertungsmöglichkeiten aufgrund der schlechteren Performance und der hierfür erforderlichen aufwändigeren relationalen Datenmodellierung und Abfrage.

Dokumentationsunterstützung

Die Dokumentationsunterstützung hängt ebenfalls sehr stark von dem jeweiligen RDBM-System ab. MS Access liefert im Vergleich zu MS Excel keine separate (zellbezogene) Kommentarfunktion. Kommentare sind hier im Datenmodell und in den Berichten und Formularen mit zu entwickeln. Objekte wie Bilder und Zeichnungen aus anderen Anwendungen können z. B. über OLE/DDE-Verknüpfung ebenfalls angebunden und aktualisiert werden. Eine Aggregationsfunktion und Staffelung von Kommentierungen hingegen existiert ebenfalls nicht. Andere RDBMS-Anwendungen bieten für die Dokumentationsunterstützung hier teils mehr (typisch für Standardentwicklungen) bzw. teils weniger (typisch für Individualentwicklung) Funktionen an.

Organisations- und Prozessunterstützung

Auch die Organisations- und Prozessunterstützung hängt sehr stark von dem jeweiligen RDBM-System ab.

MS Access besitzt wie MS Excel keine vorinstallierte Organisations- und Prozessunterstützung. Allerdings lassen sich einfache Arbeitsanweisungen und Ablaufbeschreibungen in den Berichten und Formularen integrieren. Über zusätzliche Makroanweisungen lassen sich ebenfalls Navigationshilfen für das Reporting oder die Planung gestalten. Bei den Individualentwicklungen und speziellen Reporting- und Planungssystemen hängt es davon ab, ob der Hersteller hierfür geeignete Funktionen bereitgestellt hat.

Die speziell für Reporting und Planung entwickelten Softwareprogramme zeichnen sich in erster Linie dadurch aus, dass sie gegenüber den Tabellenkalkulationsprogrammen und ERP-Systemen Planungs- und Berichtsvorlagen sowie Reporting- und Planungsfunktionen methodisch in einem strukturierten Rahmen zur Verfügung stellen. Komplexe Planungszusammenhänge, wie z. B. die Planergebnisverdichtungen sowie Planungshochrechnungen und -simulationen, lassen sich trotz ständig wechselnder Unternehmens- und Kostenstrukturen schnell und komfortabel datenbankgestützt abbilden.

Die Grenzen dieser speziell entwickelten Softwaresysteme liegen aber auch in den programmierten und somit vorstrukturierten Reporting- und Planungsmöglichkeiten. Zwar sind diese relativ groß, jedoch gibt es kein standardisiertes Reporting- und Planungstool, das alle denkbaren Modellanforderungen abdeckt. Dies liegt vor allem an der Vielfältigkeit des Leistungsspektrums und der Struktur der Unternehmen, betrachtet man z. B. unterschiedliche Branchen. Diese Aussagen gelten auch für die modernen Data-Warehouse- und BI-gestützten Systeme insoweit diese Standardvorlagen mitliefern.

Werden Neuinvestitionen in Reporting- und Planungssysteme getätigt, wird aufgrund der schlechteren Abfragegeschwindigkeit (Performance) tendenzmäßig nicht auf RDBMS gesetzt, sondern eher auf die modernen Systeme mit Data-Warehouse- bzw. OLAP-Technologie. Zusammengefasst sind RDBM-Systeme daher als Auslaufmodelle für das Reporting und die Planung zu bezeichnen.

5.4.5 BI-gestützte Systeme

Business-Intelligence-gestützte Planungs- und Reportingsysteme zeichnen sich kurz gesagt dadurch aus, dass sie eine andere technologische Basis besitzen. Die wichtigsten technologischen Veränderungen ergeben sich durch die multidimensionale Datenspeicherung und -auswertung (OLAP-Technologie) im Data Warehouse, durch die Big-Data-Technologie für die Bewältigung großer und unstrukturierter Datenmengen, durch die Web-Technologie als Anwendungsoberfläche sowie durch die App-Technologie insbesondere für mobile aber auch stationäre Anwendungssoftware (vgl. Abschn. 5.9.3). Eine umfassendere Aufbereitung der Grundlagen zum Data Warehousing und zur traditionellen Business Intelligence wird in den beiden anschließenden Abschn. 5.5 und 5.6 gelegt. Die Erweiterung der traditionellen BI zur explorativen BI durch die Big-Data-Technologie schließt sich bündig im Abschn. 5.7 an. Da sich moderne BI-gestützte Systeme für das Reporting und die Planung etablieren, soll in den folgenden Kapiteln tiefer auf diese neuen Lösungen eingegangen werden.

Die Leistungsfähigkeit der BI-gestützten Reporting- und Planungssysteme hat in den letzten Jahren erheblich zugenommen. BI-Anbieter, wie z. B. SAP (BW/SAP BusinessObjects), Oracle (Oracle Hyperion), IBM (IBM Cognos), Corporate Planning (CP-

Suite), Microsoft (Microsoft Analysis Services), SAS-Software (SAS Institute), Infor (dynamic/Enterprise Performance Management), MicroStrategy (MicroStrategy Business Intelligence), Cubeware (C8 Cockpit), prevero (prevero Planung und Berichtswesen), Targit (Morton Systems), QlikView und Qlik Sense (QlikTech), Jedox (Jedox AG), Tableau (Tableau Software), um nur einige zu nennen, haben Lösungen entwickelt, die benutzerfreundlich sind und vielfältige BI-gestützte Controlling-Funktionen beinhalten. Einige konzentrieren sich dabei leider nur auf das Reporting oder die Planung und vernachlässigen eine integrierte Lösung. Neben den proprietären Softwareanbietern lassen sich zudem OpenSource-Produkte wie z. B. Jaspersoft als technische Alternative auf dem BI-Markt finden.

Um den unmittelbaren Vergleich der BI-gestützten Planungs- und Reportingsysteme mit den Anforderungskriterien zu den anderen Systemgrundrichtungen (ERP-Systeme, Tabellenkalkulationsprogramme, spezielle RDBM-Systeme) durchzuführen, sollen diese nun vorab aufgeführt werden.

Datenanbindung zu vor- und nachgelagerten Systemen
Die Integration der BI-gestützten Systeme zu anderen Vorsystemen erfolgt über leistungsfähige Applikationen, die beliebige Daten und Vergleichswerte aus ERP- und Transaktionssystemen, Tabellenkalkulationsprogrammen sowie anderen Datenbanken bereitstellen.[16] Im sogenannten ETL-Prozess werden die Daten aus den relevanten Quellsystemen extrahiert (**E**xtraktion), ggf. umgewandelt und angereichert (**T**ransformation) und in das Data Warehouse geladen (**L**adung) (vgl. hierzu auch Abschn. 5.5.2). Im ELT-Prozess einer Big-Data-Anwendung ist die Reihenfolge der letzten beiden Prozessschritte vertauscht (vgl. Abschn. 5.7). In beiden Fällen bedeutet dies eine redundante Datenhaltung. Der Aufwand einer redundaten Datenhaltung ist heute aber gerechtfertigt, da die Analyse-Performance durch die neuen Technologien erheblich gesteigert wird.

Datenmodellierung, -harmonisierung und -qualität
Herzstück einer Data-Warehouse-gestützten Reporting- und Planungslösung ist das multidimensionale OLAP-Datenmodell, das für die performante Planung und Auswertung der Datenbestände verantwortlich ist (vgl. hierzu Abschn. 5.5.4.1). Dieses muss i. d. R., wenn es keine vorgefertigten Modelle gibt, zu Beginn eines BI-Einführungsprojektes aus den Anforderungsprofilen der Anwender entwickelt werden. Ein Beispiel für ein Toolset zur Datenmodellierung eines Star-Schemas mit Hilfe des Microsoft Visual Studios zeigt Abb. 5.7. Die Datenharmonisierung erfolgt im ETL-Prozess. Die Datenqualität ist stark abhängig vom ETL-Prozess und der Datenmodellierung der jeweiligen Anwendung. Beim Einsatz der Big-Data-Technologie werden viele strukturierte und unstrukturierte Daten über den ELT-Prozess geladen. Mit Hilfe des Map-Reduce-Verfahrens erfolgt die Verteilung und Zusammenfügung der Daten (vgl. zu Big Data auch die Details in Abschn. 5.7). Abgesehen von Inkonsistenzen bei Quelldaten, liegen Probleme bei den Ladeprozessen

---

[16] Vgl. Bange (2013, S. 134–135).

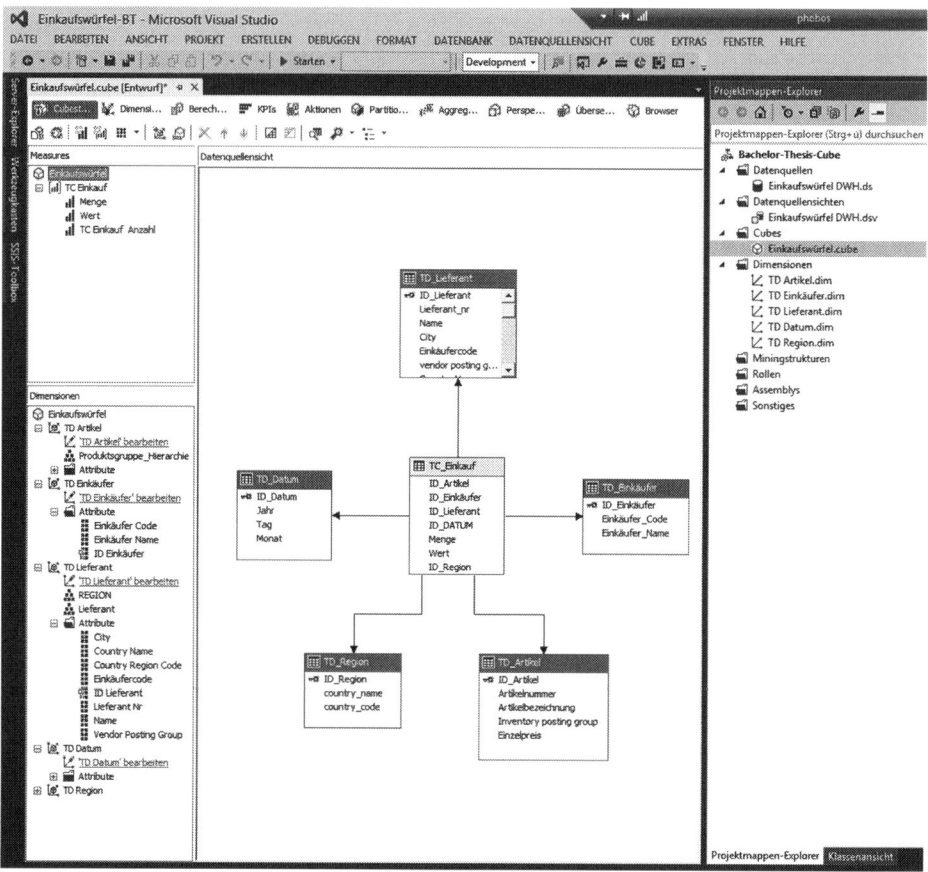

Abb. 5.7 Star-Schema für den Einkauf mit dem Microsoft Visual Studio

(z. B. Abbruch der Übertragungen) und den Transformationsprozessen (z. B. Umwand-lungsfehler). Diese können wie bei Schnittstellen Fehlerquellen beinhalten, die es zu vermeiden gilt. Als Werkzeuge zur Verbesserung der Datenqualität für DWH-Lösungen werden Werkzeuge zur Überprüfung der Daten auf Konsistenz, Integrität und fehlerhafte Werte in den Vorsystemen (Data Profiling) und Werkzeuge zur automatischen Bereinigung der Daten (Data Cleansing) unterschieden, bei denen z. B. Daten von Dubletten bereinigt werden oder Daten sinnvoll zusammengeführt und angereichert werden.[17]

Geschwindigkeit

Aufgrund der für umfangreiche, multidimensionale und komplexe Datenauswertung aus-gelegten OLAP-basierten Datenspeicherung haben bereits traditionelle BI-Systeme einen sehr großen Vorteil bei der Geschwindigkeit der Analysen und Planungen, wobei der An-

---

[17] Vgl. Bange (2013, S. 98–126).

wender auch beim Filtern und Wechseln der Dimensionen im Gegensatz zur relationalen Datenbanktechnik zeitnahe Antwortzeiten erhält (vgl. Abschn. 5.5.4.1). Mit der Ergänzung um die Big-Data-Technologie erhalten die explorativen BI-Systeme einen weiteren Geschwindigkeitsschub. Die Verarbeitung der Daten erfolgt mit Hilfe der In-Memory-Technik direkt im Hauptspeicher. Zeitaufwändige Festplattenzugriffe fallen durch diese Technologie weg (vgl. Abschn. 5.7.2.1).

Wirtschaftlichkeit
Die Kosten- und Nutzenrelation für die Einführung von BI-Systemen wird in der Praxis kritisch in beide Richtungen diskutiert. Eine eindeutige Aussage ist auch durch Umfragen bisher nicht zu erhalten.

In der Business-Intelligence-Studie 2010 durch die TU Chemnitz wurde als Ergebnis herausgestellt, dass die BI-Einführung für die Unternehmen Vorteile bringt, aber die Wirtschaftlichkeit nicht messbar ist.[18]

Auf der einen Seite stehen die hohen Einführungskosten, die weniger mit den Anschaffungskosten der Software, sondern vielmehr an die damit verbundenen Einführungsprojekte gebunden sind, da diese eigene und fremde Kräfte verstärkt und über längere Zeiträume binden. Als Kostentreiber werden hier z. B. fehlende und wechselnde Anforderungen an das Datenmodell und die Auswertungen sowie zu überdimensioniert angelegte Data-Warehouse-Modellierungen genannt, die nur schwer abzustimmen sind. Auf der anderen Seite stehen die nicht zu unterschätzenden Informationsvorteile für die Steuerung der Unternehmung, die bei richtigen Entscheidungen schnell die Amortisation der Investition rechtfertigen.

Aufgrund der Etablierung und technischen Weiterentwicklung der BI-Software ist davon auszugehen, dass die Kostenseite sinkt und sich die Nutzenseite verbessern wird.

Bedienungsfreundlichkeit
BI-gestützte Reporting- und Planungssysteme verfügen tendenzmäßig über komfortable Benutzeroberflächen auf dem modernsten technischen Stand. Ihre Navigations-, Filter-, Selektions- und Sortierfunktionen sind intuitiv zu bedienen, Hilfesysteme können online hinzugezogen werden, so dass von einer hohen Benutzerfreundlichkeit ausgegangen werden kann. Die Einarbeitung in die Systeme gelingt i. d. R. schnell. Ein Beispiel für ein flexibles multidimensionales Planungsformular zeigt Abb. 5.8.

Viele BI-Frontend-Applikationen besitzen neben einer eigenen Client-Oberfläche eine Web-Oberfläche, sodass über einen einfachen Browserzugang die Applikation gestartet, Berichte analysiert und Planungen durchgeführt werden können. Die Oberflächen einiger Anbieter basieren nur noch auf der Web-Technologie, sodass die gesonderte Installati-

---

[18] Vgl. hierzu Pütter (2011). Die Studie wurde am Lehrstuhl Wirtschaftsinformatik II von Prof. Dr. Peter Gluchowski in Zusammenarbeit mit dem Beratungshaus *Conunit* (Frankfurt a.M.) durchgeführt.

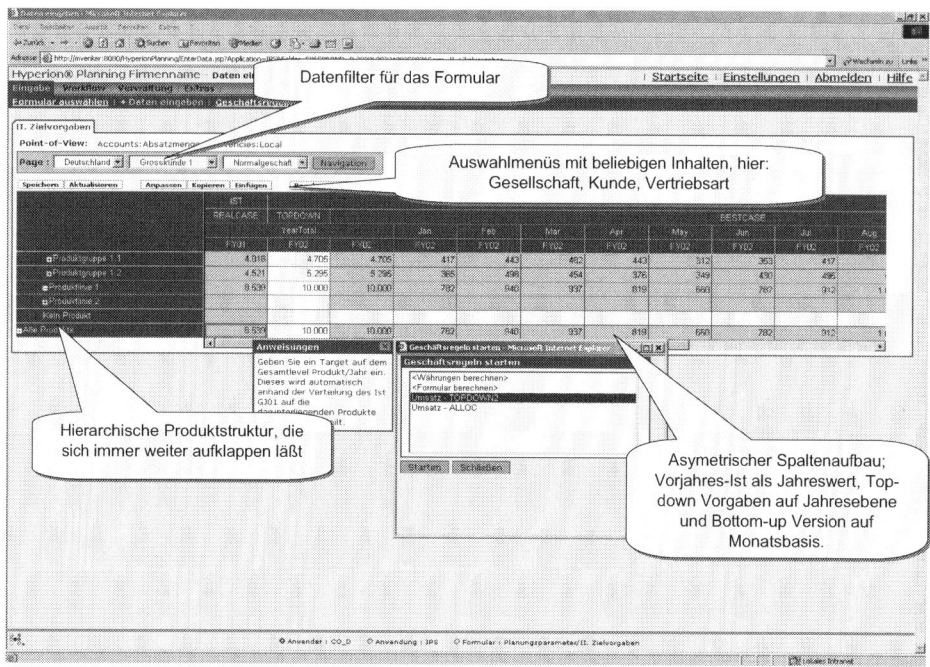

Abb. 5.8 Hyperion Planning: Mehrdimensionale Planungsformulare. (Entnommen aus Schön 2004, S. 310)

on einer Anwendungsoberfläche auf dem Client nicht mehr erforderlich ist (vgl. hierzu Abschn. 5.5.5.2).

Über die App-Technologie erhalten die User unterschiedlicher mobiler und stationärer Endgeräte die Möglichkeit, ihr eigenes Flat-Design vorzunehmen, indem sie individuell Kacheln mit App-Funktionalität ausgestalten und nutzen (vgl. Abschn. 5.9.3).

Analyse- und Planungsfunktionalität

Bei den BI-gestützten Systemen für Planung und Reporting lassen sich zwei Ausrichtungen bezüglich der Analyse- und Planungsfunktionalität erkennen.

Einige Anbieter liefern den Anwendern in den Unternehmen nur grundsätzliche Werkzeuge mit Modellen und Methoden (wie z. B. mathematische Funktionen, Verteilungsalternativen, unterschiedliche Diagrammtypen, Gestaltungsmerkmale für die Berichtsformatierung etc.), die für die Entwicklung eines individuellen Planungs- und Reportingsystems genutzt werden können (vgl. Abb. 5.9). Auf Basis dieser grundlegenden Werkzeuge und Referenzprojekte liefern die Anbieter zwar meistens auch Templates und Vorlagen für ein Planungs- und Reportingsystem aus, die aber i. d. R. nur zur Orientierung und als Kopiervorlagen genutzt werden.

Ein anderer Teil der Anbieter liefert hingegen wichtige betriebswirtschaftlich durchdachte Planungs- und Reportingsysteme für Teilaufgaben der Planung und Steuerung

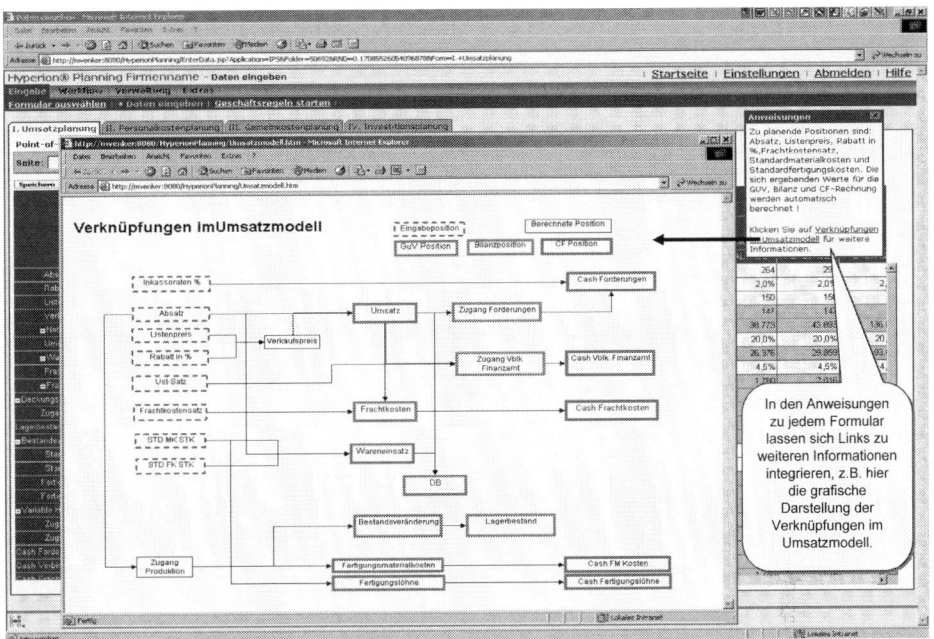

Abb. 5.9 Hyperion Planning: Individuelle Planungsmodelle (Business Rules). (Entnommen aus Schön 2004, S. 574)

eines Unternehmens. Komplettlösungen sind bisher nicht zu finden. Wichtige Teilgebiete sind hierbei:

- Die Konsolidierung
- Die Erfolgs-, Bilanz- und Finanzplanung
- Die Balanced Scorecard
- Das Risikomanagement
- Kennzahlensysteme (z. B. Wertorientiertes Management)

In diesen Fällen sind die Standardisierungen meistens sehr weit fortgeschritten, so dass besondere individuelle Änderungen nicht oder nur schwer zu berücksichtigen sind (vgl. Abschn. 5.5.6).

Die Modellbildung der Data-Warehouse- bzw. BI-gestützten Reporting- und Planungstools ist dabei nicht unbegrenzt. Nimmt man z. B. rechen- und datenintensive Auswertungs- und Planungsprozesse wie die innerbetriebliche Leistungsverrechnung, die Variantenkonfiguration oder die Stücklistenauflösung, so ist bei diesen Aufgaben zu prüfen, ob diese nicht besser im bereits bestehenden ERP-System zu lösen sind. Hier kann eine Kombination zwischen dem ERP- und dem speziellen BI-gestützten System sinnvoll sein, bei der die Systeme wechselseitig notwendige Daten austauschen.

Flexibilität und Gestaltungsmöglichkeiten

Individuelle Berichte und Planungsformulare können mit Hilfe von leistungsfähigen Werkzeugen einfach gestaltet werden. Noch einfacher ist eine sogenannte Wizard-Funktionalität, bei der die Erstellung durch eine Menüführung unterstützt wird. Eingabefelder, Berechnungsfelder und andere Inhalte der Planungsformulare können dabei beliebig farblich getrennt und gegen unberechtigten Zugriff geschützt werden. Die Planung kann je nach Wunsch auf der Verdichtungsebene oder auf der Detailebene ansetzen. Berichte lassen sich mit dynamischen Diagrammtypen und Colourcoding optimieren, um nur einige Features zu nennen.

Einer der größten Vorteile der BI-gestützten Reporting- und Planungstools liegt in der enormen Flexibilität, Strukturen zu verwalten und Inhalte differenziert auszuwerten. Dies gilt für alle relevanten Dimensionen wie z. B. die Zeitdimensionen oder die Objektdimensionen für Kunden, Produkte etc. Die Planungen und Auswertungen können je nach Unternehmensausrichtung Bottom-Up verdichtet bzw. Drill-Down-mäßig aufgerissen werden.

Auswertung und Planergebnisse lassen sich in beliebigen Formaten und Layouts wiedergeben. Neben den systemeigenen Formaten sind hier Formate wie pdf, xlsx oder html beliebt. Abb. 5.10 zeigt eine Auswertung mit einem Web-Frontend.

Viele BI-Frontend-Applikationen besitzen neben einer eigenen Client-Oberfläche eine Web-Oberfläche, so dass über einen einfachen Browserzugang die Applikation gestartet,

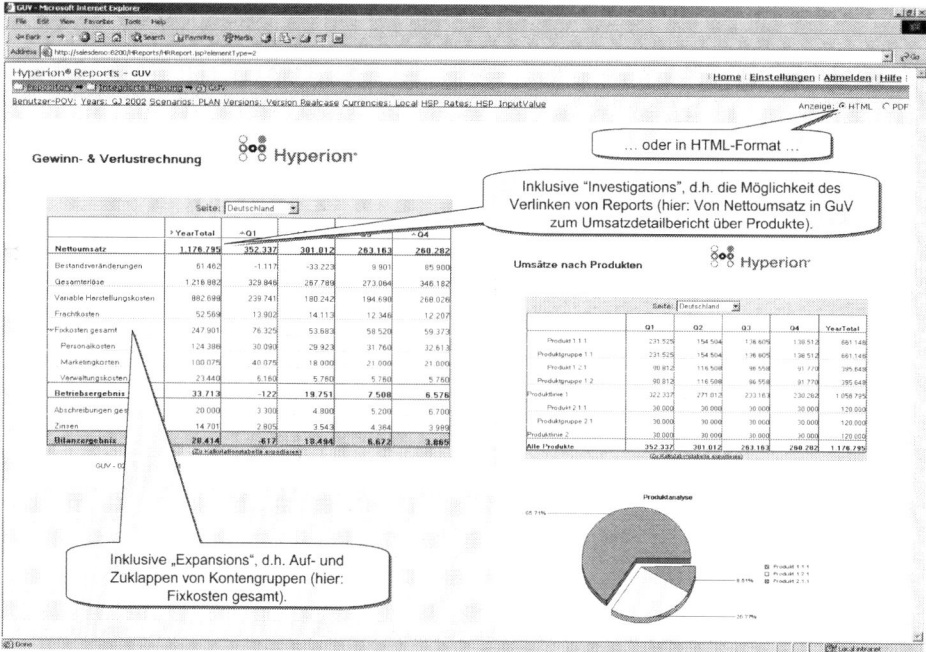

Abb. 5.10 Hyperion Planning: Auswertungen. (Entnommen aus Schön 2004, S. 576)

Berichte analysiert und Planungen durchgeführt werden können. Die Oberflächen einiger Anbieter basieren nur noch auf der Web-Technologie.

Dokumentationsunterstützung

BI-gestützte Systeme unterstützen das Reporting und die Planung durch zahlreiche Kommentierungs- und Dokumentationsfunktionen. Kommentare können nicht nur objektbezogen, sondern auch für übergeordnete Ebenen angelegt und gestaffelt verwaltet werden (vgl. Abb. 5.11). Es können zudem Dokumente unterschiedlichster Ausprägung (Bilder, Diagramme etc.) in den Systemen verwaltet und in den Berichts- und Planungsoberflächen eingebaut werden.

Organisations- und Prozessunterstützung

Auch für die Verwaltung, Koordination und prozessunterstützenden Reporting- und Planungsarbeiten bieten viele BI-Systeme Unterstützung an. Beispielsweise kann man mit Hyperion Planning den Planungsablauf mit Hilfe eines Workflows gestalten und Planinformationen an Planungsabteilungen systemgestützt weiterleiten (vgl. Abb. 5.12). Hier erfolgt zumeist eine Integration mit typischen Office-Anwendungen z.-B. E-Mail, Chats, Kalenderverwaltung, Raumreservierungen und anderen Kommunikationsmöglichkeiten.

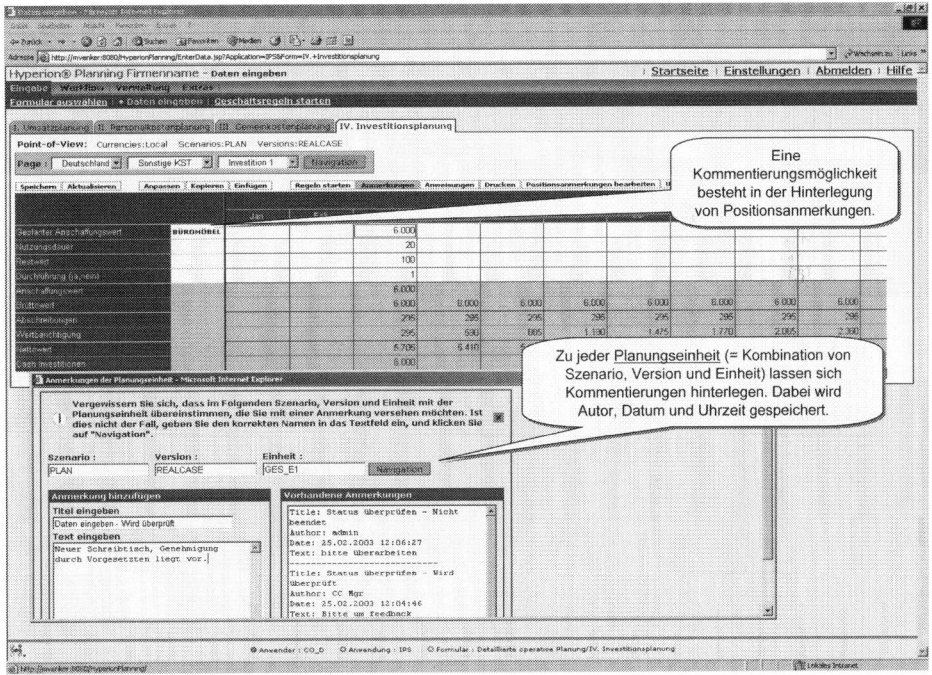

Abb. 5.11 Hyperion Planning: Kommentarfunktion. (Entnommen aus Schön 2004, S. 308)

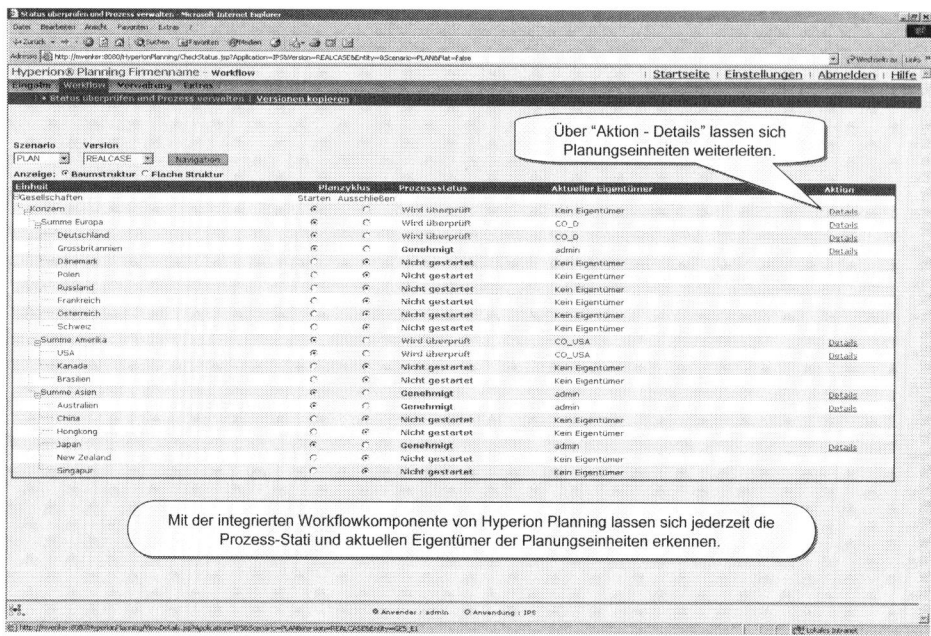

Abb. 5.12 Hyperion Planning: Workflowkomponente. (Entnommen aus Schön 2004, S. 575)

Zusammengefasst lässt sich feststellen, dass sich mittel- bis langfristig für umfangreichere Planungs- und Reportinglösungen BI-gestützte Systeme durchsetzen werden. Die Nutzenvorteile der flexiblen Auswertungen und deren zeitnahe Verfügbarkeit geben den Unternehmen wichtige Entscheidungsgrundlagen, die Wettbewerbsvorteile gegenüber den Unternehmen darstellen, die über solche Informationen nicht verfügen. Lediglich für kleine Planungs- und Berichtsanforderungen ist das Ausweichen auf Tabellenkalkulationsprogramme oder einfache RDBM-Systeme vernünftig.

Die wichtigsten Vorteile BI-gestützter Controlling-Systeme sind:[19]

- Erhöhte Grundgesamtheit der Steuerungsinformationen: Es wird eine integrierte übergreifende Datenbasis für Steuerungsinformationen geschaffen (Single Point of Truth).
- Erhöhte Integration: Das Berichtswesen und die Planung werden integrativ betrachtet und miteinander verbunden.
- Erhöhte Nachhaltigkeit der Informationen: Durch die einheitliche Datenbasis wird eine Historie für steuerungsrelevante Informationen geschaffen, die auch in späteren Perioden für Analysen herangezogen werden kann.
- Erhöhte Automatisierung: Viele Prozesse im Reporting und in der Planung können automatisiert werden, was zu einer erheblichen Entlastung der beteiligten Funktionsbereiche, dem Controlling und der IT führt.

---

[19] Vgl. Schön und Pook (2015, S. 13), Weber (2013, S. 219) und Schön et al. (2013, S. 258).

- Erhöhte Geschwindigkeit der Informationsversorgung: Die Berichte stehen per Knopf-druck zur Verfügung. Vorberechnungen erhöhen die Abfragegeschwindigkeit.
- Erhöhte Flexibilität im Reporting: Neben standardisierten Berichten lassen sich indivi-duelle Berichte mit Hilfe von Templates und fachbezogenen Datenrecherchen erstellen.
- Erhöhte Prognosefähigkeit: Traditionelle Planungsfunktionen werden durch leistungs-fähige Prognosefunktionen ergänzt, wie z. B. durch die Splash-Verteilung und durch statistische Prognosehilfen im Rahmen von Big-Data- und Predictive Analytics.
- Erhöhte Analysefähigkeit: Durch Navigations- und Analysepfade gelangt der Ana-lyst schneller zu Detailinformationen. Zudem helfen vor allem folgende Funktionen: Filter- und Sortiertechnik, Summenbildung, dynamische Tabellen und Diagramme.
- Erhöhte Datenqualität: U. a. durch Transformations- und Bereinigungsprozesse.
- Höherer Datenschutz und Datensicherheit: Berichte können automatisiert den richtigen Empfängern zur Verfügung gestellt werden. Nicht berechtigte Personen erhalten keine Zugriffsrechte zu vertraulichen Informationen.

5.5 Data Warehouse

5.5.1 Data-Warehouse-Definition

Aufgrund der Verbindung zwischen der DV-technischen Datenhaltung und der unterneh-merischen Nutzung von Informationen kann der Begriff „Data Warehouse" dem Teilgebiet des Informationsmanagements der Wirtschaftsinformatik zugeordnet werden. Die bisheri-gen Definitionen des Begriffes Data Warehouse sind nicht einheitlich sondern unterschied-lich weit gefasst. Zumeist fehlt die Abgrenzung zu anderen Formen der Datenhaltung, auf welche die meisten Definitionen von Datenbanken auch zutreffen würden.

1988 wurde der Begriff Data Warehouse zum ersten Mal von Devlin/Murphy ver-wendet. Die Idee wurde bereits Ende der 70er-Jahre von der *IBM* unter dem Begriff Information Warehouse benutzt.[20]

Als Vater des Data Warehousing wird häufig W.H. Bill Inmon bezeichnet, der folgende Definition geprägt hat: „A data warehouse is a subject-oriented, integrated, nonvolatile, time-variant collection of data in support of management's decision".[21]

Die vier Hauptmerkmale sind erläuterungsbedürftig und werden nachfolgend disku-tiert:

1. **subject-oriented**: Eine Fach- bzw. Themenausrichtung für bestimmte Sachverhalte des Unternehmens zeichnet ein Data Warehouse, aber auch andere datenbankgestützte Informationssysteme, aus. Versteht man hierunter eher die **Separation** von entschei-

---

[20] Vgl. Goecken (2006, S. 11, 15 f.), Gluchowski et al. (2008, S. 55–88), Chamoni et al. (2010, S. 6 ff.) und Bauer und Günzel (2013, S. 11).
[21] Vgl. Behme (1996, S. 31) und Inmon, B.: Definition of a data warehouse. URL: www.billinmon. com [Zugriff am 31.07.2002].

dungsrelevanten Daten aus den vielfältigen zur Verfügung stehenden operativen, eher geschäftsprozessorientierten und sonstigen Daten eines Unternehmens für die Planung, Analyse und Steuerung der Führungsebenen in einem dafür vorbereiteten neuen Datenbestand, dann ist dies charakterisierend für die Data-Warehouse-Definition (Separation von dispositiven Daten aus den vorgelagerten operativen Quellsystemen).

2. **integrated**: Ein Data Warehouse zeichnet sich insbesondere durch die Integration vielfältiger Daten aus unterschiedlichen Vorsystemen aus. Dies kann zwar auch bei anderen datenbankgestützten Informationssystemen als physische Zentralisierung der Daten in einem einzigen Datenpool der Fall sein, aber gerade Vereinheitlichung und Integration externer und interner Daten und ihre logische Verbindung zeichnen ein Data Warehouse besonders aus. Die Integration ist geprägt durch konsistente Datenhaltung, durch einheitliche Formate, Strukturen und Semantik.[22]

3. **nonvolatile**: In den operativen Systemen, welche die Abwicklung der Wertschöpfungsprozesse im Unternehmen übernehmen, sind die Daten durch ständige Veränderung geprägt, z. B. in Form von neuen Belegsätzen. Aufgrund der großen Datenmengen wird die Historie dieser Daten nur für einen gewissen Zeitraum vorgehalten und dann archiviert. Das Data Warehouse zeichnet sich dadurch aus, die Daten über einen längeren Zeitraum zu dispositiven Steuerungszwecken zu nutzen. Die Anforderung, einmal eingelesene und aufbereitete Daten im Data Warehouse im Zeitablauf ihrer Nutzung nicht zu ändern und als **dauerhafte Sammlung** zu betrachten, kann aber nur für einen längeren Zeitraum als bei den operativen Systemen gemeint sein, da auch in Data-Warehouse-Systemen irgendwann die Überlegung ansteht, Daten zu archivieren. Ein Teil der Daten, z. B. die Plandaten, verändern sich sogar im Zeitablauf und werden durch neue Prognosen aktualisiert.

4. **time-variant**: Data-Warehouse-Lösungen betrachten im Gegensatz zu operativen OLTP-Systemen (online transaction processing)[23] eher zeitraumbezogene Daten mit einer längerfristigen Entwicklung als zeitpunktaktuelle Daten. Neue Anforderungen des Active Data Warehousing bzw. Real Time Data Warehouse benötigen aufgrund ihres Geschäftsmodells (z. B. Handelskontrakte mit ständig variierenden Börsenkursen) allerdings auch aktuelle sich ändernde Daten, so dass hier keine eindeutige Abgrenzung mehr möglich ist.

Andere Autoren wie Bauer und Günzel wählen eine sehr breit angelegte Definition, die zu einer Abgrenzung jedoch wenig beiträgt, z. B.: „Ein Data Warehouse ist eine physische Datenbank, die eine integrierte Sicht auf beliebige Daten ermöglicht." Sie stellen hierbei speziell den Analysezweck einer umfassenden Datenbank heraus.[24] Die Planung wird hierbei nicht in den Vordergrund gestellt.

---

[22] Vgl. Mucksch und Behme (2000, S. 11 f.) und Hahne (2005, S. 8).

[23] Vgl. zu den Begriffen OLAP und OLTP die Ausführungen im Abschn. 5.5.4.

[24] Vgl. Bauer und Günzel (2013, S. 6). Kapp und Kusterer beziehen die Datensammlung im Data Warehouse nur auf strategisch relevante Informationen (Knapp und Kusterer 1996, S. 219 ff.).

Von einigen Autoren wird die Data-Warehouse-Definition im engeren Sinne (die reine Datensammlung und ihre Verwaltung) um Aspekte wie Ladeprozesse, Extraktion und Transformation von externen Daten sowie der Analyse und Präsentation mit Hilfe entsprechender Werkzeuge ergänzt.[25] Abb. 5.13 veranschaulicht die drei am häufigsten genannten Ebenen der Data Warehouse-Architektur.[26]

Die drei Ebenen lassen sich wie folgt beschreiben:

In der **ersten Ebene** erfolgt die **Datenanbindung**, in der die Daten der internen und externen Quellen beschafft und mit den ersten Schritten des sogenannten ETL-Prozesses weiterverarbeitet werden. Die Abkürzung ETL-Prozesse steht für Extraktions-, Transformations- und Ladeprozesse, die im folgenden Abschn. 5.5.2 detailliert beschrieben werden. Als mögliche Quellen für die Datenanbindung stehen vor allem interne Quellen (z. B. die ERP-Systeme, das Rechnungswesen und die Personalwirtschaft) aber auch externe Quellen (z. B. Informationen aus dem Internet oder von Verbänden) zur Verfügung. Die Bandbreite der zu verarbeitenden Datenquellen der ersten Ebene reicht

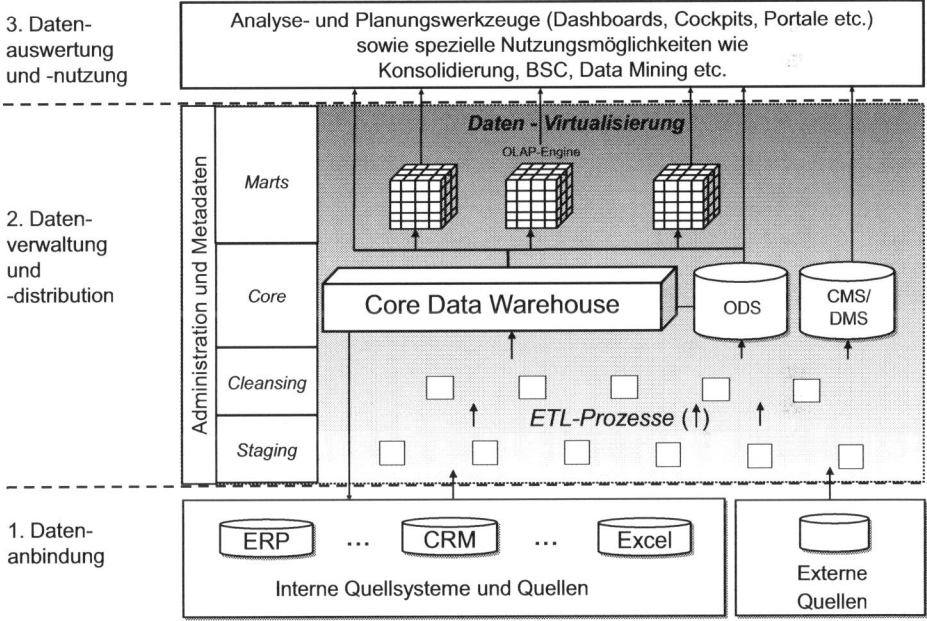

Abb. 5.13 Drei Ebenen der Data-Warehouse-Architektur

---

[25] Vgl. Schinzer et al. (2000, S. 15).

[26] Alternativ findet man auch 5-stufige Darstellungen der Architektur von Data-Warehouse-Systemen, welche die Datenquellen, den ETL-Prozess, die Datenverwaltung, die Datenbereitstellung für die Auswertungen über den OLAP-Server bzw. die OLAP-Engine und die Präsentationsebene separat darstellen. Vgl. Goecken (2006, S. 27). Da jedoch die Datenquellen an sich nicht zum Data Warehouse gehören, sondern nur die Datenanbindung, und die OLAP-Engine ein technischer Systembaustein der Datendistribution darstellt, wird hier die Darstellung mit 3 Ebenen bevorzugt.

von Standardsoftwarelösungen über Individualentwicklungen mit unterschiedlichsten Datenbanken bis hin zu einzelnen Dateien in verschiedensten Formaten. Beliebt ist vor allem das csv-Format (Comma-Separated-Values), mit dem Excel-Dateien konvertiert werden. Der ETL-Prozess beginnt streng genommen in der Ebene der Datenanbindung und mündet in den Datenzielen der 2. Ebene der Datenverwaltung und -distribution (z. B. im Core Data Warehouse oder in den Data Marts).

In der **zweiten Ebene** der Data-Warehouse-Architektur wird dafür gesorgt, dass alle Daten im System gespeichert und verwaltet werden. Durch die Transformation und hier speziell durch die Datenharmonisierung, Aggregation und Anreicherung der Daten, wurden bereits zentrale Aufgaben der Datenverwaltung übernommen. Weiterhin erfolgt in dieser Ebene die weitere Distribution der Daten in verschiedene Datenziele. Häufig werden aus einem **Kern-Data-Warehouse** (**Core Data Warehouse**) kleinere **Data Marts** für spezielle Aufgaben angesteuert. Bei dieser Datenseparation werden die Kerndatenbestände getrennt und für unterschiedliche Aufgabenbereiche sinnvoll verteilt und aufbereitet. Diese am meisten angewendete DWH-Architektur wird auch Hub-and-Spoke-Architektur genannt.[27] Gegenüber dem einfachen Stove-Pipe-Ansatz (Ofenrohr-Ansatz), der die Quellsysteme direkt mit den themenbezogenen Data Marts verbindet, hat die Hub-and-Spoke-Architektur (Nabe- und Speiche-Architektur) den Vorteil der zentralen Speicherung im Core Data Warehouse. Dies ermöglicht eine redundanzfreie Pflege und Speicherung der Daten.[28]

Die zweite Ebene der Data-Warehouse-Architektur wird gerne auch in vier Bereiche (Areas) aufgeteilt:

- Staging Area
- Cleansing Area
- Core-DWH-Area
- Data-Marts-Area

In der **Staging Area** können Daten der verschiedenen Quellsysteme anforderungsunabhängig und themenbezogen in einem bestimmten Zyklus (z. B. täglich, wöchentlich, monatlich etc.) gesammelt werden.[29] Sie werden so lange gespeichert, bis sie an die höheren Ebenen weitergegeben werden. Nach der Weiterleitung werden Daten in der Staging Area gelöscht. Die Staging Area ist ein Hilfsbereich, der als Datenpuffer genutzt werden kann.

In der **Cleansing Area** werden die Daten im Rahmen der ETL-Prozesse bereinigt und vorstrukturiert.[30] Dabei werden z. B. fehlerhafte Daten ausgefiltert, korrigiert oder durch sogenannte Singletons (Default-Werte) ergänzt. In diesem Bereich können auch verschiedene Änderungen durchgeführt werden (z. B. Währungsumrechnungen).

---

[27] Vgl. Sinz und Ulbrich vom Ende (2010, S. 190 f.).
[28] Vgl. Hahne (2016, S. 150 ff.).
[29] Vgl. Heuer et. al. (2001, S. 469).
[30] Vgl. Jordan und Schnider (2011, S. 7).

Die **Core-DWH-Area** ist die Kernkomponente dieser Data-Warehouse-Architektur. Sie stellt die zentrale Datensammlung innerhalb des Data Warehouses dar, die aus den verschiedenen internen und externen Quellen über den ETL-Prozess gefüllt wird.[31] Das Core Data Warehouse kann Datenbankgrößen von mehreren Terabyte bis Petabyte umfassen. Dort werden die Daten über einen längeren Zeitraum (mehrere Jahre) gespeichert. Das Core Data Warehouse bildet das Zentrum der Unternehmensinformationen und wird gerne auch als Single Point of Truth (SPoT) bezeichnet. Es wird themenorientiert in sogenannte Subject Areas unterteilt. Wenn die Belastbarkeit des Core Data Warehouses an ihre Grenzen stößt, z. B. bei der Existenz heterogener Geschäftsfelder, bietet sich die Implementierung mehrerer Core Data Warehouses an.[32]

Das Core Data Warehouse wird aufgrund von Performance-Gründen i. d. R. für Analysen nicht direkt genutzt. Nach weiteren Transformationsprozessen stellt das Core Data Warehouse (redundant gehaltene) Daten für unterschiedliche Auswertungszwecke in sogenannten Data Marts für unterschiedliche Nutzergruppen bereit. Dieser Bereich bildet die **Data-Marts-Area**. Unter dem Begriff „Data Mart" werden fachlich begrenzte Data-Warehouse-Systeme oder aufgabenbezogene Untermengen eines existierenden Data Warehouses verstanden.[33] Ein Grund für die Errichtung eines oder mehrerer Data Marts liegt darin, dass die Performance eines Data Warehouses durch seine Größe beschränkt ist, wodurch sich ein Ausschnitt eines Data Warehouses als performanter für die Datenauswertung und -nutzung erweist.

Das Core Data Warehouse und die Data Marts sowie alle weiteren Objekte werden mit Hilfe der **Administration** und deren Funktionen verwaltet. Zu den Funktionen gehören u. a. die Datenmodellierung und Pflege, die Steuerung der Lese- und Schreibzugriffe (Scheduling) und die Überwachung (Monitoring) der Datenflüsse.

Metadaten helfen bei der Beschreibung der Bedeutung und der Eigenschaften aller Objekte und Funktionen, die im Informationssystem, hier also speziell im Data Warehouse, genutzt werden. Sie dienen der Transparenz bezüglich der Analyse, Entwicklung, Pflege, Verwaltung, Qualitätssicherung und Nutzung aller Objekte und Funktionen des Informationssystems.[34] Beispielsweise werden die ETL-Prozesse von den Datenquellen bis ins Datenziel grafisch visualisiert und ihre Besonderheiten beschrieben. Es können aber auch Erläuterungen zu betriebswirtschaftlichen Kennzahlen oder zu verwendeten technischen Mapping-Tabellen gepflegt werden. Da i. d. R. in den Datenmodellen auch viele Stammdaten und Objekte in neuen Namensräumen angelegt werden, bietet es sich an, diese gut zu strukturieren und die Dokumentation im Bereich der Metadaten abzulegen.

Die Einbindung des Core Data Warehouses und der Data Marts in Verbindung mit der Administration und den dazugehörigen Metadaten sowie ggf. weiterer Objekte (z. B.

---

[31] Vgl. Manhart (2011b).
[32] Vgl. Kemper et al. (2010, S. 23) sowie Sinz und Ulbrich vom Ende (2010, S. 188).
[33] Vgl. Martin und von Maur (1997, S. 105).
[34] Vgl. Vaduva und Vetterli (2001, S. 273).

ODS) erfolgt in einem speziellen Datenbank Management System, das auf einem OLAP-Server installiert wird.

Es lassen sich zwei Grundrichtungen von OLAP-Servern unterscheiden, die sich nach der Art und Weise der mehrdimensionalen Datenhaltung differenzieren. Bei der physischen mehrdimensionalen Datenhaltung werden die Daten multidimensional in einem MDDBMS (Multidimensionales Datenbank-Management-System) gespeichert. Bei der virtuellen mehrdimensionalen Datenhaltung wird die Verbindung einer speziellen Modellierungstechnik im Rahmen eines RDBMS (Relationales Datenbank Management System) mit einer OLAP-Engine genutzt. Man spricht im ersten Fall auch von Multidimensionalem OLAP (= MOLAP) und im zweiten Fall von relationalem OLAP (ROLAP). Weiterhin sind Mischformen möglich, die man als Hybrides OLAP (= HOLAP) bezeichnet. Vgl. hierzu auch die Ausführungen im Abschn. 5.5.4 (OLAP).

Neben dem Kern-Data-Warehouse (Core-Data-Warehouse) und den Data Marts werden die Daten auch in Operational Data Stores (ODS) und Content Management Systemen (CMS) bzw. Dokumenten-Management-Systemen verwaltet und zu Analysezwecken bereitgestellt.[35]

Die Einbindung des **Operational Data Store (ODS)** in ein Data Warehouse wird dann zusätzlich genutzt, wenn operative Daten der transaktionalen Systeme für die Analyse bereitgestellt werden sollen. Hierbei geht es z. B. um Daten die Einzelbelegcharakter haben, wie sie bereits in den ERP-Systemen oder anderen OLTP-Systemen vorliegen.[36] Im Gegensatz zu der multidimensionalen Datenhaltung im Data Warehouse werden die Daten im ODS in flachen Tabellen wie bei den relationalen Datenbanksystemen gespeichert. Diese Form der Datenhaltung verfügt über einige Vorteile, wie effiziente Massendatenhaltung, Skalierbarkeit und einfaches Pflegen der Relationen.[37] Von daher bietet es sich an, für die entsprechende Nutzung die Datenhaltung gemischt (relational und multidimensional) aufzubauen.

Die ODS-Objekte werden weiterhin auch als Erweiterung oder Vorstufe des Data Warehouse genutzt, um das Core Data Warehouse oder die Data Marts mit geeignetem ETL-Prozess zu befüllen. Die aus den operativen Quellsystemen stammenden Daten werden hierbei zunächst temporär im ODS in höchst detaillierter Form gespeichert, um sie anschließend zu transformieren und zu bereinigen und schließlich in die dafür vorgesehenen Datenziele zu laden.[38]

Im Gegensatz zum Data Warehouse enthält ein ODS somit häufig keine historischen, aggregiert und flexibel auswertbaren Daten, sondern stellt eine transaktionsnahe Datenhaltung dar, die detaillierte Daten auf Belegniveau, zeitpunktbezogen für bestimmte operative Sachverhalte vorhält und regelmäßig aktualisiert. Die Daten müssen dabei nicht für einen

---

[35] Vgl. Kemper et al. (2010, S. 43).

[36] Vgl. zu den Begriffen OLAP und OLTP die Ausführungen im Abschn. 5.5.4.

[37] Vgl. Farkisch (2011, S. 27).

[38] Vgl. Navrade (2008, S. 20).

längeren Zeitraum gespeichert, sondern können in gewissen Zeitabständen gelöscht oder archiviert werden.[39]

Die **Content bzw. Document Management Systeme (CMS/DMS)** stellen wie die ODS-Objekte eine Erweiterung der Datenhaltung dar.[40] CMS und DMS werden dort eingesetzt, wo viele unstrukturierte und nicht numerische Daten für die Analyse, Planung und Steuerung zusätzlich benötigt werden, wie z. B. Bilder, Skizzen, Fotos, individuelle Textdokumente, Video- oder Audiosequenzen. Sie dienen der Erfassung, Pflege, Versionierung, Zusammenfassung, Qualitätssicherung, Workflow- und Zugriffssteuerung, Selektion, Informationsbeschaffung und Bereitstellung dieser ansonsten im Unternehmen sehr unstrukturiert vorliegenden Dokumente in unterschiedlichsten Medienformaten.

In DMS werden unstrukturierte (z. B. eingescannte) Dokumente elektronisch gespeichert, wohingegen in CMS sämtliche Dateiformate (z. B. Daten, Texte, Bilder, Audios und Videos) abgelegt werden. In CMS ist eine strikte und konsistente Trennung der Daten nach Inhalt, Struktur und Layout von besonderer Bedeutung.

Im Zusammenhang mit dem Core Data Warehouse bzw. den Data Marts dienen CMS und DMS genauso wie ODS-Objekte als Quellsystem, wenn z. B. für die Planung und das Reporting ein Bild des Produktes über Mash-ups eingebunden werden soll. Weiterhin können auch die Beschreibungen und Metadaten für das Data Warehouse selber, z. B. Datenflussskizzen und -beschreibungen, als Grafik- oder Textdokument im CMS bzw. DMS abgelegt und genutzt werden. Neben der physischen Speicherung von Daten in den aufgeführten Objekten (Core Data Warehouse, Data Marts, ODS- und CMS-/DMS-Objekte) in der Datenverwaltungs- und Distributionsschicht ist eine Virtualisierung der Datenstrukturen auch ohne Speicherung möglich (Datenvirtualisierung). Sie werden in der Abbildung durch den farblich verlaufenden Hintergrund angezeigt. Hierbei werden nur Sichten auf Daten der entsprechenden Datenquellen der 1. bzw. 2. Datenebene in Form von Regeln modelliert. Bei einer virtuellen Abfrage der Daten werden die Daten entsprechend der hinterlegten Regeln (on the fly) verarbeitet und zur Verfügung gestellt. Diese virtuelle Art der Datenabfrage nutzt auch die Big-Data-Technologie, wenn sie auf die Primärdatenquellen zugreift (vgl. Abschn. 5.7.2). Der Aufbau solcher virtueller Datenstrukturen ist vom Modellierungsaufwand her vergleichbar mit dem Aufbau physischer Datenstrukturen. Modellierungswerkzeuge helfen dabei, reale als auch virtuelle Datenstrukturen aufzubauen.

In der **dritten Ebene** der Data-Warehouse-Architektur kann auf die bereitgestellten Daten mit Hilfe unterschiedlicher Analyse-, Präsentationstools aber auch mit Planungsanwendungen zugegriffen werden, die in den Abschn. 5.5.5–5.5.6 vorgestellt werden.[41] Hierzu gehören:

---

[39] Für die Abbildung der Anforderungen eines Real-time Data Warehouse und eines Active-Data Warehouse (siehe weiter unten) werden gerne Operational Data Stores (ODS) eingesetzt, da hier operative und ständig zu aktualisierende Daten für die Geschäftsprozesssteuerung genutzt werden.

[40] Vgl. Kemper et al. (2010, S. 12, 141 ff.).

[41] Vgl. Goecken (2006, S. 26 ff.).

- Analyse- und Planungswerkzeuge
  - Freie Datenrecherche
  - OLAP-basierte Berichtsgeneratoren
    - Proprietäre Reportgeneratoren mit herstellereigenen grafischen Benutzeroberflächen
    - Internetgestützte Reportgeneratoren mit Web-Oberflächen
    - Tabellenkalkulationsgestützte Berichtssysteme mit Excel-Add-in als Oberfläche
- Modellgestützte Analysesysteme
  - EUS/DSS
  - EXP
  - Data Mining, Text Mining, Web Mining und Predictive Analytics
  - Portale
- Weitere Nutzungsmöglichkeiten
  - Konsolidierung
  - Balanced Scorecard
  - Risikomanagement
  - Kennzahlensysteme (z. B. zur wertorientierten Unternehmenssteuerung)
  - etc.

Zusammenfassend soll der Begriff Data Warehouse wie folgt definiert werden:

> Unter einem Data Warehouse versteht man eine integrierte zentrale Datensammlung aus unterschiedlichen Datenquellen, die für verschiedene, zumeist dispositive Führungsaufgaben im Unternehmen u. a. für Datenanalysen und Management-Entscheidungen, aber auch für Planungsaufgaben bereitgestellt wird. Die Architektur eines Data Warehouses umfasst verschiedene Ebenen: die Datenanbindung, die Datenverwaltung und Datendistribution mit den hierfür erforderlichen ETL-Prozessen sowie die Datenauswertung und -nutzung.[42]

Bei der Implementierung eines Data Warehouses lassen sich verschiedene Data-Warehouse-Typen unterscheiden:[43]

- Klassisches Data Warehouse
  Das klassische Data Warehouse zeichnet sich dadurch aus, dass mit Hilfe des ETL-Prozesses in zyklischen Abständen, wie z. B. täglich, die Daten ins Data Warehouse geladen und dort weiterverarbeitet werden. Analyse- und Planungsprozesse setzen schließ-

---

[42] Erweiterte Data-Warehouse-Definition des Autors in Anlehnung an Mucksch und Behme (2000, S. 6) und Gabriel et al. (2000, S. 76).
[43] Vgl. Kemper et al. (2010, S. 92–96).

lich auf dem verfügbaren Datenbestand auf. Eine Rückwärtsintegration der Daten in die operativen Systeme ist nicht vorgesehen.

- Closed-loop Data Warehouse
  Bei einem Closed-loop Data Warehouse ist neben den Eigenschaften eines klassischen Data Warehouses auch die Rückwärtsintegration der Daten in die operativen Systeme vorgesehen. Dies hat den Vorteil, dass Daten und Ergebnisse, die im Data Warehouse entstanden sind, z. B. Plandaten und aggregierte Werte, auch den operativen Systemen zur Analyse und Weiterbearbeitung zur Verfügung stehen. Beispielsweise werden für die Planung der innerbetrieblichen Leistungen die Primärkosten und Leistungen der Data-Warehouse-gestützten Planung an das operative Kostenrechnungssystem zurückgespielt, um hier die Planung der innerbetrieblichen Leistungen vorzunehmen und die Ergebnisse wieder ans Data Warehouse weiterzugeben. Ein anderes Beispiel für die Rückwärtsintegration von Daten ist die Nutzung von Vertriebsdaten eines CRM-Data-Warehouses im operativen Vertriebssystem zur Unterstützung der Kundenbearbeitung oder die Rückspielung der im Data Warehouse geplanten Absatzmengen zur Stücklistenauflösung (MRP-Läufe) im Rahmen der operativen Ressourcenplanung.
- Real-time Data Warehouse
  Das Real-time Data Warehouse unterscheidet sich vom klassischen Data Warehouse durch die ständige Befüllung des Data Warehouses über die Ladeprozesse in Echtzeit. Beispielsweise werden im Wertpapierhandel die aktuellen Kurse der Wertpapiere benötigt.
- Active Data Warehouse
  Beim Active Data Warehouse werden die Daten des Data Warehouses für operative Geschäftsprozesse genutzt. Hierüber erfolgt z. B. bei Fluggesellschaften die Koordination von Flugverbindungen und deren Einflüsse bei Änderungen (Flugverbote, Ausfälle etc.).

Planungs- und Reportingprozesse benötigen im Wesentlichen klassische Data-Warehouse-Typen. Bedingt können aber für Teilbereiche, wie z. B. für die innerbetriebliche Leistungsverrechnung oder den Wertpapierhandel, auch andere Data-Warehouse-Typen, vor allem das Closed-loop- und das Real-time Data Warehouse zum Einsatz kommen.

Konzentriert man sich auf die Anforderungen, die an das Reporting und die Planung gestellt werden, so sind folgende Aufgaben vom Data Warehouse zu erfüllen, die nicht oder nicht zeitadäquat und wirtschaftlich mit den operativen transaktionsgesteuerten Systemen erledigt werden können:

- Bereitstellung und Zusammenführung verdichteter Informationen unterschiedlicher Datenquellen zu einer historisch umfassenden Datenbasis
- Möglichkeit zur flexiblen Informationszusammenstellung bezüglich mehrdimensionaler Auswertungen und Planungen
- Zeitnahe Verfügbarkeit der benötigten komplexen Informationsanfragen für die Analyse und Planung

Entscheidungsträger, Planungsverantwortliche und Führungskräfte benötigen zusammengefasst für das Reporting und die Planung einen Informationsspeicher, der

- die operativen Systeme entlastet,
- von den operativen Systemen zeitlich entkoppelt ist,
- neben den detaillierten Daten auch verdichtete Daten vorhält,
- Daten und Funktionen für Analyse- und Planungszwecke optimiert vorhält,
- die Daten verschiedener Vorsysteme vereinheitlicht,
- die Qualitätssicherung der Daten der Vorsysteme ermöglicht,
- Informationen dauerhaft vorhält und nicht überschreibt *und*
- Informationen anwendergerecht aufbereitet.

5.5.2 ETL-Prozess

Der **ETL-Prozess** wird für die Umsetzung der Datenlieferung im Data Warehouse im Datenversorgungskonzept festgelegt und erfolgt in drei Schritten:

Beim **ersten ETL-Prozess-Schritt**, der **Extraktion**, werden die relevanten Datenformate und -strukturen der Quellsysteme identifiziert und in einem Arbeitsbereich des Data-Warehouse-Systems als Extrakt abgelegt.[44]

Die externen und internen Datenquellen, die dem Data Warehouse zur Verfügung gestellt werden, besitzen Daten, die zusammengeführt werden müssen. Für diese Integrationsaufgaben steht die **Transformation**, der **zweite ETL-Prozess-Schritt** zur Verfügung. Die sich im Arbeitsbereich befindlichen Datenformate und -strukturen werden den Strukturen und Formaten der Zieldatenbank im Data-Warehouse-System angepasst und entsprechend umgewandelt. Dies kann teilweise automatisch bzw. teilautomatisiert erfolgen. Einige Anpassungen bzw. Korrekturen sind allerdings nur manuell zu identifizieren und durchzuführen.

Im Transformationsprozess können die Aufgaben wie folgt zusammengefasst werden:[45]

- Filterung, Eliminierung, Harmonisierung und Ergänzung der Daten
- Anreicherung um fehlende Hierarchien, Dimensionsausprägungen und Kennzahlen

Zum ersten Transformationsprozessschritt der Filterung, Eliminierung, Harmonisierung und Ergänzung zählen folgende Aufgaben:[46]

---

[44] Es gibt alternativ hierzu auch virtuelle Datenverbindungen ohne Zwischenspeicherungen, die direkt auf die Daten der Quellsysteme zugreifen. Diese Vorgehensweise ist in der Praxis seltener anzutreffen. Mit dem Einsatz der In-Memory-Technik (vgl. Abschn. 5.7.2.1) nutzten einige Softwareanbieter vermehrt den direkten virtuellen Datenzugriff auf Primärquellen ohne eine Zwischendatenhaltung aufzubauen.

[45] Vgl. Kemper et al. (2010, S. 26–38).

[46] Vgl. Oehler (2000, S. 21 f.).

- Bereinigung nicht relevanter Daten, z. B. Duplikate und unwichtige, nicht benötigte Zusatzfelder
- Bereinigung syntaktischer Mängel, z. B. unterschiedliche Formate und unterschiedliche Datenlängen
- Vereinheitlichung unterschiedlich verwendeter Schlüssel, Dimensionen, Nummern, Gruppierungen etc.
- Anpassung ggf. Verdichtung von Datenwerten (z. B. wird nicht jeder Beleg, sondern nur die Kontensumme pro Monat übernommen)
- Umrechnung von Maßeinheiten (z. B. Miles in Kilometer)
- Semantische Vereinheitlichungen (z. B. Homonyme sind zu trennen und Synonyme zusammenzuführen)
- Hinzufügung fehlender Zusatzdaten (z. B. fehlt die Firmennummer oder die Länderbezeichnung in einer Datenquelle)
- Themenbezogene Gruppierung der Daten nach betriebswirtschaftlichen Inhalten (z. B. eindeutige Kundendefinition: Rechnungsempfänger oder Lieferempfänger).

Im zweiten Transformationsprozessschritt erfolgt eine Anreicherung der Daten um fehlende Hierarchien, Dimensionsausprägungen und Kennzahlen. Hierdurch ist eine Aggregation der Werte nach zusätzlichen Hierarchien (z. B. parallele Kundenhierarchien) oder neuen Dimensionsausprägungen (z. B. Branchenzugehörigkeit) möglich, die bisher nicht in den Quellsystemen vorhanden waren. Zudem können neue bisher fehlende betriebswirtschaftliche Kennzahlen ausgewertet werden.

Im **dritten ETL-Prozess-Schritt** werden schließlich die Quelldaten anhand der Extraktions- und Transformationsregeln mit dem **Ladeprozess** in die Zieldatenbank transferiert, um dort i. d. R. physisch gespeichert zu werden.[47] Vom Zeitpunkt her gesehen sind folgende Ladeprozesse zu unterscheiden:

- **Synchron** mit jeder Änderung im Quellsystem (Real-Time-Data-Warehousing)
- **Asynchron** zu festgelegten Zeitpunkten:
  - Periodisch (z. B. täglich zu einem festzulegenden Zeitpunkt)
  - Ereignisgesteuert (z. B. beim Eintritt eines Ereignisses, wie z. B. das Erreichen eines Datensatzvolumens)
  - Manuell (z. B. auf Anfrage des Anwenders).

Die Ladeprozesse erfolgen entweder vollständig (**Full-Upload**) oder nur bezogen auf die geänderten Werte (**Delta-Upload**).[48]

---

[47] Neben der echten physischen Speicherung in Zieldatenbanken sind auch andere Formen der virtuellen Speicherung möglich, bei denen nur die Datenstrukturen nicht aber die Dateninhalte im Data-Warehouse-System gespeichert werden, sondern diese bei Anfrage direkt auf das Quellsystem zugreifen.

[48] Vgl. Müller und Keller (2015, S. 394–395).

Abb. 5.14 Einfache Darstellung des ETL-Prozesses

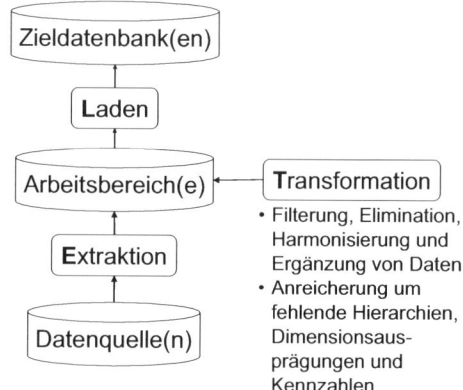

Aufgrund der Beanspruchung der Rechnerleistung bei großen Datenmengen werden Ladeprozesse häufig in den Ruhephasen des Betriebs (in der Nacht oder am Wochenende) angestoßen. Der Zeitpunkt der Aktualisierung stellt einen Snapshot des Unternehmensgeschehens zu dem jeweiligen Zeitpunkt dar.

Durch geeignete Zwischenverdichtungen der Werte auf bestimmten Aggregationsebenen lassen sich zudem die Antwortzeiten der Auswertungen deutlich verbessern, wozu allerdings Daten zusätzlich abgespeichert werden müssen.

Abb. 5.14 zeigt den ETL-Prozess in einer einfachen Darstellung.

Transformationen, die zur Standardisierung der Datenstruktur dienen, sind in der Softwarebranche auch unter dem Begriff Datenmigration bekannt. Bei der Migration von Daten kommt dem Aspekt der Datenqualität eine besondere Aufmerksamkeit zu. Nicht selten mangelt es an ausreichender Datenqualität in den Quellsystemen, wo z. B. redundante, veraltete oder fehlerhafte Werte gespeichert sind. Diese können im Transformationsprozess bereinigt werden, wenn sie rechtzeitig erkannt werden (vgl. Abschn. 4.2.4.4). Es soll abschließend hier erwähnt werden, dass insbesondere schlechte Datenqualität nicht nur aus den Datenquellen kommen kann, sondern auch während des ETL-Prozesses entstehen kann, wenn z. B. Fehler in den Transformationsregeln eingebaut werden.[49]

5.5.3 Berechtigungssystem und Zugriffssteuerung

Zur IT-gestützten Realisierung vielfältiger Reporting- und Planungsaufgaben verschiedenster Einzelpersonen, Abteilungen und Hierarchieebenen ist ein zugeschnittenes Datenschutzkonzept mit der Vergabe von Zugriffsberechtigungen auf unterschiedliche Datenbestände und Funktionen notwendig. Benutzer- bzw. Berechtigungskonzepte sind für den IT-gestützten Reporting- und Planungsprozess deshalb so wichtig, weil verschiedene Mitarbeiter unterschiedlicher Unternehmensbereiche Zugriffsmöglichkeiten auf sensible

---

[49] Vgl. Apel et al. (2009, S. 67).

Daten besitzen, die einzuschränken sind. Beispielsweise dürfen Personaldaten nur von einem ausgewählten Personenkreis eingesehen und bearbeitet werden. Weiterhin können Zugriffsrechte auch dafür genutzt werden, unnötige überfrachtete Informationen für die Nutzer auszublenden.

Ein Berechtigungskonzept soll ein Bündel von Risiken, z. B. den Verlust, den Diebstahl, die bewusste Manipulation oder die unbewusste Beschädigung von Daten, minimieren. Beispiele für solche Risiken sind:[50]

- Finanzielle Verluste durch Irrtum, Fehler und Nachlässigkeit
- Fehlentscheidungen des Managements aufgrund unzuverlässiger Daten
- Wirtschaftsspionage
- Aufwändige Fehlersuche

Aus diesen Gefahren heraus leiten sich die Ziele der Einrichtung eines Berechtigungskonzeptes ab:[51]

- Gesetzliche und firmeninterne Anforderungen an Informationssicherheit und Informationstransparenz müssen berücksichtigt werden.
- Eine möglichst optimale Vergabe und Einschränkung auf Datenzugriffe sollte erreicht werden.
- Daten sollen vor zufälliger Zerstörung und Manipulation geschützt werden.
- Daten sollen vor absichtlicher Manipulation und absichtlichem Missbrauch geschützt werden.
- Die Vertraulichkeit sensibler Informationen muss gewährleistet sein.
- Aufwand und Nutzen müssen in einem angemessenen wirtschaftlichen Verhältnis stehen.

Ein Berechtigungskonzept muss bestimmte Anforderungen erfüllen. Diese Anforderungen können entweder intern oder extern an das Berechtigungskonzept gestellt werden. Interne Anforderungen werden auf den Ebenen von einzelnen Mitarbeitern, Fachabteilungen oder des Gesamtunternehmens direkt an das Berechtigungskonzept gestellt (z. B. Geschäftsleitung, Controlling, Administration, Mitarbeiter im Vertrieb und im Einkauf). Diese können aufgrund der unterschiedlichen Aufgabenstellungen und Bedürfnissen deutlich voneinander variieren.

Externe Anforderungen werden von Personen bzw. Institutionen außerhalb des Unternehmens an das Berechtigungskonzept gestellt. Kunden, Lieferanten und auch Behörden werden z. B. an ihre Ansprechpartner im Unternehmen Anforderungen bezüglich der Auskunftsfähigkeit stellen. Weiterhin ergeben sich direkte Anforderungen an das Berechtigungskonzept durch europäische und länderspezifische Normierungen, wie z. B. das Bundesdatenschutzgesetz (BDSG) und die Landesdatenschutzgesetze der Bundesländer.

---

[50] Vgl. IBM Consulting Services (2003, S. 32).
[51] Vgl. IBM Consulting Services (2003, S. 32).

Ebenfalls müssen bestimmte gesetzliche Vorschriften der verschiedenen Branchen berücksichtigt werden (z. B. bei Banken, Versicherungen und Energieversorgungsunternehmen). Die zunehmende Vernetzung der Unternehmen untereinander führt dazu, dass externe Personen in Zukunft mehr Zugriff auf die Informationsplattformen der Unternehmen, z. B. über das Internet, haben. Hier sind vor allem Kunden-, Lieferanten- und Behörden-Beziehungen wie z. B. B2B (business-to-business), B2C (business-to-consumer) und (B2G) business-to-government von Bedeutung.

Aus den Zielsetzungen an ein Berechtigungskonzept ergeben sich in der Praxis folgende Grundregeln:[52]

- Funktionsorientierung
  Die vergebenen Berechtigungen sollten aufgrund existierender Aufgaben und Positionen erstellt werden. Hierbei sollten die Berechtigungen vorerst nicht auf spezifische Personen zugeschnitten werden, sondern standardisierte Berechtigungsprofile für eine Gruppe von Personen enthalten.
- Beachtung der Notwendigkeit
  Mitarbeiter sollten die Berechtigungen erhalten, die für ihre Aufgaben notwendig sind. Kritische Berechtigungen sollten nicht vergeben werden. Unkritische Berechtigungen können so weit wie möglich vergeben werden.
- Detailtiefe und Komplexität
  Es sollte genau untersucht werden, welche Detailtiefe bei der Vergabe der Berechtigungen benötigt wird. Eine zu hohe Detailtiefe und Komplexität erschwert die Übersichtlichkeit und Wartung.
- Kritische Berechtigungen
  Kritische Berechtigungen (z. B. Genehmigungen, Freigaben und Löschungen) sollten nur ausgewählten Mitarbeitern aufgrund ihrer Position und ihrer fachlichen Kompetenz zur Verfügung stehen.
- Hinzuziehen der Fachabteilungen
  Bei der Entwicklung des Berechtigungskonzepts müssen qualifizierte Mitarbeiter der jeweiligen Abteilungen mit einbezogen werden. Ihr Fachwissen über die notwendigen Prozesse und den damit verbundenen und benötigten Berechtigungen sollten schon in einer frühen Phase der Entwicklung einbezogen werden.
- Trennung der Funktionen
  Besonders wichtige Prozesse sollten gemäß des Vier-Augen-Prinzips in das Berechtigungskonzept implementiert werden. Hierbei müssen diese Prozesse von einer zweiten Person initialisiert oder gegengezeichnet werden.
- Test
  Vor Inbetriebnahme der Berechtigungen sollten diese ausreichend durch Mitarbeiter der jeweiligen Fachabteilungen getestet werden. Dies stellt sich allerdings in der Praxis bei laufendem Betrieb als eher schwierig dar. Deshalb werden in der Praxis neue Berechtigungen erst nach und nach in Betrieb genommen.

---

[52] Vgl. IBM Consulting Services (2003, S. 154–155).

- Dokumentation im System

  Die erstellten Berechtigungen müssen für die Weiterentwicklung nachvollziehbar dokumentiert werden.

Die Zugriffsrechte in ERP- und Reportingsystemen, die auf relationaler Datenbanktechnik aufsetzen, sind i. d. R. separat in den einzelnen Systemen geregelt und müssen auch separat gepflegt werden. Dies gilt auch für den Zugriff von Excel-Files, die häufig über Zugriffsteuerungen auf Dokumentenverzeichnisse geregelt sind.

Data-Warehouse-Lösungen haben den Vorteil, die Berechtigungszugriffe für alle ihre Planungs- und Reportinglösungen bereits als integrierten Bestandteil der Datenhaltung bereitzustellen.

Durch die größere Flexibilität in der Entwicklung und Pflege von Berechtigungskonzepten haben sich rollenbasierte Berechtigungszugriffskontrollen (Role-based access control) durchgesetzt, die folgende Regeln aufstellen:

- Bildung von unterschiedlichen Sammel- bzw. Benutzerrollen
- Bestimmung von Aktivitäten und Objekten je Sammel- bzw. Benutzerrolle
- Zuordnung der User zu den Sammel- bzw. Benutzerrollen.

Betriebswirtschaftliche Aufgaben werden in Sammelrollen gebündelt. Die einzelnen Sammelrollen bestehen wiederum aus den jeweiligen zur Ausübung notwendigen Detailaufgaben (Einzelrollen). Eine Einzelrolle umfasst diejenigen Tätigkeiten und Aktivitäten, um eine einzelne betriebswirtschaftliche Aufgabe auszuführen. Beispielsweise werden die Einzelaufgaben für Einkäufer z. B. „Anlegen Bestellung", „Pflege Bestellung", „Anzeigen und Löschen der Bestellung" in der Sammelrolle „Bestellung abwickeln" zusammengefasst. Aktivitäten in der Planung sind z. B. die Anzeige der Planung, das Pflegen und Löschen der Planwerte und die Ausübung von Planungsfunktionen.

Weiterhin benötigt man für das Berechtigungskonzept eine Zuordnung der Objekte zu der Organisationsstruktur des Unternehmens, in denen die Objektwerte (z. B. Kostenstellen, Kostenträger, Buchungskreise und Gesellschaften) den Organisationsgruppen (z. B. Vertrieb, Produktmanagement und Einkauf) zugewiesen werden. Solche Organisationszuordnungen können wiederum einer Sammelrolle oder Einzelrolle zugeordnet werden. Für das Reporting und für die Planung ist es insbesondere wichtig, dass Personen nur den Datenbestand erhalten, für den sie eine Zugriffsberechtigung besitzen. Dies gilt auch für Kombinationen von Objekten, z. B. Kostenstellen und Kostenträgern.

Einzelnen Mitarbeitern oder Benutzergruppen werden schließlich die definierten Sammel- bzw. Benutzerrollen zugewiesen, was den Vorteil mit sich bringt, dass Berechtigungsänderungen, z. B. Zuweisen oder Wegnehmen von Detailaufgaben oder Organisationsänderungen, bei einmaliger Änderung in den Einzel- oder Sammelrollen für alle zugewiesenen Benutzer gelten.[53]

---

[53] Vgl. Ruprecht (2003, S. 126).

Für die Rollengruppierung bieten sich häufig die Fachfunktionen (Vertrieb, Einkauf, Personal etc.) sowie die Hierarchieebenen (Top-Management, mittleres Management etc.) an.

Aus Sicht der Anwender für das Berichtswesen und die Planung sind zudem häufig folgende oder ähnliche Benutzergruppen zu finden:

- Administratoren (= Pflege und Administration der Data-Warehouse-Lösung, i. d. R. technische Betreuung, keine Fachfunktion)
- Power User (= Berichte, Planungsformulare dürfen erstellt und in sämtlichen Funktionsumfang analysiert werden)
- Einfache User (= Berichte, Planungsmasken dürfen benutzt und analysiert werden, Analyse- und Planungsfunktionen können direkt angewendet werden)
- Einfache Analysten (Berichte, Planungsergebnisse dürfen nur gelesen und analysiert werden).

5.5.4 OLAP

Die Abkürzung OLAP steht für den Begriff On-Line Analytical Processing, der erstmalig im Jahre 1993 durch E.F. Codd, S.B. Codd und C.T. Salley veröffentlicht wurde. Sie untersuchten in dieser Veröffentlichung, inwieweit eine relationale Datenbank mit einer SQL-Abfragesprache geeignet ist, um multidimensionale Datenanalysen zu erstellen.[54] Anstelle der multidimensionalen Datenanalyse empfahlen *sie*, diesen Analyseprozess als OLAP zu bezeichnen. Er steht in Abgrenzung zum Begriff On-Line Transaction Processing (OLTP), der für die operativen Datenverarbeitungsprozesse der meisten betriebswirtschaftlichen Anwendungssysteme (Erfassungs-, Administrations- und Distributions- sowie Abrechnungssysteme) mit relationaler Datenbanktechnik steht.[55] Charakteristisch für OLTP sind große operative Datenmengen, die ständig durch neue Buchungsbelege angereichert werden. Ältere Daten werden in OLTP-Systemen früher archiviert. OLTP-Abfragen auf Datenbestände sind gegenüber OLAP-Abfragen nicht so komplex und i. d. R. nicht oder nur begrenzt mehrdimensional.

Codd entwickelte zwölf Evaluationsregeln, die bei der Einführung von Informationssystemen die OLAP-Fähigkeit garantieren sollen:[56]

1. Mehrdimensionale Datensicht
2. Transparenz
3. Zugriff auf heterogene Datenbestände
4. Stabile Antwortzeiten
5. Client-Server-Architektur

---

[54] Vgl. Bauer und Günzel (2013, S. 44).
[55] Vgl. Chamoni et al. (2010, S. 164).
[56] Vgl. Chamoni (1997, S. 294) und Codd et al. (1993).

6. Generische Dimensionalität
7. Verwaltung dünn besetzter Matrizen
8. Mehrbenutzerfähigkeit
9. Kreuzdimensionale Operationen
10. Intuitive Datenmanipulation
11. Flexibles Berichtswesen
12. Unbegrenzte Dimensions- und Aggregationsstufen.

Da aus den Schlagworten nicht unmittelbar die Bedeutung abzulesen ist, sollen Kurzerläuterungen helfen, diese Regeln besser einzuordnen:[57]

1. **Mehrdimensionale Datensicht**: Im Gegensatz zu flachen zweidimensionalen Datenstrukturen sollte die multidimensionale Sicht eines Analytikers sich in mehrdimensionalen Strukturen abbilden lassen. Diesbezüglich sind verschiedene Dimensionen und Hierarchien einzusetzen. Als Symbol für diese multidimensionale Sicht auf die Daten wird gerne von Datenwürfeln bzw. Cubes gesprochen.

2. **Transparenz**: Bei der Verwendung von OLAP darf der Endanwender nicht mit systemspezifischen Details überfordert werden. Eine konsistente Sicht der Analysedaten ist zu gewährleisten.

3. **Zugriff auf heterogene Datenbestände**: Das OLAP-Datenmodell bezieht seine Daten aus unterschiedlichsten heterogenen Datenquellen.

4. **Stabile Antwortzeiten**: Auch bei komplexen mehrdimensionalen Abfragen sollen gute Antwortzeiten im Sekundenbereich erzielt werden.

5. **Client-Server-Architektur**: Die Trennung von Datenbank- und Anwendungsserver, aber vor allem der Clients, ist ein zentrales Merkmal der Client-Server-Architektur. Ein OLAP-Server sollte unterschiedliche Clients mit minimalem Aufwand integrieren können.

6. **Generische Dimensionalität**: Die Dimensionen sind gleichgestellt, das heißt, es sollte für alle Dimensionen nur eine logische Struktur geben. Wird eine Dimension um zusätzliche Funktionen erweitert, müssen diese auch für die anderen Dimensionen zur Verfügung gestellt werden.

7. **Verwaltung dünn besetzter Matrizen**: OLAP-Werkzeuge haben die Aufgabe, dass sie das physische Schema des Modells automatisch an die gegebene Dimensionalität und die Verteilung jedes spezifischen Modells anpassen. Dies ist erforderlich, da einige Kennzahlen nur zu wenigen Dimensionen Beziehungen haben und somit viele Nulleinträge in den Matrizen vorkommen.

8. **Multi-User-Unterstützung**: Im Rahmen der Multi-User-Unterstützung können mehrere Benutzer gleichzeitig auf dasselbe Datenmodell zugreifen. Hierzu muss die Integrität der Datenbasis und der Datensicherheit gewährleistet werden.

---

[57] Vgl. z. B. Düsing und Heidsieck (2009, S. 108) und Oehler (2000).

9. **Kreuzdimensionale Operationen**: Das OLAP-Werkzeug soll beim Navigieren durch die Aggregationsebenen alle Berechnungen selber ableiten. Zudem hat der Anwender die Möglichkeit, eigene Berechnungen innerhalb einer Dimension und über verschiedene Dimensionen hinweg festzuhalten, was für berechnete Kennzahlen wichtig ist.

10. **Intuitive Datenmanipulation**: Diese Regel verlangt, dass die Benutzeroberfläche ergonomisch und intuitiv erlernbar sein soll, so dass Datenanalysen wie z. B. die Navigation im Datenwürfel einfach möglich sind.

11. **Flexibles Berichtswesen**: Die Auswertungsmöglichkeiten sollten den mehrdimensionalen Auswertungsanforderungen des Benutzers entsprechen. Eine ansprechende visuelle Aufbereitung und Hilfestellung bei der mehrdimensionalen Datenauswahl sollte hierbei gewährt sein. Die Anordnung der Daten darf hierbei nicht vom System eingeschränkt werden.

12. **Unbegrenzte Dimensions- und Aggregationsfunktion**: Das OLAP-Datenmodell und die eingesetzten Werkzeuge sollten in der Lage sein, viele Dimensionen zu unterstützen. Aufgrund des stark anwachsenden Datenbestandes bei einer zu hohen Dimensionalität reichen für viele Unternehmensmodelle circa 10–20 Dimensionen aus. Die Aggregatsfunktionen innerhalb der Dimensionen sind flexibel und ohne Einschränkungen anwendbar.

Die Regeln von Codd wurden 1995 von Pendse und Creeth auf fünf Kerninhalte, die unter der Kurzform „FASMI" bekannt sind, reduziert. FASMI steht für die Anfangsbuchstaben der Begriffe „Fast, Analysis, Shared, Multidimensional und Information":[58]

- **Fast**: Ein OLAP-System soll reguläre Abfragen innerhalb von wenigen Sekunden, komplexe in 20 s beantworten.
- **Analysis**: Das System soll eine intuitive Analyse bei beliebig komplexen Berechnungen anstellen.
- **Shared**: Es existiert eine effektive Zugangssteuerung, um so mit mehreren Benutzern gleichzeitig zu arbeiten.
- **Multidimensional**: Im Kern steht eine multidimensionale Sicht auf die Daten, unabhängig von der verwendeten Datenbankstruktur.
- **Information**: Es soll auch bei größeren Datenmengen möglich sein, die Anwendung so zu skalieren, dass die Informationsabfragen nicht eingeschränkt werden.

Ohne hier tiefer auf diese Codd- und FASMI-Regeln einzugehen, sollen in den beiden folgenden Kapiteln der Unterschied der OLAP-Datenmodellierung und -speicherung zu herkömmlichen relationalen Datenbankstrukturen aufgezeigt sowie mögliche OLAP-Speicherkonzepte vorgestellt werden, die für das Reporting und die Planung wichtig sind.

---

[58] Vgl. Pends und Creeth (1995).

5.5.4.1 OLAP-Datenmodellierung und -speicherung

Die OLAP-basierte Datenmodellierung und -speicherung unterscheidet Data-Warehouse-Systeme von bisherigen relationalen datenbankgestützten Anwendungssystemen, wie z. B. die meisten ERP-Systeme. Während letztere zumeist auf normierte Tabellenstrukturen in der 3. Normalform aufbauen, die mit Hilfe von relationalen Datenbanksprachen der 4. Generation wie SQL (Structured Query Language) abgefragt werden, verwendet ein Data Warehouse, das auf einem Relationalen Datenbank-Management-System (RDBMS) aufgebaut ist, denormalisierte Tabellenstrukturen zumeist in Anlehnung an die Grundform eines Star-Schemas oder in erweiterten Formen wie z. B. dem Snowflake- bzw. Galaxy-Schema.

Den Unterschied von normalisierten Tabellenstrukturen und denormalisierten Tabellen im Star-Schema verdeutlicht folgendes Kurzbeispiel. Es wird eine relationale Tabellenbeziehung in der 3. Normalform gezeigt (vgl. Abb. 5.15), wobei die Primärschlüssel unterstrichen gekennzeichnet sind.

Durch die Trennung der Tabellen in der 3. Normalform wird eine redundanzfreie Datenspeicherung ohne Wiederholgruppen angestrebt. Der Nachteil für analytische Auswertungen ist die erhöhte Komplexität der hierauf aufbauenden Abfragen.

Die Abfrage „Welcher Kunde kauft das Produkt Diskette?" wird z. B. mit Hilfe von SQL wie folgt formuliert:

▶ Select KdName
From Kundentabelle, Artikeltabelle
Auftragskopftabelle, Auftragspositionentabelle
Where Kundentabelle.Kd-Nr = Auftragskopftabelle.Kd-Nr AND
Auftragspositionentabelle.Auf-Nr =
Auftragskopftabelle.Auf-Nr AND
Artikeltabelle.Art-Nr =
Autragspositionentabelle.Art-Nr AND
ArtBez = 'Diskette'

Auftragskopftabelle

Auf-Nr	Kd-Nr	Datum
4812	K398	03.01.2011
4918	K007	04.02.2011

Kundentabelle

Kd-Nr	KdName
K398	Müller
K007	Meyer

Auftragspositionentabelle

Auf-Nr	Auf-Pos	Art-Nr	Menge
4812	10	77001	3
4812	20	66666	7
4918	10	77001	2
4918	20	44444	10
4918	30	66666	30

Artikeltabelle

Art-Nr	ArtBez	VkPreis
77001	Handbuch	34,00
66666	Diskette	5,00
44444	Bleistift	2,00

Abb. 5.15 Normalisierte Tabellenstruktur in der 3. Normalform

Die Abfrage „Wie viel Umsatz wird mit dem Produkt Diskette und dem Kunden 398 erzielt?" wird z. B. mit Hilfe von SQL wie folgt formuliert:

▶   SELECT Auftragskopftabelle.[Kd-Nr], Artikeltabelle.[Art-Bez],
     Sum([Menge]*[VkPreis]) AS Umsatz
     FROM Auftragskopftabelle INNER JOIN (Artikeltabelle INNER JOIN Auftragspositionentabelle ON Artikeltabelle.[Art-Nr] = Auftragspositionentabelle.[Art-Nr])
     ON Auftragskopftabelle.[Auf-Nr] = Auftragspositionentabelle.[Auf-Nr]
     GROUP BY Auftragskopftabelle.[Kd-Nr], Artikeltabelle.[Art-Bez]
     HAVING (((Auftragskopftabelle.[Kd-Nr]) ='K398') AND ((Artikeltabelle.[Art-Bez]) =
     'Diskette'));

Es wird deutlich, dass je komplizierter die Teilung der Tabellen und ihre Beziehungen sind, umso zeitaufwändiger die Abfragen werden.

Beim **Star-Schema** werden Dimensionstabellen um eine zentrale Faktentabelle angeordnet (vgl. Abb. 5.16 und 5.7). Der Name leitet sich aus der sternförmigen Anordnung der Dimensionen (Zacken des Sterns) um die zentrale Faktentabelle ab. Die Dimensionstabellen sind nicht untereinander verknüpft. Es handelt sich hierbei also um eine Denormalisierung von Teilen des „normalisierten" Datenmodells, da das Transitivitätsgesetz der 3. Normalform nicht eingehalten wird.

Die **Faktentabelle** enthält nur Kennzahlen (z. B. Werte und Mengen), deren inhaltliche Beschreibung über die Dimensionen (z. B. Kunde, Artikel, Aufträge und Zeit) erfolgt. Der Fakt bildet die kleinste Informationseinheit eines Data Warehouses sowie die Basis für alle Analysen. Synonyme für den Begriff Fakt sind z. B. Measure, Kennzahl sowie Maßgröße. Er wird insbesondere benötigt, um in einer Analyse summieren und zählen zu können. Über sogenannte Aggregationsregeln kann bestimmt werden, wie die einzelnen Werte bzw. Mengen eines Faktes gezählt werden, beispielsweise als Summe, Durchschnitt, Minimum oder Maximum.[59]

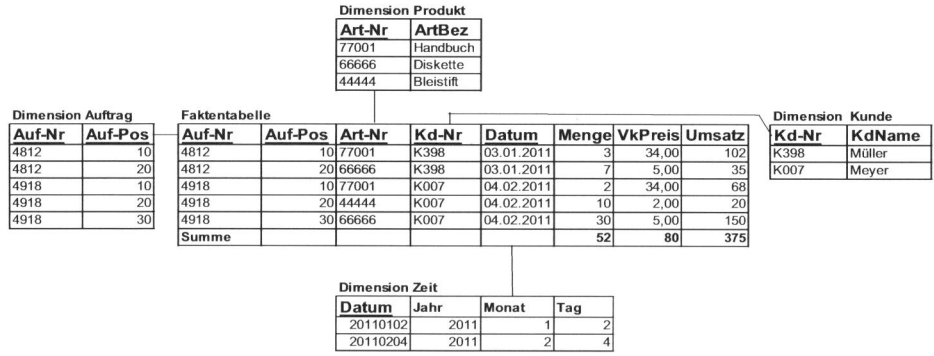

Abb. 5.16 Star-Schema mit Fakten- und Dimensionstabellen

[59] Vgl. Humm und Wietek (2005, S. 5.).

Abb. 5.17 Tabellenabfrage für
die Dimension Produkt

Auf-Nr	Auf-Po	Art-Nr	Kd-Nr	Datum	Men	VkPre	Umsa
4812	10	77001	K398	03.01.2011	3	34,00	102
4918	10	77001	K007	04.02.2011	2	34,00	68
Summe					**5**	**68**	**170**

Die Spalten der Dimensionstabellen bestehen aus den Primärschlüsseln (z. B. Kundennummer) und weiteren Attributen (z. B. Kundenbezeichnung) der zugrunde liegenden Entitäten. In den **Dimensionstabellen** werden alle beschreibenden Felder definiert, die inhaltlich etwas mit der Dimension zu tun haben. So kann eine Dimension *Kunde* beispielsweise die Felder Branche, Region usw. als weiteres beschreibendes Attribut enthalten. Der Primärschlüssel der Faktentabelle ergibt sich aus den Primärschlüsseln der Dimensionstabellen.

Die Auswertungen können relativ einfach über die Selektion der Dimensionsausprägungen der Faktentabelle getroffen werden. Sucht man wie oben die Kundenumsätze für das Produkt „Handbuch", so selektiert man die Auswahl nach diesem Produkt (vgl. Abb. 5.17).

Erweitert man die Abfrage um die Zeit, z. B. den Februar, so erweitert man die Selektion (vgl. Abb. 5.18).

Diese Darstellung zeigt den Vorteil dieser Datenhaltung an. Die Abfragen sind durch Auswahl der Dimensionen bzw. der angehängten Attribute einfach auszuführen. Sowohl die Einzelsätze als auch die Summen lassen sich schnell ermitteln.

Die Darstellung der Abfrage wird in der Regel nicht wie in der obigen Darstellung mit flachen Tabellen durchgeführt. Sie wird aufgrund der Mehrdimensionalität gerne über Pivottabellen durchgeführt, wo auf Basis des Datenbestandes Zeilen, Spalten und Seitenwerte gewählt werden können, auf die sich der Ergebnisbereich bezieht. Abb. 5.19 zeigt die Umsetzung einer Pivottabelle mit MS Excel.

Die Möglichkeiten der Datenanalyse in Pivottabellen auf mehrdimensionale Datenbestände wurde bereits im Abschn. 3.8.2.3 mit seinen Funktionen Rotation/Pivotierung, Slice und Dice, Roll-Up und Drill-Down, Drill-Through und Drill-Across beschrieben. Ein weiteres Beispiel für die Abbildung des Star-Schemas mit Hilfe des Arbeitsbereiches der Datenquellensicht im Microsoft Visual Studio (Microsoft SQL Server) zeigt Abb. 5.7.[60] Es kann als Ausgangspunkt für die Datenmodellierung des exemplarischen BI-gestützten Controlling-Cockpits für den Bereich Einkauf verwendet werden (vgl. Abschn. 3.9.3).

Im Originalansatz des Star-Schemas sind aus der Sicht der Datenmodellierung einige Defizite enthalten, denen von den meisten Softwareherstellern versucht wird zu begegnen.

Auf-Nr	Auf-Po	Art-Nr	Kd-Nr	Datum	Men	VkPre	Umsa
4918	10	77001	K007	04.02.2011	2	34,00	68
Summe					**2**	**34**	**68**

Abb. 5.18 Tabellenabfrage für die Dimensionen Produkt und Zeit

---

[60] Vgl. Caesar und Friebel (2011, S. 548).

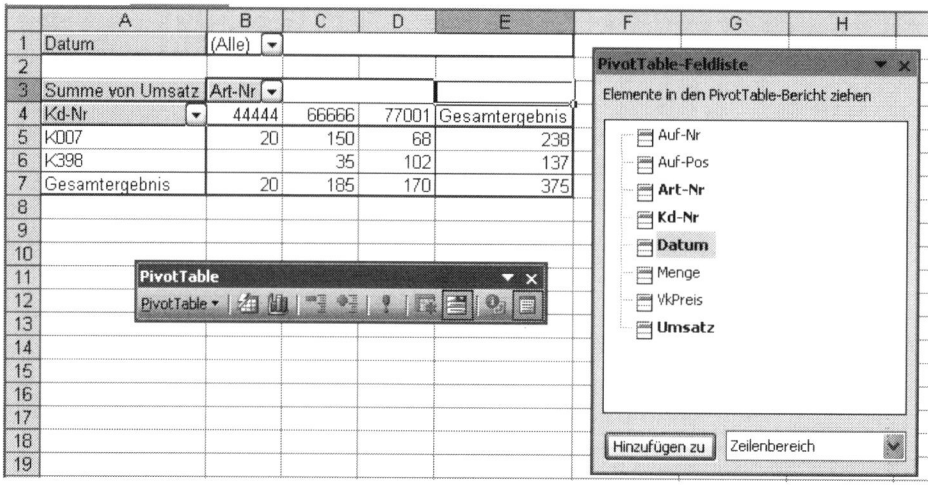

Abb. 5.19 Pivottabelle mit MS Excel

Hierbei wird ein sogenanntes **erweitertes Star-Schema** abgebildet, das u. a. folgende zusätzliche Punkte in der Datenmodellierung unterstützt:[61]

- Mehrsprachigkeit der Attribute
- Hierarchieabbildung der Stammdaten (unabhängig von den Attributen)
- Zeitabhängigkeit von Stammdaten
- Alphanumerische Fremdschlüssel werden durch sogenannte Surrogat-IDs ersetzt. Der Grund für die numerische Neuverschlüsselung der Dimensionen mit aufsteigenden Integerzahlen (4-Byte-Ganzzahl) liegt darin, dass die Suche nach Texten und anderen Schlüsseln länger dauert als mit den neu verschlüsselten Integerzahlen.

Sollte für einen Anwendungsfall zutreffen, dass mehrere Fakten durch genau dieselben Dimensionen beschrieben werden können, so reicht für die Modellierung das Star-Schema aus. Die Unternehmenspraxis ist in der Regel jedoch komplexer, da sehr viele Fakten mit sehr unterschiedlichen Dimensionen existieren. Dann ist es u. a. aus Performancegründen besser, die Kennzahlen der Faktentabelle in verschiedene Faktentabellen mit nur den notwenigen Dimensionsverbindungen aufzuteilen. Es werden quasi mehrere Würfel nebeneinander erzeugt, in denen die verschiedenen Faktentabellen dann nur teilweise mit den gleichen Dimensionstabellen verknüpft sind. Das so entstehende Schema nennt man Multi-Faktentabellen-Schema oder **Galaxy-Schema**.[62]

Ein Beispiel für ein kleines Galaxy-Schema zeigt Abb. 5.20.

---

[61] Vgl. Mohr (2006, S. 93 ff.). Beispielsweise ergänzt die SAP AG ihr Star-Schema für das SAP BW um die aufgeführten Punkte.

[62] Vgl. Bauer und Günzel (2013, S. 204 f.).

Die Faktentabellen *Vertriebskennzahlen* und *Kundenbewertung* sind hier die zentralen Faktentabellen der Galaxy. Die Dimensionen *Kunden* und *Zeit* sind Dimensionen, die von beiden Faktentabellen benutzt werden. Die anderen Dimensionen werden nur von jeweils einer Faktentabelle genutzt.

Damit die Datenbestände in den Dimensionstabellen nicht zu groß werden, kann man im Gegensatz zur oben besprochenen Denormalisierung ein Star-Schema in ein **Snowflake-Schema** überführen,[63] in dem wieder eine Normalisierung der ggf. zu groß geratenen Dimensionstabellen vorgenommen wird. Anders als beim Star-Schema sind dann die Hierarchiestufen nicht mehr in einer Dimensionstabelle, sondern in mehreren miteinander verknüpften Tabellen verteilt (vgl. Abb. 5.21). Die Darstellung dieser Datenmodellierung ähnelt einer Schneeflocke, woher der Name Snowflake-Schema abgeleitet wurde.[64] Abb. 5.21 zeigt ein sehr vereinfachtes Beispiel für ein Snowflake-Schema.

Die Dimension „*Kunden*" wurde hierbei weiter normalisiert in die Tabellen „*Region*" und „*Postleitzahlengebiete*". Der Vorteil dieser Struktur liegt in gewissen Speicherplatzeinsparungen und ggf. kürzeren Zugriffszeiten, denen jedoch eine höhere Komplexität gegenübersteht, insbesondere wenn die Endanwender durch die Snowflake-Struktur navigieren müssen.[65]

Beim Aufbau des mehrdimensionalen Datenmodells sind die Vor- und Nachteile des **Konten- bzw. Kennzahlenmodells** frühzeitig zu berücksichtigen. Ein Wechsel des Datenmodells führt zu Umbauarbeiten, die möglichst zu vermeiden sind. Das Kennzahlenmodell besteht wie für das Star-Schema bereits erwähnt aus Dimensionen und Kennzahlen. Al-

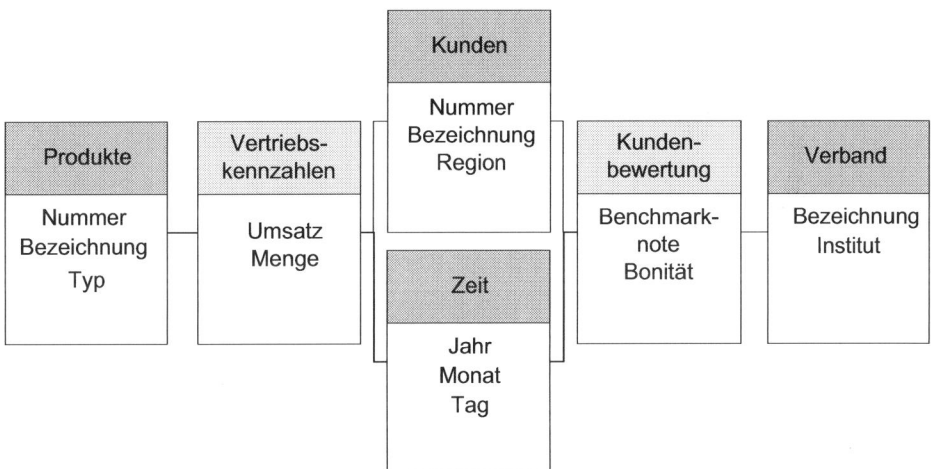

Abb. 5.20 Galaxy-Schema. (Eigenes Beispiel. Vgl. auch Mohr 2006, S. 97)

---

[63] Vgl. Azevedo et al. (2005, S. 46).
[64] Vgl. Azevedo et al. (2005, S. 52 f.).
[65] Vgl. Behme et al. (2000, S. 229).

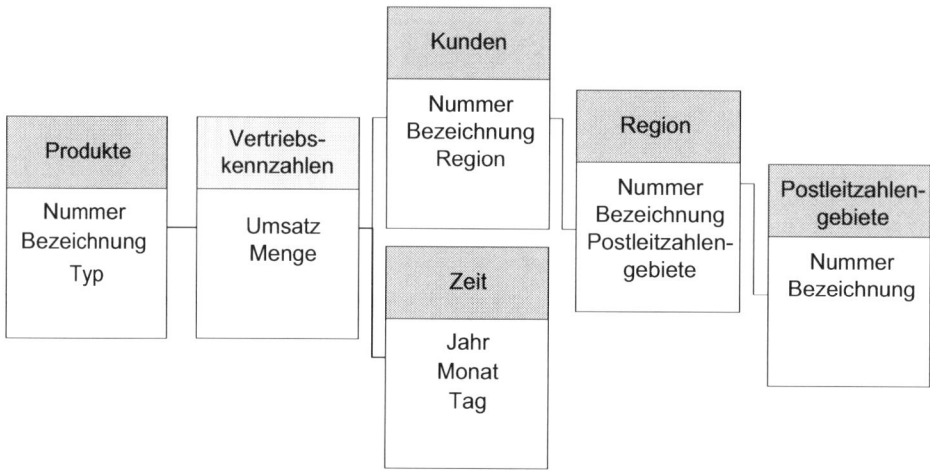

Abb. 5.21 Snowflake-Schema. (Eigenes Beispiel. Vgl. auch Mohr 2006, S. 98)

le Mengen und Werte wie Anzahl, Erlöse, Kosten, Preise etc. werden als Kennzahlen in der Faktentabelle angelegt. Es werden prinzipiell nur Basiskennzahlen benötigt, die im Datenversorgungsprozess (ETL-Prozess) geliefert werden. Kennzahlen, die sich aus anderen Basisgrößen berechnen lassen, können als berechnete Kennzahl bzw. berechnetes Element zusätzlich angelegt werden. Beim Aufbau des Datenwürfels werden die berechneten Kennzahlen ermittelt. Folgendes Beispiel zeigt ein sehr kleines Datenmodell für eine Erlösanalyse an.

Im **Kennzahlenmodell** werden nur die Dimensionen mit ihren Identifikationsnummern (ID) (Kunde, Produkt und Zeit) angelegt. Als Kennzahlen werden der Bruttoumsatz, die Rabatte und Skonti hinterlegt und über den Datenversorgungsprozess befüllt (vgl. Abb. 5.22). Die Identifikationsnummern aller Dimensionstabellen bilden den Primärschlüssel der Datensätze der Faktentabelle. Die berechneten Kennzahlen „Nettoumsatz" und „NettoNetto-Umsatz" werden als berechnete Elemente mit Formeln angelegt und beim Aufbau des Datenwürfels berechnet. Der „Nettoumsatz" ergibt sich betriebswirtschaftlich als Differenz zwischen „Bruttoumsatz" und „Rabatt". Der im Handel häufig verwendete „NettoNetto-Umsatz" ergibt sich aus der Differenz von „Netto-Umsatz" und „Skonti". Technisch gesehen werden „Rabatte" und „Skonti" in unserem Modell mit negativen Werten im Datenversorgungsprozess geliefert, so dass für die berechneten Kennzahlen Summen gebildet werden, um die Vorzeichen der Daten richtig zu berücksichtigen.

Im Analyse-Frontend kann nun ein Bericht mit dem Erlösschema angelegt werden, indem die einzelnen Kennzahlen und berechneten Kennzahlen einer Zeile zugeordnet werden. Differenziert man die Kennzahl „Rabatt" im Modell in drei Kennzahlen „Kunden-, Aktions- und Sonderrabatt", so werden mehr Spalten im Modell notwendig. Werden mehrere Kennzahlen einer Zeile zugeordnet, können diese mit Drill-Down im Bericht aufgerissen werden (vgl. Abb. 5.23).

Dimensionstabellen:

Produkt-ID	Produkt-Bez.
3312	Ring
4512	Kette

Kunde-ID	Kunde-Bez.
471	MTS GmbH
236	SOT AG

Zeit-ID	Jahr
2018	2018
2019	2019

Faktentabelle:

Dim.-ID	Dim.-ID	Dim.-ID	Kennzahl	Kennzahl	Berechnete Kennzahl	Kennzahl	Berechnete Kennzahl
Produkt	Kunde	Zeit	Bruttoumsatz	Rabatte	Nettoumsatz	Skonti	NettoNetto-Umsatz
3312	471	2018	1000	-100	900	-18	882
4512	236	2018	800	-60	740	-15	725
3312	471	2019	950	-50	900	-18	882
4512	471	2018	1250	0	1250	-25	1225

Abb. 5.22   Kennzahlenmodell

Berichtszeile	Kennzahlenzuordnung
Bruttoumsatz	Bruttoumsatz
Rabatte	Rabatte
Nettoumsatz	Nettoumsatz
Skonti	Skonti
NettoNetto-Umsatz	NettoNetto-Umsatz

Berichtszeile	Kennzahlenzuordnung
Bruttoumsatz	Bruttoumsatz
Rabatte	+ Kundenrabatte
	Aktionsrabatte
	Sonderrabatte
Nettoumsatz	Nettoumsatz
Skonti	Skonti
NettoNetto-Umsatz	NettoNetto-Umsatz

Abb. 5.23   Kennzahlenzuordnung zu Berichtszeilen

Allerdings ist das Berichtsschema im Standard fest aufzubauen und die Dynamik beschränkt sich auf die Mehrfachzuordnungen. Die wichtigsten Vor- und Nachteile des Kennzahlenmodells zum Kontenmodell sind:

Vorteile

- Die Datenmenge ist geringer.
- Die Datenbereitstellung des Würfels ist schneller.
- Die Datenbelieferung ist bei zentralen Quelltabellen einfacher (fertige Schnittstellentabellen mit vielen Kennzahlen).

Nachteile

- Hierarchien können im Berichtswesen nicht genutzt werden.
- Berichtsschemata mit festen Verdichtungsebenen müssen über berechnete Kennzahlen definiert werden.
- Die Datenbelieferung ist bei heterogenen Quelltabellen (z. B. aus verschiedenen Systemen) schwieriger.
- Aufnahme neuer Kennzahlen (inkl. berechneter Kennzahlen) ist schwieriger. Sie müssen im Datenmodell und im Berichtswesen nachgepflegt werden.

Beim **Kontenmodell** werden nicht so viele Kennzahlen in der Faktentabelle eingefügt, häufig nur wenige wie Menge und Betrag. Die Spaltenanzahl wird hierdurch geringer. In unserem Beispiel wird statt der Kennzahlen „Bruttoumsatz, Rabatte und Skonti" die Kennzahl „Betrag" eingefügt. Dafür wird eine Dimension für die Werte eingeführt, die in unserem Beispiel „Dimension Konten" heißt. Die Namensgebung Kontenmodell passt für betriebswirtschaftliche Modelle gut, da z. B. Kosten und Erlöse im Rechnungswesen oder Lagerbewegungen im Warenwirtschaftssystem über Konten identifiziert werden. Diese Konten dienen häufig als Basisgrößen für das Kontenmodell. Sie bilden oft die kleinste Einheit, auf denen Wertgrößen zugeordnet werden können. Die Faktentabelle bekommt mehr Einträge, die Tabelle wird länger und der Datenumfang größer.

Generelle Vor- und Nachteile des Kontenmodells gegenüber dem Kennzahlenmodells sind:

Vorteile

- Hierarchien können im Berichtswesen genutzt werden.
- Berichtsschemata mit Verdichtungsebenen müssen nicht über berechnete Kennzahlen definiert werden.
- Die Datenbelieferung ist bei heterogenen Quelltabellen (z. B. aus verschiedenen Systemen) einfacher.
- Aufnahme neuer Wertarten (Konten inklusive Knoten) ist deutlich einfacher.

Nachteile

- Die Datenmenge ist größer.
- Die Datenbereitstellung des Würfels ist langsamer.
- Die Datenbelieferung ist bei zentralen Quelltabellen schwieriger (fertige Schnittstellentabelle mit vorkonfigurierten Kennzahlen).

Für die Nutzung der Hierarchie im Berichtswesen können zwei grundsätzliche Wege eingeschlagen werden, indem eine Kontendimension entweder mit oder ohne eine Parent-Child-Hierarchie angelegt wird.

Bei der Verwendung der Kontendimension mit einer Parent-Child-Hierarchie wird über das Attribut „Vorgänger" die Hierarchie eindeutig abgeleitet (vgl. Abb. 5.24). Für jedes Konto wird eine eindeutige Identifikationsnummer (ID) verwendet. Berechnungen der Ergebnisschemata, also Stufen der End- und Zwischenergebnisse, erhalten ebenfalls Identifikationsnummern. Sollten die Nummern nicht sortiert sein, so kann mit Hilfe des Sortiercodes eine gewollte Sortierung berücksichtigt werden. Im gezeigten Beispiel betrifft dies die Zeilen „Rabatt" und „Bruttoumsatz", deren Kontonummern nicht im Sinne des Erlösschemas numerisch sortiert sind.

Dimensionstabellen:

Produkt-ID	Produkt-Bez.
3312	Ring
4512	Kette

Kunde-ID	Kunde-Bez.
471	MTS GmbH
236	SOT AG

Zeit-ID	Jahr
2018	2018
2019	2019

Faktentabelle:

Dim.-ID	Dim.-ID	Dim.-ID	Dim.-ID	Kennzahl
Produkt	Kunde	Zeit	Konten	Betrag
3312	471	2018	8000	1000
4512	236	2018	8000	800
3312	471	2019	8000	950
4512	471	2018	8000	1250
3312	471	2018	8050	-100
4512	236	2018	8050	-60
3312	471	2019	8050	-50
4512	471	2018	8050	0
3312	471	2018	8090	-18
4512	236	2018	8090	-15
3312	471	2019	8090	-18
4512	471	2018	8090	-25

Kontendimension mit Parent-Child-Hierarchie:

Konten-ID	Werte	Vorgänger	Sortiercode
100	NettoNetto-Umsatz	NULL	1
8090	Skonti	100	2
200	Nettoumsatz	100	3
8050	Rabatt	200	4
8000	Bruttoumsatz	200	5

Abb. 5.24 Kontenmodell mit Parent-Child-Hierarchie

Vor- und Nachteile des Kontenmodells mit Parent-Child-Hierarchie sind:

Vorteile

- Ebenen werden einfach über Parent-Child-Hierarchie (Vorgänger) zugeordnet.
- Die Tabellenpflege ist einfacher.

Nachteile

- Es ist nur eine Hierarchie pro Dimension darstellbar.
- Abfragen sind schwieriger zu generieren.

Neutral zu bewerten ist der Umstand, dass die Erfassung von Werten sowohl auf Konten als auch auf Knoten der Hierarchie möglich ist. Dies kann je nach Reporting- und Planungsmodell gewünscht, aber auch unerwünscht sein!

Wird das Kontenmodell ohne Parent-Child-Hierarchie verwendet, wird die Kontendimension anders abgebildet (vgl. Abb. 5.25). Als Konten-ID werden nur Konten abgebildet. Die Hierarchiestufen des Ergebnisschemas werden über Attribute (im Beispiel Ebene 1 und 2) und die Darstellungsreihenfolge über Sortiercodes je Ebene definiert. Hierdurch lässt sich der Hierarchieaufbau darstellen.

Das Ergebnisschema wird in umgekehrter Reihenfolge als Hierarchie angelegt. Der NettoNetto-Umsatz bildet die Basisgröße der Ebene 1, die sich aus dem Nettoumsatz und

Dimensionstabellen: *Faktentabelle:*

Produkt-ID	Produkt-Bez.
3312	Ring
4512	Kette

Kunde-ID	Kunde-Bez.
471	MTS GmbH
236	SOT AG

Zeit-ID	Jahr
2018	2018
2019	2019

Dim.-ID	Dim.-ID	Dim.-ID	Dim.-ID	Kennzahl
Produkt	Kunde	Zeit	Konten	Betrag
3312	471	2018	8000	1000
4512	236	2018	8000	800
3312	471	2019	8000	950
4512	471	2018	8000	1250
3312	471	2018	8050	-100
4512	236	2018	8050	-60
3312	471	2019	8050	-50
4512	471	2018	8050	0
3312	471	2018	8090	-18
4512	236	2018	8090	-15
3312	471	2019	8090	-18
4512	471	2018	8090	-25

Kontendimension ohne Parent-Child-Hierarchie:

Konten-ID	Werte	Sortiercode 3	Ebene 2	Sortiercode 2	Ebene 1	Sortiercode 1
8050	Rabatte	2	Nettoumsatz	2	NettoNetto-Umsatz	1
8000	Bruttoumsatz	3	Nettoumsatz	2	NettoNetto-Umsatz	1
8090	Skonti	1	Skonti	1	NettoNetto-Umsatz	1

Abb. 5.25 Kontenmodell ohne Parent-Child-Hierarchie

dem Skonto ergibt. Der Nettoumsatz bildet sich in der 2. Ebene aus dem Bruttoumsatz und den Rabatten.

Wird einer Ebene nur ein Wert (im Beispiel Skonti) zugeordnet, so entsteht eine inhaltsgleiche Berichtszeile (in der Abb. 5.26 farblich gelb markiert). Diese kann im Hierarchieaufbau ausgeblendet werden. Folgendes Zeilenschema kann im Kontenmodell für die dynamische Erlösanalyse stufenorientiert dargestellt werden (vgl. Abb. 5.27). Die Verdichtungsebenen können von links nach rechts über das Pluszeichen im Drill-Down aufgerissen bzw. über das Minuszeichen verdichtet werden.

Abb. 5.26 Hierarchieaufbau
ohne Parent-Child-Hierarchie

Hierarchieaufbau

Ebene 1	NettoNetto-Umsatz
Ebene 2	Skonti
Werte	Skonti
Ebene 2	Nettoumsatz
Werte	Rabatte
Werte	Bruttoumsatz

NettoNetto-Umsatz +	NettoNetto-Umsatz -	NettoNetto-Umsatz -
	Skonti	Skonti
	Nettoumsatz +	**Nettoumsatz** -
		Rabatte
		Bruttoumsatz

Abb. 5.27 Stufenorientiertes Erlösschemata

Vor- und Nachteile des Kontenmodells ohne Parent-Child-Hierarchie sind:

Vorteile

- Mehrere Hierarchien sind pro Dimension darstellbar.
- Abfragen sind leichter zu generieren.

Nachteile

- Die Ebenen der Hierarchien müssen vorgedacht sein.
- Die Tabellenpflege ist aufwändiger.

Neutral zu bewerten ist der Umstand, dass die Erfassung von Werten beim Kontenmodell ohne Parent-Child-Hierarchie nur auf den Konten der Hierarchie möglich ist. Dies kann je Reporting- und Planungsmodell gewünscht, aber auch unerwünscht sein!

Berechnungen für die Nutzung einer weiteren Kennzahl im Berichtswesen können alternativ auch im Analyse-Frontend selber generiert werden. Sie werden allerdings beim Aufbau des Berichts berechnet, was bei zu vielen und komplexen Berechnungen im Report und bei großen Datenmengen zu längeren ggf. benutzerunfreundlichen Aufrufzeiten des Berichtes führt. Deshalb ist grundsätzlich zu empfehlen, Berechnungen bereits im Datenmodell zu berücksichtigen. Alternativ können Kennzahlen, die berechnet werden müssen, bereits als vorberechnete Kennzahl (z. B. über den ETL-Prozess) mitgeliefert werden, so dass keine Berechnungen beim Aufbau des Datenwürfels oder des Berichtes mehr notwendig werden. In diesem Fall erhöht sich die zu liefernde Datenmenge für den Würfel.

5.5.4.2 OLAP-Speicherkonzepte

Bei der physischen Speicherung multidimensionaler Würfel wird zwischen relationalen und multidimensionalen Datenbanktechnologien sowie Mischformen unterschieden. Entsprechend werden folgende Begriffe verwendet:

- ROLAP (Relationales OLAP)
- MOLAP (Multidimensionales OLAP) und
- HOLAP (Hybrides OLAP).

ROLAP steht für die Speicherung des Star-Schemas bzw. abgewandelte Modelle in Form von flachen (zweidimensionalen) relationalen Datenbanktabellen. Die Entwicklung multidimensionaler Sichten durch Nutzung von zweidimensionalen relationalen Tabellen wird durch logische Datenmodellierung realisiert, die bereits oben zum Star-Schema und den abgewandelten Formen (Galaxy- und Snowflake-Schema) schematisch gezeigt wurde. Durch die Transformation multidimensionaler Anfragen in relationale Abfragen ist der Einsatz bestimmter Abfragewerkzeuge, wie eine OLAP-Engine, notwendig. Die

OLAP-Engine ist ein Abfragewerkzeug, dessen besondere Fähigkeit es ist, relationale Daten schnell zu verdichten und multidimensional auszuwerten.

Im Gegensatz zum ROLAP werden beim multidimensionalen OLAP (MOLAP) die Daten in multidimensionalen Datenbanken mit multidimensionalen Zellstrukturen (Array) gespeichert, was den Vorteil schnellerer Antwort- und Abfragezeiten mit sich bringt. Durch die Speicherung in multidimensionalen Zellstrukturen liegt eine physische Mehrdimensionalität vor. Weil die Zellen eine direkte Adressierung besitzen, werden für Abfragen keine umfangreichen Berechnungen benötigt. Verdichtungen von Werten auf verschiedenste Dimensionen lassen sich schnell ermitteln. Dem Vorteil der schnellen Antwort- und Abfragezeiten steht der Nachteil des hierdurch steigenden Datenvolumens entgegen. Mit der Anzahl der Dimensionen und der Tiefe der Hierarchien wächst dieser exponentiell an. Nachteilig ist zudem die geringe Flexibilität einer multidimensionalen Datenbank, da herstellerbedingt nur eine begrenzte Anzahl von Dimensionen gepflegt und ausgewertet werden können.

Ein weiterer Unterschied zum ROLAP stellt beim MOLAP die Vorausberechnung von verdichteten Werten über die Dimensionen und Hierarchien dar, durch die eine deutlich

Tab. 5.2 Vor- und Nachteile von ROLAP und MOLAP. (Leicht angepasst an: Goecken 2006, S. 42)

ROLAP

Vorteile	Nachteile
– Flexible Anzahl von Dimensionen – Standardisierte Abfragesprache mit SQL – Das Know-how dieser Technologie ist meist vorhanden – Keine Vorberechnungen notwendig – Große Datenvolumina können verwaltet werden – Beruht auf ausgereifter, robuster Technologie, die in den meisten Unternehmen verfügbar ist	– Keine explizierte Unterstützung der Multidimensionalität – Performancenachteile und höhere Antwortzeiten

MOLAP

Vorteile	Nachteile
– Explizite Unterstützung der Multidimensionalität – Performancevorteile bei Abfragen	– Know-how zur Verwaltung multidimensionaler Datenbanken ist ggf. nicht vorhanden – Unzureichende Standardisierung und Offenheit, da im Wesentlichen proprietäre Technologie verwendet wird – Ggf. eingeschränkte Skalierbarkeit – Datenvolumen kann beschränkt sein – Anzahl Dimensionen kann beschränkt sein – Fehlende Robustheit der Technologie da relativ neu – Umfangreiche Vorausberechnungen, daher ggf. Probleme mit der Aktualität der Daten

verbesserte Performance erzielt werden kann. Bei einer sehr hohen Anzahl von Dimensionen und einem sehr großen Datenvolumen kann diese Vorausberechnung lange dauern, so dass sich eine zeitliche Auslagerung in Randgeschäftszeiten (Wochenende/Nacht) anbietet.

Vor- und Nachteile beider Technologien führt Goeckel tabellarisch auf (vgl. Tab. 5.2).

Um den Vor- und Nachteilen zu begegnen, bieten einige Hersteller auch Hybrid-Lösungen (HOLAP) an, bei denen die Detaildaten in einer relationalen Datenbank und die häufig verwendeten Daten in verdichteter Form vorberechnet und multidimensional gespeichert werden. Bei diesen hoch verdichteten Datenbereichen werden MOLAP Techniken verwendet, die sich durch geringes Datenvolumen und eine überschaubare Anzahl von Benutzern auszeichnet. Sollte der Benutzer durch eine Drill-Down-Navigation in detaillierte Datenbereiche vorstoßen wollen, wechselt er automatisch in die relationale Datenhaltung.

5.5.5 Analyse- und Planungswerkzeuge

Frontendtools bzw. analyseorientierte Anwendungssysteme sind Applikationen, welche die Aufgabe haben, die Präsentation und die Berichtsdarstellung mit Hilfe tabellarischer, textmäßiger und vor allem grafischer Darstellungen anwenderfreundlich und entscheidungsbezogen zu erstellen sowie Analyse- und Planungsfunktionen zu ermöglichen. Sie greifen in der Data-Warehouse-Architektur i. d. R. auf die vorbereiteten Daten der 2. Ebene (Datenverwaltung und Distribution), seltener direkt auf die Daten der 1. Ebene (Quelldatensysteme) zu. Werden die Analyse- und Planungswerkzeuge direkt in einer Anwendung integriert, spricht man auch von „Embedded BI".

Analysewerkzeuge lassen sich nach freien Datenbankrecherchen und Abfragegeneratoren, OLAP-basierten Analysesystemen und modellbasierten Analyse- und Planungswerkzeugen differenzieren.

5.5.5.1 Freie Datenrecherchen und Abfragegeneratoren

Unter freien Datenrecherchen (Enterprise Search) versteht man die freie Datensuche bzw. Datenselektion. Dabei werden die Daten aus der Datenbank, dem Data Warehouse, den Data Marts bzw. dem ODS direkt mit Datenmanipulationssprachen (DML = data manipulation language), Programmierbefehlen oder Datenbanksprachen abgefragt. Für relationale datenbankgestützte Systeme hat sich SQL (Structured Query Language) etabliert, eine Programmierabfragesprache, die neben der Datenmanipulation auch die Funktion der Datendefinition (DDL = data definition language) beinhaltet.[66] Eine einfache Datenrecherche mit einer Select-Anweisung ist der Abb. 5.28 zu entnehmen. In neueren Versionen des SQL-Standards wurden neue Navigations- und Bearbeitungsfunktionen ergänzt (ISO 2008), so dass SQL auch für multidimensionale Datenstrukturen genutzt

---

[66] Vgl. Elmasri und Navathe (2007, S. 37 f.).

```
SELECT Kunden.KNDNR, Artikel.ARTNR, Auftrag.PLIKZ, Kunden.Name, Auftrag.KHIER, Artikel.Farbe, Sum(Auftrag.[Umsatz
Flaschen]) AS [Summe von Umsatz Flaschen], Sum(Auftrag.[Umsatz Verpackung]) AS [Summe von Umsatz Verpackung],
Sum(Auftrag.Rabatt) AS [Summe von Rabatt], Sum(Auftrag.Skonto) AS [Summe von Skonto], Sum(Auftrag.Bonus) AS [Summe
von Bonus], Sum(Auftrag.Fracht) AS [Summe von Fracht], Sum(Auftrag.Gruppenbonus) AS [Summe von Gruppenbonus],
Sum(Auftrag.Herstellkosten) AS [Summe von Herstellkosten], Sum(Auftrag.Provision) AS [Summe von Provision],
Sum(Auftrag.Sonderbonus) AS [Summe von Sonderbonus]
FROM Kunden INNER JOIN (Farbe INNER JOIN (Artikel INNER JOIN Auftrag ON Artikel.ARTNR = Auftrag.ARTNR) ON
Farbe.Farbnr = Artikel.Farbe) ON Kunden.KNDNR = Auftrag.KNDNR
GROUP BY Kunden.KNDNR, Artikel.ARTNR, Auftrag.PLIKZ, Kunden.Name, Auftrag.KHIER, Artikel.Farbe;
```

Abb. 5.28 Beispiel zur freien Datenrecherche (z. B. Select-Anweisung)

werden kann.[67] Als Abfragesprache für multidimensionale Datenbankstrukturen hat sich zudem die Abfragesprache MDX (Multidimensional Expressions) der Mircrosoft Corporation als Industriestandard neben anderen Herstellern etabliert.

Für den betriebswirtschaftlichen Anwender ohne bzw. mit wenigen IT-Sprachenkenntnissen ist diese Form der Datenrecherche zu technisch und wenig benutzerfreundlich, weil er neben der Programmierung auch noch Kenntnisse über die Datenhaltung besitzen muss.

Deswegen bieten viele Softwarepakete neben der freien Datenrecherche zusätzlich Abfragegeneratoren an, wie man sie z. B. in dem Programm MS Access kennt (vgl. Abb. 5.29), mit denen man SQL-Querys über eine grafische Benutzeroberfläche erstellen kann. Diese Abfragegeneratoren verfügen zumeist über entsprechende Funktionen, wie z. B. die Nutzung von Feldauswahlboxen, die visuelle Gestaltung von Abfragen über Tabellenrelationen und den Einsatz zahlreicher Selektionskriterien (u. a. größer, kleiner, gleich oder die Boolschen Operatoren). Die Darstellung der Ergebnisse erfolgt bei der Sprache SQL immer in Listenform einer einfachen Tabelle.

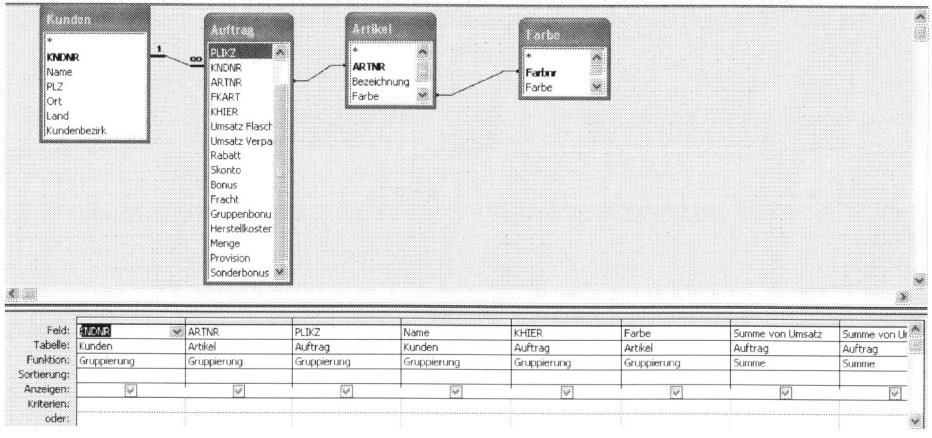

Abb. 5.29 SQL-Abfragegenerator (MS Access). (SQL Abfragegenerator von MS Access (Query by Example))

---

[67] Vgl. Kemper et al. (2010, S. 97).

Die Sprache MDX weist ähnliche Bestandteile auf wie SQL. Ihre Syntax ist an die von SQL angelehnt. Im Gegensatz zu SQL werden die Ergebnisse einer MDX-Abfrage allerdings in einer Kreuztabelle dargestellt. Für deren Darstellung müssen in der Abfrage Einschränkungen und Formatierungen spezifiziert werden.[68] Der größte Unterschied der beiden Sprachen liegt in der ihnen zugrunde liegenden Datenbank. Während SQL für Abfragen in relationalen Datenbanken optimiert ist, ist MDX für Abfragen aus multidimensionalen Datenbanken ausgelegt.

5.5.5.2 OLAP-basierte Analysesysteme und ihre Oberflächen

OLAP-basierte Analysesysteme setzen auf der multidimensionalen Datenhaltung auf, die bereits in Abschn. 5.5.4.1 erläutert wurden. Die physische Datenspeicherung kann dabei sowohl in relationalen als auch in multidimensionalen Datenbanken erfolgen, die sich in Performance und Handhabung bei der Modellierung und dem Aufbau der Selektionen unterscheiden (vgl. Abschn. 5.5.4.2).

Die Möglichkeiten der flexiblen Auswertung des mehrdimensionalen Datenbestandes in Datenwürfeln bzw. Cubes wurden bereits im Abschn. 3.8.2.3 (Pivottabellen) vorgestellt, auf den hier verwiesen wird:

- Rotation/Pivoting
- Slice und Dice
- Roll-Up und Drill-Down
- Drill-Through und Drill-Across
- Split und Merge.

Hinsichtlich der OLAP-basierten Analysewerkzeuge werden **geführte** und **freie OLAP-Analysen** unterschieden. Freie OLAP-Analysen enthalten lediglich eine eingeschränkte Benutzerführung, mit der flexible Auswertungen im multidimensionalen Datenbestand möglich sind. Geführte OLAP-Analysen besitzen hingegen komfortablere Benutzeroberflächen mit zahlreichen Funktionen, die es auch Nicht-IT-Experten leicht möglich macht, flexible Analysen im multidimensionalen Datenbestand zu erstellen und visuell ansprechend aufzubereiten. Neben der Auswahl der Dimensionen, Hierarchien, Attribute und Kennzahlen lassen sich zudem berechnete Kennzahlen anlegen und auswerten.

Vorteile von OLAP-Analysen sind zusammengefasst:

- einfache Datenabfrage (ohne IT-Fachkenntnis)
- schnelle Abfrage (auch bei großen Datenmengen)
- Flexibilität für Ad-hoc-Abfragen durch Änderung der Sichten.

Als Analyseoberflächen lassen sich für OLAP-basierte Analysen drei Typen unterscheiden, die in unterschiedlichen Frontend-Systemen genutzt werden:

---

[68] Vgl. Oehler (2006, S. 93).

a. Proprietäre Reportgeneratoren mit herstellereigener grafischer Benutzeroberfläche
b. Internetgestützte Reportgeneratoren mit Web-Oberfläche
c. Tabellenkalkulationsgestützte Reportgeneratoren mit Excel-Add-in als Oberfläche.

a. Proprietäre Reportgeneratoren mit herstellereigener grafischer Benutzeroberfläche

Die proprietären Reportgeneratoren mit herstellereigenen grafischen Benutzeroberflächen (hier basierend auf den relationalen und multidimensionalen Datenbeständen) sind die Nachfolger der klassischen Berichtssysteme, basierend auf den rein relationalen Datenbeständen, wie sie in den früher bezeichneten Berichtssystemen der Führungsebenen verwendet wurden:[69]

- MIS (Management Information Systems)
- EIS (Executive Information Systems)
- FIS (Führungsinformationssysteme)
- etc.

Die Anbieter unterscheiden beim Reporting zwischen der **Reportentwicklungsebene** und der **Reportanalyseebene**.

Wichtig bei der Reportentwicklung ist die Gestaltungsfreiheit bei der Darstellung der Berichtsinhalte. Bei der Berichterstellung müssen keine großen Kenntnisse für Datenbankstrukturen und Programmiersprachen vorhanden sein. Dennoch wären sie hilfreich. Die Berichte können i. d. R. ohne die IT-Abteilung und ohne IT-Spezialisten und Berater technisch erstellt werden. Eine Unterstützung ist zumeist dennoch nützlich.

Die proprietären Reportgeneratoren verfügen für die **Entwicklungsebene** (Entwicklungssuiten, Reporting- bzw. Berichtseditoren) über folgende Funktionen:

- Nutzung aller im System verfügbaren Objekte vor allem der Kennzahlen, Dimensionen, Attribute und Hierarchien im zu erstellenden bzw. zu pflegenden Bericht
- Definition und Verwendung von Navigations-, Selektions- und Gruppierungshilfen
- Nutzung von Gestaltungselementen (Schaltflächen, Register, Texteingaben, Auswahlboxen etc.)
- Diagrammerstellung und -einbindung
- Layoutfunktionen (Platzierung der Berichtselemente wie Tabellen, Diagramme, Logos etc.)
- Nutzung weiterer integrierter Funktionen, wie z. B. die freie Datenrecherche und Abfragegeneratoren
- Nutzung einer Makroprogrammiersprache zur Entwicklung individueller Reportingfunktionen wie z. B. Navigation, Anstoß von Druckaufträgen etc.

---

[69] Vgl. hierzu die Ausführungen der historischen Entwicklung von Management Support Systemen (MSS) in Abschn. 5.2.

- Organisations- und Prozessunterstützungshilfen: Kalenderfunktionen, E-Mail-Generierung etc.
- Teilweise vorschlagsmäßige benutzergeführte Berichterstellung über sogenannte Wizard-Funktionen, die schrittweise Elemente und Eigenschaften des zukünftigen Berichts in der Benutzerführung abfragen und so eine Berichtsvorlage (Miniaturansicht/Vorschaubild = Thumbnail) entwickeln, die der Benutzer schließlich individuell weiterentwickeln kann.
- Vorgefertigte Standard-Berichtsvorlagen, sogenannte Templates, helfen bei der Gestaltung individueller Reports.
- Mit Hilfe von Dokumentenmanagementfunktionen lassen sich beliebige „Back-Office"-Dokumente zu den Berichten hinterlegen (z. B. Bilder, Verträge etc.).

Eine solche Entwicklungssuite zur Reportgenerierung zeigt Abb. 5.30 am Beispiel der Firma *Arcplan* mit dem Produkt InSight.

Über Frames können dabei in einem Bericht auf einer Seite Dateninhalte voneinander getrennt werden. Mit der Drag & Drop-Funktionalität werden die Berichtsobjekte (z. B. Tabellen, Selektionsfilter, Grafiken, Menü- und Schaltfelder) individuell positioniert, for-

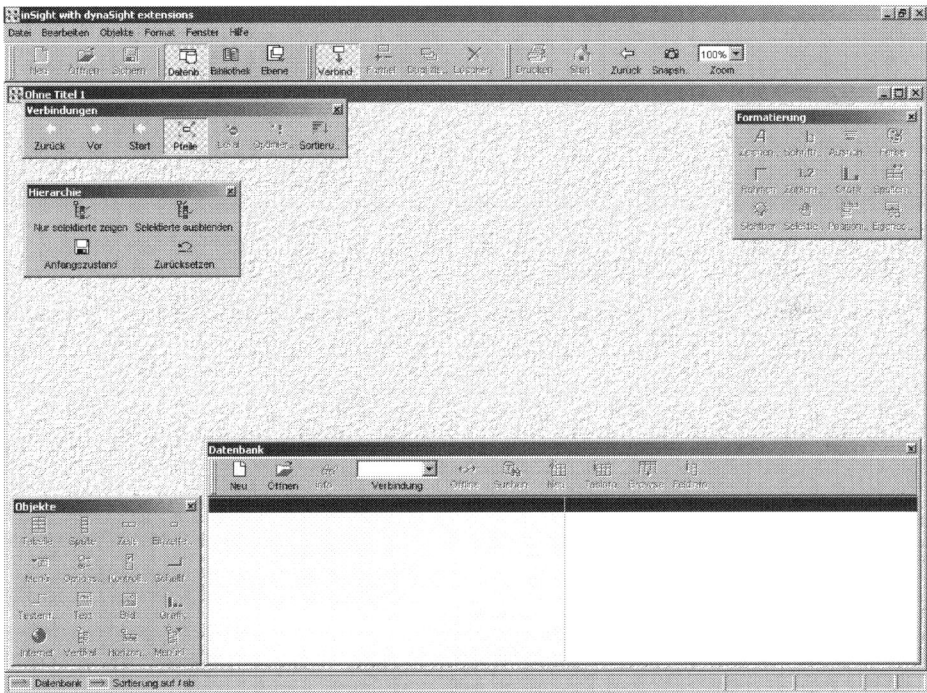

Abb. 5.30 InSight-Reportgenerator mit Drag & Drop von Arcplan. (Entnommen aus Schön 2004, S. 325)

matiert und können flexibel geändert werden. Beliebige Kommentare und Corporate Identity-Merkmale, wie Logos und andere Firmenlayouts, sind individuell einfügbar.

In Werkzeugvorlagen lassen sich zudem individuelle Darstellungsformen und Grafiken auswählen und gestalten, z. B. Ampelfunktionen, Tabellen, Bubble-Charts, Scoring-Analysen, Punkt-, Linien- und Kreisdiagramme sowie andere Darstellungsformen, die bereits in Abschn. 3.8.2.4 vorgestellt wurden.

Das Ergebnis kann in der Reporting-Analyseansicht schließlich vom Anwender betrachtet werden (vgl. Abb. 5.31).

Die proprietären Reportgeneratoren verfügen in der Analyseebene über folgende Funktionen, die per Maus, Tastatursteuerung oder Touchscreen leicht bedient werden können:

● Auswahl aller möglichen Kombinationen von Kennzahlen bezüglich der Dimensionen, Attribute und Hierarchien
● Nutzung der Navigations- und Selektionshilfen
● Nutzung der Gestaltungselemente (Schaltflächen, Auswahlboxen etc.)

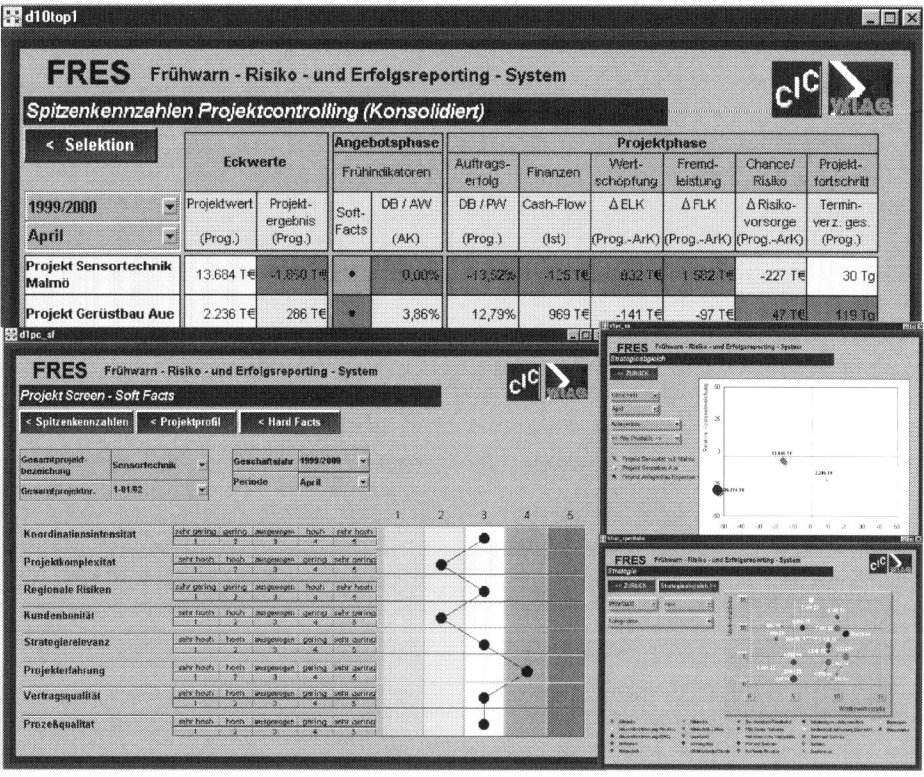

Abb. 5.31 Reportinganalyse u. a. mit Ampelsteuerung, Nutzwertanalysen und Portfoliotechnik (mit DynaSight von Arcplan). (Entnommen aus Schön 2004, S. 326)

- Dynamische Tabellen- und Diagrammanpassung, z. B. durch Auswahl bestimmter Objekte
- Anstoß von zusätzlichen Berichtsfunktionen (z. B. Hochrechnungen, Verdichtungen, Drill-Through, Drill-Down etc.)
- Ausgabe- und Weiterleitungsfunktionen
- Nutzung von Info- bzw. Hilfesystemen.

Die Oberflächen der Reportgeneratoren werden von den Softwareherstellern gerne auch **Cockpit** oder **Dashboards** genannt, insbesondere dann, wenn für die Top-Managementebene nur die wichtigsten Daten unter einer Oberfläche zusammengefasst werden. Hierbei sind sowohl proprietäre als auch internetbasierte Oberflächen zu finden. Beispiel für Cockpit- bzw. Dashboard-Lösungen sind den Abb. 5.32 und 5.33 zu entnehmen.

Modellierte Berichtsverknüpfungen erlauben es später beim Analysieren, Sprünge auf verlinkte Reports per Knopfdruck zu tätigen.

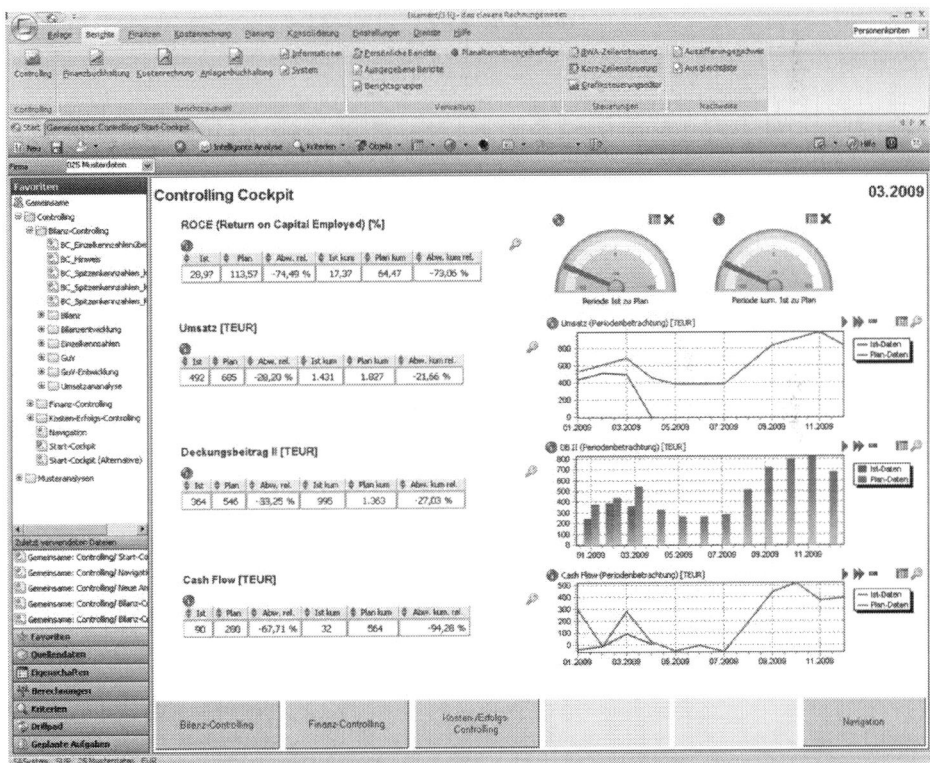

Abb. 5.32 Cockpit-/Dashboard-Beispiel (Diamant®/3 IQ). (Quelle: Schön und Müller 2010, S. 155. Vgl. zum Diamant®/3 IQ auch URL: http://diamant-software.de/291.html [Zugriff am 12.09.2011])

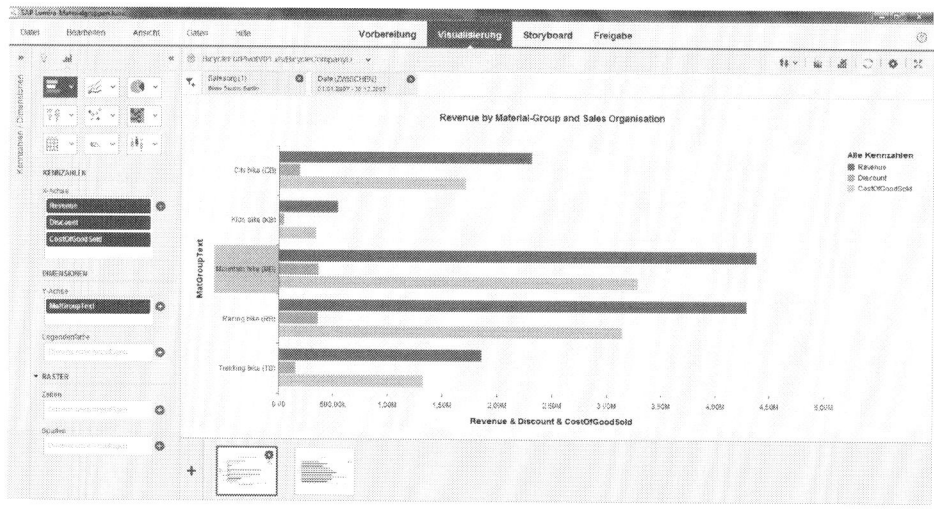

Abb. 5.33 Cockpit-/Dashboard-Beispiel (SAP Lumira). (Quelle: SAP Lumira (mit Beispieldaten))

Darüber hinaus werden Methoden für die individuelle Gestaltung zur Verfügung gestellt, die spezielle betriebswirtschaftliche Analysen mit ihren Eigenarten ermöglichen. Beispiele hierfür sind die ABC-Analyse und die Portfolioanalyse.

b. Internetgestützte Reportgeneratoren mit Web-Oberfläche
Die internetgestützten Reportgeneratoren mit Web-Oberflächen (als Cockpit- oder Dashboard-Lösung) unterscheiden sich von den proprietären Reportgeneratoren mit herstellereigener Oberfläche in erster Linie nur durch die Web-Oberfläche, was folgende Vorteile mit sich bringt:

- Nutzung der verfügbaren und bekannten Webbrowser-Oberfläche
- Leicht erlernbar, leicht administrierbar
- Keine zusätzliche Installation einer zusätzlichen grafischen Benutzeroberfläche

Die internetgestützten Reportgeneratoren nutzen die verbreiteten Internettechnologien mit den gängigen Austausch- und Übertragungsprotokollen. Als Berichtsformat wird häufig das gängige HTML-Format verwendet. Andere Formate wie PDF, CSV, XML und XBRL etc. sind aber auch möglich.[70]

Grundsätzlich gilt auch für internetgestützte Reportgeneratoren, dass kein tieferes Verständnis für Datenbankstrukturen und keine Kenntnisse in Programmiersprachen vorhanden sein müssen, aber von Vorteil wären. Die Berichte können i. d. R. ebenfalls ohne die IT-Abteilung und ohne IT-Spezialisten und Berater technisch erstellt werden. Unterstützungen sind in der Praxis aber hilfreich.

---

[70] Vergleiche zu den Ausgabeformaten Abschn. 5.5.5.7.

Die internetgestützten Reportgeneratoren verfügen in der **Entwicklungs- und Analyseebene** i. d. R. über dieselben Funktionen, Werkzeuge und Möglichkeiten, die bereits bei den proprietären Reportgeneratoren aufgeführt wurden. Sie sind im Unterschied nur auf die Internettechnologie ausgerichtet. Deshalb wird hier auf die Aufzählung verzichtet und auf das vorherige Kapitel verwiesen. In der Praxis zeigt sich bei einigen Softwarelösungen von Herstellern, die beide Oberflächen anbieten, dass die Funktionalität bei der Nutzung der proprietären Oberflächen meistens etwas umfangreicher ist, als die bei der Web-Oberfläche.

c. Tabellenkalkulationsgestützte Berichtssysteme mit Excel-Add-in als Oberfläche
Als Reporting-Oberfläche besitzt MS-Excel gegenüber den proprietären und internetgestützten Oberflächen und als Ausgabeformat noch immer einen hohen Anteil, was vor allem an folgenden Gründen liegt:

- Bekanntheitsgrad von MS Excel
- Flexibilität in der Nutzung und Gestaltung
- Leicht erlernbar und administrierbar
- Geringe Kosten

Excel wird deswegen von vielen Softwareherstellern als integrierte Add-in-Oberfläche für das Reporting und die Planung eingesetzt. Hierbei wird eine Integration zwischen der Datenhaltung des Data Warehouse und der Excel-Oberfläche als Berichts- und Eingabemedium geschaffen. Hierdurch sind ein Teil der Analyse- und Eingabewerte in der Excel-Tabelle fest mit dem Data Warehouse verdrahtet. Zur Bearbeitung (Filtern, Verdichten etc.) dieser Daten werden spezielle Zusatzfunktionen als Excel-Add-in angeboten, die wiederum viele Reportentwicklungs- und Analysemöglichkeiten bieten.

Darüber hinaus können aber in den anderen (nicht integrierten) Teilen der Excel-Tabelle die üblichen Excel-Funktionen angewendet werden, die in den integrierten Teilen der Tabelle nicht genutzt werden sollten.

Es ist zu erwarten, dass Web-Oberflächen und proprietäre Anwendungsoberflächen gegenüber Excel-integrierten Oberflächen im Reporting aufholen. Excel wird als (integrierte) Oberfläche aber einen Stellenwert besitzen. Die Anwender werden ggf. zwischen Anwendungsoberflächentypen wechseln.[71]

Die Excel-Add-in-basierten Reportgeneratoren verfügen in der **Entwicklungs- und Analyseebene** über fast dieselben Funktionen, Werkzeuge und Möglichkeiten, die bereits bei den proprietären und internetbasierten Reportgeneratoren aufgeführt wurden. Folgende Punkte decken sie aber **nicht** oder nur eingeschränkt ab:

- Organisations- und Prozessunterstützungshilfen
- Wizard-Funktionen
- Vorgefertigte Standard-Berichtsvorlagen/Templates

---

[71] Vgl. hierzu die Umfrageergebnisse der Untersuchung von Schön (2011, S. 31).

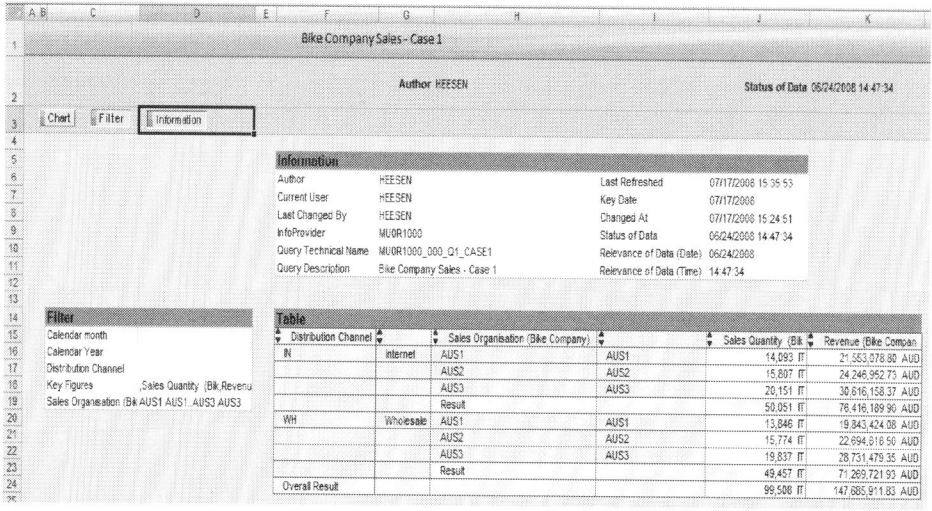

Abb. 5.34 Excel-Add-in als Oberfläche (hier SAP BEx Analyser). (Quelle: SAP AG 2008, SAP BEx Analyser)

- Nutzung weiterer integrierter Funktionen, wie z. B. die freie Datenrecherche und Abfragegeneratoren

Nachteilig ist zudem die Manipulationsmöglichkeit und Fehleranfälligkeit von Werten in den Tabellenbereichen, die nicht mit der zentralen Datenquelle des Data Warehouse

Tab. 5.3 Vergleich der Oberflächen

Oberflächentyp	Vorteile	Nachteile
Proprietäre, herstellerspezifische grafische Benutzeroberfläche	– Sehr hohe Funktionalität und Gestaltungsmöglichkeit	– Höherer Einarbeitungsaufwand – Eigene grafische Benutzeroberfläche muss installiert werden – Höherer Zeitaufwand bei der Entwicklung der Berichte
Web-Oberfläche	– Hohe Funktionalität und Gestaltungsmöglichkeit – Nur Browserinstallation notwendig – Schnelle Einarbeitung durch Berichtsempfänger – Geringe Kosten	– Höherer Zeitaufwand bei der Entwicklung der Berichte
Excel-Add-in als Oberfläche	– Flexible Gestaltungsmöglichkeit – Bekanntheitsgrad hoch – Schnelle Einarbeitungszeit durch Berichtsersteller und -empfänger – Geringe Kosten	– Eingeschränkte Funktionalität – Fehleranfälligkeit und Manipulationsmöglichkeiten, in den nicht integrierten Tabellenbereichen

verbunden sind, sondern die zusätzlich in die Excel-Tabellen individuell eingetragen wurden.

Ein Beispiel für die Excel-Add-in-basierte Oberfläche zeigt Abb. 5.34.

Die grundsätzlichen Vor- und Nachteile der jeweiligen Oberflächen sind in Tab. 5.3 stichpunktartig aufgeführt.

5.5.5.3   Modellbasierte Analyse- und Prognosewerkzeuge

Im Gegensatz zu freien Datenrecherchen oder OLAP-Analysen, die nur Verdichtungen und kleinere Berechnungen wie z. B. zusätzliche Kennzahlenberechnungen benötigen, erfordern modellbasierte Analyse- und Prognosewerkzeuge umfangreichere algorithmische oder regelbasierte Berechnungen. Aufgeführt werden hier Entscheidungsunterstützungssysteme, Expertensysteme, Data Mining, Text Mining und Web Mining sowie Predictive Analytics.

Für das Reporting und die Planung werden die modellbasierten Analyse- und Prognosewerkzeuge bei speziellem Analyse- und Planungsbedarf hinzugezogen.

Entscheidungsunterstützungssysteme (EUS/DSS)

Entscheidungsunterstützungssysteme (EUS) oder englisch Decision Support Systems (DSS) liefern Lösungsansätze für Probleme mit unbekannten und unstrukturierten Entscheidungssituationen.[72] Hierbei handelt es sich um ein klassisches modellorientiertes Analysesystem, das bei komplexer Sachlage und selbst bei ungenügender Informationslage zur gestellten Analyseproblematik Entscheidungshilfen bietet. Hierzu benötigt es verschiedene Komponenten bzw. Anforderungen, die im Folgenden punktuell aufgeführt werden:

- Datenbasis, häufig Data Marts oder Flate Files
- Modell- und Methodendatenbanken:
  - Methodendatenbanken, die Standard- und Spezialalgorithmen, vor allem heuristische, statistische, finanzmathematische und prognostische Verfahren enthalten, in denen man aber auch andere, zum Teil selbst entwickelte Methoden, speichern kann.
  - Modelldatenbanken, in denen eine Menge von Methoden zusammengefasst werden.
- Anwendungsunterstützung und Dialogführung helfen dem Nicht-IT-Spezialisten, die vorhandenen Methoden- und Modelldatenbanken auf dem vorhandenen Datenbestand komfortabel einzusetzen und die Ergebnisse auszuwerten.

Kleinere DSS-Lösungen lassen sich bereits mit Tabellenkalkulationsprogrammen oder einfachen Datenbank-Management-Systemen umsetzen, da diese bereits über die drei genannten Komponenten verfügen.

---

[72] Vgl. Turban et al. (2004, S. 103). Vgl. hierzu auch die Ausführungen in Abschn. 5.2.

Expertensysteme (XPS)

Expertensysteme (XPS) werden dort benötigt, wo Entscheidungsträger aufgrund der Problemkomplexität und der Fülle des zur Lösung anfallenden Datenmaterials Unterstützung brauchen. Beispielsweise bei der Kreditwürdigkeitsprüfung eines Kunden werden Kennzahlen zur Bonitätsprüfung analysiert, deren Beschaffung und Bereitstellung zeitaufwändig sind. Eine Kreditwürdigkeitsanfrage bei einem Institut greift auf ein solches spezielles Analysewerkzeug zu.

Expertensysteme lassen sich dem Forschungsbereich der künstlichen Intelligenz zurechnen. Spezielles Expertenwissen sowie langjährig entwickelte Problemlösungsmechanismen sollen dabei in Expertensystemen eingebaut und nutzbar gemacht werden.[73]

Data Mining, Text Mining, Web Mining und Predictive Analytics

Mit Hilfe der Verknüpfung von Informationen liefert **Data Mining** (Datengewinnung/ Datenmustererkennung) neue Erkenntnisse für den Analysten.[74] Hierbei werden die Daten systematisch nach unbekannten Zusammenhängen abgefragt. Wird ein spezieller Zusammenhang mit einer statistischen Wahrscheinlichkeit gefunden, so liefert das Data Mining diesen Zusammenhang. Zum Beispiel werden für den Vertrieb spezielle Kundenprofile erzeugt, die für die Werbung und den Verkauf eines Produktes genutzt werden. Unter dem Begriff Data Mining wird also ein Prozess verstanden, der sinnvolle Zusammenhänge sowie Muster und Trends erkennt, indem eine große Datenbasis mittels Mustererkennung (statistische und mathematische Verfahren) durchforscht wird. Der Data-Mining-Prozess wird auch unter dem Begriff Knowledge Discovery in Databases (KDD) diskutiert, der Datenauswahl, Verarbeitung, Transformation, Data Mining und Interpretation als Prozessphasen rund um das Data Mining kennzeichnet[75].

Unter **Predictive Analytics** werden Modelle verstanden, die aufgrund von Daten unterschiedlichster Quellen sinnvolle Erkenntnisse (Datenmustererkennung) ableiten und zukünftige Ereignisse prognostizieren können.[76] Die Einsatzgebiete in Unternehmen reichen über das gesamte bereits aufgezeigte Gebiet der Planung, angefangen von der Unternehmens- und Finanzplanung über die Funktionsbereichsplanungen der Beschaffung, Produktion und des Vertriebs bis hin zu Querschnittsfunktionen wie Personal- und Qualitätsmanagement. Die Datenmustererkennung dient beispielsweise der Erkennung von Kaufmustern, Verhaltensmustern und Prozessmustern.

Die Genauigkeit von Prognosen und ihrer Modelle steigt mit der zur Verfügung gestellten qualitativen Datenmenge an. Daher spielt im Rahmen von Predictive Analytics insbesondere der Einsatz von Big-Data-Technologien (vgl. Abschn. 5.7) eine große Rolle.

Predictive Analytics ist meiner Meinung nach sehr ähnlich mit dem Begriff Data Mining. Mit Data Mining ist das Erlangen von Wissen mit Hilfe zur Verfügung stehender

---

[73] Vgl. Gabriel (2010) http://www.oldenbourg.de:8080/wi-enzyklopaedie/lexikon/ [Zugriff am 15.01.2011].

[74] Vgl. Bissantz und Hagedorn (2001, S. 130–131) oder Determann und Rey (1999, S. 143).

[75] Vgl. Kononenko und Kukar (2007).

[76] Vgl. z. B. Siegel (2013).

Daten zu verstehen.[77] Beim Data Mining wird deskriptives, prädiktives und präskriptives Data Mining unterschieden. Beim deskriptivem Data Mining ist das Ziel Datenmuster zu erkennen, während beim prädiktivem Data Mining Vorhersagen und Prognosen zu einem Zielwert ermittelt werden. Unter präskriptive Analyse wird die Ableitung optimierter Entscheidungen und Maßnahmen auf Basis unterschiedlicher Erwartungsszenarien mehrerer Predictive Analytics Modelle verstanden.[78] Während deskriptive Verfahren ausgehend von empirischen Untersuchungen versuchen normative Aussagen zu treffen und allgemeingültige Ergebnisse formulieren, wird bei einer Präskription zunächst eine Hypothese gebildet, die im Anschluss durch empirische Untersuchungen oder Experimente abgesichert wird. Die Aufstellung und Validierung von Hypothesen ist auch Gegenstand des Data Minings. Im Hinblick auf die Abgrenzung zu Data Mining wird Predictive Analytics insbesondere durch den Einsatz moderner BI- und Big-Data-Technologien hervorgehoben. Ein fundamentaler Unterschied zu Data Mining ist nicht zu erkennen.[79]

Predictive Analytics wird zumeist mit folgenden 3 bis 5 Phasen skizziert, wobei bei der dreiphasigen Beschreibung die erste Phase häufig nicht genannt und die Phasen 2 und 3 zusammengefasst werden:[80]

1. **Identifizierende Phase**: Was soll untersucht werden? Welche Hypothese wurde aufgestellt und soll untersucht werden? Welches Ziel soll verfolgt bzw. erreicht werden? Formulierung der Fragestellung zum Untersuchungsgegenstand, z. B. als Problembeschreibung, Ziel bzw. Hypothese.

2. **Deskriptive Phase:** Was ist passiert, was ist gerade passiert (Monitoring)? Sammlung und Beschreibung der Daten zur Mustererkennung.

3. **Diagnostische Phase**: Warum ist es passiert? Datenuntersuchung und Bestimmung der Ursachen hinsichtlich der erkannten Symptome.

4. **Prädiktive Phase**: Welche Zusammenhänge lassen sich erkennen? Was wird in Zukunft geschehen? Modellentwicklung zur Datenmustererkennung und zur Prognoseerstellung. Nach Festlegung des zu wendenden Modells werden nicht relevante Daten bereinigt und benötigte Daten entsprechend selektiert und transformiert. Mit Hilfe der Modellentwicklung können die Daten ausgewertet, Muster erkannt und Prognosen erstellt werden. Zudem sind die Modelle in dieser Phase zu prüfen und für die Anwendung zu optimieren.

5. **Präskriptive Phase**: Was muss ich tun, um das angestrebte Ziel zu erreichen? Im besten Fall automatische Maßnahmenempfehlung (z. B. Trend ausnutzen, Risiken vermeiden) aus den Erkenntnissen der Datenmuster und Prognosen. Zum Beispiel sind hier automatische Dispositionen zur Optimierung des Warenbestandes oder die Einleitung von Wartungsaufträgen beim Erkennen von Anomalien bei Geräten gemeint.

---

[77] Vgl. Petersohn (2005, S. 10–11) und Cleve und Lämmel (2014, S. 38).
[78] Vgl. Feindt und Grüßling (2014, S. 181 f.).
[79] Vgl. Felden (2010, S. 307–328).
[80] Vgl. Burow et al. (2014, S. 13–20), Bitkom (2014, S. 21–24, S. 45–47) und Schubert (2013).

Die ausgewählten und eingesetzten Methoden und Algorithmen innerhalb der Modelle, sind interdisziplinär und stammen aus Wissenschaftsdisziplinen der Mathematik, Statistik und Informatik sowie der Biologie und Physik. Die aufgeführten Prozessschritte haben große Ähnlichkeiten mit dem Ablauf bei Frühwarninformations- bzw. Früherkennungssystemen.[81] Im Gegensatz zu Data Mining und Predictive Analytics wird die Bewertung und die Maßnahmenableitung bei Frühwarninformationssystemen aber durch Expertenwissen und nicht schwerpunktmäßig durch IT-Modelle unterstützt. Beim Data Mining und Predictive Analytics werden i. d. R. IT-gestützte statistische Verfahren eingesetzt, bei denen Modelle und Methoden von dem Entwickler vorgegeben sind. Weiterhin gibt es selbstlernende Algorithmen, die aus dem verwendeten Datenbestand Modelle eigenständig entwickeln und geeignete Methoden ableiten. Diese werden unter dem Begriff „Machine Learning" (Maschinelles Lernen) zusammengefasst.[82]

Data Mining und Predictive Analytics bedienen sich u. a. folgender Methoden, die kurz erläutert werden:[83]

- Klassifikation
  Um eine bessere Zuordnung zu erhalten, erfolgt eine Einteilung der Daten in Klassen. Ein bekanntes Beispiel für die Zuordnung in Klassen sind die Schadensklassen der Versicherungsunternehmen, in denen die Kunden der jeweiligen Versicherung klassifiziert werden.
- Clusterbildung
  Dieser Teil beschäftigt sich mit der Gruppenbildung von Daten nach bestimmten Merkmalen. Die Zusammenfassung von ähnlichen Kunden wird z. B. dazu gezählt. Diese Zusammenfassung wird aufgrund ausgesuchter Kriterien veranlasst. Im Gegensatz zur Klassifikation sind bei der Clusterbildung die Gruppen im Vorhinein nicht bekannt, sondern stellen das Ergebnis des Clusterverfahrens dar.
- Hauptkomponentenanalyse
  Bei der Hauptkomponentenanalyse geht es darum, Objekte durch die Untersuchung ihrer wichtigsten Faktoren einfacher zu beschreiben.
- Faktorenanalyse
  Eine Faktorenanalyse ist ein statisches Verfahren, bei dem die Merkmale zueinander in Relation gesetzt und Merkmalsgruppen gebildet werden, die einen Zusammenhang aufweisen.

---

[81] Vgl. Gehra (2005, S. 22 f.), Krystek und Moldenhauer (2007, S. 124) und Hammer (1998, S. 252 ff.).

[82] Baars (2016, S. 175).

[83] Vgl. u. a. Schrödl (2009, S. 26 f.), Gluchowski et al. (2008, S. 196 ff.), Chamoni et al. (2010, S. 329–356), Cleve und Lämmel (2014, S. 57–192), Alpar und Niedereichholz (2000, S. 11), Küsters (2001, S. 95–130), Gabriel et al. (2009, S. 144–276), Runkler (2010, S. 96) und Petersohn (2005, S. 73–255).

- Abhängigkeitsentdeckung
  Dieser Prozess deckt die Beziehungsmuster der Merkmalsstufen untereinander auf. Die Abhängigkeitsentdeckung wird z. B. für die Warenkorbuntersuchung im Einzelhandel genutzt.
- Abweichungsentdeckung
  Hierbei wird untersucht, ob Merkmale vorhanden sind, die sich im großen Ausmaß von anderen unterscheiden. Mit Hilfe dieser Methode kann man zum Beispiel Produktivitätsschwankungen in einem festen Zeitraum untersuchen.
- Diskriminanzanalyse
  Die Diskriminanzanalyse stellt ein Verfahren dar, das signifikante Unterschiede von Merkmalen erkennt und das die Zuordnung eines neuen Objekts in bestehende Klassen ermöglicht.
- Kontingenzanalyse
  Die Kontingenzanalyse analysiert die Abhängigkeit bzw. Unabhängigkeit von zwei oder mehreren nominalskalierten Variablen.[84]
- Varianzanalyse
  Die Varianzanalyse untersucht, ob signifikante Unterschiede bei einer metrischen Variablen in Abhängigkeit von bestimmten Gruppierungen nach einer oder mehreren nominalen Variablen bestehen, z. B. ob es signifikante Unterschiede beim Kaufverhalten männlicher oder weiblicher Konsumenten für eine Produktgruppe gibt.
- Entscheidungsbäume
  Einen Entscheidungsbaum kann man sich bildlich als einen Baum vorstellen, wobei die Verzweigungen die Fragestellung und die Äste die unterschiedlichen Antwortmöglichkeiten darstellen. Entscheidungsbäume dienen zur Darstellung der Entscheidungswege, die zu einer bestimmten Aussage führen.
- Attributgewichtung
  Die Attributgewichtungsverfahren werden eingesetzt, um bestimmende Faktoren für ein Ergebnis, z. B. einen Entscheidungsprozess, zu ermitteln. Die Präferenzordnung der Attribute wird hierbei durch Gewichtungen vorgenommen.
- Regressionsanalyse
  Die Regressionsanalyse ergründet die Beziehung zwischen einer abhängigen und einer oder mehreren unabhängigen Variablen. Eine abhängige stetige Variable wird hierbei durch eine oder mehrere unabhängige Variablen erklärt, z. B. die Absatzprognosen in der Automobilindustrie vom Bruttoinlandsprodukt und anderen Faktoren.
- Zeitreihenanalysen
  Die Zeitreihenanalyse beschäftigt sich mit zeitabhängigen Prognosen der Entwicklung von betrachteten Variablen. Sie ist eine Spezialform der Regressionsanalyse.
- Assoziationsanalyse
  Mit Hilfe einer Assoziationsanalyse werden Regeln definiert, die Beziehungen zwischen vorkommenden Elementen von Datensätzen eines Datenbestandes beschreiben.

---

[84] Vgl. Hammann und Erichson, (2006, S. 322 ff.).

Es werden Regeln aufgestellt, die z. B. behaupten, wenn Element A vorkommt, dann kommt auch Element B vor.

- Neuronale Netze
Künstliche neuronale Netze bestehen aus Neuronen, die miteinander über gewichtete Verknüpfungen verbunden sind. Neuronale Netze kommen zum Einsatz, wenn die Vielzahl von Datenobjekten das gesuchte Muster erschwert.
- Support-Vector-Maschine
Eine Support-Vector-Maschine unterteilt eine Menge von Objekten in zwei Kategorien. Dadurch wird die Reduktion der sukzessiven Dimensionen ohne Informationsverlust möglich.

Die Erstellung eines Data-Mining- bzw. Predictive-Analysemodells erfordert ein umfangreiches fachliches und technisches Wissen. Dabei beruht die Implementierung im Wesentlichen auf vier Säulen:[85]

1. Datengrundlage: Die Qualität und die Verfügbarkeit von Daten sind ein wichtiger Faktor für den gesamten Projekterfolg.
2. Klarheit der Fragestellung: Die zu untersuchende Fragestellung soll deutlich formuliert sein. Andernfalls kann es zu einer Abweichung vom Zielergebnis kommen.
3. Qualität und Auswahl der Methode: Um ein Ergebnis zu erlangen, müssen die Methoden der Analyse zur Fragestellung und zu den Daten passen.
4. Interpretation der Ergebnisse: Es ist besonders hervorzuheben, dass konkrete Aktionen durch die erzielten Ergebnisse abgeleitet werden, um dadurch einen Mehrwert für den betreffenden Geschäftsvorgang zu erzielen.

Eine Landkarte zur Übersicht über Kundenbedürfnisse der Endkunden (Customer Design Map) erfordert hierfür z. B. mindestens fünf Datenquellen:[86]

- Produktinformationen aus den internen Warenwirtschaftssystemen
- Klickdaten und Suchanfragen auf den Webseiten
- Explizite Daten mit Bewertungen
- Daten des Kaufkontextes und
- Daten des sozialen Kontextes

Zur besseren Interpretation der Ergebnisse bieten sich neue wie bekannte Visualisierungstechniken an, die u. a. die Häufigkeiten, Zusammenhänge und Beziehungen, die im Rahmen der Datenmustererkennung identifiziert wurden, ansprechend aufzeigen. Die grafische Analyse und Prognose solcher Daten wird unter dem Begriff Visual Analytics und im Zusammenhang mit Data Discovery und Data Visualization diskutiert.[87] Abb. 5.35

---

[85] Vgl. Schrödl (2009, S. 28 f.).
[86] Vgl. Weigend (2017, S. 16).
[87] Vgl. Ruf und Schwab (2016, S. 495–501) und BARC (2017).

Abb. 5.35 Diagramme zur Big-Data-Datenvisualisierung

zeigt Beispiele dieser neuen Grafiktypen (Big-Data-Datenvisualisierung) von oben links nach unten rechts auf: Bubble-Chart, Calender-Charts, Collapsible-Treeview, Choroplethenkarte, Collapsible-Intended-Treeview, Flare-Chart, Sunburst-Chart, Word-Cloud, Zoomable-Treemap, Chord-Chart, Hierarchie-Bar, Global-Chart[88]. Weitere Charttypen sind z. B. die Heatmaps (Wärmebilder), Dendrogramme (hierarchische Baumdiagramme), Netzwerkdiagramme (Visualisierung von Verbindungen) und Sankcy-Diagramme (Flussdiagramm mit unterschiedlichen mengenproportionalen Input- und Outputpfeilen). Einige der Charts, die für betriebswirtschaftliche Fragestellungen häufig verwendet werden, wie Bubble-, Sunburst- und Treemap-Charts, wurden bereits im Abschn. 3.8.2.4 detailliert erläutert. Aufgrund ihrer guten Visualisierung werden diese Grafiktypen gerne im Rahmen von BI-Systemen eingesetzt, die Schwerpunkte in den Bereichen Big-Data-Analytics, Data Mining, Predictive Analytics, Data Discovery und Data Visualization setzen.

Einige BI-Softwareanbieter bieten eigene, andere verwenden fremde Softwarelösungen wie das Statistiktool „R" für die Datenanalyse und integrieren es in ihre Programmfunktionalität.[89] „R" ist ein Open-Source-Produkt und somit kostenfrei verfügbar für die statistische Datenanalyse.[90] Das Tool bietet u. a. folgende Funktionen an: Varianzanalyse, Faktorenanalyse, Kontingenzanalyse (Kreuz- oder Kontingenztabelle), Lorenzkurve und Normalverteilung. Somit werden dem Anwender viele Möglichkeiten für statistische Testverfahren, Zeitreihen- und Clusteranalysen, Textmining sowie lineare und nichtlineare Modellierung gegeben.

Einsatzfelder von Predictive Analytics bzw. Data Mining in Zusammenhang mit Big Data entsprechen in weiten Teilen denen, die im Abschn. 5.7 „Big Data" in der Tab. 5.4 aufgeführt sind.

Verwandt mit dem Data Mining und Predictive Analytics ist auch die Methode des **Case-based Reasoning** (fallbasierte Rückschlüsse). Unter dem Case-based Reasoning ist ein maschinelles Lernverfahren zu verstehen, das mit Hilfe von Analogien Lösungen für Problemstellungen sucht. Hierbei werden für neue Probleme ähnliche, historische Probleme und deren Lösungen gesucht und ggf. gleich oder angepasst angewendet.[91] Praktische Anwendungen sind im Kundendienstservice, z. B. als Helpdesk-Systeme, zu finden.

Unter **Text Mining** wird ein zumeist automatisierter Prozess der Erkenntnisermittlung in textmäßig dargestellten Daten verstanden, der eine effektive und effiziente Nutzung verfügbarer Dokumentensammlungen ermöglichen soll.[92] In Analogie zum Data Mining sollen hierbei Zusammenhänge zwischen Texten erkannt werden. Der Begriff Text Mining wurde von Ronen Feldman und Ido Dagan zunächst als „Knowledge Discovery from Text" (KDT) eingeführt.[93] Aus den analysierten Textdokumenten sollen wesentliche Erkennt-

---

[88] Entnommen aus: Freiknecht (2014, S. 345).
[89] Zum Beispiel QlikTech (2016) und Jedox (2016).
[90] Vgl. R (2016).
[91] Vgl. Richter (2003, S. 407–430).
[92] Vgl. Mehler und Wolf (2005, S. 2).
[93] Vgl. Hotho et al. (2005, S. 19–62).

nisse (Hypothesen, Zusammenhänge etc.) mit Hilfe von statistischen und linguistischen Mitteln der Text-Mining-Software ermittelt werden. Als Visualisierungsform wird beim Text Mining gerne die Word-Cloud verwendet (vgl. Abb. 5.35 in der Mitte rechts).

Artverwandt mit dem Text Mining ist das Audio Mining, bei dem Audiosequenzen, Tonträger oder andere Audiodateien bezüglich ihrer Muster und Beziehungen analysiert werden. Erweitert man die Dokumente noch um Video- und Bilddateien, wird auch über Multimedia Mining gesprochen.[94] Zielt man darüber hinaus auf Internet- bzw. Webinformationen, spricht man vom **Web Mining**.

Durch die neuen Möglichkeiten, die das Internet im Bereich der Informationsbeschaffung bietet, liegt es nahe, Daten und Informationen aus dem Internet in ein Data Warehouse zu importieren. Dabei ist das WWW die wichtigste Informationsquelle, wobei es relativ einfach ist, die vorhandenen Daten aus den strukturierten Websites mit HTML- oder XML-Format zu extrahieren und in das Data Warehouse zu importieren. Diese Ausprägung des Data Warehouse Konzeptes wird als „Web Farming", „Web Casting" bzw. „Web Mining" bezeichnet.[95] Hauptbereiche der Erkenntnisermittlung liegen auf den Inhalten, der Struktur der Webdaten und dem Verhalten der Benutzer. Systeme wie DynaSight von Arcplan oder Decision von Comshare integrieren z. B. Datenquellen aus dem Intranet und dem Internet, wobei Web-Casting-Anwendungen die Internetinhalte auf Änderungen überprüfen und aktualisieren.[96] In die gleiche Richtung zielen auch sogenannte Internet-Agenten, wie z. B. BullsEye, SearchPad und InfoMagnet, die als Metasuchmaschinen mit Datenbeschaffungsfunktionen ausgestattet sind.[97] Web-Farming bzw. Internet-Agenten stehen bzgl. ihres Einsatzes und deren Ausgestaltung am Anfang ihrer Karriere. Insbesondere für die strategische Planung können sie mit Funktionen des Net Echoing, Net Monitoring und Net Scanning eine zentrale Rolle spielen. Sich ändernde Marktbedingungen können schneller über die Informationen aus dem Internet erkannt werden. RSS-Channels versorgen z. B. Anwender, ähnlich wie bei einem Nachrichtenticker, mit kurzen Informationsblöcken, die z. B. aus einer Schlagzeile, einem Kurzanriss des Textes einer Internetseite oder eines Blogs sowie dem entsprechenden Link zur Website besteht. Hierdurch kann sich der Anwender gezielter mit Neuigkeiten versorgen.[98]

5.5.5.4 Besonderheiten der Planungswerkzeuge

Planungswerkzeuge, mit denen sich einfache Planungslösungen für ausgewählte Funktionsbereiche, aber auch komplexe, integrierte Unternehmensplanungsmodelle abbilden lassen, basieren auf den gleichen technischen Voraussetzungen eines Data Warehouses

---

[94] Vgl. Mertens (2002, S. 17–19), URL: http://www.wi1-mertens.wiso.uni-erlangen.de/ veroeffentlichungen/download/Business_Intelligence-ein_Ueberblick_Arbeitspapier_der_ Universitaet_Erlangen-Nuernberg.zip, [Zugriff am 23.07.2011].
[95] Vgl. Behme und Mucksch (1997, S. 150) und Schinzer et al. (1999, S. 284, 314 f.).
[96] Siehe Leßweng (2004, S. 43).
[97] Vgl. Leßweng (2004, S. 41–49).
[98] Really Simple Syndications (RSS) ist eine Familie von Formaten für die einfache und strukturierte Veröffentlichung von Änderungen auf Internetseiten.

(ETL-Prozesse, OLAP etc.), wie sie auch bei Reportinglösungen zur Anwendung kommen, die in den voranstehenden Kapiteln erläutert wurden. Allerdings gibt es Besonderheiten, die speziell die Planungswerkzeuge betreffen, die im Folgenden herausgestellt werden.

Die Softwareanbieter bieten Planungslösungen an, die von Planungsplattformen bis hin zu Standardlösungen reichen.[99] Planungsplattformen stellen eine offene Entwicklungsumgebung dar, die Methoden und Modelle als Werkzeuge zur Verfügung stellt, mit denen der Aufbau einer individuellen Planungslösung entwickelt werden kann. Zusätzlich lassen sich einfache Planungsvorlagen nutzen und flexibel anpassen.[100]

Standardlösungen hingegen sind betriebswirtschaftlich weit vorgedachte Planungslösungen mit vielen Standardvorlagen z. B. für Planungsformulare und -funktionen, die normiert sind und vom Unternehmen nur bedingt angepasst werden können. Auch Mischformen sind vorhanden, wo für Teilbereiche Standardvorlagen existieren und für andere Bereiche die Entwicklungsumgebung mit Methoden und Modellen als Werkzeuge genutzt werden.

Weiterhin unterscheiden sich die Softwareanbieter in diejenigen, welche die Planungslösungen als Teil einer gesamten Produktpalette verstehen, und diejenigen, welche die Planungslösung als Spezialprogramm losgelöst von einer Produktpalette anbieten. Im ersten Fall handelt es sich beispielsweise um ERP-Systemanbieter, die neben der Produktion und der Logistik das Rechnungswesen und das Personalmanagement für die operative Geschäftsabwicklung anbieten und zudem dispositive Führungssysteme mit Planungs- und Reportingkomponenten zur Verfügung stellen. Im zweiten Fall sind andere Softwarehäuser zu finden, die sich vollkommen auf die Entwicklung von Werkzeugen und Vorlagen für die Planung spezialisiert haben. Diese Systeme haben dementsprechend einen höheren Integrationsaufwand, wenn es darum geht, Datenquellen anzubinden oder Informationen weiterzureichen. Die Planungssysteme können in beiden Fällen als Plattformlösung, als Standardlösung oder als Mischform ausgeprägt sein.

Bei der **Datenhaltung** können die im Reporting eingesetzten Datenwürfel (Cubes) nicht einfach auch für Planungszwecke verwendet werden, da aus Sicht der Technik Reporting-Cubes nur für Lesezugriffe und für eine vergleichsweise kleine Zahl gleichzeitiger Zugriffe optimiert werden.

Beim Generieren von Plandaten werden jedoch neue Datensätze erzeugt, so dass die Performance bei Schreibzugriffen eine größere Bedeutung bekommt und man zu diesem Zweck z. B. einen separaten Cube oder eine spezielle Partition anlegen muss, die auf Planungszwecke spezialisiert sind.[101] Die Multiuser-Fähigkeit muss für die Planung und für das Reporting gleichermaßen sichergestellt werden.

Die SAP-Lösungen SEM BPS oder SAP BI IP sehen z. B. einen Basis-Cube mit reinen Leserechten (für Reportingzwecke) vor, in denen Daten über den ETL-Prozess geladen

---

[99] Vgl. Dahnken et al. (2004, S. 55 ff.).
[100] Vgl. Meier et al. (2003, S. 90 ff.).
[101] Vgl. Hilfetexte des SAP-Portals (2010).

werden. Darüber hinaus wird ein transaktionaler Cube mit Schreib- und Leserechten für die Planung benötigt, der mittlerweile realtime-fähiger InfoCube genannt wird. Dieser hier weiterhin transaktional genannte Cube muss dabei z. B. verschiedene Aktionen trennen können:

- Transaktionaler Cube kann mit Daten beladen werden → kein Planen erlaubt
- Transaktionaler Cube kann beplant werden → kein Datenladen erlaubt

Damit ein Umschalten zwischen Planen und Datenladen bei transaktionalen Cubes nicht notwendig wird, ist es hier zu empfehlen eine **virtuelle Verbindung** des Basis- und transaktionalen Cubes mit Hilfe eines sogenannten **Multicubes** zu erzeugen, mit dem Planungs- und Reportingzwecke gleichzeitig erfüllt werden können.

Hiermit kann die Restriktion umgangen werden, dass die für die Planung häufig als Referenz erforderlichen Ist-Daten aus vorgelagerten Quellen nicht direkt in einen transaktionalen Cube geladen werden können.[102] In diesem Fall werden also drei Objekte zur Datenhaltung und -pflege benötigt:

- Ein herkömmlicher (nicht-transaktionaler) **Basis-Cube**, der über den modellierten ETL-Prozess mit zu ladenden Daten befüllt wird.
- Ein **transaktionaler Cube**, in dem unter Bezug auf die geladenen Daten des herkömmlichen Cubes Plandaten erzeugt werden.
- Ein Multi-Cube (Virtuelle Schicht), der den Basis- und transaktionalen Cube virtuell verbindet, um gleichzeitig Planungs- und Reportingzwecke unterstützen zu können.

Aufgrund der Schreibzugriffe verschiedener Planer benötigen Planungssysteme spezielle Servicefunktionen, die das parallele Arbeiten ermöglichen. Objekte, die von einem Planer gerade geplant werden, können nicht gleichzeitig von anderen geplant werden. Zudem dürfen Lade- und Schreibprozesse sich nicht in die Quere kommen. Hier helfen Sperrkonzepte und Funktionen, die diese Aufgabe lenken.

Das Befüllen eines transaktionalen Cubes kann über drei Wege erfolgen: über die manuelle Planung im Planungsformular, über die Anwendung von Planungsfunktionen oder über das Laden von Daten vorgelagerter Quellen.

Eine weitere Besonderheit bei Planungswerkzeugen stellen die Methoden und Modelle zur Abbildung der Planung dar. In einer **Planungsumgebung** können dabei alle Planungsobjekte und Planungsfunktionen administriert werden. Sie bildet somit die zentrale Arbeitsumgebung für die Planung. Für eine Planungssystemlösung werden folgende Objekte und Funktionen benötigt:

- Planungsgebiete
- Planungsfunktionen

---

[102] Vgl. Hilfetexte des SAP-Portals (2009).

- Planungsformulare
- Planungsprozessunterstützung

Planungsgebiete umfassen in sich geschlossene Planungsbereiche, die sich mit einem Teil der Gesamtplanung beschäftigen. Es bietet sich an, z. B. Absatz-, Finanz- und Kosten-stellenplanung etc. eigenen Planungsgebieten zuzuordnen. Auch die Unterteilung dieser Gebiete in kleinere Planungsgebiete ist je nach Komplexität des Planungsmodells sinnvoll.

Eine wichtige Planungsaufgabe bei komplexen, integrierten Unternehmensplanungs-modellen ist die **Integration und Abstimmung der Teilpläne**. Hierzu bieten die Pla-nungssysteme ebenfalls Lösungen an, die Daten zu verdichten und zu vergleichen. Zudem werden hier Abstimmungs- und Genehmigungsprozesse unterstützt.

Ein Planungsgebiet im SAP-Planungssystem SEM BPS oder SAP BI IP enthält z. B. eine Datenbasis, in der die Plan-Daten inklusive Stammdaten (Attribute und Variablen, wie z. B. Planungszeiträume) bereitgestellt werden und es beinhaltet zusätzliche Einstel-lungen, die das manuelle oder maschinelle Bearbeiten der Plan-Daten erlauben. Mehrere Planungsgebiete können zudem zu einem Multi-Planungsgebiet virtuell zusammenfasst werden.[103]

Unterhalb der Multi- bzw. Planungsgebiete sind häufig weitere Administrationsebenen wie Planungsebenen oder Planungspakete vorhanden, in denen u. a. die Ist-Daten als Vor-gabewerte geladen und zu planende Merkmale, Merkmalsausprägungen und Kennzahlen gefiltert bzw. selektiert werden können. Weiterhin lassen sich hier Planungsfunktionen zur Verfügung stellen.

Planungsfunktionen verändern Bewegungsdaten. Bei der Definition einer Planungs-funktion wird festgelegt, welche Werte verwendet werden sollen. Typische Planungsfunk-tionen sind (vgl. hierzu auch Abschn. 3.10):

- Kopieren
- Verteilungen, z. B.
  - Top-Down mit oder ohne Fixierung nicht änderbarer Werte
  - Restwertverteilungen
  - Referenzverteilungen
  - Saisonverteilungen
  - Schlüsselverteilungen
  - ...
- Verdichtungen
- Abstimmfunktionen
- Datenänderungen rückgängig machen (Rollback-Funktion)
- Umwertungen
- Umrechnungen von Einheiten und Währungen
- Hochrechnungs- und Prognosefunktionen

---

[103] Vgl. Hilfetexte des SAP-Portals (2009), URL: http://help.sap.com/saphelp_sem60/helpdata/de/
05/242537cedf2056e10000009b38f936/frameset.htm [Zugriff am 09.02.09].

- Simulationen und Sensitivitätsanalysen (u. a. What-If- und How-to-Achieve-Simulation)
- Mathematische und statistische Formeln
- Umbuchen
- Löschen
- Manuelles Ändern

Bei vielen Planungsfunktionen wird i. d. R. sofort ein Ergebnis erwartet, das „on the fly" angestoßen und analysiert werden kann. Ein Beispiel für eine What-If-Simulation, die sofort die Änderung der Inputfaktoren auf das Ergebnis berechnet, zeigt exemplarisch Abb. 5.36.

Unter einem **Planungsformular** versteht man grundsätzlich ein Formular zur Erfassung von Plan-Daten. Dem Anwender wird die Möglichkeit gegeben, neue Daten zu planen bzw. geladene oder berechnete Werte zu Report- und Analysezwecken zu nut-

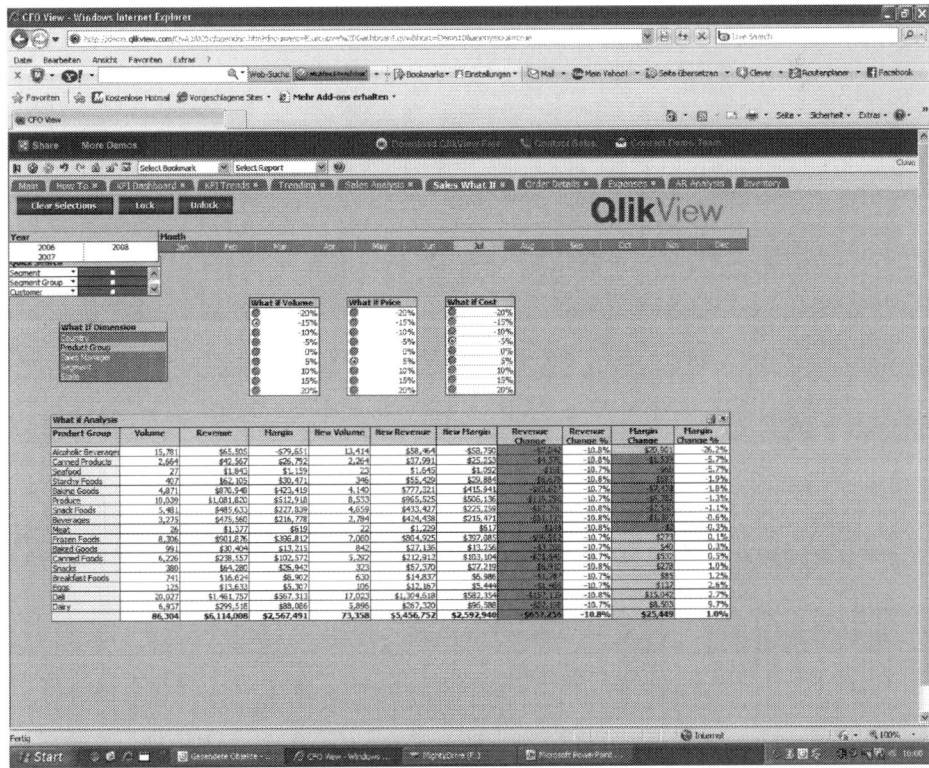

Abb. 5.36 What-If-Simulation (Beispiel QlikView). (Quelle: QlikView-Demo Sales Analysis 2011)

zen.[104] Über Pflegefunktionen kann das Layout des Planungsformulars in allen Facetten definiert werden:

- Filter-/Selektionskriterien
- Berichtskopf/-fuß
- Report- und Planungstabellen mit Anzeigewertfeldern und manuellen Eingabefeldern
- Planungsfunktionen
- Diagramme
- etc.

Für die Gestaltung der Planungsformulare stehen dem Anwender Modellierungswerkzeuge zur individuellen Gestaltung oder Wizard-Funktionen zur Verfügung, bei denen der Anwender geführt Vorschläge bekommt, wie einzelne Formularinhalte gestaltet werden sollen.

Zu den Besonderheiten von Planungsformularen vergleiche auch Abschn. 3.10.

Ausgereifte Planungssysteme verfügen zudem über Funktionen zur **Planungsprozessunterstützung**. Diese reichen von der Abbildung von individuellen Planungsworkflows, der Terminierung, dem Monitoring, der Abstimmung und der Genehmigung der Teilpläne bis hin zur Integration von Collaboration-Funktionen wie E-Mail, Chat, Wiki und Blogs. Sogenannte **Status- und Trackingsysteme**[105] helfen dabei, den Bearbeitungsfortschritt im Rahmen der verschiedenen Planungsaufgaben im Unternehmen zu überwachen. Diese Systeme unterstützen die Ablaufiteration der jeweiligen Planungsaufgaben und helfen den Planenden, die hierfür notwendigen Planungsgebiete und -objekte zu bearbeiten. Wie der Name verdeutlicht, helfen Status- und Trackingsysteme den Status der Planungsaufgaben zu überwachen und informieren, z. B. mit Hilfe von E-Mails, die Planenden über den Start ihrer Planungsteilaufgaben. Die Definition von Planungsrunden, die Abhängigkeiten zwischen den Planungsgebieten und ihren Aufgaben sowie die Prüf- und Genehmigungsschritte und die damit verbundenen Freigaben werden ebenfalls unterstützt.[106]

Als Planungsoberflächen kommen die bereits im Abschn. 5.5.5.2 vorgestellten Benutzeroberflächen in Frage:

- MS Excel als Add-in-Lösung
- Proprietäre grafische Benutzeroberfläche
- Web-Oberfläche

5.5.5.5 Portale und Embedded BI

In **Portalen** werden vielfältige Analysesysteme und Informationen (z. B. basierend auf dem Data Warehouse aber auch auf anderen Systemen) durch eine einheitliche Benutzer-

---

[104] Vgl. Egger et al. (2005, S. 163 ff.).

[105] Prozessunterstützende Systeme sind auch unter dem Begriff Status- und Trackingsysteme bekannt.

[106] Vgl. Knöll et al. (2006, S. 212–215).

oberfläche verbunden und meistens im Web zugänglich gemacht. Für eine bessere Handhabung und komfortablere Bedienung wird das Portal benutzerindividuell personalisiert, was bedeutet, dass auf den Endanwender die Oberfläche und Nutzung seiner benötigten Analyse- und Planungswerkzeuge etc. individuell abgestimmt und optimiert werden kann. Beispielsweise ist es möglich, seine eigenen Ordnerstrukturen für das Berichtswesen anzulegen und zu verwalten.[107] Auf aggregierter Ebene sind auch rollenbasierte Portalausrichtungen für bestimmte Nutzergruppen sinnvoll.

Im Gegensatz zu Standardsoftware-Reporting-Lösungen, die die Erstellung von Berichten und Planungen nur von einem bestimmten Arbeitsplatzrechner oder einem anderen Endgerät erlauben, kann man mit Portalen unterschiedliche Anwendungen mit Hilfe der Internettechnologie sinnvoll integrieren. Beispiele für solche Portale sind z. B. SAP Business Objects mit Info View von der SAP AG oder das SharePoint Portal von Microsoft. Alle Informationen und Applikationen lassen sich in einem Webbrowser anzeigen und nutzen, ohne dass ein separater Aufruf eines anderen Programms notwendig wird. Daher ist das **Single Sign On**, das einmalige Anmelden für verschiedenste Programme und Aufgaben ein wichtiger Vorteil von **Portal- bzw. Sharepoint**-Lösungen. Über die Anmeldeprüfung des Berechtigungsprofils werden nur die individuellen oder rollenspezifischen Inhalte und Anwendungen zur Verfügung gestellt. Allgemein öffentlich zugängliche und nützliche Informationen, wie aktuelle Mitteilungen des Unternehmens, Betriebskalender, Aktienkurse etc., bereichern die Informationsmöglichkeiten der Portale.

Ein weiterer Vorteil von Portal- und Sharepoint-Lösungen liegt in der Interaktion mit anderen Benutzern. Beispielsweise werden Chats und Videokonferenzen für Präsentationen ermöglicht oder es kann gemeinsam an Berichten und Dokumenten gearbeitet werden. Die entsprechenden Softwareanwendungen hierfür lassen sich über das Portal starten.

Es lassen sich folgende Arten von Portalen unterscheiden:

- Öffentliche Portale (Katalog-, Such-, Nachrichtendienste, soziale Netzwerke etc.)
- Persönliche Portale (persönliche Internetseiten)
- Unternehmensportale (u. a. Firmen-Intranet)

Um den gleichzeitigen Zugriff auf mehrere angebundene Anwendungen zu ermöglichen, verwenden Portale sog. Portlets. Jedes Portlet bildet dafür innerhalb einer Berichtsseite ein eigenständiges Fenster für die mit ihm verbundene Anwendung. Diese Portlets können vom Benutzer individuell am Bildschirm arrangiert sowie minimiert werden. Portale basieren heutzutage generell auf der Internet-Technologie und werden daher weitestgehend in Webbrowsern geöffnet.[108]

Das Reporting und die Planung sind innerhalb der Unternehmensportale eingebunden. Sie können von beliebigen Endgeräten, dem Arbeitsplatzrechner oder den mobilen Endgeräten (Handys, PDAs, Smartphones etc.) über das Internet und den gesicherten Portalzugängen weltweit erreicht werden.

---

[107] Vgl. Egger et al. (2009, S. 101 f.).
[108] Vgl. Gluchowski (2010, S. 278).

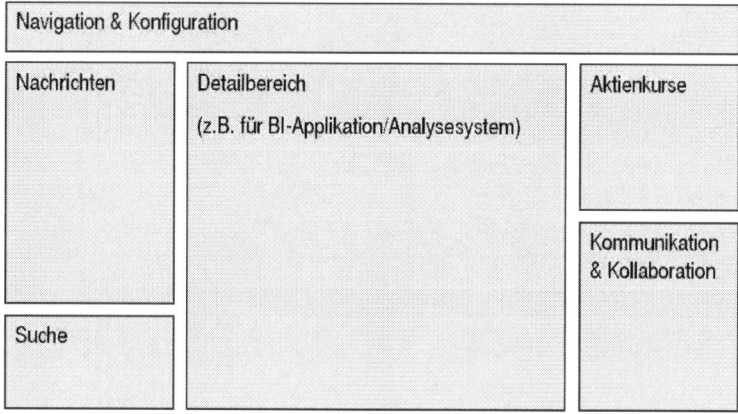

Abb. 5.37 Schematischer Aufbau eines Portals. (Entnommen und um die Umrandung gekürzt aus: Kemper et al. 2010, S. 158)

Aufgrund der wichtigen Entscheidungsunterstützungsfunktion für das Management sind Reporting und Planung wichtige Bestandteile für Portallösungen, die um die Kommunikationsfunktion und weitere Informationsbereiche sinnvoll ergänzt werden können, wie Abb. 5.37 verdeutlicht. So können neben den Reporting und Planungsanwendungen auch Collaboration- und Bürofunktionalitäten, wie z. B. Terminplaner, E-Mail-Dienste, Suchmaschinen und Chats etc. eingebaut werden.

Unter dem Begriff **Embedded BI** versuchen etablierte ERP-Systemanbieter ihre Lösungen durch eingebettete BI-Funktionen zu erweitern. Die ERP-Systemeigenen Funktionen für Reporting und Planung werden somit sinnvoll ergänzt oder teilweise sogar vollständig abgelöst. Hierbei können z. B. einzelne BI-Objekte wie Reports oder komplette Dashboards integriert werden.[109]

5.5.5.6 BI Monitoring, BI on BI und Reporting 2.0

Je größer ein BI-System wird, desto schwieriger ist es, einen Überblick über das gesamte System zu behalten. Dennoch ist es für Unternehmen wichtig zu wissen, wie effektiv ihre BI-Systeme eingesetzt werden. **BI-Monitoring** bzw. **BI on BI** bezeichnet die Möglichkeit das BI-System selbst und seine Leistung anhand von Kennzahlen zu überprüfen und zu steuern. Dabei sollten z. B. die Anzahl der Datenzugriffe, die abgefragten Reports oder die Fehler der Datenqualitätsprüfung analysiert werden können. Ziel ist es, Erkenntnisse hinsichtlich der Leistung, der Datenqualität und des Nutzungsgrades des BI-Systems zu gewinnen. Hierdurch können Maßnahmen ergriffen werden, die das BI-System kontinuierlich verbessern, so dass es effektiver im Unternehmen eingesetzt werden kann.[110] Aus Sicht von Forrester Research4-Experten ist der Markt für BI-Monitoring Lösungen noch

---

[109] Vgl. Search Business Analytics (2016).
[110] Vgl. Lixenfeld (2015, S. 24).

nicht sehr reif, da selbst Unternehmen, die bereits BI-Monitoring anbieten, sich meist auf die Darstellung von quantifizierbaren Kennzahlen wie die Performance konzentrieren und nur selten darauf aufmerksam machen, wie die Systeme im Unternehmen eingesetzt werden.[111] Ein Beispiel für ein BI-Monitoring zeigt das Main Dashboard von Qlik View (Abb. 5.38).

Unter Reporting 2.0 versteht man eine Ausprägung im Reporting, die in Anlehnung an die Darstellung der Nutzung und Bewertung von Profilen in sozialen Netzwerken bzw. im Web 2.0 entstand. Hierbei geht es um die Berichterstattung des Nutzungsverhaltens und der Bewertung zum Reporting selber. Beispielsweise werden im Portal bzw. im BI-System Nutzer hinsichtlich des Reportings analysiert. Folgende Aufstellung zeigt mögliche Auswertungsbereiche:[112]

- Ein History-Reporting zeigt an, welche Berichte der Nutzer selber und welche die Anwender generell im vergangen Zeitraum besucht haben und welcher Anwender zuletzt den Bericht analysiert hat (last user).
- Ein Ticket-Reporting zeigt die Aktivitäten (ToDo's) für User an, die erledigt werden müssen. Sie wurden z. B. durch einen Push-Bericht eines Senders oder aufgrund eines erreichten Toleranzwertes versendet.

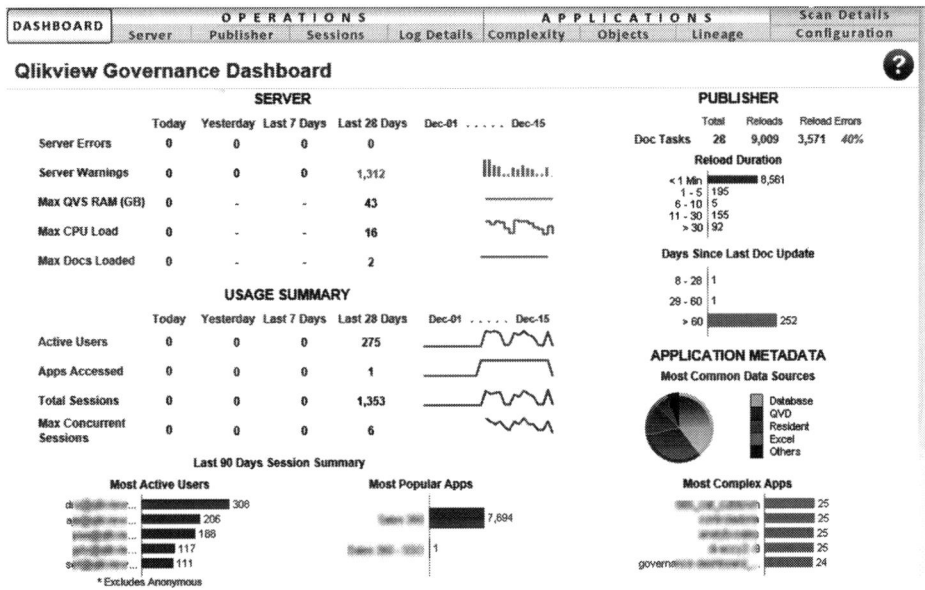

Abb. 5.38 Main Dashboard des Qlik View Governance Dashboards. (Quelle: *QlikTech* 2017)

---

[111] Vgl. Forrester Research (2016). Forrester Research ist ein US-amerikanisches Marktforschungsunternehmen für den Bereich Informationstechnologie.
[112] Vgl. Gluchowski (2010, S. 278.).

- Ein Rating-Reporting zeigt Berichte im Sinne eines Scoring an. Bewertung können z. B. über die Vergabe von „Likes", Schulnoten oder anderen Bewertungsmetoden vorgenommen werden.
- User-Reporting zeigt alle Nutzer, die denselben Bericht oder ein ähnliches Berichtsprofil wie der Anwender selber analysiert haben.
- Tags-Reporting enthält Stichworte und Markierungen (tags), die im Berichtswesen hinterlegt und hinsichtlich der Häufigkeit und Nutzung ausgewertet werden können.

Die aufgeführten Berichtsbereiche des Reportings 2.0 sind idealerweise im BI-Monitoring zu integrieren. Sie ergänzen sinnvoll die Performance-Analysen im BI-Monitoring hinsichtlich Nutzung und Bewertung.

5.5.5.7 Verteilungsmöglichkeiten

In diesem Kapitel sollen kurz die Verteilungsmöglichkeiten für die Planung und das Berichtswesen skizziert werden:[113]

Bei der **Verteilung** stehen grundsätzlich folgende Wege zur Verfügung:

a. Nutzung der Berichts- und Planungsfunktionen innerhalb des Analysewerkzeugs:
- Anlage von einstufigen oder hierarchischen Ordnerstrukturen, Listen, Registern bzw. Berichtsmappen (Briefing Books), z. B. für Personen, Rollen und Bereiche,
  - in denen die Berichte in einem Format abgelegt sind oder
  - in denen ein Direktzugriff auf die Berichte und Planungsformulare in der jeweiligen Oberfläche (z. B. proprietär, Web oder Excel-Add-in) möglich ist.
- Anlage von Navigationsberichten und Menüsteuerungen, z. B. für Personen, Rollen und Bereiche,
  - aus denen die Berichte in einem Ausgabeformat abgerufen werden können oder
  - in denen ein Direktzugriff auf die Berichte und Planungsformulare in der jeweiligen Oberfläche (z. B. proprietär, Web, Excel-Add-in) möglich ist.

b. Weitergabe der Berichte und Planungen außerhalb des Analysewerkzeugs in folgenden Formen:
- Verschiedenste Ausgabeformate mit E-Mail (manuell oder ggf. unterstützt vom Analysewerkzeug)
- Verschiedenste Ausgabeformate in einfache Dokumentenverzeichnisse
- Verschiedenste Ausgabeformate in Content-/Dokumentenmanagementsysteme
- Verschiedenste Ausgabeformate an spezielle Reporting – und Planungsserver über Managed Query Environment
- Verschiedenste Ausgabeformate an Portallösungen
- Verschiedenste Ausgabeformate für bestimmte Kommunikationsdienste (Chat, Videokonferenzen etc.)
- Online-Links
- Direkte Einbindung der Analyse- und Planungssysteme in Portallösungen

---

[113] Vgl. u. a. Kemper et al. (2010, S. 148–153).

Aufgrund der Überlastung der zentralen Server bezüglich gleichzeitig aufgerufener Berichte mit vielen Abfragen wird unter dem Stichwort „**Managed Query Environment**" (MQE) ein anderer Ansatz verfolgt. Bei den MQE wird zwischen der Datenbank- und der Client-Anwendungsebene ein eigener Reporting-Server in der 3-Tier-Architektur eingesetzt. Seine Aufgaben bestehen darin, die Rohdaten aus der Datenbank für die Berichte aufzubereiten und anzureichern sowie die Vorformatierung für die Berichte durchzuführen. Die Berichte werden als Kopien im Reporting-Server gespeichert und verwaltet (Inhaltsbeschreibungen, Ausgabeformate etc.) und vom Endanwender abgerufen und ausgewertet. Ziel von MQE ist die Entlastung der Datenbank- und Anwendungsserver.[114]

Durch die Vorberechnung der Berichte werden auch die Frontend-Rechner von aufwändigen Berechnungen beim Berichtsaufbau befreit. Nachteilig ist hier allerdings, dass die Aktualität der Werte dann abhängig von der Lade- und Aufbereitungszeit des Reporting-Servers ist. Aus diesem Grund werden komplexe Berechnungsläufe für die Berichterstellung im Reportingserver, die ressourcen- und zeitaufwändig sind, auf belastungsarme Rechnerzeiten verschoben. Hierbei helfen Scheduling- und Monitoringfunktionen.

Vorteile ergeben sich zudem durch die deutlich geringere Netzwerkbelastung, da ein vorformatierter Bericht wesentlich weniger Datenvolumen beinhaltet als der Rohdatenbestand, auf dem der Bericht basiert.

5.5.5.8 Ausgabeformate und -medien
Als Ausgabeformate für die Planung und das Reporting stehen vor allem folgende Formate zur Verfügung

- Dokumentenformate
  - Webformate (HTML etc.)
  - Druckformate (.pdf etc.)
  - Textformate (.docx, .txt etc.)
  - Präsentationsformate (u. a. .pptx von MS Powerpoint)
  - Grafikformate (.jpg, .bmp etc.)
  - Video- und Audioformate (.mp3, .avi, .wmv etc.)
  - E-Books (.epub [offener Standard für electronic publication])
  - ...
- Maschinen verarbeitende Datenformate und Standardformate für spezielle Anwendungskomponenten
  - CSV-Dateien (Comma Separated Values)
  - Tabellenkalkulationsformat (u. a. .xlsx von Microsoft)
  - Proprietäres Format des Analysewerkzeugs
  - XML-Format (Extensible Markup Language)

---

[114] Vgl. zum MQE u. a. Manhart (2011a).

  – XBRL-Format (Extensible Business Reporting Language)
  – PMML (Predictive Model Mining Language) für Data Mining-Modelle
  – …

Berichte und Planungsformulare werden gerne zur Weiterverarbeitung für den Druck, für nachgelagerte Systeme oder für die Präsentation in verschiedene Ausgabeformate konvertiert.

Reine Dokumentenformate eignen sich gut für die papiermäßige Berichterstattung und die Versendung von elektronischen Mails oder das Hinterlegen von fixierten Berichten in Portal- und Weblösungen oder in speziellen Dokumentenverzeichnissen, Content- bzw. Dokumentenmanagementsystemen bis hin zu eigenen Reporting-Servern.

Präsentationsausgabeformate eignen sich gut für die Präsentation der Berichtsinhalte z. B. in Führungskreisrunden, Versammlungen oder anderen Besprechungsmeetings. Im Gegensatz zur fixierten Darstellung von Berichtsinhalten wie beim Ausdruck, können die Analysten in den Präsentationen teilweise sogar interaktiv im Datenbestand navigieren, ohne dass sie direkt in das System verzweigen müssen. Dies bietet sich auch beim Storyboarding an, bei dem mit Hilfe verschiedener Analysen und Kommentare ein zusammengefasster Bericht ermöglicht wird. Hierdurch sind sowohl Erläuterungen und Stellungnahmen zum Geschehenen, Begründungen für Prognosen als auch Handlungsempfehlungen und Maßnahmen für die Zukunft in einem Gesamtkontext einzubetten (Storytelling).

Maschinenverarbeitende Datenformate und Standardformate für spezielle Anwendungskomponenten werden zur Weiterverarbeitung für Berichte und Planungen in nachgelagerten Systemen verwendet. Häufig wird hier MS Excel als Tabellenkalkulationssystem verwendet, in dem allerdings die Nachpflege der Planungen und Berichte jedoch teils sehr aufwändig und zeitintensiv ist. Seltener anzutreffen ist die Exportfunktion für andere Systeme (z. B. in ein ERP-System oder in ein Datenbankmanagementsystem wie z. B. MS Access).

Die Softwareapplikationen für das Reporting und die Planung besitzen i. d. R. eine eigene (proprietäre) grafische Benutzeroberfläche und proprietäre Ausgabeformate, mit denen die Berichte zur Verfügung gestellt werden. Diese lassen sich per IT-Zugang über die Reportingsoftware direkt ansteuern. In Führungskreisrunden und anderen Besprechungsmeetings kann die Reportingsoftware in Analysemeetings in Büro-, Konferenz- bzw. Präsentationsräumen mit Beamer, Bildschirmen oder anderen technischen Darstellungsmöglichkeiten genutzt werden. Die Berichte und der ausgewählte Datenbestand lassen sich dabei flexibel analysieren. Nachteilig ist, dass die Software und die grafische Benutzeroberfläche auf dem Rechner oder über den Rechnerzugang zur Verfügung gestellt werden muss, was i. d. R. mit Lizenzkosten verbunden ist.

Seit Einführung des World Wide Web sind die internet- und intranetfähigen Webformate wie HTML nicht mehr für die Analyse von Berichten wegzudenken. Einige Softwareanbieter setzen für die Ausgabeform der Berichte und sogar für die gesamte Applikation nur noch auf die Web-Technologie. Besitzt der PC oder ein anderes Endgerät auf dem die Analyse angesteuert wird einen Browser, kann der Bericht unabhängig von der Reportingsoftware betrachtet werden. Der Vorteil hierbei ist, dass keine Lizenz und keine zusätzlichen Installationskosten für die Software auf den jeweiligen Geräten für die Analyse anfallen. Für viele international tätige Firmen ist es zudem vorteilhaft, dass von jedem Ort der Welt, an dem ein Internetzugang vorhanden ist, Berichte und Planungen aufgerufen werden können. Zudem sollte die Ausgabefunktion auf beliebigen stationären und mobilen Endgeräten möglich sein, wobei sich die Berichte auf die Größe und die gewählte Auflösung der Endgeräte anpassen (vgl. Abschn. 5.9.5).

Für die Bündelung des Reportings, der Planung aber auch vieler anderer Applikationen werden immer häufiger webfähige Portallösungen eingesetzt. Sie haben den Vorteil, dass hierunter die ganze Informationsvielfalt des Unternehmens für all seine externen und internen User und Geschäftspartner unter einer Oberfläche gestaltet und genutzt werden kann.

Für den Austausch von Geschäftsdaten werden zudem auch verstärkt andere Sprachen wie XML (Extensible Markup Language) oder Weiterentwicklungen wie XBRL verwendet (Extensible Business Reporting Language[115] ist ein internationaler Standard u. a. für den Austausch einer elektronischen Bilanz (eBilanz)).[116]

Von der Anwenderseite können folgende Ausgabemedien differenziert werden:

- Papierausdruck
  - In verschiedensten Größen (Din A4 etc.)
  - Farbgebung (Schwarz-Weiß/Bunt)
  - Bindung (Spiral, Ordner etc.)
- Bildschirme und Präsentationsmedien
  - In verschiedensten Größen (z. B. 15-Zoll, 17-Zoll, 19-Zoll etc.) und Auflösungen
  - Ausgabemedium: Flachbildschirm, interaktive Whiteboards, Fernseher, Beamer, Display etc.
  - Standortgebundene Geräte (PC, Netzwerk-Terminal etc.)
  - Mobile Geräte (Laptop, Notebook, Smartpad, Smartphone, ebook reader etc.)

Bei der Ausgestaltung der Berichte und Planungsformulare sind unterschiedliche Ausgabemedien zu beachten, die vor allem die Seitenansicht und -größe beeinflussen.

Druckberichte

Druckberichte werden i. d. R. im gängigen DIN A4 Format quer oder hochkant erstellt. Sollen Druckberichte in Anlehnung an Bildschirmpräsentationen erzeugt werden, ist das Querformat zu empfehlen, da der Umbau der Bildschirmformatausgabe ansonsten größer ausfällt. Die heutigen modernen Reporting-Design-Programme konvertieren aus den Bildschirmberichten häufig druckfähige Präsentationsberichte und skalieren die Formate von der Bildschirmauflösung an die Druckformatgröße.

---

[115] Vgl. Pastwa (2010, S. 11 f.).
[116] Vgl. Manhart (2011a), Krudewig (2012, S. 29) und Feindt (2014, S. 53 ff.).

Im Falle von nach Objekten sortierten Berichten, wie z. B. beim Kostenstellenbericht nach Bereichen und Einzelkostenstellen, ist darauf zu achten, dass die generellen Berichtskopfinformationen mitgegeben werden, damit die Berichte später eindeutig zugeordnet werden können.

Bei Druckberichten ist weiterhin die Farbgestaltung von Bedeutung. Werden kostensparende Schwarz-Weiß-Drucker eingesetzt, ist bei der Gestaltung des Layouts und vor allem bei der Gestaltung der Diagramme darauf zu achten, dass aufgrund der fehlenden Farbgebung die Lesbarkeit des Berichts nicht eingeschränkt oder sogar stellenweise unmöglich gemacht wird, da die Farben beim Schwarz-Weiß-Ausdruck nicht bzw. schlecht unterschieden werden können. Im Falle von farbintensiven Managementberichten ist aufgrund der höheren Wiedererkennung zum Bildschirmbericht und der besseren Lesbarkeit der Farbdruck zu favorisieren. Dennoch kann es Sinn machen, bei einfacher Berichtsform die kostensparende Schwarz-Weiß-Version zu verwenden.

Aufgrund der vielen modernen elektronischen Präsentationsmedien werden Druckberichte aber an Bedeutung verlieren. Kosteneinsparungen sind hier zu generieren. Viele Unternehmen und Organisationen streben hier das papierlose Büro an.

Bildschirme und Präsentationsmedien

Gerne werden für das Managementreporting Bildschirmberichte und andere Präsentationsmedien wie Beamer, Großleinwände oder Großbildschirme eingesetzt, egal um welches Ausgabeformat der Software es sich handelt. Vorteile dieser Präsentation sind die Flexibilität bei der Navigation im Berichtswesen und die farbliche Wahrnehmung.

Je nach Typ und Medienart haben die Bildschirme und andere Präsentationsmedien unterschiedliche Größen und Auflösungen. Diese werden teilweise durch die Skalierung der Reporting-Software angepasst. Ist die Bildschirmgröße in ihrer Auflösung jedoch zu klein, sind Teile der Berichtsinformationen auf den ersten Blick nicht zu sehen und müssen durch Scrollen der Bildschirmlaufleisten nach rechts und links bzw. nach oben oder unten erreicht werden. Dies sollte vermieden werden.

Die Bildschirmgröße wird noch entscheidender, wenn das Management-Reporting auf Smartphones dargestellt werden soll. Hier reicht die Größe des 3,5″-Bildschirms, wie z. B. bei einem iPhone, nicht aus, um die Informationen eines 19 Zoll Monitors wiederzugeben. Hier ist die Informationsaufteilung und -verdichtung unabdingbar.

Die derzeit weitgehendste Informationsbereitstellung für den Benutzer erfolgt direkt zu seinem mobilen Endgerät. Smartphones, Smartpads und andere mobile Endgeräte sind bereits so leistungsfähig, detaillierte Berichtsinhalte darzustellen. Sie reichen vom Zugriff auf einfache PDF-Dokumente über Webseiten-gestützte Berichtssysteme bis hin zu Direktzugriffen auf die jeweiligen Applikationen. Vorteil ist die ständige Verfügbarkeit der Informationen an allen mobil erreichbaren Orten der Welt. Nachteilig sind die kleinen Auflösungen, die für komplexeres Berichtsmaterial sowie für Planungsaufgaben nicht geeignet sind (vgl. hierzu Abschn. 5.9).

Grundsätzlich besteht in der Abstimmung der Berichtsgrößen von Druck- und Bildschirmberichten eine große technische, bedingt aber auch inhaltliche Herausforderung für das Reporting und die Planung. Dem Benutzer sollte beim Wechseln der Medien leicht fallen, sich unter der jeweiligen neuen Oberfläche möglichst schnell zurechtzufinden.

Hinsichtlich der Technik sind Bildschirmgröße und Bildschirmauflösung zu beachten. Während die Bildschirmgröße (hier in Zoll dargestellt) die Diagonale der Bildschirmfläche beschreibt, gibt die Bildschirmauflösung die Punktdichte je Spalte und Zeile an, über die man die Pixelanzahl des Bildes bestimmen kann (vgl. Abb. 5.39).

Für das mobile Reporting sind aufgrund der kleineren Bildschirmauflösung folgende Punkte wichtig:[117]

- PDF-Dokumente in e-book-Format mit angepasster Schriftgröße
- Page-by-Page-Navigation anstelle von aktiver Navigation im Detailbericht z.B. mit Icons
- Ausblendung von nicht benötigten Funktionen
- Reduktion der Inhalte auf Kerninformationen für das One-Page-Reporting

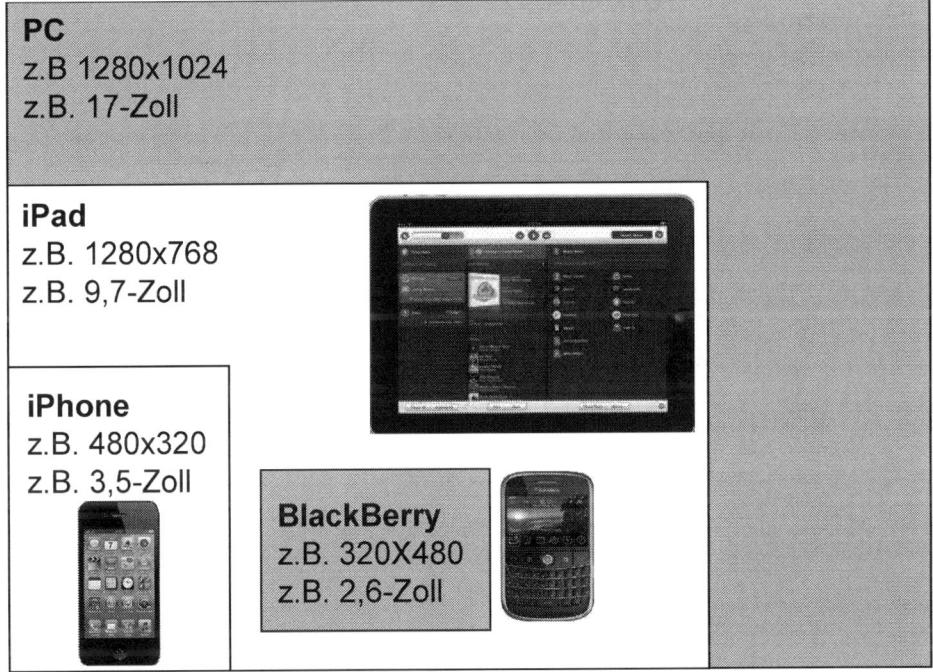

Abb. 5.39 Bildschirmauflösung und Bildschirmgröße. (Die Marken, Abbildungen und Symbole vom iPhone und iPad sind ausschließliches Eigentum und Warenzeichen der Apple Inc. Die Marken, Abbildungen und Symbole der RIM- und BlackBerry-Familie sind ausschließliches Eigentum und Warenzeichen von Research in Motion Limited.)

---

[117] Zu den technischen Gestaltungs- und Anwendungsmöglichkeiten mobiler Endgeräte siehe auch Abschn. 5.9.3.

- Gestufte Navigation von Kern- auf Detailinformationen
- Einfache Hervorhebungen wie mit Colour-Coding (Ampelfarben) bzw. mit bedingter Formatierung ohne Überfrachtung mit Details
- Register zum Blättern statt aufwändige Pull-down-Menüs
- Kontextmenüs der PC-Anwendung sind bei mobilen Geräten nicht möglich.

Der Nachteil der kleinen Bildschirmgröße kann ggf. in der Kombination mit anderen Endgeräten (z. B. TV und Bildschirmen) verkleinert werden, wenn die mobilen Endgeräte an diese Geräte angeschlossen werden. Mit der Airplay-Funktionalität von Apple ist dies z. B. sogar drahtlos möglich, setzt aber wiederum kompatible Endgeräte voraus, die z. B. über eine Bluetooth-Schnittstelle verbunden werden.

5.5.6 Weitere Nutzungsmöglichkeiten für Managementaufgaben (Konsolidierung, Balanced Scorecard, Risikomanagement etc.)

Die Nutzung von Data-Warehouse-gestützten Systemen beschränkt sich nicht rein auf Reporting- und Planungsaufgaben, sondern unterstützt Geschäftsprozesse (Real-time-Data-Warehousing), Funktionsbereiche (z. B. CRM- und SCM-Systeme) und viele weitere Leitungs- und Managementaufgaben. Neben dem Reporting und der Planung als Kernaufgaben im Management-Regelkreis, findet man für das Management spezielle Aufgabengebiete, die mit Data-Warehouse-Systemen abgedeckt werden. Hierzu gehören u. a.:

- Kennzahlensysteme z. B. zur Wertorientierten Unternehmensführung
- Balanced Scorecard
- Konsolidierung
- Risikomanagement
- etc.

Für die Abbildung dieser Aufgabenbereiche können die für die Planung und das Reporting geschilderten Werkzeuge, angefangen von der Datenmodellierung bis zur Datenanalyse sowie den vorhandenen Methoden- und Modelldatenbanken, für eine individuelle Eigenentwicklung genutzt werden. Dies betrifft vor allem betriebswirtschaftliche Aufgaben, die viele Planungs- und Reportingfunktionen benötigen, wie z. B. die Balanced Scorecard und die Kennzahlensysteme.

Kennzahlensysteme, wie sie u. a. in klassischen Konzepten wie dem RL-Kennzahlen-System, dem Du-Pont- oder ROI-Kennzahlensystem oder in neuen Konzepten der „Wertorientierten Unternehmensführung" (Value Bases Management) zu finden sind, lassen sich in tabellarischer und grafischer Form i. d. R. leicht mit den aufgeführten Reporting- und Planungswerkzeugen erstellen. Moderne Kennzahlen wie z. B. der Discounted Cash Flow (DCF), der Economic Value Edit (EVA) oder der Cash Flow Return on Investment (CFROI) lassen sich dabei genauso einfach abbilden wie traditionelle Kennzahlen. Selbst die Darstellung der Werttreiberbäume lassen sich grafisch verwirklichen, wie Abb. 5.40 zeigt. Für Sonderfunktionen wie der Simulation der Kennzahlenentwicklung in den Werttreiberbäumen haben sich aber auch erweiterte Standardlösungen etabliert.

Ein Beispiel für die Umsetzung der **Balanced Scorecard** mit Hilfe von vorhandenen Methoden- und Modelldatenbanken wurde bereits im Abschn. 3.12.1 am Beispiel der SAP-NetWeaver-Technologie gezeigt. Vorteil solcher Individuallösungen ist der flexible Aufbau und die Umsetzung der individuellen Anforderungen, die eine Unternehmung an eine betriebswirtschaftliche Methode wie die Balanced Scorecard stellt. Dagegen steht der höhere Aufwand für die Konzeption und Implementierung als wichtigster Nachteil. Wird die Balanced Scorecard-Methodik über die Darstellung der reinen Kennzahlentafel-Darstellung immer weiter mit methodenspezifischen Funktionen ausgebaut, kommen Standardlösungen in Betracht. Eine solche Standardlösung für die Balanced Scorecard umfasst neben der Darstellung der Kennzahlentafel auch zusätzlich folgende Funktionen:

- Kaskardierung und Abstimmung der Balanced Scorecard von der zentralen Unternehmensebene auf Bereichs-Scorecards (z. B. strategische Geschäftsfelder und Funktionsbereiche)
- Dokumentations- und Kommunikationsfunktionen zur Strategiefindung
- Integration strategischer Instrumente wie z. B. der GAP-, SWOT- und Portfolio-Analyse
- Projektmanagementfunktionen für die Steuerung der strategischen Aktivitäten/Maßnahmen

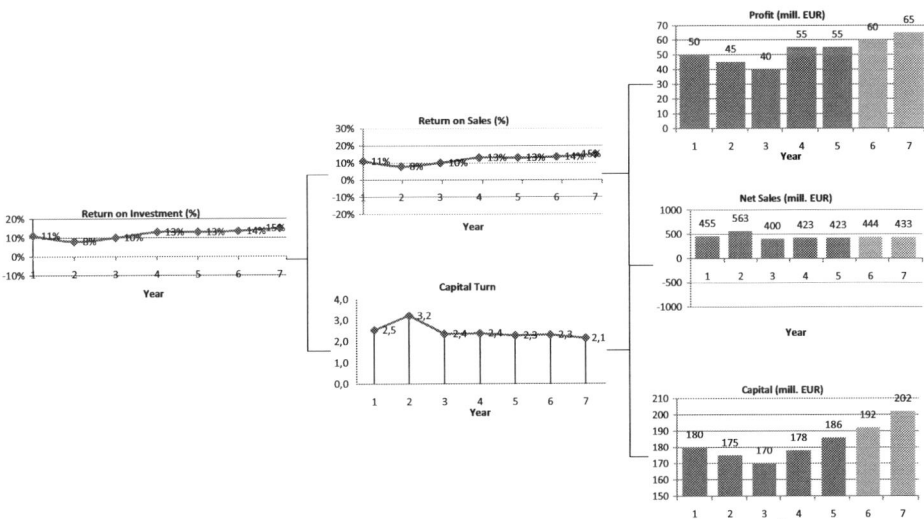

Abb. 5.40 Exemplarischer Du-Pont-Kennzahlen-Baum

- Abbildung und Nutzung von Feedback-Diagrammen zur Darstellung und Planung von Ursache-Wirkungszusammenhängen

Ein Beispiel für eine Analyse der Ursachen- und Wirkungszusammenhänge ist der folgenden Abb. 5.41 zu entnehmen.

In den Gebieten der **Konsolidierung** und des Risikomanagements ist die Anzahl der methodenspezifischen Funktionen noch umfangreicher, da hier viele Aufgaben über die reine Reporting- und Planungsfunktionen hinausgehen.

Im Bereich der Konsolidierung sind dies vor allem folgende Aufgaben:

- Abbildung der Struktur der zu konsolidierenden Gesellschaften (u. a. Voll-/Teilkonsolidierung)
- Erfassung, Monitoring, Validierung und Aufbereitung der Daten der zu konsolidierenden Gesellschaften
- Gesetzliche Konzernkonsolidierung mit Kapital-, Schulden-, Aufwands- und Ertragskonsolidierung sowie Zwischenergebniseliminierung
- Zusätzliche Abgrenzungs- und Abschlussbuchungen
- Währungsumrechnungen
- Managementkonsolidierung (Auflösung des Intercompany-Geschäftes auch für Sparten und andere Ergebnisobjektgruppen (SGE, Business Units etc.))

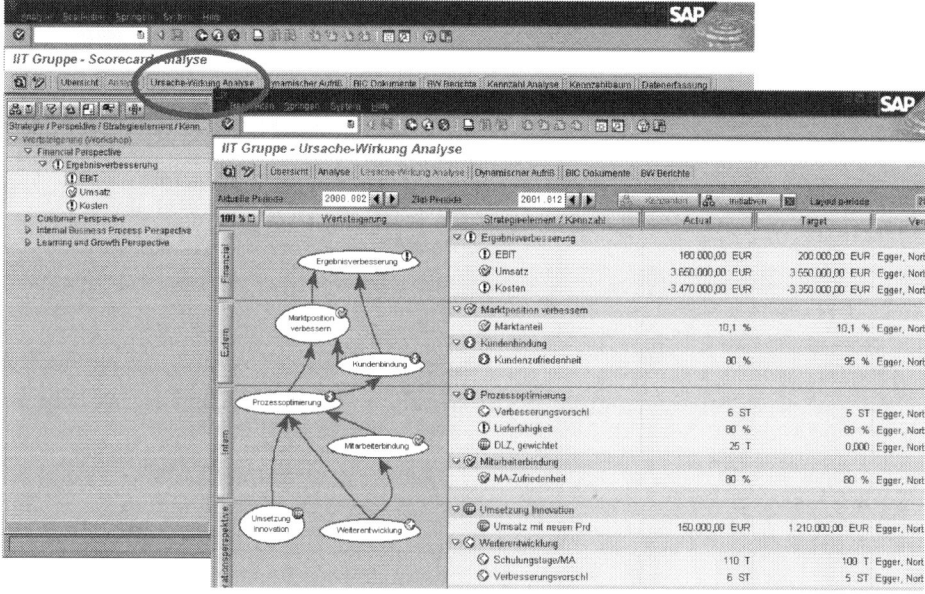

Abb. 5.41 Scorecard-Analyse mit SAP SEM. (Quelle: SAP AG 2003, SAP SEM, Scorecard-Analyse und Ursache-Wirkungs-Analyse)

- Berichterstellung (Bilanz, GuV, Kapitalflussrechnung, Segmentberichterstattung, Anhang, Lagebericht etc.)

Im **Risikomanagement** sind vor allem folgende Aufgaben abzubilden:

- Risikoidentifikation
- Risikobewertung
- Risikoberichtswesen
- Risikosteuerung mit projektmäßiger Maßnahmenverfolgung
- Unterstützung der Risikomanagementorganisation (Aufbau- und Ablaufstrukturen)

Aufgrund der vielen Managementaufgaben, die über reine Planungs- und Reporting-funktionen hinausgehen, lassen sich insbesondere für die oben aufgeführten Management-methoden bzw. -instrumente (Konsolidierung, Kennzahlensysteme, Balanced Scorecard und Risikomanagement) Standardlösungen finden, die sowohl auf relationaler Datenbank-technik als auch auf OLAP- bzw. Data-Warehouse-gestützten Systemen aufsetzen können. Weitere Aufgabenfelder und Managementinstrumente, wie z. B. das Benchmarking, die Lebenszyklus- und die Conjoint-Analyse können ebenfalls durch Data-Warehouse-Tech-nologie unterstützt werden, um nur einige weitere Nutzungsmöglichkeiten zu nennen.

5.6 Business Intelligence und BI-gestütztes Controlling

Für die Abbildung moderner Reporting- und Planungslösungen zeigt sich seit über 10 Jahren ein Trend zu Systemen, die auf Data-Warehouse-Technologie basieren und unter dem Stichwort „Business Intelligence" (kurz BI) beschrieben werden.[118]
Unbestritten ist, dass Business Intelligence ein sehr populärer Begriff ist, der sowohl bei der Wissenschaft als auch bei Softwareherstellern und Unternehmen in der Praxis Anwendung findet. Recherchiert man diesen Begriff im Internet gibt es unbewältigbar große Mengen an Treffern.
Für den Begriff Business Intelligence gibt es allerdings bis heute keine allgemein akzeptierte Definition.[119] Die wörtliche Übersetzung z. B. mit „Geschäftsintelligenz" führt sogar auf die falsche Fährte. Das Wort „Intelligence" sollte hier eher für Informations-dienst oder weiterführend für die Umwandlung von Informationen in Wissen stehen.[120] In Anlehnung an die Wissenspyramide werden Informationen mit Erfahrungen, z. B. betriebswirtschaftlichen Erkenntnissen, verknüpft und ergeben somit Wissen.[121]

---

[118] Vgl. Winterstein und Leitner (1998, S. 34), Kemper et al. (2010, S. 10) und Chamoni und Gluchowski (2004, S. 119).
[119] Vgl. u. a. die Definitionen von Schrödel, King und die im weiteren Verlauf dieses Kapitels genannten Autoren: Schrödl (2009, S. 9) und King (2014, S. 37).
[120] Vgl. Hanning (2008, S. 77).
[121] Vgl. Taschner (2013, S. 9–11).

Vor allem die Abgrenzung zu anderen Begriffen wie Controlling und Data Warehouse sind undeutlich. Klar ist, dass dieser Begriff dem Wissenschaftsgebiet der Wirtschaftsinformatik zugeschrieben wird. Mertens hat beispielsweise aus der Vielzahl der Definitionen sieben Varianten herausgearbeitet:[122]

1. BI als Fortsetzung der Daten und Informationsverarbeitung: Informationsverarbeitung für die Unternehmensleitung
2. BI als Filter in der Informationsflut: Informationslogistik
3. BI = MIS (Management-Informations-System), aber besonders schnelle/flexible Auswertung
4. BI als Frühwarnsystem
5. BI = Data Warehouse
6. BI als Informations- und Wissensspeicherung
7. BI als Prozess: Symptomerhebung → Diagnose → Therapie → Prognose → Therapiekontrolle

Die meisten dieser Varianten zeigen jedoch, dass sich die Definitionen häufig über die verwendeten Systeme abgrenzen. Die betriebswirtschaftlichen Managementmethoden und Steuerungsaufgaben kommen hier gar nicht vor.

Interessant ist die Variante 5, bei der BI dem Data Warehousing gleichgesetzt wird. Betrachtet man den BI-Ordnungsrahmen, den Kemper (siehe Abb. 5.42) entwickelt hat, wird der Vergleich mit den drei beschriebenen Data-Warehouse-Ebenen (vgl. Abschn. 5.5.1) schnell sichtbar.

Die Ebenen Datenanbindung und Datenbereitstellung sind im unteren Teil der Grafik zu sehen, wobei hier unklar bleibt, ob die Extraktion der Datenanbindung Teil des BI ist oder nicht. Aufgrund der Integration des ETL-Prozesses ist die Extraktion m. E. hier mit zu berücksichtigen. Die Datenauswertung und -nutzung ist hier aufgeteilt in die Ebenen Informationsgenerierung (Analysesysteme) und -distribution (Verteilung) sowie dem Informationszugriff, hier verbunden mit der Portalintegration.

Interessanterweise werden unter Analysesystemen auch konzeptorientierte Systeme wie die Balanced Scorecard, die Planung, die Konsolidierung und das wertorientierte Management gefasst, die m. E. als betriebswirtschaftliche Methoden bzw. Instrumente zur Managementunterstützung einzuordnen sind. Also wird hier auch, wenn nicht auf den ersten Blick ersichtlich, eine Verbindung zwischen betriebswirtschaftlichen Methoden sowie IT hergestellt.

Gluchowski versucht BI im Zusammenhang zwischen der Prozessphase der Datenbereitstellung und -auswertung sowie den Schwerpunkten Technik und Anwendung zu beschreiben (vgl. Abb. 5.43).

Positiv hervorzuheben ist an dieser Einteilung, dass versucht wird, die technischen Systemebenen und die (fachliche) Anwendung miteinander zu verbinden. Unklar ist allerdings, warum Planung eher als Anwendung und Reporting eher der Technik zugeordnet

---

[122] Vgl. Mertens (2002, S. 4).

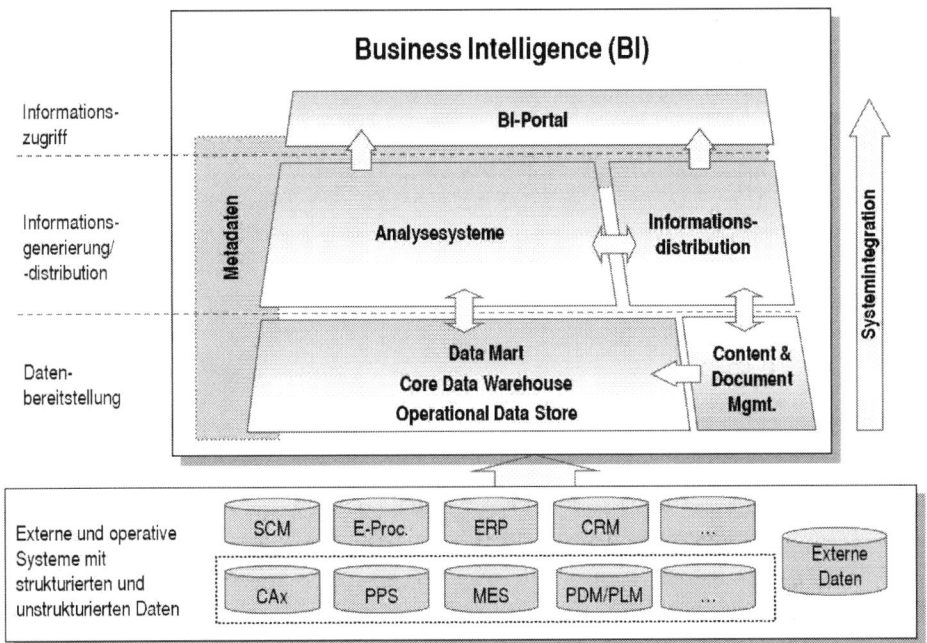

Abb. 5.42 BI-Ordnungsrahmen. (Quelle: Kemper et al. 2010, S. 11)

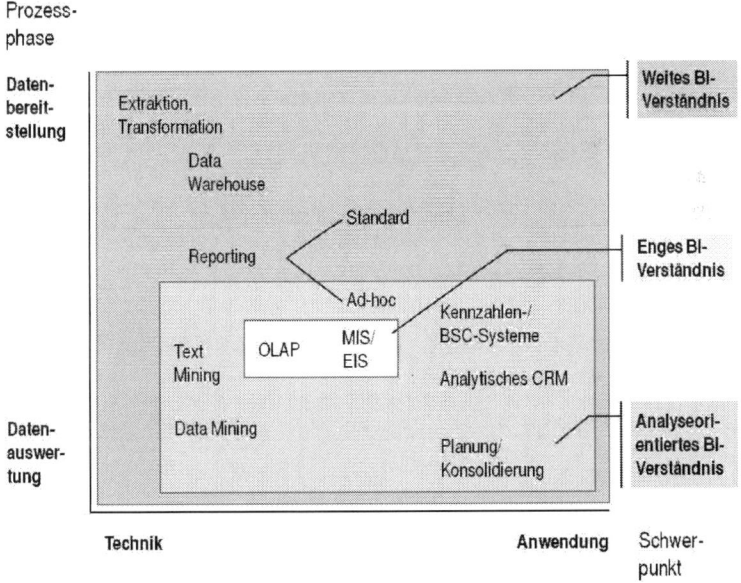

Abb. 5.43 Unterschiedliche Facetten von BI. (Von Kemper modifiziert übernommen aus Gluchowski 2001, S. 7. Vgl. Kemper et al. 2010, S. 4)

wird. Auch die unscharfen technischen Zuordnungen sind nur schwer zu verstehen. Unklar
ist z. B., warum die Planung mehr der Datenauswertung zugeordnet wird als das Reporting. Dies ist nicht nachzuvollziehen. Von daher muss die Abgrenzung deutlicher erfolgen.

Schaut man auf die/den Begründer des Begriffes BI zurück, so erkennt man hier zunächst auch den Schwerpunkt der Informationssystemseite der Definition und weniger
die fachliche, betriebswirtschaftliche Anwendung der Managementmethoden: Unter dem
Begriff *__Business Intelligence__*" versteht die *Gartner Group* die kreative, intelligente Nutzung von unternehmensweit zur Verfügung stehendem Wissen. Howard Dresner von der
Gartner Group hat diesen Begriff 1989 erstmalig geprägt als einen Umwandlungsprozess
von Daten in Informationen und mittels Erforschung in Wissen.[123]

Er prägte zudem auch den weiterführenden Begriff **Business Performance Manage-
ment(BPM)**. „Performance" bedeutet wörtlich übersetzt „Leistung". Der Begriff „Leis-
tungsmanagement" oder englisch „Performance Management" bezeichnet das Management einer Organisation, das sich mit der Leistungssteuerung (Mitarbeiter, Teams, Abteilungen, Prozesse etc. im Unternehmen) befasst.[124] Zur Steuerung und Kontrolle der
Performance dienen Zielvorgaben, Ergebniskontrollen, Leistungsbeurteilungen und die
Honorierung der Leistungen, vor allem der Mitarbeiter und Führungskräfte im Unternehmen.[125] Die Messung (Measurement) der Performance erfolgt durch eine Mischung von
quantitativen und qualitativen Größen. Zur Leistungssteuerung werden Instrumente wie
z. B. die Balanced Scorecard vorgeschlagen. Die Daten zur Messung und die generierten
Informationen zur Steuerung der Performance werden i. d. R. über die Data-Warehouse-
Ebenen bereitgestellt.

Der Begriff Business Performance Management (BPM) stellt somit eine Weiterentwicklung von Business Intelligence dar.[126] Unter BPM werden betriebswirtschaftliche
und IT-bezogene Methoden, Werkzeuge und Prozesse zur Verbesserung der Leistungsfähigkeit und Profitabilität von Unternehmen verstanden.

Während Business Intelligence eher von der Daten- und Informationsverarbeitung her
geprägt ist, fasst das Business Performance Management die Wechselwirkungen zwischen
dem Informationsversorgungssystem sowie den primären und sekundären Führungsfunk-
tionen zusammen (vgl. Abb. 5.44). BPM integriert damit informationstechnische und
betriebswirtschaftliche Methoden zur Führung und Steuerung eines Unternehmens.

Der Begriff BI hat sich aber gegenüber dem Begriff BPM in der Praxis stärker etabliert und verzahnt heute nach weiter Definitionsauslegung die Informationstechnik und
die betriebswirtschaftliche Steuerungsunterstützung. Die Aussage von Engels bezüglich
BI unterstreicht diesen Zusammenhang: „Die Hauptzielsetzung von Business Intelligence

---

[123] Vgl. Behme und Mucksch (1997, S. 15).
[124] Vgl. hierzu Bange et al. (2009, S. 7).
[125] Vgl. Jetter (2004, S. 33).
[126] Vgl. Gleich (2001). Alternativ zum Begriff Business-Performance-Management wird auch der
Begriff Corporate-Performance-Management (CPM) verwendet.

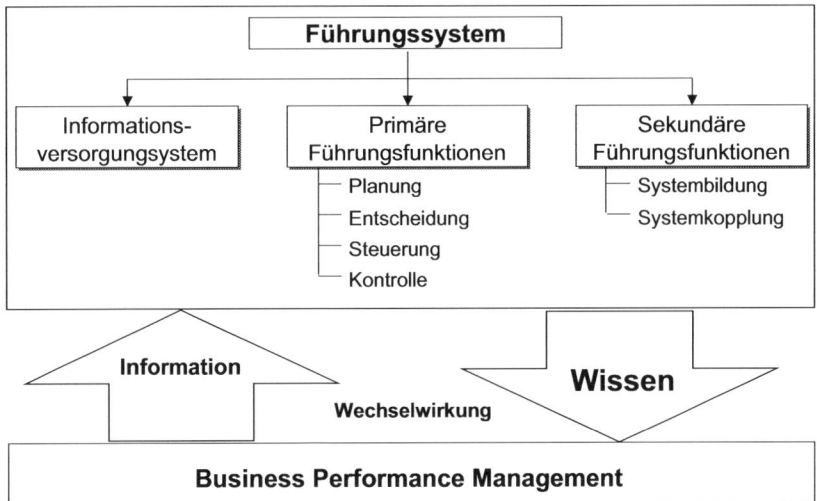

Abb. 5.44 Business Performance Management

liegt in der zielgerichteten Aufbereitung von Daten und Informationen, um betriebswirtschaftliche Entscheidungen zu verbessern."[127]

Auch die Abgrenzung zum Controlling ist schwer zu ziehen. Wenn Controlling zumeist mit der Aufgabe der zielbezogenen Entscheidungsunterstützung von Führungskräften im Unternehmen und mit den Aufgaben der Planung, Analyse, Steuerungsunterstützung, Kontrolle sowie deren Koordination verbunden wird,[128] dann ist eine Unterstützung mit IT-gestützten Systemen unabdingbar. Business Intelligence wird hier daher wie folgt definiert:

> **Business Intelligence** ist die Integration von fachlichen Managementmethoden, IT-Verfahren und analytischen Prozessen, die sowohl die Aufbereitung und Bereitstellung von Daten als auch die Aufdeckung relevanter Zusammenhänge sowie die Kommunikation der gewonnenen Erkenntnisse zur Entscheidungsunterstützung für das Management umfassen und hierzu für die Planung, die Analysen und die Prognosen leistungsfähige IT wie Data-Warehouse- und Big-Data-Technologie einsetzen.[129]

---

[127] Vgl. Engels (2015, S. 15).

[128] Vgl. Horváth (2008, S. 125) und Reichmann (2006, S. 13).

[129] Business-Intelligence-Definition von Prof. Dr. Dietmar Schön im Fachgebiet Controlling an der FH Dortmund, Juli 2017.

Wesentliches Abgrenzungsmerkmal ist hier also der Hinweis auf die IT-Unterstützung controllingrelevanter Aufgaben, weshalb auch der Begriff „**BI-gestütztes Controlling**" diesen integrativen Sachverhalt zwischen betriebswirtschaftlichen Methoden und technischer Umsetzung deutlicher macht, wie folgende Definition beschreibt:

> **BI-gestütztes Controlling** ist die zielbezogene Entscheidungsunterstützung der Führungskräfte im Unternehmen und hilft dem Management bei den Aufgaben der Planung, Analyse, Steuerung sowie deren Koordination und setzt hierfür leistungsfähige Informationstechnologien im Rahmen von Business Intelligence wie z. B. Data-Warehouse- und Big-Data-Technologie ein.

BI-gestütztes Controlling dient der Verbesserung von Entscheidungsgrundlagen für das Management, schafft die dafür notwendige Transparenz für Unternehmenshandlungen und zeigt Zusammenhänge zwischen bisher isolierten Informationen auf.[130] Unter diesem Gesichtspunkt ist BI-gestütztes Controlling also eine Klarstellung des unterstützenden Charakters von Business Intelligence für das Controlling, welche die Nutzung neuer Informationstechnologien, insbesondere die Data-Warehouse- und Big-Data-Technologie, mit den fachlichen Anwendungsmethoden des Controllings für das Management verbindet. Dies entspricht der weiten Definition von Business Intelligence.

Der Gesamtzusammenhang von enger und weiter Definition für Business Intelligence ist der Abb. 5.45 zu entnehmen. Der Begriff IT-gestütztes Controlling ist im Gegensatz zum BI-gestützten Controlling breiter aufgestellt. Er umfasst alle Informationstechnologien und schränkt sich nicht auf Business-Intelligence-Technologien ein. Beim IT-gestützten Controlling sind vor allem die Basistechnologien z. B. der ERP-Systeme für die Geschäftsabwicklung und -steuerung mit eingebunden.

Betrachtet man nur die Auswertungs- und Nutzungsebene von Daten z. B. über Frontendsysteme, Berichtsgeneratoren, Cockpits, Portale etc. dann ist dies eine sehr eng gefasste BI-Definition. Häufig wird der Begriff „Business Intelligence" auch nur mit diesen Frontend-Lösungen in Verbindung gesetzt. In diesem Falle spricht man auch von Business-Intelligence-Tools.

Die Definition kann nun schrittweise auf der Seite der IT-Sicht oder der betriebswirtschaftlichen Sicht erweitert werden.

Mögliche betriebliche Anwendungsgebiete sind:

- Reporting in allen Funktionsbereichen und Führungsebenen
- Planungs-, Budgetierungs- und Prognose-Systeme
- Konsolidierungssysteme
- Customer Relationship Management

---

[130] Vgl. Schrödl (2009, S. 13 f.).

- Supply Chain Management
- Risikomanagement
- Stakeholder-Informationssysteme
- Balanced Scorecard-Systeme
- Kennzahlensysteme, z. B. für die wertorientierte Unternehmenssteuerung
- Benchmarking
- ...

Abb. 5.45 verdeutlicht den Zusammenhang zwischen der engen und weiten Auslegung der Business-Intelligence-Definition.

Aus IT-Sicht werden transaktionale Quellsysteme, wie ERP- und CRM-Systeme, abgegrenzt. Es verbleiben die DWH- und Big-Data-Technologien inklusive ihrer Frontend-Lösungen. Hinzu kommt die betriebswirtschaftliche Steuerungsunterstützung des Managements ohne die operative Geschäftsabwicklung. Aus diesem Grunde entspricht die weite Definition von Business Intelligence dem BI-gestützten Controlling. Die potenziellen Anwender von transaktionalen Systemen unterscheiden sich von denen eines Data Warehouses und Big Data. Werden die transaktionalen Systeme überwiegend von der exekutiven Ebene (z. B. Sachbearbeiter) bedient, so werden die auswertungsorientierten Systeme wie das Data Warehouse von Controllern, Managern oder Analysten der Fachfunktionen bedient.[131]

Kemper veranschaulicht in der Abb. 5.46 den Einsatz von BI-Anwendungssystemen für steuernde Tätigkeiten in allen Managementebenen. Das BI übernimmt hierbei die Rolle

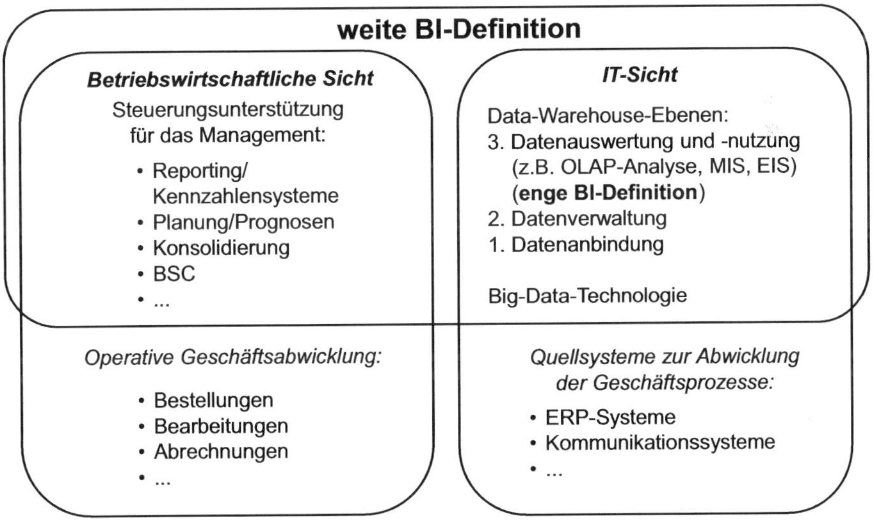

weite BI-Definition

Betriebswirtschaftliche Sicht

Steuerungsunterstützung
für das Management:

- Reporting/
  Kennzahlensysteme
- Planung/Prognosen
- Konsolidierung
- BSC
- ...

IT-Sicht

Data-Warehouse-Ebenen:
3. Datenauswertung und -nutzung
   (z.B. OLAP-Analyse, MIS, EIS)
   (enge BI-Definition)
2. Datenverwaltung
1. Datenanbindung

Big-Data-Technologie

Operative Geschäftsabwicklung:

- Bestellungen
- Bearbeitungen
- Abrechnungen
- ...

*Quellsysteme zur Abwicklung
der Geschäftsprozesse:*

- ERP-Systeme
- Kommunikationssysteme
- ...

Abb. 5.45 Enge und weite BI-Definition

---

[131] Vgl. Bange u. a. (2013, S. 9 ff.).

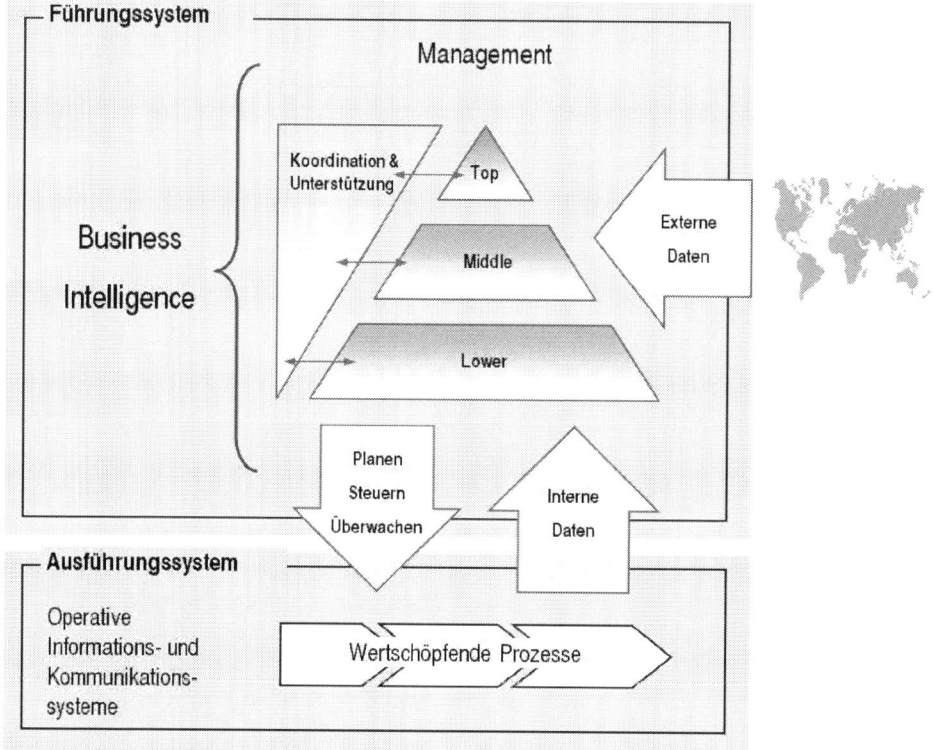

Abb. 5.46 Einsatzfelder von BI-Anwendungssystemen. (Vgl. Kemper et al. 2010, S. 9. Den BI-Einsatz im Controlling insbesondere im Reporting und in der Planung heben u. a. Seufert und Oehler hervor (Seufert und Oehler 2009).)

des Führungssystems und unterstützt bei der Anwendung betriebswirtschaftliche Funktionen wie Planen, Steuern und Überwachen.

Auch hier wird die Klammer zwischen der Sicht der IT und der Betriebswirtschaft deutlich, so dass m. E. der Begriff Business Intelligence mehr und mehr der weiten Definition folgt. Dies zeigt auch seine Definition zu BI: „Business Intelligence (BI) bezeichnet einen integrierten, unternehmensspezifischen, IT-basierten Gesamtansatz zur betrieblichen Entscheidungsunterstützung."[132] Allerdings präzisiert der Begriff IT-basierter Gesamtansatz nicht die eingesetzte Technologie und könnte somit auch ERP-Systeme umfassen. Hier wäre ein eindeutiger Hinweis auf die BI-Technologien wie z. B. Data-Warehouse- und Big-Data-Technologie notwendig.

---

[132] Vgl. Kemper et al. (2010, S. 9).

5.7 Big Data

Das Internet und die Social-Media-Plattformen rücken immer weiter in den Mittelpunkt der Gesellschaft. Im World Wide Web (WWW) werden, bewusst aber auch unbewusst, tagtäglich unzählige Daten hochgeladen, gespeichert oder geteilt. Dies gilt nicht nur für den privaten Bereich, sondern betrifft genauso die Wirtschaft und die öffentliche Verwaltung.

Die eingesetzten Informationssysteme in den Unternehmen, öffentlichen Einrichtungen und anderen Organisationen werden immer zahlreicher. Hierdurch müssen immer größere Datenmengen verarbeitet werden, wie bereits intensiv im Themenbereich Data Warehouse gezeigt wurde. Die Unternehmen und Einrichtungen haben erkannt, nicht nur die internen Daten aus den täglichen Geschäftsprozessen zu verarbeiten, sondern auch das Potenzial der Daten aus dem Internet, den sozialen Netzwerken und weiteren Datenquellen zu nutzen, um sich z. B. einerseits besser auf die künftigen Kundenbedürfnisse einzustellen, Risiken zu vermeiden und sich vom Wettbewerber abzugrenzen. Blogeinträge, Web-Logs und viele andere Daten können hier wertvolle Informationen liefern. Weiterhin liefern unsere mobilen Endgeräte wie das Handy und Notepad viele unstrukturierte Informationen wie Fotos, Videos, Audios und Navigationsdaten. Das Datenvolumen wird zudem durch die vielen sensorischen Daten wie Bewegungs- und Temperaturdaten von Bauteilen, Maschinen, Autos und Gebäuden und anderen Infrastrukturanlagen (z. B. Energieleitungen) angereichert.[133]

Diese Daten sind aber nur wertvoll, wenn aus der Menge der internen und externen Daten diejenigen Informationen identifiziert werden, mit denen die richtigen Schlussfolgerungen gezogen und Entscheidungen getroffen werden.

Die Anzahl der Daten wächst nicht nur stetig an, sondern explodiert vielmehr exponentiell. Dies belegt u. a. eine Studie der IDC (International Data Corporation) im Jahr 2011, die ergab, dass sich das Datenvolumen weltweit alle zwei Jahre mehr als verdoppelt.[134] Im Jahr 2011 betrug das weltweite Datenvolumen hiernach insgesamt 1,8 Zettabyte (1,8 Trillionen Gigabytes). Eine Folgestudie der IDC im Jahr 2012 ergab, dass das Datenvolumen im Jahr 2012 um 0,9 auf 2,7 Zettabyte anstieg.[135] Datenintensiv arbeitende Unternehmen erreichen heute schon ein Volumen von einem Petabyte (= 10^{15} Byte = 1000 Terrabyte) oder mehr. Relationale Datenbanken und auch die gezeigten Data-Warehouse-gestützten OLAP-Datenbanken kommen bei der Verarbeitung solcher großen und in weiten Teilen unstrukturierten Datenmengen an ihre Grenzen und können diese nicht mehr effizient bewältigen. Die wichtigsten Nachteile dieser Systeme, neben der unzureichenden Verarbeitung von unstrukturierten Daten, sind vor allem die mangelnde Skalierbarkeit der Datenhaltung (über Rechnergrenzen hinweg) und die Konsistenzsicherung der Daten, die einen strukturierten Aufbau und eine Distribution der Daten innerhalb eines zumeist physischen relationalen bzw. multidimensionalen Datenmodells benötigt (vgl. Abschn. 5.5). Hier setzt Big Data an.

---

[133] Vgl. Seufert (2014, S. 25).
[134] Vgl. IDC (2011).
[135] Vgl. Gesellschaft für Informatik et al. (2013).

Unstrukturierte Daten sollen kostengünstig, ortsunabhängig und mit hoher Geschwindigkeit analysiert, gespeichert und den verschiedenen Anwendern zur Verfügung gestellt werden. Big Data bietet hierfür Werkzeuge und Techniken an, mit denen das Erfassen, Speichern und Analysieren von großen unstrukturierten, strukturierten und semi-strukturierten (gemischten) Datenmengen technisch möglich und wirtschaftlich interessant wird. Big Data soll hiermit neue Erkenntnisse aus der Informationsnutzung (z. B. Abweichungen, Zusammenhänge oder Trenderkennung) zur Verbesserung der Entscheidung auf allen Führungsebenen liefern, um somit zur Wertsteigerung des Unternehmens beizutragen.

Häufig genannte Einsatzfelder von Big Data-Lösungen und deren Nutzenstiftung werden in Tab. 5.4 zusammengefasst.[136]

Tab. 5.4 Big Data: Einsatzgebiete und Nutzenstiftung

Einsatzgebiete	Nutzenstiftung durch Big Data
Marketing/ Vertrieb/ E-Commerce/ Handel	Bessere Ausrichtung auf Kundenbedürfnisse, z. B. anhand von Trends, die mit Hilfe von Daten von Onlineforen, sozialen Netzwerken oder anderen Onlineplattformen, anhand von Clickstreams, Logdaten von Webseiten oder anderen Einträgen ermittelt werden. Zudem Auswertung von weiteren markt- und kundenbezogenen Daten aus internen und externen Quellen. Hierdurch u. a.:
	– Gezielte Produktwerbung, Angebote (ohne Streuverluste) und Produktberatung für ein spezielles Kundenklientel (Kundensegmentierung)
	– Kundenbedürfnisanalyse zur gezielten Neuproduktentwicklung oder für die Erschließung neuer Geschäftsmodelle
	– Verbesserung der Reaktionszeit auf aktuelles Marktgeschehen, z. B. mit Hilfe von Stimmungs- und Trendanalysen sowie Point-of-Sale-Daten
	– Neukundengewinnung und Kundenbindung durch Wissensvorsprung sowie individuelle Angebote und Betreuung (z. B. bessere Erreichbarkeit)
	– Gezieltes Up- und Cross-Selling bzw. Verbundverkäufe
	– Identifizierung von Kaufzyklen und Trends
	– Verbesserte Absatz-/Umsatzplanung sowie Markt-/Wettbewerbsanalyse
	– Verbesserte Absatzprognosen und Retouren-Forecast
	– (Teil-)Automatisierung der Disposition
	– Bessere Abstimmung des Außen- und Innendienstes auf das Kaufverhalten bzw. Abwanderungsabsichten der Kunden
	– Identifikation von Kunden mit größtem Wert/Potenzial und bessere Kundensegmentierung
	– Individuelle Preisgestaltung und Konditionen für einzelne Kunden und Kundensegmente
	– Mustererkennung im Bereich Kundenreklamationen und Gewährleistungsanalyse
	– Churn-Management-Unterstützung zur Vermeidung von Kundenabwanderungen

---

[136] Ähnliche Beispiele findet man in unterschiedlichen Quellen, u. a. Dorschel (2015, S. 109) und Bitkom (2013).

Tab. 5.4 (Fortsetzung)

Einsatzgebiete	Nutzenstiftung durch Big Data
Produktion/ Beschaffung/ Waren- und Anlagenwirtschaft/Logistik	Maschinelles Lernen über vernetzte Sensordaten, Intelligente Bausteine (= Intelligent Devices, sie beschreiben Geräte mit interner Rechenfähigkeit wie zum Beispiel Computer, Handys, Autos aber auch Küchengeräte und Flugzeuge) und RFID-Scans (IoT/Internet der Dinge) und Smart Factory (Industrie 4.0): Vernetzung der Produkte, Anlagen, Gebäude, Logistik über intelligente Objekte, welche in einem Internet der Daten mit einander vernetzt sind und sich selbstständig steuern. Hierdurch u. a.:
	– Eventgesteuerte und proaktive Identifizierung von Mängeln sowie Monitoring von Maschinen, Geräten, Bauteilen, IT-Systemen zwecks kostengünstiger Wartung und Instandhaltung sowie das Bereitstellen von Ersatzteilen und die Verringerung von Ausfallzeiten
	– Verbesserte Prognosen der Rohstoffpreisentwicklung
	– Qualitätssicherung von Produktionsabläufen, Aufdeckung von Störungen und Fehlern. Vermeidung von Ausfällen
	– Verbesserte Produktions-, Anlagen- und Bedarfsplanung und -steuerung
	– Qualitätssicherung von gelieferten Produkten und Anlagen
	– Leistungs- und Effektivitätssteigerungen durch optimalen Ressourceneinsatz (Lernende Systeme mit Sensordaten)
	– Produktionsprozessoptimierung und Sortimentsoptimierung
	– Verbesserung der Effizienz im Einsatz von Service-Units
	– Verbesserung der Energieeffizienz
	– Optimierung von Transport- und Lagerungsvorgängen (Fahrtgeschwindigkeit, Abstände, Lagerbestände etc.)
	– Verbesserung der Fahrbahnleitsysteme, Hochregallagersysteme, Chaoslagerungssysteme
	– Verbesserung der Logistikprozesse zur Optimierung logistischer Ziele wie Termintreue, Bestandsoptimierung und Lieferfähigkeit
F + E	Auswertung von marktbezogenen, technischen und anderen internen und externen Daten. Hierdurch u. a.:
	– Gewinnung neuer Produktideen durch Trend-/Marktanalysen (Bsp. Patentanalysen) sowie der Identifikation von Kundenbedürfnissen
	– Verkürzung der Entwicklungszeiten durch schnellere Berücksichtigung und Umsetzung der Kundenbedürfnisse
	– Verbesserte Analyse von Messdaten sowie verbessertes Testen von neuen Produkten/Verfahren

Tab. 5.4 (Fortsetzung)

Einsatzgebiete	Nutzenstiftung durch Big Data
Management allgemein	Auswertung von markt-, umwelt-, umfeld- sowie unternehmensbezogenen internen und externen Daten. Hierdurch u. a.:
	– Verbesserte Managemententscheidungen durch Monitoring und Analyse von geschäftsrelevanten Ereignissen (Markt, Wettbewerb, Umwelt …)
	– Prozess- und Organisationsverbesserung
	– Verbesserte Beteiligungs- und Gesamt-Unternehmensplanung sowie Forecasting
	– Kürzere Reaktionszeiten auf Ereignisse und schneller Entscheidungsvorbereitung
Risikomanagement	Verbesserte Risikoprogose und -analyse. Hierdurch u. a.:
	– Schadensanalyse und -bewertung
	– Risiko- und Schwachstellenanalysen
	– Risikoindexermittlung zur Segmentierung von Kunden und Lieferanten hinsichtlich Verträge, Kreditfinanzierung etc.
	– Betrugsbekämpfung und Fraud Prevention
	– Frühwarnungen bezüglich neuer Risiken
Finanzen/ Rechnungswesen/ Controlling	Analyse von Detaildaten aus dem Bereich Finanzen/Rechnungswesen und Controlling sowie externen Daten. Hierdurch u. a.
	– Verbesserte Prognose der Kosten und des Erfolgs sowie des Finanz- und Kapitalbedarfs und der Vermögensentwicklung
	– Bonitätsbestimmung für die Kontraktfreigabe, Tarifermittlung, Insolvenzprognose
	– Bessere Einschätzung und Reaktion beim Zahlungsverhalten
	– Simulation, Vorhersagen, Szenarien von Kennzahlen
IT	Auswertung von Log-Files und anderen IT-Daten. Hierdurch u. a.:
	– Verbesserte Suche bei IT-Problemen, z. B. Sicherheitslücken und Performance-Problemen
	– Verbesserte IT-Nutzung und Performance-Optimierung
	– Vorausschauende IT-Wartung und Instandhaltung
Personal	Auswertung von internen und externen Daten mit Personalbezug. Hierdurch u. a.:
	– Verbesserung der Personalauswahl durch gezielte Suche nach Personalkriterien
	– Vertiefung des Unternehmenswissen durch Anreicherung externer Daten (Know-how-Gewinn)

Tab. 5.4 (Fortsetzung)

Einsatzgebiete	Nutzenstiftung durch Big Data
Banken/ Versicherungen	Interne und externe Daten im Bank- und Versicherungsgeschäft. Hierdurch u. a.:
	– Verbesserte Interpretation der Stimmungen von Investoren an der Börse in ihrer Bedeutung für die Entwicklung von Wertpapierkursen durch Sentimentsanalysen
	– Bonitätsprüfung zur Festlegung von Kreditvergabe, Dispolimits und Zinsen
	– Schadens- und Risikoanalysen und -prognosen
	– Betrugserkennung, z. B. Kreditkartenbetrug
	– Tarifstrukturoptimierung
	– Präventives Churn Management
	– Verbesserte Kundenbindung
	– Entscheidungsunterstützung für Portfolioänderungen und Portfoliooptimierung
Energieversorgung	Daten der Energieversorgungsunternehmen. Hierdurch u. a.:
	– Verbesserte Prognose des Energiebedarfes
	– Erkennung von wechselbereiten Kunden zur Neukundengewinnung oder Bestandskundenbindung
	– Tarifstrukturoptimierung
	– Bessere Nutzung und Auslastung der Ressourcen (Netz, Personal …)
Gesundheitswesen	Daten medizinischer Geräte, sowie der Diagnostik und Behandlung (z. B. auf der elektronischen Gesundheitskarte) sowie viele weitere Daten des Gesundheitswesens. Hierdurch u. a.:
	– Bessere Prognosen über Lebenserwartungen,
	– Verbesserung der medikamentösen Behandlung
	– Bessere Prognosen über den Eintritt von Krankheiten und deren Krankheitsverlauf
Telekommunikation	Daten der Telekommunikationsbranche. Hierdurch u. a.:
	– Erkennung von wechselbereiten Kunden zur Neukundengewinnung oder Bestandskundenbindung
	– Tarifstrukturoptimierung
	– Bessere Nutzung und Auslastung der Ressourcen (Netz, Personal …)
Öffentliche Verwaltung/ Politik	Interne und externe Daten der öffentlichen Verwaltung und Gesellschaft allgemein. Hierdurch u. a.:
	– Bessere Prognosen sozialer Daten: Bevölkerungsentwicklung, Kriminalitätsraten etc.
	– Mustererkennung von betrügerischen Handlungen (z. B. Steuerhinterziehung)
	– Analyse und Zusammenführung von Ermittlungsdaten bei der Polizei
	– Verbesserungen in der Meinungsforschung und bei Wahlprognosen
	– Bessere Nutzung von Geo- und GPS-Daten
Umwelt	Umweltbezogene Daten. Hierdurch u. a.:
	– Bessere Prognosen und Steuerungsmöglichkeiten hinsichtlich Emissionsbelastungen
	– Verbesserte Wetter- und Klimaprognosen

Die größten Probleme bei der Einführung und Anwendung der Big-Data-Technologie sehen die Unternehmen im fehlenden technischen und fachlichen Know-how sowie den hohen Kosten für die Erschließung der Datengrundlagen und den IT-Lösungen für das sogenannte Advanced Analytics. Weiterhin sehen die Unternehmen wie die Gesellschaft im Allgemeinen auch besondere Gefahren beim Datenschutz und der Datensicherheit.[137]

5.7.1 Das 3-V-Modell bzw. 4-V-Modell

Das junge Forschungsfeld Big Data hat bisher keine allgemein anerkannte Definition für Big Data hervorgebracht.[138] In der Praxis und in Studien fallen häufig Erklärungen, die unter Big Data die Verarbeitung großer Datenmengen, z. B. von Social-Media- und Internetdaten verstehen, und hierfür bessere Techniken für das Datenmanagement, wie z. B. verteilte Datenhaltung und Echtzeitdatenauswertungen, nutzen.[139] In den meisten Fällen sind sich IT- und Fachexperten einig, dass nur über Big Data gesprochen werden kann, wenn mindestens ein Kriterium des 3- bzw. 4-V-Modells (Volume, Variety und Volatility/Velocity bzw. Veracity) erfüllt wird.[140]

Beim 3-V-Modell handelt es sich um die Begriffe: Volume (das Volumen bzw. die Menge an Daten), Variety (die Datenvielfalt bzw. Komplexität) und Volatility bzw. Velocity (die Unbeständigkeit bzw. die Geschwindigkeit der Daten bzw. der Datenveränderung). Im 4-V-Modell wird das 3-V-Modell ergänzt um den Begriff Veracity (Richtigkeit bzw. Glaubwürdigkeit) der Daten (vgl. Abb. 5.47).[141]

* Volume (Datenmenge)
  Das Volumen beschreibt die Datenmengen, die Unternehmen intern wie extern zur Verfügung stehen, die zu groß sind um diese mit der bisherigen traditionellen Datenspeicherung, wie z. B. durch relationalen Datenbanken, zu bewältigen. Big Data erlaubt es, Daten in einem Umfang zu speichern und zu verarbeiten, der weit über die bisher bekannten Obergrenzen hinausreicht.[142] Eine Studie der IDC ergab beispielsweise, dass Sensordaten etwa 2 % des gesamten Datenvolumens weltweit ausmachen und dass dieser Anteil bis zum Jahr 2020 auf 10 % und in Deutschland auf 14 % steigen wird.[143] Je mehr Daten ein Unternehmen extrahiert, desto eher werden Zusammenhänge zwischen diesen erkennbar und Entscheidungen können auf Basis verifizierter Daten präziser getroffen werden.

---

[137] Vgl. z. B. BARC (2014, S. 23–24) und Dorschel u. a. (2015, S. 2) sowie Institut für Business Intelligence (2013).
[138] Vgl. Finlay (2014, S. 13).
[139] Vgl. IBM Institute for Business Value und Säid Business School (2012).
[140] Vgl. Gartner (2015) und Brücher (2013, S. 41 ff.).
[141] Vgl. Schroeck et al. (2015, S. 3 f.).
[142] Vgl. Finlay (2014, S. 13) und Gesellschaft für Informatik et al. (2013).
[143] Vgl. TECChannel (2014).

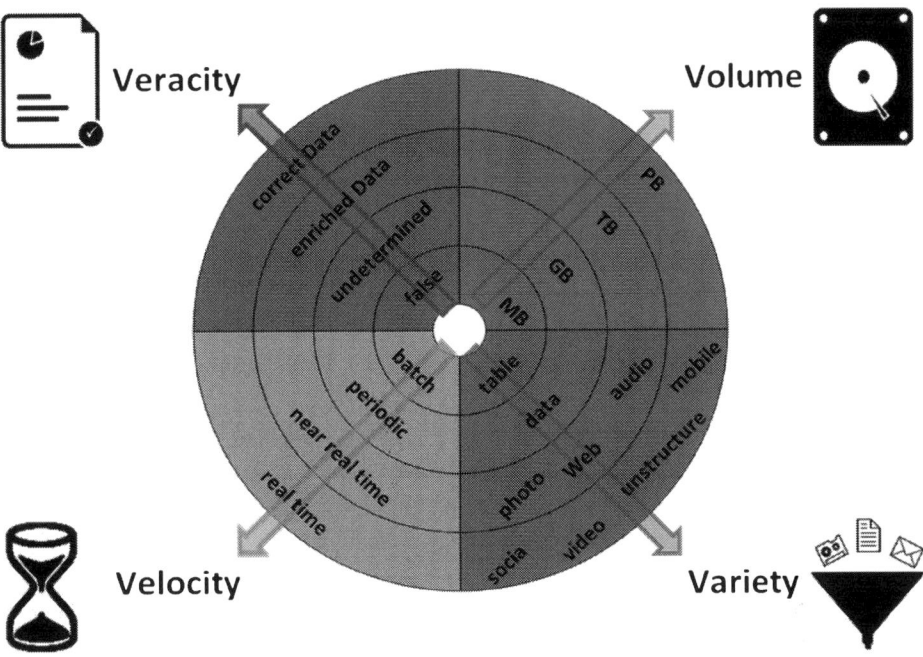

Abb. 5.47 4-V-Modell. (Eigene Darstellung angelehnt an: Klein et al. 2013)

- Variety (Datenvielfalt/Komplexität)
  Das Merkmal Variety beschreibt die Datenvielfalt und Komplexität von Daten. Die zu speichernden Daten haben i. d. R. nicht die gleiche Struktur. Unterschieden werden strukturierte Daten sowie unstrukturierte Daten. Unter strukturierten Daten versteht man zum Beispiel Daten einer relationalen Tabelle mit Namen, Alter oder Einkommen eines Mitarbeiters.[144] Beispiele für unstrukturierte Daten sind unter anderem, maschinengenerierte Daten wie Sensordaten und Web-Logs sowie Bilder, Audio- und Videodateien, deren Datentyp unterschiedlich ist.[145] Zudem gibt es Mischformen, sogenannte semi-strukturierte Daten, die man z. B. in einer E-Mail findet. Eine E-Mail enthält im Kopf strukturierte Daten wie den Absender und das Sendedatum, enthält aber im Textfeld häufig unstrukturierte Daten, z. B. den Texteintrag mit Anhängen und Bildern. Bei der Verwendung strukturierter und unstrukturierter Daten spricht man auch von polystrukturierten Daten.
- Velocity (Datengeschwindigkeit) und Volatility (Datenunbeständigkeit)
  Die dritte Eigenschaft befasst sich mit der Datengeschwindigkeit (Velocity) und der Datenunbeständigkeit (Volatility) der Daten. Daten, z. B. im Internet und in sozialen Netzwerken, werden ständig ergänzt oder erneuert, was bedeutet, dass neben der Ver-

---

[144] Vgl. Finlay (2014, S. 13).
[145] Vgl. Sack (2013).

arbeitungsmenge die Datenverarbeitungsgeschwindigkeit und die Aktualisierung von großer Relevanz sind. Daten sollten möglichst in Echtzeit ausgewertet werden können. Datenänderungen sind nachzuvollziehen, alte Einträge müssen durch neue Einträge ersetzt oder ergänzt werden.

Zu unterscheiden sind Daten die relativ konstant oder nicht konstant sind. Relativ konstante Daten sind u. a. Namen von Kunden, das Geschlecht oder die Nationalität. Inkonstante Daten sind Daten, die sich (häufig) ändern, wie zum Beispiel der Preis und die Menge einer Bestellung beim Lieferanten oder die Geschwindigkeit einer Maschine.[146]

- Veracity (Richtigkeit/Echtheit der Daten)
  IBM führte als viertes Kriterium die Richtigkeit und Echtheit (Veracity) der Daten ein.[147] Da die Daten aus unterschiedlichen Quellen stammen und unterschiedliche Strukturen aufweisen, müssen die Daten harmonisiert und abgestimmt werden. Falsche Daten sind zu löschen, unbestimmte Daten sind durch Transformation zu ergänzen, so dass die gewonnen Informationen keinen Widerspruch ergeben. Die Datenqualität und Sicherheit der Daten muss bei der Bearbeitung und Auswertung der Daten beachtet werden (vgl. Abschn. 4.2.4.4). Beispiele für falsche Daten sind z. B. Übersetzungsfehler oder irreführende Werbung.[148] Nicht widerspruchsfreie Daten ergeben sich z. B. durch die Verwendung alter Quellen, wie z. B. eine alte Lieferanschrift oder Telefonnummer.

Da alle Kriterien des 3- bzw. 4-V-Modells in der Praxis nicht alleine, sondern i. d. R. zusammen wirken, kann die These aufgestellt werden, dass Big-Data-Lösungen dann für Unternehmen und Einrichtungen interessant sind, wenn alle 4 Kriterien auf die zu nutzenden Daten zutreffen.

Big Data wird zunächst nur für größere Unternehmen, später aber auch für den Mittelstand, interessante Erweiterungsmöglichkeiten in der Datenverarbeitung bieten.

5.7.2 Technische Grundlagen für Big Data

Zum Verständnis für Big Data werden zunächst vier technische Grundlagen erläutert: die In-Memory-Technik, NoSQL-Datenbanken, Hadoop als Java-Framework und analytische Datenbanken.

5.7.2.1 In-Memory-Technik
Mit Hilfe der In-Memory-Technik werden Daten auf dem Hauptspeicher hinterlegt und nicht wie üblich auf Festplatten. Somit können sie schneller abgerufen und Datenana-

---

[146] Vgl. Finlay (2014, S. 13).
[147] Vgl. IBM Institute for Business Value und Säid Business School (2012, S. 4).
[148] Vgl. Freiknecht (2014, S. 13).

lysen beschleunigt durchgeführt werden.[149] Abfragen von RDBMS auf Festplatten liegen im Bereich von Millisekunden, Zugriffszeiten von In-Memory-Datenbankabfragen im Bereich von Nanosekunden. Der vermehrte Einsatz von Hauptspeicher wird zum einen durch den enormen Preisverfall ermöglicht. Weiterhin erlaubt die Entwicklung von 64-Bit-Systemen eine effektivere Nutzung, wodurch moderne Server mittlerweile über mehrere Terabytes Hauptspeicher verfügen.[150]

Die Speicherung der Daten im Hauptspeicher birgt allerdings auch die große Gefahr, dass z. B. bei einem Systemausfall aufgrund eines Stromausfalls alle Daten des Hauptspeichers verloren gehen können.[151] Aus diesem Grunde bietet es sich an, alle wichtigen Daten im Normalfall auch auf der persistenten Festplatte zu speichern.

Bei den In-Memory-Konzepten werden reine In-Memory-Systeme und Hybrid-In-Memory-Systeme unterschieden. Bei den reinen In-Memory-Systemen handelt es sich um Systeme, bei denen alle Daten auf dem Hauptspeicher hinterlegt sind und Festplatten als persistenter Speicher zur Sicherheit genutzt werden. Dies ermöglicht schnellere Zugriffe auf die Daten im Hauptspeicher. Es muss jedoch sichergestellt werden, dass genug Speicher für Änderungen vorhanden ist. Weiterhin ist bei reinen In-Memory-Systemen zu unterscheiden, ob die Daten nur auf einem Server oder auf verteilten Servern genutzt werden. Bei verteilten In-Memory-Systemen erfolgt die Verteilung über In-Memory Data Grids. Dabei ist sowohl die gesamte Nutzung des Hauptspeichers eines Servers erlaubt (Scale-up) als auch die Möglichkeit seine Daten auf weiteren Servern bzw. Hauptspeichern zu speichern (Scale-out). Das Grid sorgt dafür, dass es möglich ist auf unterschiedliche Server zuzugreifen.

Bei den Hybrid-In-Memory-Systemen wird nur ein Teil der Daten auf dem Hauptspeicher hinterlegt und der Rest auf der Festplatte. Diese Hybrid-Systeme nennt man auch Temperatur-Modell, da die relevanten Daten im Hauptspeicher als Hot-Data und die weniger relevanten Daten als Cold-Data bezeichnet werden. Dies hat den Vorteil, dass nur die benötigten Hot-Data im Hauptspeicher zur Verfügung gestellt werden müssen, um hier die Daten schneller bearbeiten und auswerten zu können.[152]

5.7.2.2 NoSQL-Datenbanken

NoSQL-Datenbanken müssen von relationale Datenbanken und OLAP-Datenbanken (siehe Abschn. 5.5.4) unterschieden werden. Dabei steht NoSQL nicht für „kein SQL", sondern für „nicht nur" also „not only SQL".[153] NoSQL sollen dabei traditionelle SQL-Datenbanken in den Unternehmen nicht verdrängen, sondern sinnvoll ergänzen. NoSQL kann auch als Vereinigung aller nicht relationalen Datenbanken verstanden werden, die in der Lage sind, große Mengen von unstrukturierten und strukturierten Daten zu verarbeiten.

---

[149] Vgl. z. B. Gluchowski und Chamoni (2016, S. 189).
[150] Vgl. Brenckmann und Pöhling (2012).
[151] Vgl. Schmitz (2015, S. 236).
[152] Vgl. Bitkom (2014, S. 21–24, 45–47).
[153] Vgl. Walker-Morgan (2010).

NoSQL-Datenbanken zeichnen sich dadurch aus, dass sie unstrukturierte Daten wie
z. B. Daten aus sozialen Netzwerken (Bilder, Texte, Videos etc.) besser verarbeiten und
verwalten können. Sie gewährleisten eine Speicherung von großen Datenmengen, wobei auf absolute Datenkonsistenz und die Strukturierung der Daten, wie bei SQL- oder
OLAP-Datenbanken, verzichtet wird.[154] Die NoSQL-Datenbankstrukturen verteilten ihre
Rechenleistung und Speicherkapazitäten auf einem Systemverbund, der auch mit weniger
leistungsfähigerer und kostengünstigerer Hardware betrieben werden kann.[155]

Versucht man NoSQL zu definieren, so zeichnen sich NoSQL-Datenbanken vor allem
durch folgende Eigenschaften aus: Sie sind nicht relational, schemafrei und offen für Veränderungen, die Daten lassen sich einfach verteilen, die Daten sind horizontal skalierbar
und Replikationen von Daten sind einfach möglich.[156]

Zur Speicherung und Auswertung der Daten müssen diese nicht immer in Beziehung
stehen. Daher werden die Daten ohne festgelegtes Schema und Struktur gespeichert.

NoSQL-Datenbanken unterliegen nicht den ACID-Eigenschaften von relationalen Datenbanken, die bei sicherheitskritischen Daten wie Kontobewegungen und Rechnungs-
positionen von großer Relevanz sind. ACID steht hierbei für: Atomicity (atomar), Consistency (konsistent), Isolation (isoliert) und Durability (dauerhaft).[157] Für das Beispiel
einer Überweisung als Finanztransaktion heißt das z. B., dass eine Transaktion aus mehreren nach- oder nebeneinander ausgeführten Befehlen (Zahlungseingabe, Prüfung, Ver-
buchung) besteht und sie nur dann als abgeschlossen gilt, wenn alle Befehle erfolgreich
abgeschlossen sind (atomare Transaktionen). Konsistente Daten liegen nur dann vor, wenn
Datenintegrität vorliegt, beispielsweise muss bei einer Zahlungstransaktion das angege-
bene Konto existieren. Weiterhin dürfen mehrere Transaktionen (Überweisungen) nicht
parallel sondern nur nacheinander erfolgen (Isolation). Die Ein- und Auszahlungen aus
der Überweisung werden dauerhaft im System gespeichert (Durability) und können auch
nach einem Systemabsturz auf dem Konto nachvollzogen werden.

Bei unstrukturierten Daten, wie z. B. in sozialen Netzwerken, stehen nicht die Konsistenz, sondern die kurze Reaktionszeit und die Ausfalltoleranz sowie die Verfügbarkeit
der Daten im Vordergrund. Daher müssen die Anforderungen des ACID-Prinzips gelockert werden. Mit Hilfe des Brewer-Theorems bzw. des **CAP-Theorems** (Consistency,
Availability, Partition tolerance) wird der Zusammenhang dieser drei Eigenschaften beschrieben:[158]

Consistency (Konsistenz): Nach Abschluss einer Transaktion muss die Datenbank in
einem konsistenten Zustand hinterlassen werden. Das bedeutet, wenn ein Knoten innerhalb eines Clusters verändert wird, müssen alle anderen Knoten, die einen Lese- bzw.
Schreibzugriff auf diesen Knoten haben, informiert (aktualisiert) werden, was bei mehr
als tausend Knoten die Reaktionszeit des Systems beeinträchtigt.

[154] Vgl. Sack (2013).
[155] Fasel und Meier (2016, S. 6 f.).
[156] NoSQL Databases (http://nosql-database.org/. Zugegriffen am: 15.12.2014).
[157] Vgl. Warner (2007, S. 480–485).
[158] Vgl. Edlich et al. (2010, S. 31–33).

Availability (Verfügbarkeit): Die Antwortzeiten eines Systems sollten akzeptabel sein und das System verfügbar.

Partition tolerance (Ausfalltoleranz): Der Ausfall eines Knotens im System (Cluster) soll keine Auswirkungen auf das gesamte System haben. Das System muss also in der Lage sein weiterzuarbeiten, als wenn der betroffene ausgefallende Knoten nicht existent wäre. Diese Ausfalltoleranz ist nur mit Replikationen von Daten möglich.[159]

In der Praxis lässt sich leicht feststellen, dass es in verteilten Systemen mit großen Datenmengen schwierig ist, alle drei Anforderungen gleichzeitig zu erfüllen. Wenn z. B. für eine Datenbank die Verfügbarkeit der Daten sowie die Ausfalltoleranz als wichtig eingeschätzt wird (Soziale Netzwerke), soll laut dem Theorem die Anforderung nach der Konsistenz gelockert werden. Je nach Einsatzgebiet einer Datenbank lassen sich somit Datenbanken unterscheiden, die nur zwei der drei Eigenschaften des CAP-Theorems erfüllen. Folgende drei Arten von Datenbanksystemen lassen sich unterscheiden:

CP-Systeme verzichten vollständig auf die Verfügbarkeit, gewährleisten aber Ausfalltoleranz und Konsistenz. Sie kommen beispielsweise bei Bankanwendungen in Betracht, wo die Konsistenz der Daten das oberste Gebot darstellt.

CA-Systeme unterstützen die Eigenschaften Konsistenz und Verfügbarkeit der Daten, verzichtet aber auf die Ausfalltoleranz. Bei verteilten Systemen kann diese Kombination nicht angewendet werden, da bei jedem Ausfall eines Knotens das System nicht mehr ordnungsgemäß funktionieren würde. Sie kommen daher bei klassischen relationalen Datenbanksystemen zum Einsatz, die nicht mit verteilten Systemen und Knoten, sondern mit einem System arbeiten.

AP-Systeme verzichten auf die vollständige Konsistenz der Daten und stellen Verfügbarkeit und Ausfalltoleranz in den Vordergrund. Dies bedeutet, dass alle Knoten im System nicht immer den gleichen Wert eines Attributes sehen. Es kann zu erheblichen Verzögerungen der Aktualisierung der Daten kommen, bis die Konsistenz der Daten wieder hergestellt ist. Diese Systeme kommen meistens bei DNS (Domain Name System) bzw. Cloud Computing zum Einsatz, wo es Stunden oder Tage dauern kann, bis eine durchgeführte Änderung sichtbar wird.

Abb. 5.48 zeigt beispielhaft ausgewählte Datenbanken für unterschiedliche Systemarten in der Zuordnung des CAP-Theorems.

Da in verteilten Systemen eine strenge Konsistenz, wie in den ACID-Eigenschaften beschrieben, nur aufwendig umzusetzen wäre und eine Entscheidung für eine Systemauswahl im Sinne des CAP-Theorems immer wieder Nachteile durch Vernachlässigung einer Eigenschaft mit sich bringt, suchte man Alternativlösungen. Aus diesem Grunde wurde BASE (Basically, Available, Soft State, Eventually consistent) entwickelt, die in den meisten NoSQL-Datenbanken eingesetzt wird. Hierbei handelt es sich um eine Weiterentwicklung, die versucht die Nachteile der ACID-Eigenschaften sowie die Schwächen des CAP-Theorems zu beheben. In diesem Modell steht die Verfügbarkeit mit akzeptablen

---

[159] Fasel und Meier (2016, S. 12).

Abb. 5.48 CAP-Theorem. (In
Anlehnung an NN/w3resource
(2015))

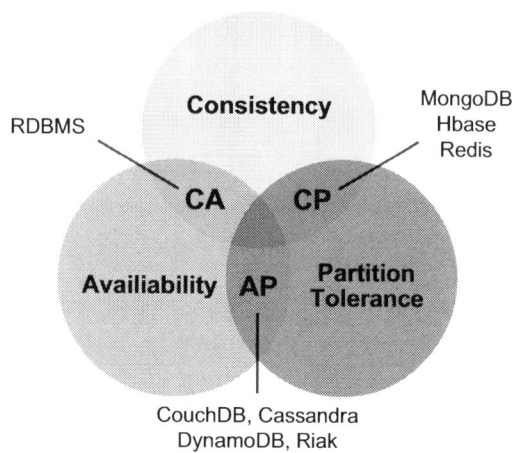

Reaktionszeiten im Vordergrund. Die Ausfalltoleranz muss gewährt sein. Die Konsistenz
ist zweitrangig, da man davon ausgeht, dass sie mit der Zeit erreicht wird.

Eine wichtige Basistechnologie von NoSQL-Datenbanken ist daher Multiversion Con-
currency Control (MVCC). MVCC wurde entwickelt, um mehrere Nutzer gleichzeitig an
Datenbeständen Veränderungen vornehmen zu lassen, ohne dass sie wie bei relationalen Datenbanken gesperrt werden und so nur sequenzielle Arbeiten möglich sind. Dieses
wird erreicht, indem beim Einfügen, Löschen oder Ändern eines Datensatzes immer eine
neue Version erstellt wird. Jede Version enthält einen Zeitstempel oder eine fortlaufende
Transaktionsnummer, die auf die vorhergehende Version verweist. Da mehrere Versionen
desselben Datensatzes gespeichert werden, führt dies zu einem höheren Speicherbedarf.
Um dies nicht ausufern zu lassen werden in regelmäßigen Zeitabständen alte Versionen gelöscht. Werden gleichzeitig unterschiedliche Attribute (z. B. die Rechnungs- und
Lieferadresse) des Datensatzes durch verschiedene Anwender geändert, so ist eine Syn-
chronisierug erforderlich. Gibt es Konflikte, dass hierbei ein Attribut (z. B. der Name)
unterschiedlich von zwei oder mehreren Anwendern geändert wurde, erhalten die Anwender eine Konfliktmeldung, die zu beheben ist.

5.7.2.3 Hadoop

Hadoop ist eine freie auf JAVA basierende Open Source. Es handelt sich um ein Java-
Framework, welches Daten auf vielen Rechnern innerhalb eines Systems verteilt speichern kann und bei dem die Daten parallel bearbeitet werden können. Das Framework ist
sowohl für die Bearbeitung großer Mengen unstrukturierter und strukturierter Datenmengen ausgelegt. Es wird nicht auf teure Hardware gesetzt, sondern auf günstige Systeme
(z. B. normale PCs), die auch Commodity-Hardware genannt werden. Vor diesem Hintergrund wird nicht auf den bereits beschriebenen Scale-up Effekt (also das Anschaffen
neuer Hardware) gesetzt, sondern vielmehr darauf, dass die bereits vorhandenen Server
bzw. Cluster um weitere Knoten erweitert werden. Dabei handelt es sich dann um den
Scale-Out Effekt.

Es werden drei maßgebliche Hadoop-Komponenten unterschieden: das HDFS (Hadoop Distributed File System), das Hadoop Map Reduce und YARN.[160]

Bei HDFS handelt es sich um ein hochverteiltes Dateisystem zur Speicherung großer Datenmengen auf die Knoten mehrerer Rechner. Es gehört zu den Kernelementen von Hadoop, mit dem Daten im Gegensatz zu relationalen Datenbanken gleichzeitig gelesen und geschrieben werden können. Um große Datenmengen effizient zu speichern, wird sie mit dem Map-Reduce-Verfahren in Blöcke aufgeteilt und gleichmäßig auf alle Rechner im Cluster verteilt.

Hadoop Map Reduce ist ein Programmierframework zur verteilten Verarbeitung von Daten gemäß der zweiphasigen Verarbeitung durch Map- und Reduce-Funktionen. Das Verfahren nutzt die verteilte Speicherung der Daten auf mehreren Rechnern und wird parallel auf diesen Rechnern ausgeführt. Damit große Berechnungen schneller ausgeführt werden können, sind sie auf mehrere Rechner aufgeteilt (Map-Funktion) und nach den Berechnungen sorgt das Framework für die Zusammenführung der Teilergebnisse (Reduce-Funktion). Mit dem Map-Reduce-Verfahren ist die Ausfallsicherheit in einem Cluster sehr groß, da dieser sehr viele Rechner enthält und die Blöcke als Duplikate mehrfach an einzelne Rechner gesendet werden. Falls ein Knoten ausfällt, kann ein anderer, der über die Kopie verfügt, die Arbeit übernehmen. Somit kommt es weder zur Verzögerung noch zum Abbruch des Prozesses. Nachteilig im Vergleich zu RDBMS ist, dass die Definition und die Durchführung von Abfragen in einem Map-Reduce-System deutlich mehr Zeit benötigt.

Bei YARN (Yet Another Resource Negotiator) handelt es sich um „ein Programmiermodel, welches erlaubt, dass beliebige Anwendungen verteilt auf einem Hadoop-Cluster ausgeführt werden und für diese Ausführungen eine genaue Anzahl an Ressourcen zu reservieren" sind.[161] YARN verwaltet im Sinne einer Zwischenschicht alle im Cluster verfügbaren Ressourcen wie CPU, RAM und Speicher. Mit Hilfe von YARN können In-Memory-Verarbeitungssysteme wie „Spark" und Real Time Streaming Frameworks wie „STORM" direkt an HDFS angebunden werden. Apache Spark wird ebenfalls zur Verarbeitung und Speicherung sehr großer Datenmengen verwendet und kann als Nachfolger von Hadoop bezeichnet werden. Die Technologie ist ebenso kostenfrei nutzbar und basiert auf einem Hardware-Cluster. Zusätzlich kann Spark im Vergleich zu Hadoop Echtzeitdatenanalysen auch bei sehr großen Datenmengen durchführen. Dies liegt daran, dass Spark im Gegensatz zu Hadoop, welches auf dem Map-Reduce-Verfahren basiert, auf In-Memory-Datenverarbeitung setzt. Die Daten werden in den Arbeitsspeichern der Cluster-Knoten gespeichert und verarbeitet. Dabei können neben Daten aus dem Hadoop Distributed File System auch Daten aus relationalen Datenbanken wie Hive und NoSQL-Datenbanken verarbeitet werden. Insgesamt kann Spark aufgrund eines Machine-Learning-Algorithmus deutlich komplexere Aufgaben als Hadoop bearbeiten.[162] Mit STORM

---

[160] Vgl. Freiknecht (2014, S. 20).
[161] Vgl. Freiknecht (2014, S. 20) und Bitkom (2014, S. 39).
[162] Vgl. Big Data Blog (2015).

lassen sich Datenströme in dem Moment analysieren (Echtzeit), wo sie anfallen, und müssen nicht erst in einer Datenbank gespeichert werden.[163] Obwohl HDFS, Map-Reduce und YARN auch unabhängig voneinander eingesetzt werden können, entfaltet Hadoop durch deren integrative Nutzung seine Stärken.[164]

Die Verwendung von Hadoop hat Auswirkungen auf das 3- bzw. 4-V-Modell. Hadoop-Technologien beeinflussen das Datenvolumen, die Datengeschwindigkeit, die Datenvielfalt und die Datengenauigkeit.

Hadoop wird zudem als Transformationsplattform im Rahmen des ELT-Prozesses verwendet. Im Gegensatz zum ETL-Prozess werden die Phasen im **ELT-Prozess** in der Reihenfolge verändert.[165] Nach der Extraktion tauschen die Lade- und Transformationsprozesse die Plätze. Im Gegensatz zum ETL-Prozess werden im ELT-Prozess alle Daten der verschiedenen Quellsystemen extrahiert, bereinigt und dann gespeichert, egal ob sie für das Ergebnis relevant sind oder nicht. Die Transformation führt die unstrukturierten Daten dann in ein gleiches Format. Sie erfolgt nur dann, wenn die Daten speziell für eine Anfrage relevant sind und angefordert werden. Dieser Prozess verbraucht mehr Speicherplatz, aufgrund der Menge der gespeicherten Daten, die vielleicht nie angefragt werden.

Da in vielen Unternehmen noch viele relationale Datenbanksysteme im Einsatz sind, gibt es zudem die Möglichkeit, Daten von relationalen Datenbanken zum Hadoop zu exportieren bzw. zu importieren. Hierfür kann z. B. Sqoop genutzt werden.[166] Interessant für Data-Warehouse-Lösungen ist der Export der Ergebnisse der Hadoop Verarbeitung z. B. in Data Marts, während die Rohdaten im Hadoop-System existieren. Der Vorteil dieses Weges liegt in der performanten Verwendung von SQL bzw. MSQL als Abfragesprache, vor allem bei „veredelten strukturierten" Daten im DWH. Mit Hive bietet Hadoop zwar eine zugehörige Datenbank mit SQL-ähnlicher Sprache an, diese ist aber derzeit bei weitem nicht so leistungsfähig, wie die relationalen bzw. multidimensionalen Datenbanken der DWH-Lösungen. Deshalb bietet es sich an, DHW- und Hadoop-Datenhaltungen sinnvoll zu kombinieren. Es sind aber auch umgekehrte Wege möglich, indem große historische Datenmengen des DWH, die gerne auch Legacy-Daten genannt werden, an die Datenhaltung der Big-Data-Technologie gesendet (vererbt) und von dort aus mit den Vorteilen der In-Memory-Technik ausgewertet werden.

5.7.2.4 Analytische Datenbanken

Datenbanken, die riesige Datenmengen verarbeiten und auf analytische Anwendungen ausgerichtet sind, werden auch als „**analytische Datenbanken**" bezeichnet. Sie zeichnen sich durch Kombination von Spaltenorientierung, Datenkompression, In-Memory-Technik und parallele Speicherung und Verarbeitung aus. Auch im Mehrbenutzerbetrieb erreichen sie hohe Abfragefrequenzen. Mit der Entwicklung „analytischer Datenbanken"

---

[163] Vgl. Kaufmann (2014, S. 369).
[164] Vgl. Freiknecht (2014, S. 20).
[165] Data Academy und Davenport (2008).
[166] Vgl. Wartala (2012, S. 180–183).

sind Fortschritte in der Datenbanktechnologie zu betrachten, die vor allem folgende Merkmale aufweisen:[167]

- In-Memory-Speicherung (vgl. Abschn. 5.7.2.1)
- Unterschiedliche Speicherformen (vor allem spaltenorientierte aber auch zeilenorientierte und hybride Datenhaltung)
- Massive parallele Verarbeitung von Daten
- Hohe Kompression von Daten zur Vorhaltung „In Memory" bzw. zur Reduktion von Festplattenzugriffen sowie die Verarbeitung komprimierter Daten ohne Dekompression

Der Unterschied zeilen- bzw. spaltenorientierter Speicherkonzepte wird in der Abb. 5.49 dargestellt.

Bei der zeilenbasierten Speicherung werden die Daten aneinanderhängend in einer Zeile (Tupel) gespeichert. Weitere Zeilen können einfach hinzugefügt oder aktualisiert werden. Diese Form der Datenspeicherung ist für analytische Zwecke ungeeignet da alle, und somit auch nicht benötigte Daten, gelesen werden. Die Daten einer Zeile sind nicht in einer, sondern auf verschiedene Datenbanken verteilt gespeichert und werden speziell für die Abfrage geladen, wodurch die Abfrage länger dauert. Diese Methode der Speicherung ist dann sinnvoll, wenn viele Spalten und nur einzelne Zeilen für Abfragen benötigt werden.[168]

Im Rahmen der spaltenorientierten Datenverarbeitung werden die Spalten nacheinander in Blöcken gespeichert und bei Abfragen nur die benötigten Spalten gelesen. Diese Form der Speicherung ist vorteilhaft, wenn viele Zeilen und nur wenige Spalten für Abfragen herangezogen werden. Sie eignet sich für Auswertungen, bei denen häufig Aggregationsfunktionen auf einzelne Spalten angewendet werden. Wenn sich Datensätze oft ändern, ist die spaltenorientierte Speicherung nicht sehr effizient, da für den Schreibprozess zunächst die richtige Spalte und danach die richtige Zeile identifiziert werden muss.[169]

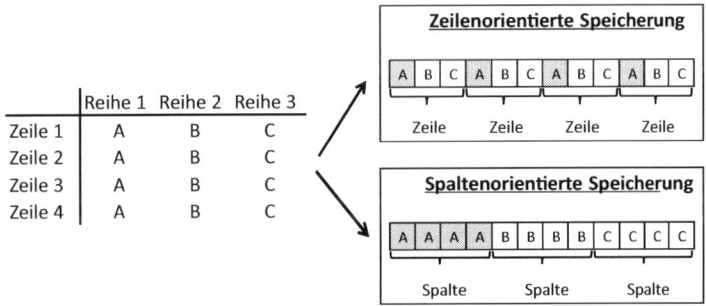

Abb. 5.49 Zeilen- bzw. spaltenorientierte Speicherung. (Vgl. Plattner 2011, S. 37)

---

[167] Vgl. Müller (2014, S. 450) und Alexander und Grosser (2017).
[168] Vgl. Berg und Silvia (2013, S. 41).
[169] Vgl. Berg und Silvia (2013, S. 41).

Bei der massiven parallelen Verarbeitung der Daten werden herkömmliche Datenbanken verwendet, die auf mehreren speziellen Hardware-Systemen (Appliance) vorkonfiguriert implementiert sind. Diese können gleichzeitig verwendet werden. Mit Hilfe von speziellen Algorithmen und Zugriffsmethoden werden die Zugriffe und Berechnungen mit Hilfe von Datenclustern parallel auf den verteilten Systemen synchronisiert durchgeführt. Massenparallelrechner-Datenbanken sind auch unter der Abkürzung MPP (Massively Parallel Processing) bekannt.[170] Bei der Kompression von Daten wird u. a. mit materialisierten Sichten (MatViews) gearbeitet. MatViews beinhalten Kopien von Daten, die z. B. voraggregiert, berechnet, umgeschlüsselt oder umbenannt worden sind. Analysen greifen statt auf die Grunddaten auf die MatViews zu, um die Abfragegeschwindigkeit zu erhöhen, da z. B. Berechnungen und Aggregationen entfallen. Hierdurch verringern sich zudem die Zugriffe auf die Festplatte oder die komprimierten Daten werden direkt im Hauptspeicher verarbeitet. Eine weitere Möglichkeit eine Reduzierung der Festplattenzugriffe zu erreichen besteht in einer besseren Organisation der physischen Daten auf den Datenträgern.[171]

Bei der Weiterentwicklung der Datenbanktechnologien ist die Leistungsfähigkeit hinsichtlich der Abfragegeschwindigkeit der Daten im Auge zu behalten. Derzeit spricht viel dafür, dass Big Data die traditionellen relationalen Datenbanksysteme sowie die OLAP-gestützten Data Warehouse-Systeme nicht einfach ablösen wird, sondern vielmehr eine leistungsfähige Integration unterschiedlicher analytischer Plattformen bei gleichzeitig hoher Datenqualität entsteht.[172] Die Vor- und Nachteile der jeweiligen Datenhaltung sind entsprechend abzuwägen und im Rahmen einer Wirtschaftlichkeitsanalyse bei der IT-Strategie und Investitionsentscheidung zu berücksichtigen. Big Data ist kein Garant für Wettbewerbsfähigkeit und Erfolg, sondern unterliegt im Rahmen der IT-Investitionen den gleichen Wirtschaftlichkeitsbetrachtungen von Kosten und Nutzen.[173]

Beispiele aus der Unternehmenspraxis zeigen, dass sowohl ERP-Systeme als auch Data Warehouses-Lösungen mit Big-Data-Technologie eingesetzt werden und somit die Datenhaltung mit Big-Data-Technologie abgewickelt wird.[174] Es zeigen sich aber auch Beispiele und Meinungen, die Big-Data-Technologie ergänzend zu den bisherigen Systemen einsetzen. In diesem Fall wird auch von hybriden Technologie-Ansätzen gesprochen.[175] Die hybride Technologie wird auch durch den „Best of Breed"-Ansatz unterstützt, bei dem die beste Technologie für den jeweiligen Anwendungszweck eingesetzt werden soll.[176]

---

[170] Vgl. Alexander und Grosser (2017) und Intelligence.de (2017).
[171] Vgl. Intelligence.de (2017).
[172] Vgl. BARC (2014, S. 23–24).
[173] Vgl. Baumöl und Berlitz (2014, S. 169).
[174] Zum Beispiel SAP BW on Hana beim Schuhkonzern Reno, Schäfer (2014).
[175] Vgl. Welker (2015).
[176] Frietsch (2016, S. 169 f.).

5.7.3   Explorative Business Intelligence und Business Analytics

Erweitert man den traditionellen Business-Intelligence-Ansatz (Traditionelle BI) mit einer klassischen DWH-Architektur so ergeben sich im Zusammenhang mit Big Data Erweiterungsmöglichkeiten zu einem explorativem Business-Intelligence-Ansatz, der in der Abb. 5.50 aufgeführt wird. Der Begriff Business Intelligence wird um das Wort „explorativ" ergänzt. Explorativ steht hier für das Erkunden und Erforschen von vielen zumeist unstrukturierten Daten, von denen bisher nur wenig Wissen und Zusammenhänge für das Unternehmen genutzt werden konnten. Die explorative BI erweitert die traditionelle BI um Big-Data-Analytics (u. a. im Zusammenhang mit Predictive und Prescriptive Analytics). Insbesondere die verwendeten mathematisch-statistischen Methoden, die für prädiktive und präskriptive Prognosen benötigt werden, unterstützen diese Begriffswahl.

In der **ersten Ebene** erfolgt die **Datenanbindung**, die im explorativen BI um zahlreiche zumeist externe Quellen mit strukturierten und unstrukturierten Daten (RFID-Sensordaten, Web-Logs etc.) angereichert werden. Die Daten werden in der Staging Area über ELT-Prozesse in die oben bereits beschriebenen Datenhaltung der Big-Data-Technologien (NoSQL-Datenbanken, Hadoop/HDFS bzw. analytische Datenbanken) transportiert. Diese Datensammlung im Rahmen der Big-Data-Technologie wird unter dem Begriff „**Data**

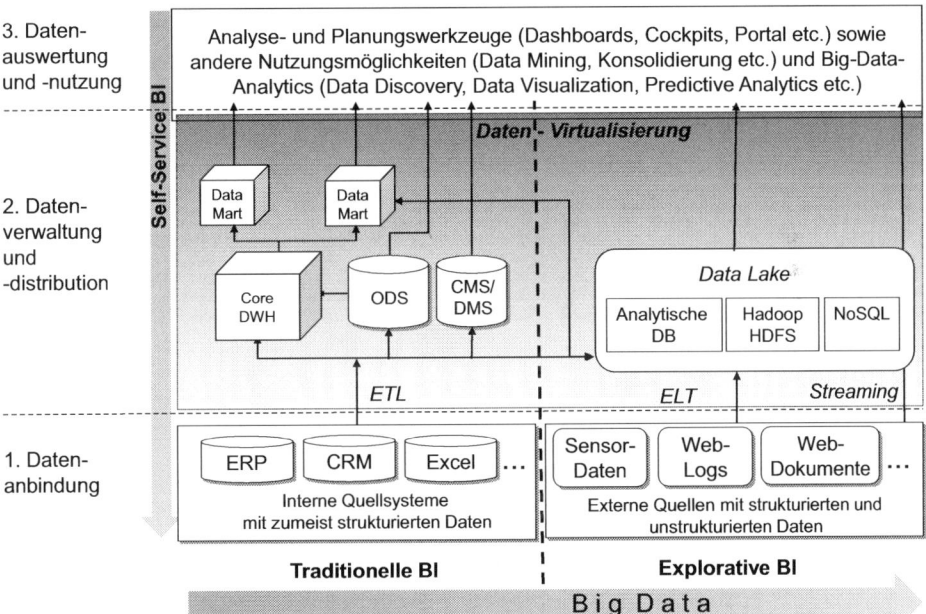

Abb. 5.50 Traditionelle und Explorative BI-Architektur

Lake" zusammengefasst.[177] Im Rahmen der traditionellen BI werden die zumeist struktu-
rierten Daten der internen Quellsysteme über den bereits im Abschn. 5.5.2 beschriebenen
ETL-Prozess für die verschiedenen Datenziele (Core Data Warehouse, Data Mart oder
Operational Data Store) der **zweiten Ebene** bereitgestellt.[178] Die in der traditionellen
BI für unstrukturierte Daten genutzten Content bzw. Document Management Systeme
(CMS/DMS) werden, soweit sie bereits genutzt werden, weiterhin verwendet. Alternativ
lässt sich die Datenhaltung über die Datenhaltung der explorativen BI ablösen.

Sowohl in der traditionellen als auch in der explorativen BI erfolgt in der **zweiten
Ebene** die Datenverwaltung und Distribution der Daten über die Abbildung physischer
oder virtueller Datenziele (Datenvirtualisierung). Hierbei kann es sinnvoll sein, die Daten
aus dem Data Lake (Hadoop- und analytische Datenhaltung) auch für die Datenziele des
traditionellen BI zur Verfügung zu stellen, um hier die Vorteile der leistungsfähigen SQL-
bzw. MDX-Abfragen für die dritte Ebene der Datenauswertung nutzen zu können. Durch
die Distribution, Verbindung und Zwischenspeicherung der Daten lassen sich relationale
bzw. multidimensionale Abfragen performant und zeitnah durchführen. Umgekehrt kann
es aber auch sinnvoll sein, große Datenmengen der traditionellen Datenziele im Bereich
der Datenhaltung der explorativen BI zur Verfügung zu stellen, um hier die Vorteile der
Geschwindigkeit (u. a. In-Memory-Technik) und Verfügbarkeit (u. a. Parallelverarbeitung)
zu nutzen.

In der **dritten Ebene** der Datenanbindung und -nutzung werden die bereits erläuterten
Analyse- und Planungssysteme eingesetzt, die die entsprechenden Daten der Datenziele
der traditionellen bzw. explorativen BI verarbeiten können. Insbesondere durch die Erweiterung um Big-Data-Technologien wird hier der Einsatz von Predictive und Prescriptive
Analytics ein stärkeres Gewicht als in der traditionellen BI (u. a. mit Data Mining) bekommen, da größere Datenmengen schneller verarbeitet werden können. Die Analyse
großer Datenmengen sowie die Ausprägungen des Data Minings im Sinne von prädiktiver
und präskriptiver Analyse mit Big-Data-Technologie wird heute auch unter dem Begriff
Advanced Analytics[179] bzw. **Big-Data-Analytics** zusammengefasst.[180] Zu erwähnen ist
zudem die Möglichkeit im Sinne einer operativen Real-Time-BI direkt auf die Daten
der Quellsysteme über den Data Lake zuzugreifen. Dieser Prozess wird auch Streaming,
Event-Streaming bzw. Complex Event Processing (CEP) und die Analysen Streaming
Analytics genannt.[181] Beispiele für Anwendungen in der Praxis sind Onlineshops und der
Wertpapierhandel, die beide sofort Veränderungen der Quelldaten verarbeiten und auswerten. Viele weitere Beispiele die für den Einsatz von Streaming Analytics in Frage
kommen, sind der Tab. 5.4 zu Beginn des Abschn. 5.7 zu entnehmen. Beim Streaming
wird die sogenannte **λ-Architektur** (Lambda-Architektur) eingesetzt, wobei das Sym-

---

[177] Frietsch (2016, S. 171) und Seiter (2017, S. 83).

[178] Auf die differenzierte Darstellung der Ebenen Staging, Cleansing, Core DWH und Data Marts
wurde hier verzichtet. Vgl. Abb. 5.13.

[179] Vgl. Gluchowski (2016, S. 277).

[180] Vgl. Chamoni und Gluchowski (2017, S. 9) und Felden (2017, S. 1–8).

[181] Vgl. Hortonworks (2013, S. 4).

Abb. 5.51 λ-Architektur zur Echtzeitdatenverarbeitung

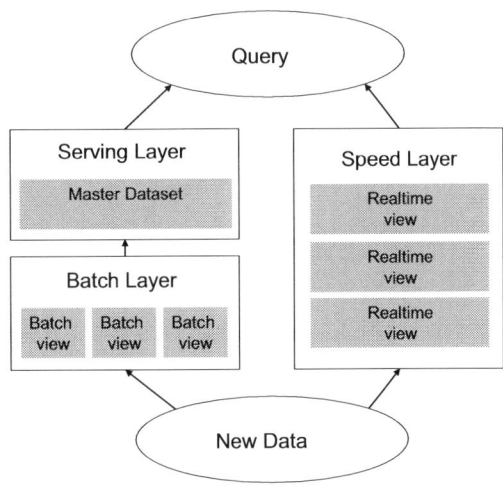

bol λ für den griechischen Buchstaben Lambda steht. Sie besteht im Wesentlichen aus drei Komponenten, dem Batch Layer, dem Serving Layer und dem Speed Layer (vgl. Abb. 5.51)[182]. Hierbei werden neue Daten parallel in den Batch und Speed Layer geladen. Für den Batch Layer ist eine sehr große Speicherkapazität notwendig, da hier die neuen Daten dauerhaft in unveränderlicher Form abgespeichert werden. Da die Analysezeit des Batch Layers sehr hoch ist, werden die Analyseergebnisse dem Serving Layer zur Verfügung gestellt, wenn der Batch Layer die Analyse mit einem Datenbestand abgeschlossen hat. Folglich können mit Batch und Serving Layer keine Echtzeitdatenanalysen durchgeführt werden. Dies erfolgt durch den Speed Layer in Kombination mit dem Serving Layer. Auf der Grundlage der zuletzt eingetroffenen Daten des Speed Layers und der Analyseergebnisse des Serving Layers können die Analyseergebnisse zusammen abgefragt und in Echtzeit analysiert werden.

Die technologische Erweiterung im Rahmen der explorativen Business Intelligence führte in den letzten Jahren dazu, dass verschiedene Vertreter aus der Wissenschaft und Beratungspraxis einen anderen Begriff „Business Analytics" verwenden, wobei der Begriff Analytik um das Wort Business ergänzt wird. Die Begriffe **Business Intelligence** und **Business Analytics** werden seitdem bei Softwareherstellern häufig auch zusammen verwendet, so dass eine Abgrenzung schwer erkennbar ist.[183]

Die Definition von *Gartner* stellt die Entwicklung der Analyse- und Prognosemodelle mittels Algorithmen in den Vordergrund:

---

[182] Vgl. März und Warren (2015, S. 18 ff.).
[183] Vgl. z. B. Inform (2017).

Business analytics is comprised of solutions used to build analysis models and simulations to create scenarios, understand realities and predict future states. Business analytics includes data mining, predictive analytics, applied analytics and statistics, and is delivered as an application suitable for a business user.[184]

Chamoni und *Gluchowski* definieren Business Analytics wie folgt:

Business Analytics (BA) kann als Sammlung unterschiedlicher Methoden und Technologien verstanden werden, welche dazu dienen, Erkenntnisse aus verfügbaren Daten für unternehmerische Entscheidungen zur Steuerung der Geschäftsprozesse zu gewinnen.[185]

Die Einführung des Begriffes Business Analytics soll dabei bei einigen Autoren anscheinend den älteren Begriff Business Intelligence verdrängen bzw. ablösen, weil er sich insbesondere durch die systematische Anwendung von mathematischen und statistischen Methoden und der hierdurch gewonnenen Erkenntnisse, Zusammenhänge und Prognosen unterscheidet.[186] Betrachtet man die Definitionen von Business Intelligence und Business Analytics hingegen genau, wird man keinen nennenswerten Unterschied erkennen. Meines Erachtens sollte bei der Einführung oder Nutzung eines Begriffes die Frage gestellt werden, ob nicht der Ursprungsbegriff bereits die Definitionskriterien mit erfüllt. Das Data Mining wurde bereits früh zum Data Warehouse und zur Business Intelligence gerechnet und beinhaltet bereits dort die Unterscheidung prädiktiver und präskriptiver Prognosen mit Hilfe von Modellbildung (vgl. Abschn. 5.5.5.3).[187] Die technologischen Möglichkeiten, um diese Prognoserechnungen durchzuführen, waren hingegen in dieser frühen Phase ohne die Big-Data-Technologie noch nicht sehr leistungsfähig. Erst der technologische Schub vor allem der In-Memory-Technik brachte in diesem Bereich deutliche Fortschritte. Der Begriff Business Intelligence ist jedoch nicht Technologie-einschränkend definiert worden, sondern Technologie-offen. Aus der heutigen Sicht gehört die Big-Data-Technologie genauso zu Business Intelligence wie die Data-Warehouse-Technologie. Wenn man den Kerngedanken „Nutzung der Erkenntnisse bzw. des Wissens aus den verfügbaren Daten" zu ziehen heranzieht, so ist m. E. die traditionelle BI mit der Data Warehouse-Technologie für weit mehr Entscheidungen der Unternehmensprozesse verantwortlich als Erkenntnisse und Prognosen mit Hilfe der Big-Data-Technologie. Fragestellungen, wie z. B. mit welchem Kunden mache ich Gewinn oder welche Kundengruppen sind aktuell interessant, können für die sichere Marktbearbeitung sofort aus dem Data Warehouse entnommen werden. Die prognostischen Fragen, z. B. welche potenziellen Kunden interessieren sich in Zukunft für unsere Produkte, können zusätzlich sehr wertvoll für die Marktbearbeitung sein. Dennoch wird das Management nicht die Bestandskunden fallen lassen und nur den neuen Ideen zur Marktbearbeitung hinterherlaufen. Es wird sich

---

[184] Vgl. Gartner (2016).
[185] Vgl. Chamoni und Gluchowski (2017, S. 9).
[186] Vgl. Chamoni und Gluchowski (2017, S. 8 ff.).
[187] Vgl. z. B. Bissantz et al. (2000, S. 377–407).

aufgrund der neuen und zurückliegenden Erkenntnisse ein Gesamtbild für die Marktbearbeitung machen, dieses in ihrer Vertriebsplanung berücksichtigen und entsprechende Maßnahmen einleiten.

Aufgrund der statistischen Unsicherheit der analytischen Erkenntnisse und Prognosen von Big-Data-Analytics wird ein Unternehmen sich aber nicht ausschließlich auf diese Daten stützen. Die Kerninformationen, die zur Unternehmenssteuerung genutzt werden, werden aus den strukturiert aufbereiteten Daten abgeleitet. Von daher wird in dieser Ausführung der ursprüngliche Begriff **Business Intelligence** dem neuen Begriff **Business Analytics** vorgezogen.[188] Es wird sich in Zukunft zeigen, welche Namensgebung sich in der Wissenschaft und Praxis durchsetzt. Von der wörtlichen Bedeutung ausgehend greift das zweite Wort im Begriff „Business Analytics" (Analytik) zu kurz, denn es umfasst nur die Lehre bzw. die Kunst des Analysierens mit Hilfe von Daten ausgehend von der statischen Aufarbeitung der zur Verfügung stehenden vielfältigen Daten bis hin zur technisch unterstützten Datenanalyse.[189] Die Nutzung des Wissens aus Daten geht aber über die verwendeten statistischen Methoden und technischen Systeme hinaus. Das Management baut die gewonnenen Kenntnisse in die Handlungen und Entscheidungen des Unternehmens mit ein. Es besteht eine Verbindung aus Mensch (vor allem Führungskräfte), Unternehmen (deren Ziele und Aufgaben) und der hierfür zur Verfügung stehenden Technik (hier Informationstechnologie).[190] Das zweite Wort im Begriff „Business Intelligence" (Intelligenz) trifft diesen koppelnden Aspekt m. E. besser. Das Management ist nicht einfacher Konsument und Ausführender der statistischen analytischen Ergebnisse, sondern es besitzt die Intelligenz diese in den strategischen und operativen Handlungsrahmen einzufügen. Weiterhin lassen sich zentrale Aufgaben nicht oder nur schlecht mit der Big-Data-Technologie, sondern besser mit der traditionellen BI-Technologie erledigen, vor allem:

- Strukturierte mehrdimensionale Analysen,
- Kommentierung und Dokumentation der Erkenntnisse
- Planung (Budget-, Mittelfrist-, Strategische Planung sowie Forecasting)
- Unternehmensweite Maßnahmenableitung

Die Zuordnungen der Technologien sowie Analyse- und Prognosemethoden zu den Begriffen wird in der folgenden Abbildung (Abb. 5.52) visualisiert.

Die explorative Business Intelligence erweitert die traditionelle BI somit um modellbasierte statistische Analysen, Prognosen und Maßnahmenableitungen für ausgewählte Unternehmensprobleme, die mit Hilfe der Big-Data-Technologie bearbeitet werden.

In Verbindung mit statischen Analyse- und Prognosefunktionen des Data Minings bzw. der Predictive Analytics (vgl. Abschn. 5.5.5.3) wird häufig in Beschreibungen und Dar-

---

[188] Einige Autoren benutzen sogar beide Begriffe und die Kurzform BIA für Business Intelligence & Analytics. Diese Mischung zeigt m. E. wie unscharf die Begriffe verwendet werden. Vgl. Ereth und Kemper (2016, S. 458–464) und Chen, Chiang und Storey (2012, S. 1165–1188).

[189] Vgl. Lanquillon und Mallow (2015, S. 55).

[190] In Anlehnung an die Argumentation zu Felden (2017, S. 1–8).

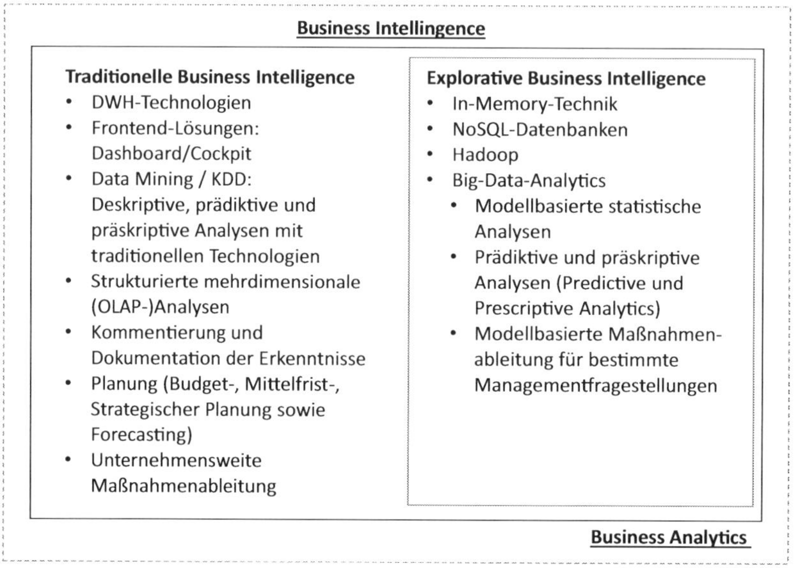

Business Intellingence

Traditionelle Business Intelligence
- DWH-Technologien
- Frontend-Lösungen:
  Dashboard/Cockpit
- Data Mining / KDD:
  Deskriptive, prädiktive und
  präskriptive Analysen mit
  traditionellen Technologien
- Strukturierte mehrdimensionale
  (OLAP-)Analysen
- Kommentierung und
  Dokumentation der Erkenntnisse
- Planung (Budget-, Mittelfrist-,
  Strategischer Planung sowie
  Forecasting)
- Unternehmensweite
  Maßnahmenableitung

Explorative Business Intelligence
- In-Memory-Technik
- NoSQL-Datenbanken
- Hadoop
- Big-Data-Analytics
  - Modellbasierte statistische
    Analysen
  - Prädiktive und präskriptive
    Analysen (Predictive und
    Prescriptive Analytics)
  - Modellbasierte Maßnahmen-
    ableitung für bestimmte
    Managementfragestellungen

Business Analytics

Abb. 5.52 Technologien sowie Analyse- und Prognosemethoden im Einsatz von Business Intelligence bzw. Business Analytics

stellungen versucht, das Analysespektrum von BI und speziell von explorativer BI darzustellen. Hierbei wird das traditionelle Reporting häufig in die Ecke der Vergangenheitsbewältigung (deskriptive Analyse) gedrängt. Die Abb. 5.53 zeigt eine solche Einordnung. Diese Einordnungen sind jedoch unvollständig und vereinfachen die Abwägung von Komplexität, Kosten und Nutzen (Wert) für die Unternehmen. Die Prognosefunktion wird fälschlicherweise nur bei der prädiktiven und präskriptiven Analyse berücksichtigt, die traditionelle Planung wird einfach unterschlagen. Richtig ist aber ein vollständiger Vergleich. Weiterhin ist deutlich hervorzuheben, dass die Analyse- und Prognosetypen nicht unabhängig voneinander sind. Insbesondere die prädiktive und präskriptive Analyse benötigen häufig historische Daten aus den traditionellen IT-Systemen bzw. aus dem DWH, um qualifizierte Prognosen aufzustellen. Die Planung und das Reporting kann also höchstens um bessere Prognosen ergänzt werden. Es handelt sich eher um eine Erweiterungs- und nicht um eine Ersatzinvestition. Auch die Werteinordnung ist unglücklich, da sie die Nutzenstiftung nicht differenziert betrachtet und Wertsteigerungen nur von der zukünftigen Prognosefähigkeit abhängig macht.

Diese Defizite sollen in der folgenden Untersuchung verbessert werden. In der Abb. 5.54 werden die wichtigsten Analyse- und Prognosetypen den Analyse- und Prognosephasen zugeordnet. Die Phasen werden mit Zeitraumbezug von der Vergangenheit über die Gegenwart zur Zukunft angeordnet. Bei den Phasen wird die traditionelle Planung/Prognose eingefügt. Zudem wird die prädiktive Analyse und prädiktive Prognose getrennt, um sie in der Zeitraumzuordnung richtig zu positionieren.

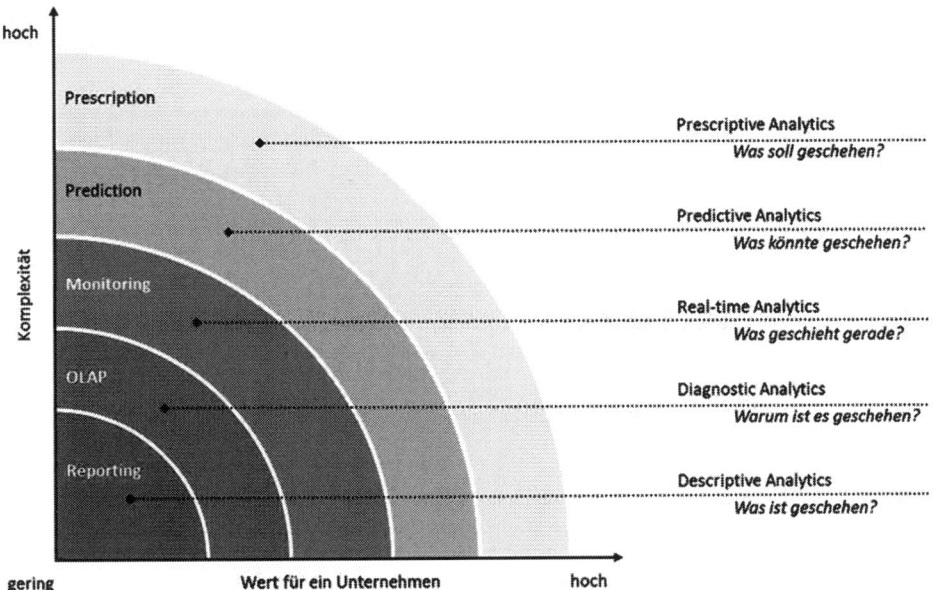

Abb. 5.53 BI-Analysespektrum nach Lanquillon und Mallow in Anlehnung an Eckerson. (Quelle: Lanquillon und Mallow 2015, S. 56 in Anlehnung an Eckerson 2007)

Bei den Analyse- und Prognosetypen werden zunächst die **traditionelle Planung und das relationale Reporting** aufgeführt. Es wird deutlich, dass Unternehmen heute auf Basis der traditionellen Planung und Analyse bereits Werkzeuge haben, mit denen man zukunftsorientiert steuern kann. Ziele und Planvorgaben werden gebildet und nachgehalten. Zudem sind Planungen und Prognosen möglich, die i. d. R. auf den Erfahrungen und Einschätzungen der Führungskräfte basieren. Sie bilden das Fundament für die ganzheitliche Steuerung, Gestaltung und Koordination im Unternehmen. Basis hierfür sind Erfassungs- und Abrechnungssysteme der Unternehmungen (vor allem das Rechnungswesen, ERP-, CRM- und Warenwirtschaftssysteme) sowie die hierfür eingesetzten systemeigenen oder fremden Tools für die Planung und Analyse, häufig auch Excel (vgl. Abschn. 5.4).

Mit den **multidimensionalen OLAP-gestützten Planungen und Analysen** verbessert sich die Planungs- und Analysefähigkeit im Gegensatz zu den traditionellen Planungs- und Analysesystemen deutlich. Aufgrund der multidimensionalen Planung lässt sich die Abstimmung der Planungsgebiete optimieren. Die vielschichtige Analyse im Datenraum ermöglicht es, schneller Auffälligkeiten und Trends zu erkennen. Als Aufwände sind hier vor allem der Aufbau und das Betreiben der aufgeführten Ebenen eines Data Warehouses zu nennen (vgl. Abschn. 5.4.5 und 5.5).

Das **Monitoring von Streamingdaten** ist für Geschäftsmodelle interessant, in denen es wertvoll ist, zeitnah aktuelle Daten zur Steuerung auszuwerten. Als Beispiele

Analyse- bzw. Prognosephasen

Analyse- und Prognosetypen:	Deskriptive Analyse Vergangenheit Was ist geschehen?	Diagnostische Analyse Vergangenheit Warum ist es geschehen?	Prädiktive Analyse Vergangenheit Welche Zusammenhänge und Trends gibt es?	Real-Time Analyse Gegenwart Was geschieht gerade?	trad. Planung/Prognose Zukunft Was wird erwartet, was soll geschehen?	Prädiktive Prognose Zukunft Was könnte geschehen?	Präskriptive Prognose Zukunft Was soll getan werden? Was wird getan?
Digitale Optimierung durch Maßnahmen auf Basis statistischer Analyse- und Prognosemethoden/-modellen							▓
Digitale Simulationen & Szenarien auf Basis statistischer Analyse- und Prognosemethoden/-modellen			▓			▓	
Digitale Forecasts/Prognosen auf Basis statistischer Analyse- und Prognosemethoden/-modellen			▓			▓	
Digitale Radar-/Scan-Analysen auf Basis statistischer Analysemethoden				▓			
Monitoring mit Streamingdaten				▓			
Multidimensionale OLAP-gestützte Planung und Analyse	▓	▓			▓		
Traditionelle Planung und relationales Reporting	▓	▓			▓		

Abb. 5.54 Phasenzuordnung von Analyse- und Prognosetypen

sind hier Preisveränderungen für Tankstellenbetreiber oder Kursveränderungen für Finanzdienstleister zu nennen. Neben der direkten Datenauswertung der Quelldaten über virtuelle Schichten des DWH bieten sich hier vor allem Techniken der explorativen BI (u. a. verteilte Datenhaltung, NoSQL und In-Memory-Technik) an, die vor allem auch Fremddatenquellen hinzuzuziehen.

Digitale Radar- bzw. Scan-Analysen sind nützlich für die kontinuierliche Beobachtung des Unternehmensumfeldes (Wettbewerber, Kunden, Lieferanten, Märkte, Technologien …) und weisen häufig strategischen Charakter auf. Mit Hilfe statistischer Analysemodelle werden vor allem Zusammenhänge und Trends bezüglich des Marktverhaltens erkannt. Hierfür werden i. d. R. fremde Datenquellen (u. a. Web- und Social-Media-Daten) mit zumeist unstrukturierten Daten ausgewertet. Zum Einsatz kommen im Wesentlichen statistische Analysemethoden (u. a. Data-, Text-, Web-Mining bzw. Predictive Analytics), die bereits im Abschn. 5.5.5.3 vorgestellt wurden.

Digitale Forecasts bzw. Prognosen basieren ebenfalls auf den statistischen Analyse- und Prognosemethoden und -modellen, die im Rahmen von Data-, Text- und Web-Mining bzw. Predictive Analytics eingesetzt werden. Mit Hilfe von aufgestellten Werttreibermodellen, mit statistisch ausgewerteten eigenen und fremden Daten sowie mit weiteren Annahmen lassen sich „exaktere" Prognosen erstellen, als dies mit Hilfe der traditionellen Planungsfunktionen möglich wäre. Anders als beim „Operations Research" können nun auch fremde und unstrukturierte Daten in großen Mengen verarbeitet werden. Möglich macht dies der Einsatz explorativer BI-Technologie (u. a. Hadoop, NoSQL und In-Memory). Anwendungsgebiete für die digitalen Forecasts können einzelne Planungsgebiete wie die Absatz- und Umsatzplanung sein.[191] Möglich sind aber auch übergreifende Planungen von einzelnen Werttreibern bis zum operativen und finanziellen Ergebnis eines Unternehmens mit Hilfe sogenannter Werttreibermodelle.

Digitale Simulationen und Szenarien erweitern die Prognosefunktionalität der digitalen Forecasts um Simulations- und Szenario-Funktionen. Bei der Simulation können alternative werttreibende Faktoren und unterschiedliche Wertausprägungen hinsichtlich der Ergebniswirkung simuliert werden. Es lassen sich zudem verschiedene Szenarien stochastisch berechnen, was mit Unterstützung bisheriger IT äußerst aufwendig war. Mit Hilfe der Monte-Carlo-Simulation kann z. B. unter Angabe von Auftretenswahrscheinlichkeiten eine Aussage über zu erzielende Ergebnisse bei der Variation werttreibender Faktoren unter Risikoaspekten getroffen werden. Die Genauigkeit von Worst- und Best-Case-Szenarien nimmt hierdurch zu.

Die Digitale Optimierung erweitert die Funktionalität von digitalen Prognosen, Simulationen oder Szenarien, indem Vorschläge für Entscheidungen über Maßnahmen aufgestellt werden. Im äußersten Fall wird die beste Alternative automatisch ausgewählt und durchgeführt. Hierdurch verkürzt sich die Latenzzeit für die Nutzung von Daten erheblich, da im Idealfall keine Zeitverluste beim Datenerfassen bzw. Laden, bei der Analyse

---

[191] Vgl. Möller et al. (2016, S. 509–518.).

sowie der Entscheidungsbildung und -umsetzung entstehen.[192] Typische Beispiele hierfür sind gut strukturierte Entscheidungsmodelle wie bei der Bestelldisposition für die Lageroptimierung auf der Basis von Kasseninformationen oder die Einleitung von Wartungen bei der Identifikationen von Anomalien bei Bauteilen im Rahmen von IoT (Internet of Things) bzw. Industrie 4.0. Komplexe Unternehmensentscheidungen, z. B. Strategiewechsel, Standortschließung und Neuproduktentwicklung, sind modelltechnisch derzeit nicht vorstellbar und lassen sich nicht abbilden. Hier können lediglich Informationen und Vorschläge im Sinne eines Früherkennungssystems gebildet werden, die durch Experten bzw. Führungskräfte in Entscheidungen und Handlungsanweisungen umgesetzt werden müssen.

Zusammenfassend sieht man die guten Analyse- und Prognose-Erweiterungsmöglichkeiten, die sich durch explorative BI ergeben. Es bleibt letztendlich bei einer nüchternen Investitionsentscheidung in IT und Know-how. Basierend auf dem Istzustand der IT-gestützten Planung und des Reportings des Unternehmens, sind die Erweiterungen bzw. Veränderungen durch neue Analyse- und Prognosetypen hinsichtlich des Aufwandes und Nutzens abzuwägen. In der folgenden Abb. 5.55 werden Komplexitäts- und Nutzeneinschätzungen für die Analyse- und Prognosetypen aufgeführt. Hierbei wurden mehr +-Zeichen vergeben, wenn die Komplexität bzw. der Nutzen höher eingeschätzt wurde. Die Einschätzungen von Aufwand und Nutzen sind im Einzelfall individuell vorzunehmen. Veränderte technische Möglichkeiten können im Zeitverlauf zur Verschiebung der Bewertung führen.

Beim Aufwand sind vor allem Investitionen in die Technologie (u. a. Datenbanken, Speichertechniken und Software für das Frontend) und in das Know-how der Mitarbeiter generell zu berücksichtigen. Speziell für digitale Analyse und Prognosetypen fallen Aufwände für die Tools und das Know-how der Mitarbeiter bezüglich der Anwendung statistischer Methoden und Modelle an. Letzteres ist in vielen Unternehmen rar.

Bei der Nutzenstiftung fällt auf, dass zentrale Planungs- und Reportingfunktionen wie Dokumentation, Zielsetzung, Gestaltung, Steuerung und Koordination aus Sicht des gesamten Unternehmens besser durch relationale bzw. multidimensionale Lösungen unterstützt werden, da sich diese besser eignen, um umfangreiche Planungs- und Reportinggebiete im Sinne einer integrierten Unternehmenssteuerung aufzubauen. Hingegen eignen sich die explorativen Analyse- und Prognosetypen tendenziell eher für selektive Managementfragestellungen, die sich mit Hilfe bestimmter stochastischer Methoden und kompakten Werttreibermodellen abbilden lassen. Vorteile dieser stochastischen Analyse- und Prognosetypen sind vor allem die Prognosegenauigkeit, die Reaktionsgeschwindigkeit und die Innovationskraft.

Aufgrund der vielen unterschiedlichen Datenquellen und -ziele der traditionellen und explorativen BI gibt es weiterhin Entwicklungen, die zwischen der zweiten und dritte Ebene der Datenauswertung und -nutzung eine virtuelle Schicht (Datenvirtualisierung) einfügen (vgl. Abb. 5.50), über die für die Analyse- und Planungswerkzeuge ein virtueller

---

[192] Vgl. Kemper et al. (2010, S. 9).

			Analyse- bzw. Prognosetypen				
	Trad. Planung und Reporting	OLAP-gestützte Planung/Analyse	Monitoring mit Streamingdaten	Digitale Radar-/Scan-Analysen	Digitale Forecasts/Prognosen	Digitale Simulationen & Szenarien	Digitale Optimierung
Komplexität							
Technologieeinsatz und Know-how generell	u.a. relationale Datenbanken, Software	u.a. OLAP-Datenbanken und Software	u.a. verteilte Datenhaltung, NoSQL, In-Memory-Technik und weitere Software für Frontend-Analyse				
Tools	+	++	++	++	+++	+++	+++
Know-how	+	++	++	++	+++	+++	+++
Einsatz statistischer Methoden und Modelle	nicht zwingend, aber möglich (i.d.R. ohne)				u.a. Data-, Text-, Web-Mining/ Predictive-Analytics		
Tools	+	+	++	++	+++	+++	+++
Know-how	+	+	++	++	+++	+++	+++
Nutzenstiftung							
Dokumentation	+	+	+	+	+	+	
Koordination	+	++	+	+	+	+	+
Gestaltung	+	++	+	+	+	+	+
Prognose	+	++			+++	+++	+++
Zielsetzung	+	++	+	+	+	+	+
Zielerreichung	+	++		+		+	
Gesamtsteuerung	+	++			+	+	
Selektive Steuerung	+	++	+	++	++	++	+++
Innovation	+	++	+	+++	+++	+++	+++
Reaktionsvorteil	+	+	+	+	++	++	+++

Abb. 5.55 Aufwand- und Nutzeneinschätzung von Analyse- und Prognosetypen

Zugriff auf die eigentlichen physischen Datenquellen und -ziele erfolgt. Diese Schicht ist optional, hat aber den Vorteil, dass die Entwicklung der Analysen und Planungen auf einer virtuellen einheitlichen, kombinierbaren und integrierten Datenbasis erfolgt. Der Datenzugriff und die Berechnung der Daten erfolgt weiterhin in den Datenquellen und -zielen der ersten und zweiten Ebene. Aufgrund der hier eingesetzten Technologie sind die virtuellen Zugriffe performant zu gestalten.

Einige BI-Softwareanbieter nutzen in den letzten Jahren verstärkt die In-Memory-Technik (z. B. bei Qlik View und Jedox) und setzen dabei direkt auf den Daten der Quellsysteme auf, ohne eine physische Zwischendatenhaltung aufzubauen. Sie benötigen statt der physischen Zwischendatenhaltung eine virtuelle Sicht auf die primären Datenquellen. Dies ist für einfache Abfragen gut möglich. Bei komplexen betriebswirtschaftlichen Abfragen auf unterschiedliche Primärquellen ergeben sich aber Schwierigkeiten, die mit Hilfe der virtuellen Abfragen nicht so einfach im Sinne eines benutzerfreundlichen Self-Service-BI erstellt werden können. Hier haben traditionelle Data-Warehouse-Systeme auf Grund des ETL-Prozesses deutliche Vorteile, um einen strukturierten Datenbestand für Analysezwecke physisch aufzubereiten.

Interessant zu beobachten ist auch die Entwicklung beim Branchenprimus, der SAP AG. Die strategische Ausrichtung der Produkte im ERP- und BI-Bereich zielt auf den Einsatz der SAP-eigenen Datenbank SAP HANA und die damit verbundenen Vorteile der In-Memory-Technik. SAP HANA ist eine von SAP entwickelte Datenbanktechnologie, die auf einer In-Memory-Technologie basiert und eine abgestimmte Kombination aus Hard- und Software darstellt. Dabei ist sie unabhängig von der eingesetzten Datenquelle, d. h. es werden auch Datenquellen von Fremdanbietern unterstützt.[193] Für die Erstellung von Prozeduren setzt SAP eine eigene Scriptsprache, SAP HANA SQLScript, ein. Zudem besteht die Möglichkeit, die Programmiersprache R für statistische Analysen zu nutzen.[194] Für Einsteigerunternehmen, die bisher kein SAP im Einsatz hatten, bietet SAP HANA im Gegensatz zur traditionellen SAP-NetWeaver-Technologie den Geschwindigkeitsvorteil der In-Memory-Technik sowie einen abgespeckten Funktionsumfang. Für langjährige Anwender der SAP-ERP- und SAP-BW-Systeme wird ein Wechsel nicht so einfach sein, weil sie ihre aufwendig aufgebaute strukturierte Datenhaltung nicht verlieren wollen. Hier bietet die SAP an, ihr Data Warehouse SAP BW mit SAP HANA zu nutzen (SAP BW on Hana). In diesem Fall wird auf den Einsatz von InfoCubes verzichtet und es wird direkt auf die Daten der Data Store Objekte im DWH zugegriffen.[195] Es ist davon auszugehen, dass viele Unternehmen weiterhin eine strukturierte Datenhaltung für ihre Business-Informationen benötigen, welche die Daten der Quellsysteme über Transformationsprozesse harmonisiert in Zwischenschichten (Layer) ablegen.[196] Bei der SAP-Hana-Technologie wird es direkte Datenzugriffe geben, die über verschiedene Views virtuell

---

[193] Vgl. Berg und Silvia (2013, S. 33–35).
[194] Koglin (2016, S. S. 61 ff.).
[195] Vgl. Merz et al. (2015, S. 153 ff. und 277).
[196] Vgl. Haupt (2011).

auf die Datenquelle oder niedrige Schichten der Datenhaltung zugreifen. Die wichtigsten drei Views, die SAP HANA zur Verfügung stellt, sind „Attribute", „Analytic" und „Calculation" Views. Attribute Views ähneln zweidimensionalen Tabellenabfragen. Mit Hilfe der Analytic Views können mehrdimensionale Abfragen ähnlich wie im traditionellen DWH aufgestellt werden. Hauptquellen der Calculation Views sind Attribute und Analytic Views und die zugrunde liegenden Datenbanktabellen. Mit Hilfe der Calculation Views können weitergehende komplexe Berechnungen durchgeführt werden, die z. B. Case- und If-Anweisungen enthalten. Zur Erstellung der Views können SQL-Skripte oder grafische Werkzeuge genutzt werden. Die Anwendungsfreundlichkeit im Sinne eines Self-Service-BI ist im Gegensatz zu traditionellen Analyse-Frontend-Tools aber deutlich geringer.[197] Die technologische Basis einiger klassischen DWH-Objekte wie InfoCubes werden mit SAP Hana durch neue veränderte Objekte wie die sogenannten „Advanced Data Store Objects" ausgetauscht. Weiterhin wird es aber in der Datenverwaltung einen Bereich für die strukturierte Datenhaltung mit datenführenden oder virtuellen Schichten ähnlich wie beim klassischen Data Warehouse geben, der insbesondere für die Businessinformationen eine große Bedeutung hat. Hierbei wird ein kompletter Verzicht einer oder mehrere Zwischenschichten der Datenverwaltung nicht zu erwarten sein, da es für Businessinformationen immer wieder erforderlich sein wird, die Daten hinsichtlich eines Business-Intelligence-gestützten Controllings zu strukturieren und zu harmonisieren.[198] Der Zugriff auf die gespeicherten Daten in SAP Hana erfolgt entweder mit einer Sammlung von Apps über das SAP Fiori UX Launchpad, die direkt auf die Datenhaltung von SAP HANA zugreift, oder über die diversen SAP-BI-Frontends (WebIntelligence, SAP BusinessObjects Dashboard, SAP BusinessObjects Design Studio, Chrystal Reports, BusinessObjects Explorer, SAP Lumira, etc.).[199] Es wird spannend sein, diesen Trend bei der SAP AG aber auch bei anderen Softwareherstellern in den nächsten Jahren zu verfolgen. Da nicht davon auszugehen ist, dass Unternehmen die getätigten Investitionen in klassische DWH-Lösungen einfach abschreiben und auf die neuen In-Memory-Technik wechseln, ist es eher zu vermuten, dass die Systeme, ähnlich wie in der Abb. 5.50 (Traditionelle und Explorative BI) dargestellt wurde, eine parallele technologische Basis aus traditioneller DWH- und Big- Data-Technologie nutzen werden, die miteinander verbunden sind.

Zusammenfassend wird deutlich, dass mit der Big-Data-Technologie vor allem eine Erweiterung der traditionellen BI um eine explorative BI sinnvoll ist, soweit sie wirtschaftlich angemessen aufgebaut werden kann. Hierbei wird die Technologie effizient und effektiv eingesetzt, die für die jeweilige Analyse und Prognose der Daten am sinnvollsten ist. Vorteile der leistungsfähigen SQL- und MSQL-Abfragen traditioneller BI werden um performante Big-Data-Analytics der explorativen BI ergänzt:

• Erhöhte erweiterbare (skalierbare) Datengrundlage vielfältiger Quellsysteme,
• Erhöhte Geschwindigkeit bei der Datenverarbeitung,

---

[197] Vgl. Merz et al. (2015, S. 259 ff.).
[198] Vgl. @tfxz-Blog (2014).
[199] Vgl. SAP SE (2013), Merkt et al. (2015) und Kessler et al. (2014, S. 31–37).

- Erhöhte Verfügbarkeit der Daten durch parallele Verarbeitung,
- Erhöhte modellbasierte Analyse- und Prognosemöglichkeit.

Während man in den Anfängen von Data Warehouse-Technologie die Hoffnung hatte einen **Single Point of Truth (SPoT)** für die Datenhaltung, -verarbeitung und -nutzung von Informationen für Unternehmensentscheidungen gefunden zu haben, ist man sich heute darüber einig, dass es hierfür keine einzige technische Plattform gibt, sondern es auf die Zusammenarbeit sinnvoll eingesetzter Technologien ankommt. Hierfür wird auch der Begriff **„logischer SPoT"** verwendet. Er drückt aus, dass es nicht eine einzig gültige DWH-Architektur geben wird, sondern vielmehr eine Gesamtarchitektur der Datenhaltung und -nutzung.

Für die modellbasierten Analysen und Prognosen sind durch Big Data folgende Verbesserungen hervorzuheben:

- Erhöhte Geschwindigkeit bei der Planung mit Werttreibermodellen ausgewählter Unternehmensbereiche, z. B. bei der Verbesserung der Absatz- und Ergebnisprognose.
- Erhöhte Geschwindigkeit bei diversen Planungsprozessen, wie z. B. Transferpreisermittlung, Intercompany-Ableitungen, Auflösung von Strukturdaten, Fremdwährungsumrechnungen sowie Forecasting.
- Erhöhte Prognosegenauigkeit durch Verwendung von Modellen und Algorithmen im Sinne von Predictive Analytics.

Für das Reporting sind durch Big Data folgende Verbesserungen hervorzuheben:

- Erhöhte Geschwindigkeit bei Reporting- und Konsolidierungsprozessen und hierdurch schnellere Auswertungen.
- Anreicherung der auszuwertenden Informationen, z. B. um die unstrukturierten Daten.
- Erhöhte Verfügbarkeit der Berichte bei unterschiedlichen lokalen Zugriffen.

Positioniert man im explorativen Business-Intelligence-Ansatz weitere aktuell diskutierte Themen wie Cloud Computing, Sandboxing und Self-Service BI (SSBI) so ergibt sich das in Abb. 5.56 dargestellte Bild.

Wie bereits im Abschn. 4.1.5.4 aufgeführt wurde, verdeutlicht der Begriff **Self-Service BI**, dass Fachanwender Analysen und Planungen auch ohne Rückgriff auf Know-how von IT-Abteilungen und -Experten erstellen können. Hierzu benötigen die Fachanwender explorative **Data-Discovery-** bzw. **Visual-Discovery-Werkzeuge**, die proprietäre Datenanbindung, Datentransformation und -modellierung stark vereinfachen und mit denen man Analysen benutzerfreundlich erstellen kann. Der Begriff **Data Discovery** („Datenentdeckung") steht dabei für einen fachanwendergetriebenen iterativen Prozess, der versucht nicht nur mit historischen Daten sondern verstärkt auch mit Fremddaten aus verschiedensten Quellen Erkenntnisse (Datenmuster, Zusammenhänge, Auffälligkeiten) von wichtigen betriebswirtschaftlichen Zusammenhängen im Rahmen von Analysen und Prognosen für

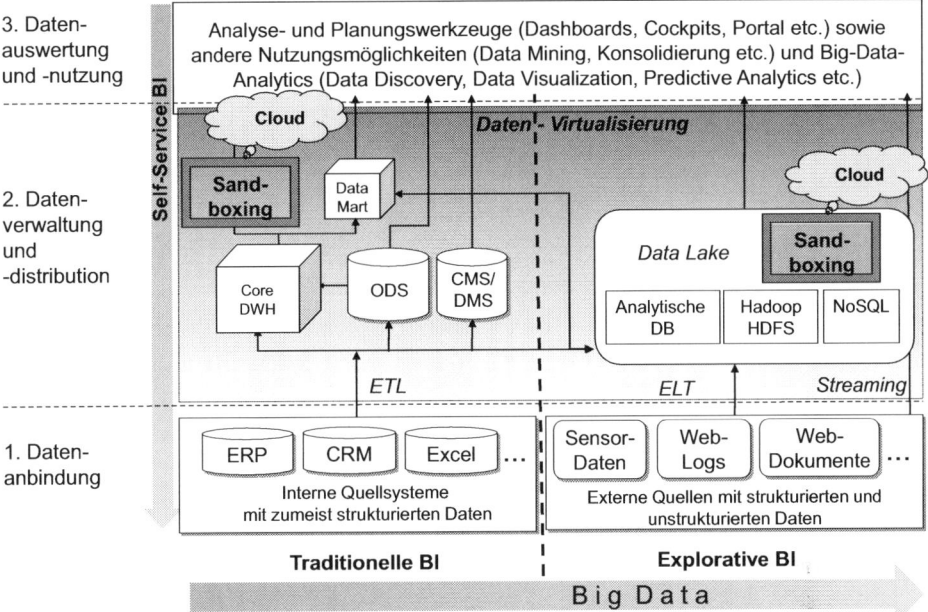

Abb. 5.56 Explorative BI, Cloud Computing, Sandboxing und Self-Service BI

die Unternehmenssteuerung zu erhalten.[200] Hierzu werden insbesondere die Datenvisualisierung (**Data Visualization**) in der Analyse und Prognose des Data-Discovery-Prozesses eingebunden. Die BI-Softwareanwendungen im Bereich Data Discovery und Data Visualization setzen technologisch die In-Memory-Technik ein und verwenden statistische Modelle und Algorithmen im Sinne von Big-Data- und Predictive-Analytics. Für die grafische Aufbereitung nutzen diese BI-Systeme neben den klassischen Diagrammtypen (z. B. Kreis-, Säulen- und Liniendiagramme) vor allem moderne Diagrammtypen, die Klassifizierungen und statistische Zusammenhänge visualisieren (z. B. mit Sunburst-, Treemap-Charts oder Histogrammen), die bereits im Abschn. 3.8.2.4 und im Zusammenhang mit Predictive Analytics in Abschn. 5.5.5.3 vorgestellt wurden. Im BI-Trend-Monitor der BARC werden Data Discovery und Data Visualization als wichtigster BI-Trend hervorgehoben.[201] Es ist davon auszugehen, dass Ausprägungsstufen der Werkzeuge für SSBI ausgehend von der dritten bis zur ersten Ebene sowohl in der traditionellen als auch explorativen BI genutzt werden.

Gelingt es den Fachanwendern bzw. Experten aufgrund der Datenanalyse (u. a. explorativer Daten) Erkenntnisse abzuleiten, die strukturierbar sind und nachhaltig genutzt werden können, bietet es sich an, diese Daten ins Data Warehouse zu integrieren. Hierdurch wird eine Verbesserung des Entwicklungsprozesses und eine Verkürzung der Entwick-

---

[200] Erweitert zu Iffert (2017).
[201] Vgl. BARC (2017).

lungszeiten eines BI-Systems erreicht, die auch unter dem Begriff **Agile BI** diskutiert wird.[202] Mit Hilfe des **Sandboxings** werden den Fachanwendern, aber auch externen Stakeholdern, Datenbereiche zur Verfügung gestellt, die auf die jeweilige Gruppe je nach Zugangsberechtigung ausgerichtet sind. Somit erhalten die Anwender unter Berücksichtigung von Datenschutz und Datensicherheit nur diejenigen Datenbereiche, die auch für ihre Nutzung bestimmt sind. Der potenzielle Einsatz von Sandboxing ist genauso wie das Cloud Computing in der traditionellen als auch in der explorativen BI möglich. Big Data Services werden in Praxisprojekten aufgrund der explorativen Daten und der gewünschten hohen Verfügbarkeit der Daten vor allem aus der Cloud bezogen.[203] Welche Variante des Cloud Computing für den Einsatz für BI-gestütztes Reporting eher in Frage kommt und welche Varianten auszuschließen sind, ist dem nachfolgenden Abschnitt zu entnehmen.

5.8   Cloud Computing

Als technische Plattform für die Datenhaltung bietet sich neben der klassischen Datenhaltung auf dem Server im Unternehmen das Thema Cloud Computing an. Beim Cloud Computing handelt es sich um IT-Leistungen und Services, die fremd vergeben werden können (Outsourcing). Traditionell nutzen Unternehmen ihre Software **On Premises**, das heißt, sie installieren und betreiben ihre Hard- und Software-Lösungen in den Räumen der Unternehmung. Mit den Softwareherstellern wird hierfür ein entsprechendes Nutzungs- und Lizenzmodell abgeschlossen, bei dem z. B. eine gewisse definierte Anzahl an Nutzern die Software gegen eine einmalige Lizenzgebühr nutzen kann. Hard- und Softwarekosten stellen eine Investition dar. Zudem fallen i. d. R. jährliche Wartungskosten prozentual von den Lizenzkosten an. Beim Cloud Computing werden Hard- und Software-Systeme in einem oder mehreren fremden Rechenzentren genutzt. Hierfür werden Nutzungsgebühren ähnlich wie bei einer Miete vereinbart. Das Investitionsrisiko ist deutlich geringer.

Ein großer Vorteil des Cloud Computing entsteht durch die Verteilung großer Datenmengen mit Hilfe von Replikationen der Daten auf verschiedene Server/Cluster. Durch die Replikationen wird eine sehr hohe Verfügbarkeit der Daten erreicht, was z. B. für Onlinehandel und soziale Netzwerke sehr wichtig ist.[204] Die weltweite Ansiedlung der Daten hilft dabei Zugriffszeiten für lokale Regionen zu verringern. Neben der hohen Verfügbarkeit und der Verbesserung der Zugriffszeiten sind für das Cloud Computing weitere Vorteile auszumachen. Viele Kunden und Unternehmen können sich die Infrastruktur und Services teilen. Ungenutzte Kapazitäten lassen sich besser ausnutzen. Durch ein zentrales Management der IT-Leistungen können diese aufgrund des Skaleneffektes kostengünstiger angeboten werden. Dies gilt auch für die Leistungen bezüglich des Datenschutzes und

---

[202] Vgl. Zarinac (2016, S. 140 f.).
[203] Vgl. Buschbacher et al. (2014, S. 90).
[204] Vgl. Giegerich (2014, S. 321 f.).

der Datensicherung, die umfangreicher und sicherer erstellt werden können. Neben herkömmlichen Security-Technologien zur Abwehr und Bekämpfung digitaler Gefahren und Angriffe können hier z. B. neuere Technologien wie Netzwerkforensik, Nutzerdatenanalyse und die Abschirmung von Softwareanwendungen (Sandboxing) eingesetzt werden. Diese Maßnahmen wären für ein Unternehmen alleine wirtschaftlich nicht zu stemmen. Zudem fehlt den Unternehmen dafür das technische Know-how.

Werden Anwendungen nur hin und wieder benötigt, kann die Verwendung über die Cloud günstiger sein, weil diese bedarfsgerecht abgerechnet werden. Weiterhin sind die Mietverträge schneller kündbar.

Als ein wichtiges Problemfeld beim Cloud Computing stellt sich nach der NSA-Affäre der Datenschutz und die Datensicherheit heraus. Aufgrund unterschiedlicher nationaler Regelungen hinsichtlich Datenschutz und Datensicherheit, z. B. in Deutschland mindestens das Bundesdatenschutz-, das Telemedien- sowie das Urheberrechtsgesetz, müssen diese bei der Frage nach dem Standort und der Gewährung von Zugriffen berücksichtigt werden.[205] Zwar können technische Mittel wie z. B. Firewalls, Virenscanner, Verschlüsselung der Daten vor der Übertragung mit verschiedenen Verschlüsselungstechniken (z. B. HTTPS und SSL) oder Netzwerklösungen (z. B. Virtual Private Network – VPN) helfen, die Sicherheit und den Schutz der Daten zu erhöhen, ein Restrisiko verbleibt jedoch.

Weiterhin sind auch die Abläufe bei der IT-Sicherung zu betrachten. Zertifikate wie die ISO 27001 oder SAS70 konkretisieren die Anforderungen für Entwicklung, Inbetriebnahme, Nutzung, Überwachung, Wartung und Weiterentwicklung eines IT-Sicherheitssteuerungsystems inklusive der Steuerung der Risiken im Unternehmen. Neben technischen Potenzialen helfen diese auch Abläufe und organisatorische Voraussetzungen zu schaffen, um eine höhere Datensicherheit zu erlangen. Der Anwender stellt nämlich selbst ein hohes Risikopotenzial für die Datensicherung dar, beispielsweise wenn Daten durch Mitarbeiter geklaut oder veruntreut werden oder durch mangelnde Sorgfalt Fremde Zugang zu Rechnern oder Anwendungsprogrammen erhalten. Passwortsicherungskonzepte, Mitarbeiterschulungen, Back-up-Erstellung, Zugangskarten, Dongle oder biometrische Erkennung sind einige Maßnahmen, die hier Missbrauch verhindern können.

Beim Cloud Computing werden folgende Servicemodelle unterschieden:[206]

- **IaaS (Infrastructure as a Service):**
  Dem Kunden, beispielsweise einem Unternehmen, werden IT-Infrastrukturressourcen, z. B. Rechner-/Server, Speicherplatz, Netzwerk- und andere Basisressourcen und damit verbundene Dienste (Wartung etc.), zur Verfügung gestellt.
- **PaaS (Platform as a Service):**
  Dem Kunden, beispielsweise einem Unternehmen, werden Betriebssysteme und Systeme für Entwicklungen (inkl. der hierfür notwendigen IaaS) sowie damit verbundene

---

[205] Vgl. Bitkom (2013, S. 24 ff.).
[206] Vgl. Mell und Grance (2011, S. 2–3) und Duisberg (2011, S. 49).

Dienste zur Verfügung gestellt, auf denen der Kunde eine eigene Entwicklungsumgebung für die Erstellung und Ausführung von Anwendungen nutzen kann.

- **SaaS (Software as a Service):**
  Dem Kunden, beispielsweise einem Unternehmen, wird eine vollwertige Applikation/Anwendung (inkl. der hierfür notwendigen IaaS) sowie damit verbundene Dienste zur Verfügung gestellt.

Für alle drei Servicemodelle werden sogenannte Service-Level-Agreements (SLA) abgeschlossen, die für den Mietpreis die Leistungen (z. B. Verfügbarkeit der Systeme, Standort der Datenhaltung, Support nach Servicelevel, Übertragungswege etc.) konkretisieren.

Weiterhin ist beim Cloud Computing die Transparenz bezüglich der Lokalität der zur Verfügung gestellten IT-Ressourcen zu unterscheiden. Hier unterscheidet man folgende Formen:[207]

- **Public Cloud:**
  Bei einer Public Cloud hat der Kunde keine Transparenz über die physikalische Ansiedlung und Verteilung (Stückelung) der zur Verfügung gestellten IT-Ressourcen (beispielsweise Inland/Ausland).
- **Private Cloud:**
  Bei einer Private Cloud erhält der Kunde Transparenz über die physikalische Ansiedlung und Verteilung der zur Verfügung gestellten IT-Ressourcen (beispielsweise Standort eines Servers im fremden Rechenzentrum oder im eigenen Unternehmen).
- **Hybrid Cloud:**
  Die Hybrid Cloud ist eine Mischform aus Public und Private Cloud. Der Kunde erhält z. B. Transparenz über die physikalische Ansiedlung der zur Verfügung gestellten IT-Ressourcen, aber nicht über die Verteilung. Ein weiteres Beispiel wäre z. B., dass nur bestimmte Softwareapplikationen und Teile der Daten in einer Private Cloud und andere Teile der Daten in einer Public Cloud genutzt werden können.

In Bezug auf Anwendungssoftware im Bereich Planung und Reporting bedeutet **IaaS**, dass das Unternehmen seine (eigene oder gekaufte) Software mitbringt und lediglich Hardware mietet und in Anspruch nimmt.

Das **PaaS** kommt für Unternehmen die Planungs- und Reportingsoftware anwenden nicht in Frage, da für die Erstellung von Reports und Planungsformularen, die Softwarelösungen selber in der Regel geeignete Generatoren zur Verfügung stellen. PaaS wäre ggf. für Softwareunternehmen interessant, die eigene Reporting- und Planungsapplikationen entwickeln.

SaaS kommt für die Unternehmen potenziell wieder in Frage, wenn Planungs- und Reporting-Softwaresysteme über SLA gemietet und genutzt werden können. Die SLA müssten in diesem Fall aber auch die Datenanbindung der Quellsysteme regeln, wenn diese nicht auch über die SLA eingeschlossen sind.

---

[207] Vgl. Birk und Wegener (2010, S. 642).

Ein reines **Public-Cloud-Modell** für Reporting und Planung eines Unternehmens kommt nicht in Frage, da die steuerungsrelevanten Daten als hoch sensibel einzustufen sind und die Verteilung von Daten ohne Kenntnis der Ansiedlung aufgrund des Datenschutzes und der Datensicherheit nicht zu rechtfertigen ist, solange unterschiedliche nationale Regelungen hier Anwendung finden. Dies gilt insbesondere bei personenbezogenen, bei steuerungsrelevanten (z. B. Patente, Angebote, Rezepturen etc.) und bei strategischen Daten, die im Reporting oder der Planung enthalten sind.

Mit einem **Private-Cloud-Modell** kann sich das Unternehmen in den SLA eine Transparenz über Ansiedlung und Verteilung der Daten vertraglich sichern. Zudem sind Gewährleistungen zu Datenschutz und Datensicherheit nach der jeweiligen nationalen Rechtslage vom Anbieter einzuhalten und darüber hinausgehende in die SLA aufzunehmen. Vertragsbrüche und -strafen sind ebenfalls zu regeln. Es muss überprüft werden, ob das Risiko des Verlustes, der Veruntreuung oder der Spionage von Daten sowie die damit verbundenen betrügerische Handlungen durch Schadensersatzleistungen adäquat abgedeckt werden. Wie bei einem Kredit (Vertrauen) ist ein Rückzahlung (Schadensersatz) nur dann möglich, wenn die Bonität des Kreditnehmers vorhanden ist. Zudem sind Instrumente zur Kontrolle des Datenverlustes oder des Missbrauchs von Daten notwendig und einzurichten. Hier sitzt der Cloud-Anbieter am längeren Hebel. Zudem bleibt ungewiss wie groß die Rate der nicht entdeckten Missbrauchsfälle ist.

Das **Hybrid-Cloud-Modell** kann für Unternehmen für die Planung und das Reporting dann interessant sein, wenn nicht schutz- bzw. sicherheitsrelevante Informationen auch in einen Public-Cloud-Bereich zur Verfügung gestellt werden können, um hier beispielsweise weltweit die Anbindung von Händler und Niederlassungen der Gesellschaft besser, d. h. kostengünstiger und mit einem schnelleren Zugriff etc. zu ermöglichen. Steuerungsrelevante zu schützende Informationen verbleiben intern oder in der Private Cloud.

Zusammenfassend bleibt das Cloud Computing für das Unternehmen eine Investitionsentscheidung zwischen In- oder Outsourcing. Alle Vor- und Nachteile sind für ein auszuwählendes Modell abzuwägen. Für die Planung kommen wie aufgeführt IaaS- und SaaS-Modelle in Kombination mit Private Cloud oder Hybrid Cloud in Frage. Bei größeren Cloud-Projekten ist es wichtig, dass die Kosten und Leistungen durch die SLA für das Unternehmen transparent sind. Die Praxis sieht jedoch anders aus. Wie in anderen Branchen, z. B. Versicherungen, sind die Verträge (Leistungen, Kosten, Laufzeiten, Boni- und Kündigungsregeln, Strafen etc.) komplex und undurchsichtig. Aus diesem Grunde kann die Prüfung und Analyseunterstützung durch einen Cloud-Berater oder die Unterstützung durch einen Cloud-Broker sinnvoll sein, um einen besseren Marktüberblick zu erhalten und bei der Investitionsentscheidung und Risikobetrachtung wertvolle Informationen zu erhalten. Zudem sind bei Investitionsentscheidungen hinsichtlich des Outsourcings über das Cloud Computing auch die Abhängigkeiten bei einem späteren Wechsel oder Insourcing zu überdenken. Anwendungstest und Referenzen helfen in einer Einführungsphase dabei, Unbekanntes kennen zu lernen, Risiken und Mängel aufzuspüren und das Knowhow und die Leistungen des Anbieters zu prüfen.

5.9   Mobile Computing

Das Mobiltelefon hat sich schon seit geraumer Zeit in unserer Gesellschaft etabliert und
ist ein wesentlicher Bestandteil unseres Lebens geworden. Es gibt uns die Sicherheit jederzeit erreichbar zu sein und die Freiheit, unabhängig vom Aufenthaltsort Informationen
anzunehmen bzw. weiterzugeben. Mobile Computing befasst sich in diesem Sinne mit der
*„[. . .] Gesamtheit von Geräten, Systemen und Anwendungen, die einen mobilen Benutzer
mit den auf seinen Standort und seine Situation bezogenen sinnvollen Informationen und
Diensten versorgt".*[208]

Insbesondere seit der Entwicklung des BlackBerry von der Firma RIM (Research in
Motion) ist Mobile Computing auch ein fester Bestandteil innerhalb der Geschäftswelt.
Als ein weiterer innovativer Meilenstein im Mobile Computing zählen die Einführung
und die intensive Vermarktung des iPhone von der Firma Apple im Jahre 2007, infolgedessen das öffentliche Interesse um sogenannte Smartphones enorm zunahm. Einen weiteren
Innovationsschritt stellten moderne Tablet-PCs wie z. B. das ebenfalls von Apple entwickelte iPad dar.

Um die Grenzen und Potenziale in Hinblick auf mobiles Reporting und mobile Planung
zu bewerten, ist es nötig die verschiedenen dafür in Frage kommenden mobilen Endgeräte
bezüglich der unterschiedlichen Funktionalitäten und Eigenschaften zu betrachten. Ferner
stellen drahtlose Netzwerke einen weiteren, entscheidenden Faktor für die effektive Nutzung des mobilem Reportings dar und müssen dementsprechend differenziert betrachtet
werden.

5.9.1   Mobile Endgeräte

Mobile Endgeräte stellen die technologische Basis für mobiles Reporting und mobile
Planung zur Verfügung. Ihre Funktionalität und Leistungsfähigkeit ist daher von ent-
scheidender Bedeutung für die effektive Nutzung. In den vergangenen Jahren haben die
Leistungsfähigkeit dieser Geräte und der Umfang an angebotenen Funktionen enorm zugenommen.[209] Zudem bietet der Markt eine große Vielfalt an verschiedenen mobilen
Endgeräten an. Diese Endgeräte lassen sich vor allem den Kategorien Notebooks, Tablet-
PCs und Mobiltelefone zuordnen. Zudem sind in Zukunft technische Entwicklungen wie
das Smartglass, Smartwatch oder andere tragbare Endgeräte (Wearables) wie Kleidung
oder digitale Assistenten (wie z. B. Siri von Apple oder Alexa von Amazon) zu beobachten, die als mobiles Endgerät in Form einer Brille bzw. Uhr zum Einsatz kommen werden.
Jede Endgerätkategorie bietet dabei spezifische Vor- und Nachteile in der Verwendung
als mobile Plattform. Im Folgenden sollen die derzeit am häufigsten genutzten mobilen
Endgeräte (Notebooks, Mobiltelefone und Tablet-PCs) betrachtet werden.

---

[208] Vgl. Bollmann und Zeppenfeld (2010, S. 4).
[209] Vgl. Bollmann und Zeppenfeld (2010, S. 87–111).

5.9.1.1 Notebooks

Notebooks stellten erstmals einen nahezu vollwertigen Ersatz zu den stationären PCs dar und ermöglichen zudem ortsunabhängiges Arbeiten. Ihre Leistungsfähigkeit und Funktionalität entspricht annäherungsweise dem eines stationären PCs und aufgrund der meist einheitlichen Betriebssysteme ist eine Kompatibilität der Anwendungen überwiegend gewährleistet. Moderne Kommunikationstechnologien wie WLAN (Wireless Local Area Network) und UMTS (Universal Mobile Telecommunications System) bzw. LTE (Long Term Evolution 4G bzw. 5G) ermöglichen zudem eine Verbindung zu drahtlosen Netzwerken. Mit einem relativ großen und übersichtlichen Bildschirm sowie komfortablen Eingabemöglichkeiten (Maus und Tastatur) sind Notebooks durchaus für die mobile Verwendung geeignet und werden in diesem Sinne auch bereits verwendet. Sie besitzen jedoch aufgrund ihrer Größe, ihres Gewichtes und der meist geringen Akkulaufzeit nur eine eingeschränkte Mobilität im Vergleich zu anderen mobilen Endgeräten. Weiterhin ist die Wartezeit für das Anschließen, Hochfahren und Suchen der richtigen Informationen i. d. R. deutlich länger als bei Handys und Tablets. Kleinere Notebooks werden auch Netbooks genannt. Besonders dünne Notebooks, sogenannte Ultrabooks, versuchen die Vorteile der Tablets und Notebooks zu kombinieren.[210] Einige Hersteller bieten hierbei Rechner an, bei denen man den Bildschirm vom Notebook trennen oder umklappen kann, sodass der Rechner wie ein Tablet-PC bedient werden kann.

5.9.1.2 Mobiltelefone

Die Verwendung von Mobiltelefonen (Handys) ist schon seit längerer Zeit nicht mehr ausschließlich auf das Telefonieren beschränkt. Mobiltelefone stellen dem Nutzer mittlerweile auch eine Vielzahl an weiteren Funktionen zur Verfügung. Zu diesen Funktionen können z. B. verschiedene Multimediaanwendungen, Kalender und Organizer, Kontaktlisten, Rechner, Kamera, Internetbrowser und GPS (Global Positioning System) gehören. Alternativ zum Touchscreen können die Anwendungen der Handys auch mittels Sprachsteuerung über ein eingbautes Mikrofon gesteuert werden. Darüber hinaus besitzen moderne Mobiltelefone mehrere verschiedene Datenübertragungsmöglichkeiten (u. a. WLAN, Bluetooth, UMTS, LTE), die eine schnelle und grenzenlose Kommunikation und Datenübertragung ermöglichen. Die neuste Generation von Mobiltelefonen fällt unter den Begriff „Smartphone". Im Vergleich zu klassischen Mobiltelefonen zeichnen sich Smartphones insbesondere durch eine sehr hohe Leistungsfähigkeit und durch Betriebsysteme aus, die eine Erweiterung von vielfältigen Anwendungen (sogenannten Apps, eine Kurzform von Applikation) ermöglichen. Für die Navigation bzw. Bedienung hat sich überwiegend ein berührungsempfindlicher Bildschirm (Touchscreen) etabliert. Zudem können standortbezogene Dienste (Location Based Services) z. B. mit Hilfe des GPS-Empfängers angeboten werden. Mit der Einführung des Apple iPhone im Jahre 2007 stellten Smartphones zunächst nur ein Nischenprodukt dar. Mittlerweile sind Smartphones sehr populär und auch in niedrigeren Preissegmenten von verschiedenen Herstellern zu finden.

---

[210] Ultrabook ist ein eingetragenes Warenzeichen von Intel.

In Unternehmen wurden in der ersten Generation der Smartphones häufig BlackBerry-Geräte der Firma *RIM* verwendet. Diese Geräte unterschieden sich von den heute gängigen Smartphones durch eine QWERTZ-Tastatur über die die Eingabe erfolgte. Neben dem Betriebssystem IOS von Apple (IPhone) haben sich mittlerweile auch die Betriebssysteme Android von Google, OS von BlackBerry und Windows Phone von Microsoft für Smartphones und Tablets unterschiedlicher Hersteller (Samsung, HTC, Microsoft, Huawei etc.) etabliert. In Bezug auf Mobile Reporting stellt neben den Tablets das Smartphone eine mögliche, wenn auch kleinere Plattform dar. Es bietet die nötigen Verbindungsmöglichkeiten, um eine schnelle Internetverbindung herzustellen und die Funktionalität sowohl umfangreiche Browserbasierte als auch native Anwendungen zu verwenden, wobei letztere direkt für die Betriebssystemumgebung geschaffen wurden.

Des Weiteren zeichnen sich Smartphones durch ihre Bedienungsfreundlichkeit aus und besitzen im Gegensatz zu Notebooks aufgrund ihrer Größe und Laufzeit eine weit höhere Mobilität. Wartezeiten für das Einschalten und Hochfahren sind sehr gering. Verschiedene Betriebssysteme erschweren jedoch die Kompatibilität zwischen den Systemen. Des Weiteren besitzt die Anzeigefläche nur sehr beschränkte Ausmaße, um detaillierte Berichte oder Analysen komfortabel darstellen bzw. analysieren zu können. Für kompakte Auswertungen und schnelle Kennzahlenanalysen reicht die kleine Bildschirmoberfläche aber aus. Für die Planung erweisen sich die Smartphones als zu klein, hier sind z. B. in der mobilen Anwendung die Tablet-PCs oder Notebooks vorzuziehen. Werden mit Hilfe von Smartphones, aber auch anderen mobilen Endgeräten, visuelle Hologrammen in den Raum projiziert und können diese interaktiv gesteuert werden, entstehen hier neue Potenziale für die Planung und das Reporting. Der Größennachteil ist dann aufgehoben.

5.9.1.3 Tablet-PC
Tablet-PCs besitzen häufig dieselben technischen Eigenschaften, die wir bereits bei den Mobiltelefonen aufgeführt haben, z. B. Kalender, Organizer, Rechner, Kamera, Telefon, Internetbrowser, GPS (Global Positioning System), schnelles Hochfahren und die Nutzungsmöglichkeit vieler Anwendungen als App (Applikation). Im Vergleich zum Handy ist der Hauptvorteil für die Analyse- und Planungsfunktionen die Größe der Displays. Im Gegensatz zu den Notebooks besitzt ein Tablet-PC einen berührungsempfindlichen Bildschirm, der die Eingabe z. B. über einen elektronischen Stift oder mit den Fingern der Hand ermöglicht. Daher wird i. d. R. auf die Integration einer Tastatur wie beim Notebook verzichtet. Daneben besitzen Tablet-PCs meist dieselbe Funktionalität wie Notebooks bzw. stationäre PCs. Tablet-PCs wurden in der Vergangenheit nur von einer kleinen Benutzergruppe verwendet. Erst seit der Einführung des iPad der Firma Apple ist diese Kategorie stark in den Mittelpunkt der mobilen Geräte bezüglich der betrieblichen Anwendung gerückt. Diese neue Generation von Tablet-Computern, wie z. B. auch das Samsung Galaxy Tab und das BlackBerry Playbook, zeichnen sich insbesondere durch eine intuitive und einfache Bedienung über einen kapazitiven Touchscreen aus und sind somit sehr gut für Präsentationszwecke geeignet. Der Abstand hinsichtlich Funktionalität im Vergleich zu klassischen Tablets-PCs und Notebooks wird immer geringer. Aufgrund

der einfachen Analyse- und Navigationsmöglichkeiten, der geringen Wartezeiten beim Anschalten und den sehr guten Mobilitätseigenschaften (z. B. lange Akkulaufzeit) sind diese Geräte sehr gut für die allgemeine mobile Nutzung und im speziellen für mobile Analyse- und Planungsfunktionen geeignet.

5.9.2   Drahtlose Netzwerke

Drahtlose Netzwerke ermöglichen einen flexiblen Zugriff auf Informationen und sind daher Grundvoraussetzung für „Mobile Computing". Dabei unterscheiden sich diese Netzwerke stark in ihrer Übertragungsgeschwindigkeit und Ortsunabhängigkeit. Während WLAN eine sehr hohe Datenübertragungsrate besitzt, sind diese Netzwerke dennoch stark ortsgebunden. Mobilfunknetze sind im Gegensatz zu lokal gebundenen WLAN-Netzwerken weit flächendeckender verfügbar, ihre Übertragungsrate ist jedoch weitaus geringer. Dabei haben sich Mobilfunknetze in den letzten Jahren enorm weiterentwickelt und besitzen auch weiterhin große Entwicklungspotenziale.[211] Das erste digitale Mobilfunknetz GSM (Global System for Mobile Communication) ist für die Datenübertragung nur sehr bedingt geeignet. Mit einer verbindungsorientierten Datenübertragung bei GSM ist eine dauerhafte Verbindung nur über einen ununterbrochenen Zugang mit dementsprechendem Ressourcenverbrauch möglich. Zudem ist die Geschwindigkeit trotz Beschleunigungstechniken sehr gering. Erst die Erweiterung GPRS (General Packet Radio Service) ist für Datenübertragung nicht nur aufgrund der paketorientierten Übermittlung, sondern auch dank einer höheren Geschwindigkeit, besser geeignet. UMTS (Universal Mobile Telecommunications System) ist der Nachfolger von GMS und GPRS und bietet eine wesentlich höhere Übertragungsgeschwindigkeit von mehreren 100 Kbit/s bzw. in Verbindung mit HSPA (High Speed Packet Access) sogar Übertragungsraten im Mbit-Bereich. Die vierte Generation von Mobilfunkstandards mit dem Namen LTE (Long Term Evolution) erreicht mit Übertragungsraten von mehreren 100 Megabit bis zu 1 Gigabit pro Sekunde deutlich höhere Downloadraten als der Vorgänger UMTS. Mit dem neuen Standard 5G wird die Übertragungsrate des 4G-LTE-Standards 10- bis 100-fach höher ausfallen (10.000 MBits/s = 10 Gigabit/s).

Erst mit der Entwicklung von modernen Mobilfunknetzen wurde mobiles Reporting ermöglicht und dient daher in Verbindung mit den mobilen Endgeräten als Grundvoraussetzung für die mobile Nutzung von Informationen. Technologien wie UMTS und LTE bieten eine ausreichende Geschwindigkeit für das Senden und Empfangen von umfangreichen Berichten. Die annähernd flächendeckende Verfügbarkeit und die geringen Kosten für die Nutzung ermöglichen einen nahezu unbegrenzten Zugriff ins Internet. Informationen stehen somit überall und jederzeit zur Verfügung. Dies setzt jedoch eine mobile Informationsversorgung seitens der Unternehmen voraus.

---

[211] Vgl. Bollmann und Zeppenfeld (2010, S. 87–111).

5.9.3 App – Applikation

Während traditionell die User auf ihre Softwarelösungen nur über grafische Benutzer-schnittstellen, wie z. B. die SAP GUI (Graphical User Interface), zugreifen konnten, ent-wickelten die Softwarehersteller im Zuge der intensiven Nutzung des Internets sogenannte Web-Interfaces, bei denen die User über allgemein zugängliche Webbrowser die Program-me erreichen. Mit der Ausbreitung der mobilen Nutzung der Daten und Programme über mobile Endgeräte wurde das Aufrufen der Programme über Webseiten jedoch unkomfor-tabel, so dass sich die Softwarehersteller die App als Startpunkt für die Softwareanwen-dung zu Nutze machten. Charakteristisch für viele Apps ist, dass sie entsprechend der begrenzten Möglichkeiten des Endgerätes eine verdichtete intuitive Bedienung der Apps über Kacheln bzw. Icons durch den Anwender aufweisen. Der User kann dabei seine Na-vigationssicht individuell gestalten und z. B. eine personalisierte Homepage entwickeln. Weiterhin haben viele komplexe Softwarelösungen, die auf Desktoprechnern ausgeführt werden, wie beispielweise das SAP ERP-System, das Problem, dass eine einfache Navi-gation durch das Programm nur für erfahrene Anwender möglich ist. Auch hier kann die App-Technologie helfen, indem die Menüführung ganz oder teilweise über Apps erfolgt.

Das Wort „App" steht hierbei für mobile Anwendung bzw. Applikation und wird i. d. R. über eine Kachel bzw. Icon ausgeführt. Technisch werden drei Formen von Apps un-terschieden, die Web-Apps, die nativen Apps und die Hybrid-Apps, die hier allerdings nicht weiter verfolgt werden.[212] Die Firma Apple war hier sicherlich mit seinem iTunes-Store ein prägender Vorreiter. Andere Hersteller, vor allem Google mit dem Betriebssys-tem Android sowie Windows und BlackBerry, folgten. Bei SAP wurde z. B. SAP Fiori basierend auf SAP HANA eingeführt, um Geschäftszahlen für mobile Geräte verfügbar zu machen.[213] SAP Fiori nutzt wie andere Anbieter vermehrt ein Flat-Design mit der Nutzung der Kacheloptik für die Apps und einen benutzerindividuellen Aufbau des Pro-grammeinstiegs (vgl. Abb. 5.57).

Häufig werden komplette Programmsteuerungen in kleine Programmteile aufgeteilt, die über Apps aufgerufen werden können. Einer der wichtigsten Vorteile des Flat-Designs und der Apps für Endgeräte ist, dass sie weniger Ressourcen (CPU- und GPU-Leistung) nutzen und geringere Ladezeiten aufweisen. Weitere wichtige Vorteile des Flat-Designs sind das zeitgemäße Erscheinungsbild und die Anpassung des Flat-Designs an die ver-schiedenen Endgeräte (vgl. Abb. 5.58).

Während eine normale Menüsteuerung über die sogenannte „Shell-bar" im Kopf der SAP Fiori Launchpad Homepage für Grundfunktionen wie z. B. Suchen oder Ein- und Ausloggen möglich ist, prägen unterschiedliche Kacheltypen auf der Bildschirmseite die App-Navigation.

---

[212] Vgl. Keist et al. (2016, S. 109–113). Der Unterschied ist ähnlich wie im Abschn. 5.9.5.1 und 5.9.5.2 für mobile Business-Anwendungen aufgeführt wurde.
[213] Vgl. Mathew (2015, S. 1 ff.) und Engelbrecht und Wegelin (2015, S. 25).

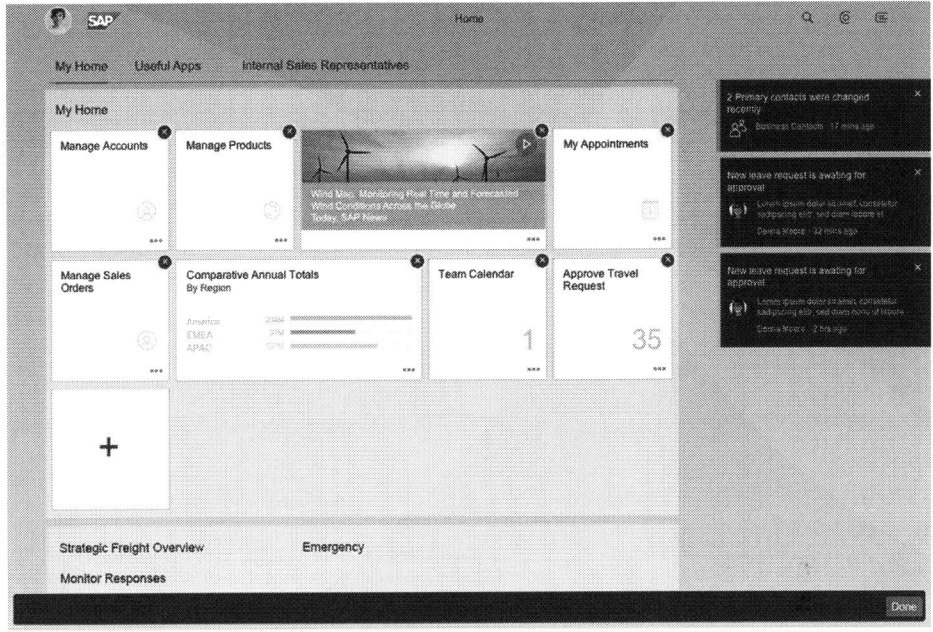

Abb. 5.57 SAP Fiori Launchpad Homepage im Editiermodus. (Quelle: SAP Fiori 2017a)

Abb. 5.58 SAP Fiori Responsive Design für verschiedene Endgeräte. (Quelle: SAP Fiori 2017a)

Es gibt sehr viele unterschiedliche Kacheltypen, von denen hier nur einige wichtige vorgestellt werden:[214]

- Die **Standardkacheln** zeigen nur Inhalte, die statisch sind, wie beispielsweise Texte, Bilder und Icons.
- Die **dynamischen Kennzahlen-Kacheln** zeigen veränderliche Zahlwerte, die je nach Einstiegszeitpunkt die aktuellen Werte einer Kennzahl anzeigen.
- Die **Key-Performance-Indicator-Kacheln mit Warnfunktionen** zeigen für die ausgewählten Kennzahlen Warnungen, z. B. in Ampelsignalfarben, an.
- Die **Grafik-Kacheln** zeigen zu den ausgewählten Kennzahlen ausgewählte Grafiktypen mit dynamischen zeitlich sich ändernden Werten, wie z. B. Säulen- oder Kreisdiagramme, an.

Ausgewählte Kacheln können zu Gruppen zusammengefasst werden, so dass der Anwender sich eine Kachelhierarchie aufbauen kann, über die er ganze Programmmodule aufrufen kann.

Wird eine Kachel durch den Anwender angesteuert, werden i. d. R. Applikationen ausgeführt. Es lassen sich folgende Apps unterscheiden:

- Die transaktionale App startet ein Anwendungsprogramm, in dem Aufgaben und Funktionen, wie z. B. eine logistische Bewegung, eine Buchung im Rechnungswesen, eine Berechnung oder Planungserfassung, durchgeführt werden können.
- Eine Fact-Sheet-App zeigt die ermittelten Ergebnisse, z. B. die Anzahl von Objekten, einer Suche an.
- Die analytischen Apps zeigen gesammelte Kennzahlen einer definierten Abfrage in einem Report an.

Planungs- und Reportingaufgaben können im Gegensatz zu traditionellen OLAP-gestützten Frontendtools derzeit nur eingeschränkt über die App-Technologie durchgeführt werden. Für ein analytisches Reporting und eine integrierte Planung ist es offensichtlich, dass der Anwender mithilfe der App-Technologie, wie z. B. mit Fiori basierend auf SAP Hana, derzeit häufig nur einfache Berichte und Planungsformulare in Echtzeit direkt erstellen kann. Für komplexe analytische Berichte und Planungen sind derzeit OLAP-gestützte Frontend-Tools, wie Cubeware, Jedox, SAP BusinessObjects etc. mit ihrer multidimensionalen Datenselektion besser zu verwenden. Der Hauptgrund für diese Einschränkung liegt darin, dass die Toolkits, also die Entwicklungswerkzeuge für die App-Technologie, nicht so leistungsfähig und für die Anwender ohne Programmierkenntnisse schwierig zu bedienen sind. Beispielsweise setzt das „SAP User Interface for HTML 5" (SAPUI5) sehr gute Kenntnisse in Javascript und HTML voraus, während im SAP Design Studio die Erstellung von Reports im Wesentlichen grafisch mittels Drag-and-Drop von

---

[214] Vgl. Krüger (2015, S. 204 ff.).

vorkonfigurierten Elementen funktioniert. Zudem besitzen sie bessere Visualisierungstechniken. Ein weiterer Nachteil besteht darin, dass die analytischen Apps von SAP Fiori auf die SAP Hana-Datenhaltung beschränkt sind. Die meisten BI-gestützten Frontendtools sind deutlich flexibler bezüglich der anzubindenden Datenquellen. Da SAP Fiori in erster Linie für die Programmnavigation erstellt wurde, ist nicht davon auszugehen, dass SAP versucht mit diesem Werkzeug dieses Defizit zu beseitigen. Es ist eher zu erwarten, dass klassische OLAP-Frontend-Systeme über eine App aufgerufen werden können, so dass hier leistungsfähige multidimensionale Ad-hoc-Analysen (z. B. mit Slice und Dice) sowie komplexe Planungsaufgaben erledigt werden können.[215] Auch der Ausbau eines breitgefächerten Angebots an Apps lässt nicht erwarten, dass sich hierdurch die vielschichtigen Analysebedarfe des Reportings und der Planung abfangen lassen.

5.9.4 Einordnung von Reporting und Planung im Mobile Computing

In Bezug zu den drei Ebenen des Data Warehouses lässt sich Mobile Computing als technische Plattform für die Datenauswertung und -nutzung, also speziell für Analyse- und Planungszwecke, sowie weitere betriebswirtschaftliche Nutzungsmöglichkeiten einordnen.

Mobiles Reporting und mobile Planung lassen sich dem Forschungsgebiet „Mobile BI" unterordnen. Mobile BI beschäftigt sich mit dem Zugang zu entscheidungsrelevanten Daten mit Hilfe von mobilen Endgeräten und mit der Gestaltung des mobilen BI-Systems. Der bisherige Fokus von Mobile BI liegt hierbei in der Mobilisierung des betrieblichen Berichtswesens.[216] Die Planung wird eher kaum berücksichtigt.

Mobiles Reporting ist ein Kernelement von Mobile BI und wird zum Teil auch als Synonym verwendet. In seinem weitesten Sinne lässt sich sowohl „Mobile Reporting" als auch „Mobile BI" dem Ordnungsrahmen des „Mobile Computing" zuordnen. Mobile Computing ist ein sehr weitreichendes Gebiet, das sich mit der mobilen Verwendung und der Allgegenwärtigkeit von Computern in der heutigen Gesellschaft beschäftigt. Dieses Forschungsgebiet bietet vor allem die technischen Grundlagen zur Realisierung von „Mobile Planning and Reporting" und umfasst zudem die gesamte gesellschaftliche Entwicklung der Mobilisierung. In der Abb. 5.59 wird der Zusammenhang verdeutlicht. Die Hauptvorteile der Mobilität liegen in der ortsunabhängigen und adressatenbezogenen Informationsversorgung sowie der Kommunikationsmöglichkeit. Dies bedeutet einen sehr schnellen Zugang zu wichtigen Informationen, auch wenn kein stationärer Rechner zur Verfügung steht. Gerade für Manager und Außendienstmitarbeiter, die häufig unterwegs sind, ermöglicht der mobile Zugang viele Vorteile, insbesondere dann, wenn alle wichtigen Informationen für die anstehende Aufgaben, wie z. B. eine wichtige Vertragsverhandlung oder ein entscheidenes Verkaufsgespräch, zur Verfügung stehen.

---

[215] Vgl. hierzu folgende Quelle: SAP Fiori (2017b).
[216] Vgl. Bensberg (2008, S. 72).

Abb. 5.59 Mobile Computing, Mobile BI and Mobile
Reporting and Planning

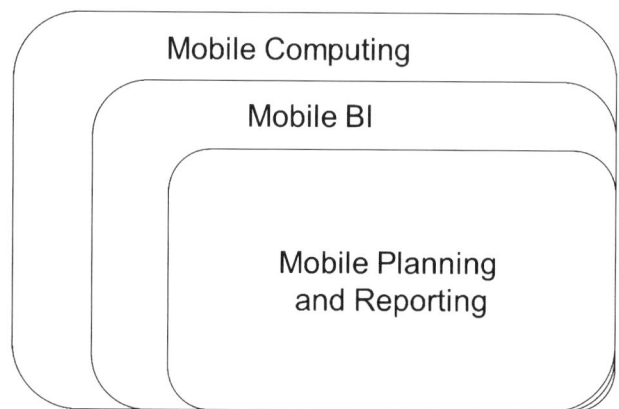

5.9.5   Mobile Business Intelligence

Mobile Computing hat einen signifikanten Wandel in der Gesellschaft ausgelöst. Mit modernen Endgeräten, Mobilfunknetzen und weitverbreiteten WLAN-Netzwerken wurde die
technische Grundlage geschaffen, um ohne eine Bindung an einen stationären Arbeitsplatz den Zugang auf relevante Informationen zu bekommen. Daher lässt sich mit Hilfe
von Mobile Computing auch die Anwendung von BI grundlegend verändern. Voraussetzung für die mobile Informationsversorgung ist jedoch ein um mobile Komponenten
erweitertes BI-System. Mit dem Forschungsgebiet Mobile BI wird dieses Grundgerüst
geschaffen. Das Konzept Mobile BI bietet dabei für die verschiedensten Unternehmensbereiche enorme Potenziale, die zu Effizienzsteigerungen von Entscheidungsprozessen
beitragen können.

In der Umsetzung und Gestaltung eines mobilen BI-Systems stellen sich viele Herausforderungen für die Unternehmen. Diese Herausforderungen liegen nach der Auffassung
von *Bensberg* insbesondere in der Anpassung von bereits existierenden BI-Lösungen.[217]
Diese müssen den Anforderungen entsprechen, die sich aufgrund der unterschiedlichen
Eigenschaften der mobilen Umgebung ergeben. Wie im vorherigen Abschnitt beschrieben,
zeichnet sich der Mobile-Computing-Sektor durch eine Vielzahl an mobilen Endgeräten
aus, die sich untereinander stark in ihrer Funktionalität unterscheiden. Eine Integration
dieser verschiedenen Endgeräte in ein bestehendes BI-System ist nicht ohne eine Erweiterung des Systems realisierbar. Zudem müssen über verschiedene drahtlose Netze die
Zugangsmöglichkeiten auf die dispositiven Daten für den Entscheidungsträger ermöglicht
werden. Das stationäre BI-System wird daher um mobile Komponenten erweitert, die den
Zugang der Endgeräte über verschiedene Zugangsarten ermöglichen sollen. Der Aufbau
eines mobilen BI-Systems setzt auf den ersten beiden Ebenen der Data-Warehouse-Architektur bzw. des explorativen BI-Systems (inkl. Big-Data-Technologie) auf und wird in der
Abb. 5.60 dargestellt.

---

[217] Vgl. Bensberg (2008, S. 75–79).

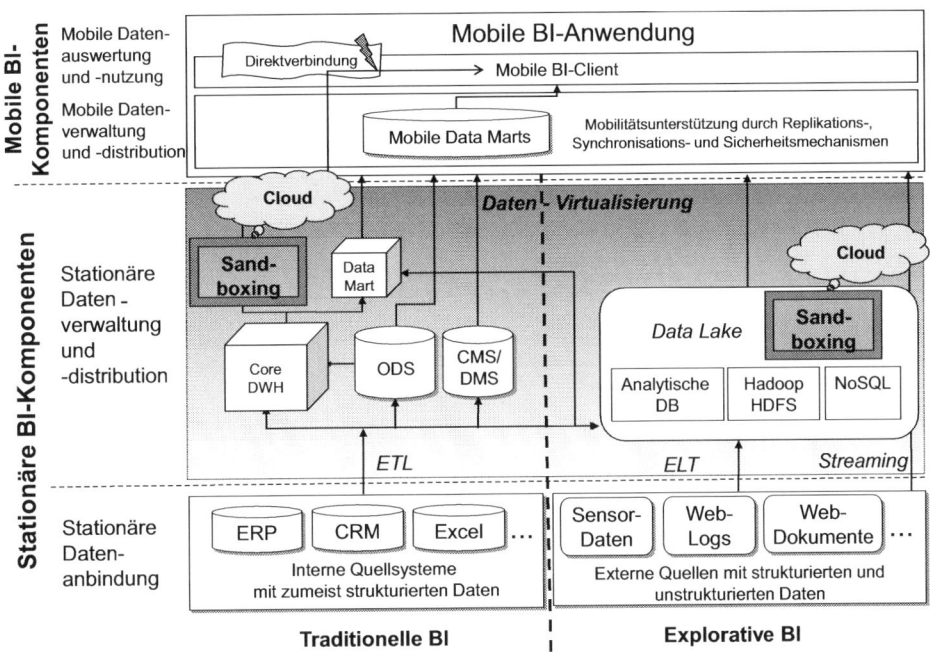

Abb. 5.60 Aufbau von mobilen BI-Systemen

Die Kommunikationseigenschaften von mobilen Systemen unterscheiden sich stark von den Eigenschaften der stationären Systeme. Während der Zugang auf das BI-System in einem „klassisch" verteilten System, wie z. B. dem lokalen Firmennetzwerk, in der Regel störungsfrei hergestellt werden kann, bestehen in mobil verteilten Systemen häufige Änderungen in der Verbindungsqualität.[218] Somit müssen Verbindungsabbrüche (auch zur Energieeinsparung beim Endgerät) und schwankende Datenübertragungsraten in der Umsetzung eines mobilen BI-Systems berücksichtigt werden. Mit der Erweiterung um mobile Komponenten wird das System dementsprechend angepasst. Um die Aufrechterhaltung des Zugangs zu den Datenbeständen des DWH-Systems bzw. des explorativen BI-Systems (inkl. Big-Data-Technologie) über mobile Endgeräte auch im Falle eines kurzfristigen Verbindungsabbruchs zu gewährleisten, ist die Einrichtung von Mobile Data Marts erforderlich. **Mobile Data Marts** stellen eine reduzierte, auf den Endgeräten eingerichtete Datenschicht dar. Somit kann im Falle einer Abkopplung vom System weiterhin z. B. in Form von „Caching" auf zwischengespeicherte Daten zugegriffen werden.[219] Zur Realisierung einer konsistenten Datenreplikation wird daher eine Replizierung und eine ständige Synchronisation der Daten nach einer Wiederankopplung vorausgesetzt. Eine als „Middleware" bzw. auch als „Mobile-Server" bezeichnete Komponente übernimmt die-

---

[218] Vgl. Fuchß (2009, S. 137–151).
[219] Vgl. Schill und Springer (2007, S. 265–271).

sen Prozess des regelmäßigen Datenabgleichs zwischen der stationären und der mobilen Datenbank. Mit diesen Ab- und Ankopplungsfunktionen wird der mobile Zugriff auf Datenbanken ermöglicht. Zudem kann der Anwender auch ohne Datenverbindung (offline) mit replizierten Datenbeständen arbeiten (vgl. Abb. 5.61). Ohne diese Zwischenschicht ist eine mobile Analyse nur möglich, wenn eine Neztverbindung vorhanden ist. Ein Beispiel für eine Architektur für mobile BI-Systeme zeigt Abb. 5.62 am Beispiel von SAP BusinessObjects auf.[220]

Der mobile Zugriff erfolgt über LTE, UMTS, GSM und GPRS oder über einen Hotspot-Zugang bzw. WLAN. Zudem können die mobilen Endgeräte auch über Festnetzzugänge per Ethernet oder DSL an die Firmennetzwerke und somit an das stationäre Data Warehouse angebunden werden.

Über die Verbindung von mobiler Kommunikationstechnik mit dem Internet ergeben sich weitere Möglichkeiten. Erfolgt die Datenhaltung für das Reporting und die Planung zukunftsweisend über das Internet in einer sogenannten Cloud, so können die mobilen Endgeräte über diesen Zugang weltweit mobile Managementinformationen erhalten. Sollten die Stabilität und die Sicherheit über das Cloud Computing in den nächsten Jahren zufriedenstellend gelöst sein, ergeben sich hieraus für das mobile Reporting und die mobile Planung sehr gute Entwicklungsperspektiven insbesondere hinsichtlich der Verfügbarkeit und Schnelligkeit von planungs- und entscheidungsrelevanten Informationen.

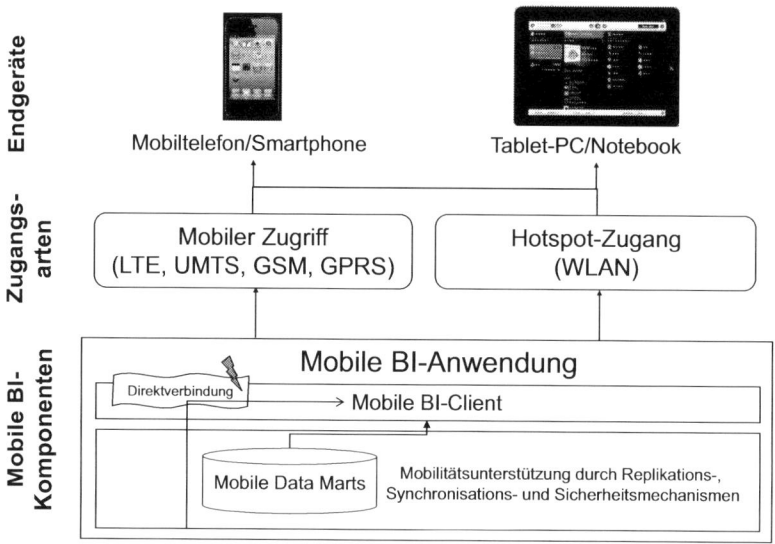

Abb. 5.61 Mobile Zugangsarten und Endgeräte. (Eigene Abbildung. Die Marken, Abbildungen und Symbole vom iPhone und iPad sind ausschließliches Eigentum und Warenzeichen der Apple Inc.)

---

[220] Vgl. SAP AG (2016, S. 5).

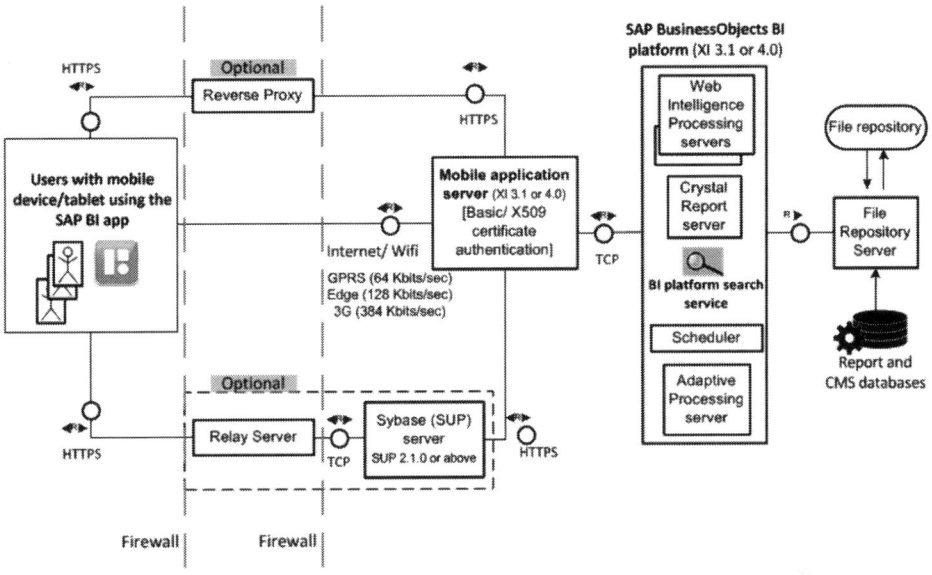

Abb. 5.62 SAP BusinessObjects Mobile Architecture

Des Weiteren müssen in einem mobilen BI-System Sicherheitsmechanismen wie Verschlüsselungen und Authentifizierungsverfahren eingerichtet werden.[221] Insbesondere in Bezug auf die Übertragung an Mobiltelefone müssen die sensiblen Daten nicht nur vor dem Abhören und Ausspionieren geschützt werden, sondern auch im Falle eines Verlustes oder Diebstahls des Endgerätes unzugänglich sein. Im Idealfall sollte bei einem Verlust der Geräte über Remote-Kill- oder Wipe-Funktionen der komplette Datenbestand gelöscht werden.

Die Heterogenität der mobilen Endgeräte ist ein weiteres Problem, das sich bei der Gestaltung eines mobilen BI-Systems stellt. Wie zuvor erläutert, unterscheiden sich die Endgeräte bezogen auf ihre Eigenschaften, wie Leistungsfähigkeit, Betriebssysteme und Funktionalität, stark voneinander. Ein Mobile-Server stellt eine mögliche Lösung für dieses Problem dar. Dieser kann in einer dreischichtigen Architektur im Sinne des Managed Query Environment (vgl. Abschn. 5.5.5.6) die Daten vor der Übertragung sowohl an die Eigenschaften der Endgeräte als auch an die Übertragungsgeschwindigkeit und Stabilität der Kommunikationskanäle anpassen.[222] Insbesondere bei Web-Anwendungen wird auf diese Weise eine Kompatibilität zu mehreren unterschiedlichen Endgeräten ermöglicht. Mit Hilfe von Filterungs- und Komprimierungsmethoden können zudem die Datenmengen vor der Übertragung reduziert werden und in verschiedenen Qualitätsstufen dem Nutzer, auf die jeweilige Anwendungssituation bezogen, zur Verfügung gestellt werden. Die Po-

---

[221] Vgl. Bensberg (2008, S. 76).
[222] Vgl. Schill und Springer (2007, S. 274–280).

tenziale der verschiedenen Endgeräte und Übertragungstechnologien können dadurch voll ausgeschöpft werden.

Mobile Device Management

Für das Mobile Computing bietet es sich an, alle betrieblich genutzten mobilen Geräte über eine einheitliche Software zu verwalten. Diese Softwarelösungen werden unter dem Begriff Mobile Device Management (MDM) zusammengefasst. Ähnlich wie beim herkömmlichen Local Device Managements (LDM), also bei der Administration von stationären Servern und PCs, stehen beim MDM besondere Anforderungen im Vordergrund. Aufgrund der heterogenen mobilen Endgeräte ist darauf zu achten, dass alle Geräte zu den typischen Plattformen und Anwendungen kompatibel sind. Private und geschäftliche Nutzung auf den Geräten ist häufig nicht gewünscht. Wenn eine gemeinsame Nutzung erlaubt wird, ist über das MDM und das Endgerät sicherzustellen, dass private und geschäftliche Nutzung bestmöglich getrennt werden. Nutzungsvereinbarungen mit dem Mitarbeiter regeln die Details.[223] Das MDM dient weiterhin als Knotenpunkt für Updates, Patches, Wiederherstellungen und Backup-Funktionen für die Software der Geräte und der Plattform. Hierbei spielt das Störungs- und Sicherheitsmanagement eine große Rolle. Der Administrator eines MDM sollte möglichst einfach Geräte hinzufügen, sperren oder entfernen können. Im Falle des Verlustes von Geräten sind die Daten auf den Geräten zu löschen bzw. bestmöglich zu schützen.[224] Während man zu Beginn des mobile Hypes unter dem Motto „Bring Your Own Device" (BYOD) den Mitarbeitern erlaubte, ihre privaten Geräte für die betriebliche Nutzung zu nutzen und für die Unternehmensdaten zu öffnen, wird aus Sicherheitsgründen heute eher das Prinzip „Choose Your Own Device" (CYOD) bevorzugt, bei dem die Mitarbeiter aus einer Liste vorgegebener Geräte auswählen können, die im Vorfeld auf die Plattform des Unternehmens optimiert und i. d. R. rollenbasiert mit entsprechenden Applikationen konfiguriert werden.[225]

Eine weitere Komponente im BI-System, die die mobile Informationsversorgung ermöglicht, ist der mobile BI-Client. Diese Frontend-Anwendung befindet sich auf dem Endgerät und stellt dem Nutzer Präsentations- und Anwendungsfunktionen zur Verfügung. Der Client übernimmt die Visualisierung und kann zudem weitere Anwendungsfunktionen unterstützen. Bei der Gestaltung der Clients kommt es zu einem Zielkonflikt zwischen Leistungsbeanspruchung und Serverabhängigkeit. Einerseits kann die Abhängigkeit von einem stationären Server vermieden werden, indem der Client die Verarbeitung der Daten direkt auf dem Endgerät übernimmt. Diese Methode lässt sich aufgrund der hohen Ressourcenbeanspruchung nur auf leistungsfähigen Endgeräten realisieren. Daher basiert ein großer Teil der heutigen Frontend-Anwendungen auf Web-Technologien, die die Aufbereitung auf den Server verlagern. Die wichtigsten beiden Ansätze Rich- und

---

[223] Vgl. Donie und Raeburn (2015).
[224] Vgl. Kersten und Klett (2012, S. 103 ff.).
[225] Vgl. Hansel (2015).

Thin-Client werden in den folgenden beiden Abschnitten erläutert.[226] Weiterhin unterschieden werden zudem hybride Anwendungen, eine Mischform aus Rich- und Thin-Client-Anwendungen, und Container-Anwendungen, bei denen der Container die Zugangssteuerung zu einer Middleware-Plattform bereitstellt, auf der die eigentliche Anwendung für die mobile Nutzung liegt. Diese werden im Weiteren nicht betrachtet.

5.9.5.1 Rich-Client/Native Anwendung

Unter einem Rich-Client wird ein eigenständiges, auf dem Endgerät installiertes Programm verstanden, über das der Zugriff auf das BI-System erfolgt. Ein natives Programm wird speziell für den Betrieb auf einem bestimmten Betriebssystem wie z. B. iOS, Android und Windows Phone entwickelt.[227] Unter bestimmten Voraussetzungen kann ein Rich-Client jedoch auch plattformunabhängig z. B. mit der Programmiersprache Java entworfen werden. Der Rich-Client zeichnet sich besonders durch einen großen Funktionsumfang, bezogen auf die Visualisierungstechniken, die Anwendungs- und Navigationsmöglichkeiten, aus. Dadurch können z. B. auch umfangreiche Offline-Funktionalitäten unterstützt werden. Demzufolge eignet sich der Client vor allem für umfassende und dynamische Mobile-Reporting-Anwendungen, die über die einfache Betrachtung von statischen Berichten hinausgehen. Informationen, die nicht direkt benötigt werden, können gespeichert und bei Bedarf abgerufen werden. Bei Änderungen werden die Daten per Push-Dienst abgeglichen. Des Weiteren können gerätespezifische Funktionen wie Kamera, GPS-Ortung, Bluetooth etc. verwendet werden. Durch die Nutzung der entsprechenden Entwicklungsumgebung werden die Bedien- und Designelemente der Geräte bestmöglich verwendet.[228] Die Anwendung eines Rich-Clients beansprucht die Performance der Endgeräte intensiver als die anderen Technologien, was einen Austausch der Geräte erforderlich machen kann. Des Weiteren sind Rich-Clients meist nicht zu allen Betriebssystemen der verschiedenen Endgeräte kompatibel. Die Investition lohnt sich daher vornehmlich für Unternehmen mit standardisierten Endgeräten. Bei Updates und Betriebssystemänderungen sind Anpassungen der Applikationen notwendig.

5.9.5.2 Thin-Client/Web-Anwendung

Eine einfache Alternative zum Rich-Client ist die Verwendung von webbasierten Anwendungen. Bei Web-Anwendungen handelt es sich um herkömmliche Internetseiten, die sich mithilfe von z. B. HTML5, CSS3 (Cascading Style Sheet – Level 3) und JavaScript an die Bildschirmgröße anpassen und dadurch eine optimale Darstellung für mobile Endgeräte gewährleisten. Als Zugangsschnittstelle wird hierbei üblicherweise der auf den Endgeräten vorinstallierte Webbrowser verwendet. In diesem Zusammenhang spricht man auch vom „Responsive Webdesign", das heißt, die Programmseiten werden so flexibel gestaltet, dass sie über unterschiedliche mobile Endgeräte aufgerufen werden können. Hierbei wer-

---

[226] Vgl. Bensberg (2008, S. 77).
[227] Vgl. Louis und Müller (2013, S. 23).
[228] Vgl. Beckert et al. (2012, S. 139 f.) und und Homann et al. (2013, S. 52 f.).

den unterschiedliche Darstellungsgrößen sowie Navigationstechniken (z. B. Mausklick, tippen, wischen etc.) berücksichtigt. Dies ermöglicht eine Verwendung der Anwendungen auf verschiedenen Endgeräten ohne zusätzliche Anpassungen durchzuführen müssen. Zudem entfallen Aufwendungen für die Installation und Wartung auf den einzelnen Geräten. Nachteil ist jedoch, dass die Bedienfreundlichkeit sinkt und die gerätespezifischen Komponenten nicht genutzt werden. Weiterhin müssen ggf. Anpassungen bei Updates durch die Hersteller der Browser berücksichtigt werden.[229] Der Einsatz von Thin-Clients reicht hierbei vom Aufrufen einfacher Webseiten, die den Zugang auf Datenbestände ermöglichen, bis hin zu speziell aufbereiteten und interaktiven Cockpit- und Dashboard-Lösungen. Die Aufbereitung über einen speziellen Server ist hierbei mit zusätzlichem Aufwand verbunden. Da sich die Navigation auf Webseiten über mobile Endgeräte als sehr umständlich erweisen kann, lässt sich jedoch ein höherer Aufbereitungsaufwand durchaus rechtfertigen. Moderne webbasierte Anwendungen lassen sich kaum noch in ihrer Gestaltung und Funktionalität von dedizierten Anwendungen unterscheiden und werden daher auch als „Rich Internet Application" bezeichnet.[230] Dennoch hängt die Performance der Thin-Clients weiterhin stark von der Übertragungsgeschwindigkeit des mobilen Netzwerks ab. Ein nahezu permanenter und schneller Netzwerkzugang wird daher vorausgesetzt, um eine effiziente Verwendung gewährleisten zu können.

5.9.6   Mobiles Reporting und mobile Planung

Studien von der *Dresner Advisory Services LLC* zum Mobile Business Intelligence aus dem Jahre 2010 und 2011 zeigen einen deutlich wachsenden Trend zum mobilen BI und vor allem zum mobilen Reporting in Unternehmen auf.[231] Der erste Hype ist jedoch vorbei. Im aktuellen BI-Trend-Monitor der BARC liegt Mobile BI auf dem 11. Rang.[232] Meiner Einschätzung nach wird das Thema aber aufgrund der steigenden Mobilität an Bedeutung eher wieder gewinnen. Generell vernachlässigen die Studien den Themenbereich mobile Planung. Genau wie im stationären BI wurden zunächst ausschließlich Reportinglösungen berücksichtigt. Typische Eigenschaften und Funktionen von mobilen Reportinglösungen sind:

- View-Charts/Reports (tabellarische und grafische Berichte)
- KPI Monitoring (Kennzahlenanalysen)

---

[229] Vgl. Homann et al. (2013, S. 53 f.).
[230] Vgl. Kemper et al. (2010, S. 251).
[231] Vgl. Dresner Advisory Services LLC: Mobile Business Intelligence Market Study, 2010 und 2011. URL: http://www.microstrategy.com/mobile/mobile-bi-landscape-dresner.pdf (gesichtet am 25.07.2011). und URL: http://www.informationbuilders.com/pdf/press/dresner_mobile_bi_2011.pdf [Zugriff am 25.07.2011].
[232] Vgl. BARC (2017). Trend Monitor 2017 http://barc.de/trend-monitor. Zugegriffen am 29.07.2017.

- Alerts (Alarm-/Warnfunktionen mit Colour Coding bzw. bedingter Formatierung)
- Interaktive Analysen
- Drill down navigation
- Drag and drop navigation
- Data selection, data filtering
- Guided analytics
- Geo-Analysen
- Dashboards

Der Entwicklung im stationären BI folgend wird aber auch die mobile Planung ihren Stellenwert im „Mobile BI" ausbauen, da die Unabhängigkeit von einer stationären Anbindung für viele Planende interessant sein kann.

Da derzeit die Begriffe mobiles Reporting und mobile Planung noch nicht eindeutig bestimmt sind, sollen hier folgende Definitionen verwendet werden.

Unter dem Begriff „**mobiles Reporting**" wird die zeit- und standort**un**abhängige Informationsversorgung und -nutzung aller steuerungs- und entscheidungsrelevanter Informationen der Entscheidungsträger eines Unternehmens verstanden, wobei diese idealerweise auf das jeweilige mobile Endgerät optimiert und mit dem stationären Reporting abgestimmt sind.

Unter dem Begriff „**mobile Planung**" wird die zeit- und standort**un**abhängige Informationsversorgung und -nutzung aller planungsrelevanten Informationen in Form von Planungsformularen, -berichten und -funktionen für die Entscheidungsträger eines Unternehmens verstanden, wobei diese idealerweise mit dem stationären Planungssystem abgestimmt und auf das jeweilige mobile Endgerät optimiert sind.

Wichtige Aufgaben des mobilen Reportings und der mobilen Planung sind demnach die standortunabhängige Informationsversorgung, sowie die Integration und Abstimmung mit dem stationären Reporting- und Planungssystem als auch die Optimierung der Ausgabe für das jeweilige Endgerät. Hierbei reicht das Spektrum von einem statischen mobilen Berichtswesen, z. B. die Bereitstellung von Berichten per E-Mail oder PDF-Dateien, bis zu interaktiven Analyse- und Planungsfunktionen, bei welchen der Anwender auf eine Datenbasis zugreift, die er beliebig nutzen (filtern, darstellen, vergleichen etc.) kann. Jeweils ein Beispiel für eine Smartphone- und Tablet-Anwendung zeigen Abb. 5.63 und 5.64.

Mobiles Reporting und mobile Planung ergänzen das klassische Berichtswesen und die Planung um neue Möglichkeiten, die durch die zeit- und stationsungebundene Informationsversorgung gegeben sind. Dementsprechend ergeben sich selbstverständlich auch neue Anforderungen, die von mobilen Lösungen erfüllt werden müssen:

Abb. 5.63 Mobile Reporting mit einem Smartphone (C8 Cubeware). (Vgl. Cubeware, http://de.cubeware.com/produkte/c8-mobile/galerie-mobile-bi-android.html. Zugegriffen am: 23.03.2015)

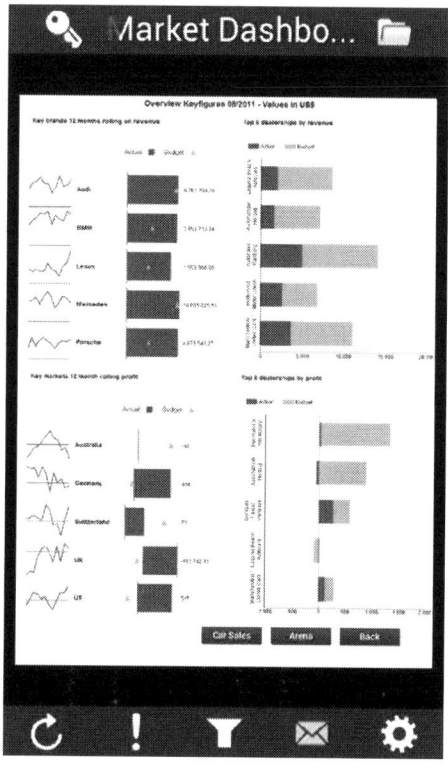

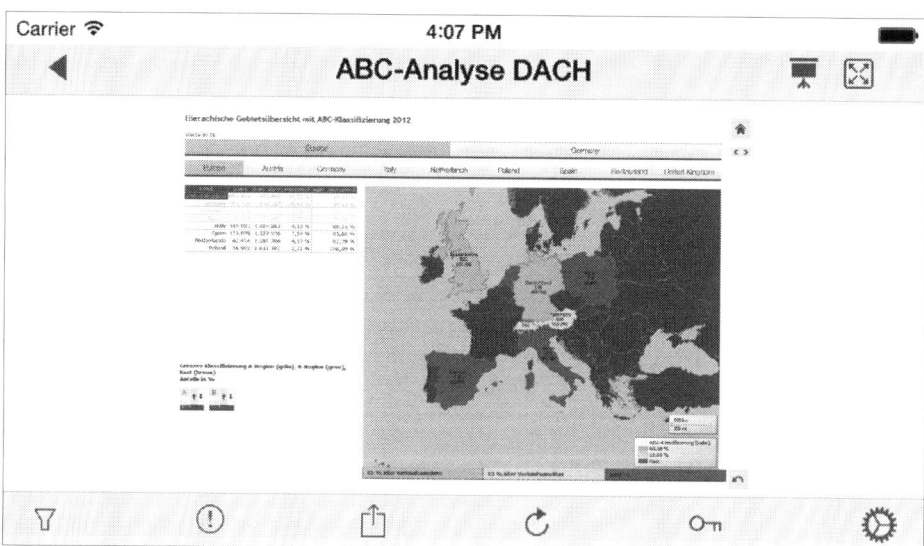

Abb. 5.64 Mobile Reporting mit einem Tablet (C8 Cubeware). (Vgl. Cubeware, http://de.cubeware.com/produkte/c8-mobile/galerie-mobile-bi-ios.html. Zugegriffen am: 23.03.2015)

Benutzerfreundlichkeit

Entsprechend dem klassischen Berichtswesen und der Planung müssen selbstverständlich auch im Mobile BI die Berichte und Planungsformulare übersichtlich in ihrer Gestaltung sein, damit der Benutzer möglichst schnell die für ihn relevanten Informationen entnehmen und Planungen durchführen kann. Diese Anforderungen sind im mobilen Reporting und in der mobilen Planung jedoch in ihrer Umsetzung weit anspruchsvoller, da die stark begrenzten Darstellungsmöglichkeiten auf den relativ kleinen Displays der mobilen Endgeräte eine übersichtliche Darstellung der Informationen erschweren. Daher sollten die Berichte nicht nur entsprechend des Anwendungskontextes formatiert sein, sondern auch an das verwendete Medium (z. B. automatische Skalierung) angepasst werden. Die Akzeptanz der Berichte durch den Anwender setzt eine zweck- und empfängerorientierte Gestaltung der Informationen voraus. Nur so kann erreicht werden, dass der Empfänger die relevanten Informationen akzeptiert und zudem beurteilen kann.[233] Wichtige Steuerungsfunktionen im Rahmen der Gestenerkennung einer vereinfachten Eingabe bei einem Touchscreen-Displays sind z. B. das Antippen (tap) eines Objektes, das Doppelklicken (doubletap) eines Objektes, das Wischen (swipe) eines Objektes zum Wechseln der Seite oder zum Scrollen, das Ziehen und Ablegen (drag and drop) eines Objektes, das Vergrößern von Objekten mittels Aufziehen (spread) zweier Finger oder das komplementäre Element, das Zusammenziehen (pinch) der Finger, um ein Objekt zu verkleinern und noch viele andere Techniken mehr. Im Gegensatz zur Maussteuerung entfällt die rechte Maustaste mit einem Kontextmenü. Hierfür kann ggf. eine Zweifinger-Steuerung (press und double press) eingesetzt werden. Aufgrund unterschiedlicher Fingergröße und -feinmotorischer Fähigkeiten dürfen die anzusteuernden Objekte nicht zu klein gestaltet sein. Weiterhin ist zu beachten, dass je nach Engerätetyp (Smartphone oder Tablet) die Positionierung der zu bedienenden Objekte in der Reichweite der Finger liegt, also beim Handy am Rand unten und beim Tablet auf den beiden Seitenrändern. Weiterhin sind einfache

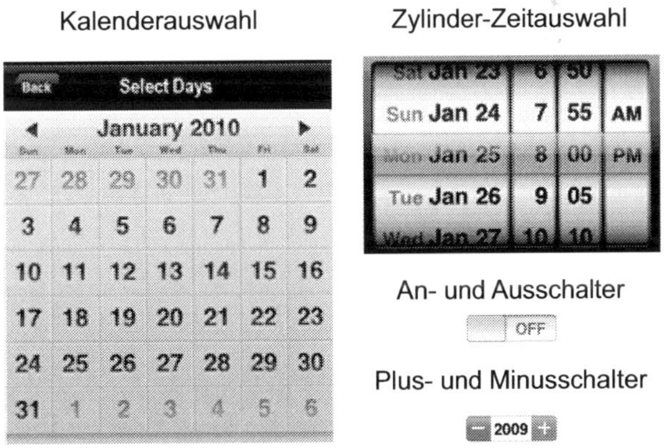
Kalenderauswahl
Zylinder-Zeitauswahl
Back
Select Days
January 2010
Sun Jan 24
Jan 25
Tue Jan 26
7 55 AM
8 00 PM
9 05
An- und Ausschalter
OFF
Plus- und Minusschalter
2009

Abb. 5.65 Einfache exemplarische Eingabefunktionen

[233] Vgl. Jung (2011, S. 207–209).

Eingabefunktionen, wie z. B. die Kalenderauswahl, die Zylinder-Zeitauswahl, Ein- und
Aus- bzw. Plus- und Minus-Schalter, zu nutzen (vgl. Abb. 5.65)

Belastbarkeit

Ein weiteres Problem, das sich neben der Übersichtlichkeit ergibt, ist die quantitative
Belastung des Nutzers. Mit mobilem Reporting und mobiler Planung wird eine weitaus
schnellere Informationsversorgung ermöglicht. Im Gegensatz zum klassischen Reporting
müssen Berichte nicht erst ausgedruckt, sondern können dem Empfänger nahezu unmittelbar zu jeder Zeit zur Verfügung gestellt werden. Diese Eigenschaft birgt jedoch zugleich
das Risiko, den Empfänger mit zu vielen Informationen zu überfordern. Aus der Vielzahl
an übermittelten Berichten ist der Nutzer nicht mehr fähig, die relevanten Informationen
zu verarbeiten. Zu einem ähnlichen Problem führte bereits die Push-Funktion des Black-
Berrys. Geschäftsleute waren mit der sofortigen Verfügbarkeit von E-Mails und der daraus
resultierenden permanenten Informationsversorgung derart beschäftigt, dass sie sich nicht
mehr auf andere Aufgaben konzentrieren konnten.[234] Zudem müssen die Anwender lernen, wann und wie sie die Informationen am besten verarbeiten können, d. h. auch, sie
müssen lernen, wann sie die mobile Informationsversorgung nicht nutzten und wann es
ggf. sinnvoll ist, die Geräte auszustellen.

Sicherheit

Besonders die technischen Anforderungen unterscheiden sich im mobilen Reporting und
in der mobilen Planung stark von den Anforderungen der stationären Systeme für Planung
und Reporting. Wie zuvor erwähnt müssen sich mobil verteilte Systeme an die Eigenschaften der drahtlosen Netzwerke anpassen, um eine fehlerfreie Übertragung zu ermöglichen.
Eine weitere signifikante Anforderung stellt insbesondere der Sicherheitsaspekt in der Informationsversorgung dar. Bezogen auf die Verwendung von mobilen Endgeräten und die
Übertragung über drahtlose und öffentliche Netzwerke ist die Sicherheit der Daten nur mit
Hilfe von weiteren Maßnahmen zu erreichen. Die Bedeutung der Sicherheit beim Mobile
Computing ist hierbei leicht nachzuvollziehen, da überwiegend sensible und unterneh-
menskritische Informationen übermittelt werden.[235] Der Verlust bzw. Diebstahl dieser
vertraulichen oder wettbewerbsrelevanten Daten kann zu verheerenden Folgen für ein
Unternehmen führen. Deshalb müssen verschiedene Risiken berücksichtigt werden, die
bei mobilen Geräten höher sind als bei stationären Anwendungen. Anhand dieser Ri-
siken können dann unterschiedliche Sicherheitsmechanismen entwickelt werden. Diese
Sicherheitsmechanismen müssen einen unautorisierten Zugriff im Falle von Diebstahl und
Spionage verhindern. Für die IT ergibt sich dabei die Herausforderung, die Sicherheits-
Mechanismen speziell an die mobile Umgebung anzupassen, ohne den Anwender in der
Nutzung einzuschränken. Demnach herrscht in Bezug auf die Sicherheit ein Zielkonflikt
zwischen der Risikominimierung und der Benutzerfreundlichkeit.

---

[234] Vgl. Bollmann und Zeppenfeld (2010, S. 42).
[235] Vgl. Bensberg (2008, S. 76).

Lopez verdeutlicht diesen Zusammenhang anhand eines Beispiels. Von einem Benutzer kann bei der Eingabe eines Passwortes über ein Smartphone nicht verlangt werden, ein 20-stelliges Passwort einzugeben. Stattdessen sollte z. B. ein 6-stelliges alphanumerisches Passwort vorgezogen werden, um dieselbe Sicherheitsstufe zu gewährleisten.[236]

Zudem unterscheiden sich die Sicherheitsanforderungen je nachdem welches Endgerät oder Betriebssystem verwendet wird. Sie müssen dementsprechend individuell je Gerätetyp gestaltet werden. Aufgrund der verschiedenen Risiken lassen sich die Sicherheitsanforderungen anhand von drei verschiedenen Ebenen differenzieren:

- Device Security
  Unter „Device Security" versteht man sowohl den Schutz der Daten auf dem mobilen Endgerät als auch den Schutz des Gerätes vor „Malware", also bösartiger Software. Insbesondere Diebstahl oder ein anderer Verlust ist bei mobilen Geräten viel wahrscheinlicher als bei stationären Computern. Daher müssen die Daten auf dem Gerät für Fremde unzugänglich sein. Um diese Sicherheit zu gewährleisten, sollten die Daten auf dem Endgerät verschlüsselt werden. Zudem sollte der Zugang zum Endgerät über ein Passwort bzw. eine PIN (Persönliche Identifikationsnummer) oder ein biometrisches Identifizierungsmerkmal (z. B. Fingerabdruck) geschützt sein. Teilweise ist die Verschlüsselung der Daten bereits im Betriebssystem des Mobiltelefons wie beispielsweise beim BlackBerry integriert. Überdies muss das Endgerät mit Hilfe von Firewalls und Virenscannern vor Viren, Würmern, Trojanern etc. geschützt werden, die die Daten zerstören oder Unbefugten den Zugang zum Gerät ermöglichen könnten. Weiterhin können die mobilen Geräte mit einer Smart Card geschützt werden, die einen eigenen Prozessor für die Datenverschlüsselung einsetzt. Sie kann u. a. für die Authentifizierung, die Verschlüsselung, Zugriffskontrolle und die Erstellung einer digitalen Signatur genutzt werden.
- Transmission Security
  Zur Datenübertragung werden im mobilen Reporting drahtlose Netzwerke verwendet. Diese sind im Vergleich zu drahtgebundenen Netzwerken weitaus offener und dadurch für alle Personen frei zugänglich. Ein nicht autorisierter Zugriff in der Übertragung der Daten ist somit schwerer zu verhindern als in geschlossenen, lokalen Netzwerken. Die „Transmission Security" umfasst in diesem Sinne den Schutz vor fremdem und ungewolltem Zugriff in der Datenübertragung. Für diesen Zweck müssen Zugriffsbeschränkungen in Form von Verschlüsselungsverfahren genutzt werden. Beim WLAN-Netzwerk kann die Verbindung z. B. mit Hilfe eines WPA2-Schlüssels (Wi-Fi Protected Access 2) geschützt werden. Mobilfunknetze sind bereits von den Netzbetreibern verschlüsselt. Diese Verschlüsselung ist jedoch relativ unzuverlässig und sollte durch eigene Maßnahmen ergänzt werden.[237]

---

[236] Vgl. Lopez (2009, S. 2).
[237] Vgl. Bollmann und Zeppenfeld (2010, S. 127–130).

- Network Security
  Selbstverständlich umfassen die Sicherheitsanforderungen des mobilen Reportings auch den Schutz des lokalen Firmennetzwerkes. Die Öffnung des internen Netzwerkes nach außen birgt zusätzliche Sicherheitsrisiken. Der mobile Zugriff auf die internen Datenbestände muss für nicht autorisierte Personen unterbunden werden, ohne dadurch den berechtigten Nutzern den Zugriff zu erschweren. Dementsprechend müssen die Firewalls an die mobile Verwendung des Netzwerkes angepasst und zudem Authentifizierungsverfahren eingerichtet werden. Die Verwendung eines „Virtual Private Network (VPN)" stellt eine weitere Sicherungsmethode dar, mit der ein sicherer Fernzugriff auf das Unternehmensnetzwerk ermöglicht werden kann.

Zu den Sicherheitsfunktionen eines Mobile Device Management (MDM) gehören u. a.:[238]

- Sperren und Löschen von Geräten aus der Ferne
- Verschlüsselung von Dateien und Datenübertragung
- Lokalisierung verlorener Geräte
- Backup- und Restore-Funktionen
- Jailbreak-Vermeidung (Nicht-autorisiertes Entfernen von Nutzungsbeschränkungen bei IT-Geräten)
- Passworteinrichtung
- Automatische Sperrung bei Verletzung von Regeln
- Logon-Kontrollen und Zeitsperren
- Deaktivierung einzelner Funktionen

Integration und Implementierung von BI-System-Komponenten
Für die Verwendung von mobilen Reporting-Anwendungen müssen zuvor weitere Komponenten in das bestehende BI-System integriert werden (vgl. dazu Abschn. 5.9.4). Der Markt bietet hierfür sogenannte BI-Suiten an.[239] BI-Suiten bieten sämtliche Schichten des BI-Systems in Form einer Komplettlösung an. Mit der Verwendung des „Single Source-Authoring" können Berichte direkt auf einer einheitlichen Datenbasis wie dem Data Warehouse sowohl für die mobile als auch für die stationäre Verwendung erzeugt werden, im besten Fall ohne eine weitere Anpassungsphase für die Berichtsgestaltung zu benötigen. Die Praxis zeigt jedoch, dass aufgrund der unterschiedlichen Frontendlösungen, Betriebssystemen und Displaygrößen jeweils gerätspezifische Berichte und Planungsformulare zu entwickeln sind. Ein weiteres wichtiges Kriterium für die Auswahl der Anwendung stellt zudem die Geschwindigkeit der Software in der Aufbereitung und Übertragung der Daten dar. Auch bei der Anwendung von Standardsoftwareprodukten ist auf eine einfache Implementierung zu achten. Statt verschiedene Anwendungen zu verwenden, sollte eine Software mit einer einheitlichen Oberfläche für das mobile Reporting genutzt werden. Im

---

[238] Vgl. Kersten und Klett (2012, S. 103 ff.).
[239] Vgl. Bensberg (2008, S. 77).

Idealfall bieten diese Anwendungen dieselben Funktionen wie vergleichbare stationäre Anwendungen und ermöglichen dadurch dem Nutzer eine kürzere Eingewöhnungsphase.

Kompatibilität

Ergänzend zu den Implementierungsanforderungen wird von mobilen Reporting- und Planungs-Anwendungen auch eine hohe Kompatibilität gefordert. Mobile Programme sollten zu einer Vielzahl von mobilen Endgeräten, Betriebssystemen und Übertragungsmethoden kompatibel sein und sich idealerweise an die individuellen Eigenschaften der Plattformen anpassen. Ein weiterer Aspekt ist die Benutzung von alten Systemen und ihren Datenbeständen. Entsprechend sollten die mobilen Anwendungen zum bisherigen System kompatibel sein. Des Weiteren wird die Kompatibilität des mobilen BI-Systems im Mehrbenutzerbetrieb vorausgesetzt. Viele Anwender und eine hohe Komplexität der Prozesse sollten demnach die Performance der mobilen und stationären Reporting- und Planungs-Anwendungen nicht einschränken.

Funktionalität

Vom mobilen Reporting und von der mobilen Planung werden prinzipiell dieselben Funktionen erwartet, die bereits für die stationären Systeme erläutert wurden. Hierbei kommt es vor allem auf eine benutzergerechte Funktionalität an, die sich an die Benutzerrolle anpasst. Im Folgenden werden Funktionen unterschieden, die entweder besonders geeignet oder besonders **un**geeignet für mobile Anwendungen sind:

- Funktionen, die für mobile Anwendungen geeignet sind:
  - Sortierungs- und Aggregationsfunktionen
  - Navigationsmöglichkeiten
  - Verdichtetes Standardreporting
  - Exceptionreporting (u. a. mit Colour-Coding)
  - Analysereporting mit Slice and Dice, Drill-Down, Roll-Up,
  - Verdichtete Informationen (Kennzahlen, grafische Informationen, verdichtete Management Cockpits/Dashboards)
  - Kurzkommentare
  - Planungsfunktionen mit wenigen Werteingaben (z. B. zum Anstoßen von Simulations- und Szenariorechnungen)
- Funktionen, die für mobile Anwendungen eher ungeeignet sind:
  - Individuelles Ad-hoc-Reporting
  - Listenreporting und größere Tabellen
  - Drill-Through
  - Umfangreiche Text- und Kommentarfunktionen
  - Planungsfunktionen mit vielen Werteinträgen

5.9.7   Mobile Erfolgspotenziale

Mit Hilfe von mobilen Reporting- und Planungsanwendungen wird eine zeit- und standortunabhängige Informationsversorgung und Planung ermöglicht und damit eine nahezu
grenzenlose Verfügbarkeit von Informationen und Planungsmöglichkeiten erreicht. Neuste technologische Fortschritte, sowohl in der mobilen Datenübertragung als auch bei den
mobilen Endgeräten selbst, ermöglichen einen immer schnelleren und zuverlässigeren
Zugriff auf entscheidungsrelevante und dispositive Daten. Die Verbreitung von mobilen
Anwendungen wächst mit zunehmender Leistungsfähigkeit und Interaktivität der Anwendungen und den sinkenden Kosten für die Umsetzung. Anwendungen für die mobile
Planung sind bisher kaum zu finden. Es ist aber zu vermuten, dass sich nach der Etablierung des mobilen Berichtswesens auch mobile Planungsanwendungen verbreiten.

Die Leistungsfähigkeit des mobilen Reportings lässt sich anhand der Nutzungspotenziale der Anwender beurteilen. Im Rahmen der von der *Dresner Advisory Services*
durchgeführten Studie wurden die Teilnehmer nach den Vorteilen gefragt, die sich im
Zusammenhang mit Mobile BI ergeben. Die wichtigsten Nutzenpotenziale der Befragten
waren der grenzenlose und schnelle Zugriff auf Datenbestände.[240] Dem Anwender wird
mit dem mobilen Reporting mehr räumliche und zeitliche Flexibilität im Entscheidungsprozess geboten.[241]

Nicht nur Führungskräfte, sondern auch die operative Ebene kann in Folge der sinkenden Kosten für Mobile BI von dieser größeren Flexibilität profitieren. Dies könnte speziell
für den Mittelstand ein wichtiges Einstiegsargument sein. Einerseits können beispielsweise Außendienstmitarbeiter im operativen Geschäft direkt beim Kunden auf aktuelle Datenbestände zugreifen und den Kunden mit Hilfe dieser Daten effizienter beraten. Wenngleich
diese Anwendung bereits mit herkömmlichen Notebooks möglich war, bieten moderne
Smartphones und Tablet-PCs eine weitaus bessere Mobilität. Insofern könnte eine höhere
Mitarbeiterproduktivität und eine verbesserte Kundenzufriedenheit für ein Unternehmen
realisiert werden. Andererseits lassen sich dispositive Entscheidungen von Führungskräften anhand der sofort verfügbaren Daten weitaus schneller treffen als bisher. Unternehmen
können unmmittelbar auf Veränderungen am Markt reagieren und infolgedessen besser
auf veränderte Kundenbedürfnisse und Wettbewerbssituationen eingehen. Hierbei werden
die Führungskräfte zunehmend aktiv in den Reportingprozess mit einbezogen und können die benötigten Informationen selbst anfordern, ohne an einen stationären Arbeitsplatz
gebunden zu sein.

Mit der zunehmenden Verbreitung von mobilem Reporting wird die Umstellung des
bisherigen Berichtswesens auf mobile BI-Komponenten daher für Unternehmen unumgänglich.

---

[240] Vgl. Dresner Advisory Services LLC (2011, S. 23).
[241] Vgl. Bensberg (2008, S. 72–79).

Literatur

@tfxz-Blog. 2014. Data Warehousing on HANA: Managed or Freestyle? BW or Native? https://tfxz.wordpress.com. Zugegriffen: 18. Juli 2014.

Alexander, S., und T. Grosser. 2017. Analytische Datenbanken – Merkmale, Funktionen und Einsatzszenarien. http://www.searchenterprisesoftware.de/tipp/Analytische-Datenbanken-Merkmale-Funktionen-und-Einsatzszenarien. Zugegriffen: 19. Juli 2017.

Alpar, P., und J. Niedereichholz (Hrsg.). 2000. *Data Mining im praktischen Einsatz*. Braunschweig: Springer Viewg.

Apel, D., W. Behme, R. Eberlein, und C. Merighi. 2009. *Datenqualität erfolgreich steuern*. München, Wien: dpunkt Verlag.

Azevedo, P., G. Brosius, S. Dehnert, et al. 2005. *Business Intelligence und Reporting mit Microsoft SQL-Server*. Microsoft Press.

Baars, H. 2016. Predictive Analytics in der IT-basierten Entscheidungsunterstützung – methodische, architektonische und organisatorische Konsequenzen. *Controlling* 28(3):174–180.

Bange, C. 2011. *BARC-Tagungsband: Planungs- und Controlling-Systeme für den Mittelstand, Teil: Keynote, Folie 11*. Würzburg: Business Application Research Center – BARC GmbH.

Bange, C., et al. 2013. Architektur. In *Data-Warehouse-Systeme: Architektur, Entwicklung, Anwendung*, 4. Aufl., Hrsg. A. Bauer, H. Günzel, 5–180. Heidelberg: dpunkt Verlag.

Bange, C., B. Marr, und A. Bange. 2009. *Performance Management: eine weltweite Umfrage*. BARC-Studie August.

BARC. 2014. Big Data Analytics 2014 – Auf dem Weg zur datengetriebenen Wirtschaft. http://www.exasol.com/fileadmin/content-de/pdf/Studien/BARC_Big_Data_Analytics_2014.pdf. Zugegriffen: 17. Dez. 2014.

BARC. 2017. BI-Trend Monitor 2017. http://barc.de/trend-monitor?s=s_9_550. Zugegriffen: 12. Juni 2017.

Bauer, A., und H. Günzel. 2013. *Data Warehouse Systeme; Architektur, Entwicklung und Anwendung*, 4. Aufl. Heidelberg: dpunkt Verlag.

Baumöl, U., und P.-D. Berlitz. 2014. Big Data als Entscheidungsunterstützung – Herausforderungen und Potenziale. In *Der Controlling-Berater: Controlling und Big Data*, Bd. 35, Hrsg. R. Gleich, A. Klein, M. Kirchmann, und J. Leyk, 159–176. Freiburg: Haufe.

Becker, J., O. Richter, und A. Winkelmann. Analyse von Plattformen und Marktübersichten für die Auswahl von ERP und Warenwirtschaftssystemen – Arbeitsbericht 121: Westfälische Wilhelms-Universität Münster. http://www.wi.uni-muenster.de/institut/arbeitsberichte/ab121.pdf. Zugegriffen: 17. Aug. 2011.

Beckert, A., S. Beckert, und B. Escherisch. 2012. *Mobile Lösungen mit SAP*. Bonn: Galileo Press.

Behme, W. 1996. Business Intelligence als Baustein des Geschäftserfolgs. In *Das Data Warehouse-Konzept – Architektur-Datenmodelle-Anwendungen*, Hrsg. H. Mucksch, W. Behme, 27–46. Wiesbaden: Springer Gabler.

Behme, W., und H. Mucksch. 1997. Die Notwendigkeit einer entscheidungsorientierten Informationsversorgung. In *Das Data Warehouse-Konzept: Architektur – Datenmodelle – Anwendungen*, 2. Aufl., Hrsg. W. Behme, H. Mucksch. Wiesbaden: Springer Gabler.

Behme, W., J. Holthuis, und H. Mucksch. 2000. Umsetzung multidimensionaler Strukturen. In *Das Data Warehouse-Konzept – Architektur-Datenmodelle-Anwendungen*, 4. Aufl., Hrsg. H. Mucksch, W. Behme, 215–242. Wiesbaden: Springer Gabler.

Bensberg, F. 2008. Mobile Business Intelligence – Besonderheiten, Potenziale und prozessorientierte Gestaltung. In *Erfolgsfaktoren des Mobilen Marketing*, Hrsg. H.H. Bauer, T. Dirks, und M.D. Bryant. Berlin: Springer.

Berg, B., und P. Silvia. 2013. *Einführung in SAP HANA*, 2. Aufl. Bonn: Galileo Press.

Big Data Blog. 2015. Hadoop bekommt Konkurrenz: Apache Spark ist 100 mal schneller. https://bigdatablog.de/2015/05/07/hadoop-bekommt-konkurrenz-apache-spark-ist-100-mal-schneller/. Zugegriffen: 4. Juli 2016.

Birk, W., und C. Wegener. 2010. In *Über den Wolken: Cloud Computing im Überblick*, 641–645.

Bissantz, N., J. Hagedorn, et al. 2001. Data Mining. In *Lexikon der Wirtschaftsinformatik*, 4. Aufl., Hrsg. P. Mertens, 130–131. Wiesbaden: Springer.

Bissantz, N., J. Hagedorn, und P. Mertens. 2000. Data mining. In *Das Data Warehouse-Konzept*, 4. Aufl., Hrsg. H. Muksch, W. Behme, 377–407. Wiesbaden: Springer Gabler.

Bitkom. 2013. Management von Big Data-Projekten, BITKOM-Leitfaden 2013. http://www.bitkom.org/de/themen/79758_76511.aspx. Zugegriffen: 12. März 2015.

Bitkom. 2014. Big Data-Technologien – Wissen für Entscheider, S. 21–24 und S. 45–47. http://www.bitkom.org/de/publikationen/38337_78776.aspx. Zugegriffen: 8. Jan. 2015.

Bollmann, T., und K. Zeppenfeld. 2010. *Mobile Computing – Hardware, Software, Kommunikation, Sicherheit, Programmierung*. Witten: W3L GmbH.

Brenckmann, I., und M. Pöhling. 2012. In-Memory Computing als Treiber neuartiger Geschäftsanwendungen. http://www.heise.de/developer/artikel/In-Memory-Computing-als-Treiber-neuartiger-Geschaeftsanwendungen-1620949.html. Zugegriffen: 15. Juli 2014.

Brücher, C. 2013. *Rethink big data*. Heidelberg: mitp.

Buck-Emden, R. 1995. *Die Client/Server-Technologie des SAP R/3: Basis für betriebswirtschaftliche Standardanwendungen*, 2. Aufl. Bonn, Paris: Addison Wesley Verlag.

Burow, L., J. Leyk, C. Briem. 2014. Das Experten-Interview zum Thema „Controlling und Big Data". In *Der Controlling-Berater: Controlling und Big Data*, Bd. 35, Hrsg. R. Gleich, A. Klein, M. Kirchmann, und J. Leyk, 13–20. Freiburg: Haufe

Buschbacher, F., R. Konrad, B. Mußmann, und M. Weber. 2014. Big Data-Projekte: Vorgehen, Erfolgsfaktoren und Risiken. In *Der Controlling-Berater: Controlling und Big Data*, Bd. 35, Hrsg. R. Gleich, A. Klein, M. Kirchmann, und J. Leyk, 83–106. Freiburg: Haufe.

Caesar, D., und M. Friebel. 2011. *Microsoft SQL Server 2008 R2: Schnelleinstieg für Administratoren und Entwickler*. Bonn: Galileo Computing.

Chamoni, P., et al. 1997. Online Analytical Processing (OLAP). In *Lexikon der Wirtschaftsinformatik*, 3. Aufl., Hrsg. P. Mertens. Berlin: Springer.

Chamoni, P., und P. Gluchowski. 2004. Integrationstrends bei Business-Intelligence-Systemen. *Wirtschaftsinformatik* 46(2):119–128.

Chamoni, P., und P. Gluchowski. 2017. Business analytics – state of the art. *Zeitschrift für Controlling Management Review* 61(4):8–17, 9.

Chamoni, P., F. Beekmann, und Bley. 2010. Ausgewählte Verfahren des Data Mining. In *Analytische Informationssysteme*, 4. Aufl., Hrsg. P. Chamoni, P. Gluchowski. Berlin, Heidelberg: Springer.

Chen, H., R.H. Chiang, und V.C. Storey. 2012. Business Intelligence und Analytics – From Big Data to Big Impact. *MIS quarterly* 36(4):1165–1188.

Cleve, J., und U. Lämmel. 2014. *Data mining.*, 57–192. München: De Gruyter Oldenbourg.

Codd, E.F., S.B. Codd, und C.T. Salley. 1993. *Providing OLAP to user-analysts: an IT mandate*. Ann Arbor: Codd & Associates.

Dahnken, O., P. Keller, J. Narr, und C. Bange. 2003. *Software im Vergleich – Integrierte Unternehmensplanung*. München: Oxygon.

Dahnken, O., P. Keller, J. Narr, und C. Bange. 2004. *Planung und Budgetierung, 21 Software-Plattform zum Aufbau unternehmensweiter Planungsapplikationen*. München: Oxygon.

Data Academy, und R. Davenport, und R. Davenport. 2008. White-Paper: ETl vs ELT. http://www.dataacademy.com/files/ETL-vs-ELT-White-Paper.pdf. Zugegriffen: 9. Mai 2015.

Determann, L., und M. Rey. 1999. Chancen und Grenzen des Data Mining im Controlling. *Controlling* 11(2):43–147.

Donie, P., und B. Raeburn. 2015. Mobiles Arbeiten – Verbindungsmacher. *Business Intelligence Magazin* 1:48.–49.

Dorschel, J. 2015. *Praxisbuch Big Data*. Karlsruhe: Springer Gabler.

Dresner Advisory Services LLC. 2011. Mobile business intelligence market study, 2010 und 2011. http://www.microstrategy.com/mobile/mobile-bi-landscape-dresner.pdf. Zugegriffen: 25. Juli 2011.

Duisberg, A. 2011. Gelöste und ungelöste Rechtsfragen im IT-Outsourcing und Cloud Computing. In *Trust in IT – Wann vertrauen Sie ihr Geschäft der Internet-Cloud an?*, Hrsg. A. Picot, U. Hertz, und T. Götz, 9–70. Berlin: Springer.

Düsing, R., und C. Heidsieck. 2009. Analysephase. In *Data-Warehouse-Systeme: Architektur, Entwicklung, Anwendung*, 3. Aufl., Hrsg. A. Bauer, H. Günzel, 104–127. Heidelberg: dpunkt Verlag.

Eckerson, W. 2007. *Predictive analytics: extending the value of your data warehousing investment*. TDWI Best Practices Report, TDWI Research.

Edlich, S., et al. 2010. *NOSQL: Einstieg in die Welt nichtrationaler Web 2.0 Datenbanken*. München: Hanser.

Egger, N., J.M. Fiechter, C. Rohlf, J. Rose, und S. Weber. 2005. *SAP BW Planung und Simulation*. Bonn: Galileo Press.

Egger, N., Hastenrath, Kästner, Kramer, et al. 2009. *Reporting und Analyse mit SAP Business Objects*. Bonn: Galileo Press.

Elmasri, R., und S.B. Navathe. 2007. *Fundamentals of database systems*, 5. Aufl. Bosten: Addison Wesley.

Engelbrecht, M., und M. Wegelin. 2015. *SAP Fiori: Implementierung und Entwicklung*. Bonn: SAP Press.

Engels, C. 2015. *Basiswissen business intelligence*, 2. Aufl. Dortmund: W3I.

Ereth, J., und H.-G. Kemper. 2016. Business analytics und business intelligence. *Zeitschrift für Controlling* 28:458–464.

Farkisch, K. 2011. *Data-Warehouse-Systeme kompakt*. Heidelberg: Springer.

Fasel, D., und A. Meier (Hrsg.). 2016. *Big Data Grundlagen, Systeme und Nutzungspotenziale*. Wiesbaden: Springer Vieweg.

Feindt, B.J. 2014. *Die E-Bilanz in kleinen und mittleren Unternehmen (KMU)*. Wiesbaden: Springer Gabler.

Feindt, M., und D. Grüßling. 2014. Strategische Entscheidungen mit automatisierten Prognosen operativ umsetzen. In *Der Controlling-Berater: Controlling und Big Data*, Bd. 35, Hrsg. R. Gleich, A. Klein, M. Kirchmann, und J. Leyk, 177–188. Freiburg: Haufe.

Felden, C. 2017. Business Analytics, In Enzyklopädie der Wirtschaftsinformatik, S. 1–8. http://www.enzyklopaedie-der-wirtschaftsinformatik.de/lexikon/daten-wissen/Business-Intelligence/Analytische-Informationssysteme--Methoden-der-/Business-Analytics. Zugegriffen: 26. Mai 2017.

Felden, C. 2010. Predictive Analytics. In *Analytische Informationssysteme*, 4. Aufl., Hrsg. P. Chamoni und P. Gluchowski, 307–328. Berlin, Heidelberg: Springer.

Finlay, S. 2014. *Predicitve analytics, data mining and big data: myths, misconceptions and methods*. New York: Palgrave Macmillan.

Forrester. 2016. About Us. Forrester Research ist ein US-amerikanisches Marktforschungsunternehmen für den Bereich Informationstechnologie. https://www.forrester.com/marketing/about/about-us.html. Zugegriffen: 18. Juli 2016.

Freiknecht, J. 2014. *Big Data in der Praxis – Lösungen mit Hadoop, HBase und Hive – Daten speichern, aufbereiten, visualisieren*. München: Hanser.

Frietsch, H. 2016. BI und Big Data in einer ausbalancierten Architektur. In *Business Intelligence erfolgreich umsetzen*, Hrsg. M. Lang, 163–177. Düsseldorf: Symposion.

Fuchß, T. 2009. *Mobile Computing – Grundlagen und Konzepte für mobile Anwendungen*. München: Hanser.

Gabriel, R. 2010. Expertensystem. In *Enzyklopädie der Wirtschaftsinformatik – Online-Lexikon*, 4. Aufl., Hrsg. K. Kurbel, J. Becker, N. Gronau, E. Sinz, und L. Suhl http://www.oldenbourg.de:8080/wi-enzyklopaedie/lexikon/. Zugegriffen am: 15.01.2011.

Gabriel, R., P. Chamoni, und P. Gluchowski. 2000. Data Warehouse und OLAP – analyseorientierte Informationssysteme für das Management. *Zeitschrift für betriebswirtschaftliche Forschung* 52(2):74–93.

Gabriel, R., P. Gluchowski, und A. Pastwa. 2009. *Data warehouse & data mining*. Herdecke, Witten: W3l.

Gartner. 2015. Gartner says solving ‚big data‘ challenge involves more than just managing volumes of data. http://www.gartner.com/newsroom/id/1731916. Zugegriffen: 20. Sept. 2015.

Gartner. 2016. Business analytics. http://www.gartner.com/it-glossary/business-analytics. Zugegriffen: 22. Okt. 2016.

Gehra, B. 2005. Früherkennung mit Business-Intelligence-Technologien. Anwendung und Wirtschaftlichkeit der Nutzung operativer Datenbestände. Diss. Wiesbaden.

Gesellschaft für Informatik, Dominik Klein, Phuoc Tran-Gia, und Matthias Hartmann. 2013. Big Data. http://www.gi.de/nc/service/informatiklexikon/detailansicht/article/big-data.html. Zugegriffen: 9. Febr. 2015.

Giegerich, H.-J. 2014. IT-Sicherheitsmanagement in der Cloud. *Controlling* 6:320–324.

Gleich, R. 2001. *Das System des Performance Measurement. Theoretisches Grundkonzept, Entwicklungs- und Anwendungsstand*. München: Vahlen.

Gluchowski, P. 2001. Business Intelligence. *HDM – Praxis der Wirtschaftsinformatik* 38(222):5–15.

Gluchowski, P. 2010. Techniken und Werkzeuge zur Unterstützung des betrieblichen Berichtswesens. In *Analytische Informationssysteme*, 4. Aufl., Hrsg. P. Chamoni, P. Gluchowski, 259–280. Berlin, Heidelberg: Springer.

Gluchowski, P. 2016. Business Analytics – Grundlagen, Methoden und Einsatzpotenziale. *HMD Praxis der Wirtschaftsinformatik* 53(3):273–286.

Gluchowski, P., und P. Chamoni. 2016. *Analytische Informationssysteme: Business-Intelligence-Technologien und -Anwendungen*. Wiesbaden: Springer.

Gluchowski, G., R. Gabriel, und C. Dittmar. 2008. *Management support systeme und business intelligence*, 2. Aufl. Berlin, Heidelberg: Springer.

Gluchowski, P., R. Gabriel, und C. von Dittmar. 2008. *Management Support Systeme und Business Intelligence. Computergestützte Informationssysteme für Fach- und Führungskräfte*. Berlin, Heidelberg: Springer.

Goecken, M. 2006. *Entwicklung von Data-Warehouse-Systemen*. Wiesbaden: Vieweg+Teubner Verlag.

Hahne, M. 2005. *SAP Business Information Warehouse*. Berlin, Heidelberg: Springer.

Hahne, M. 2016. Architekturkonzepte und Modellierungsverfahren für BI-Systeme. In *Analytische Informationssysteme: Business Intelligence-Technologien und -Anwendungen*, Bd. 5, Hrsg. P. Gluchowski, P. Chamoni, 147–184. Berlin: Springer.

Hammann, P., und B. Erichson. 2006. *Marktforschung*, 4. Aufl. Stuttgart: UTB.

Hammer, R.M. 1998. *Strategische Planung und Frühaufklärung*, 3. Aufl. München: De Gruyter Oldenbourg.

Hanning, U. (Hrsg.). 2008. *Vom data warehouse zum corporate performance management*. Ludwigshafen: Institut für managementinformationssysteme e.V.

Hansel, S. 2015. Langsamer Abschied vom Laisser-faire. *Wirtschaftswoche* 12:58–62.

Haupt, J. 2011. SAP netweaver BW 7.30: LSA data flow templates series. http://scn.sap.com/people/juergen.haupt/blog. Zugegriffen: 15. März 2015.

Hesseler, M. 2009. Costumizing von ERP-Systemen. *Zeitschrift für Controlling & Management* 53(Sonderheft 3):48–55.

Hesseler, M., und M. Görtz. 2007. *Basiswissen ERP-Systeme.* Witten: Herdecke.

Heuer, A., et al. 2001. *Datenbanksysteme in Büro, Technik und Wissenschaft.* 9. GI-Fachtagung Oldenburg, Berlin, Heidelberg, 7.–9. März 2001.

Homann, M., H. Wittges, und H. Krcmar. 2013. *Entwicklung mobiler Anwendung für SAP.* Bonn: Galileo Press.

Hortonworks. 2013. Apache Hadoop Anwendungsmuster. http://bigdatacongress.com/files/2013/09/Hortonworks-ApacheHadoopPatternsOfUse-v1-0_German.pdf. Zugegriffen: 5. Jan. 2017.

Horváth, P. 2008. *Controlling,* 11. Aufl. München: Vahlen.

Hotho, A., A. Nürnberger, und G. Paaß. 2005. A brief survey of text mining. *Zeitschrift für Computerlinguistik und Sprachtechnologie* 20(1):19–62.

Humm, B., und F. Wietek. 2005. Architektur von Data Warehouses und Business Intelligence Systemen. *Informatik Spektrum* 23(2):3–14.

IBM Consulting Services. 2003. *SAP Berechtigungswesen.* Bonn: SAP Press.

IBM Institute for Business Value und Säid Business School. 2012. Analytics: Big Data in der Praxis – Wie innovative Unternehmen ihre Datenbestände effektiv nutzen. http://www935.ibm.com/services/de/gbs/thoughtleadership/download-bigdata.html. Zugegriffen: 12. Dez. 2014.

IDC. 2011. IVIEW, Extracting Value from Chaos. http://www.emc.com/collateral/analyst-reports/idc-extracting-value-from-chaos-ar.pdf. Zugegriffen: 9. Febr. 2015.

Iffert, L. 2017. Data Discovery – Definition und Marktüberblick. 24.03.2017. Hannover. http://barc.de/events/downloadfile/id/XrVBGmwzckM54OF54Ff4. Zugegriffen: 3. Juli 2017.

Inform. 2017. Qlik business intelligence. https://www.inform-software.de/produkte/qlik-business-intelligence. Zugegriffen: 26. Mai 2017.

Institut für Business Intelligence. 2013. *Studie Competing on Analytics 2013: Herausforderungen – Potentiale und Wertbeiträge von Business Intelligence und Big Data*

de Intelligence. 2017. Analytische Datenbanken. https://www.intelligence.de/news/analytische-datenbanken-uberblick-zur-datenbanktechnologie.html. Zugegriffen: 19. Juli 2017.

Jedox. 2016. Jedox social analytics showcase. http://jedox-social-analytics.com/. Zugegriffen: 7. Juli 2016.

Jetter, W. 2004. *Performance management,* 2. Aufl. Stuttgart: Schäffer-Poeschel.

Jordan, C., und D. Schnider. 2011. *Data warehousing mit oracle: business intelligence in der praxis.* München: Hanser.

Jung, H. 2011. *Controlling,* 9. Aufl. München: De gruyter Oldenbourg.

Kaufmann, M. 2014. Die Geister die wir riefen. In *Big Data,* Hrsg. D. Fasel, A. Meier, 383–400. Wiesbaden: Springer Vieweg.

Keist, N.-K., S. Benisch, und C. Müller. 2016. Möglichkeiten und Grenzen der plattformübergreifenden App-Entwicklung. In *Mobile Anwendungen in Unternehmen,* Hrsg. T. Barton, C. Müller, und C. Seel, 109–119. Wiesbaden: Springer Vieweg.

Kemper, H.G., H. Baars, und W. Mehanna. 2010. *Business Intelligence – Grundlagen und praktische Anwendungen,* 3. Aufl. Wiesbaden: Springer Vieweg.

Kersten, H., und G. Klett. 2012. *Mobile device management.* Heidelberg: mitp.

Kessler, T., T. Hügens, F. Delgehausen, M. Abdel Hadi, und V.G. Saiz Castillo. 2014. *Reporting mit SAP BW® und SAP BusinessObjects™,* 2. Aufl. Bonn: Galileo Press.

King, S. 2014. *Big Data – Potential und Barrieren der Nutzung im Unternehmenskontext.* Wiesbaden.

Klein, D., P. Tran-Gia, und M. Hartmann. 2013. Big Data, Würzburg. http://www.gi.de/nc/service/informatiklexikon/%20detailansicht/article/big-data.html. Zugegriffen: 6. März 2015.

Knapp, P., und F. Kusterer. 1996. Weltweit einsatzfähige Führungsinformationssysteme, Umsetzungen und Anforderungen. In *Tagungsband zum 11. Deutschen Controlling Congress*, Hrsg. T. Reichmann, 219–244. Düsseldorf: Gesellschaft für Controlling e.V.

Knöll, H.D., C. Schulz-Sacharow, und M. Zimpe. 2006. *Unternehmensplanung mit SAP BI*. Wiesbaden: Vieweg+Teubner.

Koglin, U. 2016. *SAP S/4 Hana. Voraussetzung – Nutzen – Erfolgsfaktoren*. Bonn.

Kononenko, I., und M. Kukar. 2007. *Machine learning and data mining: introduction to principles and algorithms*. Boca Raton: Horwood Publishing.

Krudewig, W. 2012. *E-Bilanz-gerecht kontieren und buchen*. Freiburg: Haufe.

Krüger, J. 2015. *SAP simple finance an introduction*. Bonn.

Krystek, U., und R. Moldenhauer. 2007. *Handbuch Krisen- und Restrukturierungsmanagement. Generelle Konzepte, Spezialprobleme, Praxisberichte*. Stuttgart.

Küsters, U. 2001. Data Mining Methoden: Einordnung und Überblick. In *Handbuch Data Mining im Marketing – Knowledge Discovery in Marketing Databases*, Hrsg. H. Hippner, U. Küsters, M. Meyer, und K.D. Wilde, 95–130. Braunschweig: Vieweg Gabler.

Lanquillon, C., und H. Mallow. 2015. Advanced Analytics mit Big Data. In *Praxishandbuch Big Data*, Hrsg. J. Dorchel, 55–89. Wiesbaden: Springer Gabler.

Laudon, K., und J. Laudon. 1988. *Management Information Systems*, 2. Aufl. New York: Pearson.

Leßweng, H.-P. 2004. Einsatz von Business Intelligence Tools (BIT) im betrieblichen Berichtswesen. *Controlling* 1:41–49.

Lixenfeld, C. 2015. Tools für den Leistungscheck von BI-Systemen können nützlich sein. *Computerwoche* H. 11: 24.

Lopez, M.D. 2009. *Successful mobile deployments require robust security*. Whitepaper. https://www.bitpipe.com/detail/RES/1242855514_161.html. Zugegriffen: 20. Juni 2017.

Louis, D., und P. Müller. 2013. *Jetzt lerne ich Android 4-Programmierung*. München: Markt + Technik.

Manhart, K. 2011a. Grundlagenserie Business Intelligence (Teil 1) Berichtssysteme: Grundtypen und Techniken. http://www.tecchannel.de/server/sql/1751728/berichtssysteme_teil_1_grundtypen_und_techniken/index6.html. Zugegriffen: 28. Juni 2011.

Manhart, K. 2011b. Business Intelligence. http://www.tecchannel.de/server/sql/1739205/business_intelligence_teil_2_datensammlung_und_data_warehouses/index8.html. Zugegriffen: 19. Febr. 2011.

Martin, W., und E. von Maur. 1997. Data Warehouse. In *Lexikon der Wirtschaftsinformatik*, 3. Aufl., Hrsg. P. Mertens, 105–106. Berlin: Springer.

März, N., und J. Warren. 2015. *Big Data – Principles and best practices of scalable realtime data systems*. Shelter Island: Manning.

Mathew, B. 2015. *Beginning SAP Fiori*. Bangalore: Apress.

Mehler, A., und C. Wolf. 2005. Einleitung: Perspektiven und Positionen des Text Mining. *Zeitschrift für Computerlinguistik und Sprachtechnologie* 20(1):1–18.

Meier, M., W. Sinzig, und P. Mertens. 2003. *SAP Strategic Enterprise Management™/Business Analytics – Integration von strategischer und operativer Unternehmensführung*, 2. Aufl. Berlin, Heidelberg: Springer.

Mell, P., und T. Grance. 2011. *The NIST definition of cloud computing*. Gaithersburg: National Institute of Standards and Technology.

Merkt, S., H.A. Müller, und J. Tscherkaschina. 2015. *SAP BusinessObjects Design Studio – Das Praxishandbuch*. Bonn: SAP Press.

Mertens, P. 2002. Business Intelligence – ein Überblick, Arbeitspapier Nr. 2/2002, Universität Erlangen-Nürnberg. http://www.wi1-mertens.wiso.uni-erlangen.de/veroeffentlichungen/download/Business_Intelligence-ein_Ueberblick_Arbeitspapier_der_Universitaet_Erlangen-Nuernberg.zip. Zugegriffen: 23. Juli 2011.

Mertens, P., und J. Griese. 1988. Informations- und Kontrollsysteme. In *Industrielle Datenverarbeitung*, Hrsg. P. Mertens und J. Griese, Bd. 2. Wiesbaden: Betriebswirtschaftlicher Verlag Dr. Th. Gabler.

Mertens, P., und J. Griese. 2002. *Integrierte Informationsverarbeitung 2. Planungs- und Kontrollsysteme in der Industrie*, 9. Aufl. Wiesbaden: Springer.

Merz, M., T. Hügens, und S. Blum. 2015. *SAP BW auf SAP – HANA: Implementierung und Migration*. Bonn: Galileo Press.

Mohr, M. 2006. *HCC-Einführungsschulung zum SAP Business Information Warehouse – Grundlagen, Reporting und Analyse, Modellierung und Staging*. München: SAP Hochschulkompetenzzentrum an der Technischen Universität München am Lehrstuhl für Wirtschaftsinformatik – Prof. Dr. H. Krcmar.

Möller, K., F. Federmann, S. Pieper, und M. Knezevic. 2016. Predictive Analytics zur kurzfristigen Umsatzprognose. *Zeitschrift für Controlling* 28(8–9):509–518.

Mucksch, H., und W. Behme. 2000. Das Data Warehouse-Konzept als Basis einer unternehmensweiten Informationslogistik. In *Das Data Warehouse-Konzept*, 4. Aufl., Hrsg. H. Mucksch, W. Behme, 3–80. Wiesbaden: Gabler.

Müller, S. 2014. Die neue Realität – Erweiterung des Data Warehouse um Hadoop, NoSql & Co. In *Big Data*, Hrsg. D. Fasel, A. Meier, 447–457. Wiesbaden.

Müller, S., und C. Keller. 2015. *Pentaho und Jedox*. München: Hanser.

Navrade, F. 2008. *Strategische Planung mit Data-Warehouse-Systemen*. Wiesbaden: Springer Gabler.

NN/w3resource. 2015. NoSQL. http://www.w3resource.com/mongodb/nosql.php. Zugegriffen: 28. Jan. 2015.

Oehler, K. 2000. *OLAP, Grundlagen, Modellierung und betriebswirtschaftliche Lösung*. München: Hanser.

Oehler, K. 2006. *Corporate performance management*. München, Wien: Hanser.

Oppelt, R.U.G. 1995. *Computerunterstützung für das Management*. München, Wien: Oldenbourg.

Pastwa, A. 2010. *Serviceorientierung im betrieblichen Berichtswesen. Entwicklung eines Architektur- und Vorgehensmodells zur konzeptionellen Gestaltung von Berichtsprozessen auf Basis einer SOA und XBRL*. Frankfurt am Main: Peter Lang.

Pends, N., und R. Creeth. 1995. The OLAP report. Market Share Analysis. http://www.olapreport.com/market.htm. Zugegriffen: 28. Jan. 1999.

Petersohn, H. 2005. *Data Mining – Verfahren, Prozesse, Anwendungsarchitektur*. München: Oldenburg.

Plattner, H. 2011. *In-memory data management: an inflection point for enterprise applications*. Heidelberg: Springer.

Pütter, C. 2011. Keine Hilfe für BI-Projekte. http://www.cio.de/2239428. Zugegriffen: 12. März 2011.

QlikTech. 2016. Predictive analytics with qlikview and qlik sense. http://go.qlik.com/PredictiveanalyticsQ2_Registration_LP.html. Zugegriffen: 25. Juli 2016.

QlikTech. 2017. Qlikview governance dashboard. http://global.qlik.com/at//~/media/Files/resource-library/global-us/direct/da-tasheets/DS-Practical-Data-Governance-As-You-Deploy-EN.ashx. Zugegriffen: 7. Juni 2017.

QlikView. 2011. Qlikview-demo sales analysis. http://demo.qlikview.com/QvAJAXZfc/opendoc. htm?document=Executive%20Dashboard.qvw&host=Demo10&anonymous=true. Zugegriffen: 20. Juli 2011.

R. 2016. Statistische Datenanalyse mit R. http://www.r-statistik.de/. Zugegriffen: 7. Juli 2016.

Reichmann, T. 2006. *Controlling mit Kennzahlen und Managementberichten*, 7. Aufl. München: Vahlen.

Reichmann, T. 2011. *Controlling mit Kennzahlen, Die systemgestützte Controlling-Konzeption mit Analyse- und Reportinginstrumenten*, 8. Aufl. München: Vahlen.

Richter, M. 2003. Fallbasiertes Schließen. In *Handbuch der Künstlichen Intelligenz*, 4. Aufl., Hrsg. G. Görz, C.R. Rollinger, und J. Schneeberger, 407–430. München, Wien: Oldenbourg.

Ruf, R., und W. Schwab. 2016. Visual analytics. *Controlling* 28(8/9):495–501.

Runkler, T.A. 2010. *Data Mining – Methoden und Algorithmen intelligenter Datenanalyse.*, 96. Wiesbaden: Springer Vieweg.

Ruprecht, J. 2003. Zugriffskontrolle im Data Warehouse. In *Data Warehouse Management*, Hrsg. E. von Maur, R. Winter, 113–147. Berlin, Heidelberg: Springer.

Sack, R. 2013. Big Data – Strategischer Vorteil im internationalen Wettbewerb. http://www.wi. hswismar.de/~laemmel/Lehre/WA/Artikel1306/Sack_BigData.pdf. Zugegriffen: 16. Dez. 2014.

SAP AG. 2003. SAP SEM, Scorecard-Analyse und Ursache-Wirkungs-Analyse. Screenshot aus dem System SAP SEM.

SAP AG. 2008. SAP BEx Analyser. Screenshot aus dem System SAP BEx Analyser.

SAP AG. 2011. SAP ERP CC System – Standardbericht. Selektionsmaske und Planungsformular aus einem IDES-System.

SAP-Portal. 2009. SAP-Portal. http://help.sap.com/saphelp_sem60/helpdata/de/5d/ 7c4b52691011d4b2f00050dadfb23f/frameset.htm. Zugegriffen: 26. Jan. 2009.

SAP-Portal. 2010. SAP-Portal. http://help.sap.com/saphelp_sem60/helpdata/de/39/ 100c38e15711d4b2d90050da4c74dc/frameset.htm. Zugegriffen: 20. Juli 2010.

SAP AG. 2016. *SAP businessobjects mobile for iOS – document version: 6.3.10 – 2016-02-09*

SAP Fiori. 2017a. Design guideline. https://experience.sap.com/fiori-design-web/home-page/. Zugegriffen: 28. Mai 2017.

SAP Fiori. 2017b. Integration von businessObjects-tools. https://blogs.sap.com/2016/04/13/ integrating-sap-fiori-and-sap-businessobjects-bi/. Zugegriffen: 22. Mai 2017.

SAP SE. 2013. SAP Fiori UX. http://help.sap.com/fiori_bs2013/helpdata/de/d7/ 8c41524b66b470e10000000a423f68/content.htm?current_toc=/de/84/ 154353a7ace547e10000000a441470/plain.htm%26show_children=true. Zugegriffen: 16. Dez. 2014.

Schäfer, M. 2014. SAP beschleunigt die Sortimentsoptimierung. *IS-Report* 8:22–23.

Scheer, A.W. 1990. *EDV-orientierte Betriebswirtschaftslehre*, 4. Aufl. Berlin: Springer.

Schill, A., und T. Springer. 2007. *Verteilte Systeme – Grundlagen und Basistechnologien*. Berlin: Springer.

Schinzer, H.D. 1996. *Entscheidungsorientierte Informationssysteme. Grundlagen, Anforderungen, Konzept, Umsetzung*. Wiesbaden: Springer.

Schinzer, H., C. Bange, und H. Mertens. 2000. Wachstum, Trends und gute Produkte – Neue BARC-Studie zum OLAP- und Business Intelligence-Markt. *is report* 1(4):10–17.

Schinzer, H.D., C. Bange, und H. Mertens. 1999. *Data Warehouse und Data Mining, Marktführende Produkte im Vergleich*, 2. Aufl. München: Vahlen.

Schmitz, U. 2015. Nutzung von In-Memory-Technologie in der BI. In *Handbuch Business Intelligence – Potenziale, Strategien, Best Practices*, Hrsg. M. Lang, 233–247. Düsseldorf: Symposion Publishing.

Schön, D. 2004. Moderne Planungskonzepte und Reportingtools. In *19. Deutscher Controlling Congress, Tagungsband*, Hrsg. T. Reichmann, 287–337. Dortmund: Gesellschaft für Controlling e. V.

Schön, D. 2011. Ergebnisse zur empirischen Untersuchung: Business Intelligence für Reporting und Planung im Mittelstand. Die kompletten Ergebnisse der Studie stehen über folgenden Link zum Download bereit. http://www.fh-dortmund.de/de/studi/fb/9/personen/lehr/schdie/103020100000206873.php. Zugegriffen: 1. Juni 2011.

Schön, D., und R. Müller. 2010. Mittelstandscontrolling für Inhaber und Manager. In *25. Deutscher Controlling Congress, Tagungsband*, Hrsg. T. Reichmann, 123–165. Dortmund: Gesellschaft für Controlling e. V.

Schön, D., und M. Pook. 2015. Bedarfsgerechte Steuerung durch IT-gestütztes Berichtswesen. *innovative Verwaltung* 37(10):10–13.

Schön, D., M. Ständer, und M. Liebe. 2013. Unternehmens- und Projektsteuerung mit Hilfe eines BI-gestützten Controlling-Cockpits am Beispiel der Securiton GmbH. *Zeitschrift für Controlling* 25(4/5):252–260.

Schroeck, M. R., R. Shockley, J. Smart, D. Romero-Morales, und P. Tufano. 2015. *Analytics: Big Data in der Praxis*, Hrsg. IBM Institute for Business Value in Zusammenarbeit mit der Saïd Business School an der Universität Oxford, 1–20. Ehningen: IBM.

Schrödl, H. 2009. *Business Intelligence mit Microsoft SQL Server 2008*, 2. Aufl. München: Hanser.

Schubert, S. 2013. Why people and process matter, in addition to great technology, in predictive analytics. http://blogs.sas.com/content/subconsciousmusings/2013/01/11/why-people-and-process-matter-in-addition-to-great-technology-in-predictive-analytics/. Zugegriffen: 9. Mai 2015.

Search Business Analytics. 2016. *embedded BI*. http://searchbusinessanalytics.techtarget.com/definition/em-bedded-BI-embedded-business-intelligence. Zugegriffen: 15. Juni 2016.

Seiter, M. 2017. *Business Analytics: Effektive Nutzung fortschrittlicher Algorithmen in der Unternehmenssteuerung*. München: Vahlen.

Seufert, A. 2014. Das Controlling als Business Partner: Business Intelligence & Big Data als zentrales Aufgabenfeld. In *Der Controlling-Berater: Controlling und Big Data*, Bd. 35, Hrsg. R. Gleich, A. Klein, M. Kirchmann, und J. Leyk, 23–45. Freiburg: Haufe.

Seufert, A., und K. Oehler. 2009. Grundlagen Business Intelligence. In *Business Intelligence & Controlling Competence*, Bd. 1 Stuttgart, Berlin: Steinbeis-Edition.

Siegel, E. 2013. *Predictive Analytics, The Power To Predict Who Will Click, Buy, Lie, Or Die*. New Jersey: Wiley.

Sinz, J.E., und A. Ulbrich vom Ende. 2010. Architektur von Data-Warehouse-Systemen. In *Analytische Informationssysteme*, 4. Aufl., Hrsg. P. Chamoni, P. Gluchowski, 175–196. Heidelberg: Springer.

Taschner, A. 2013. *Management Reporting. Erfolgsfaktor internes Berichtswesen*. Wiesbaden: Springer Gabler.

TECChannel – IT im Mittelstand. 2014. Datenmengen explodieren durch Sensordaten. http://www.tecchannel.de/storage/news/2056615/datenmengen_explodieren_durch_sensordaten/. Zugegriffen: 16. Dez. 2014.

Turban, E., J.E. Aronson, und T.P. Liang. 2004. *Decission support and intelligent systems*, 7. Aufl.

Vaduva, A., und T. Vetterli. 2001. Metadata management for data warehousing: an overview. *International Journal of Cooperative Information Systems* 10(3):273–298.

Walker-Morgan, D. 2010. NoSQL im Überblick. http://www.heise.de/open/artikel/NoSQL-im-Ueberblick-1012483.html. Zugegriffen: 14. Dez. 2014.

Warner, D. 2007. *SQL für Praxis und Studium*. Poing, München: Neubert.

Wartala, R. 2012. *Hadoop: zuverlässige, verteilte und skalierbare Big-Data-Anwendungen.* München: Open Source Press.

Weber, J. 2013. Verhaltensorientiertes Controlling. Plädoyer für eine (nicht) ganz neue Sicht auf das Controlling. *Zeitschrift für Controlling* 25(4/5):217–222.

Weber, H.W., und U. Strüngmann. 1997. Data Warehouse und Controlling – Eine vielversprechende Partnerschaft. *Controlling* 1:30–36.

Weigend, A. 2017. Data for the people: Das implizite explizit machen! *mobile Business* 4(5–6):16–19.

Welker, P. 2015. Big Data versus Data Warehouse Koexistenzperspektive. *Business Intelligence Magazin1* 1:42–44.

Wild, J. 1981. *Grundlagen der Unternehmensplanung*, 3. Aufl. Opladen: Westdeutscher Verlag.

Winterstein, A., und E. Leitner. 1998. An Informationen nicht ersticken. In *Client Server Computing*, Bd. 3, 34–39.

Zarinac, T. 2016. Technologien, Architekturen und Prozesse. In *Agile Business Intelligence*, Hrsg. S. Trahasch, M. Zimmer, 131–142. Heidelberg: dpunkt Verlag.

Zusammenfassung und Ausblick

6

Inhaltsverzeichnis

In Anlehnung an die vier Analysefelder des Untersuchungsrahmens sollen nun die wichtigsten Ergebnisse und zukünftigen Trends für die Planung und das Reporting im BI-gestützten Controlling zusammengefasst werden. Die wichtigsten Zukunftsthemen sind in der Tab. 6.1 stichpunktartig aufgeführt:

Fachlicher Inhalt

- **Integrierte Planung und Reporting**
  Planung und Reporting werden in Zukunft stärker zusammenwachsen und nicht mehr isoliert voneinander betrachtet. Im Rahmen der integrierten Planung werden **strategische, mittelfristige, operative und dispositive Planungsaufgaben** miteinander verzahnt. Als Werkzeug für die strategische Integration wird sich die **Balanced Scorecard** durchsetzen, in der insbesondere die Planung und Kontrolle der strategischen Projekte in Bezug zur mittelfristigen und operativen Ergebnisbeeinflussung eine wichtige Rolle spielt. Die operativen Planungen werden kontinuierlich durch **Forecasts bzw. rollierende Planungen** aktualisiert, so dass es möglich sein wird, dispositive Entscheidungsgrundlagen zur Ressourcensteuerung mit aktuellen Planwerten zu unterstützen. Die Planungsgebiete in einer integrierten Planung rechnen modellierte Abhängigkeiten der einzelnen Planungsgebiete, z. B. angefangen von der Absatzplanung bis zur Bilanz- und Finanzplanung, durch. Hierbei werden z. B. Zahlungsziele (Skontogewährung und Zahlungsverhalten der Kunden) und Zahlungstermine (Abschläge) sowie Steuerzahlungen (Umsatzsteuerzahllast) für die Finanzplanung berücksichtigt. Abb. 6.1 zeigt eine „**Werttreiberbasierte Planung**" von Personalkosten, wobei durch

Tab. 6.1 Zukünftige Entwicklungstrends in der Planung und im Reporting

Fachlicher Inhalt:	**IT-Unterstützung:**
– Integration von Planung und Reporting mit BI-gestütztem Controlling	– Leistungsfähige Frontends
– Fachkonzepte	– Data Discovery/Data Visualization
– Ausbau der Planungs- und Analysefunktionen	– Big Data, Data Mining bzw. Predictive Analytics, hybride traditionelle und explorative BI
– Standardlösungen und Abbildung individueller Anforderungen	– BI-Suiten versus Best of Breed
	– Mobile Systeme
	– Cloud Computing und IT-Security
	– Self-Service BI
	– Embedded BI und BI-Portalintegration
	– BI-Monitoring bzw. BI on BI
	– Open-Source-Produkte
Organisation:	**Prozesse:**
– Stärkung der Organisation für Planung und Reporting	– Generelle Prozessunterstützung
– Leistungsfähige Berechtigungs- und Zugriffssysteme	– Datenqualitätsprüfung und -steuerung
– Adressatengerechte Aufbereitung	– Bilaterate Integration von BI- und ERP-Planungs- und Reportingprozessen
– Verteilung und Zusammenarbeit (Collaboration)	– Gestufte Planungsprozesse
	– Zirkuläre Planungsprozesse

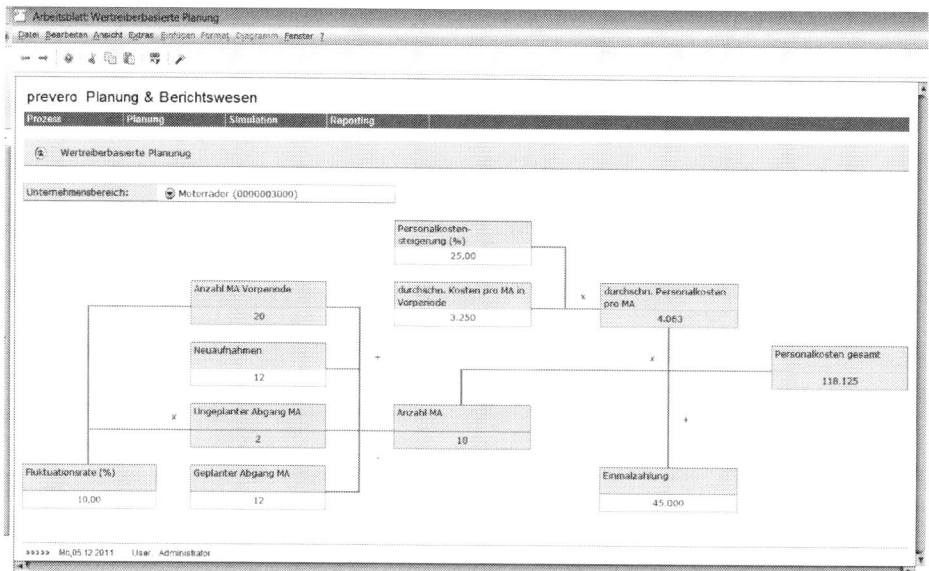

Abb. 6.1 Werttreiberbasierte Planung mit prevero Planung & Berichtswesen. (Entnommen aus den Vortragsunterlagen von Hein 2011)

Veränderung von kostentreibenden Faktoren, wie z. B. den Neueinstellungen und Personalkostensteigerungen, die Personalkosten gesamt simuliert und prognostiziert werden können. Weiterhin ist mit einer intensiveren Bandbreitenplanung als bisher zu rechnen, in dem Worst- und Best-Case-Szenarien als Orientierungsgrößen für Managementscheidungen herangezogen werden.

Das Berichtswesen dient auf der einen Seite als Planungsbasis (z. B. über Orientierungsgrößen) und auf der anderen Seite als **Analyse- und Kontrollmedium zur Zielwerterreichung** und ggf. zur Planungs- und Kurskorrektur. Analyse- und Planungsfunktionen werden nicht getrennt voneinander, sondern mehr und mehr gemeinsam und kontinuierlich ausgeführt.

- **Fachkonzepte**
  Aufgrund der zunehmenden Steuerungskomplexität und der Managementorientierung in den Unternehmensleitungen werden Planungs- und Reportingsysteme zum wichtigen Steuerungsinstrument. Die Führungskräfte im Unternehmen werden schneller in der Lage sein auf Marktveränderungen zu reagieren, Trends zu erkennen und frühzeitig ihr Unternehmen auf die neuen Anforderungen auszurichten. Mit der Nutzung BI-gestützter Controllingsysteme werden Wettbewerbsvorteile erzielt. Historisch gewachsene Planungs- und Reportinglösungen sollten von Grund auf überarbeitet werden, um inhaltliche und weitere Mängel zu beheben. Hierzu werden Fachkonzepte notwendig sein, die das zukünftige Steuerungskonzept der Unternehmung ganzheitlich betrachten. Der Inhalt aus dem Fachkonzept bestimmt die technische Umsetzung.

- **Ausbau der Planungs- und Analysefunktionen**
  Zur Unterstützung der Führungskräfte bedarf es einen weiteren Ausbau der Planungs- und Analysefunktionen. Bei den Planungsaufgaben sind hier vor allem **Simulations- und Szenariofunktionen**, die Berücksichtigung der **Prämissenplanung**, vielfältige **Verteilungsfunktionen** (z. B. Saisonverschieberegler, Restverteilungen um fixierte Werte sowie Splashing) und **Plausibilitätshilfen** (u. a. Abstimmberichte, Prüfregeln) zu nennen.
  Im Reporting kommt der **Layoutgestaltung** eine höhere Bedeutung zu, vor allem mit den Grafikfunktionen (u. a. Sparklines und dynamische Diagramme, die sich bei Auswahl der Objekte anpassen), den Signalfunktionen (u. a. Alerts, Colour-Coding, bedingte Formatierung, Trend- bzw. Richtungspfeile)[1] und den **Kommentierungsfunktionen** (u. a. Kommentarberichte, Aggregation von Kommentierungen, Audio- und Videokommentierungen).
  Weiterhin wird die Ausnutzung **statistischer Methoden** mit modernen Prognose- und Trendrechnungen sowie die Nutzung von **Data Mining bzw. Predictive Analytics** die Analysequalität der Informationen hinsichtlich ihrer Interpretation von Datenmustern, Zusammenhängen und Trends deutlich verbessern. Hierbei spielt die Integration und Ausnutzung der **Big-Data-Technologie** eine zunehmende Rolle. Mit Hilfe von **Data**

---

[1] Vgl. Unrein (2016, S. 217 f.).

Discovery und **Data Visualization** werden wichtige wirtschaftliche Zusammenhänge und Trends erkannt, die sonst ggf. im Verborgenen geblieben wären.

- **Standardlösungen und Abbildung individueller Anforderungen**
  Um Kosten, Entwicklungs- und Einführungszeit zu sparen, werden gerade im Mittelstand Standardlösungen in den Bereichen genutzt, wo viele Unternehmen ähnliche Interessen besitzen. Beispiele für die Etablierung von Standardlösungen sind:
  - Integration der Erfolgs-, Bilanz-, GuV- und Finanzplanung sowie Konsolidierung
  - Balanced Scorecard und Risikomanagement
  - Absatz- und Umsatzplanung sowie Ableitung der nachgelagerten Ressourcenpläne
  - Einzelprojekt- und Multiprojektplanung
  - Kennzahlensysteme wie der ROI-Baum oder Kennzahlensysteme zur wertorientierten Unternehmenssteuerung
  - Branchenlösungen

  Bisher sind am Softwaremarkt nur Lösungsanbieter zu finden, die einzelne Aufgabengebiete abdecken. Vor allem im Bereich der Erfolgs-, Finanz- und Bilanzplanung sowie zum Teil bei der Konsolidierung gibt es geeignete Lösungen. Seltener findet man Standardlösungen in den vorgelagerten operativen Planungsbereichen, z. B. für die Umsatz- und Ressourcenplanung oder die Einkaufsplanung.

  Standardlösungen können allerdings nie so weit ausgeprägt sein, dass sie alle individuellen Steuerungsanforderungen der Unternehmen abdecken. Daher müssen die Systeme offen und flexibel sein, um individuelle Anforderungen der jeweiligen Unternehmung abzubilden. Es ist zu erwarten, dass sich die Standardlösungen weiter ausbauen und Teilgebiete stärker integriert werden als bisher. Hierbei sind Templates zu den einzelnen Reporting- und Planungsgebieten bereitzustellen, die individuell angepasst werden können.

Organisation

- **Stärkung der Organisation für Planung und Reporting**
  Zur Durchsetzung leistungsfähiger Planungs- und Berichtssysteme wird die Institutionalisierung und organisatorische Verankerung gestärkt werden müssen.
  Das **Controlling** übernimmt hier die zentrale fachliche Koordination. In der **IT** sind spezielle Kenntnisse im Bereich Data Warehousing, Business Intelligence und Big Data aber auch der Datenquellsysteme (u. a. ERP-Systeme) notwendig. Hinzu kommen die Aufgaben der Administration im Mobile Computing mit Hilfe eines Mobile Device Managements sowie bei einer verteilten Datenhaltung das Cloud Computing. Controlling und Mitarbeiter der IT etablieren eine **Business-Intelligence-Organisation**, die zusammen mit dem Management und den Fachbereichen an der kontinuierlichen Weiterentwicklung des Planungs- und Reportingsystems arbeiten. Statt eine eigene BI-Organisation mit einem BI Competence Center einzurichten, empfiehlt es sich m. E. für den Mittelstand und auch für größere Unternehmen, ein BI-Team mit Vertretern

aus den Bereichen Controlling, IT und den Fachbereichen unter Leitung des Controllings einzusetzen (vgl. hierzu Abschn. 4.1.5.3).

- **Leistungsfähige Berechtigungs- und Zugriffssysteme**
  Entscheidungsunterstützung und die Verhinderung des Missbrauchs von Daten sind
  durch leistungsfähige Berechtigungs- und Zugriffssysteme sicherzustellen. Rollenbasierte Zuordnungen von Funktionen und Objektwerten müssen einfacher werden. Si-
  cherheitslücken im Steuerungssystem sind konsequent zu schließen. Mobile und Local
  Device Managementsysteme helfen z. B. dabei Personen und Geräte hinsichtlich des
  Datenmissbrauchs zu sperren.

- **Adressatengerechte Aufbereitung**
  Die Ergebnisse der Planung und des Reportings sind heute für viele interne und exter-
  ne Adressaten relevant, so dass die Unterstützung einer adressatenbezogenen Zuord-
  nung in Bezug auf Detaillierungsgrad und Umfang der Informationen notwendig wird.
  Hierfür sind geeignete Instrumente wie z. B. Navigationssysteme und Storyboards zur
  Verfügung zu stellen (vgl. Abschn. 4.2.3.3).

- **Verteilung und Zusammenarbeit (Collaboration)**
  Die adressatengerechte Verteilung der Planungsaufgaben und der Berichte über automatisierte Zuordnungs- und Versendungsfunktionen (Push-Berichtswesen) und
  die Bereitstellung zusätzlicher Informationen (Pull-Berichtswesen) über spezielle
  Planungs- und Berichtsserver (z. B. über Management Query Environments), über
  Portallösungen, über Dokumenten- und Content-Management-Systeme oder direkt aus
  den Planungs- und Reportinganwendungen heraus werden an Bedeutung gewinnen.
  In der Organisation von Planung und Reporting sind weiterhin Funktionen für die bessere Zusammenarbeit zu erwarten. Hierzu gehören die Terminierung, die Reservierung
  von Analysemeetings, Chats etc. bezüglich Ort, Teilnehmer und das zur Verfügung
  zu stellende technische Equipment sowie die notwendigen Dokumente. Dies gilt unternehmensintern aber auch -übergreifend, wenn z. B. nationale oder internationale
  Geschäftspartner mit einbezogen werden sollen. Präsentations- und Kommunikationsmöglichkeiten in Unternehmen, in sozialen Netzwerken und unternehmensübergreifend mit anderen Collaborationssystemen werden sich weiter etablieren.

Prozesse

- **Generelle Prozessunterstützung**
  Der gesamte Planungs- und Reportingprozess wird derzeit noch wenig mit geeigneten Instrumenten unterstützt. Hier könnten Workflow-, Status- und Trackingsysteme
  an Bedeutung gewinnen. Ein systemgestützter Workflow zeigt grafisch die einzelnen
  Teilaufgaben des gesamten Planungsprozesses an. Ein integriert nutzbarer Planungskalender terminiert und koordiniert die Teilaufgaben. Aktivitäts- und Statusberichte
  helfen bei der Steuerung und Kontrolle des Planungs- und Reportingprozesses.

- **Datenqualitätsprüfung und -steuerung**

  Jedes Planungs- und Reportingsystem ist nur so gut wie die Datenqualität des Systems. Die Datenqualität ist übergreifend zu prüfen und zu verbessern. Probleme mit der Datenqualität entstehen beim gesamten Datenverarbeitungsprozess. Sie beginnen häufig bereits bei der Datenerfassung und reichen über die Transformation bis hin zur Analyse der Daten. Die Datenqualitätskriterien (Vollständigkeit, Richtigkeit, Relevanz, Verständlichkeit, Konsistenz, Eindeutigkeit, Aktualität etc.) sind generell für IT und insbesondere für Business Intelligence und Big Data einzuhalten. Ursachen für schlechte Datenqualität, wie z. B. es stehen nicht genügend Ressourcen für die Datenerfassung zur Verfügung, sind zu beheben. Um die Datenqualität nachhaltig steigern zu können, ist ein Datenqualitätsmanagement zu implementieren, das kontinuierlich die Datenqualität prüft und Fehler behebt. Hierbei sind moderne Instrumente der Datenqualitätssicherung wie z. B. Data Profiling, Data Cleansing sowie Kennzahlensysteme und Berichte zur Messung der Datenqualität im BI-Monitoring zu nutzen. Weiterhin sind Regeln für die Datenhoheit und Standards für die Pflege der Daten (z. B. im Stammdatenmanagement) einzurichten.

- **Bilaterale Integration von BI- und ERP-Planungs- und Reportingprozessen**

  Aufgrund der unterschiedlichen Datenhaltungskonzepte in BI- und ERP-Systemen bietet sich eine Zusammenarbeit an. Dies wurde beim ETL-Prozess bereits in Richtung der BI-Systeme gezeigt (vgl. Abschn. 5.5.2), gilt aber auch umgekehrt. Dies kommt speziell bei rechenintensiven Planungs- und Reportingaufgaben vor, wie z. B. bei der Auflösung der Mengen- und Wertgerüste in den MRP-Läufen oder der innerbetrieblichen Leistungsverrechnung. Diese rechenintensiven Programme können im ERP-System belassen werden, anstelle im BI-System nachgebildet zu werden. In diesem Falle bietet sich eine Integration von BI- und ERP-Prozessen an, um die Vorteile beider Systemwelten zu nutzen. Zudem benötigen ggf. die ERP-Systeme die Ergebnisse der in der BI-Planung erzielten Werte, um eine vollständige Datenbasis zu besitzen (z. B. für die Verrechnungspreisermittlung in der Kostenstellenrechnung und Bewertung in der Kalkulation).

- **Gestufte Planungsprozesse**

  Zur Vereinfachung der Planung sind gestufte Planungsprozesse sinnvoll, bei denen wichtige Informationen detailliert analytisch geplant werden und weniger wichtige Informationen vereinfacht, z. B. vergangenheitsorientiert, hochgerechnet werden. Hierzu müssen die Systeme gestufte Planungsprozesse anbieten, die wahlweise genutzt werden können.

- **Zirkuläre Planungsprozesse**

  Die Planungen finden in zirkulären Prozessen statt. Vorgaben der Führungsebene werden heruntergebrochen auf die Detailbereiche. Die dezentralen Einheiten planen Bottom-Up ihre Leistungen. Die Ergebnisse müssen plausibilisiert und geprüft werden. Es ergeben sich Korrekturbedarfe und erneute Planungsrunden bis eine endgültige Freigabe und Genehmigung des Budgets bzw. des Forecasts erreicht wird. Diese Qualitätssicherungs- und Genehmigungsprozesse benötigen eine bessere Unterstützung, die u. a. Plausibilisierungshilfen und Analysefunktionen bezüglich der Abweichungen und Genehmigungsprozesshilfen zur Verfügung stellen.

IT-Unterstützung

- **Leistungsfähige Frontends**
  Bei den Frontends geht der Trend weg von den proprietären zu den webgestützten Frontends. Cockpits und Dashboards lassen sich einfach über Webbrowser aufrufen, ohne dass zusätzliche grafische Benutzeroberflächen installiert werden müssen. Bei einigen Softwareanbietern sind die proprietären Frontends noch leistungsfähiger als die Web-Frontends und weisen eine erhöhte Funktionalität auf. Daneben existieren weiterhin einige Softwareanbieter, die eine integrierte Exceloberfläche als Excel-Add-in-Lösung für die Planung und Analyse nutzen.
- **Data Discovery/Data Visualization**
  Mit Hilfe von **Data Discovery** („Datenentdeckung") werden zusätzlich zum strukturierten Datenbestand des DWH Fremddaten im Rahmen der explorativen BI in einem Analyseprozess ausgewertet. Hierbei sollen vor allem betriebswirtschaftlich interessante Zusammenhänge erkannt und Prognosen erstellt werden. Die BI-Systeme nutzen hierfür statistische Modelle und Algorithmen im Sinne von Big-Data-, Data Mining und Predictive-Analytics (siehe folgender Punkt). Mit Hilfe der Datenvisualisierung (**Data Visualization**) stehen den Anwendern Grafiktypen zur Verfügung, die diese Datenzusammenhänge und Gewichtungen besser visualisieren können. Neben den klassischen Diagrammtypen (z. B. Kreis-, Säulen- und Liniendiagramme) sind dies vor allem moderne Diagrammtypen, die Klassifizierungen und statistische Zusammenhänge visualisieren (z. B. mit Sunburst- und Treemap-Charts bzw. Histogramme). Technologisch nutzen diese Softwarelösungen die In-Memory-Technik.[2] Die Werkzeuge zur Datenvisualisierung werden in ihrem Leistungsangebot stetig wachsen. Neue Visualisierungsformen und -techniken erleichtern die Analyse der Daten.[3]
- **Big Data, Data Mining bzw. Predictive Analytics, hybride traditionelle und explorative BI**
  Die vielfältigen und riesigen Datenmengen aus dem Internet und den Social-Media-Plattformen, den Sensordaten unserer mobilen Endgeräte und beliebigen Gegenständen wie Maschinen, Fahrzeuge, Bauteile, Gebäude usw. liefern heute rund um die Uhr Daten, die für die Unternehmen von hohem Interesse sein können. Diesen Schatz an Informationen gilt es mit Big-Data-Technologie zu heben und mit Data Mining bzw. Predictive Analytics hinsichtlich Datenmuster, Zusammenhänge und Trends zu interpretieren.
  Mit Hilfe des In-Memory-Computing werden Berechnungen und Auswertungen von riesigen unstrukturierten Datenmengen, aber auch von strukturierten Daten aus traditionellen DWH-Systemen mit einer deutlich höheren Geschwindigkeit zu erzielen sein.

---

[2] Vgl. BARC (2016, 2017).
[3] Vgl. BARC (2016, 2017).

Traditionelle und explorative BI werden die neuen Möglichkeiten der Big-Data-Technologie in hybriden Gesamt-IT-Systemlösungen nutzen (vgl. auch Abschn. 5.7).[4]

- **BI-Suiten versus Best of Breed**
  Während einige Hersteller ihre BI-Systeme zu umfassenden BI-Suiten ausbauen, die sowohl traditionelle und explorative BI umfassen, spezialisieren sich andere Anbieter auf spezielle BI-Bereiche und fokussieren ihr Angebot auf Teilbereiche von BI, z. B. im Frontend, im DWH oder im Rahmen von Big-Data-Analytics. Die Unternehmen können in diesem Fall den Best of Breed aus den Einzelkomponenten zusammenstellen.[5]

- **Mobile Systeme**
  Die Verbreitung von Smartphones und Smartpads in der Gesellschaft und in den Unternehmen führt dazu, dass Planungs- und Berichtssysteme stärker auf diese mobile Endgeräte ausgerichtet sein müssen als bisher (vgl. Abschn. 5.9). Die Rich-Thin-Client-Technologie erweitert die traditionellen Thin-Clients um leistungsfähige Steuerungselemente, konfigurierbare ereignisgesteuerte Methoden und zusätzliche Kommunikationsmodelle.[6] Allerdings müssen die Planungs- und Reportinginhalte so konzipiert werden, dass sie optimal an die Größe des Bildschirms und die Auflösung angepasst sind. Es muss eine inhaltliche und layouttechnische Abstimmung zwischen mobilem und stationärem Reporting erfolgen. Tendenziell werden sich mobile Systeme, vor allem Tablets, beim Reporting und der Planung eher durchsetzen als Handys, da Analysen und Planungen größere Eingabeoberflächen benötigen. Handy und kleine mobile tragbare Endgeräte wie z. B. Brillen (glasses), Uhren (watches), Kleidung (wearables) oder digitale Assistenten (wie z. B. Siri von Apple oder Alexa von Amazon) werden eher für kurze Informationsmitteilungen und Schnellanalysen eingesetzt. Weiterhin wird zu beobachten sein, welche der derzeit vorhandenen Betriebssysteme und Standards von Apple, Android, Windows oder den allgemeinen Standards wie HTML5 sich technologisch durchsetzen. Ein modernes Mobile Device Managment (MDM) verwaltet die vielen unterschiedlichen Geräte der mobilen Anwender. Zugriffe auf Software und Daten sowie Sperrungen von Geräten gehören genauso zu den Aufgaben wie die Einspielung von Updates oder Backup-Funktionen.

- **Cloud Computing und IT-Security**
  Der Trend weg von On-Premises-Software in den eigenen Räumlichkeiten der Unternehmung hin zum Cloud Computing ist ungebrochen. Über das Cloud Computing erfolgt das Outsourcing von Software, IT-Dienstleistungen, Plattformen und Infrastruktur (vgl. Abschn. 5.8).
  Anbieter von „Software as a Service (SaaS)" vermarkten beispielsweise Software-Lösungen als Dienstleister über das Web, die anstelle der eigenen Software genutzt werden können.

---

[4] Vgl. Gluchowski (2014, S. 240 f).
[5] Vgl. Lünendonk (2015, S. 18).
[6] Vgl. Neumann (2011, S. 2).

Für die Planung und das Reporting scheinen diese Auslagerungen bzw. Verteilungen bezüglich der sensiblen Informationen nur dann richtungsweisend zu sein, insoweit sich sichere und stabile Zugriffe gewährleisten lassen und Datenmissbräuche ausgeschlossen sind. Wenn dies garantiert ist, bietet die Cloud eine nie dagewesene weltweite mobile Verfügbarkeit von planungs- und steuerungsrelevanten Managementinformationen. Aus diesem Grunde wird man über die IT- bzw. Cyber-Security geeignete Systeme und Werkzeuge (z. B. Verschlüsselungstechniken) entwickeln müssen, die einen bestmöglichen Schutz für die sensiblen Unternehmensdaten liefern.

- **Self-Service BI**
  Für die Planung und das Reporting ist eine Weiterentwicklung der Erstellungswerkzeuge für Berichte und Planungsformulare zu erwarten, die es auch dem IT-Laien ermöglicht, Formulare und Reports ohne große Programmierkenntnisse zu entwickeln. Diese Entwicklung wird unter dem Stichwort Self-Service BI diskutiert.[7] Hier sind vor allem die Weiterentwicklungen der wizard- bzw. assistentengeführten Generatoren und Entwicklungssuiten zur Erstellung von Berichten, Planungsformularen und statistischen Prognosen zu beobachten. Aber auch im Bereich der Datenmodellierung sollten für Nicht-IT-Spezialisten geeignete Werkzeuge bereitstehen. Die Firma *pmOne* gibt mit dem Modul OneMind z. B. die Möglichkeit, die Strukturen des Datenmodells mit einer Mindmap intuitiv zu erstellen.[8] Die BI-Systeme können durch den Fachanwender und das Controlling selbst administriert werden. Die Unterstützung zentraler IT-Abteilungen oder IT-Experten ist nur bei besonders schwierigen Problemstellungen notwendig.

- **Embedded BI und BI-Portalintegration**
  Unter dem Stichwort Embedded BI versuchen etablierte ERP-Systemanbieter ihre Lösungen durch eingebettete BI-Funktionen zu erweitern. Hierbei können z. B. einzelne BI-Objekte wie Reports oder komplette Dashboards integriert werden.[9] Weiterhin werden BI- bzw. Data-Warehouse-Lösungen in Portale eingebunden. Hierdurch wird für den Anwender eine zentrale Einstiegsmöglichkeit geschaffen. Inhalte aus Dokumenten- bzw. Content-Management-Systemen, wie z. B. Videos, Audios und Bilder, werden über Mash-ups eingebunden. Für die Planung und das Reporting können somit unstrukturierte Dokumente in verschiedensten Ausgabeformaten (Video-, Audio- und Bilddateien etc.) mit klassischen Datenanalysen in Form von Tabellen und Grafiken verknüpft werden.

- **BI-Monitoring bzw. BI on BI**
  Mit der Einführung eines BI-Monitoring bzw. BI on BI erhalten die Unternehmen die Möglichkeit ihr BI-System selbst zu überprüfen. Neben der Kontrolle und Steuerung der Performance des Systems selber, geht es dabei darum, das Nutzverhalten zu analysieren und die Bewertungen der Nutzer aufzunehmen und auszuwerten. Zudem ist

---

[7] Vgl. Lünendonk (2015) und BARC (2017).
[8] Vgl. pmOne (2011).
[9] Vgl. Search Business Analytics (2016).

die Datenqualität im BI-Monitoring zu analysieren. Ziel ist es, Erkenntnisse hinsichtlich der Leistung, Datenqualität und des Nutzungsgrades des BI-Systems zu gewinnen.
Hierdurch können Maßnahmen ergriffen werden, das BI-System kontinuierlich weiterzuentwickeln, so dass es effektiver im Unternehmen eingesetzt werden kann.

- **Open-Source-Produkte**[10]
  Bei den Anbietern von BI-Software ist eine Zunahme von Open-Source-Produkten zu
  erkennen, bei denen der Urheber einer Software in den Lizenzen Nutzungsbedingungen
  festlegt, die i. d. R. die Software zur „freien" Nutzung ohne größere Beschränkung dem
  Anwender überlassen. Wichtige Voraussetzung für die freie Nutzbarkeit sind die Li-
  zenzgebührenfreiheit und ein offen zugänglicher Quellcode. Ob sich die Open-Source-
  Produkte gegenüber den herkömmlichen Systemen in weiter Zukunft durchsetzen, ist
  derzeit nicht abzusehen.

Literatur

BARC. 2016. BI Trend Monitor 2016. http://barc.de/ele-ments/download/id/
      V3T4hapj7kB9Fhj0hGGd. Zugegriffen: 23. Juli 2016.
BARC. 2017. BI-Trend Monitor 2017. http://barc.de/trend-monitor?s=s_9_550. Zugegriffen: 12.
      Juni 2017.
Gluchowski, P. 2014. Aktuelle Trends in der Business Intelligence. *Controlling* 26(4/5):235–243.
Hein, A. 2011. *prevero Unternehmen und Lösungen – Unternehmenssteuerung mit prevero*. Wien:
      prevero Österreich. Vortragsunterlagen.
Kemper, H.G., H. Baars, und W. Mehanna. 2010. *Business Intelligence – Grundlagen und praktische
      Anwendungen*, 3. Aufl., 249. Wiesbaden: Springer Vieweg.
Lünendonk. 2015. Marktstichprobe 2015 – Der Markt für Business Intelligence und Business Ana-
      lytics in Deutschland. http://luenendonk-shop.de/out/pictures/0/lue_bi-studie_f170815_fl.pdf.
      Zugegriffen: 9. März 2016.
Neumann, T. 2011. Richt Thin Clients für Web-Anwendungen. http://www.sigs.de/publications/os/
      2005/01/neumann_OS_01_05.pdf. Zugegriffen: 18. Juli 2011.
pmOne Produktinformationen. http://www.pmone.de/de/produkte-loesungen/bi-technologie/
      onemind/onemind-im-schnelldurchlauf-innovative-datenbankmodellierung/. Zugegriffen: 19.
      Juli 2011.
Search Business Analytics. 2016. embedded BI. http://searchbusinessanalytics.techtarget.com/
      definition/em-bedded-BI-embedded-business-intelligence. Zugegriffen: 15. Juni 2016.
Unrein, D. 2016. *Excel im Controlling*. München: Vahlen.

---

[10] Vgl. zu weiteren technischen Entwicklungen im Bereich Business Intelligence u. a. Kemper et al.
(2010, S. 249 ff.).

Sachverzeichnis

© Springer Fachmedien Wiesbaden GmbH, ein Teil von Springer Nature 2018
D. Schön, *Planung und Reporting im BI-gestützten Controlling*,
https://doi.org/10.1007/978-3-658-19963-0

Printed in Poland
by Amazon Fulfillment
Poland Sp. z o.o., Wrocław

53837493R00300